Elektrotechnik

Rolf Fischer

Elektrotechnik

Für Maschinenbauer sowie Studierende technischer Fächer

16., überarbeitete und neu gestaltete Auflage

Springer Vieweg

Prof. Dr.-Ing. Rolf Fischer
Esslingen, Deutschland

ISBN 978-3-658-25643-2   ISBN 978-3-658-25644-9 (eBook)
https://doi.org/10.1007/978-3-658-25644-9

Die Deutsche Nationalbibliothek verzeichnet diese Publikation in der Deutschen Nationalbibliografie; detaillier-
te bibliografische Daten sind im Internet über http://dnb.d-nb.de abrufbar.

Springer Vieweg
Bis zur 15. Auflage erschien das Buch unter dem Titel "Elektrotechnik für Maschinenbauer"
© Springer Fachmedien Wiesbaden GmbH, ein Teil von Springer Nature 1962, ..., 1968, 1972, 1976, 1979, ...,
1992, 2000, 2002, 2005, 2009, 2012, 2016, 2019

Lektorat: Thomas Zipsner

Springer Vieweg ist ein Imprint der eingetragenen Gesellschaft Springer Fachmedien Wiesbaden GmbH und ist
ein Teil von Springer Nature.
Die Anschrift der Gesellschaft ist: Abraham-Lincoln-Str. 46, 65189 Wiesbaden, Germany

Das vorliegende Buch hat als Grundlage langjährige Erfahrungen aus Vorlesungen, vor allem in den verschiedenen Fachrichtungen des Maschinenbaus. Der Untertitel soll aber aussagen, dass auch ausdrücklich andere technische Fachbereiche angesprochen sind. Darüber hinaus ist das Fachbuch ebenso für den Praktiker in Industrie, Gewerbe und bei Behörden konzipiert, das ihm eine verlässliche Hilfe bei der Fortbildung in die ständig fortschreitende technische Entwicklung sein möge.

Mit fast einem Drittel des Inhalts nehmen die *Grundlagen der Elektrotechnik* bewusst einen breiten Raum ein, da sie die Basis für das Verständnis aller elektrotechnischen Verfahren und Betriebsmittel sind. Der Lehrplan enthält daher in der Regel in allen technischen Fachbereichen einschlägige Vorlesungen. Darüber hinaus folgen mit den Abschnitten

- *Elektronik*
- *Elektrische Messtechnik*
- *Elektrische Maschinen und Leistungselektronik*
- *Elektrische Antriebe und Steuerungen*

Fachgebiete, die eng mit elektrotechnischen Themen verknüpft und in fast allen Bereichen industrieller und gewerblicher Tätigkeit von Bedeutung sind. Natürlich musste jeweils im Hinblick auf den zulässigen Seitenumfang eine strenge Stoffauswahl getroffen werden.

Zur Vertiefung jedes Teilgebietes enthält das Buch viele Rechenbeispiele aber auch Aufgaben, deren Lösungsweg erst am Ende des Buches enthalten ist. Zu jedem Abschnitt werden Hinweise auf die aktuelle Buchliteratur gegeben.

Bereits in der 15. Auflage wurde für das Kapitel *Grundlagen der Elektrotechnik* am Ende jedes Teilgebietes eine Auflistung *Erkenntnisse* beigefügt, welche die zentrale Aussage des behandelten Stoffes angeben.

Auf Wunsch des Verlages wurde das kurze Kapitel Elektrische Versorgung gestrichen, da es hierfür ein eigenes umfangreiches Schrifttum gibt.

Der Verfasser dankt wie immer den Fachkollegen für ihre Anregungen zu einzelnen Themen des Buches und hofft weiterhin auf diese wertvolle Unterstützung. Dem Lektorat mit Herrn Dipl.-Ing. Thomas Zipsner und Frau Ellen Klabunde (Lektoratsassistenz) vom

Springer Vieweg Verlag und allen bei der Herstellung des Buches Beteiligten danke ich für die stets angenehme und kompetente Zusammenarbeit.

Esslingen   Rolf Fischer
Frühjahr 2019

Formelzeichen (Auswahl)

A	Fläche, Querschnitt
A	Wärmeabgabefähigkeit
a	Abstand
a	Beschleunigung
B	Blindleitwert
B	magnetische Flussdichte
B	Gleichstromverstärkung
b	Breite
b	Bandbreite
C	elektrische Kapazität
C	Wärmekapazität
c	Konstante
D	Richtmoment
d	Durchmesser
E	elektrische Feldstärke
$e = 2{,}718$	Basis der natürlichen Logarithmen
e	Elementarladung
F	Kraft
f	Frequenz
G	elektrischer Leitwert
G	Gewicht
GD^2	Schwungmoment
g	Fallbeschleunigung
H	magnetische Feldstärke
h	Höhe
I	elektrische Stromstärke
i	Augenblickswert des Stroms
J	Massenträgheitsmoment
$j = \sqrt{-1}$	imaginäre Einheit

K	Kosten, Preis
k	spezifische Kosten
L	Induktivität
l	Länge
M	Drehmoment
M_i	inneres Moment
m	Masse
N	Windungszahl
n	Drehzahl (Drehfrequenz)
O	Kühloberfläche
P	Leistung
P_t	Augenblickswert der Leistung
P_v	Leistungsverlust
P_1	aufgenommene Leistung
P_2	abgegebene Leistung
p	Polpaarzahl
p	Prozentzahl
p_v	prozentualer Leistungsverlust
Q	Blindleistung
Q	Elektrizitätsmenge
q	Augenblickswert der Ladung
R	elektrischer Widerstand (Wirkwiderstand)
R_N	Normalwiderstand
R_{th}	Wärmewiderstand
R_v	Verbraucherwiderstand
R_i	innerer Widerstand
R_ϑ	Widerstand bei der Temperatur ϑ
r	differentieller Widerstand
r	Radius
J	Stromdichte
S	Scheinleistung
s	Schlupf
s	Siebfaktor
s	Weglänge
T	Periodendauer
t	Zeit
U	elektrische Spannung
U_i	innerer Spannungsverlust bei Maschinen
U_q	Quellenspannung
U_v	Spannungsverlust bei Leitungen
u	Augenblickswert der Spannung
u_K	prozentuale Kurzschlussspannung

u_P	prozentuale Spannungsänderung bei Transformatoren
u_v	prozentualer Spannungsverlust bei Leitungen
$\ddot{u}$	Spannungsübersetzung
V	Volumen V
V	Spannungsverstärkung
v	Geschwindigkeit
W	Arbeit, Energie, Wärme
w	Welligkeit
W_e	elektrische Feldenergie
W_m	magnetische Feldenergie
W_q	Blindarbeit
W_s	Scheinarbeit
W_v	Energieverlust
X	Blindwiderstand
X_C	kapazitiver Blindwiderstand
X_L	induktiver Blindwiderstand
x	Stellung eines Abgriffs
Y	Scheinleitwert
$\underline{Y}$	komplexer Leitwert
Z	Scheinwiderstand
$\underline{Z}$	komplexer Widerstand
z	Anzahl
α	Winkel
α_{20}	elektrischer Temperaturbeiwert bei 20 °C
β	Stromverstärkungsfaktor
γ	elektrische Leitfähigkeit
γ	Wichte
ε	Permittivität
ε_0	elektrische Feldkonstante
η	Wirkungsgrad
ϑ	Temperatur
μ	Permeabilität
μ_r	Permeabilitätszahl
μ_0	magnetische Feldkonstante
ϱ	spezifischer elektrischer Widerstand
τ	Zeitkonstante
Φ	magnetischer Fluss
Φ_s	Spulenfluss
φ	Phasenverschiebungswinkel
$\omega = 2\pi f$	Kreisfrequenz
$\omega = 2\pi n$	Winkelgeschwindigkeit

Indizes

a	Anoden
A	Anker
B	Beschleunigung
B	Basis
C	Kollektor
d	Dioden
E	Emitter
E	Erregung
e	Ersatz
g	Gitter
g	Gleichstrom, -spannung
K	Kathoden
k	Kipp
K	Kurzschluss
L	Last
m	magnetisch
N	Bemessung
q	Blind
r	Rotor
s	Synchron, Stator
ss	von Scheitel zu Scheitel, d. h. doppelte Amplitude
st	Strang
st	Stillstand
st	Steuer
v	Verlust
Z	Z-Diode
$\curlywedge$	Stern
Δ	Dreieck

Inhaltsverzeichnis

Grundlagen der Elektrotechnik

Zusammenfassung

Im ersten Abschnitt des Buches werden die allgemeinen Grundlagen der Elektrotechnik behandelt, auf deren Erkenntnisse alle speziellen Fachgebiete wie z. B. die Messtechnik, Elektronik oder Antriebstechnik aufbauen. Sie stehen damit zwingend am Beginn jeder Ausbildung in elektrotechnischen Fächern.

Die Grundlagen der Elektrotechnik sind eine für Ingenieurwissenschaften geeignete Darstellung der klassischen Elektrizitätslehre der Physik, die sich aus den Erkenntnissen vor allem im 18. und 19. Jahrhundert gebildet hat. An diesem Werk haben eine Vielzahl von Wissenschaftlern ihren Anteil, denen wir in der Bezeichnung fast aller Einheiten der elektrotechnischen Grundgrößen begegnen. Beispielhaft seien hier nur die Physiker Andre-Marie Ampère (1775–1836), Georg Simon Ohm (1789–1854) und schließlich Alessandro Volta (1745–1827) genannt, deren Namen in den Einheiten des wichtigsten Grundgesetzes – des Ohmschen Gesetzes – miteinander verbunden sind [1–4].

1.1 Gleichstrom

1.1.1 Elektrische Größen und Grundgesetze

1.1.1.1 Physikalische Grundlagen

Elektrische Ladung Alle elektrischen Erscheinungen haben als Grundlage die Wirkung elektrischer Ladungen, die in den Bausteinen der Atome ihren Sitz haben. Nach dem Bohrschen Atommodell kann man sich die Atome der chemischen Grundstoffe oder Elemente vereinfacht als aus einem Atomkern und einer diesen umgebenden Atomhülle aufgebaut vorstellen. Bausteine der Materie genannt Elementarteilchen sind

© Springer Fachmedien Wiesbaden GmbH, ein Teil von Springer Nature 2019
R. Fischer, *Elektrotechnik*, https://doi.org/10.1007/978-3-658-25644-9_1

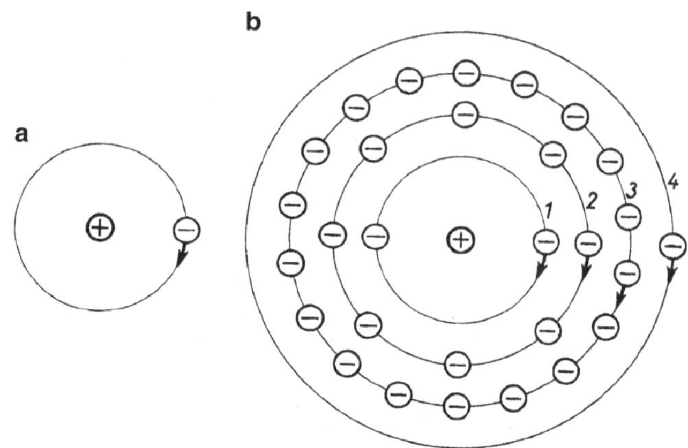

Abb. 1.1 Aufbau neutraler Atome (schematisch).
a H-Atom (Hülle mit 1 Schale und 1 Elektron) **b** Cu-Atom (Hülle mit 4 Schalen und 2 + 8 + 18 + 1 = 29 Elektronen)

- im Kern die Protonen als Träger der willkürlich positiv festgelegten, kleinstmöglichen elektrischen Ladung (positive Elementarladung e) und die unelektrischen Neutronen,
- in der Hülle die Elektronen als Träger der negativen, kleinstmöglichen elektrischen Ladung (negative Elementarladung $-e$).

Das Formelzeichen der elektrischen Ladung ist Q, ihre Einheit ist 1 Coulomb (1 C), das ist die elektrische Ladung von $6{,}25 \cdot 10^{18}$ Protonen. Somit beträgt

$$\text{die Elementarladung des Protons} \quad Q_\mathrm{P} = \ \ e = +0{,}16 \cdot 10^{-18}\,\mathrm{C}\,,$$
$$\text{die Elementarladung des Elektrons} \quad Q_\mathrm{E} = -e = -0{,}16 \cdot 10^{-18}\,\mathrm{C}\,, \tag{1.1}$$

wobei die Formelzeichen e bzw. $-e$ aus historischen Gründen auch heute noch verwendet werden.

Für die Zusammensetzung aller Atome gilt vereinfacht

$$z \text{ Elementarteilchen} = x \text{ Neutronen} + y \text{ Protonen} + y \text{ Elektronen}$$

wobei x die Zahlenwerte 0 bis 146 und y die Werte 1 bis 92 haben können.

Die Atome aller Grundstoffe sind elektrisch neutral (unelektrisch), da sich die Wirkung der y positiven und y negativen Elementarladungen nach außen aufheben, damit gilt also auch rechnerisch für neutrale Atome $\sum Q = 0$.

Im Atomkern sind die Neutronen und Protonen fest aneinander gebunden. In der Hülle bewegen sich die Elektronen auf bis zu 7 verschiedenen, für jede Atomart charakteristischen Bahnen (Schalen) mit großer Geschwindigkeit um den Atomkern (Abb. 1.1). Der Zusammenhalt des Atoms ist gewährleistet, weil durch die ungleichnamigen Ladungen des Kerns und der Elektronen anziehende Kräfte auftreten, die mit den durch die Bewegung der Elektronen hervorgerufenen Zentrifugalkräften im Gleichgewicht stehen.

Beispiel 1.1

Zusammensetzung der neutralen Atome von Elementen

Wasserstoff H	0 Neutronen +	1 Proton	+ 1 Elektron	(s. Abb. 1.1a)
Aluminium Al	14 Neutronen +	13 Protonen +	13 Elektronen	
Kupfer Cu	34 Neutronen +	29 Protonen +	29 Elektronen	(s. Abb. 1.1b)

Leiter, Nichtleiter, Halbleiter Die elektrische Strömung in den Stromkreisen vollzieht sich vorwiegend in festen Leitern (z. B. Kupfer, Aluminium), als Isolierstoffe dienen dagegen Nichtleiter (z. B. Gummi, Papier, Porzellan).

Leiter haben einen kristallinen Aufbau, gekennzeichnet durch regelmäßige Anordnung der Bausteine im sogenannten Kristallgitter. Diese Bausteine sind aber keine vollständigen neutralen Atome, sondern positiv geladene Atomreste, die man positive Ionen nennt. Diese entstehen dadurch, dass sich aus der äußersten Schale jeder Atomhülle je ein Elektron vom Kern lostrennt. Die so entstandenen freien Elektronen oder Leitungselektronen befinden sich zwischen den Ionen in völlig regelloser Bewegung, deren Geschwindigkeit von der Temperatur des Leiters abhängt. Man spricht daher vom Elektronengas im Kristallgitter. Im unelektrischen Zustand sind also in metallischen Leitern als Ladungsträger fest angeordnete, positiv geladene Ionen und ebenso viele frei bewegliche Elektronen – ungefähr $10^{23}/\text{cm}^3$ – bereits vorhanden, sie werden also nicht etwa „erzeugt".

Nichtleiter gibt es nicht in idealer Form. Sie sind fast vollständig aus neutralen Atomen aufgebaut und haben daher vergleichsweise wenig freie Elektronen. Mit steigender Temperatur werden immer mehr Atome ionisiert und damit Elektronen freigemacht, so dass die Dichte des Elektronengases ansteigt. Bei Halbleitern, die zu großer technischer Bedeutung gelangt sind, ist diese Erscheinung besonders ausgeprägt. Sie sind bei völlig regelmäßigem, nicht durch Verunreinigungen gestörtem Aufbau ihres Kristallgitters in der Nähe des absoluten Nullpunktes der Temperatur fast ideale Nichtleiter. Mit steigender Temperatur wird die Zahl der freien Leitungselektronen größer, so dass sie sich dann immer mehr wie die Leiter verhalten.

Elektrisch geladene Körper Im unelektrischen Zustand ist die Gesamtladung des Körpers $Q = 0$. Elektrisch geladen wird ein Körper (Leiter, Nichtleiter, Halbleiter), wenn ihm entweder Elektronen entzogen oder zugeführt werden. Im ersten Fall wird er positiv ($Q > 0$), im zweiten Fall negativ ($Q < 0$) geladen. Der elektrisch geladene Körper hat demnach entweder zu wenig oder zu viel freie Elektronen, während sein positiver Ladungsanteil (Protonen) an die Atomkerne gebunden ist und unveränderlich bleibt.

Beispiel 1.2

Ein Körper mit der Ladung $Q = 6\,\text{C}$ hat einen Überschuss von $6 \cdot 6{,}25 \cdot 10^{18} = 37{,}5 \cdot 10^{18}$ positiven Elementarladungen, also einen Mangel von $37{,}5 \cdot 10^{18}$ Elektronen. Ein Körper mit der Ladung $Q = -2\,\text{C}$ hat einen Überschuss von $2 \cdot 6{,}25 \cdot 10^{18} = 12{,}5 \cdot 10^{18}$ Elektronen.

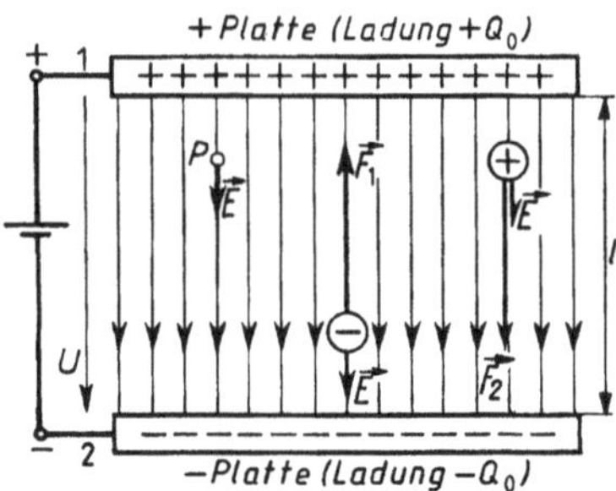

Abb. 1.2 Elektrisches Feld zweier geladener Platten. Kraftwirkung auf positive und negative Ladungen

---

Aufgabe 1.1

Wie viele z Elektronen treten nach Gl. 1.4 pro Mikrosekunde (μs) bei einem Strom von $I = 1\,\text{mA}$ durch den Leiterquerschnitt?

Ergebnis: $z = 6{,}25 \cdot 10^9$

Elektrisches Feld Elektrische Ladungen verleihen dem sie umgebenen Raum Eigenschaften, die man als Wirkung eines elektrischen Feldes beschreibt. Es wird durch seine Feldstärke mit dem Vektor $\vec{E}$ gekennzeichnet und ist dadurch erkennbar, dass es auf andere Ladungen in seinem Bereich eine Kraft nach

$$\vec{F} = Q\vec{E} \quad \text{mit dem Betrag} \quad F = QE \tag{1.2}$$

ausübt. Die Richtung von $\vec{E}$ stimmt mit der Richtung der Kraft auf eine positive Ladung überein. Dargestellt wird das elektrische Feld durch Feldlinien, die von der sie verursachenden positiven Ladung $+Q_0$ zur Ladung $-Q_0$ reichen und die mit ihrem Pfeil stets die Richtung von $\vec{E}$ angeben.

In Abb. 1.2 sind zwei parallele Metallplatten mit einer Batterie der Spannung U so verbunden, dass die obere Platte die Ladung $+Q_0$ erhält. Die Feldlinien laufen dann senkrecht nach unten und zeigen mit ihrem parallelen, konstanten Abstand an, dass das Feld innerhalb der Platten – die Randzonen werden nicht betrachtet – homogen, d. h. nach Betrag und Richtung an jeder Stelle gleich ist.

Bringt man in das elektrische Feld positive und negative Ladungen Q ein, so entstehen die mit Gl. 1.2 beschriebenen Kräfte. Auf die positive Ladung wirkt demnach eine Kraft $\vec{F}$ in Richtung von $\vec{E}$ also zur Minusplatte, auf die negative dagegen in Richtung zur Plusplatte. Hieraus folgt die Aussage: Ungleiche Ladungen ziehen sich an, gleichnamige stoßen sich ab.

Anwendungen Die Wirkung elektrischer Felder wird in der Technik vielfach genutzt. Als Beispiele seien genannt:

- Die Entstaubung der Rauchgase im Kohlekraftwerk erfolgt durch ein Elektrofilter aus Plattenpaaren, zwischen denen eine Spannung bis 100 kV angelegt wird. Die an der drahtartigen Minusplatte negativ aufgeladenen Staubteilchen scheiden sich an der Plusplatte ab und werden dort von Zeit zu Zeit abgeklopft.
- An der Spitze der Fangstange einer Blitzschutzanlage erzeugt eine nahe Gewitterwolke so hohe Feldstärken, dass die Luft dort ionisiert wird und der ankommende Blitz diese Stelle als Einschlagpunkt wählt.
- Bei der Tauchlackierung von Autokarosserien werden diese negativ gepolt. Die verwendeten Lackpartikel im Wasserbad erhalten eine positive Ladung und scheiden sich als gleichmäßige bis ca. 30 μm dicke Schicht auch an Hohlräumen ab.

Elektrische Spannung Allgemein errechnet sich die elektrische Spannung U_{12} zwischen den Punkten 1 und 2 eines elektrischen Feldes durch das Linienintegral der elektrischen Feldstärke

$$U_{12} = \int_1^2 \vec{E}\, \mathrm{d}\vec{l}\,. \tag{1.3a}$$

Das Formelzeichen der elektrischen Spannung ist U, ihre Einheit 1 Volt (1 V), somit folgt 1 V/m für die SI-Einheit der elektrischen Feldstärke E. Im Falle eines homogenen Feldes (Abb. 1.2) vereinfacht sich die Berechnung der Spannung U zwischen der Plus-Platte (1) und der Minus-Platte (2) auf das Produkt der konstanten Feldstärke E und der Länge l der Feldlinie zwischen den Platten zu

$$U = El\,. \tag{1.3b}$$

Im Schaltplan wird die Spannung U (Abb. 1.2) durch einen Spannungspfeil (Einfachpfeil, kein Maßpfeil), entsprechend Gl. 1.3a von 1 nach 2 gerichtet, dargestellt und nach Gl. 1.3b mit positivem Betrag berechnet. Bei umgekehrter Pfeilrichtung von 2 nach 1 würde sich nach Gl. 1.3a $U_{21} = -U_{12} = -U$, also ein negativer Betrag ergeben.

Beispiel 1.3

Die Spannung U zwischen den Platten in Abb. 1.2 beträgt 6 V, ihr Abstand 0,5 cm. Nach Gl. 1.3b ist dann die elektrische Feldstärke und nach Gl. 1.2 die Kraft auf ein Elektron

$$E = \frac{U}{l} = \frac{6\,\mathrm{V}}{0{,}5\,\mathrm{cm}} = 1200\,\mathrm{V/m}$$

$$F = |Q \cdot E| = 0{,}16 \cdot 10^{-18}\,\mathrm{As} \cdot 1200\,\mathrm{V/m} = 192 \cdot 10^{-18}\,\mathrm{N}\,.$$

Beispiel 1.4

Zur berührungslosen Lackierung einer Autokarosserie durch eine Roboterspritze wird eine Feldstärke zum Autoblech von $E = 2\,\mathrm{kV/m}$ benötigt. Welche Spannung ist erforderlich, wenn ein Luftabstand von $l = 0{,}5$ m besteht?

$$U = El = 2\,\text{kV/m} \cdot 0{,}5\,\text{m} = 1000\,\text{V}$$

Elektrischer Strom in festen Leitern Unter einem elektrischen Strom versteht man die gerichtete Bewegung von Ladungsträgern. Sie kommt in festen Körpern, Flüssigkeiten und Gasen zustande, wenn in diesen frei bewegliche Ladungsträger vorhanden sind, auf die nach Gl. 1.2 die Kräfte eines elektrischen Feldes wirken.

Wie oben bereits ausgeführt, sind in festen leitenden Körpern im unelektrischen Zustand ortsfeste Atomrümpfe und frei bewegliche Elektronen vorhanden. Ist nun z. B. in einem Kupferdraht als Teil eines elektrischen Stromkreises ein elektrisches Feld mit der Feldstärke $\vec{E}$ (Abb. 1.3a) vorhanden, dann wirken nach Gl. 1.2 auf die freien Elektronen Kräfte. Dadurch wird eine gerichtete Bewegung hervorgerufen, die sich der unregelmäßigen Wärmebewegung überlagert. Die Elektronen bewegen sich längs der elektrischen Feldlinien in axialer Richtung von 2 nach 1, entgegen der Feldstärke $\vec{E}$. Bei einem elektrischen Strom in festen Körpern handelt es sich also immer um eine reine Elektronenleitung, d. h. um den Transport negativer Elementarladungen.

Elektrische Stromstärke Als Stromstärke oder verkürzt als „Strom" mit dem Formelzeichen I bezeichnet man die infolge der Feldstärke $\vec{E}$ in der Zeiteinheit t durch einen Leiterquerschnitt tretende Ladung Q. Es gilt damit die Beziehung

$$I = Q/t. \tag{1.4}$$

Die Einheit der Stromstärke ist 1 Ampere (1 A) mit der Einheitengleichung $1\,\text{A} = 1\,\text{C/s}$.

Nach Abb. 1.3a entstehen, je nachdem ob es sich um negative oder positive Ladungsträger handelt, zwei Bewegungsrichtungen. Um für die Berechnungen einen einheitlichen Bezug zu erhalten, wird nach DIN 5489 ein Strom von 1 nach 2 dann als positiv gezählt, wenn sich positive Ladungsträger von 1 nach 2 bewegen. Man bezeichnet diese Festlegung als den konventionellen Richtungssinn eines Stromes. In Metallen bewegen sich damit die Elektronen wegen ihrer negativen Elementarladung gerade entgegengesetzt zur vereinbarten positiven Stromrichtung. Da die Spannung nach Gl. 1.3a, b in Richtung der Feldstärke

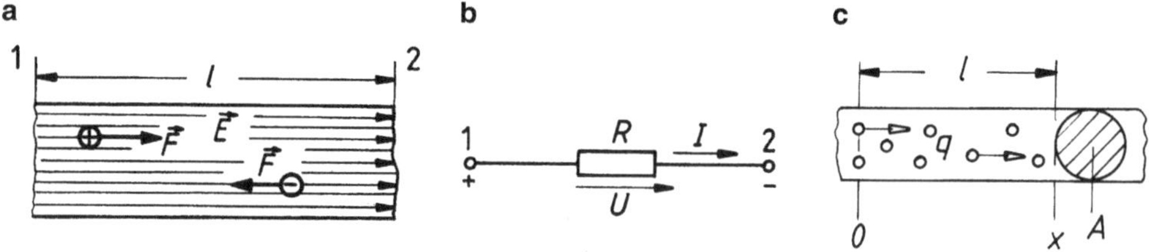

Abb. 1.3 a Leiterstück mit elektrischem Feld E und beweglichen positiven $\oplus$ und negativen $\ominus$ Ladungen, **b** konventioneller Richtungssinn für Strom I und Spannung U, **c** zur Wandergeschwindigkeit der Elektronen

zu zählen ist, erhalten nach Abb. 1.3b Strom- und Spannungspfeil an einem Verbraucher R den gleichen Richtungssinn.

Aufgabe 1.2

Mit welcher Stromstärke I wird ein Akkumulator mit der Ladung $Q = 10\,\text{mAh}$ vollständig in der Zeit $t = 6\,\text{min}$ gleichmäßig entladen?

Ergebnis: $I = 0{,}1\,\text{A}$

Aufgabe 1.3

Zwischen zwei anliegenden lackisolierten Drähten besteht infolge einer Überspannung die Spannungsdifferenz $U = 600\,\text{V}$. Wie stark muss der einseitige Lackauftrag s sein, damit die zulässige Feldstärke den Wert $E = 30\,\text{kV/cm}$ nicht überschreitet?

Ergebnis: $s = 0{,}1\,\text{mm}$

Aufgabe 1.4

Zur Entstaubung der Kaminluft eines Kohlekraftwerks wird die Abluft durch ein großflächiges einseitig perforiertes Stahlplattenpaar gedrückt, zwischen dem die Spannung U besteht. Es sei angenommen, dass die Staubteilchen dabei die Elementarladung $q = 0{,}16 \cdot 10^{-18}\,\text{As}$ aufnehmen und mit der Kraft $F = 0{,}48 \cdot 10^{-12}\,\text{N}$ zur gegenüberliegenden Platte gelangen. Welche Spannung ist angelegt, wenn zwischen den Platten der Abstand 1 cm beträgt?

Ergebnis: $U = 30\,\text{kV}$

Nachstehende Angaben sollen eine Vorstellung von der Stromstärke in Geräten und Anlagen geben:

- $10^{-12}\,\text{A}$ – Ansteuerstrom eines Feldeffekttransistors,
- $10^{-6}\,\text{A}$ – Kontaktstrom einer Sensortaste,
- $10^{-3}\,\text{A}$ – Reizschwelle beim Menschen,
- $10\,\text{A}$ – Heizlüfter mit 2,3 kW Leistung,
- $10^{+3}\,\text{A}$ – Drehstromgenerator für 10 kV, 17 MVA,
- $10^{+5}\,\text{A}$ – Blitzstromspitze, Alu-Schmelze.

Elektronengeschwindigkeit Im Unterschied zum praktisch gleichzeitigen „Startbefehl" für alle Elektronen eines Stromkreises durch Anlegen der Spannung bewegen sich die Ladungsträger selbst sehr langsam. Das Leiterstück aus Kupfer in Abb. 1.3c hat das Volumen $V = lA$ in dem etwa $z = 10^{23}$ Elektronen pro Kubikzentimeter jeweils mit der Einheitsladung $|q| = e$ vorhanden sind. Auch die an der linken Begrenzung $x = 0$ befindlichen Ladungen mögen in der Zeit t die Stelle x passieren. Die hier durchtretende Gesamtladung ist damit $Q = zqlA$ und gleichzeitig gilt nach Gl. 1.4 $Q = It$. Mit der in Gl. 1.14 definierten Stromdichte $J = I/A$ ergibt dies die Zuordnung $zqlA = It$.

Mit $v = l/t$ errechnet sich daraus die Wandergeschwindigkeit der Elektronen zu

$$v = \frac{J}{z \cdot q}\,.$$

Bei einer Stromdichte von $4\,\mathrm{A/mm^2}$ erhält man den Wert $v = 0{,}25\,\mathrm{mm/s}$. Die Elektronen einer Autobatterie brauchen also Stunden bis sie den meterlangen Kabelbaum durchlaufen haben.

Elektrischer Strom in Flüssigkeiten Während in drahtgebundenen Stromkreisen ausschließlich Elektronen für den Transport elektrischer Ladungen verantwortlich sind, geschieht dies in leitenden Flüssigkeiten (Elektrolyten) durch Atome oder Moleküle (Ionen) mit positiver oder negativer Ladung. Diese entstehen durch Lösen von Salzen in der Regel in Wasser, worin diese wie z. B. bei Kupferchlorid mit $CuCl_2 \rightarrow Cu^{2+} + 2\,Cl^-$ zerfallen (Dissoziation). Legt man über zwei Elektroden eine Gleichspannung an die wässrige Lösung, so fließt im äußeren Stromkreis zwar ein Elektronenstrom, im Elektrolyten wandern aber positive Ionen (Kationen) zur Elektrode mit dem negativen Spannungspotenzial (Kathode) und negative Anionen zur positiven Elektrode (Anode).

Diese Erscheinung wird in der Galvanotechnik vielfach zur Veredlung einer Metalloberfläche durch Verzinken, Verkupfern, Versilbern usw. genutzt, indem man das entsprechende Werkstück als Kathode in einen geeigneten Elektrolyten eintaucht. Steht die Gewinnung eines Rohstoffes wie z. B. Aluminium im Vordergrund, das in Schmelzöfen bei Strömen im kA-Bereich aus Bauxit (vorrangig Al_2O_3) gewonnen wird, spricht man von Elektrolyse. Diese kann auch z. B. für eine indirekte Speicherung von überschüssiger Windstromenergie in Form von Wasser- und Sauerstoff aus der Elektrolyse von Wasser eingesetzt werden. Beide Gase stehen dann bei Bedarf für eine schadstofffreie Verbrennung zur Verfügung.

Elektrische Arbeit und Leistung Wirkt längs der Wegstrecke l die konstante Kraft F, so wird nach den Gesetzen der Mechanik die Arbeit $W = Fl$ geleistet. Überträgt man diese Beziehung auf das Leiterstück in Abb. 1.3a, so ergibt sich zunächst aus den Gl. 1.2 – 1.4 für die Kraft die Beziehung

$$F = QE = (It) \cdot (U/l)\,.$$

Die Feldkräfte leisten damit in der Zeit t die elektrische Arbeit W nach

$$W = UIt \, . \tag{1.5}$$

Für die Einheit der elektrischen Arbeit erhält man $1\,\text{V} \cdot 1\,\text{A} \cdot 1\,\text{s} = 1\,\text{Ws}$ (Wattsekunde) $=$ $1\,\text{J}$ (Joule). Da dieser Wert sehr klein ist, verwendet die Praxis z. B. für Abrechnungen die Einheit $1\,\text{kWh} = 10^3\,\text{W} \cdot 3600\,\text{s} = 3,6 \cdot 10^6\,\text{J}$.

Für die elektrische Leistung P als Arbeit pro Zeit (Einheit $1\,\text{W}$ (Watt)) erhält man nach Gl. 1.5

$$P = UI \, . \tag{1.6}$$

Ohmsches Gesetz Legt man an einen metallischen Leiter eine Spannung U an und misst die danach auftretende Stromstärke I so erhält man bei konstanter Temperatur eine strenge Proportionalität zwischen den beiden Größen. Sie wird mit

$$R = \frac{U}{I} \quad \text{umgestellt} \quad U = IR \quad \text{oder} \quad I = \frac{U}{R} \tag{1.7}$$

als elektrischer Widerstand R bezeichnet und die Gleichung nach seinem Entdecker Simon Ohm als Ohmsches Gesetz bezeichnet.

Die Einheit des elektrischen Widerstandes ist nach Gl. 1.7 $1\,\text{V}/1\,\text{A} = 1\,\text{Ohm}$ (Ω). Widerstände sind in Leitungen und Wicklungen unerwünschter Bestandteil, in der Heiztechnik (Kochplatte, Heizlüfter, Glühlampe) dagegen für die Funktion erforderlich.

In Schaltplänen wird der elektrische Widerstand R eines Leiters durch ein Schaltzeichen nach Abb. 1.3b normgerecht dargestellt.

Erkenntnisse

- Als elektrischen Strom bezeichnet man die gleichsinnige Bewegung elektrischer Ladungen.
- Träger der Ladungen sind in Metallen die dort frei beweglichen Elektronen mit der negativen Elementarladung.
- Ursache der Bewegung sind Kräfte, verursacht durch die elektrische Feldstärke entlang der Leitung.
- Die Feldstärke wird durch die an den Stromkreis angelegte Spannung verursacht.
- Die Elektronen im Leiter bewegen sich mit Geschwindigkeiten im Bereich mm/s, nur der „Startbefehl" erfolgt überall gleichzeitig mit Anlegen der Spannung.

1.1.1.2 Elektrischer Stromkreis

Ein elektrischer Stromkreis besteht grundsätzlich aus der geschlossenen Anordnung in Abb. 1.4 mit den Elementen Spannungsquelle – Schalter – Hinleitung – Verbraucher – Rückleitung.

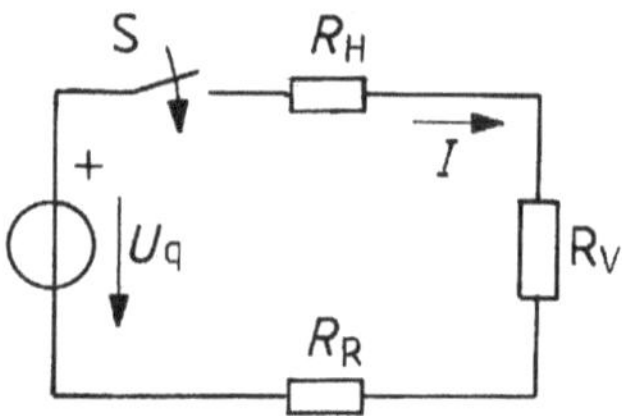

Abb. 1.4 Aufbau eines Stromkreises mit Quelle U_q Leitungswiderständen R_H und R_R und Verbraucherwiderstand R_v Schalter S

Mit Schließen des Schalters setzen sich alle Elektronen mit der berechneten geringen Geschwindigkeit in Richtung Pluspol der Quelle in Bewegung.

Der Strompfeil I ist in Abb. 1.4 im sogenannten konventionellen Richtungssinn (technische Stromrichtung) eingetragen, also entgegen der Bewegung der Elektronen. Ein positiver Strom fließt demnach vom Pluspol der Quelle in Richtung und durch den Verbraucher, innerhalb der Quelle aber vom Minus- zum Pluspol. Für den Betrag des Stromes gilt das Ohmsche Gesetz, wobei für den Widerstand R die Summe aller Teilwerte zu setzen ist.

Wirkungen des elektrischen Stromes Ströme können von unseren Sinnen nicht direkt wahrgenommen werden, sie sind nur an ihren physikalischen Auswirkungen zu erkennen:

1. **Magnetismus und Kräfte.** Elektrische Ströme erzeugen in ihrer Umgebung – verstärkt in eisenhaltigen Stoffen – Magnetfelder und bilden mit diesen Kräfte aus. Dies ist die Basis aller Elektromotoren, Elektrokupplungen und -bremsen und weiterer Geräte.
2. **Wärmeentwicklung.** In ohmschen Widerständen wird die elektrische Energie $W = UIt$ in Wärme umgesetzt. Diese wird vielfältig in Kochplatten, Heizgeräten, Glühlampen, usw. technisch ausgenutzt.
3. **Elektrochemie.** Elektrische Energie lässt sich in Akkumulatoren oder durch Elektrolyse z. B. von Wasser in Form chemischer Energie speichern.
4. **Reizstromtherapie.** Zur Behandlung von Muskel- und Gelenkerkrankungen werden eine Vielzahl von Therapien mit Körperströmen eingesetzt.

In allen Fällen erfolgt in den beteiligten Geräten eine Energieumwandlung wie z. B. bei Motoren von elektrischer Energie aus dem Stromnetz in mechanische Energie an der Welle.

Wirkungsgrad Alle Energieumwandlungen in der Technik laufen im gewünschten Sinne nicht verlustfrei. So entsteht z. B. in den Bauteilen Elektroblech und Wicklungen eines Motors Wärme, deren Energieanteil nicht mehr an der Welle zur Verfügung steht. Man kennzeichnet das Verhältnis von nutzbarer abgegebener Energie W_{ab} zum aufgenommenen Wert W_{zu} als den Wirkungsgrad des Gerätes und gibt den Wert

$$\eta = (W_{ab}/W_{zu})\,100\,\%$$

in der Regel mit einem Prozentwert an.

Tab. 1.1 Wirkungsgrade in % nach $\eta = (P_{ab}/P_{zu})\,100\,\%$ für Geräte und Anlagen

Gerät	ca. Wirkungsgrade in %
Glühlampe	3–5
Fotovoltaikanlage	10–13
Leuchtstofflampe	15
Kohlekraftwerk	45
Industrieantrieb > 1 kW	70–95
Kraftwerksgenerator > 100 MVA	98
Gleichrichter	98
Großtransformator	99,5

Erfolgt die Energiezufuhr und -abgabe in derselben Zeitspanne t, dann gilt nach $P = W/t$ auch für den Wirkungsgrad der entsprechenden Leistungen

$$\eta = (P_{ab}/P_{zu})100\,\% \,. \tag{1.8}$$

In der Energietechnik hat der Wirkungsgrad eine große wirtschaftliche und umweltpolitische Bedeutung (CO_2-Ausstoß der Kraftwerke). So wird ständig daran gearbeitet, die in Tab. 1.1 aufgeführten Richtwerte zu verbessern.

Der geringe Wirkungsgrad der klassischen Glühlampe im Vergleich zu Kompaktleuchtstofflampe (Energiesparlampe) oder gar zur Leuchtdiode (LED) ist der Grund für das langfristige Verkaufsverbot von Glühlampen, das derzeit alle Leistungen über 60 W betrifft. Trotz des deutlich höheren Preises ist der Einsatz von Energiesparlampen langfristig im Haushalt auch finanziell vorteilhaft. In der Summe über alle Anwender kann bei weitgehendem Einsatz eine Kraftwerksleistung von über 1000 MW eingespart werden.

1.1.1.3 Elektrischer Widerstand

Die den elektrischen Strom bildenden freien Elektronen eines Leiters erfahren durch die Wärmebewegungen der Atome im Kristallgitter eine Hemmung in ihrer Bewegung, was bei gegebener Spannung eine Begrenzung der Stromstärke bewirkt. Diese Erscheinung drückt das Ohmsche Gesetz durch den Quotienten Widerstand mit $R = U/I$ aus und ordnet diese Begrenzung damit einem materialtypischen Wert, dem ohmschen Widerstand, zu.

Widerstandsformel Der elektrische Widerstand R für drahtförmige Leiter mit Länge l und Querschnitt A, wie sie bei elektrischen Leitungen, Wicklungen in Generatoren und Motoren, Heizspulen in Elektrowärmegeräten, Magnetspulen usw. immer verwendet werden, lässt sich mit dem spezifischen elektrischen Widerstand ϱ nach der Widerstandsformel errechnen

$$R = \varrho\frac{l}{A} \tag{1.9}$$

Tab. 1.2 Stoffkonstanten zur Berechnung des elektrischen Widerstands von Bauteilen aus Metallen und Legierungen

Metalle	ϱ_{20} $\Omega\,\text{mm}^2/\text{m}$	g_{20} $\text{S}\,\text{m}/\text{mm}^2$	a_{20} $1/\text{K}$	Legierungen	ϱ_{20} $\Omega\,\text{mm}^2/\text{m}$	g_{20} $\text{S}\,\text{m}/\text{mm}^2$	a_{20} $1/\text{K}$
Silber	0,016	62,5	0,0038	Aldrey	0,033	30	0,0036
Kupfer	0,01786	56	0,00392	Bronze	0,036	28	0,0040
Aluminium	0,02857	35	0,0038	Messing	0,08	12,5	0,0015
Wolfram	0,055	18	0,0041	Stahldraht	0,13	7,7	0,005
Zink	0,063	16	0,0037	Neusilber	0,30	3,33	0,00035
Nickel	0,10	10	0,0048	Nickelin	0,43	2,3	0,0002
Zinn	0,11	9	0,0042	Manganin	0,43	2,3	0,00001
Eisendraht	0,12	8,3	0,0052	Konstanten	0,50	2	0,00001
Platin	0,13	7,7	0,0025	Nickel-Chrom	1,1	0,91	0,0002

Hinweis Nach DIN 1304 werden Temperaturen mit der Einheit Grad Celsius (°C), Temperaturunterschiede dagegen in Kelvin (K) angegeben. Ein auf $\vartheta_\text{k} = 40\,°\text{C}$ erwärmter Körper hat somit gegenüber $20\,°\text{C}$ eine Temperaturdifferenz von $20\,\text{K}$.

Die sich hieraus ergebende SI-Einheit für ϱ ist $1\,\Omega\,\text{m}^2/\text{m} = 1\,\Omega\,\text{m}$. Zweckmäßig und in der Praxis üblich ist, dass man die Leiterlänge l in Meter (m) und den Leiterquerschnitt A in mm^2 einsetzt, so dass sich der spezifische Widerstand des Leiters $\varrho = RA/l$ in $\Omega\,\text{mm}^2/\text{m}$ nach Tab. 1.2 ergibt.

Elektrischer Leitwert und elektrische Leitfähigkeit Anstelle von R und ϱ kann man auch die reziproken Größen verwenden. Definiert sind der elektrische Leitwert

$$G = \frac{1}{R} \tag{1.10}$$

mit der Einheit $1/\Omega = 1\,\text{S}$ (Siemens) und die spezifische elektrische Leitfähigkeit

$$\gamma = \frac{1}{\varrho} \tag{1.11}$$

mit der reziproken Einheit von ϱ.

Temperaturabhängigkeit des elektrischen Widerstands Der spezifische Widerstand ϱ hängt allgemein vom Leiterwerkstoff und von der Leitertemperatur ϑ ab. Bei Metallen und den meisten Legierungen nimmt ϱ mit der Leitertemperatur zu. Allgemein gilt somit für den Widerstand R_ϑ eines drahtförmigen Leiters bei der Leitertemperatur ϑ nach Gl. 1.9

$$R_\vartheta = \varrho_\vartheta \frac{1}{A} \cdot$$

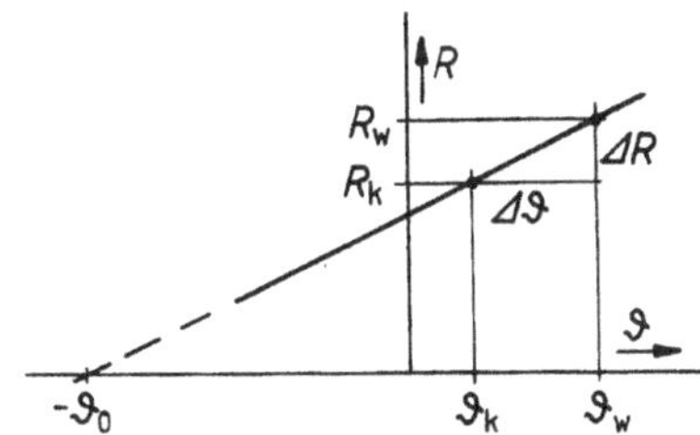

Abb. 1.5 Abhängigkeit des ohmschen Widerstandes von der Temperatur ϑ

Innerhalb des praktisch ausnutzbaren Temperaturbereichs kann man für die meisten Leiterwerkstoffe den Wert ϱ_ϑ bei der Leitertemperatur ϑ (Celsiustemperatur) genügend genau nach der linearen Beziehung

$$\varrho_\vartheta = \varrho_{20}(1 + \alpha_{20}\Delta\vartheta_{20})$$

ermitteln. Die Werte ϱ_{20} bei 20 °C und die Temperaturkoeffizienten, auch Temperaturbeiwerte genannt, α_{20} bei 20 °C der Leitermaterialien sind in Tab. 1.2 angegeben. $\Delta\vartheta_{20}$ ist der Temperaturunterschied gegen 20 °C, somit $\Delta\vartheta_{20} = \vartheta - 20$ °C. Setzt man ϱ_ϑ aus obiger Gleichung ein, so ist

$$R_\vartheta = \varrho_{20}\frac{l}{A}(1 + \alpha_{20}\Delta\vartheta_{20})\,.$$

Da der Widerstand bei 20 °C

$$R_{20} = \varrho_{20}\frac{l}{A}$$

ist, wird

$$R_\vartheta = R_{20}(1 + \alpha_{20}\Delta\vartheta_{20})\,. \tag{1.12a}$$

In der Praxis wird die Erwärmung von Wicklungen in Transformatoren oder elektrischen Maschinen durch die Erhöhung ihres ohmschen Widerstandes ausgehend von einem Wert R_k im kalten Zustand mit der Temperatur ϑ_k bestimmt. Gleichung 1.12a hat für diese Anwendung den Nachteil, dass dort der Bezugswert $\vartheta_k = 20$ °C ist, was in der Regel nicht der Fall ist.

Die Bestimmungen in VDE 0530 verwenden daher für die Zuordnung von Widerstand und Temperatur die in Abb. 1.5 angegebene lineare Beziehung nach der Gleichung

$$R_w = R_k\frac{\vartheta_0 + \vartheta_w}{\vartheta_0 + \vartheta_k} \quad \text{oder} \quad \vartheta_w = \frac{R_w}{R_k}(\vartheta_0 + \vartheta_k) - \vartheta_0\,. \tag{1.12b}$$

Die Gerade ist auf einen fiktiven Wert ϑ_0 verlängert, der für Kupfer den Betrag 235 °C und für Aluminium 225 °C hat. Für $\vartheta_k = 20°$ C erhält man denselben Wert wie nach Gl. 1.12a.

Zur Bestimmung der warmen Wicklungstemperatur ϑ_w einer Maschine werden vor der Belastung die kalten Daten R_k und ϑ_k festgestellt und nach Erreichen der Enderwärmung – evtl. erst nach einigen Stunden – der warme Wert R_w gemessen.

Abb. 1.6 Schaltzeichen für
Widerstände. **a** allgemein, **b**
veränderlicher Widerstand, **c**
Potenziometer

Schaltzeichen für Widerstände Elektrische Widerstände als Bauteile werden in Schaltplänen durch Schaltzeichen nach DIN EN 60617-4 dargestellt. Abb. 1.6 zeigt drei Ausführungen.

Beispiel 1.5

Zur Herstellung der Erregerwicklung einer elektrischen Maschine sind 2850 m Kupferdraht von 1,2 mm Durchmesser erforderlich.

a) Man berechne den Widerstand der Wicklung bei 20 °C.
   Nach Gl. 1.9 ergibt sich mit $\varrho_{20} = 0{,}01786\,\Omega\,\text{mm}^2/\text{m}$ (Tab. 1.2) und $A = \pi d^2/4 =$
   $\pi \cdot 1{,}2^2\,\text{mm}^2/4 = 1{,}13\,\text{mm}^2$

$$R_{20} = 0{,}01786\,\frac{\Omega\,\text{mm}^2}{\text{m}} \cdot \frac{2850\,\text{m}}{1{,}13\,\text{mm}^2} = 45\,\Omega\,.$$

b) Wie groß ist der Widerstand der Wicklung bei 75 °C, wie groß bei 5 °C?
   Nach Gl. 1.12a ist mit $a_{20} = 0{,}00392/\text{K}$ (Tab. 1.2)

$$\text{bei } 75\,°\text{C} \quad R_{75} = 45\,\Omega\,1 + \frac{0{,}00392}{\text{K}} \cdot (75 - 20)\,\text{K} = 45\,\Omega(1 + 0{,}00392 \cdot 55)$$
$$= 54{,}7\,\Omega$$
$$\text{bei } 5\,°\text{C} \quad R_{5} = 45\,\Omega\,1 + \frac{0{,}00392}{\text{K}} \cdot (5 - 20)\,\text{K} = 45\,\Omega(1 - 0{,}00392 \cdot 15)$$
$$= 42{,}4\,\Omega\,.$$

Beispiel 1.6

a) Bei welcher Temperatur ϑ_w verdoppelt sich der Widerstand einer Kupferwicklung
   gegenüber der Anfangstemperatur ϑ_k?
   Nach Gl. 1.12b entsteht mit $R_w = 2R_k$ die Gleichung

$$2(\vartheta_0 + \vartheta_k) = \vartheta_w + \vartheta_0$$

Damit gilt allgemein $\vartheta_w = \vartheta_0 + 2\vartheta_k$.
Bei $\vartheta_k = 20\,°\text{C}$ ergibt dies $\vartheta_w = 235\,°\text{C} + 2 \cdot 20\,°\text{C} = 275\,°\text{C}$.

Dasselbe Ergebnis erhält man mit Gl. 1.12a und $\alpha_{20} = 0{,}00392/\text{K}$ aus

$$1 + \alpha_{20}\,\Delta\vartheta_{20} = 2$$
$$\Delta\vartheta_{20} = 1/0{,}00392\,\text{K} = 255\,\text{K}$$
$$\vartheta_w = \Delta\vartheta_{20} + 20\,°\text{C} = 255\,\text{K} + 20\,°\text{C} = 275\,°\text{C}\,.$$

b) Die Wicklung des Motors für einen Skilift hat im Winter den kalten Widerstand $R_k = 1{,}8\,\Omega$. An einem Sommertag wird der warme Wert $R_w = 2{,}8\,\Omega$ gemessen und über ein eingebautes Thermoelement die Wicklungstemperatur $\vartheta_w = 115\,°\text{C}$ bestimmt.
Welche Temperatur ϑ_k hatte die Kupferwicklung im Winter?
Gleichung 1.12b wird auf die kalte Temperatur umgestellt und ergibt

$$\vartheta_k = \frac{R_k}{R_w}\,(\vartheta_0 + \vartheta_w) - \vartheta_0$$
$$\vartheta_k = \frac{1{,}8 \cdot \Omega}{2{,}8 \cdot \Omega}\,(235 + 115)\,°\text{C} - 235\,°\text{C} = -10\,°\text{C}\,.$$

Stromwärme Die in ohmschen Widerständen umgesetzte Energie wird grundsätzlich in Wärme gewandelt. In Heizgeräten wie Öfen, Kochplatten usw. ist dies erwünscht, während es in den Leitern von Maschinen, Transformatoren oder Kabeln unerwünschte Verluste bedeutet.

Für die in einem Widerstand umgesetzte Leistung verwendet man gerne nachstehende, spezielle Beziehungen. Kombiniert man die Gleichung $P = UI$ mit dem Ohmschen Gesetz nach Gl. 1.7, so erhält man wahlweise

$$P = I^2 R \tag{1.13a}$$

oder

$$P = U^2/R \tag{1.13b}$$

Die Leistung steigt demnach in einem konstanten Widerstand R quadratisch mit dem Strom I bzw. mit der Spannung U an.

Beispiel 1.7

Es sind Strom I und Widerstand R einer Glühlampe mit den Daten 60 W, 230 V zu bestimmen.

Nach Gl. 1.6 ist $I = P/U = 60\,\text{W}/230\,\text{V} = 0{,}261\,\text{A}$ und nach Gl. 1.7 folgt $R = U/I = 230\,\text{V}/0{,}261\,\text{A} = 882\,\Omega$. Dasselbe Ergebnis erhält man über Gl. 1.13b mit $R = U^2/P = (230\,\text{V})^2/60\,\text{W} = 882\,\Omega$.

Stromdichte und elektrische Feldstärke Fließt ein elektrischer Strom I durch einen Leiter mit dem Querschnitt A, so ist die im Draht vorhandene Stromdichte

$$J = \frac{I}{A} \tag{1.14}$$

mit der SI-Einheit $1\ \text{A/m}^2$.

Fließt Gleichstrom durch drahtförmige Leiter wie Wicklungen, Freileitungsdrähte, Kabeladern, dann bewegen sich nach Abb. 1.3 die Elektronen entgegengesetzt zu den elektrischen Feldlinien, gleichmäßig verteilt im gesamten Leiterquerschnitt.

Zwischen der Stromdichte J und der elektrischen Feldstärke E besteht an jedem Punkt eines Leiters ein einfacher Zusammenhang. Mit Gl. 1.9 und 1.14 lautet das Ohmsche Gesetz nämlich auch

$$U = I \cdot R = J \cdot A \frac{\varrho \cdot l}{A} = \varrho \cdot J \cdot l.$$

Andererseits gilt nach Gl. 1.3a,b $U = El$, so dass aus beiden Gleichungen auch das Ohmsche Gesetz in allgemeiner Form folgt:

$$E = \varrho J \tag{1.15}$$

Beispiel 1.8

Für eine Beleuchtung stehen zur Auswahl:

Eine Glühlampe mit $P = 25\,\text{W}$, Preis $0{,}6\ €$, Lebensdauer $1000\,\text{h}$

Eine Energiesparlampe gleicher Lichtstärke mit $P = 5\,\text{W}$, Preis $6\ €$, Lebensdauer $8000\,\text{h}$

Bei einem Energiepreis von $0{,}2\ €/\text{kWh}$ ist die Kostenbilanz K zum Ende von 8000 Betriebsstunden aufzustellen.

$$
\begin{aligned}
\text{Glühlampe:} \quad & W_\text{G} = P\,t = 25\,\text{W} \cdot 8000\,\text{h} = 200\,\text{kWh nach Gl. 1.5 und 1.6} \\
& K_\text{G} = 200\,\text{kWh} \cdot 0{,}2\ €/\text{kWh} + 8 \cdot 0{,}6\ € = 44{,}2\ € \\
\text{Sparlampe:} \quad & W_\text{E} = 5\,\text{W} \cdot 8000\,\text{h} = 40\,\text{kWh} \\
& K_\text{E} = 40\,\text{kWh} \cdot 0{,}2\ €/\text{kWh} + 1 \cdot 6\ € = 14\ € \\
\text{Ersparnis:} \quad & \Delta K = K_\text{G} - K_\text{E} = 30{,}2\ \text{EUR}
\end{aligned}
$$

Aufgabe 1.5

Ein Steinkohlekraftwerk mit $\eta_1 = 41\,\%$ arbeitet hochgerechnet pro Jahr $t = 4500$ Stunden mit seiner Leistung $P_\text{N} = 500\,\text{MW}$. Nach einer Revision mit neuartigen Schaufelprofilen für die Dampfturbine und weiteren Verbesserungen beträgt der neue Wirkungsgrad $\eta_2 = 42\,\%$.

Es sind die erreichte Verlustminderung ΔP und die jährlich eingesparten Kosten K auf der Basis von 0,1 € pro kWh zu bestimmen.

Ergebnis: $\Delta P = 29\,\text{MW}$, $K = 13,05\,\text{Mio. €}$

Aufgabe 1.6

Auf ein Keramikrohr mit dem Durchmesser $D = 47\,\text{mm}$ und der Länge $l_R = 240\,\text{mm}$ liegen Runddrähte mit $d = 2\,\text{mm}$ und einseitigem Isolierauftrag von 0,5 mm dicht an dicht. Welcher Widerstand wird bei $\varrho = 0,5\,\Omega\,\text{mm}^2/\text{m}$ erreicht?

Ergebnis: $R = 2\,\Omega$

Aufgabe 1.7

Für die Überprüfung der Motorerwärmung wird bei 15 °C anstelle des richtigen kalten Wicklungswiderstandes $R_k = 1,2\,\Omega$ ein falscher Wert mit 1,15 Ω festgestellt. Bei Enderwärmung wird $R_w = 1,6\,\Omega$ gemessen. Um wie viel Kelvin wird die Übertemperatur zu hoch bestimmt?

Ergebnis: 14,5 K

Aufgabe 1.8

Eine Infrarot-Lampe mit den Daten $U = 110\,\text{V}$ und konstant, $P = 46\,\text{W}$ soll am $U_N = 230\,\text{V}$ betrieben werden. Welcher Vorwiderstand R_V ist vorzuschalten?

Ergebnis: $R_V = 600\,\Omega$

Aufgabe 1.9

Auf einem Widerstand sind die Daten $R = 100\,\Omega$ und $P = 4\,\text{W}$ aufgedruckt. Welche Spannung U darf angelegt werden?

Ergebnis: $U = 20\,\text{V}$

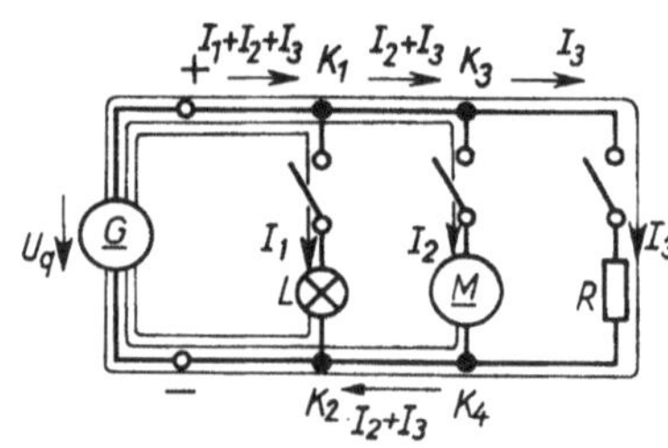

Abb. 1.7 Schaltplan mit 3 Verbrauchern in Parallelschaltung, 4 Knotenpunkten und 6 Stromzweigen

1.1.1.4 Kirchhoffsche Regeln

Knotenregel Abb. 1.7 zeigt einen verzweigten Stromkreis mit drei Verbrauchern: Glühlampe L, Motor M, Widerstand R. Sie sind an die von den Polen + und − des Generators ausgehenden Versorgungsleitungen geschlossen. Jeder Verbraucher kann durch einen besonderen Schalter zu- oder abgeschaltet werden, ohne dass dadurch die Stromzweige der übrigen Verbraucher beeinflusst werden. Sind alle drei Schalter geschlossen, so fließen durch die Stromzweige der Verbraucher die Ströme I_1, I_2 und I_3, deren Strombahnen in Abb. 1.7 eingezeichnet sind. Somit können die in jedem der 6 Stromzweige fließenden Ströme angegeben werden, z. B. ergibt sich für den Generatorstrom $\sum I = I_1 + I_2 + I_3$.

An jedem der vier Knotenpunkte (Stromverzweigungspunkte) K_1 bis K_4 und allgemein an jedem Knotenpunkt einer elektrischen Schaltung gilt die Knotenregel

$$\sum I_{zu} = \sum I_{ab} \tag{1.16}$$

In Worten: **An jedem Knotenpunkt einer elektrischen Schaltung ist die Summe der zufließenden Ströme $\sum I_{zu}$ gleich der Summe der abfließenden Ströme $\sum I_{ab}$.**

Beispiel 1.9

a) Welcher Zusammenhang besteht zwischen den Strömen des Knotenpunktes (Abb. 1.8)?

Nach der Knotenregel, Gl. 1.16, gilt

$$I_1 + I_3 = I_2 + I_4 + I_5 .$$

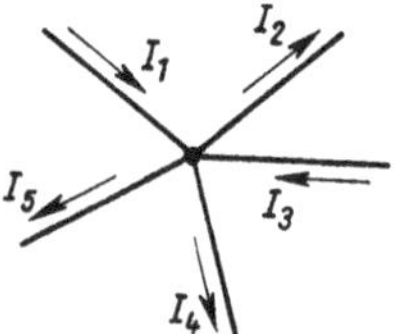

Abb. 1.8 Beispiel zur Knotenregel

b) Gemessen wurden die Ströme $I_1 = 8\,\text{A}$, $I_2 = 1\,\text{A}$, $I_3 = 3\,\text{A}$, $I_5 = 6\,\text{A}$. Wie groß ist I_4?

$$I_4 = I_1 + I_3 - I_2 - I_5 = (8 + 3 - 1 - 6)\,\text{A} = 4\,\text{A}\,.$$

c) Bei einem anderen Belastungsfall wurden die Ströme $I_1 = 12\,\text{A}$, $I_2 = 2\,\text{A}$, $I_4 = 1\,\text{A}$, $I_5 = 4\,\text{A}$ in den Richtungen von Abb. 1.8 gemessen. Wie groß ist I_3?

$$I_3 = I_2 + I_4 + I_5 - I_1 = (2 + 1 + 4 - 12)\,\text{A} = -5\,\text{A}\,.$$

Negativer Betrag eines Stromes bedeutet, dass die tatsächliche Stromrichtung entgegen der Richtung des angesetzten Strompfeils ist. Es fließt also in Abb. 1.8 ein Strom von 5 A vom Knotenpunkt nach rechts ab.

Beispiel 1.10

Im Knotenpunkt nach Abb. 1.8 werden die Ströme $I_1 = 12\,\text{A}$, $I_2 = 2\,\text{A}$, $I_5 = 4\,\text{A}$ gemessen. Bei welcher Stromstärke I_4 bleibt die Leitung 3 stromlos?

Die Knotenpunktregel $\sum I_{\text{zu}} = \sum I_{\text{ab}}$ ergibt die Gleichung $I_1 + I_3 = I_2 + I_4 + I_5$ und damit $I_4 = I_1 + I_3 - I_2 - I_5 = 12\,\text{A} + 0\,\text{A} - 2\,\text{A} - 4\,\text{A} = 6\,\text{A}$

Aufgabe 1.10

Wie groß muss im Beispiel 1.9c der Strom I_4 werden, damit $I_3 = 0$ gilt?

Ergebnis: $I_4 = 6\,\text{A}$

Maschenregel In Abb. 1.9 sind in dem unverzweigten Stromkreis mit der idealen Spannungsquelle U_q alle Teilwiderstände (Innenwiderstand, Hin- und Rückleitung, Verbraucher) eingetragen. Im Stromkreis fließt der Strom I bei einem Gesamtwiderstand R nach

$$R = \sum R_n = R_i + R_H + R_V + R_R\,.$$

Nach Gl. 1.7 ergibt sich dann für die Spannung

$$U_q = I\,R_i + I\,R_H + I\,R_V + I\,R_R \quad \text{oder} \quad U_i + U_H + U_v + U_R - U_q = 0$$

Abb. 1.9 Stromkreis zur Maschenregel

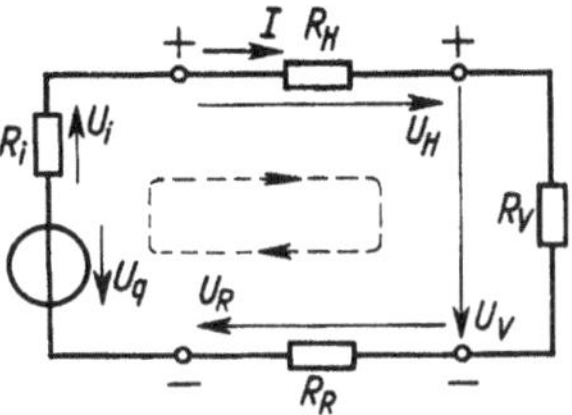

Abb. 1.10 Schaltung zu Beispiel 1.11

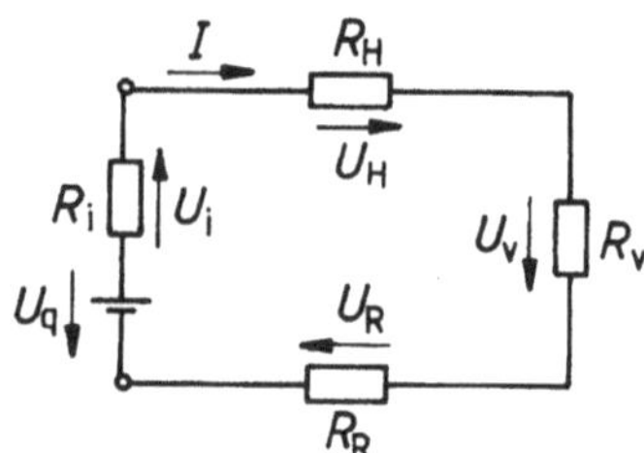

Man erhält demnach die an den Widerständen des Stromkreises auftretenden Teilspannungen U_i, U_H, U_v und U_R, wenn man den Strom jeweils mit den betreffenden Teilwiderständen multipliziert. Die Teilspannungen werden in den Schaltplan nach Abb. 1.9 eingezeichnet, wobei zu beachten ist, dass Spannungspfeile an Widerständen nach Abb. 1.10 stets in Richtung der Strompfeile einzutragen sind.

Für diesen unverzweigten Stromkreis und allgemein erhält man den Zusammenhang zwischen den Teilspannungen eines Stromkreises durch die Maschenregel

$$\sum U = 0 \tag{1.17}$$

In Worten: **Die Summe aller Spannungen längs eines beliebig geschlossenen Stromkreises, einer Masche, ist gleich null.**

Bei der Bildung der Spannungssumme ist zu beachten, dass die Teilwerte mit einem Pfeil in Umlaufrichtung positiv, mit einem Pfeil entgegen aber negativ einzusetzen sind. Zu beachten ist ferner, dass in der Schreibweise $\sum U = 0$ kein Unterschied zwischen der Spannung einer Quelle (Erzeugerspannung) und der an einem Verbraucher gemacht wird. Mit den in Abb. 1.9 eingetragenen Spannungspfeilen und dem gewählten Umlaufsinn im Uhrzeiger gilt dann nach Gl. 1.17 wenn man an der Plusklemme der Quelle beginnt

$$U_H + U_v + U_R - U_q + U_i = 0\,.$$

Wählt man einen Umlauf entgegen der Uhrzeigerrichtung, so kehren sich alle Vorzeichen in obiger Gleichung um und es entsteht z. B. mit

$$U_q = U_H + U_v + U_R + U_i$$

in beiden Fällen dasselbe Ergebnis.

Beispiel 1.11

Ein Pkw-Akku hat die Leerlaufspannung $U_q = 12{,}5$ V. Mit zwei Leitungen von $R_H = R_R = 0{,}1\ \Omega$ wird ein Widerstand $R_v = 2{,}25\ \Omega$ angeschlossen und danach ein Strom von $I = 5$ A gemessen.

Mit den Zählrichtungen aus Abb. 1.10 ist die Maschengleichung aufzustellen und der Innenwiderstand R_i der Quelle zu bestimmen.

Im Uhrzeigersinn aufsummiert gilt ab der Plusklemme

$$U_H + U_v + U_R - U_q + U_i = 0\,.$$

Dabei wird

$$U_H = I\,R_H = 5\,\text{A} \cdot 0{,}1\,\Omega = 0{,}5\,\text{V}$$

und ebenso

$$U_R = I\,R_R = 5\,\text{A} \cdot 0{,}1\,\Omega = 0{,}5\,\text{V}\,.$$

Am Verbraucher entsteht die Spannung

$$U_v = I\,R_v = 5\,\text{A} \cdot 2{,}25\,\Omega = 11{,}25\,\text{V}\,.$$

Aus der Spannungsgleichung erhält man

$$U_i = U_q - (U_H + U_R + U_v) = 12{,}5\,\text{V} - (0{,}5\,\text{V} + 0{,}5\,\text{V} + 11{,}25\,\text{V}) = 0{,}25\,\text{V}\,.$$

Der Innenwiderstand des Akkus in diesem Betriebszustand ist demnach

$$R_i = U_i / I = 0{,}25\,\text{V} / 5\,\text{A} = 0{,}05\,\Omega\,.$$

Aufgabe 1.11

Es ist der Wirkungsgrad der Schaltung in Abb. 1.10 in Bezug auf die Nutzleistung im Widerstand R_v zu bestimmen.

Ergebnis: $\eta = 90\,\%$

Zusammenfassung Die Knotenregel Gl. 1.16 und Maschenregel Gl. 1.17 bilden die Grundlage für das Berechnen von Spannungen und Strömen in elektrischen Stromkreisen. Diese Regeln können aber nur dann sinnvoll angewandt werden, wenn durch in die Schaltpläne einzuzeichnende Spannungs- und Strompfeile (keine Doppelpfeile!) die Zählrichtungen und damit die Vorzeichen der auftretenden Teilspannungen und -ströme eindeutig bezeichnet sind.

Beispiel 1.12

Im Stromkreis nach Abb. 1.9 fließt der Strom $I = 40\,\text{A}$. Die Widerstände R_H und R_R der Hin- und Rückleitung sind je $0{,}125\,\Omega$, der Generatorinnenwiderstand $R_i = 0{,}15\,\Omega$. Am Verbraucher soll die Spannung $U_v = 220\,\text{V}$ vorhanden sein.

a) Man berechne R_V, U_H, U_i, U_q.

Es sind $R_V = U_v/I = 220\,\text{V}/40\,\text{A} = 5,5\,\Omega$; $U_H = I R_H = 40\,\text{A} \cdot 0,125\,\Omega = 5\,\text{V}$; $U_R = U_H = 5\,\text{V}$; $U_i = I R_i = 40\,\text{A} \cdot 0,15\,\Omega = 6\,\text{V}$. Nach Gl. 1.17 erhält man

$$U_q = (6 + 5 + 220 + 5)\,\text{V} = 236\,\text{V}\,.$$

b) Wie groß sind Wirkungsgrad und Verluste?

$$\eta = \frac{P_{ab}}{P_{zu}} = \frac{U I}{U_q I} = \frac{220\,\text{V} \cdot 40\,\text{A}}{236\,\text{V} \cdot 40\,\text{A}} = \frac{8,80\,\text{kW}}{9,44\,\text{kW}} = 0,932 = 93,2\,\% \; P_v = 0,64\,\text{kW}$$

c) Wie groß sind die Stromkosten bei 8 h täglicher Betriebszeit (Tarif 0,18 €/kWh)?

$$W = P \cdot t = 8,8\,\text{kW} \cdot 8\,\text{h} = 70,4\,\text{kWh}$$

$$K = W \cdot k = 70,4\,\text{kWh} \cdot 0,18\,\text{€/kWh} = 12,67\,\text{€}$$

d) Man berechne die Kurzschlussströme bei einem Kurzschluss am Verbraucher und am Generator (Kurzschlusswiderstand jeweils gleich 0 annehmen).

Kurzschluss am Verbraucher ($R_V = 0$):   Kurzschluss am Generator:

$$I_k = \frac{U_q}{R_i + R_H + R_R} = \frac{236\,\text{V}}{0,4\,\Omega} = 590\,\text{A} \qquad I_k = \frac{U_q}{R_i} = \frac{236\,\text{V}}{0,15\,\Omega} = 1570\,\text{A}$$

Beispiel 1.13

Ein Gleichstrommotor trägt die folgenden Angaben auf seinem Leistungsschild:

3,7 kW   1500 min^{-1} 220 V   20,5 A

Es sind die Verluste P_{vN}, der Wirkungsgrad η_N und das Drehmoment M_N des Motors zu bestimmen.

Sämtliche Angaben auf dem Leistungsschild gelten für den sogenannten Bemessungsbetrieb und erhalten den Index N. Zentrale Größe ist die Bemessungsleistung P_N, die der Motor an der Welle abgeben kann, ohne dass die zulässige Wicklungserwärmung überschritten wird. Die Spannung U_N muss durch die Energieversorgung – bei Gleichstrommotoren heute eine Stromrichterschaltung – realisiert werden, während der Bemessungsstrom I_N die Wahl der Leiterquerschnitte und der Schutzmaßnahmen bestimmt.

Die Aufnahmeleistung P_{1N} des Motors und seine Verluste P_{vN} ergeben sich zu

$$P_{1N} = U_N I_N = 220\,\text{V} \cdot 20,5\,\text{A} = 4510\,\text{W} = 4,51\,\text{kW}$$

$$P_{vN} = P_{1N} - P_{2N} = (4,51 - 3,7)\,\text{kW} = 0,81\,\text{kW}\,.$$

Der Wirkungsgrad wird

$$\eta_N = P_{2N}/P_{1N} = 3,7\,\text{kW}/4,51\,\text{kW} = 0,82 = 82\,\% \,.$$

Für die Antriebstechnik ist der Zusammenhang zwischen der Abgabeleistung P, dem Drehmoment M und der Drehzahl n an der Welle eines Motors von großer Bedeutung. Es gilt grundsätzlich

$$P = 2\pi n M \,. \tag{1.18}$$

Dabei ist zu beachten, dass das mögliche Drehmoment allein durch die Baugröße (Volumen) der elektrischen Maschine bestimmt wird. Welche Leistung verfügbar ist, ergibt sich erst durch die Betriebsdrehzahl. Soll trotz relativ hoher Leistung eine handliche Motorgröße erreicht werden, so muss man wie z. B. bei Elektrowerkzeugen (Bohrmaschinen, Schleifer, Sägen) hohe Drehzahlen bis $n_N \leq 20.000\,\text{min}^{-1}$ und ein nachgeschaltetes Getriebe vorsehen.

Aufgabe 1.12

Für ein Handwerkzeug liefert der Akku $U = 12\,\text{V}$ und $I = 18\,\text{A}$. Wie groß ist das Drehmoment an der Welle, wenn der Wirkungsgrad des Antriebsstrangs $\eta = 64\,\%$ beträgt und $n = 600\,\text{min}^{-1}$ gemessen werden?

Ergebnis: $M = 2,2\,\text{N m}$

Aufgabe 1.13

Die Akkuladung eines Tackers beträgt $U = 6\,\text{V}$, $Q = 1\,\text{Ah}$ und jede Klammerung einer Folie an Holzbalken erfordert eine Energie von $W = 60\,\text{Ws}$. Wieviel z Klammerungen sind möglich, wenn der Akku zu $80\,\%$ entladen werden darf?

Ergebnis: $z = 288$

Erkenntnisse

- Elektrischer Strom fließt nur in einem zwischen den Anschlüssen an die Spannungsquelle geschlossenen Stromkreis.
- Als Stromrichtung ist entgegen der Wanderung der Elektronen der Weg vom Plus- zum Minuspol der Quelle vereinbart (techniche Stromrichtung).

- Es gibt keinen Stromverbrauch, alle Ladungsträger kehren unversehrt zur Stromquelle zurück.
- Verbraucht wird dagegen, anteilig nach den Einzelwiderständen im Stromkreis, die an den Stromkreis angelegte Spannung.
- In metallischen Leitern erhöht sich ihr elektrischer Widerstand mit der Erwärmung.

1.1.2 Gleichstromkreise

1.1.2.1 Widerstandsschaltungen

Stromkreise, in denen nur elektrische Widerstände vorkommen, werden mit Hilfe von Formeln, die aus den Kirchhoffschen Regeln hergeleitet werden, auf einfache Weise berechnet.

Reihenschaltung Alle Widerstände werden von demselben Strom I durchflössen (Abb. 1.11a). An den Widerständen der Schaltung treten nach dem Ohmschen Gesetz die Spannungen auf:

$$U_1 = IR_1 \quad U_2 = IR_2 \quad U_3 = IR_3 \quad \ldots \quad U_n = IR_n$$

Nach der Maschenregel $\sum U = 0$ gilt

$$U = U_1 + U_2 + U_3 + \ldots + U_\mathrm{n}$$
$$\text{oder} \quad U = I(R_1 + R_2 + R_3 + \ldots + R_\mathrm{n})$$
$$\text{oder} \quad U = IR_\mathrm{e}$$
$$\text{wobei} \quad R_\mathrm{e} = R_1 + R_2 + R_3 + \ldots + R_\mathrm{n}$$
$$\text{oder} \quad R_\mathrm{e} = \sum R \tag{1.19}$$

ist. Die Schaltung nach Abb. 1.11a kann demnach zu der Ersatzschaltung mit nur einem Widerstand, dem Ersatzwiderstand R_e der Reihenschaltung, vereinfacht werden.

Die Teilspannungen verhalten sich wie die zugehörigen Widerstände, z. B.

$$\frac{U_1}{U_2} = \frac{IR_1}{IR_2} = \frac{R_1}{R_2} \quad \frac{U_3}{U} = \frac{IR_3}{IR_\mathrm{e}} = \frac{R_3}{R_\mathrm{e}} \cdot$$

Parallelschaltung Alle Widerstände liegen an derselben Spannung U (Abb. 1.11b). Durch die Widerstände der Schaltung fließen nach dem Ohmschen Gesetz die Ströme

$$I_1 = \frac{U}{R_1} \quad I_2 = \frac{U}{R_2} \quad I_3 = \frac{U}{R_3} \quad \ldots \quad I_\mathrm{n} = \frac{U}{R_\mathrm{n}} \cdot$$

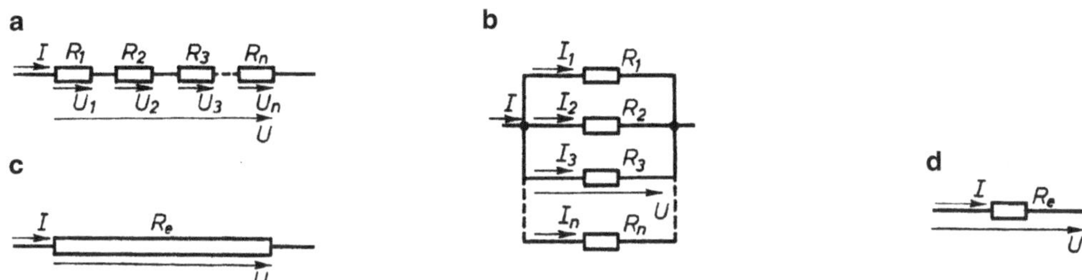

Abb. 1.11 Reihenschaltung (**a**) und Parallelschaltung (**b**) von Widerständen sowie Ersatzschaltungen (**c** und **d**)

Nach der Knotenregel $\sum I_{\mathrm{zu}} = \sum I_{\mathrm{ab}}$ gilt

$$I = I_1 + I_2 + I_3 + \ldots + I_n$$

$$\text{oder}\quad I = U\left(\frac{1}{R_1} + \frac{1}{R_2} + \frac{1}{R_3} + \ldots + \frac{1}{R_n}\right)$$

$$\text{oder}\quad I = U\frac{1}{R_{\mathrm{e}}}$$

$$\text{wobei}\quad \frac{1}{R_{\mathrm{e}}} = \frac{1}{R_1} + \frac{1}{R_2} + \frac{1}{R_3} + \ldots + \frac{1}{R_n}$$

$$\text{oder}\quad R_{\mathrm{e}} = \frac{1}{\sum 1/R} \tag{1.20}$$

ist. Die Schaltung nach Abb. 1.11b kann demnach zu der Ersatzschaltung mit nur einem Widerstand, dem Ersatzwiderstand R_{e} der Parallelschaltung, vereinfacht werden.

Die Teilströme verhalten sich umgekehrt wie die zugehörigen Widerstände, z. B.

$$\frac{I_1}{I_2} = \frac{U/R_1}{U/R_2} = \frac{R_2}{R_1} \qquad \frac{I_3}{I} = \frac{U/R_3}{U/R_{\mathrm{e}}} = \frac{R_{\mathrm{e}}}{R_3}.$$

Die Ersatzschaltungen nehmen bei Anschluss an die Spannung U den gleichen Strom I und damit die gleiche Leistung P und in der gleichen Zeit die gleiche Arbeit W auf wie die ursprüngliche Schaltung mit mehreren Widerständen.

Beispiel 1.14

Drei gleiche Widerstände von je $100\,\Omega$ werden zuerst in Reihe, dann parallel an die Netzspannung $230\,\mathrm{V}$ angeschlossen. Man berechne die Ersatzwiderstände, die Netzströme und Netzleistungen für beide Schaltungen.

Reihenschaltung

$$R_\mathrm{e} = 3 \cdot 100\,\Omega = 300\,\Omega$$

$$I = U/R_\mathrm{e} = 230\,\mathrm{V}/300\,\Omega = 0{,}767\,\mathrm{A}$$

$$P = UI = 230\,\mathrm{V} \cdot 0{,}767\,\mathrm{A} = 176{,}3\,\mathrm{W}$$

Parallelschaltung

$$R_\mathrm{e} = \frac{1}{3/100\,\Omega} = 33\frac{1}{3}\,\Omega$$

$$I = U/R_\mathrm{e} = \frac{230\,\mathrm{V} \cdot 3}{100\,\Omega} = 6{,}9\,\mathrm{A}$$

$$P = UI = 230\,\mathrm{V} \cdot 6{,}9\,\mathrm{A} = 1587\,\mathrm{W}$$

Das Verhältnis der Ströme und Leistungen ist hier 1 : 9, da sich die Ersatzwiderstände der beiden Schaltungen wie 9 : 1 verhalten.

Zusammengesetzte Schaltungen　Außer reinen Reihen- und Parallelschaltungen elektrischer Widerstände kommen zusammengesetzte Schaltungen (Schaltungskombinationen) vor. In einfacheren Fällen können mit Hilfe der vorstehenden Ausführungen auch solche Schaltungen berechnet werden. Für die sehr häufig vorkommende Parallelschaltung zweier Widerstände R_1 und R_2 lässt sich aus Gl. 1.20 eine eigene Beziehung angeben. Es gilt

$$\frac{1}{R_{12}} = \frac{1}{R_1} + \frac{1}{R_2} = \frac{R_2 + R_1}{R_1 \cdot R_2}$$

und damit

$$R_{12} = \frac{R_1 \cdot R_2}{R_1 + R_2}. \tag{1.21}$$

Beispiel 1.15

Für die Widerstandschaltung in Abb. 1.12a soll der Ersatzwiderstand R_e berechnet werden. Man fasst zunächst die parallel geschalteten Widerstände R_1 und R_2 zu einem Widerstand R_{12} zusammen und erhält mit Gl. 1.21

$$R_{12} = \frac{R_1 \cdot R_2}{R_1 + R_2}$$

Somit ist die Schaltung bereits in die reine Reihenschaltung nach Abb. 1.12b überführt. Nun fasst man die in Reihe geschalteten Widerstände R_{12} und R_3 zu einem Widerstand,

Abb. 1.12 Ermittlung des Ersatzwiderstandes R_e

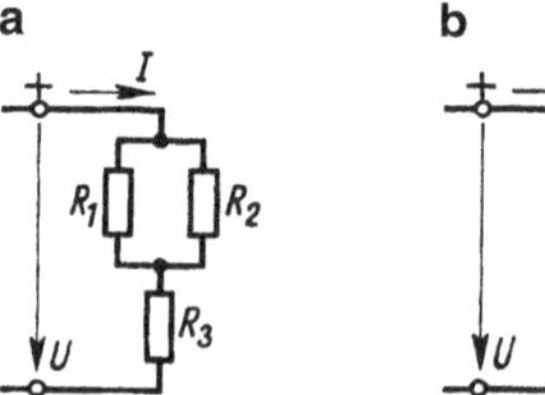

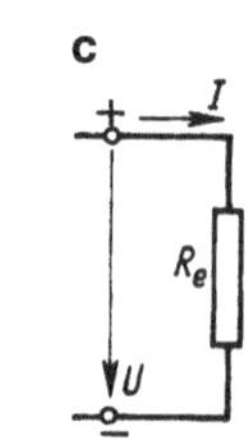

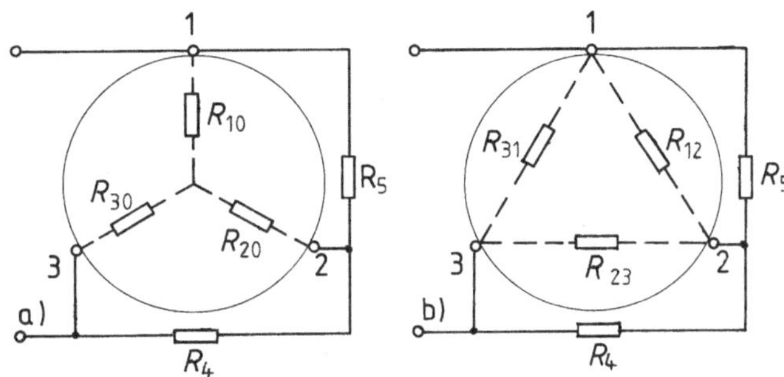

Abb. 1.13 Widerstandskombination für Stern-Dreieckumwandlung. **a** Innere Sternschaltung, **b** Innere Dreieckschaltung

dem Ersatzwiderstand R_e der Schaltung zusammen (Abb. 1.12c). Nach Gl. 1.19 findet man $R_e = R_{12} + R_3$ und somit

$$R_e = \frac{R_1 \cdot R_2}{R_1 + R_2} + R_3$$

Stern-Dreieckumwandlung Für die Schaltung in Abb. 1.13a kann der Ersatzwiderstand nicht unmittelbar durch Auflösung in Reihen- und Parallelschaltungen bestimmt werden. Es muss zuvor eine Umwandlung des inneren Sterns zwischen den Anschlüssen 1–3 in eine gleichwertige Dreieckschaltung erfolgen (Abb. 1.13b). Bedingung dafür ist, dass jeweils zwischen gleichen Anschlüssen der gleiche Gesamtwiderstand auftritt. Für die Anschlüsse 1–2 bedeutet dies beispielhaft:

$$(R_{10} + R_{20}) \text{ in Sternschaltung} = R_{12} \| (R_{23} + R_{31}) \text{ in Dreieckschaltung}$$

Hieraus ergeben sich die Gleichungen für die Umwandlung von

Sternschaltung in Dreieckschaltung $\qquad$ Dreieckschaltung in Sternschaltung

$$R_{12} = R_{10} + R_{20} + \frac{R_{10} \cdot R_{20}}{R_{30}} \qquad R_{10} = \frac{R_{12} \cdot R_{31}}{R_{12} + R_{23} + R_{31}}$$

$$R_{23} = R_{20} + R_{30} + \frac{R_{20} \cdot R_{30}}{R_{10}} \qquad R_{20} = \frac{R_{23} \cdot R_{12}}{R_{12} + R_{23} + R_{31}} \qquad (1.22)$$

$$R_{31} = R_{30} + R_{10} + \frac{R_{30} \cdot R_{10}}{R_{20}} \qquad R_{30} = \frac{R_{31} \cdot R_{23}}{R_{12} + R_{23} + R_{31}}$$

Beispiel 1.16

Gegeben ist die Schaltung nach Abb. 1.13. Es ist der Ersatzwiderstand bei einheitlich $R = 100\,\Omega$ für alle fünf Widerstände zu bestimmen.

Nach Stern-Dreieckumwandlung ergibt sich über Gl. 1.22

$R_{12} = R_{23} = R_{31} = 300\,\Omega$ dann $R_p = R_{12} \| R_5 = 75\,\Omega$, ebenso $R_{23} \| R_4 = 75\,\Omega$ und $R_e = R_{31} \| 2R_p = 300\,\Omega \| (75\,\Omega + 75\,\Omega) = 100\,\Omega$.

Aufgabe 1.14

Die Schaltung in Abb. 1.13a nimmt bei $U = 100\,\text{V}$ die Leistung $P = 200\,\text{W}$ auf. Wie groß müssen $R_4 = R_5$ sein, wenn wie in Beispiel 1.16 die Sternwerte $100\,\Omega$ betragen?

Ergebnis $R_4 = R_5 = 33{,}33\,\Omega$.

Spannungsteiler Vor allem in der Elektronik besteht vielfach die Aufgabe, für Teile der Schaltung gegenüber der Versorgungsspannung U reduzierte Wert U_v zu erzeugen. Dies geschieht über eine Spannungsteiler genannte Reihenschaltung von zwei Widerständen R_1 und R_2 nach Abb. 1.14, die an die Spannung U angeschlossen sind. Die gewünschte Teilspannung U_v wird an R_2 abgenommen und kann durch das Verhältnis R_1/R_2 beliebig gewählt werden. Nach Abb. 1.14b gilt $U_\text{v} = I\,R_\text{P}$

$$\text{mit}\quad I = \frac{U}{R_1 + R_\text{p}} \quad\text{und}\quad R_\text{p} = \frac{R_2 \cdot R_\text{v}}{R_2 + R_\text{v}} \quad\text{nach Gl. 1.21.}$$

Kombiniert man obige Beziehung, so erhält man für die Ausgangsspannung des Teilers

$$U_\text{v} = \frac{U}{1 + \frac{R_1}{R_2}\left(1 + \frac{R_2}{R_\text{v}}\right)} \tag{1.23a}$$

Der Wert von U_v ist außer vom Teilerverhältnis R_1/R_2 also auch vom Verbraucherwiderstand R_v abhängig. Im Leerlauf mit $R_\text{v} = \infty$ ergibt sich die etwas höhere Spannung

$$U_{\text{v}_0} = \frac{U}{1 + R_1/R_2} \tag{1.23b}$$

Abb. 1.14 Spannungsteiler mit zwei Widerständen R_1 und R_2. **a** Schaltung mit Verbraucher R_v, **b** Ersatzschaltung

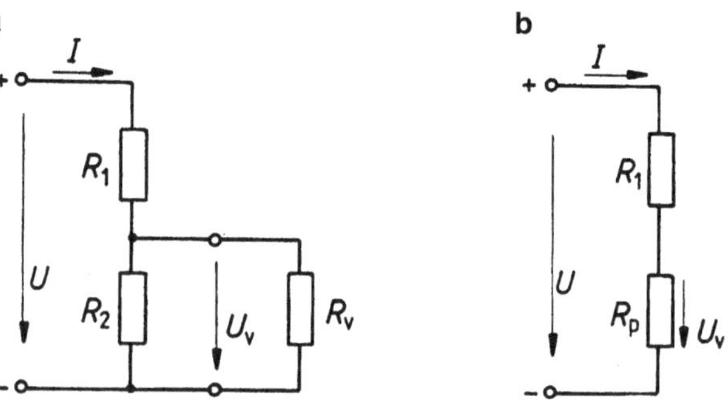

Abb. 1.15 Potenziometer

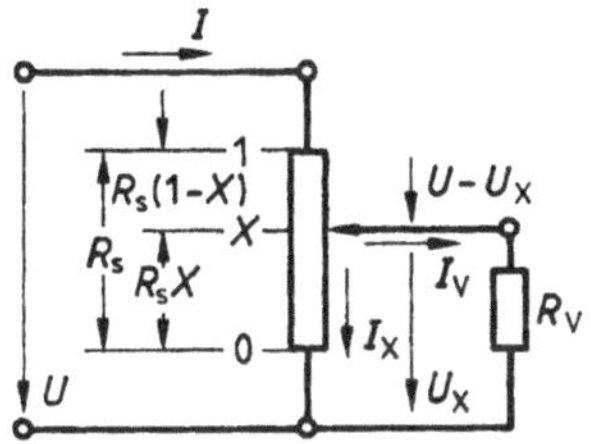

Potenziometer Soll eine Spannung U_v stufenlos und beliebig zwischen null und $U_\mathrm{v} = U$ veränderbar sein, so eignet sich dazu ein Widerstand mit verstellbarem Abgriff nach Abb. 1.15. Mit Rücksicht auf die Stromwärmeverluste $I^2 R$ verwendet man diese Potenziometer im Wesentlichen nur bei sehr kleinen Verbraucherströmen I_v wie z. B. in der Elektronik zur Einstellung von Sollwerten.

Es soll nun berechnet werden, nach welcher Funktion $U_x = f(x)$ sich die Spannung U_x beim Verdrehen des Abgriffs x ändert. Dies kann durch Vergleich von Abb. 1.15 mit der Schaltung des Spannungsteilers in Abb. 1.14a erfolgen. Danach gilt folgende Zuordnung:

$$R_\mathrm{s}(1 - x) = R_1$$
$$R_\mathrm{s}x = R_2$$

Setzt man dies in Gl. 1.23a, so erhält man

$$U_\mathrm{x} = \frac{U}{1 + \frac{1-x}{x}(1 + \frac{R_\mathrm{s}}{R_\mathrm{v}} \cdot x)}$$

und nach wenigen Umformungen das Ergebnis

$$U_\mathrm{x} = \frac{U \cdot x}{1 + \frac{R_\mathrm{s}}{R_\mathrm{v}} x(1 - x)} \tag{1.24a}$$

Bei sehr hochohmiger Belastung wird $R_\mathrm{s}/R_\mathrm{v} \to 0$ und damit

$$U_x = Ux \tag{1.24b}$$

Die Spannung ändert sich jetzt linear mit dem Abgriff.

Neben dieser Widerstandszunahme nach $R_x = R_\mathrm{s}x$ werden auch Potenziometer mit logarithmischer Stellcharakteristik gefertigt. Der Widerstand R_x steigt hier nach Zehnerpotenzen an, was z. B. für Lautstärkeeinstellungen günstig ist.

Will man die lineare Abhängigkeit nach Gl. 1.24b weitgehend erhalten, so muss der Quotient $R_\mathrm{s}/R_\mathrm{v}$ in Gl. 1.24a möglichst klein gehalten werden. Abb. 1.16 zeigt, dass bereits bei $R_\mathrm{s} = R_\mathrm{v}$ die Linearität verloren geht. Die Praxis empfiehlt daher eine Auslegung mit $R_\mathrm{v} \geq 5R_\mathrm{s}$, was beim Spannungsteiler mit $R_\mathrm{v} \geq 5R_2$ entsprechend gilt. Wird diese Be-

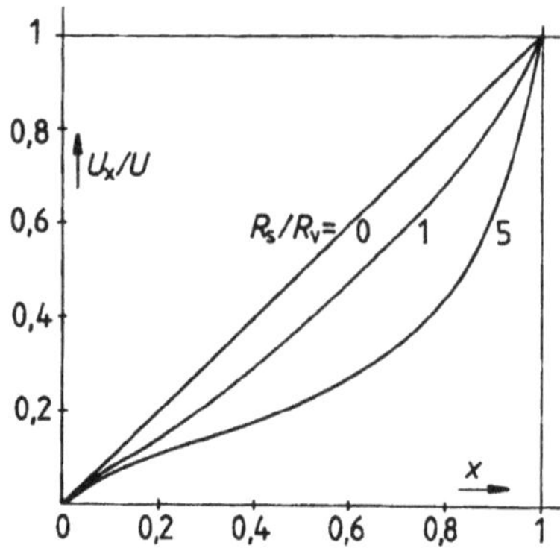

Abb. 1.16 Ausgangsspannung eines Potenziometers bei verschiedenen Verhältnissen $R_\mathrm{s}/R_\mathrm{v}$

dingung nicht eingehalten, weicht die Lastwert U_x wesentlich von der Leerlaufspannung U_{x_0} ab.

Aufgabe 1.15

Ein Kleinstmotor für 6 V, 0,24 W wird über ein Potenziometer mit $R_\mathrm{S} = 62{,}5\,\Omega$ nach Abb. 1.15 drehzahlgesteuert. Welche Stellung x ist für die Werte $U_x = 3$ V, $I_\mathrm{v} = 0{,}04$ A einzustellen?

Ergebnis: $x = 0{,}6$

Beispiel 1.17

Ein Potenziometer mit $R_s = 1\,\mathrm{k}\Omega$ und $U = 24$ V wird mit dem Verbraucher $R_v = 500\,\Omega$ in der Mittelstellung $x = 0{,}5$ belastet. Auf welchen Wert sinkt die Spannung U_v gegenüber dem Leerlaufwert 12 V ?

Die Daten in Gl. 1.23a eingesetzt ergibt $U_{x=0{,}5} = 8$ V

Ohne Gl. 1.23a gilt nach Abb. 1.14: R_s ist bei $x = 0{,}5$ halbiert, so dass alle drei Widerstande den Wert $500\,\Omega$ haben. Wegen der unteren Parallelschaltung sind dann $500\,\Omega$ und $500\,\Omega \parallel 500\,\Omega = 250\,\Omega$ in Reihe, womit sich die Spannung $U = 24$ V im Verhältnis $2:1$ aufteilt, was $U_x = 8$ V bedeutet.

1.1.2.2   Elektrische Spannungsquellen

Die Physik kennt zahlreiche Möglichkeiten zur Erzeugung elektrischer Spannungen, von denen einige wie z. B. Thermospannungen nur in der Messtechnik eine Bedeutung haben. Die folgenden Verfahren werden dagegen zur Gewinnung elektrischer Energie verwendet.

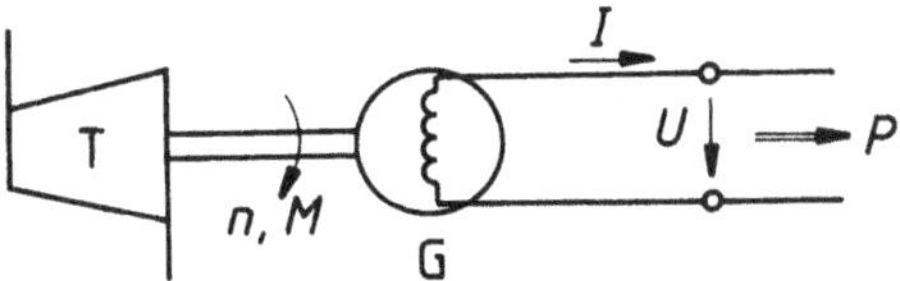

Abb. 1.17 Elektrodynamische Spannungserzeugung. *T* Turbine, *G* Generator

Elektrodynamische Spannungserzeugung Fast die gesamte elektrische Energie für die öffentliche Versorgung, die Industrie und das Verkehrswesen wird in rotierenden Generatoren erzeugt. Sie werden als elektromechanische Energiewandler von Turbinen oder Verbrennungsmotoren angetrieben und liefern Wechselspannungen. Grundlage ist das im Jahre 1831 von dem Engländer M. Faraday beschriebene Induktionsgesetz als Wirkung eines Magnetfeldes auf Wicklungen.

In Abb. 1.17 treibt eine Turbine T einen Generator G mit der Drehzahl n und dem Drehmoment M an und führt ihm damit die mechanische Leistung

$$P_{\mathrm{m}} = 2\pi n M$$

zu. Die elektrische Abgabeleistung des Generators ist dann je nach Maschinentyp mit

$$P_{\mathrm{el}} = cUI$$

dem Produkt aus Strom I und Spannung U proportional und um den Wirkungsgrad η kleiner.

Der Wirkungsgrad η reicht von etwa 50 % bei einer 12 V-Lichtmaschine im Auto bis ca. 98 % bei einem Großgenerator in einem Kraftwerk. Die höchsten Generatorspannungen liegen bei 27 kV.

Elektrochemische Spannungserzeugung Taucht man zwei Elektroden aus unterschiedlichen Metallen in eine leitfähige Flüssigkeit, Elektrolyt genannt, so entsteht zwischen den beiden Metallen eine Spannungsdifferenz U. Grundlage ist die jeweilige elektrochemische Reaktion des Metalls mit dem Elektrolyten, die zu einer Spannungsreihe nach Tab. 1.3 führt. Die negativen Zahlen darin bedeuten, dass die betreffenden Metalle positive Ionen an den Elektrolyten abgeben und damit selbst durch den verbleibenden Elektronenüberschuss eine negative Ladung tragen.

Galvanische Elemente Auf der Basis obiger Metallkombinationen werden seit den Anfängen der Elektrotechnik sogenannte galvanische Elemente hergestellt, die wir heute als

Tab. 1.3 Elektrochemische Spannungsreihe der Metalle, Werte in Volt

Lithium	Aluminium	Zink	Nickel	Kupfer	Kohle	Silber	Gold
−3,0	−1,66	−0,76	−0,25	0,34	0,74	0,80	1,50

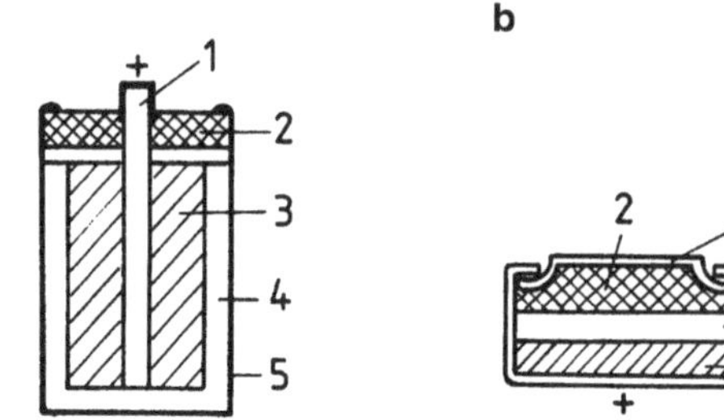

Abb. 1.18 Schematischer Aufbau galvanischer Elemente. **a** Zink-Kohle-(Braunstein-)Element: *1* Kohlestab, *2* Vergussmasse, *3* Braunstein, *4* Elektrolyt, *5* Zinkbecher. **b** Knopfzelle: *1* Stahlmantel, *2* Zinkpulver, *3* Elektrolyt, *4* Quecksilberoxid

Trockenbatterien vielfältig nutzen. Die wohl bekannteste Ausführung ist die Zink-Kohle-(Braunstein-)Batterie mit dem prinzipiellen Aufbau nach Abb. 1.18a und der Spannung $U = U_{\text{Kohle}} - U_{\text{Zink}} = 0{,}74\,\text{V} - (-0{,}76\,\text{V}) = 1{,}5\,\text{V}$. In der dicken Ausführung für z. B. Stabtaschenlampen enthalten diese Batterien eine Ladung bis etwa $Q = 8\,\text{Ah}$ und damit eine Energie von $W = UIt = UQ = 1{,}5\,\text{V} \cdot 8\,\text{Ah} = 12\,\text{Wh}$.

Für Armbanduhren, Fotogeräte usw. werden meist flache Knopfzellen verwendet, von denen in Abb. 1.18b das Beispiel einer Quecksilberoxid-Zink-Zelle gezeigt ist. Die Ladung dieser Ausführung beträgt etwa $Q = 5\,\text{mAh}$ bei $U = 1{,}35\,\text{V}$.

Galvanische Elemente werden auch Primärelemente genannt, da sie ohne vorherige Aufladung allein durch ihren Aufbau eine elektrische Spannung und Ladung besitzen. Nach Abgabe ihrer Energie sind sie unbrauchbar und teilweise sogar Sondermüll!

Akkumulatoren Dies sind sogenannte Sekundärelemente, die vor dem Einsatz erst durch Anschluss an eine Gleichstromquelle aufgeladen werden müssen. Während dieses Vorgangs in der Ladezeit t_e nimmt der Akku die Ladung

$$Q = \int_{0}^{t_\text{e}} i \; \mathrm{d}t$$

auf und an den Elektroden findet eine chemische Reaktion statt.

Am bekanntesten ist der Blei-Akkumulator, bei dem sich im geladenen Zustand eine Blei- und eine Bleioxidplatte in verdünnter Schwefelsäure gegenüberstehen. Diese Kombination hat eine Leerlaufspannung von ca. 2 V und ist in der Reihenschaltung von sechs Zellen die bekannte Autobatterie. Bei der Entnahme der elektrischen Energie entsteht durch den chemischen Prozess auf beiden Platten Bleisulfat, das danach bei erneuter Ladung des Akkus wieder in den oben genannten Zustand gebracht wird.

Lithium-Ionen-Akku Große Erwartungen ruhen derzeit auf der Weiterentwicklung des LiIon-Akkus, der bereits seit Jahren zur Versorgung von Handys, Laptops und auch Handwerkzeugen eingesetzt wird. Zwischen den Elektroden aus Graphit und einem Lithium-Metalloxid werden über den Elektrolyten lediglich Lithiumionen ausgetauscht. Wie die

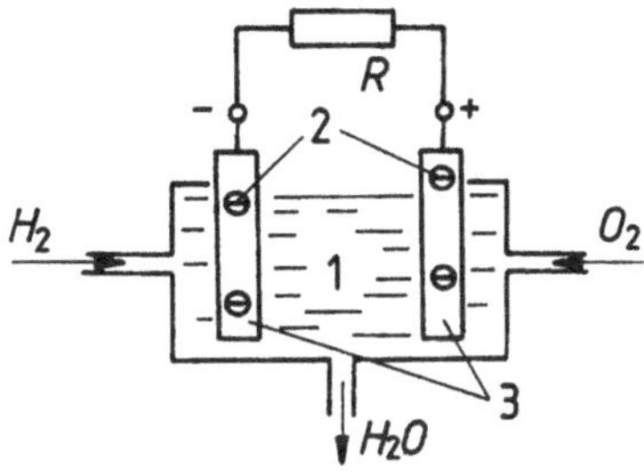

Abb. 1.19 Schema einer Wasserstoff/Sauerstoff-Brennstoffzelle: *1* Elektrolyt, *2* Elektronen, *3* Elektroden

vereinfachte Reaktionsgleichung des Entladevorgangs an der negativen Elektrode

$$\mathrm{Li}_x\mathrm{C}_n \rightarrow n\mathrm{C} + x\mathrm{Li}^+ + x\mathrm{e}^-$$

zeigt, werden in den äußeren Stromkreis nur Elektronen abgegeben.

Die Einheit liefert eine Spannung von 3,6 V und erreicht mit einer Speicherkapazität von etwa $w = 0{,}15\,\mathrm{kWh/kg}$ den fünffachen Wert des Bleiakkus. Dies gibt Hoffnung für den Einsatz in künftigen serienmäßigen Elektroautos. Mit $\eta \leq 95\,\%$ ist der Umwandlungswirkungsgrad sehr gut.

Neben dem Blei-Akku ist vor allem der Nickel-Cadmium-Akkumulator im Einsatz. Er ist etwas leichter und erreicht eine Leerlaufspannung von 1,2 V pro Zelle.

Brennstoffzellen Bei diesen Primärelementen wird in der wichtigsten Kombination Wasserstoff (H_2) und Sauerstoff (O_2) zu einer „kalten Reaktion" gebracht. Dabei entsteht nicht wie beim Abbrennen einer H_2-Flamme Wärme, sondern es werden elektrische Ladungen frei, die zwischen den Elektroden eine Potenzialdifferenz aufbauen.

Nach Abb. 1.19 werden zwei Nickelelektroden in einer Kalilauge kontinuierlich Wasser- und Sauerstoff zugeführt. Dabei kommt es an den porösen Nickelschichten, die als Katalysator wirken, zu den nachstehenden vereinfacht dargestellten Reaktionen:

$$\text{Wasserstoffseitig:} \quad H_2 + 2\,OH^- = 2\,H_2O + 2\,e$$

$$\text{Sauerstoffseitig:} \quad \frac{1}{2}\,O_2 + H_2O + 2\,e = 2\,HO^-$$

Das Wasserstoffgas wird mit Hilfe der Nickelelektrode oxidiert, wobei jeweils neben zwei Wassermolekülen $2\,H_2O$ auch zwei freie Elektronen entstehen. Diese wandern unter Energieabgabe über den äußeren Stromkreis, der in Abb. 1.19 durch einen ohmschen Widerstand dargestellt ist, zur Sauerstoffseite. Dort werden sie wieder in die Reaktion aufgenommen.

Das Reaktionsprodukt ist also neben der elektrischen Energie nur Wasser, das abgeführt werden muss. Pro Zelle erhält man eine Spannung von ca. 1,2 V. Der Wirkungsgrad der Umwandlung beträgt ca. 70 %. Brennstoffzellen sind seit vielen Jahren in der technischen Entwicklung und werden auch für spezielle Anwendungen z. B. Energieversorgung

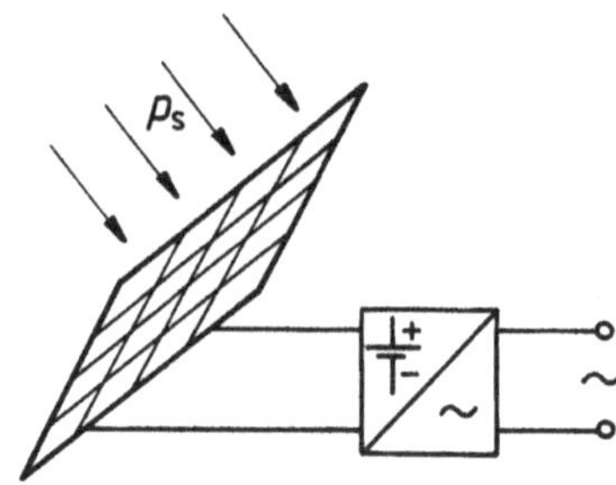

Abb. 1.20 Solarmodul mit Wechselrichter (batteriegepuffert) Sonneneinstrahlung $p_\mathrm{s} \leq 1\,\mathrm{kW/m}^2$

in der Raumfahrt eingesetzt. In der Autoindustrie gibt es derzeit große Anstrengungen, die Brennstoffzelle für die Versorgung des Elektroautos marktreif zu machen.

Fotovoltaik Wie in Abschn. 2.1.4.4 gezeigt wird, können sich in der Grenzschicht von Dioden bei Lichteinfall, d. h. Energiezufuhr durch Photonen freie Ladungsträgerpaare bilden. Sie werden im elektrischen Feld der PN-Zone getrennt und bilden pro Einheit eine Leerlaufspannung von ca. 0,6 V.

Großflächig werden diese Fotodioden als Solarzellen bezeichnet (Abb. 1.20) und sind vielfältig im Einsatz. Im Bereich kleinster Leistungen seien Armbanduhren und Taschenrechner genannt, ferner größere Module mit Flächen bis zu $1\,\mathrm{m}^2$ für Notrufsäulen, Parkautomaten und Sendeanlagen.

Der Einsatz zur regenerativen Energieversorgung wird seit Jahren politisch gefordert und durch öffentliche Förderprogramme und die Verordnungen über die Einspeisevergütung unterstützt. Letztere ist von anfänglich ca. 0,50 €/kWh auf mittlerweile etwa 0,10 €/kWh gesunken. Im Leistungsbereich zwischen einigen 100 W bis zu einigen 1000 kW sind so eine Vielzahl von Fotovoltaikanlagen auf den Dächern von Wohnhäusern, öffentlichen Gebäuden und Industriebauten entstanden. Insgesamt sind sie derzeit insgesamt mit ca. 6 % an der Erzeugung elektrischer Energie beteiligt. Als Richtwerte für die Bewertung einer Fotovoltaikanlage seien folgende Daten genannt:

Spitzenleistung	$p = 100\,\mathrm{W/m}^2$
Energieausbeute	$w = 100\,\mathrm{kWh/m}^2$ pro Jahr
Gesamtkosten	$k = 140\,\text{€}/\mathrm{m}^2$

Verfügt der Anwender über keinen Netzanschluss, so ist zur Sicherung der Versorgung mit elektrischer Energie bei fehlender Sonneneinstrahlung eine parallele Quelle z. B. in Form einer Batterie oder eines Notstromaggregats erforderlich.

Beispiel 1.18

Eine entlegene kleine Wetterwarte benötigt im Tagesmittel die Leistung $P = 2\,\mathrm{W}$. Sie wird von einem Akku mit 6 V, 50 Ah versorgt und erhält eine kleine Solarfläche A_s zur Nachladung.

Wie groß muss diese Fläche sein, damit sie bei einer mittleren Einstrahlung von $p = 50\,\text{W/m}^2$ über $t = 200\,\text{h}$ die Anlage versorgen kann?

Es gilt die Energiebilanz

$$Pt = pA_s t \rightarrow 2\,\text{W}\;200\,\text{h} = 50\,\text{W/m}^2 A_s\;200\text{h}$$

$$A_s = 400\,\text{Wh}/(50\,\text{W/m}^2\;200\,\text{h}) = 0{,}04\,\text{m}^2 = (20 \times 20)\,\text{cm}^2$$

Aufgabe 1.16

Ein kleines Elektroauto für den Pflegedienst wird nur vormittags für 5 Stunden eingesetzt und benötigt dafür die Energie $W_A = 3\,\text{kWh}$. Es ist die erforderliche Solarfläche A_S auf der Südseite eines Daches zu bestimmen mit der das E-Auto nachmittags über 4 Stunden wieder aufgeladen werden kann. Es kann für einen Großteil des Jahres eine mittlere Solarleistung von $p = 60\,\text{W/m}^2$ angenommen werden.

Ergebnis: $A_S = 12{,}5\,\text{m}^2$

1.1.2.3 Berechnung von Gleichstrom-Netzwerken

Als Netzwerke bezeichnet man umfangreiche, verzweigte Stromkreise, wie sie z. B. in elektronischen Schaltungen oder der Energieversorgung auftreten. Mit Gleichstrombetrieb findet man sie nur noch bei Nahverkehrsbahnen, in einzelnen Industrieanlagen und der Elektronik. Die nachstehenden Rechenverfahren und Angaben sind jedoch allgemeingültig.

Anpassung In Abb. 1.21 liefert die Spannungsquelle den Strom

$$I = \frac{U_\mathrm{q}}{R_\mathrm{i} + R_\mathrm{L} + R_\mathrm{V}}$$

der durch die Summe von Innenwiderstand R_i der Quelle, Leitungswiderstand R_L und Verbraucherwiderstand R_V bestimmt wird. Dieser erhält damit die Spannung

$$U_\mathrm{v} = U_\mathrm{q} - I(R_\mathrm{i} + R_\mathrm{L})$$

die um den Verlust am Innen- und Leitungswiderstand kleiner als der Quellenwert U_q ist. Für den Betrieb der Schaltung sind nun drei Grenzfälle zu unterscheiden:

Leerlauf: Mit $R_\mathrm{V} \rightarrow \infty$ wird $I \rightarrow 0$ und man erhält die Leerlaufspannung

$$U_\mathrm{v} = U_0 = U_\mathrm{q}$$

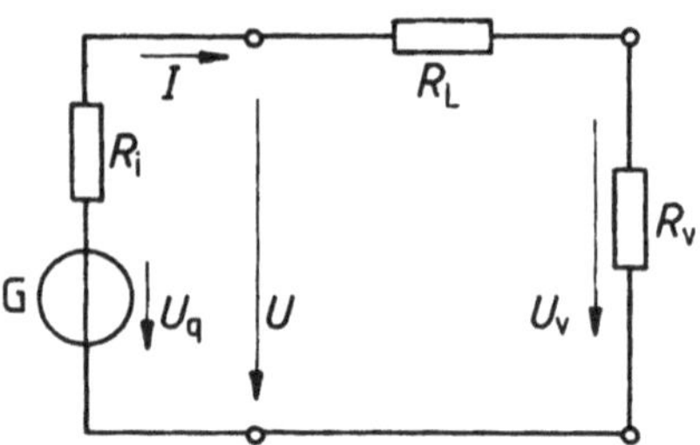

Abb. 1.21 Elektrischer Stromkreis einer belasteten Spannungsquelle

Kurzschluss: Im Falle einer direkten Verbindung der Generatorklemmen muss dieser den Kurzschlussstrom

$$I_\mathrm{k} = U_\mathrm{q}/R_\mathrm{i}$$

führen und für die dabei auftretenden Kräfte ausgelegt sein.

Leistungsmaximum: Der Verbraucher erhält nach Gl. 1.13a mit $P_\mathrm{V} = I^2 R_\mathrm{V}$ die Leistung

$$P_\mathrm{V} = \frac{U_\mathrm{q}^2 \cdot R_\mathrm{V}}{(R_\mathrm{i} + R_\mathrm{L} + R_\mathrm{V})^2}$$

Sie ist vom Wert des Verbraucherwiderstandes abhängig und erreicht bei einem Anpassung genannten Lastwert ein Maximum. Man erhält es über die Differenziation der Gleichung $P_\mathrm{V} = f(R_\mathrm{V})$ bei

$$P_{\mathrm{V}_{\max}} = \frac{U_\mathrm{q}^2}{4\,(R_\mathrm{i} + R_\mathrm{L})}$$

Die Leistung des Generators (Quelle) liefert hier bei $R_\mathrm{V} = R_\mathrm{i} + R_\mathrm{L}$ mit

$$P_\mathrm{q} = \frac{U_\mathrm{q}^2}{2\,(R_\mathrm{i} + R_\mathrm{L})} = 2 \cdot P_{\mathrm{V}_{\max}}$$

die doppelte Verbraucherleistung in die Schaltung, was einen Wirkungsgrad von nur 50 % ergibt. Dies ist in der Energietechnik nicht tragbar. Hier werden Generatoren stets mit $R_\mathrm{V} \gg (R_\mathrm{i} + R_\mathrm{L})$ belastet und damit ein möglichst hoher Wirkungsgrad erreicht.

Maschengleichungen Die Berechnung von Stromkreisen erfolgt anhand des vollständigen Schaltplans, in den alle Quellen, Leitungen und Verbraucher eingetragen und bezeichnet sind. Danach werden die Quellenspannungen mit der Pfeilrichtung vom Plus- zum Minuspol eingetragen und für alle Ströme Zählrichtungen festgelegt. Über die beiden Kirchhoffschen Regeln sind dann so viele voneinander unabhängige Gleichungen aufzustellen, wie unbekannte Ströme vorhanden sind. Ein Beispiel für diese Vorgehensweise zeigt die folgende Berechnung nach Abb. 1.22.

Abb. 1.22 Schaltung zu Beispiel 1.19

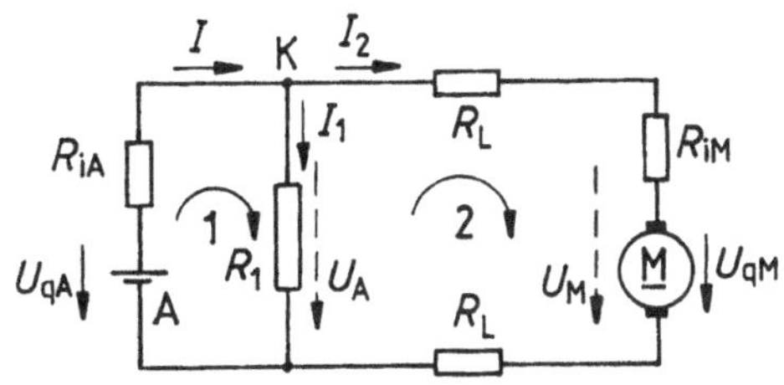

Beispiel 1.19

Bei abgeschaltetem Pkw-Motor speist der Akku A (Quellenspannung U_{qA}, Innenwiderstand R_{iA}) in Abb. 1.22 die Sitzheizung mit dem Widerstand R_1 und über eine Leitung mit R_L als Widerstand für jeweils Hin-und Rückleitung einen Gebläsemotor M (Quellenspannung U_{qM}, Innenwiderstand R_{iM}).

Gesucht sind die in dieser Schaltung auftretenden Ströme, Spannungen und Leistungen.

Nach Abb. 1.22 werden die in Abschn. 1.1.2.1 bis 1.1.2.3 angegebenen Ersatzbilder baukastenförmig aneinandergesetzt und zunächst die zu berücksichtigenden Widerstände bezeichnet. Dann werden die vorgegebenen inneren Spannungen (Akku U_{qA}, Motor U_{qM}) durch ihre Zählpfeile eingetragen, so dass nunmehr auch die Polarität im Stromkreis festliegt. (Die gestrichelt eingetragenen Spannungspfeile U_A und U_M sind vorläufig wegzudenken.)

In dem verzweigten Schaltplan treten die drei unbekannten Ströme I, I_1 und I_2 auf, die durch ihre Strompfeile eingetragen werden. Um diese drei Ströme berechnen zu können, benötigt man drei Gleichungen. Nach der Knotenregel, Gl. 1.16, angewandt auf den Punkt K, gilt

$$I = I_1 + I_2 \quad (1)$$

Die Maschenregel Gl. 1.17 muss also noch zwei weitere Gleichungen liefern. Insgesamt erhält der Schaltplan drei Maschen; es muss deshalb noch auf zwei beliebig ausgewählte Maschen die Maschenregel angewandt werden. Wählt man die Maschen Akku-Heizkörper (Masche 1) sowie die Hinleitung-Motor-Rückleitung-Heizkörper (Masche 2) und legt für beide Maschen die Umlaufrichtung im Uhrzeigersinn fest, dann ergibt sich für

$$\text{Masche 1} \quad I_1 R_1 - U_{qA} + I R_{iA} = 0 \quad (2)$$

$$\text{Masche 2} \quad I_2 R_L + I_2 R_{iM} + U_{qM} + I_2 R_L I_1 R_1 = 0 \text{ oder}$$

$$U_{qM} + I_2 (2R_L + R_M) - I_1 R_1 = 0. \quad (3)$$

Für die nicht eingezeichnete Masche 3 Akku-Hinleitung-Motor-Rückleitung gilt bei Umlaufrichtung im Uhrzeigersinn die Gleichung

$$I_2(2R_L + R_M) + U_{qM} - U_{qA} + I R_{iA} = 0,$$

die bereits in den beiden vorstehenden Maschengleichungen (2) und (3) enthalten ist, also mathematisch nichts Neues aussagt.

Aus den Gl. (1), (2) und (3) lassen sich die drei unbekannten Ströme I, I_1 und I_2 errechnen. Mit Gl. (2) erhält man

$$I_1 = \frac{U_{qA} - I R_{iA}}{R_1} \quad \text{und hiermit aus Gl. (3)} \quad I_2 = \frac{U_{qA} - I R_{iA} - U_{qM}}{2R_L + R_{iM}}$$

Setzt man I_1 und I_2 in Gl. (1) ein, so erhält man

$$I = \frac{U_{qA}/R_1 + (U_{qA} - U_{qM})/(2R_L + R_{iM})}{1 + R_{iA}\left(\frac{1}{R_i} + \frac{1}{2R_L + R_{iM}}\right)}$$

Mit der nunmehr bekannten Größe I lässt sich I_1 mit Hilfe von Gl. (2) und dann auch I_2 mit den Gl. (1) oder (3) errechnen.

Nachdem so die Ströme ermittelt sind, können nun auch die in der Schaltung auftretenden Spannungen und Leistungen angegeben werden. So wird z. B. die Klemmenspannung des Akkus, die mit der Spannung am Heizkörper identisch ist, $U_A = I_1 R_1$ und die Klemmenspannung des Motors $U_M = U_{qM} + I_2 R_{iM}$. ($U_A$ und U_M sind in Abb. 1.22 durch gestrichelte Spannungspfeile dargestellt.) Weiter erhält man nun

Klemmenleistung des Akkus	$P_A = U_A I$
Leistung des Heizkörpers	$P_{R_1} = U_A I_1$
Klemmenleistung des Motors	$P_M = U_M I_2$
Leistungsverlust der Leitung	$P_v = 2 I_2^2 R_L$

Beispiel 1.20

An einer Solaranlage mit 120 in Reihe geschalteten Solarzellen, je Zelle mit den Abmessungen $10\,\text{cm} \times 10\,\text{cm}$, wird bei voller Sonneneinstrahlung (in Mitteleuropa etwa $1\,\text{kW/m}^2$) die Kennlinie $U_B = f(I)$ bei Belastung mit einem veränderlichen Widerstand R von Leerlauf bis Kurzschluss gemessen:

U_B/V	62,2	59,8	56,7	53,2	52,1	50,8	47,7	43,5	37,8	18,2	0
I/A	0	0,5	1,0	1,5	1,6	1,7	1,8	1,9	2,0	2,1	2,15
P_{el}/W											
R/Ω											

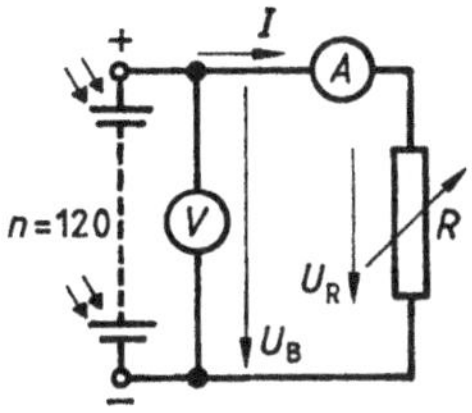

Abb. 1.23 Schaltung zu Beispiel 1.20

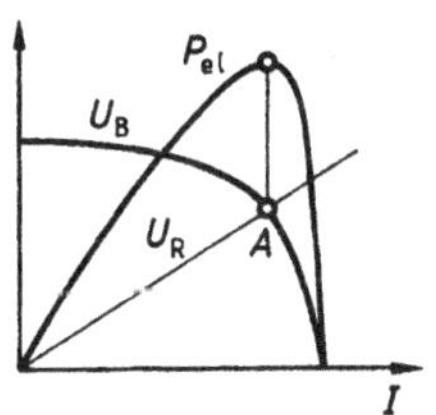

Abb. 1.24 Kennlinien der
Solaranlage

Die Tabelle ist zu ergänzen und der Widerstand R für maximale Leistung (Abb. 1.24)
anzugeben.

Die Auswertung ergibt $P_{\max} \approx 87\,\text{W}$ und damit nach Gl. 1.13b $R_{\text{opt}} = (49\,\text{V})^2/87\,\text{W} = 27{,}6\,\Omega$.

> **Aufgabe 1.17**
>
> Welche Fläche A muss eine Solaranlage erhalten, damit bei einer Spitzenleistung
> von $p = 105\,\text{W/m}^2$ über $t = 1000\,\text{h/a}$ jährlich $4116\,\text{kWh}$ an das EVU abgegeben
> werden können? Leitungen und Wechselrichter können mit einem Wirkungsgrad
> von $\eta = 98\,\%$ berücksichtigt werden.
>
> Ergebnis: $A = 40\,\text{m}^2$

Ersatzspannungsquelle Interessiert in einer Schaltung wie in Abb. 1.25a nicht jeder Leitungsstrom, sondern z. B. nur die Abhängigkeit des Stromes I_3 von seinem Widerstand
R_3, so muss man nicht die gesamte Schaltung mehrfach durchrechnen. In diesem Falle
ist die Technik der Ersatzspannungsquelle von Vorteil, die den gesamten linken Teil der
Schaltung zwischen den Klemmen 1–2 durch Abb. 1.25b ersetzt. Es besteht aus:

1. Der Ersatzspannung U_0, welche der Leerlaufspannung der Originalschaltung bei $R_3 = \infty$ also $I_3 = 0$ entspricht.
2. Dem Innenwiderstand R_i der sich bei kurzgeschlossenen Quellen als resultierender
   Widerstand aus Sicht der Klemmen 1–2 ergibt.

Berechnung von U_0 und R_i Im Leerlauf bei $I_3 = 0$ treibt die Spannung U_{q_1} den Strom
$I_1 = I_2$ über den Gesamtwiderstand $R_1 + R_2 = 20\,\Omega$, womit sich $I_1 = 28\,\text{V}/20\,\Omega = $

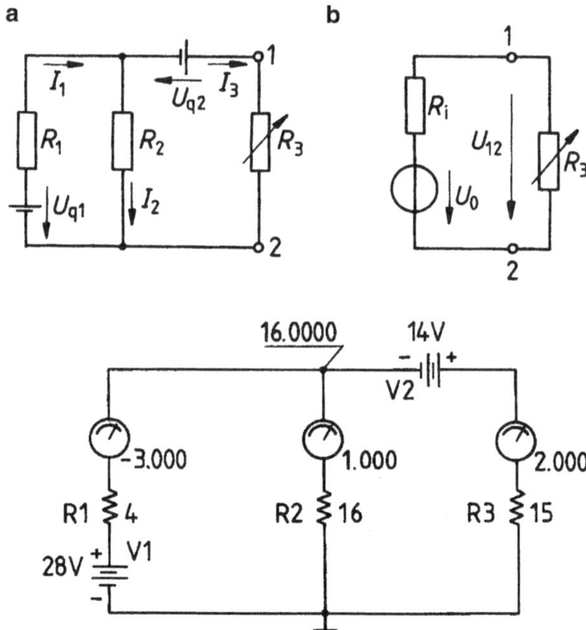

Abb. 1.25 Beispiel für eine Netzwerksberechnung. **a** Schaltung mit $U_{q_1} = 28\,\text{V}$, $U'_{q_2} = 14\,\text{V}$, $R_1 = 4\,\Omega$, $R_2 = 16\,\Omega$, $R_3 = 15\,\Omega$, **b** Ersatzspannungsquelle zu Bild a mit $U_0 = 36{,}4\,\text{V}$, $R_i = 3{,}2\,\Omega$

Abb. 1.26 Berechnung der Schaltung von Abb. 1.25 mit dem Simulationsprogramm SPICE

1,4 A ergibt. Am Widerstand R_2 tritt so die Spannung $U_2 = I_2 R_2 = 1{,}4\,\text{A}\cdot 16\,\Omega = 22{,}4\,\text{V}$ auf. Die Leerlaufspannung zwischen den Klemmen 1–2 ist dann $U_{12} = U_2 + U_{q_2} = 22{,}4\,\text{V} + 14\,\text{V} = 36{,}4\,\text{V}$. Die Ersatzspannung für Abb. 1.25b ist also $U_0 = 36{,}4\,\text{V}$. Aus Sicht der Klemmen 1–2 sind die Widerstände R_1 und R_2 parallel geschaltet. Es gilt also nach Gl. 1.21 $R_i = 4\,\Omega \cdot 16\,\Omega / 20\,\Omega = 3{,}2\,\Omega$.

Simulations-Software Zur Bestimmung der stationären Betriebswerte, von Frequenzverläufen, Analysen oder auch des dynamischen Verhaltens von Schaltungen vor allem auch mit elektronischen Bauteilen gibt es mittlerweile eine ganze Reihe von PC-Programmen. Als Beispiele seien „Multisim 7" (Electronic Workbench), „TINA pro" (Design Soft, Inc.) und vor allem „PSpice" (Micro Sim Corp.) genannt. Sie sind als Alternative zu studentischen Laborübungen konzipiert, können aber auch in der Praxis zur Optimierung von Schaltungen eingesetzt werden. Die gewünschte Schaltung wird durch Auswahl der Bauelemente nach ihren Kurzzeichen aus einer Symbolleiste auf dem Bildschirm zusammengestellt und die erforderlichen Messstellen eingetragen. Virtuelle Oszilloskope, Schreiber und Analysatoren zeichnen nach dem Start der Simulation Messwerte, Kurvenverläufe und Diagramme auf, so dass der Eindruck eines tatsächlichen Laborversuchs entsteht.

Abb. 1.26 zeigt ein einfaches Beispiel auf der Basis der Schaltung in Abb. 1.25a. Gesucht werden die drei Teilströme und das Potenzial an der gekennzeichneten Stelle bezogen auf einen willkürlich gewählten Massepunkt.

Trägt man die Strommesser wie in Abb. 1.26 ein, so nimmt das Programm einen von oben ankommenden Strom mit positiver Richtung an. Der Strom I_1 aus Abb. 1.23, der nach oben fließt, wird also mit −3000 Exponent 0 = −3 A bestimmt. Die Widerstände sind mit dem in der USA üblichen Symbol eingetragen, die Zahlen verstehen sich als Ohmwerte.

Erkenntnisse

- Basis zur Berechnung von Stromkreisen sind die beiden Kirchhoffschen Gesetze (Knotenpunktregel und Maschenregel).
- Die heutige Praxis verwendet auf der Grundlage dieser Regeln weitestgehend EDV-Programme.
- Die zu untersuchende Schaltung wird auf dem Bildschirm mit den Daten der Bauelemente dargestellt und die zu berechnenden Größen (Ströme, Spannungswerte) gekennzeichnet.

1.1.2.4   Messungen im elektrischen Stromkreis

Aufbau und Wirkungsweise der in der elektrischen Messtechnik verwendeten Geräte sind Inhalt von Kap. 3. Nachstehend soll nur die grundsätzliche Zuordnung der Messgeräte im Stromkreis behandelt werden. Dabei gilt stets die Forderung, dass durch das Einbringen eines Messgerätes die elektrischen Größen nicht verändert werden.

Messung der Stromstärke   Zur Bestimmung des Stromes I in einem Verbraucher R muss der Stromkreis nach Abb. 1.27a aufgetrennt und ein Strommesser (Amperemeter) in den Leitungsweg eingefügt werden. Durch den Innenwiderstand R_{iA} des Messgerätes entsteht dann eine Reihenschaltung mit dem Verbraucher R und anstelle des ursprünglichen Stromes $I = U/R$ wird der Strom

$$I = \frac{U}{R + R_{iA}} = \frac{U}{R(1 + R_{iA}/R)}$$

Abb. 1.27 Messung elektrischer Größen. **a** Messung eines Stromes I, **b** Messung einer Spannung U

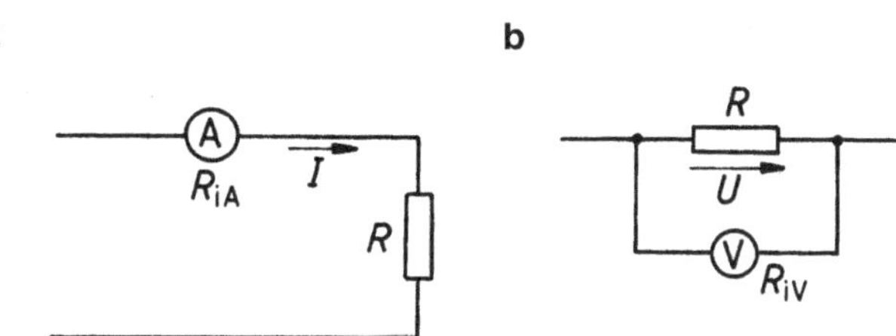

Abb. 1.28 Messung der elektrischen Leistung $P = UI$

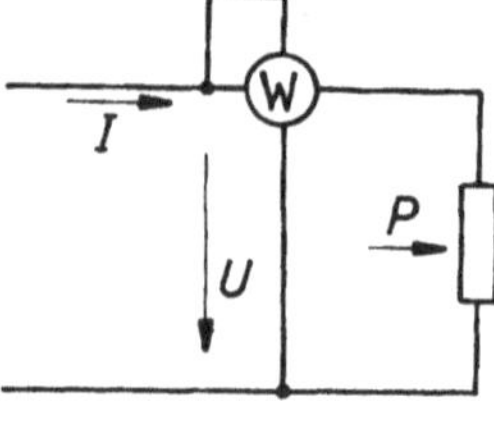

Abb. 1.29 Schaltung einer Messbrücke mit ohmschen Widerständen

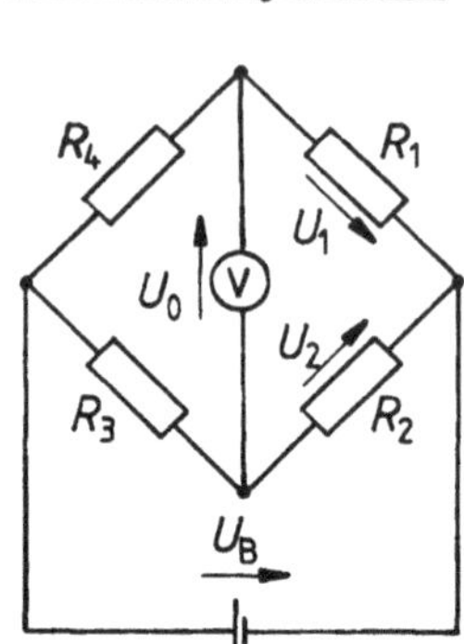

gemessen. Der Verbraucherstrom wird also nur dann richtig erfasst, wenn $R_{iA}/R \to 0$ gilt, oder etwa $R_{iA}/R < 10^{-3}$ ist. Ein Strommesser muss also einen möglichst geringen Innenwiderstand besitzen.

Messung der Spannung Zur Bestimmung der Spannung an einem Verbraucher R wird der Spannungsmesser (Voltmeter) nach Abb. 1.27b parallel geschaltet. Durch den Innenwiderstand R_{iV} entsteht jetzt nach Gl. 1.21 der Wert

$$R_{p} = \frac{R \cdot R_{iv}}{R_{iv} + R} = \frac{R}{1 + R/R_{iv}}$$

Der Gesamtwiderstand des Stromkreises hat sich durch den Spannungsmesser geändert. Um dies zu vermeiden, ist die Bedingung $R/R_{iV} \to 0$ einzuhalten und etwa $R/R_{iV} \leq 10^{-3}$ anzustreben. Ein Spannungsmesser muss also einen möglichst hohen Innenwiderstand besitzen.

Messung der Leistung Nach Gl. 1.6 bestimmt man die elektrische Leistung eines Verbrauchers aus dem Produkt Spannung U und Stromstärke I. Ein Leistungsmesser besitzt daher nach Abb. 1.28 vier Anschlüsse. Die Stromspule wird wie ein Amperemeter in den Stromkreis geschaltet, die Spannungsspule wie ein Voltmeter.

Messbrücken In Abb. 1.29 ist eine Widerstandskombination angegeben, bei welcher die Spannung U_0 in der Querachse gemessen wird. Man bezeichnet diesen Aufbau daher als Brückenschaltung und setzt sie in der Praxis mehrfach ein. Da der Spannungsmesser für

U_0 sehr hochohmig ist, arbeiten die durch eine Betriebsspannung U_B versorgten Teiler R_3/R_2 und R_4/R_1 praktisch im Leerlauf. Damit ergibt sich U_0 aus der Differenz der Spannung U_2 und U_1 für die nach Gl. 1.23b gilt

$$U_2 = U_B \cdot \frac{R_2}{R_2 + R_3} \qquad U_1 = U_B \cdot \frac{R_1}{R_1 + R_4}$$

Mit $U_0 = U_2 - U_1$ erhält man nach wenigen Zwischenschritten

$$U_0 = U_B \cdot \frac{R_2 \cdot R_4 - R_1 \cdot R_3}{(R_2 + R_3) \cdot (R_1 + R_4)}$$

In Abschn. 3.4.1.2 wird diese Brückenschaltung mit Dehnungsmessstreifen auf einer Welle realisiert, die alle im unbelasteten Zustand den Widerstand R_0 besitzen. Durch ein Drehmoment werden die Streifen 1 und 3 gestaucht, dagegen 2 und 4 verlängert. Dies ändert die Widerstände auf die Werte

$$R_1 = R_3 = R_0 - \Delta R \quad \text{und} \quad R_2 = R_4 = R_0 + \Delta R$$

Setzt man dies in die obige Gleichung für die Spannung U_0 ein, so erhält man als Ergebnis

$$U_0 = U_B \cdot \frac{\Delta R}{R_0}$$

Auf diese Beziehung wird im erwähnten Abschnitt Bezug genommen.

Wheatstone-Messbrücke In Abb. 1.30 ist die Brückenschaltung in soweit abgeändert, als dass die Widerstände R_2 und R_3 durch einen kalibrierten Messdraht ersetzt sind, den der Abgriff A im Verhältnis $a/b = R_3/R_2$ teilt. Der Widerstand R_1 ist durch einen dekadisch verstellbaren Präzisionswiderstand R_N realisiert, während der unbekannte Widerstand R_x anstelle von R_4 angeschlossen wird. Im Brückenzweig liegt ein empfindlicher Spannungsmesser, die Versorgung mit der Spannung U_B geschieht mit einer Trockenbatterie, die mit einem Taster zugeschaltet werden kann.

Abb. 1.30 Aufbau der Wheatstone-Messbrücke zur Bestimmung von Widerständen

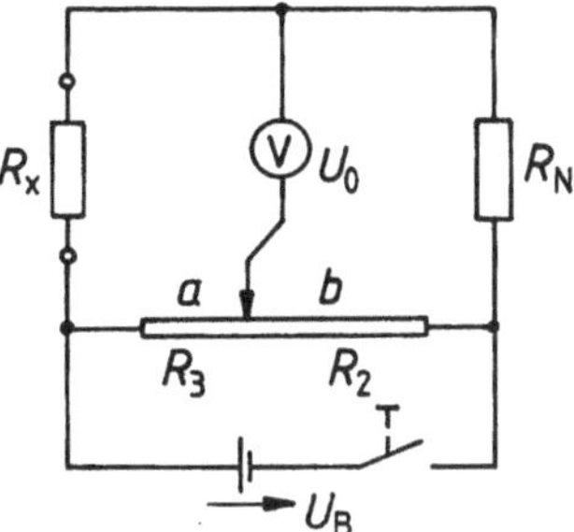

Nach der für Abb. 1.29 abgeleiteten Beziehung für $U_0 = f(R_{1-4})$ zeigt der Spannungsmesser $U_0 = 0$ an, wenn der Zähler des Bruches null ist. Dies führt zu der Bedingung

$$R_2 \cdot R_4 = R_1 \cdot R_3$$

und damit unter Beachtung der getroffenen Zuordnungen zu der Abgleichbedingung für die Brückenschaltung in Abb. 1.30

$$R_x = R_N \cdot a/b$$

Das Verhältnis a/b ist direkt am Drehschalter für den Abgriff A abzulesen, so dass durch Multiplikation mit dem Dekadenwert R_N der unbekannte Widerstandswert R_x festliegt.

Die Schaltung nach Abb. 1.30 ist Inhalt der sogenannten Wheatstone-Messbrücke, mit der bei etwa 0,5 % Genauigkeit Widerstände im Bereich von ungefähr 1 bis $100\,\mathrm{k\Omega}$ gemessen werden können. Sie war vor der Einführung der heute eingesetzten Digitalmultimeter, deren Genauigkeit im Ω-Bereich noch besser ist, das wichtigste Gerät zur Messung ohmscher Widerstände.

Beispiel 1.21

Ein elektrischer Durchlauferhitzer erwärmt 0,1 l Wasser je Sekunde von 15 °C auf 45 °C bei einem Wirkungsgrad von 80 %. Man berechne die Leistung und den Strom bei 230 V Netzspannung sowie die Stromkosten in 3 min bei einem Tarifpreis von 0,2 €/kWh.

Mit der spezifischen Wärmekapazität $C = 4187\,\mathrm{J/(°C\,kg)}$ des Wassers ergibt sich bei einer Erwärmung um 30 °C ein Wärmestrom

$$\Phi = \frac{mC\Delta\vartheta}{t} = 0,1\,\frac{\mathrm{kg}}{\mathrm{s}} \cdot 4187\,\frac{\mathrm{J}}{\mathrm{°C\,kg}} \cdot 30\,\mathrm{°C} = 12.560\,\frac{\mathrm{J}}{\mathrm{s}} = 12,56\,\mathrm{kW}\,.$$

Bei einem Wirkungsgrad von 80 % ist somit eine elektrische Heizleistung $P = 12{,}56\,\mathrm{kW}/0{,}8 = 15{,}7\,\mathrm{kW}$ erforderlich. Der Heizstrom I und der Widerstand R des Heizkörpers werden

$$I = P/U = 15.700\,\mathrm{W}/230\,\mathrm{V} = 68{,}3\,\mathrm{A} \quad R = 230\,\mathrm{V}/68{,}3\,\mathrm{A} = 3{,}37\,\Omega\,.$$

Stromkosten $K = 15{,}7\,\mathrm{kW}\ 3/60\,\mathrm{h} \cdot 0{,}2\,€/\mathrm{kWh} = 0{,}157\,€$

Beispiel 1.22

Gegeben ist die Schaltung nach Abb. 1.31 mit den Widerständen $R_1 = 4\,\Omega$, $R_2 = 20\,\Omega$, $R_3 = 30\,\Omega$ und $R_4 = 50\,\Omega$.

Es ist der Ersatzwiderstand R_e der Kombination zu bestimmen.

Abb. 1.31 Widerstandskombination zu Beispiel 1.22

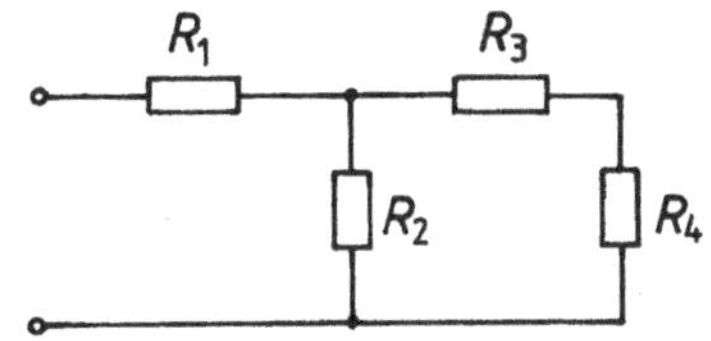

R_3 und R_4 sind in Reihe geschaltet, damit gilt nach Gl. 1.19

$$R_{3,4} = R_3 + R_4 = 30\,\Omega + 50\,\Omega = 80\,\Omega\,.$$

R_2 und $R_{3,4}$ liegen parallel, damit gilt nach Gl. 1.21

$$R_{2\text{–}4} = \frac{R_2 \cdot R_{3,4}}{R_2 + R_{3,4}} = \frac{20\,\Omega \cdot 80\,\Omega}{20\,\Omega + 80\,\Omega} = 16\,\Omega\,.$$

R_1 und $R_{2\text{–}4}$ liegen wieder in Reihe und ergeben den Gesamtwiderstand

$$R_\mathrm{e} = R_1 + R_{2\text{–}4} = 4\,\Omega + 16\,\Omega = 20\,\Omega\,.$$

Beispiel 1.23

Ein Spannungsteiler nach Abb. 1.14a soll bei $U = 12\,\mathrm{V}$ die Spannung $U_{\mathrm{L}_0} = 6\,\mathrm{V}$ erzeugen. Die Leerlaufverluste dürfen maximal $P_{\mathrm{v}0} = 10\,\mathrm{mW}$ betragen.

Wie sind die Widerstände R_1 und R_2 zu wählen?

Nach Gl. 1.23b sind für $U_{\mathrm{L}_0} = 0{,}5\,U$ mit $R_1 = R_2$ gleichgroße Widerstände zu wählen.

Für die Verlustleistung gilt dann nach Gl. 1.13b

$$P_{\mathrm{v}0} = \frac{U^2}{R_1 + R_2} \quad \text{und damit} \quad R_1 = R_2 = \frac{U^2}{2P_{\mathrm{v}0}} = \frac{(12 \cdot \mathrm{V})^2}{2 \cdot 0{,}01\,\mathrm{W}} = 7{,}2 \cdot \mathrm{k}\Omega\,.$$

Beispiel 1.24

Wie groß ist der Wirkungsgrad des Teilers in Beispiel 1.23 bezogen auf einen Verbraucher mit $R_\mathrm{V} = 22{,}8\,\mathrm{k}\Omega$?

Nach Gl. 1.23a gilt für die Spannung bei Belastung mit R_v

$$U_\mathrm{v} = \frac{12\,\mathrm{V}}{1 + 1(1 + 7{,}2\,\Omega/22{,}8\,\Omega)} = 5{,}18\,\mathrm{V}\,.$$

Damit wird $P_{\mathrm{ab}} = U_\mathrm{v}^2/R_\mathrm{v} = (5{,}18\,\mathrm{V})^2/22{,}8\,\mathrm{k}\Omega = 1{,}18\,\mathrm{mW}$.

Der Ersatzwiderstand der Schaltung ist $R_e = R_1 + R_2 \| R_v = 7,2\,\mathrm{k\Omega} + 7,2\,\mathrm{k\Omega} \| 22,8\,\mathrm{k\Omega} = 12,67\,\mathrm{k\Omega}$.

Damit wird die zugeführte Leistung $P_{zu} = U^2/R_e = (12\,\mathrm{V})^2/12,67\,\mathrm{k\Omega} = 11,36\,\mathrm{mW}$.

Wirkungsgrad $\eta = P_{ab}/P_{zu} = (1,18\,\mathrm{mW}/11,36\,\mathrm{mW})\,100\,\% = 10,4\,\%$.

Der schlechte Wirkungsgrad ist der Grund, warum ohmsche Teiler nicht in der Energietechnik eingesetzt werden.

Aufgabe 1.18

Ein Generator mit dem Innenwiderstand $R_i = 0,1\,\Omega$ versorgt über Leitungen mit $R_L = 0,1\,\Omega$ einen Verbraucher. Wie groß ist dessen Widerstand R_L, wenn er 90 % der Generatorleistung erhält?

Ergebnis: $R_L = 1,8\,\Omega$

Aufgabe 1.19

Ein Gleichstromquelle mit dem Wirkungsgrad $\eta = 90\,\%$ hat die Ausgangsdaten $U = 450\,\mathrm{V}$, $I = 200\,\mathrm{A}$. Welcher Innenwiderstand R_i ist der Quelle zuzuordnen?

Ergebnis: $R_i = 0,25\,\Omega$

Beispiel 1.25

Auslegung und Kapazität von Batterien und Akkumulatoren

Für eine Stabtaschenlampe sind vier Trockenbatterien mit jeweils 1,5 V, 6 Ah vorgesehen und eine Glühlampe 6 V, 1,2 W.

Wie viel Stunden t_E kann die Lampe bei voller Entladung betrieben werden?

Die Lampe benötigt nach Gl. 1.6 den Strom $I = P/U = 1,2\,\mathrm{W}/6\,\mathrm{V} = 0,2\,\mathrm{A}$.

Um die Lampenspannung von 6 V zu erreichen, sind alle vier Zellen in Reihe zu schalten. Die verfügbare Ladung bleibt dann $Q = 6\,\mathrm{Ah}$ und nach Gl. 1.4 reicht sie bei theoretisch voller Entladung für

$$t_E = Q/I = 6\,\mathrm{Ah}/0,2\,\mathrm{A} = 30\,\mathrm{Stunden}\,.$$

1.2   Elektrisches Feld und magnetisches Feld

1.2.1   Elektrisches Feld

1.2.1.1   Größen des elektrischen Feldes, Kondensator

Schon in Abschn. 1.1.1.1 wurde dargestellt, dass sich zwischen zwei Platten, an denen eine Spannung U anliegt, ein elektrisches Feld aufbaut. Diese durch Feldlinien darstellbare Erscheinung übt auf elektrische Ladungen Q Kräfte F nach den folgenden Gleichungen aus.

$$F = QE \quad U = El \tag{1.25}$$

Kondensator   Die Anordnung zweier gegeneinander isolierter metallischer Flächen wird als Kondensator bezeichnet (Abb. 1.32). Sie trägt auf je einer Seite die Ladung $+Q$ bzw. $-Q$, die der Isolator dazwischen – Dielektrikum genannt – voneinander trennt.

Experimentell kann man nachweisen, dass Ladung Q und Spannung U zwischen den Platten zueinander proportional sind. Es gilt demnach

$$Q = CU \tag{1.26}$$

Hierin nennt man C die Kapazität des Kondensators, da sie das Fassungsvermögen des Kondensators für elektrische Ladungen bei einer bestimmten Spannung angibt.

Aus Gl. 1.26 folgt $C = Q/U$ und damit die Einheit 1 Farad (1 F) für die Kapazität. Es gilt die Einheitengleichung $1\,\mathrm{F} = 1\,\mathrm{As/V} = 1\,\mathrm{s}/\Omega$.

Die Kapazität C eines Kondensators ist nur von den geometrischen Abmessungen sowie der Art seines Dielektrikums (Luft, Papier, Porzellan usw.) abhängig und damit die wichtigste Kenngröße des Kondensators. Für den idealen Plattenkondensator mit den Abmessungen nach Abb. 1.32 gilt z. B.

$$C = \frac{\varepsilon A}{a} \tag{1.27}$$

wobei A die Fläche, über die sich das homogene elektrische Feld erstreckt, und a der Abstand der Platten bedeuten. Die Materialgröße ε wird Permittivität genannt und in das Produkt

$$\varepsilon = \varepsilon_0 \varepsilon_\mathrm{r} \tag{1.28}$$

Abb. 1.32 Plattenkondensator

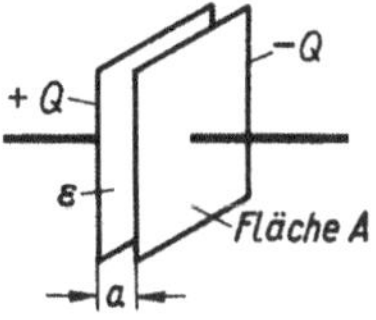

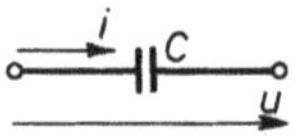

Abb. 1.33 Schaltzeichen eines Kondensators mit der Kapazität C mit Zuordnung von Spannungspfeil u und Strompfeil i

geteilt. Die Faktoren sind die elektrische Feldkonstante

$$\varepsilon_0 = 8{,}85 \cdot 10^{-12}\,\text{F/m} \tag{1.29}$$

und die relative Permittivität oder die Permittivitätszahl ε_r als Wert ohne Einheit. Für Vakuum und angenähert auch Luft ist $\varepsilon_\mathrm{r} = 1$. Für alle übrigen Isolierstoffe gelten die Angaben in Tab. 1.4.

Aufgabe 1.20

Ein A4-Blatt (29,5 cm × 21 cm) der Stärke 0,2 mm wird beidseitig mit leitender Bronzefarbe besprüht. Welche Kapazität C lässt sich damit bei $\varepsilon_\mathrm{r} = 3$ erreichen?

Ergebnis: $C = 8{,}22\,\text{nF}$

Tab. 1.4 Elektrische Isolierstoffe. Richtwerte für die Permittivitätszahl ε_r

Isolierstoff	Bezeichnung	ε_r	Anwendungsgebiete (Beispiele)
Naturstoffe	Glimmer	4 bis 8	Trägerkörper für Heizwiderstände
	Quarzglas	4 bis 4,2	Isolatoren, Lampen, Röhren
Keramische Stoffe	Hartporzellan	5 bis 6,5	Hochspannungsisolatoren
	Steatit	5,5 bis 6,5	Schaltereinsätze
	Sonderstoffe	bis 10.000	Hochfrequenzkondensatoren
Organische Stoffe	Hartgummi	3 bis 3,5	Platten, Griffe, Formteile
	Weichgummi	2,2 bis 2,8	Leiterisolation, Isoliermatten
Papier	Hartpapier	4 bis 6	Isolation von Transformatoren
	Hartgewebe	5 bis 8	Leiterisolation von Kabeln
Isolieröle	Transformatorenöl	2 bis 2,5	Isolation und Kühlung
Kunststoffe	Polyvinylchlorid (PVC)	5 bis 5,8	Hart-PVC für Rohre, Gehäuse Weich-PVC für Kabelisolation
Thermoplaste	Polyethylen (PE)	2,3	Pressteile, HF-Kabel, Folien
	Polypropylen (PP)	2,25	dto.
	Polystyrol (PS)	2,5	HF-Spulenkörper, Kondensatoren
	Styropor		aufgeschäumt (Wärmedämmung)

Aufgabe 1.21

Welche Isolierfläche A aus beidseitig leitender Folie der Stärke $a = 0{,}1\,\text{mm}$ und der Permittivitätszahl $\varepsilon_r = 2{,}82$ benötigt man, um einen Kondensator mit $C = 100\,\mu\text{F}$ zu erhalten?

Ergebnis: $A = 400\,\text{m}^2$

Ladungsdichte Bezieht man die auf den Kondensatorplatten in Abb. 1.32 vorhandene Ladung Q auf die Plattenfläche A, so erhält man die Flächenladungsdichte $\sigma = Q/A$ in As/m^2. Diese ist an der Grenzfläche zwischen einer Platte und dem Dielektrikum betragsmäßig gleich der sogenannten elektrischen Verschiebungsdichte D, welche wie die Feldstärke E im ganzen Feldraum wirkt. Nach den Gl. 1.26 und 1.27 erhält man für diese in der Feldtheorie wichtige Größe die Vektorgleichung

$$\vec{D} = \varepsilon \cdot \vec{E} \tag{1.30}$$

Beispiel 1.26

Zwei Metallplatten stehen sich im Abstand $a = l = 1\,\text{mm}$ in Luft gegenüber und sind an die Batteriespannung $U = 12\,\text{V}$ angeschlossen. Wie groß ist die Anzahl der durch das elektrische Feld gebundenen Elektronen pro cm^2 auf der Minusplatte?

Aus der Feldstärke $E = U/l = 12\,\text{V}/10^{-3}\,\text{m} = 12\,\text{kV/m}$ und Gl. 1.29 und 1.30 erhält man die Verschiebungsdichte

$$D = 8{,}85 \cdot 10^{-12}\,\text{As/Vm} \cdot 12\,\text{kV/m} = 10{,}62 \cdot 10^{-8}\,\text{As/m}^2$$
$$= 10{,}62 \cdot 10^{-12}\,\text{As/cm}^2.$$

Nach Gl. 1.1 beträgt die Ladung eines Elektrons $q_\text{E} = -e$, womit sich die Anzahl der Elektronen zu

$$z_\text{E} = \frac{D}{e} = \frac{10{,}62 \cdot 10^{-12}\,\text{As/cm}^2}{0{,}16 \cdot 10^{-18}\,\text{As}} = 66 \cdot 10^6\ \text{Elektronen/cm}^2\ \text{ergibt.}$$

1.2.1.2 Influenz und Polarisation

Influenz In Abb. 1.34 besteht zwischen den beiden positiv bzw. negativ aufgeladenen großen Platten ein elektrisches Feld E. Zwei aneinanderliegende und ungeladene kleine metallische Platten 1 und 2 befinden sich zunächst außerhalb des Feldes (Stellung a). Sobald die Doppelplatte nun innerhalb des Feldes gerät (Stellung b), wirken auf die freien Elektronen im Metall nach Gl. 1.25 Kräfte, die sie entgegen der Feldrichtung an die

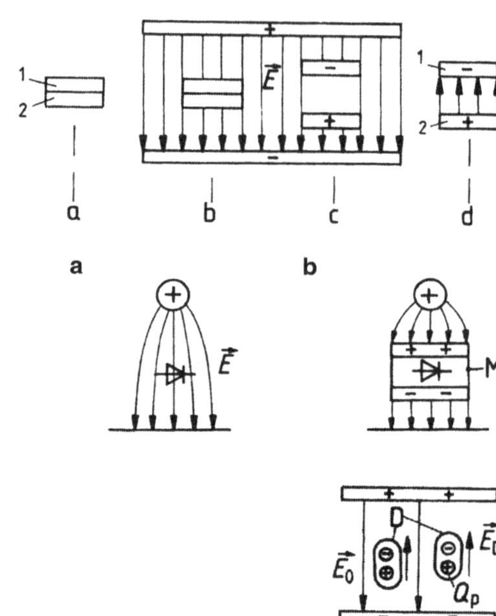

Abb. 1.34 Influenzierte Ladungen auf einem Plattenpaar P_{12}

Abb. 1.35 Abschirmung eines elektrischen Feldes. **a** Ungeschützte Elektronik im elektrischen Feld, **b** Feldfreier Raum durch eine Metallhülle M

Abb. 1.36 Dipole D in einem Dielektrikum

Oberfläche der Platte 1 bewegen. Die Gegenplatte wird dann durch das Überwiegen der Kernladung gleich stark positiv. Trennt man nun die Doppelplatte P_{12} noch im elektrischen Feld (Stellung c), so erhält man zwei elektrisch geladene Platten. Man bezeichnet diese Art der Aufladung als Influenz und spricht von influenzierten Ladungen. Werden die Platten getrennt aus dem Feld genommen (Stellung d), so bleibt der Ladungszustand erhalten.

Abschirmung In Stellung c von Abb. 1.34 entsteht zwischen den Platten P_1 und P_2 ein feldfreier Raum, da die an den äußeren Platten 1 und 2 endenden Feldlinien bereits an der Oberfläche der inneren Metallfläche P_1 und P_2 ihre Gegenladung finden. Diese Erscheinung wird zur Abschirmung elektrischer Felder z. B. von empfindlicher Elektronik genützt.

Nach Abb. 1.35a befindet sich eine durch das Diodenzeichen gekennzeichnete Elektronik in einem elektrischen Feld und wird dadurch eventuell in seiner Funktion beeinflusst. Umgibt man nun die Elektronik mit einer Metallhülle M nach Abb. 1.35b, so werden dort Gegenladungen influenziert und das Innere wird feldfrei. Man bezeichnet ein derartiges Metallgehäuse allgemein als Faradayschen Käfig.

Polarisation Die als Dielektrikum zwischen die beiden Platten eines Kondensators gebrachten Isolierstoffe bestehen aus Molekülen, in denen die resultierenden Ladungen Q_P^+ und Q_P^- keinen gemeinsamen Schwerpunkt haben (Abb. 1.36). Man bezeichnet ein derartiges Molekül als Dipol.

Im elektrischen Feld $\vec{E}_0$ eines Kondensators richten sich diese Dipole entsprechend der nach $F = QE$ auf sie wirkenden Kräfte in Feldrichtung aus und bilden so ein Eigenfeld $\vec{E}_D$ entgegen der Richtung von $\vec{E}_0$. Die resultierende Feldstärke wird also mit $E < E_0$ verringert. Bei vorgegebener konstanter Flächenladungsdichte σ und damit auch $D = $ konst. bedeutet dies nach Gl. 1.30 eine Vergrößerung der Permittivität ε. Entsprechend ihrer feldschwächenden Wirkung muss man daher wie in Tab. 1.4 aufgeführt, allen als Dielektrikum eingesetzten Isolierstoffe eine eigene Permittivitätszahl ε_r zuordnen.

1.2.1.3 Schaltung von Kondensatoren

Parallelschaltung In Abb. 1.37 sind eine Anzahl von Kondensatoren parallel geschaltet und damit an die gleiche Spannung U angeschlossen. Der Ersatzkondensator C_e soll nun die Parallelschaltung voll ersetzen, muss also die Gesamtladung $Q = Q_1 + Q_2 + Q_3$ besitzen. Nach Gl. 1.26 gilt die Beziehung

$$C_e U = C_1 U + C_2 U + C_3 U$$

und nach Division durch die Spannung U erhält man die Beziehung

$$C_e = C_1 + C_2 + C_3 + \ldots \tag{1.31}$$

Die Einzelkapazitäten der parallelen Kondensatoren wird also einfach zu addieren.

Reihenschaltung In Abb. 1.38 sind eine Anzahl Kondensatoren in Reihe geschaltet. Für die einzelnen Teilspannungen gilt dann die Maschenregel nach Gl. 1.17 mit

$$U = U_1 + U_2 + U_3 \,.$$

Alle Kondensatoren wurden durch denselben Strom aufgeladen und tragen damit die gleiche Ladung Q. Damit erhält man mit Gl. 1.26 die Beziehung

$$\frac{Q}{C_e} = \frac{Q}{C_1} + \frac{Q}{C_2} + \frac{Q}{C_3} \,.$$

Für die Reihenschaltung gilt damit die Beziehung

$$\frac{1}{C_e} = \frac{1}{C_1} + \frac{1}{C_2} + \frac{1}{C_3} \tag{1.32}$$

Abb. 1.37 Schaltung von Kondensatoren. **a** Parallelschaltung, **b** Ersatzschaltung

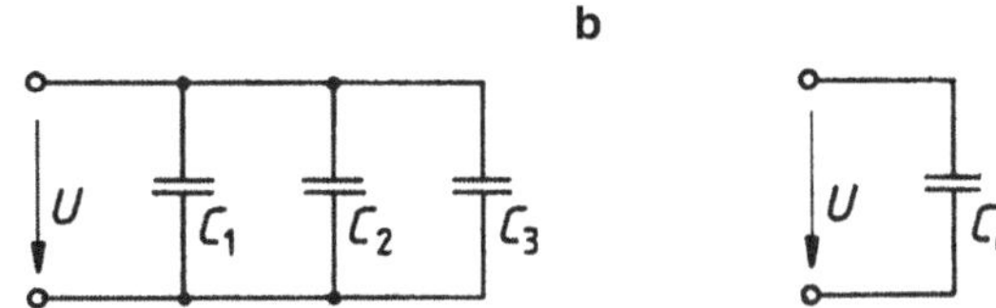

Abb. 1.38 Schaltung von Kondensatoren. **a** Reihenschaltung, **b** Ersatzschaltung

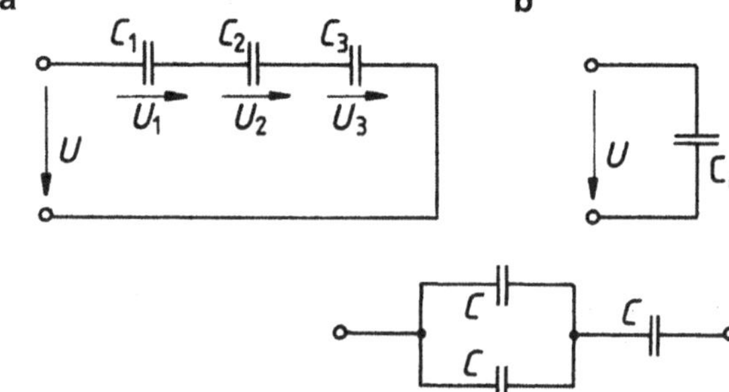

Abb. 1.39 Schaltung nach Beispiel 1.27

Die beiden Gleichungen für den Ersatzkondensator C_e haben den genau umgekehrten Aufbau wie die für den Ersatzwiderstand R_e bei Reihen- oder Parallelschaltung von Widerständen.

Beispiel 1.27

Welche Kapazität C_e erhält man, wenn man zu zwei parallelen Kondensatoren von jeweils $C = 1\,\mu\text{F}$ einen dritten von ebenfalls $C = 1\,\mu\text{F}$ in Reihe schaltet?

Die Parallelschaltung ergibt nach Gl. 1.31 den Wert $C_p = 1\,\mu\text{F} + 1\,\mu\text{F} = 2\,\mu\text{F}$. Die anschließende Reihenschaltung nach Gl. 1.32 dann

$$1/C_e = 1/C_p + 1/C = 1/(2\,\mu\text{F}) + 1/(1\,\mu\text{F}) = 3/(2\,\mu\text{F}) \text{ und damit } C_e = 2/3\,\mu\text{F}$$

Aufgabe 1.22

Welche Kapazität C_2 muss man einem Kondensator mit $C_1 = 10\,\mu\text{F}$ in Reihe schalten, damit $C_e = 8\,\mu\text{F}$ entsteht?

Ergebnis: $C_2 = 40\,\mu\text{F}$

1.2.1.4 Ladung von Kondensatoren, Energie des elektrischen Feldes

Spannung und Strom des Kondensators Die bei der Gleichspannung U auf den Platten des Kondensators befindliche Ladung Q errechnet man nach Gl. 1.26. Diese Gleichung stellt eine spezielle Form der allgemein gültigen Gleichung

$$q = C u$$

dar, wobei q die auf den Platten vorhandene Ladung bei dem Augenblickswert u der Spannung ist. Ändert sich die Spannung u um $\mathrm{d}u$, so muss sich die Ladung um $\mathrm{d}q = C\,\mathrm{d}u$ ändern.

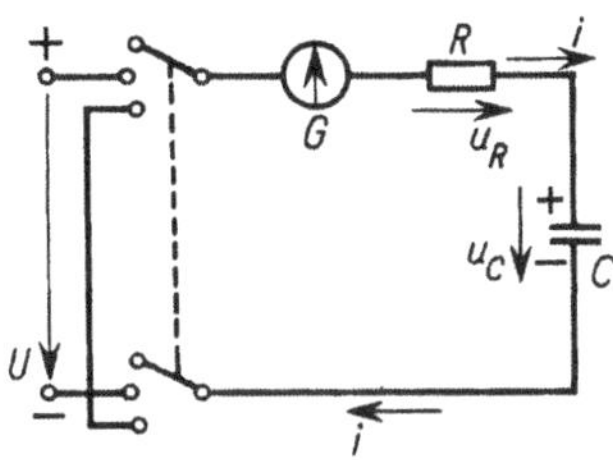

Abb. 1.40 Schaltung für Ladung und Entladung eines Kondensators

Die Änderung der Ladung um dq in der Zeit dt wird in der allgemein gültigen Form durch einen Strom mit dem Augenblickswert

$$i = dq/dt$$

– anstelle der speziellen Form bei Gleichstrom nach Gl. 1.4 – hervorgerufen. Kombiniert man obige Gleichungen, so erhält man die allgemeine Kondensatorgleichung für den Strom

$$i = C\, du/dt \qquad (1.33a)$$

oder durch Integration für die Spannung

$$u = \frac{1}{C} \int i\, dt \,. \qquad (1.33b)$$

In Abb. 1.33 ist das genormte Schaltzeichen des Kondensators mit Zählpfeilen für Strom und Spannung dargestellt.

Ladung und Entladung eines Kondensators In den Stromkreisen der Elektrotechnik werden die Kondensatorplatten durch einen elektrischen Strom geladen, der der Minus-Platte Elektronen zuführt und von der Plus-Platte Elektronen abführt. Verbindet man in der Schaltung nach Abb. 1.40 den Kondensator C über einen Widerstand R und einen Schalter (mittlere Schalterstellung) mit der Gleichspannungsquelle U, so fließt nach Schließen kurzzeitig ein Strom, der durch einen vorübergehenden Ausschlag an dem empfindlichen Strommesser nachgewiesen werden kann. Da Elektronen nicht durch den Isolator zwischen den Platten, hier Luft, hindurchströmen können, sammeln sie sich an der mit dem negativen Pol der Spannungsquelle verbundenen Platte an. Eine entsprechende gleiche Zahl von Elektronen fließt während des Stromstoßes von der anderen Platte in Richtung zum positiven Pol der Spannungsquelle ab. Dadurch entsteht der Eindruck, als fließe der Strom – Ladestrom i genannt – durch den Luftraum zwischen den Platten hindurch. Wenn der kurzdauernde Ladevorgang beendet ist, befindet sich auf der negativen Platte die Ladung $-Q$, auf der positiven Platte die Ladung $+Q$.

Zur Berechnung des Ladestroms i im Stromkreis nach Abb. 1.40 benutzt man die Maschenregel $\sum u = 0$, also

$$u_\mathrm{R} + u_\mathrm{C} - U = 0 \quad \text{oder} \quad U = u_\mathrm{R} + u_\mathrm{C} = iR + u_\mathrm{C}$$

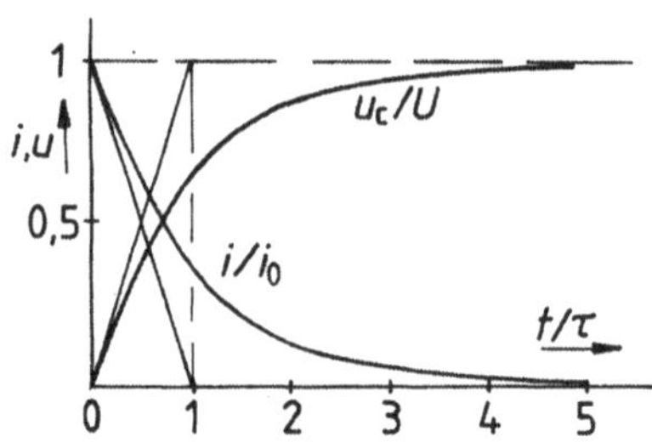

Abb. 1.41 Strom- und Spannungsverlauf beim Aufladen eines Kondensators

Gl. 1.33a, b lautet nun

$$i = C \frac{du_C}{dt}$$

Somit erhält man die Spannungsgleichung

$$U = RC \frac{du_C}{dt} + u_C = \tau \frac{du_C}{dt} + u_C$$

Das Produkt RC hat die Dimension einer Zeit und wird als Zeitkonstante des Ladevorgangs bezeichnet

$$\tau = RC \tag{1.34}$$

Die obige Differentialgleichung hat für die Klemmenspannung des Kondensators die mathematische Lösung

$$u_c = U(1 - e^{-t/\tau}) \tag{1.35}$$

Somit ergibt sich durch Differenzieren für den Ladestrom des Kondensators

$$i = C\left(-U \frac{-1}{RC} e^{-t/\tau}\right) \quad \text{oder} \quad i = \frac{U}{R} e^{-t/\tau} \tag{1.36}$$

Obige Gleichung ergibt für $t = 0$ als erste Ladestromspitze $i_0 = U/R$ und damit einen Wert, der nicht von der Kapazität C des Kondensators, sondern nur vom gesamten ohmschen Widerstand R des Stromkreises abhängt. Ein Kondensator verhält sich nach dem Einschalten damit zunächst wie ein Kurzschluss. Danach steigt die Spannung nach einer e-Funktion mit der Zeitkonstanten τ an, während der Strom ebenso abfällt. In Abb. 1.41 sind beide Verläufe über dem Verhältnis t/τ aufgetragen. Bei $t = 5\tau$ ist die Abweichung vom Endwert weniger als 1 %.

Entladung des Kondensators Bringt man nach Beendigung des Ladevorgangs in Abb. 1.40 den Schalter in die untere Schaltstellung, dann wird der auf die Spannung U aufgeladene Kondensator über den Widerstand R entladen. Unter Beibehaltung der in Abb. 1.40 eingezeichneten Spannungs- und Stromzählpfeile gilt nun

$$\sum u = 0 \quad \text{d. h.} \quad u_R + u_C = 0$$

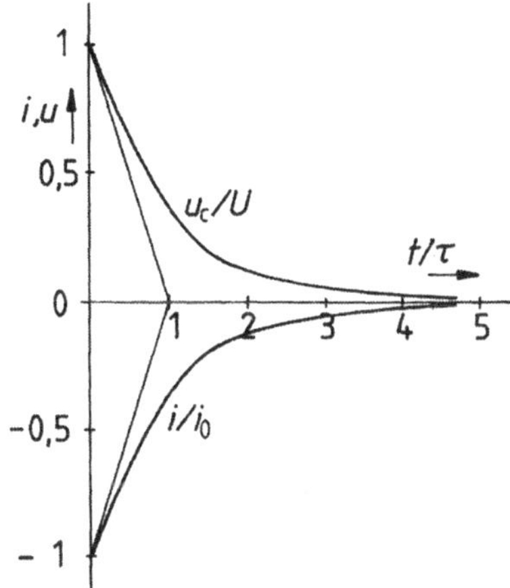

Abb. 1.42 Strom- und Spannungsverlauf beim Entladen eines Kondensators

oder nach der Ableitung für den Ladevorgang

$$\tau = \frac{du_C}{dt} + u_C = 0$$

Diese Differentialgleichung hat für die Klemmenspannung des Kondensators die Lösung

$$u_C = U\,e^{-t/\tau} \tag{1.37a}$$

und für den Entladestrom des Kondensators

$$i = C\frac{-U}{\tau}e^{-t/\tau} \quad \text{oder} \quad i = -\frac{U}{R}e^{-t/\tau} \tag{1.37b}$$

Der Entladestrom hat also denselben Funktionsverlauf wie der Ladestrom, aber die entgegengesetzte Richtung. Die Kondensatorspannung klingt nach einer Exponentialfunktion mit der Zeitkonstanten τ auf null ab (s. Abb. 1.42).

Energie des elektrischen Feldes Nun lässt sich auch die im elektrischen Feld eines Kondensators gespeicherte elektrische Energie W_e errechnen. Sie ist gleich der elektrischen Energie $W = \int u i\,dt$, die dem Kondensator während des Ladevorgangs zugeführt wird. Wird er von $u_c = 0$ auf die Spannung $u_c = U_c$ aufgeladen, so erhält man durch Integration und mit Gl. 1.33a

$$W_e = C\int_0^{U_C} u\,du \quad \text{und damit} \quad W_e = \frac{1}{2}CU_C^2 \tag{1.38}$$

Der Energieinhalt eines Kondensators wird in der Elektronik mehrfach genutzt. So erhalten Netzgeräte (Abb. 2.61) und Umrichterschaltungen (Abb. 4.87) Kondensatoren zur

Abb. 1.43 Verlustbehafteter
Kondensator

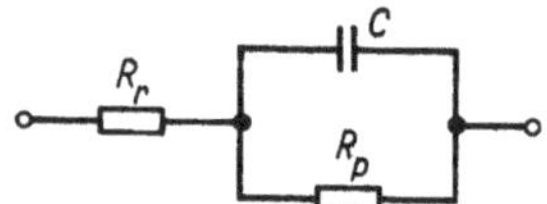

Stützung der Gleichspannung. Mit den Werten für die Gleichrichterschaltung mit C-Glättung in Beispiel 2.12 nämlich $C = 62{,}5\,\mu\text{F}$ und $U = 24\,\text{V}$ erhält man über Gl. 1.38 den Wert $W_\text{e} = 0{,}018\,\text{Ws}$. Bei einem Frequenzumrichter mit $C = 10.000\,\mu\text{F}$, $U = 400\,\text{V}$ beträgt der Energieinhalt immerhin $W_\text{e} = 0{,}8\,\text{kWs}$.

Verlustbehafteter Kondensator Das Ersatzschaltbild des verlustbehafteten Kondensators (Abb. 1.43) enthält außer der Kapazität C einen parallel zu C geschalteten Widerstand R_p, der die nicht verlustfreie Isolation zwischen den Kondensatorbelegungen berücksichtigt und einen in Reihe zu C geschalteten Leistungswiderstand R_r, der den Widerstand der Platten („Belege") darstellt. Die in den beiden Widerständen auftretende Stromwärme entspricht den Energieverlusten des Kondensators.

Beispiel 1.28

Ein Plattenkondensator mit Luftdielektrikum ($\varepsilon_\text{r} = 1$) und der Plattenfläche $5\,\text{cm} \times 4\,\text{cm} = 20\,\text{cm}^2$ hat einen Plattenabstand $0{,}5\,\text{mm}$.

a) Welche Kapazität C hat der Kondensator?
   Mit den Gl. 1.27 bis Gl. 1.29 erhält man

$$C = \frac{\varepsilon_0 \varepsilon_\text{r} A}{a} = \frac{8{,}85 \cdot 10^{-12}\frac{\text{F}}{\text{m}} \cdot 1 \cdot 20\,\text{cm}^2}{0{,}5\,\text{mm}} = \frac{8{,}85 \cdot 10^{-14}\frac{\text{F}}{\text{cm}} \cdot 20\,\text{cm}^2}{0{,}05\,\text{cm}}$$
$$= 35{,}4 \cdot 10^{-12}\,\text{F} = 35{,}4\,\text{pF}$$

b) Welche Ladung Q ist auf den Platten vorhanden, wenn der Kondensator an die Gleichspannung 220 V gelegt wird? Wie groß ist die elektrische Feldstärke?
   Nach Gl. 1.26 und Gl. 1.25 sind

$$Q = CU = 35{,}4 \cdot 10^{-12}\,\text{F} \cdot 220\,\text{V} = 7{,}79 \cdot 10^{-9}\,\text{C}$$
$$E = U/l = 220\,\text{V}/0{,}5\,\text{mm} = 4{,}4\,\text{kV/cm}$$

c) Welche elektrische Energie ist im elektrischen Feld zwischen den Platten gespeichert?
   Die Energie folgt aus Gl. 1.38

$$W_\text{e} = \frac{1}{2} C U^2 = 0{,}5 \cdot 35{,}4 \cdot 10^{-12}\,\text{F} \cdot 220^2\,\text{V}^2 = 0{,}857 \cdot 10^{-6}\,\text{J}$$

d) Wie ändern sich C, Q und W_e, wenn der Kondensator statt Luft Kondensatorpapier ($\varepsilon_\mathrm{r} = 5$) als Dielektrikum hat?

Nach vorstehendem Rechnungsgang beträgt die Kapazität C des Papierkondensators das Fünffache des Luftkondensators; entsprechend erhöhen sich die Werte von Q und W_e. Man erhält somit

$$C = 177\,\mathrm{pF} \quad Q = 39 \cdot 10^{-9}\,\mathrm{C} \quad W_\mathrm{e} = 4{,}28 \cdot 10^{-6}\,\mathrm{J}$$

e) Welche elektrische Leistung gibt dieser Kondensator beim Entladen innerhalb einer Entladezeit von 0,002 s im Mittel ab?

$$P = \frac{W_\mathrm{e}}{t} = \frac{4{,}28 \cdot 10^{-6}\,\mathrm{Ws}}{2 \cdot 10^{-3}\,\mathrm{s}} = 2{,}14\,\mathrm{mW}$$

Beispiel 1.29

Ein Kondensator mit $C = 10\,\mu\mathrm{F}$ wird aufgeladen und vom Netz getrennt. Die nicht ideale Isolierung zwischen den Elektroden und Anschlüssen ist durch einen Parallelwiderstand (Abb. 1.43) von $R_\mathrm{p} = 20\,\mathrm{M\Omega}$ erfasst. Nach welcher Zeit t beträgt die Kondensatorspannung nur noch 10 % des Anfangswertes?

Nach Gl. 1.37a gilt $u_\mathrm{c}/U = 0{,}1 = \mathrm{e}^{-t/\tau}$ und damit $\mathrm{e}^{t/\tau} = 10$

Dies führt zu der Gleichung $t/\tau \cdot \ln \mathrm{e} = \ln 10$ mit der Lösung $t/\tau = 2{,}3$

Mit $\tau = RC$ nach Gl. 1.34 erhält man $t = 2{,}3 \cdot 10 \cdot 10^{-6}\,\mathrm{s/\Omega} \cdot 20 \cdot 10^{6}\,\Omega = 460\,\mathrm{s} = 7{,}7\,\mathrm{min}$.

Aufgabe 1.23

Mit welcher Spannung U_C muss ein Kondensator mit $C = 10\,\mu\mathrm{F}$ aufgeladen werden, damit er die Energie $W_\mathrm{C} = 0{,}05\,\mathrm{Ws}$ speichert?

Ergebnis: $U_\mathrm{C} = 100\,\mathrm{V}$

Aufgabe 1.24

Für ein Umformverfahren wird ein Kondensator mit $C = 500\,\mu\mathrm{F}$ auf $U_\mathrm{C} = 1000\,\mathrm{V}$ aufgeladen. Die Entladung in das Formwerkzeug erfolge vereinfacht durch einen Rechteckimpuls der Breite $t = 1\,\mathrm{ms}$. Welchen Wert hat die Entladestromstärke I?

Ergebnis: $I = 250\,\mathrm{A}$

Aufgabe 1.25

Ein Kondensator wird über einen Widerstand von $R = 1\,\text{k}\Omega$ aufgeladen. Das Zeitdiagramm des Entladestromes zeigt nach $t = 0{,}02\,\text{s}$ noch 50 % des Anfangswertes an. Wie groß ist die Kapazität C?

Ergebnis: $C = 29\,\mu\text{F}$

Erkenntnisse

- Elektrische Felder entstehen, wenn sich Ladungen unterschiedlicher Polarität auf Abstand gegenüberstehen.
- Bekannteste diesbezügliche Erscheinung sind Gewitterwolken mit einem Ladungsausgleich durch stromstarke Blitze.
- Elektrische Felder werden u. a. zum kontaktlosen Lackieren und Beschichten (Autokarosserie, Staubfilter im Kraftwerk) eingesetzt.
- In Kondensatoren bilden zwei durch eine Isolierung (Dielektrikum) getrennte metallisierte Beläge ein elektrisches Feld aus.
- Kenngrößen eines Kondensators sind seine Kapazität und die zulässige Betriebsspannung.

1.2.2 Magnetisches Feld

1.2.2.1 Wirkungen im magnetischen Feld

Erdmagnetfeld Mit dem Begriff Magnetfeld wird der Zustand eines Raumes beschrieben, in dem typische Erscheinungen auftreten. Es sind dies vor allem die Ablenkung einer Kompassnadel, die Ausrichtung von Eisenteilchen oder die Induktion von Spannungen in Leiterschleifen. So ist auf allen Punkten der Erdoberfläche das allerdings nur schwache Erdmagnetfeld vorhanden, das durch Wirkungen aus dem flüssigen Erdinnern entsteht und den grundsätzlichen Verlauf nach Abb. 1.44a hat. Seine Lage ist gegenüber der Erdachse verschoben und so gerichtet, dass der magnetische Südpol in der Nähe des geografischen Nordpols (Arktis) liegt. In Europa treten die Feldlinien damit in das Erdinnere ein. Eine Kompassnadel richtet sich in Feldrichtung, d. h. zum magnetischen Südpol aus und weicht daher um einen Deklination genannten Winkel gegenüber dem geografischen Nordpol ab.

Zur zeichnerischen Darstellung von Magnetfeldern verwendet man – ähnlich wie beim elektrischen Feld – Feldlinien, die auf einem geschlossenen Weg beim Nordpol austreten.

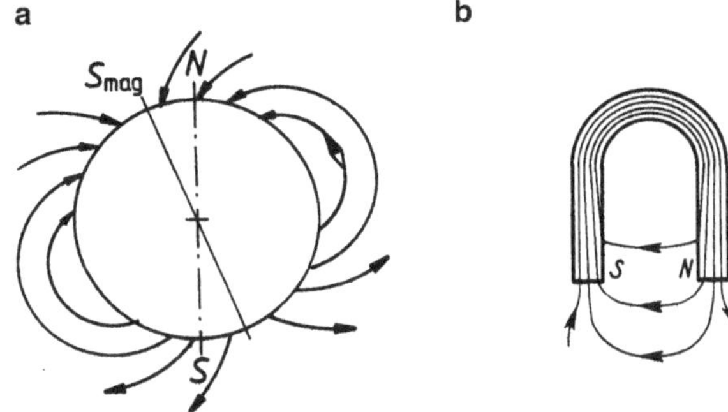

Abb. 1.44 Darstellung eines Magnetfeldes mit Feldlinien. **a** Magnetfeld der Erde, **b** Feld eines Hufeisenmagneten

Abb. 1.44b zeigt dies am Beispiel des früher in der Messtechnik und bei Lautsprechern verwendeten Hufeisenmagneten aus einer Eisenlegierung.

Erzeugung starker Magnetfelder Zur Erzeugung von Kräften bzw. Drehmomenten und von elektrischen Spannungen in elektrischen Maschinen, Transformatoren, Elektromagneten usw. benötigt man starke Magnetfelder, die etwa vier Zehnerpotenzen stärker als das Magnetfeld der Erde sind. Diese Felder werden von den in den Wicklungen dieser Geräte fließenden elektrischen Strömen hervorgerufen. Die Ursache für das Entstehen der in der Technik benutzten Magnetfelder sind also die in den Wicklungen transportierten elektrischen Ladungen.

Der Ausbildung starker Magnetfelder in Luft mit einfachen gestreckten Leitern sind Grenzen gesetzt. Das um einen solchen Leiterdraht sich ausbildende Magnetfeld (Abb. 1.45a) kann aber verstärkt werden, wenn man den Draht zu Windungen formt und viele solcher Windungen neben- und übereinander legt, d. h. eine Wicklung, Magnetspule oder Erregerspule fertigt (Abb. 1.45b). Eine weitere wesentliche Verstärkung des Magnetfeldes erhält man, wenn aus dieser Luftspule eine Eisenspule gemacht wird. Hierzu schiebt man die Spule über eine möglichst in sich geschlossene Anordnung aus magneti-

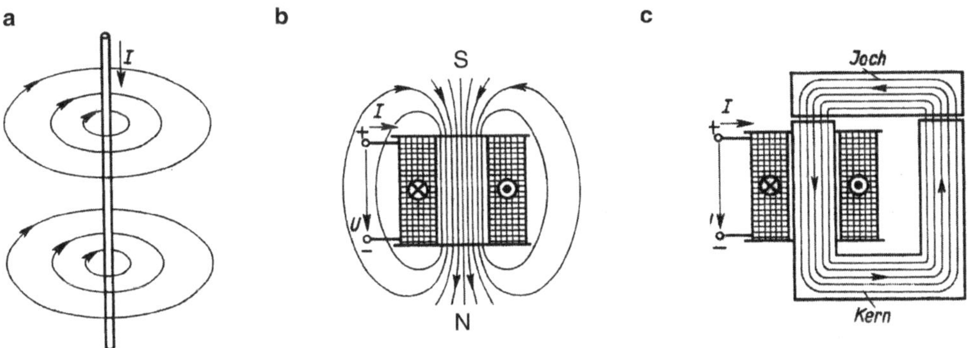

Abb. 1.45 Magnetische Felder, Erzeugung und Darstellung, *N* Nordpol, *S* Südpol

sierbarem Eisen und gestaltet diese so, dass sich das Magnetfeld soweit wie möglich statt in Luft nunmehr in Eisen ausbildet (Abb. 1.45c). Bei elektrischen Maschinen ist in dieser Anordnung zwischen rotierendem Läufer und Ständer, bei Elektromagneten zwischen Anker und Joch ein Luftspalt erforderlich, während bei Transformatoren der Eisenkern aus Schenkeln und Jochen zusammengesetzt völlig eisengeschlossen, also ohne Luftspalt ausgeführt werden kann.

Durch Vergrößern oder Verkleinern des Stroms in den Erregerspulen kann das Magnetfeld verändert (verstärkt oder geschwächt) werden. Dies wird besonders bei elektrischen Maschinen ausgenutzt, bei Gleichstrommotoren z. B. zur Drehzahlsteuerung.

Nach dem Aufwand, um die Richtung des Magnetfeldes im Eisen zu wechseln, unterscheidet man zwischen weich- und hartmagnetischen Materialien. Ersteres sind alle Elektrobleche für Maschinen und Transformatoren. Hier genügt ein geringer negativer Strom, um den Magnetismus aufzuheben. Bei hartmagnetischen Werkstoffen für Dauer- oder Permanentmagnete ist dazu eine starke Gegenerregung nötig.

1.2.2.2 Magnetische Feldstärke

Magnetfeld des stromdurchflossenen Leiters In einem Versuch nach Abb. 1.46 werden auf eine Ebene senkrecht zu einem zunächst stromlosen, gestreckten Leiter Eisenfeilspäne gestreut. Mehrere gleiche auf der Ebene aufgestellte Magnetnadeln stellen sich dann unter dem Einfluss des magnetischen Erdfeldes zunächst in Nord-Süd-Richtung ein. Leitet man nun durch den Leiter einen Strom I, so richten sich die Eisenfeilspäne längs Kreisen um den Mittelpunkt des Leiters aus, und die Magnetnadeln stellen sich tangential zu diesen Kreisen ein.

In der Umgebung des Leiters wird durch den elektrischen Strom also ein Magnetfeld hervorgerufen, dessen Feldlinien konzentrische Kreise um den Mittelpunkt des Leiters darstellen. So wie das elektrische Feld durch elektrische Feldlinien und die elektrische Feldstärke $\vec{E}$, wird das magnetische Feld durch magnetische Feldlinien dargestellt und durch den Vektor der magnetischen Feldstärke $\vec{H}$ beschrieben.

Vektor der magnetischen Feldstärke $\vec{H}$ Allgemein ist die Richtung von $\vec{H}$ in einem beliebigen Punkt P durch die Tangente an die durch P gehende Feldlinie so vereinbart, dass in P der Nordpol einer Magnetnadel in die Richtung $\vec{H}$ weist. Im Fall des stromdurchflossenen Leiters kann die Feldrichtung aus der Stromrichtung nach der Rechtsschraubenregel bestimmt werden: Eine in Richtung des Stromes I vorgetriebene rechtsgängige Schraube gibt durch ihren Drehsinn die Richtung von $\vec{H}$ an (Abb. 1.46). Hieraus folgt, dass sich bei der Umkehr der Stromrichtung auch die Richtung von $\vec{H}$ umkehrt (Abb. 1.46b); im Versuch nach Abb. 1.46a drehen sich die Magnetnadeln dann also um 180°.

Um den Betrag H der magnetischen Feldstärke an beliebigen Punkten P angeben zu können, kann man beispielsweise experimentell ermitteln, welches Drehmoment M erforderlich ist, um die Magnetnadel aus ihrer natürlichen tangentialen Lage herauszudrehen. Messungen in verschiedenen Punkten ergeben, dass das Drehmoment M proportional dem

Abb. 1.46 Magnetfeld des stromdurchflossenen Leiters: ⊗ Strom tritt senkrecht in die Zeichenebene ein, ⊙ Strom tritt senkrecht aus der Zeichenebene aus

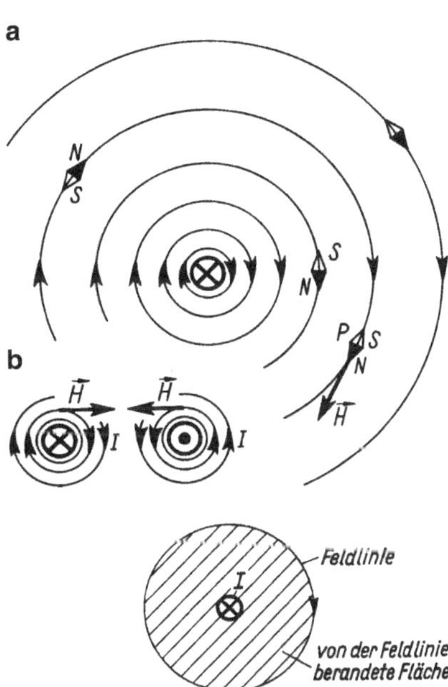

Abb. 1.47   Zur Erläuterung des Durchflutungsgesetzes

Leiterstrom I und umgekehrt proportional dem Abstand r der Punkte von der Leiterachse ist

$$M \sim H = c\frac{I}{r}.$$

Setzt man $c = 1/2\pi$, so steht im Nenner $l = 2\pi r$, wobei l die Länge einer Feldlinie mit dem Radius r ist. Somit ergibt sich für den Betrag H der magnetischen Feldstärke

$$H = \frac{I}{2\pi r} \tag{1.39}$$

Der Strom durch die von einer beliebigen magnetischen Feldlinie berandeten Fläche ist also gleich dem Produkt aus dem längs der Feldlinie konstanten Betrag H der magnetischen Feldstärke und der Länge l der betreffenden Feldlinie (Abb. 1.47). Diese für das Magnetfeld des stromdurchflossenen Leiters gültige Aussage ist ein spezieller Fall des Abschn. 1.2.2.4 noch allgemein zu besprechenden Durchflutungsgesetzes. Die Einheit der magnetischen Feldstärke ist 1 A/m. In der Praxis wird H häufig in A/cm angegeben; es gilt 1 A/m = 0,01 A/cm.

Beispiel 1.30

Durch einen gestreckten Kupferdraht von 2 mm Durchmesser fließt der Strom 15 A. Man berechne und zeichne die magnetische Feldstärke H außerhalb und innerhalb des Leiters längs eines Strahls durch den Leitermittelpunkt.

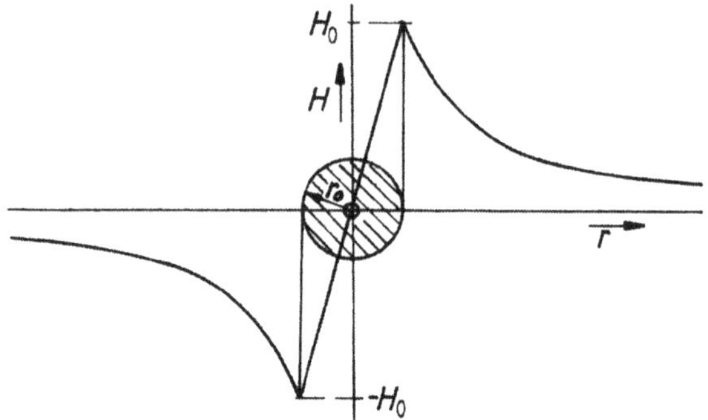

Abb. 1.48 Verlauf der magnetischen Feldstärke H durch einen geraden stromdurchflossenen Leiter

Nach Abb. 1.48 tritt der Strom $I = 15\,\text{A}$ senkrecht aus der Zeichenebene und füllt den Leiterquerschnitt gleichmäßig aus. Die magnetischen Feldlinien sind konzentrische Kreise um den Leitermittelpunkt und ihre Richtung ergibt sich nach der Rechtsschraubenregel im Gegensinn des Uhrzeigers.

Außerhalb des Leiters berandet jede beliebige Feldlinie mit dem Radius $r \geq r_0$ eine Kreisfläche, durch die der Leiterstrom I fließt.

Nach Gl. 1.39 kann der Verlauf der Feldstärke H außerhalb des Leiters in Abb. 1.48 gezeichnet werden (Hyperbel). Ihr maximaler Betrag H_0 ist an der Leiteroberfläche ($r = \text{r}_0$) vorhanden:

$$H_0 = \frac{I}{2\pi\, r_0} = \frac{15\,\text{A}}{2\pi \cdot 1 \cdot 10^{-3}\,\text{m}} = 2390\,\text{A/m} = 23{,}9\,\text{A/cm}$$

Innerhalb des Leiters sind die Feldlinien ebenfalls Kreise um den Leitermittelpunkt. Eine beliebige Feldlinie mit dem Radius $r \leq r_0$ berandet eine Kreisfläche πr^2, durch die der Strom $I\pi r^2/\pi r_0^2 = I r^2/r_0^2$ fließt, da die Stromdichte im Leiter $J = I(\pi r_0^2)$ ist. Somit ist

$$\frac{I r^2}{r_0^2} = H \cdot 2\pi r \quad \text{und hieraus} \quad H = \frac{I}{2\pi r_0^2} r$$

Im Leiter steigt die Feldstärke also nach Abb. 1.48 linear an (Ursprungsgerade).

An der Leiteroberfläche ($r = r_0$) ergibt sich wieder derselbe Wert wie oben

$$H_0 \frac{I}{2\pi\, r_0} = 2390\,\text{A/m} = 23{,}9\,\text{A/cm}\,.$$

Aufgabe 1.26

Ein fünfadriges Kabel mit dem Außendurchmesser $d = 10\,\text{mm}$ führt in seinen Leitern die Ströme $I_1 = 20\,\text{A}$, $I_2 = 30\,\text{A}$, $I_3 = 10\,\text{A}$, $I_4 = -5\,\text{A}$ und $I_5 = -15\,\text{A}$.

Wie groß ist näherungsweise die Flussdichte B direkt an der Außenwand des Kabels?

Ergebnis: $B = 4\,\text{mT}$

Aufgabe 1.27

In einer Elektrolyseanlage führt ein rundes Kupferkabel den Strom $I = 10^5\,\text{A}$. Welche Flussdichte B entsteht im Abstand $r = 1\,\text{m}$ Luftlinie?

Ergebnis: $B = 0{,}02\,\text{T}$

1.2.2.3 Magnetische Flussdichte (Induktion)

Vektor der magnetischen Flussdichte $\vec{B}$ Wenn man den Raum um den stromdurchflossenen Leiter in Abb. 1.46 statt mit Luft ganz mit Eisen ausfüllt, den isolierten Leiter demnach beispielsweise in die Bohrung eines massiven Eisenzylinders einführt, ändert sich bei gleichem Strom I weder etwas an dem dort gezeigten Feldlinienverlauf noch an der Richtung von $\vec{H}$. Aber auch der Betrag H der Feldstärke bleibt nach Gl. 1.39 unbeeinflusst, da Strom I und Feldlinienlänge l gleich bleiben. Andererseits wurde der allgemein bekannte Einfluss vor allem des Eisens auf das Verhalten magnetischer Felder in der Einleitung von Abschn. 1.2.2 schon erwähnt. Demnach genügt es also offenbar nicht, ein Magnetfeld allein mit der magnetischen Feldstärke $\vec{H}$ zu beschreiben, vielmehr ist die Einführung einer zweiten magnetischen Feldgröße erforderlich, die den Unterschied zwischen Anordnungen mit Luft und mit Eisen erfasst.

Diese zweite magnetische Feldgröße ist der Vektor der magnetischen Flussdichte $\vec{B}$, auch magnetische Induktion genannt.

Die Einheit der magnetischen Flussdichte (Induktion) ist 1 Tesla (1 T). Es gilt

$$1\,\text{T} = 1\,\text{Vs/m}^2 \,.$$

Die Richtung von $\vec{B}$ ist an jedem Punkt dieselbe wie die von $\vec{H}$. Sie kann z. B. in Abb. 1.46 an jedem Punkt einer magnetischen Feldlinie durch die dort vorhandene Tangente nach der Rechtsschraubenregel angegeben werden.

Der Betrag B richtet sich nach dem magnetischen Verhalten des Materials, in dem sich das Magnetfeld ausbildet. Es wird durch dessen Permeabilität μ (magnetische Durchlässigkeit) ausgedrückt. Allgemein gilt für den Zusammenhang der beiden magnetischen Feldgrößen $\vec{B}$ und $\vec{H}$

$$\vec{B} = \mu\vec{H} \quad \text{und} \quad B = \mu H \tag{1.40}$$

Die Permeabilität $\mu = B/H$ hat nach den vorstehenden Größengleichungen die Einheit

$$1\frac{\mathrm{Vs/m^2}}{\mathrm{A/m}} = 1\,\Omega\,\mathrm{s/m}\,.$$

Die Zusammensetzung mehrerer magnetischer Felder zu einem resultierenden Feld erfolgt für die Vektoren $\vec{B}$ und $\vec{H}$ an jedem Punkt nach den Gesetzen der Vektorenrechnung, also geometrisch, wie z. B. bei Kräften in der Mechanik.

Unmagnetische und magnetische Stoffe Im Vakuum und mit großer Annäherung auch in allen unmagnetischen Stoffen kann $\mu = \mu_0$ gesetzt werden, so dass nach Gl. 1.40 gilt

$$\vec{B} = \mu_0\vec{H} \quad \text{mit den Beträgen} \quad B = \mu_0 H\,. \tag{1.41}$$

Für die Permeabilität des Vakuums, die magnetische Feldkonstante, gilt

$$\mu_0 = 0{,}4\pi \cdot 10^{-6}\,\Omega\,\mathrm{s/m} \approx 1{,}25 \cdot 10^{-6}\,\Omega\,\mathrm{s/m}\,. \tag{1.42}$$

Bei magnetischen Stoffen ist die Permeabilität μ bis ca. 10^4fach größer als bei unmagnetischen Stoffen. Dieselbe magnetische Feldstärke H ergibt also nach Gl. 1.40 eine weit größere Flussdichte B im Eisen als in Luft, wenn der gesamte Feldraum einmal ganz mit Eisen und dann ganz mit Luft ausgefüllt gedacht wird. Es bilden sich demnach in Eisen gewissermaßen weit mehr Feldlinien als in Luft aus. Die Permeabilität μ ist aber für einen magnetischen Werkstoff keine feste Größe, sondern selbst wieder von der Feldstärke H abhängig. Der Zusammenhang wird durch die sog.

$$\text{Magnetisierungskennlinie } B = f(H) \tag{1.43}$$

des magnetischen Werkstoffes dargestellt. In Abb. 1.49 sind solche Magnetisierungskennlinien für einige besonders im Elektromaschinenbau verwendete Werkstoffe wiedergegeben. Gelegentlich ist es zweckmäßig, als dimensionslose Größe die Permeabilitätszahl

$$\mu_{\mathrm{r}} = \mu/\mu_0 \tag{1.44}$$

zu verwenden, so dass anstelle von Gl. 1.40 auch

$$\vec{B} = \mu_{\mathrm{r}}\mu_0\vec{H} \quad \text{und} \quad B = \mu_{\mathrm{r}}\mu_0 H$$

gesetzt werden kann. Für unmagnetische Stoffe gilt $\mu_{\mathrm{r}} = 1$ nach Gl. 1.41, für magnetische Stoffe ist $\mu_{\mathrm{r}} \gg 1$.

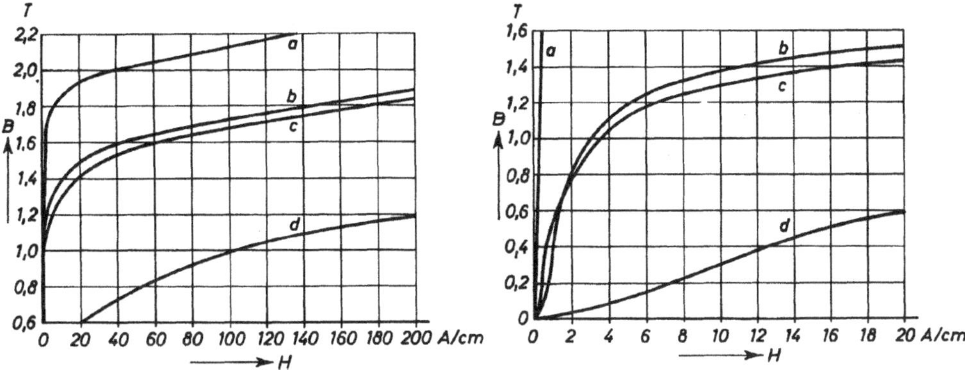

Abb. 1.49 Magnetisierungskennlinien $B = f(H)$: a Elektroblech, kornorientiert in Walzrichtung magnetisiert, b Elektroblech und Stahlguss, c Legiertes Blech, d Gusseisen

Beispiel 1.31

Aus Abb. 1.49, Kurve b für Elektroblech ist für die Feldstärken $H = 2, 20, 200\,\text{A/cm}$ die Permeabilitätszahl μ_r zu bestimmen.

Nach Gln. 1.39–1.42 erhält man $\mu_r = B/(H\mu_0)$.

Die Auswertung von Abb. 1.49 ergibt die Tabelle

$$
\begin{array}{rccc}
H = & 2 & 20 & 200\,\text{A/cm} \\
B = & 0,8 & 1,5 & 1,87\,\text{T} \\
\mu_r = & 3183 & 597 & 74.
\end{array}
$$

Die Tabelle zeigt deutlich die starke Abhängigkeit der Permittivitätszahl von der Flussdichte im Eisen (magnetische Sättigung).

Beispiel 1.32

Unter einer Bahnstromleitung, die nach Durchfahrt eines ICE einen Strom $I = 200\,\text{A}$ führt, befindet sich ein ebenerdiger Übergang. Eine Person hat unter der Oberleitung auf Kopfhöhe den Abstand $r = 5{,}3\,\text{m}$ zur Drahtmitte.

Es ist die magnetische Flussdichte B, der diese Person momentan ausgesetzt ist, abzuschätzen.

Nach Kombination der Gl. 1.39 und 1.41 gilt für die magnetische Flussdichte im Abstand r

$$
B = \mu_0 \cdot \frac{I}{2\pi \cdot r} = 0{,}4 \cdot \pi \cdot 10^{-6}\frac{\text{Vs}}{\text{Am}} \cdot \frac{200\,\text{A}}{2\pi \cdot 5{,}3\,\text{m}} = 7{,}55\,\mu\text{T}
$$

Felder dieser Art, vor allem auch unter Hochspannungsleitungen, werden heute als Elektrosmog bezeichnet und stehen unter Kritik. Die nach Empfehlungen von Expertenkommissionen zulässigen Grenzwerte von $B \leq 100\,\mu\mathrm{T}$ sind daher umstritten.

Aufgabe 1.28

Wie groß ist die relative Permeabilität ε_r in einem Kreis aus Elektroblech mit den Daten $B = 0{,}8\,\mathrm{T}$ und $H = 2\,\mathrm{A/cm}$

Ergebnis: $\mu_r = 3183$

1.2.2.4 Magnetischer Fluss, Durchflutungsgesetz

Magnetischer Fluss In Abschn. 1.2.2.2 wurde gezeigt, dass an jedem Punkt eines Magnetfeldes die Feldvektoren $\vec{H}$ und $\vec{B}$ gleiche Richtung haben. Die Bezeichnung magnetische Flussdichte für $\vec{B}$ und ihre Einheit $1\,\mathrm{T} = 1\,\mathrm{Vs/m^2}$ deuten bereits daraufhin, dass sich der magnetische Fluss Φ eines homogenen Magnetfeldes, der die Fläche A senkrecht durchsetzt, aus dem Produkt von Flussdichte B und Fläche A ergibt. Dann gilt für den magnetischen Fluss

$$\Phi = BA \tag{1.45}$$

Die Einheit des magnetischen Flusses ist $1\,\mathrm{Vs} = 1\,\mathrm{Wb}$ (Weber); nach Gl. 1.45 ist

$$1\,\mathrm{T} \cdot 1\,\mathrm{m^2} = \frac{1\,\mathrm{Vs}}{\mathrm{m^2}}\mathrm{m^2} = 1\,\mathrm{Vs} = 1\,\mathrm{Wb}\,.$$

Bei inhomogenem Magnetfeld und beliebiger Lage der Fläche A zu den Feldlinien gilt allgemein

$$\Phi = \int \vec{B}\,\mathrm{d}\vec{A} \tag{1.46}$$

Das Magnetfeld des stromdurchflossenen Leiters in Abb. 1.46 ist ein Beispiel für ein nicht homogenes Feld.

Beispiel 1.33

An einem Holzhaus mit Blitzableiter führt an einer Kante eine senkrechte Ableitung A aus Stahldraht in die Erde. Im Haus wird durch Leitungen eine senkrechte Fläche der Länge l und der Breite b gebildet, deren Abstand zur Drahtmitte von A den Radius r_0 hat.

Es ist der magnetische Fluss Φ, der die Leiterschleife durchsetzt, zu berechnen, wenn der Ableiter den Blitzstrom I führt.

Nach Beispiel 1.32 gilt für die Flussdichte außerhalb des Leiters die Gleichung

$$B = \mu_0 \cdot \frac{I}{2\pi \cdot r}$$

Für den Fluss erhält man durch Anwendung von Gl. 1.46 und mit dem äußersten Abstand $r_1 = r_0 + b$ zur Drahtmitte

$$\Phi = \int B \, dA = \int\limits_{r_0}^{r_1} \frac{\mu_0 I}{2\pi r} l \, dr = \frac{\mu_0 I l}{2\pi} \int\limits_{r_0}^{r_1} \frac{dr}{r} = \mu_0 \frac{I l}{2\pi} \ln \frac{r_1}{r_0}$$

$$\Phi = \mu_0 \cdot \frac{l}{2\pi} \cdot I \cdot \ln \left(1 + \frac{b}{r_0} \right)$$

Formeln dieser Art werden zur Berechnung von Spannungen benötigt, die in Gebäuden durch einen impulsartigen Blitzstrom entstehen.

Aufgabe 1.29

Wie groß ist die Blitzstromspitze I nach Beispiel 1.33, wenn innerhalb eines Rahmens mit den Daten $l = 1\,\mathrm{m}$ und $b = r_0$ ein momentaner Fluss $\Phi = 2\,\mathrm{mV\,s}$ induziert wird?

Ergebnis: $I = 14.430\,\mathrm{A}$

Durchflutungsgesetz Nun kann das in Abschn. 1.2.2.2 schon speziell für das Magnetfeld eines stromdurchflossenen Leiters angewandte Durchflutungsgesetz $I = H l$ auch in der allgemein gültigen Form $\sum I = \sum H l$ erläutert werden, wie es zur Berechnung der magnetischen Kreise von elektrischen Maschinen, Elektromagneten, Magnetkupplungen usw. benötigt wird.

Als Beispiel dient der in Abb. 1.50 skizzierte Elektromagnet, um dessen Kern 1 eine Spule mit der Windungszahl N gelegt ist. Ist die Spule vom Strom I durchflossen, so entsteht auf dem Weg über den Luftspalt und das Joch 2 ein magnetisches Feld mit dem

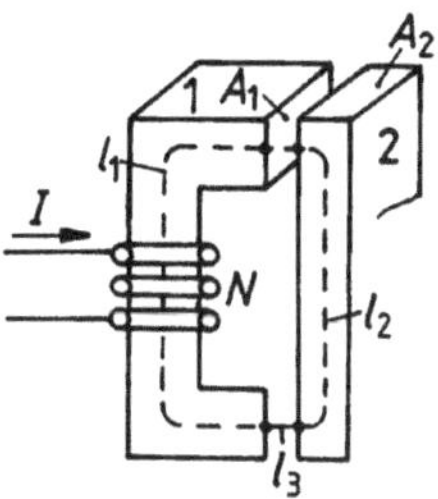

Abb. 1.50 Magnetischer Kreis mit unterschiedlichen Teilstrecken

Fluss Φ, der durch eine mittlere Feldlinie dargestellt ist. Für diesen Fluss steht durch die gleich gerichtete Wirkung aller Windungsströme die Durchflutung

$$\Theta = \sum I = NI \tag{1.47a}$$

zur Verfügung. Da die Eisenquerschnitte A in den Teilen 1 und 2 nicht gleich sind, entstehen dort nach Gl. 1.45 verschiedene Flussdichten B, was wiederum nach Gl. 1.41 eigene Feldstärken H verlangt. Diese Teilfeldstärken H_1 für Teil 1, H_2 für Teil 2 und H_3 für die beiden Luftspalten muss die Durchflutung Θ längs der Teilstrecken l_1, l_2 und l_3 aufbringen. Sie teilt sich damit in die Anteile $H_1 l_1$, $H_2 l_2$ und $H_3 l_3$ auf, was durch das Durchflutungsgesetz mit

$$\Theta = NI = H_1 \cdot l_1 + H_2 l_2 + \ldots = \sum H l \quad \text{bzw.} \quad \Theta = \oint \vec{H}\, \mathrm{d}\vec{l} \tag{1.47b}$$

ausgedrückt wird.

In der praktischen Berechnung komplizierter magnetischer Kreise, wie sie z. B. bei elektrischen Maschinen vorliegen, muss man auf dem Weg der Feldlinien für jeden neuen Querschnitt A die zugehörige magnetische Flussdichte B ausrechnen und für sie aus der Magnetisierungskennlinie die erforderliche Feldstärke H heraus suchen. Durch Multiplikation mit der Teilweglänge l ergibt sich das nötige Produkt $H l$ und damit in der Addition nach Gl. 1.47b das für den Magnetkreis erforderliche Produkt $N I$.

In der heutigen Praxis existieren für die Berechnung der magnetischen Kreise von Motoren, Magneten usw. PC-Rechenprogramme, mit denen auch der Feldlinienverlauf grafisch dargestellt werden kann.

1.2.2.5 Magnetische Hysterese, Energie des Magnetfeldes

Hysterese, Remanenzinduktion, Koerzitivfeldstärke Untersucht man messtechnisch den in Abb. 1.49 dargestellten Zusammenhang $B = f(H)$ für magnetische Werkstoffe genauer, dann erhält man, ausgehend vom unmagnetischen Zustand des Werkstoffes, bei Steigerung der magnetischen Feldstärke H durch Steigerung des Erregerstroms die Magnetisierung durch die gestrichelt gezeichnete Neukurve in Abb. 1.51. In ihrem oberen Teil lässt die Neukurve deutlich die magnetische Sättigung erkennen.

Wird jetzt der Erregerstrom und damit H wieder bis auf $H = 0$ verringert, dann liegen nun die Beträge der magnetischen Flussdichte B über denen der Neukurve. Zu einem bestimmten Wert von H gehören also bereits zwei verschiedene Werte von B, je nach der „Vorgeschichte" des Eisens, d. h. je nachdem ob steigende oder fallende Magnetisierung vorliegt. Diese für alle ferromagnetischen Werkstoffe typische Erscheinung nennt man Hysterese.

In der Hysterese liegt zunächst die Remanenzinduktion B_r des Eisens begründet, bei der Feldstärke $H = 0$ bleibt also die magnetische Flussdichte B_r im Eisen zurück. Um den remanenten Magnetismus mit $B = 0$ aufzuheben, muss sodann durch Umkehrung

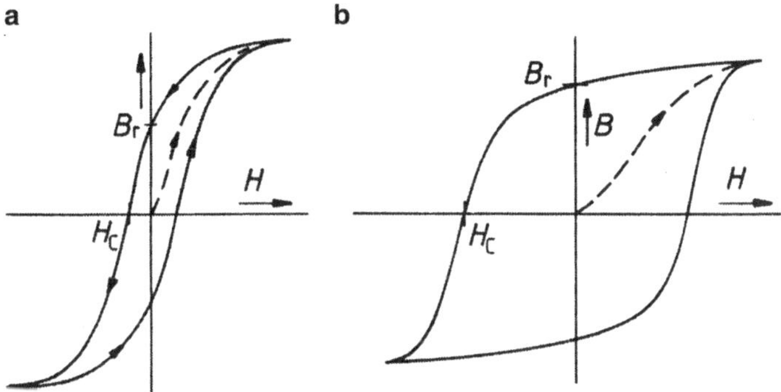

Abb. 1.51 Magnetisierungs-Kennlinien mit Neukurve und Hystereseschleife. **a** Weichmagnetisches Material (Elektroblech), **b** hartmagnetisches Material (Dauermagnet)

des Erregerstroms eine der ursprünglichen Feldstärke entgegen gerichtete magnetische Feldstärke, die Koerzitivfeldstärke H_C aufgebracht werden. Steigert man nun den Erregerstrom weiter bis zur Sättigung, senkt ihn anschließend wieder auf null und steigert ihn schließlich wieder in der ursprünglichen Richtung, so durchläuft man entsprechend den eingezeichneten Pfeilen den ausgezogenen Kurvenzug, die Hystereseschleife.

Elementarmagnete Die beschriebenen magnetischen Erscheinungen können hinreichend erklärt werden, wenn man sich die Atome eines magnetischen Werkstoffes als kleine Dauermagnete mit je einem Nord- und Südpol vorstellt. Im unmagnetischen Zustand sind die Elementarmagnete ungeordnet. Die Magnetisierung längs der Neukurve bedeutet dann eine allmähliche Ausrichtung der Magnetchen in die Feldrichtung von H. Bei Sättigung sind nahezu alle Elementarmagnete ausgerichtet. Bei abnehmender Erregung „klappen" infolge der inneren Reibung nicht alle wieder in den ungeordneten Anfangszustand „zurück", eine Restmagnetisierung bleibt bestehen. Bei abgeschalteter Erregung sind demnach immer noch ausgerichtete Elementarmagnete vorhanden, d. h. es besteht eine Remanenz. Erst durch eine Erregung in umgekehrter Richtung wird der ungeordnete Zustand wiederhergestellt, hierzu benötigt man die Koerzitivkraft.

Weich- und hartmagnetische Werkstoffe Wird die Wicklung eines magnetischen Kreises von Wechselstrom durchflossen, so wird das Eisen im Takte der Frequenz entlang der Hystereseschleife ummagnetisiert. Dies bedeutet eine ständige Umorientierung der Elementarmagnetchen, was zu einer Erwärmung des Eisens führt. Die dafür erforderliche Leistung ist proportional zum Flächeninhalt der Hystereseschleife, womit man von Hystereseverlusten spricht. Sie liegen bei $B = 1\,\text{T}$ und einer $50\,\text{Hz}$-Ummagnetisierung etwa im Bereich von 1 bis 2 W pro Kilogramm Elektroblech. Bleche der Stärke 0,25 bis 0,5 mm anstelle von Massivmaterial sind einmal mit Rücksicht auf die Herstellung der Teile durch stanzen, aber auch zur Minderung der in Abschn. 1.2.3.4 erläuterten Wirbelströme erforderlich.

Zur Führung von magnetischen Wechselfeldern verwendet man daher zur Minimierung der Hystereseverluste Eisen in Form von Elektroblechen mit einer möglichst schmalen Schleife (Abb. 1.51a). Genau entgegengesetztes Verhalten ist aber bei Dauermagneten erwünscht. Einmal entlang der Neukurve aufmagnetisiert, soll das Material eine möglichst hohe Remanenzflussdichte B_r behalten. Ferner soll durch eine große Koerzitivfeldstärke H_C eine Entmagnetisierung durch Fremdfelder vermieden werden. Dauermagnete besitzen daher Kennlinien nach Abb. 1.51b. Man erreicht heute mit Legierungen aus der Gruppe der Seltenen Erden wie Samarium oder Neodym Werte von $B_r \leq 1{,}4\,\text{T}$ und $|H_C| \leq 1000\,\text{kA/m}$.

Energie des Magnetfeldes Befindet sich in dem Volumen V eines Stoffes ein homogenes Magnetfeld mit den Größen H und B, so ist die magnetische Energie W_m im Volumen V

$$W_m = \frac{1}{2} B H V \tag{1.48}$$

Setzt man B in Vs/m^2, H in A/m und V in m^3 ein, so ergibt sich W_m in $Vs/\text{m}^2 \cdot \text{A}/\text{m}\,\text{m}^3 = V\,\text{As} = \text{J}$.

Sind die Feldgrößen im Volumen V nicht homogen, so ergibt sich W_m durch Summieren der Energieteile dW_m in den Volumenteilen dV

$$dW_m = \frac{1}{2} B H \, dV \quad W_m = \int dW_m = \frac{1}{2} \int B H \, dV \tag{1.48a}$$

In einer Ringspule aus Stahlguss mit den Abmessungen nach Abb. 1.52a soll ein Magnetfeld mit dem Fluss $\Phi = 1{,}544 \cdot 10^{-3}\,\text{Vs}$ erzeugt werden. Hierzu ist entlang des Umfangs eine Wicklung mit $N = 200$ verteilt (Abb. 1.52c).

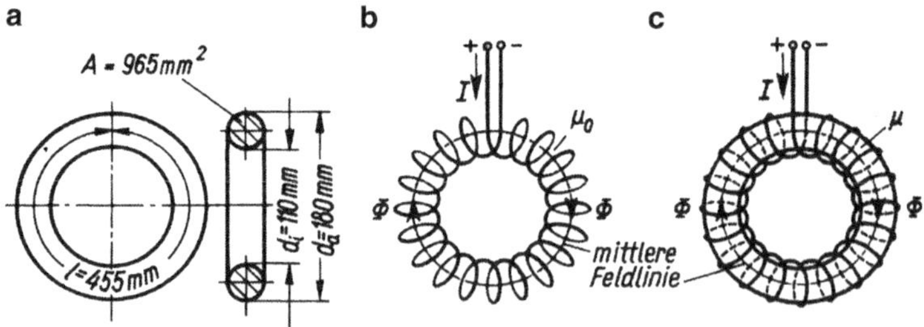

Abb. 1.52 Ringspule zu Beispiel 1.34. **a** Abmessungen, **b** Luftspule, **c** Spule mit Eisenkern

a) Welchen Strom I muss die Spule führen?
Nach Gl. 1.45 entsteht im Ring die magnetische Flussdichte

$$B = \frac{\Phi}{A} = \frac{1{,}544 \cdot 10^{-3}\,\text{Vs}}{965 \cdot 10^{-6}\,\text{m}^2} = 1{,}6\,\text{T}.$$

Für diese Flussdichte ist nach Kurve b in Abb. 1.49 eine magnetische Feldstärke
von $H = 40\,\text{A/cm}$ erforderlich. Bei einer mittleren Weglänge von $l = 45{,}5\,\text{cm}$ wird
nach Gl. 1.47a, b die Durchflutung

$$IN = Hl = 40\,\text{A/cm} \cdot 45{,}5\,\text{cm} = 1820\,\text{A}$$

benötigt. Dies verlangt einen Spulenstrom von

$$I = 1800\,\text{A}/200 = 9\,\text{A}.$$

b) Wie groß wird der Fluss Φ, wenn der Stahlgussring entfernt, d. h. eine Luftspule
nach Abb. 1.52b vorhanden ist. Der Spulenstrom bleibt $I = 9\,\text{A}$.
Nach Gl. 1.41 erzeugt die Feldstärke von $H = 40\,\text{A/cm}$ im Spuleninnern die Flussdichte

$$B = \mu_0 H = 0{,}4 \cdot \pi \cdot 10^{-6} \cdot \frac{\text{Vs}}{\text{Am}} \cdot 4000\,\frac{\text{A}}{\text{m}} = 0{,}005\,\text{T}.$$

Dies ergibt den Fluss

$$\Phi = BA = 0{,}005\,\frac{\text{Vs}}{\text{m}^2} \cdot 965 \cdot 10^{-6}\,\text{m}^2 = 4{,}825 \cdot 10^{-6}\,\text{Vs}.$$

Dieser Wert ist $1{,}544 \cdot 10^{-3}/4{,}825 \cdot 10^{-6} = 320$-mal kleiner als unter a). Der Stahlguss
hat also im Betriebspunkt die relative Permeabilität $\mu_\text{r} = 320$.

Beispiel 1.35

Der magnetische Kreis eines Elektromagneten aus Elektroblech nach Abb. 1.53 hat die
Daten: Querschnitte: $A_1 = 150\,\text{mm}^2$, $A_2 = A_1$, $A_3 = 100\,\text{mm}^2$.

Mittlere Feldlinienlängen: $l_1 = 150\,\text{mm}$, $l_2 = 1\,\text{mm}$, $l_3 = 80\,\text{mm}$.

Im Luftspalt soll eine Flussdichte von $B_1 = B_2 = 1{,}0\,\text{T}$ entstehen.

Es ist der Spulenstrom I bei $= 500$ Windungen zu bestimmen.

Es wird vereinfachend angenommen, dass der magnetische Fluss im ganzen Kreis konstant ist. Dann wird

$$\Phi = B_2 A_2 = 1{,}0\,\text{T} \cdot 150 \cdot 10^{-6}\,\text{m}^2 = 150 \cdot 10^{-6}\,\text{Vs}.$$

Abb. 1.53 Magnetischer Kreis
zu Beispiel 1.35

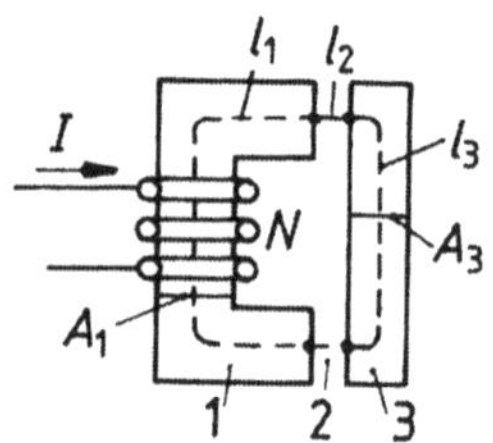

Dies ergibt

$$B_3 = \frac{\Phi}{A_3} = \frac{150 \cdot 10^{-6}\,\text{Vs}}{100 \cdot 10^{-6}\,\text{m}^2} = 1{,}5\,\text{T}$$

Nach Kurve b in Abb. 1.49 werden für die Teile 1 und 3 die Feldstärken $H_1 = 3\,\text{A/cm}$ und $H_3 = 20\,\text{A/cm}$ benötigt. Für einen Luftspalt gilt

$$H_2 = \frac{B_2}{\mu_0} = \frac{1\,\text{Vs} \cdot \text{A\,m}}{\text{m}^2 \cdot 0{,}4 \cdot \pi \cdot 10^{-6}\,\text{Vs}} = 0{,}796 \cdot 10^6\,\frac{\text{A}}{\text{m}}$$

Die Durchflutungsanteile errechnen sich zu

$$H_1 l_1 = 3\,\text{A/cm} \cdot 15\,\text{cm} = 45\,\text{A}$$

$$H_2 l_2 = 0{,}797 \cdot 10^6\,\text{A/m} \cdot 1 \cdot 10^{-3}\,\text{m} = 797\,\text{A}$$

$$H_3 l_3 = 20\,\text{A/cm} \cdot 8\,\text{cm} = 160\,\text{A}$$

Nach Gl. 1.47b ergibt dies die erforderliche Durchflutung

$$\Theta = H_1 l_1 + 2H_2 l_2 + H_3 l_3 = 45\,\text{A} + 1594\,\text{A} + 160\,\text{A} = 1799\,\text{A}$$

Bei $N = 500$ Windungen benötigt man den Spulenstrom $I = \Theta/N = 1799\,\text{A}/500 = 3{,}59\,\text{A}$.

Aufgabe 1.30

Der magnetische Kreis in Abb. 1.53 habe keinen Luftspalt und die Länge $l = 200\,\text{mm}$. Wie groß ist die Flussdichte B im Eisen bei $I = 1\,\text{A}$ und $N = 100$, wenn die Kennlinie b in Abb. 1.49 anzunehmen ist?

Ergebnis: $B = 1{,}2\,\text{T}$

Erkenntnisse

- Magnetische Felder entstehen im Umfeld stromdurchflossener Leiter und durch Dauermagnete.
- Magnetische Felder werden durch Feldlinien dargestellt, deren Dichte ein Maß für die Stärke (Flussdichte) des Feldes ist.
- Zur Erzeugung starker Felder verwendet man stromdurchflossene Spulen mit vielen Windungen und führt das Feld weitestgehend in Elektroblech (Transformatorkern, Ständer und Läufer von Motoren).
- Eisen, verwendet in der Form dünner isolierter Bleche (Elektroblech), besitzt wegen seiner Kristallstruktur eine sehr gute magnetische Leitfähigkeit (Permeabilität).

1.2.3   Kräfte und Spannungserzeugung im magnetischen Feld

1.2.3.1   Kräfte im Magnetfeld

Kräfte zwischen den Magnetpolen An den senkrecht zur magnetischen Flussrichtung gelegenen Trennflächen verschiedener Stoffe in einem magnetischen Kreis, z. B. zwischen Eisen und Luft, treten magnetische Kräfte auf, die bei Elektromagneten, magnetischen Aufspannplatten, Bremslüftmagneten, elektromagnetischen Kupplungen, Schaltschützen, Relais usw. ausgenutzt werden. Den Betrag der dabei auftretenden Kraft kann man aus einer Energiebetrachtung herleiten.

Im Luftraum zwischen dem feststehenden Joch und dem beweglichen Anker eines Elektromagneten (Abb. 1.54) ist ein homogenes Magnetfeld mit den Feldgrößen $\vec{H}$ und $\vec{B}$ vorhanden. Das Magnetfeld füllt das durch die Polfläche A und den Luftspalt l_L gebildete Volumen $V = Al_\mathrm{L}$ gleichmäßig aus, so dass in ihm nach Gl. 1.48 die magnetische Energie

$$W_\mathrm{m} = \frac{1}{2}BHAl_\mathrm{L}$$

Abb. 1.54 Kraft F_m zwischen Magnetpolen

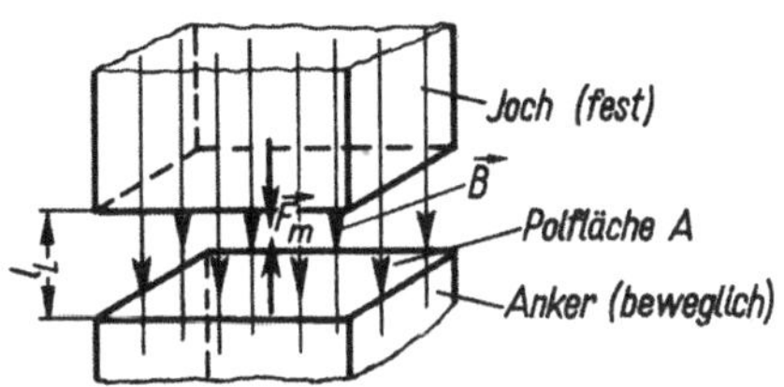

gespeichert ist. Da in Luft nach Gl. 1.41 $B = \mu_0 H$ gilt, wird

$$W_{\mathrm{m}} = \frac{1}{2} \cdot \frac{B^2}{\mu_0} A l_{\mathrm{L}} \,.$$

Nähert sich der bewegliche Anker unter dem Einfluss der Kraft $\vec{F}_{\mathrm{m}}$ um ein Stück $\mathrm{d}l$ dem Joch, so muss nach dem Energieprinzip die von $\vec{F}_{\mathrm{m}}$ längs des Weges $\mathrm{d}l$ verrichtete Arbeit gleich der Abnahme der magnetischen Energie im Luftraum sein. Es gilt demnach

$$F_{\mathrm{m}}\mathrm{d}l = \frac{1}{2} \cdot \frac{B^2}{\mu_0} A \,\mathrm{d}l$$

Hieraus erhält man den Betrag dieser Kraft, die Zugkraftformel

$$F_{\mathrm{m}} = \frac{1}{2} \cdot \frac{B^2 A}{\mu_0} \tag{1.49}$$

Die magnetische Zugkraft eines Elektromagneten mit gegebener Polfläche A ist also nur von der Flussdichte B im Luftraum abhängig. Bei konstanter Erregung mit Gleichstrom steigt während des Anzugs des Ankers die Zugkraft an, da mit kleiner werdendem Luftspalt die Flussdichte B größer wird. Die Haltekraft, das ist die Kraft bei am Joch anliegendem Anker, beträgt meist ein Vielfaches der Anzugskraft bei größtem Luftspalt des Magneten.

Die Richtung der magnetischen Kraft $\vec{F}_{\mathrm{m}}$ an den Trennflächen zwischen zwei Stoffen zeigt stets zum Stoff mit der kleineren Permeabilität hin, an den beiden Trennflächen des Magneten in Abb. 1.54 also in den Luftraum hinein. Diese Richtung ist unabhängig von der Feld- und damit auch der Stromrichtung in der Erregerspule des Magneten.

Aufgabe 1.31

Es gelten die Daten aus Beispiel 1.35. Mit welcher Kraft F wird das Joch 3 in Abb. 1.53 vom Kern 1 angezogen?

Ergebnis: $F = 179\,\mathrm{N}$

Aufgabe 1.32

Ein Kran mit langgestrecktem Elektromagnet erreicht aufliegend $B = 1{,}2\,\mathrm{T}$ und soll 5 m lange Doppel-T-Träger aus Stahl ($\varrho = 7{,}8\,\mathrm{t/m^3}$) mit dem Querschnitt $Q = 200\,\mathrm{cm^2}$ sicher abladen. Welchen luftseitigen Querschnitt A muss der Magnet mindestens haben?

Ergebnis: $A > 134\,\mathrm{cm^2}$

Abb. 1.55 Magnetische Kraft $\vec{F}_\mathrm{m}$ auf einen stromdurchflossenen Leiter im Magnetfeld (**a**) und Bestimmung der Richtung der magnetischen Kraft $\vec{F}_\mathrm{m}$ nach der Rechtsschraubenregel (**b**)

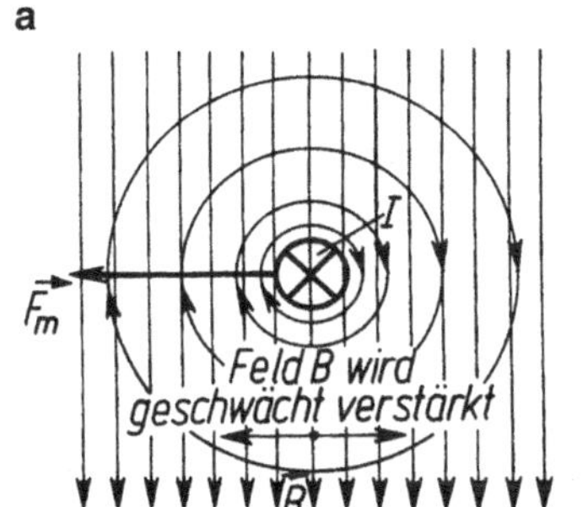

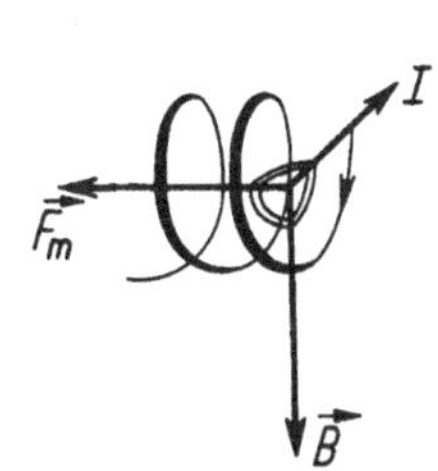

Kräfte auf stromdurchflossene Leiter im Magnetfeld In Abb. 1.55 befindet sich ein Leiter der Länge l, der den Strom I führt, in einem homogenen Magnetfeld der Flussdichte B. Nach der Maxwellschen Theorie der Elektronenbewegung entstehen in dieser Anordnung auf die Ladung gerichtete Kräfte. Sie werden als Lorentz-Kraft bezeichnet und ergeben sich aus dem Vektorprodukt (Kreuzprodukt)

$$\vec{F} = Q(\vec{v} \times \vec{B}) .$$

Es entsteht eine Kraft $\vec{F}$ senkrecht zur Fläche, welche die Vektoren der Flussdichte B und der Geschwindigkeit v der Ladungen aufspannen. Mit den bekannten Beziehungen $Q = I\,t$ und $v = I/t$ wird daraus eine für die Praxis zugeschnittene Gleichung nach

$$\vec{F}_\mathrm{m} = I(\vec{l} \times \vec{B}) \tag{1.50}$$

Stehen Leiter und Magnetfeld wie stets bei elektrischen Maschinen senkrecht aufeinander, so vereinfacht sich Gl. 1.50 zu

$$F_\mathrm{m} = I\,l\,B \tag{1.50a}$$

Die Richtung der Kraft F_m erhält man leicht nach Abb. 1.55b über die Anwendung der Rechtsschraubenregel.

Kräfte zwischen stromdurchflossenen Leitern In Abb. 1.56 verlaufen zwei Leiter mit den Strömen I_1 und I_2 im Abstand a parallel. Durch ihre Magnetfelder entstehen zwischen ihnen Kräfte, die sich unmittelbar aus Gl. 1.50 berechnen lassen. So erzeugt z. B. der Strom I_2 nach den Gl. 1.39 und 1.40 beim Leiter 1 die Flussdichte

$$B_2 = \mu_0 \frac{I_2}{2\pi \cdot a}$$

was entsprechend Gl. 1.50 zu der Beziehung

$$F_\mathrm{m} = \frac{\mu_0 \cdot l}{2\pi \cdot a} \cdot I_1 \cdot I_2 \tag{1.51}$$

führt.

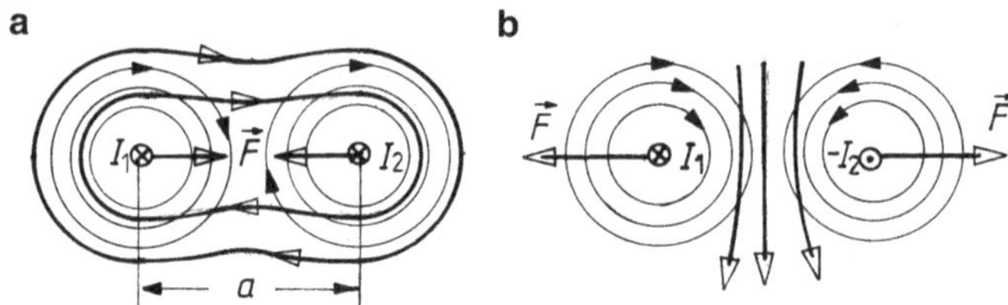

Abb. 1.56 Kräfte zwischen zwei Leitern. **a** gleiche Stromrichtung, **b** entgegengesetzte Stromrichtung

Bei gleicher Stromrichtung erhält man eine positive Kraft im Sinn einer Anziehung, bei entgegengesetzter Richtung stoßen sich die Leiter ab.

Obiges Ergebnis erhält man in Abb. 1.56 anschaulich durch die Feldbilder. Die Überlagerung der Felder I_1 und I_2 ergibt bei gleicher Stromrichtung ein Gesamtfeld, das die Leiter umfasst und quasi wie mit Gummifäden zusammenführt. In anderen Fall drückt es die Leiter auseinander.

Beispiel 1.36

In den Leitern des Wickelkopfes eines Großgenerators entsteht im Kurzschlussfall eine Stromspitze von 20 kA, welche die Drähte auseinanderdrücken. Wie groß ist die Kraft F zwischen zwei Leitern mit dem Abstand $a = 5\,\text{cm}$ pro m Länge ?

Es gilt Gl. 1.51 mit $F = \dfrac{0{,}4\pi 10^{-6}\frac{\text{Vs}}{\text{Am}} 1\,\text{m}}{2\pi 0{,}05\,\text{m}} (20\,\text{kA})^2 = 1{,}6\,\text{kN}\quad [1\,\text{V As/m} = 1\,\text{N}]$

Induktionsgesetz In Abb. 1.57 erzeugt ein Elektromagnet M mit seinem Strom I_M einen magnetischen Fluss Φ, der am Nordpol austritt. Der Fluss durchsetzt vollständig alle N Windungen einer darüber liegenden Spule S, die über einen zunächst offenen Schalter mit einem Widerstand R belastet ist. Ein Voltmeter misst eine mögliche Spannung u_q, ein Amperemeter den Strom $i = u_\text{q}/R$.

Ergebnis: Solange der Fluss Φ sich nicht ändert, zeigt das Voltmeter $u_\text{q} = 0$ an. Dies ändert sich erst, wenn man den Magnetstrom I_M erhöht oder auch absenkt. Im ersten Fall wird der Fluss Φ mit $d\Phi/dt > 0$ verstärkt und das Voltmeter zeigt eine positive Spannung

Abb. 1.57 Versuchsanordnung zum Induktionsgesetz. M Fremdmagnet, S Spule

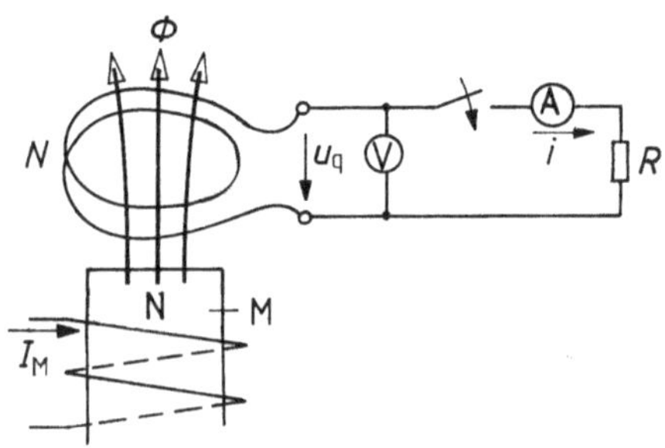

u_q im Sinne des Zählpfeiles an. Im anderen Fall verringert sich mit $d\Phi/dt < 0$ der Fluss und es entsteht in der Zeit der Änderung eine negative Spannung u_q. Damit ergibt sich die allgemeine Aussage:

Eine induzierte Spannung entsteht nur während der Zeit einer Flussänderung.

Diese Aussage formuliert das Induktionsgesetz durch die Gleichung

$$u_q = N \cdot \frac{d\Phi}{dt} \tag{1.52}$$

Wie noch gezeigt wird, ist es dabei gleichgültig ob die Flussänderung in den N Windungen durch eine Feldänderung in der ruhenden Spule oder durch deren Bewegung erfolgt.

Lenzsche Regel Schließt man in Abb. 1.57 den Schalter, so fließt der eingetragene Strom i, wobei die Zählpfeile von u_q und i für den Fall eines Anstiegs von Φ gewählt sind. Damit fließt in den N Windungen der Spule ein Strom, dessen Eigenfeld Φ_i diesem rechtshändig zugeordnet ist, also von oben nach unten und damit dem Fremdfeld Φ entgegengerichtet ist. Die von i erzeugte Durchflutung Ni versucht also die positive Flussänderung $d\Phi/dt > 0$ zu verhindern – wirkt ihr entgegen. Im Falle eines abnehmenden Flusse mit $d\Phi/dt < 0$ würde sich die Richtung von i umkehren und die Durchflutung Ni würde das Feld Φ stützen und damit wieder der Feldänderung entgegenwirken. In beiden Fällen gilt also:

Ein induzierter Strom wirkt immer der ihn hervorrufenden
Flussänderung entgegen.

Dieses Gesetz besagt allgemein, dass eine Wirkung immer seiner Ursache entgegengerichtet ist. So entsteht z. B. bei einer durch eine Kraft bewegten Masse auf dem Untergrund eine Reibung (Wirkung), welche die Bewegung (Ursache) hemmt.

Vorzeichen In Formelsammlungen usw. wird Gl. 1.52 vielfach mit einem Minuszeichen versehen. Dies ist nicht erforderlich, wenn man die Zählpfeile von u_i und i wie in Abb. 1.57 definiert und damit die durch die Lenzsche Regel erzwungene linkshändige Zuordnung von Strom i und dem verursachenden Magnetfeld Φ beachtet. Bleibt man bei einer rechtshändigen Zuordnung der beiden Größen, so muss man dies durch das Minuszeichen korrigieren.

Beispiel 1.37

Nimmt der magnetische Fluss in einer Spule mit 20 Windungen in 0,5 s gleichmäßig von 4 Vs auf 7 Vs zu, dann ist in jeder Windung die Flussänderung $d\Phi = (7 - 4)\,\text{Vs} = 3\,\text{Vs}$ und die zeitliche Flussänderung $d\Phi/dt = 3\,\text{Vs}/0{,}5\,\text{s} = 6\,\text{V}$. Somit ist während der Dauer der Flussänderung nach Gl. 1.52 die Spannung an der Spule $u_q = N\,d\Phi/dt = 20 \cdot 6\,\text{V} = 120\,\text{V}$.

Aufgabe 1.33

In einer Spule mit $N = 100$ Windungen wird während $\Delta t = 0{,}1$ s eine Spannung von 100 V induziert. Welchen Endwert hat der Fluss Φ, wenn er in der Zeit von null linear ansteigt?

Ergebnis: $\Phi = 0{,}1$ Vs

Aufgabe 1.34

Eine Zündspule soll für die Zeitspanne $\Delta t = 50$ ms eine Spannung von $U_q = 1$ kV liefern. Welche Windungszahl N ist erforderlich, wenn eine Feldänderung $\Delta \Phi / \Delta t = 0{,}8$ Vs/s möglich ist?

Ergebnis: $N = 1250$

1.2.3.2 Spannungserzeugung durch Selbstinduktion, Induktivität

Selbstinduktion Eine einfache Möglichkeit, Flussänderungen in der Windungsfläche einer Spule zu bewirken, besteht darin, durch diese Spule aus einer Spannungsquelle u einen zeitlich sich ändernden Strom i zu schicken (Abb. 1.58a). Die hierdurch bedingten Flussänderungen $\mathrm{d}\Phi/\mathrm{d}t$ induzieren ihrerseits in den einzelnen Windungen der Spule selbst Spannungen. Diese Erscheinung nennt man Selbstinduktion, weil die induzierte Spannung durch den Spulenstrom selbst, also ohne ein fremdes Magnetfeld hervorgebracht wird. Nach der Lenzschen Regel wird die induzierte Spannung ihre Ursache, also z. B. einen Feldaufbau bei ansteigendem Strom i, zu behindern versuchen. Der Strom wird damit auch ohne ohmschen Spulenwiderstand begrenzt, was man der Wirkung der Induktivität L als Kenngröße einer Spule zuschreibt.

Ideale Spule An einer Spule mit N Windungen tritt nach Gl. 1.52 die Quellenspannung $u_\mathrm{q} = N\,\mathrm{d}\Phi/\mathrm{d}t$ auf. Nimmt man eine widerstandslose Luftspule also ideale Spule mit $R = 0$ an, so gilt beim Fließen eines Stromes i auch für die Klemmenspannung u der Spule

$$u = N\,\mathrm{d}\Phi/\mathrm{d}t\,.$$

Bei allen ausschließlich sich in Luft ausbildenden Magnetfeldern ist nach Abschn. 1.2.2.3 der Fluss proportional dem ihn erregenden Strom i. Mit den oben hergeleiteten magnetischen Gesetzen

$$\Phi = BA \quad B = \mu_0 H \quad iN = Hl$$

erhält man

$$\Phi = BA = \mu_0 HA = \mu_0 \frac{NA}{l} i$$

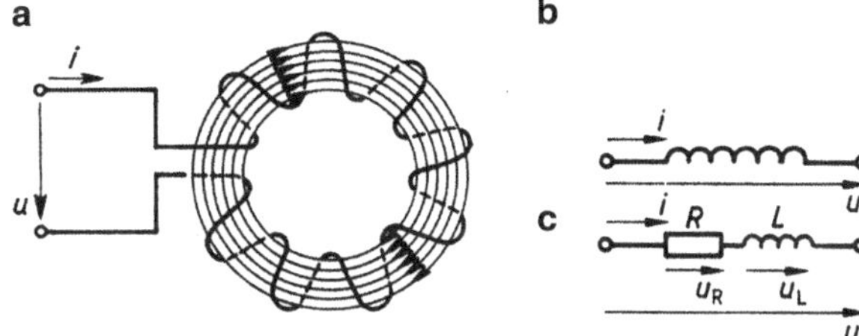

Abb. 1.58 **a** Selbstinduktion in einer Ringspule (Luftspule), **b** Schaltzeichen einer Spule bzw. Induktivität, **c** Ersatzschaltung einer realen Spule

Somit ergibt sich

$$u = N \frac{d\Phi}{dt} = \mu_0 \frac{N^2 A}{l} \frac{di}{dt} \quad \text{oder} \quad u = L \frac{di}{dt} \tag{1.53}$$

Diese Gleichung gibt den allgemein gültigen Zusammenhang zwischen den Augenblickswerten der Spannung u und des Stromes i einer idealen Spule an.

Induktivität Die Größe L heißt Induktivität der Spule. Nach Gl. 1.53 folgt aus

$$L = \frac{u}{di/dt} \quad \text{ihre Einheit} \quad \frac{1\,\text{V}}{\text{A/s}} = 1\,\Omega\text{s} = 1\,\text{H (Henry)}.$$

Eine ideale Spule hat demnach die Induktivität 1 H, wenn bei einer zeitlichen Stromänderung von 1 A/s an den Klemmen der Spule die Spannung 1 V herrscht. In Abb. 1.58b zeigt das genormte Schaltzeichen für eine Induktivität L.

Für eine Ringspule in Form der Luftspule gilt nach der obigen Herleitung

$$L = \mu_0 \frac{N^2 A}{l} \tag{1.54}$$

In diesem Fall ist L eine feste Größe, die allein von der geometrischen Form (A, l) und der Windungszahl N der Spule abhängt. Bei Eisenspulen sind die Verhältnisse verwickelter. In Gl. 1.54 tritt anstelle von μ_0 die Permeabilität μ des Eisens, die nach der Magnetisierungskennlinie von der Durchflutung und somit vom Strom abhängt.

Beispiel 1.38

Man berechne die Induktivitäten der Spulen aus Abb. 1.52 für Beispiel 1.34. Für die Luftspule ergibt sich nach Gl. 1.54

$$L_{\text{L}} = \mu_0 \cdot \frac{N^2 A}{l} = 0{,}4 \cdot \pi \cdot 10^{-6} \, \frac{\text{Vs}}{\text{A m}} \cdot \frac{200^2 \cdot 965 \cdot 10^{-6} \, \text{m}^2}{0{,}455 \, \text{m}} = 0{,}107 \, \text{mH}.$$

Bei der Spule mit Gusseisenring ist die Induktivität entsprechend dem Wert der relativen Permeabilität μ_{r} stromabhängig. Bei dort $I = 9\,\text{A}$ wurde $\mu_{\text{r}} = 320$ bestimmt. Damit wird

$$L_{\text{Fe}} = \mu_{\text{r}} L_{\text{L}} = 320 \cdot 0{,}107 \, \text{mH} = 34{,}1 \, \text{mH}.$$

Magnetische Energie Nimmt eine Induktivität L in der Zeit $\mathrm{d}t$ die elektrische Energie $\mathrm{d}W = ui\,\mathrm{d}t$ auf, so muss nach dem Energieprinzip in derselben Zeit die magnetische Energie in der Spule um einen gleich großen Betrag $\mathrm{d}W_{\mathrm{m}}$ zunehmen: $\mathrm{d}W_{\mathrm{m}} = \mathrm{d}W$.

Nach Gl. 1.53 erhält man somit

$$\mathrm{d}W_{\mathrm{m}} = ui\,\mathrm{d}t = L\frac{\mathrm{d}i}{\mathrm{d}t}i\,\mathrm{d}t = Li\,\mathrm{d}i \ .$$

Steigt in einer Spule mit der Induktivität L der Strom von $i = 0$ auf $i = I$ an, so ergibt sich die gespeicherte magnetische Energie durch Integration zu

$$W_{\mathrm{m}} = L\int_{0}^{I} i\,\mathrm{d}i \quad \text{und damit} \quad W_{\mathrm{m}} = \frac{1}{2}L\,I^{2} \qquad (1.55)$$

Während man elektrische Energie mit $W_{\mathrm{e}} = 0{,}5\,CU^{2}$ nach Gl. 1.38 zumindest grundsätzlich durch Aufladen eines Kondensators speichern kann, würde dies bei magnetischer Energie das Aufrechterhalten eines ständigen Stromes bedeuten. Zudem entstehen durch den ohmschen Widerstand R der Spule in der Induktivität L Wärmeverluste, so dass diese Möglichkeit der Energiespeicher keine Bedeutung hat.

Die höchsten Werte W_{m} finden sich in den Erregerspulen von elektrischen Maschinen und betragen z. B. bei einem Gleichstrommotor pro Pol bei $L = 0{,}2\,\mathrm{H}$ und $I = 5\,\mathrm{A}$ $W_{\mathrm{m}} = 2{,}5\,\mathrm{Ws}$.

Reale Spule In einer realen, also nicht widerstandslosen Spule nach Abb. 1.58c tritt an der Induktivität L die Spannung $u_{\mathrm{L}} = L\,\mathrm{d}i/\mathrm{d}t$ Gl. 1.53 auf. Außerdem ist am Widerstand R der Spule nach dem Ohmschen Gesetz die Spannung $u_{\mathrm{R}} = iR$ erforderlich, so dass nach der Maschenregel für die Klemmenspannung gilt

$$u = u_{\mathrm{R}} + u_{\mathrm{L}} \quad \text{oder} \quad u = iR + L\,\mathrm{d}i/\mathrm{d}t$$

Das Ersatzschaltbild einer Spule mit ohmschem Widerstand R besteht demnach aus einer Reihenschaltung von R und L.

Aufgabe 1.35

Ein Stahldraht zur Ableitung des Blitzstromes gegen Erde habe eine Induktivität von $L = 1\,\mu\mathrm{H}$. Welche Spannung U entsteht zwischen Einschlagpunkt und Erde bei einem Blitzstrom $I = 40\,\mathrm{kA}$ in der Zeitspanne $\Delta t = 40\,\mu\mathrm{s}$?

Ergebnis: $U = 1\,\mathrm{kV}$

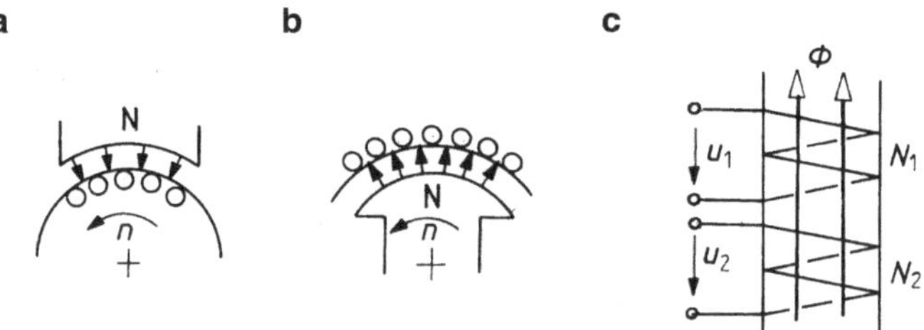

Abb. 1.59 Verfahren der Spannnungsinduktion. **a** Außenpolgenerator, **b** Innenpolgenerator, **c** Transformatorprinzip

---

Aufgabe 1.36

Die magnetische Energie einer stromdurchflossenen Wicklung mit $L = 0{,}2\,H$ beträgt $W_\mathrm{m} = 90\,\mathrm{Ws}$. Beim Öffnen eines Schalters möge der Strom innerhalb von $\Delta t = 10\,\mathrm{ms}$ linear auf null abklingen. Welche Überspannung tritt am Schalter auf?

Ergebnis: $U = 600\,\mathrm{V}$

1.2.3.3 Transformatorische und rotatorische Spannungserzeugung

Nach dem Induktionsgesetz entsteht dann in einer Wicklung (Spule) eine Spannung, wenn sich der mit ihr verkettete magnetische Fluss ändert. Wie dies erfolgt, ist ohne Bedeutung, so dass verschiedene Verfahren möglich sind:

- Die induzierte Wicklung kann wie in Abb. 1.59c mit einer anderen (Primärwicklung) magnetisch gekoppelt sein, in der sich der Primärstrom und damit auch das gemeinsame Magnetfeld periodisch ändert. Dies ist die Technik der Transformatoren, die in Abschn. 4.2 besprochen werden.
- Die induzierte Wicklung kann sich mit der Drehzahl n in einem zeitlich konstanten Magnetfeld z. B. eines Dauermagneten wie in Abb. 1.59a bewegen und dadurch ihre Verkettung mit dem Magnetfluss Φ ändern.
- Die induzierte Wicklung kann selbst ruhen und sich ein Magnetfeld auf einem mit der Drehzahl n rotierenden Läufer an ihr vorbeibewegen (Abb. 1.59b).

Die beiden letzten Verfahren werden für die Konstruktion von Generatoren verwendet, wobei für die Generatoren in Kraftwerken die Innenpolvariante zum Einsatz kommt. Hier liegt die induzierte Wicklung im Ständer als feststehenden Teil der Maschine, womit keine Gleitkontakte für die Entnahme des Verbraucherstromes nötig sind.

In der Technik in Abb. 1.59c wird im Unterschied zu den beiden anderen elektrische Energie nicht durch Umwandlung mechanischer Arbeit des Antriebs erzeugt, sondern elektrische Energie nur auf einen anderen Spannungswert umgewandelt. Die in

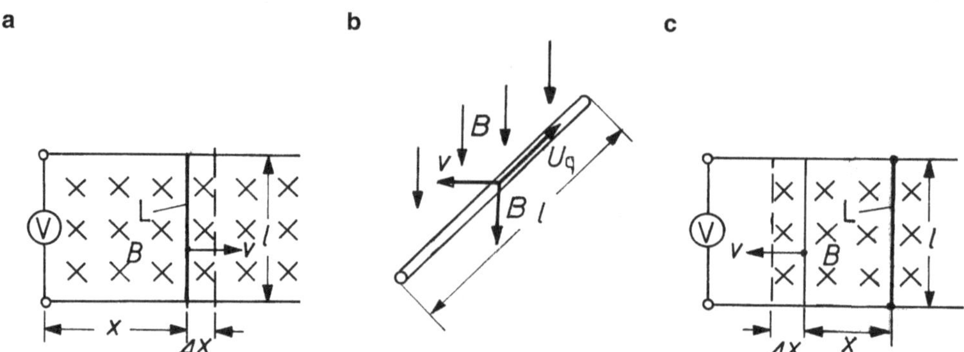

Abb. 1.60 Bestimmung einer Bewegungsspannung. **a** Bewegter Leiter L im ruhenden Magnetfeld B, **b** Senkrechte Zuordnung der Größen in Gleichung $u_q = Blv$, **c** Ruhender Leiter L im bewegten Magnetfeld

Abschn. 4.2 besprochenen Transformatoren werden daher auch als Umspanner bezeichnet. Da beide Wicklungen vom selben Fluss Φ durchsetzt sind, erhalten sich nach

$$\frac{U_{q_1}}{U_{q_2}} = \frac{N_1}{N_2} \tag{1.56}$$

die beiden Spannungen wie die Windungszahlen ihrer Wicklungen.

Bewegungsspannung Erfolgt wie in den Varianten a) und b) die Feldänderung durch eine Relativbewegung, so verwendet man gerne den Begriff der Bewegungsspannung und bestimmt sie durch Umformung des Induktionsgesetzes in eine spezielle Beziehung. In Abb. 1.60a sind zwei parallele leitende Schienen durch einen Spannungsmesser verbunden. Ihr Abstand l entspricht der Länge eines beweglichen Leiters L an der Stelle x. Die ganze Fläche innerhalb der Schienen füllt ein homogenes Magnetfeld der Dichte B aus.

Bewegt sich der Leiter l mit der Geschwindigkeit v nach rechts, so vergrößert sich der mit der Windung aus Leiter – Schienen – Messgerät verkettete Fluss Φ um den Anteil

$$\Delta\Phi = B\Delta A = Bl\Delta x.$$

Mit $\Delta x / \Delta t = v$ und der Windungszahl $N = 1$ erhält man für die in einem Stab der Länge l induzierte Spannung die einfache Gl. 1.57. Vorausgesetzt ist dabei die in elektrischen Maschinen immer zutreffende senkrechte Zuordnung aller Größen (Abb. 1.60b).

$$u_q = Blv \tag{1.57}$$

Dasselbe Ergebnis erhält man nach Abb. 1.60c, wo der Leiter fest auf den Schienen liegt und sich das Magnetfeld mit der Geschwindigkeit v bewegt. Auch hier erfährt die Windung pro Zeiteinheit eine Feldänderung $\Delta\Phi$, so dass sich wieder eine induzierte Spannung nach Gl. 1.57 ergibt. Da in der Praxis stets eine Wicklung mit N Windungen gegeben ist, von denen eine Seite im Bereich eines Nord- die andere im Bereich des Südpols liegt, erhält man für die $2N$ Leiter der Wicklung die insgesamt induzierte Spannung zu

$$U_q = 2NBlv. \tag{1.58}$$

Die Wirkung von Magnetfeld und Bewegung erhält man auch über das totale Differenzial von Gl. 1.52 mit

$$u_q = N \cdot \frac{d\Phi_{x,t}}{dt} = N \cdot \frac{d\Phi}{dx} \cdot \frac{dx}{dt}. \tag{1.59}$$

Nach dieser Gleichung ist direkt zu erkennen, dass bei konstanter Relativgeschwindigkeit $v = dx/dt$ der zeitliche Verlauf der induzierten Spannung von der räumlichen Gestalt des Magnetfeldes entsprechend der Änderung mit $d\Phi/dx$ abhängt. Will man für die Spannung Sinuskurven erhalten, muss der Feldverlauf also möglichst einer Sinuswelle entsprechen.

Beispiel 1.39

Ein zweipoliger Generator nach Abb. 1.59a erhält im Ständer ein Magnetfeld von konstant $B = 0,8\,\text{T}$ das zu 70 % die Halbkreisfläche des Läufers bedeckt. Der Läufer mit einen Durchmesser $d = 30\,\text{cm}$ und der Länge $l = 40\,\text{cm}$ trägt $N = 50$ in Reihe geschaltete Windungen.

a) Bei welcher Drehzahl n des Läufers entsteht in der Wicklung die Spannung $U_q = 500\,\text{V}$?

Die vom Nord- und gegenüberliegenden Südpol nach Gl. 1.57 induzierten Leiterspannungen haben eine entgegengesetzte Richtung und addieren sich damit. Dabei werden 70 % der Leiter induziert. Zwischen Drehzahl n und Umfangsgeschwindigkeit v der Leiter gilt $v = d\pi n$. In Gl. 1.58 eingesetzt und nach n aufgelöst, ergibt die Gleichung

$$n = \frac{U_q}{0,7 \cdot 2N \cdot B \cdot l \cdot d \cdot \pi} = \frac{500\,\text{V}}{0,7 \cdot 100 \cdot 0,8\,\text{T} \cdot 0,4\,\text{m} \cdot 0,3\,\text{m} \cdot \pi}$$
$$= 23,68 \cdot \text{s}^{-1} = 1421 \cdot \text{min}^{-1}$$

b) In den Leitern fließt der Strom $I = 50\,\text{A}$. Wie groß ist das Drehmoment M des Läufers?

Das Drehmoment entsteht durch die Summe aller tangentialen Kräfte F nach Gl. 1.50 multipliziert mit dem Läuferradius als Hebelarm, also

$$M = \frac{d}{2} \cdot \sum F \quad \text{mit} \quad \sum F = \sum BlI = 0,7 \cdot 2N \cdot B \cdot l \cdot I$$

Damit $\quad M = 0,5\,d \cdot 0,7 \cdot 2N \cdot B \cdot l \cdot I$

$$M = 0,15\,\text{m} \cdot 0,7 \cdot 100 \cdot 0,8\,\text{Vs/m}^2 \cdot 0,4\,\text{m} \cdot 50\,\text{A} = 168\,\text{Ws} = 168\,\text{Nm}$$

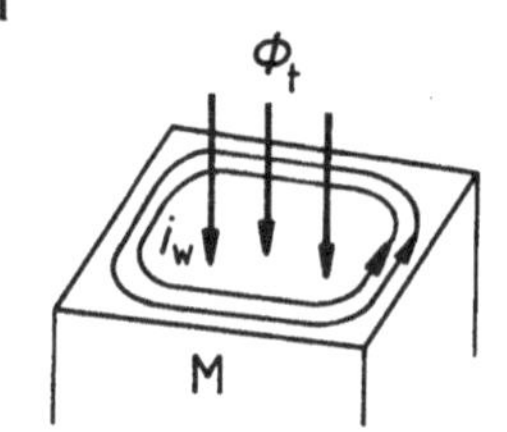
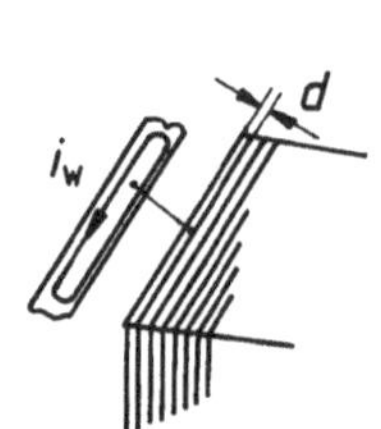

Abb. 1.61 Wirbelströme in einem Eisenkern. **a** Freie Bahnen der Ströme i_w in Massivmaterial M, **b** Kern aus isolierten Elektroblechen der Stärke d

1.2.3.4 Wirbelströme

Entstehung der Wirbelströme Wird ein Magnetfeld Φ in einem massiven Eisenkern geführt, so kann man sich den Querschnitt nach Abb. 1.61a in viele in sich geschlossene Windungen mit der Leitfähigkeit des Eisens aufgeteilt denken. Die Windungen haben alle untereinander Kontakt und bilden in der Summe eine leitende Fläche.

Nach dem Induktionsgesetz entstehen nun bei jeder Feldänderung in den gedachten Windungen mit der Windungszahl $N = 1$ nach $u_\mathrm{w} = \mathrm{d}\Phi/\mathrm{d}t$ Spannungen, die entsprechend dem Widerstand r_w der Windung Ströme $i_\mathrm{w} = u_\mathrm{w}/r_\mathrm{w}$ hervorrufen. In der Querschnittsfläche fließen also bei jeder Feldänderung flächenhafte Ströme i_w, die man Wirbelströme nennt.

Unterdrückung der Wirbelströme Würde man in der elektrischen Energietechnik die Eisenkerne von Spulen, Transformatoren, elektrischen Maschinen und Geräten, in denen sich magnetische Wechselfelder ausbilden, als massive Bauteile ausführen, so würden sich die Wirbelströme wegen des relativ kleinen elektrischen Widerstandes dieser Bauteile mit ihren großen Querschnitten nahezu ungehindert ausbilden können und erhebliche Verluste und Erwärmungen wären die Folge. Um die mit der Frequenz wachsenden Verluste so klein wie möglich zu halten, baut man die Eisenkerne aus gegeneinander isolierten, dünnen Blechen auf, deren Berührungsflächen wie in Abb. 1.61b gezeigt quer zu den Strombahnen liegen. Innerhalb des kleinen Blechquerschnitts können sich die Wirbelströme nur noch schwach ausbilden. Verwendet man außerdem mit Silizium legierte Bleche, so lassen sich durch den damit wesentlich erhöhten ohmschen Widerstand die Wirbelstromverluste noch weiter herabsetzen.

In der Hochfrequenztechnik werden besondere Kerne, sog. Massekerne oder Ferritkerne, verwendet. Erstere bestehen aus feinstem Eisenpulver, das durch einen thermoplastischen Kunststoff isolierend gebunden wird. Die Ferritkerne bestehen aus sehr schlecht leitenden Eisenoxydgemischen, so dass dadurch die Bildung von Wirbelströmen unmöglich ist.

Ausnutzung der Wirbelströme Mit dem Auftreten von Wirbelströmen ist immer eine Umwandlung von mechanischer oder elektrischer Energie in Wärme verbunden. Diese ist nicht immer unerwünscht, sie wird vielmehr in der Technik auch vielseitig ausgenutzt.

Die bekannteste Anwendung für die Umwandlung mechanischer Energie in Wärme ist die Wirbelstrombremse. Ihr Grundelement ist ein metallischer Körper, der im Magnetfeld eines Dauermagneten oder Elektromagneten bewegt wird. Beispiele hierfür sind:

- Bremsscheibe im Luftspalt des Dauermagneten eines elektrischen Zählers
- Dämpferscheibe des beweglichen Messwerkes im Luftspalt des Dauermagneten eines elektrischen Messinstrumentes
- Rotationskörper (z. B. Stahlzylinder) in einem durch einen Elektromagneten erregten Magnetfeld einer Wirbelstrombremse (s. Abschn. 4.4.2).

Die Umwandlung elektrischer Energie in Wärme wird immer mehr bei der induktiven Erwärmung von Werkstücken beim Schmieden, Löten oder Härten ausgenutzt. Im Inneren einer Spule befindet sich das elektrisch leitende Werkstück. Die Spule wird mit Wechselstrom möglichst hoher Frequenz erregt, um ein rasch sich änderndes Magnetfeld und damit durch die entstehenden Wirbelströme eine hohe Wärmekonzentration im Werkstück zu bekommen.

Beispiel 1.40

Wie groß ist die Anzugskraft auf das Joch 3 in Abb. 1.53 aus Beispiel 1.35?

Die Anzugskraft entsteht an beiden Luftspaltseiten bei jeweils $B_1 = 1,0\,\mathrm{T}$ und $A_1 = 150\,\mathrm{mm}^2$. Sie beträgt damit nach Gl. 1.49

$$F = 2 \cdot \frac{1}{2} \cdot \frac{B_1^2 \cdot A_1}{\mu_0} = \frac{(1,0\,\mathrm{Vs})^2 \cdot \mathrm{A\,m} \cdot 150 \cdot 10^{-6}\,\mathrm{m}^2}{\mathrm{m}^4 \cdot 0,4 \cdot \pi \cdot 10^{-6}\,\mathrm{Vs}} = 119\,\mathrm{N}.$$

Wie groß ist die Anzugskraft bei anliegendem Joch und unverändert $I = 3,59\,\mathrm{A}$?

Ohne Luftspalt verteilt sich die Durchflutung $\Theta = 1797\,\mathrm{A}$ auf die beiden Feldlinienstrecken l_1 und l_3 nach der Gleichung

$$1797\,\mathrm{A} = H_1(B_1) \cdot l_1 + H_3(B_3) \cdot l_3$$

wobei sich die beiden Feldstärken in Abhängigkeit von B aus der Kennlinie für Elektroblech in Abb. 1.49, Kurve b ergeben. Die obige Gleichung ist nur durch Probieren zu lösen und man erhält:

$$H_1 = 6,7\,\mathrm{A/cm} \text{ bei } B_1 = 1,26\,\mathrm{T} \text{ und } H_3 = 212\,\mathrm{A/cm} \text{ bei } B_3 = 1,89\,\mathrm{T}.$$

Kontrolle: $6,7\,\mathrm{A/cm} \cdot 15\,\mathrm{cm} + 212\,\mathrm{A/cm} \cdot 8\,\mathrm{cm} = 1797\,\mathrm{A}$

Anstelle $B_1 = 1\,\mathrm{T}$ besteht bei anliegendem Joch an der Kontaktfläche also die Flussdichte $B_3 = 1,26\,\mathrm{T}$. Die Anzugskraft ändert sich quadratisch mit B, so dass der neue Wert

$$F = 119\,\mathrm{N} \cdot 1,26^2 = 190\,\mathrm{N}$$

beträgt.

Beispiel 1.41

Entlang des Umfangs einer Gleichstrommaschine sind $N = 150$ Windungen der Ankerwicklung untergebracht. Das Magnetfeld des Ständers hat im Mittel die Flussdichte $B = 0{,}9\,\mathrm{T}$, der Anker die Länge $l = 35\,\mathrm{cm}$ bei einem Durchmesser von $d = 25\,\mathrm{cm}$.

Man berechne die Kraft F_m auf jeden Leiter und das im Innern der Maschine erzeugte Drehmoment M_i, wenn der Leiterstrom $10\,\mathrm{A}$ beträgt.

Nach Gl. 1.50 wird auf jeden Leiter die Kraft F_m ausgeübt.

$$F_\mathrm{m} = B I l = 0{,}9\,\frac{\mathrm{Vs}}{\mathrm{m}^2} \cdot 10\,\mathrm{A} \cdot 0{,}35\,\mathrm{m} = 3{,}15\,\frac{\mathrm{J}}{\mathrm{m}} = 3{,}15\,\mathrm{N}$$

Insgesamt befinden sich $z = 2N = 300$ Leiter im Magnetfeld. Somit wird die gesamte Umfangskraft $F = 300 \cdot 3{,}15\,\mathrm{N} = 945\,\mathrm{N}$ und das im Innern der Maschine erzeugte Drehmoment

$$M_\mathrm{i} = F\frac{d}{2} = 945\,\mathrm{N} \cdot 0{,}125\,\mathrm{m} = 118{,}1\,\mathrm{N\,m}\,.$$

Aufgabe 1.37

Der Anker in Beispiel 1.41 dreht sich mit $n = 1200\,\mathrm{min}^{-1}$. Wie groß ist die in der Ankerwicklung induzierte Spannung, wenn die Wicklung zwei parallele Zweige hat?

Ergebnis: $U = 742\,\mathrm{V}$

Erkenntnisse

- Magnetische Felder werden vielfältig genutzt.
  - Als sinusförmige Wechselfelder verändern sie in Transformatoren die Höhe von Wechselspannungen für den wirtschaftlichen Betrieb von Stromnetzen.
  - Auf die stromdurchflossenen Leiter elektrischer Maschinen üben sie Kräfte aus, was Grundlage aller Elektromotoren ist.
  - Bei Relativbewegungen zu Spulen erzeugen sie Spannungen und sind damit Grundlage aller Generatoren.

1.3   Wechselstrom und Drehstrom

Die öffentliche Versorgung mit elektrischer Energie beruht heute weltweit auf der Erzeugung von zeitlich sinusförmigen Wechselspannungen, die in der Drehstromtechnik miteinander verbunden sind. Der Grund liegt in der in Gl. 1.56 definierten Möglichkeit, die elektrische Energie $W = UIt$ stets auf ein vorteilhaftes Spannungsniveau U zu transformieren. So erfolgt die Fernübertragung zur Minderung der Verluste I^2R bei minimaler Stromstärke und dafür möglichst hoher Spannung z. B. $U = 380\,\text{kV}$ während der Endverbraucher $U = 230\,\text{V}$ erhält.

1.3.1   Wechselgrößen und Grundgesetze

1.3.1.1   Sinusförmige Wechselgrößen (Sinusgrößen)

Kenngrößen einer Sinusspannung   Bei der rotatorischen Spannungserzeugung nach Abb. 1.59b und Gl. 1.58 erhält man durch ein mit konstanter Drehzahl rotierendes räumlich sinusförmiges Läufermagnetfeld in der ruhenden Ständerwicklung eine zeitlich sinusförmige Spannung nach der Beziehung

$$u = \hat{u} \cdot \sin 2\pi \frac{t}{T}$$

wobei $\hat{u}$ der Scheitelwert oder die Amplitude und T die Periodendauer der Sinusfunktion bedeuten (Abb. 1.62). Im Argument der Sinusfunktion wird

$$\omega = \frac{2\pi}{T} = 2\pi \cdot f \qquad (1.60)$$

als Kreisfrequenz bezeichnet, da mit $t = T$ ein Fahrstrahl einen Kreisumfang umläuft. Den Kehrwert der Periodendauer bezeichnet man nach

$$f = \frac{1}{T} \qquad (1.61)$$

als Frequenz f mit der Einheit $1/\text{s} = 1\,\text{Hz}$ (Hertz).

Abb. 1.62 Zeitdiagramm einer Wechselspannung

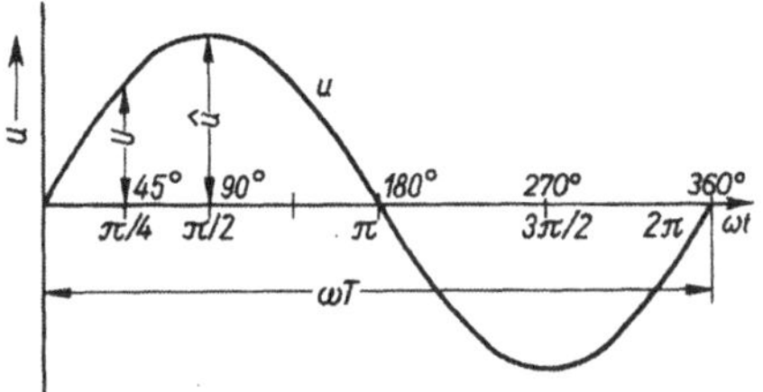

Beispiel 1.42

Die Wechselspannungen in den Netzen der Kraftwerke haben in Deutschland einheitlich die mit höchster Genauigkeit konstant gehaltene Frequenz 50 Hz, also 50 Perioden pro Sekunde. Die Wechselspannung der Deutschen Bundesbahn hat die Frequenz $(50/3)\,\mathrm{Hz} = 16^2/_3\,\mathrm{Hz}$. Somit gelten für die vorkommenden „technischen" Wechselspannungen folgende Werte:

Öffentliche Versorgungsnetze

$$f = 50\,\mathrm{Hz} \quad T = (1/50)\,\mathrm{s} = 0{,}02\,\mathrm{s} \quad \omega = 314\,\mathrm{s}^{-1}$$

Bahnnetz der DB

$$f = 16^2/_3\,\mathrm{Hz} \quad T = (3/50)\,\mathrm{s} = 0{,}06\,\mathrm{s} \quad \omega = 104{,}7\,\mathrm{s}^{-1}$$

Effektivwert Hierunter versteht man den über eine Periodendauer T gebildeten quadratischen Mittelwert einer Wechselgröße. Liegt also z. B. eine Wechselspannung u bzw. ein Wechselstrom i mit den gegebenen Zeitfunktionen

$$u = \hat{u}\sin\omega t \qquad i = \hat{\imath}\sin\omega t$$

vor, dann gilt für den Effektivwert U der Wechselspannung u bzw. den Effektivwert I des Wechselstroms i

$$U = \sqrt{\frac{1}{T}\int_0^T u^2\,\mathrm{d}t} \qquad I = \sqrt{\frac{1}{T}\int_0^T i^2\,\mathrm{d}t}\,. \tag{1.62}$$

Mathematisch erhält man durch Einsetzen von u und i aus obigen Gleichungen bei sinusförmigen Wechselgrößen allgemein die Effektivwerte

$$U = \frac{\hat{u}}{\sqrt{2}} = 0{,}707\,\hat{u} \qquad I = \frac{\hat{\imath}}{\sqrt{2}} = 0{,}707\,\hat{\imath}\,. \tag{1.63}$$

Mit den Effektivwerten U und I (Abb. 1.63) bestimmt man die „Effektivität" des sinusförmigen Verlaufs von Spannung und Strom über einer Periode. Mit $P = U^2 R = I^2 R$ errechnet man wie bei Gleichstrom jetzt die mittlere Leistung durch die Sinusgrößen.

Nullphasenwinkel, allgemeine Gleichungen Mit den Gl. 1.63 lauten die Zeitfunktionen nun

$$u = \sqrt{2}\,U\sin\omega t \qquad i = \sqrt{2}\,I\sin\omega t$$

Abb. 1.63 Messung der Effektivwerte

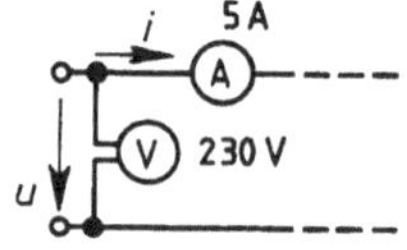

Bei der bisherigen Betrachtung war vorausgesetzt, dass die Zeitrechnung $t = 0$ jeweils beim positiven Nulldurchgang der Wechselgrößen beginnt. Wenn dies nicht der Fall ist, d. h. wenn bei $t = 0$ bei der Wechselspannung u ein Nullphasenwinkel φ_u, beim Wechselstrom i ein Nullphasenwinkel φ_i vorhanden ist, lauten die allgemeinen Gleichungen der Wechselgrößen

$$u = \sqrt{2}U \sin(\omega t + \varphi_u) \qquad i = \sqrt{2}I \sin(\omega t + \varphi_i) \qquad (1.64)$$

Beispiel 1.43

Wenn an den beiden Klemmen einer Steckdose (Abb. 1.63) eine Wechselspannung 230 V, 50 Hz vorhanden ist, dann ist damit der Effektivwert $U = 230$ V und die Frequenz $f = 50$ Hz dieser Wechselspannung gemeint. Der Effektivwert entspricht dem Augenblickswert bei $t = T/8$ bzw. $\omega t = \pi/4 = 45°$ (Abb. 1.63), während die Amplitude bei $t = T/4 = 0{,}005$ s bzw. $\omega t = \pi/2 = 90°$ den weit größeren Wert $\hat{u} = \sqrt{2}U = \sqrt{2} \cdot 230$ V $= 325$ V erreicht; es gilt dann $u = 325$ V $\sin \omega t$.

Entsprechend hat z. B. ein Wechselstrom von 5 A den Effektivwert $I = 5$ A, somit den Scheitelwert $\hat{\imath} = \sqrt{2}I = 7{,}07$ A. Die Messinstrumente in Abb. 1.63 zeigen die Effektivwerte 230 V bzw. 5 A an.

Aufgabe 1.38

Bei der Aufzeichnung einer Sinusspannung mit $f = 250$ Hz wird fehlerhaft nur der Anfangsbereich der Kurve mit $u = 2{,}5$ V bei $t = 1/3$ ms angegeben. Es ist der Effektivwert U der Spannung zu bestimmen.

Ergebnis: $U = 3{,}54$ V

1.3.1.2 Belastungsarten im Wechselstromkreis

Spannungen und Ströme bei R-, L-, C-Belastung Wie die nachstehenden Schaltbilder zeigen, sind nacheinander ein Widerstand R, eine Induktivität L und ein Kondensator C an eine Sinusspannung u gelegt. Gesucht wird jeweils der zeitliche Verlauf des Stromes i im betreffenden Bauteil, wozu die bereits bekannten Beziehungen aus den Gl. 1.7, 1.33a, b und 1.53 verwendet werden.

$$u = iR \quad u = L\, di/dt \quad u = (1/C) \int i\, dt \qquad (1.65)$$

Wird an die drei Bauelemente eine Sinusspannung nach

$$u = \sqrt{2}U \cdot \sin \omega t$$

Abb. 1.64 Sinusspannung u an Verbrauchern. **a** Ohmscher Widerstand, **b** Induktivität, **c** Kondensator

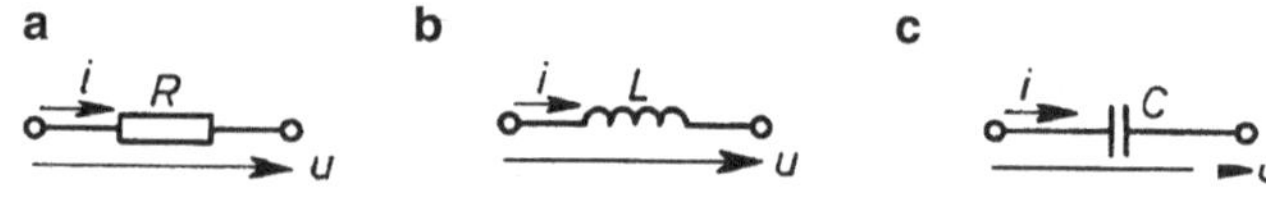

angelegt, dann erhält man über die obigen Beziehungen die drei Stromgleichungen

$$i_R = \frac{u}{R} \quad i_L = \frac{1}{L} \int u \, dt \quad i_C = C \frac{du}{dt} \tag{1.66}$$

$$i_R = \sqrt{2}\frac{U}{R} \sin \omega t \quad i_L = -\sqrt{2}\frac{U}{\omega L} \cos \omega t \quad i_C = \sqrt{2}U\omega C \cdot \cos \omega t \tag{1.67a}$$

Mit $-\cos \omega t = \sin(\omega t - \pi/2)$ wird daraus

$$i_R = \sqrt{2}\frac{U}{R} \cdot \sin \omega t \quad i_L = \sqrt{2}\frac{U}{\omega L} \sin \left(\omega t - \frac{\pi}{2}\right)$$
$$i_C = -\sqrt{2}U\omega C \cdot \sin \left(\omega t - \frac{\pi}{2}\right) \tag{1.67b}$$

Blindwiderstände Bringt man die Ströme i_L und i_C in die allgemeine Form

$$i = \sqrt{2}I \sin(\omega t - \pi/2)$$

so kann man in Erweiterung des Ohmschen Gesetzes die Stromeffektivwerte

$$I_R = \frac{U}{R} \quad I_L = \frac{U}{X_L} \quad I_C = \frac{U}{X_C} \tag{1.68}$$

angeben. Im Vergleich mit den Ergebnissen in Gl. 1.67a, b ist dabei definiert:
Für eine Induktivität (ideale Spule) der induktive Blindwiderstand

$$X_L = \omega L \tag{1.69a}$$

Für eine Kapazität (Kondensator) der kapazitive Blindwiderstand

$$X_C = -\frac{1}{\omega C} \tag{1.69b}$$

Das Minuszeichen bei X_C berücksichtigt die gegenläufige Phasenlage des Kondensatorstromes im Vergleich zu dem einer Spule. Kondensatoren sind damit Lieferanten (Generatoren) für induktive Ströme.

Will man mit den Leitwerten der drei Bauelemente rechnen, so gilt

$$G = 1/R \quad B_L = 1/X_L \quad B_C = 1/X_C$$

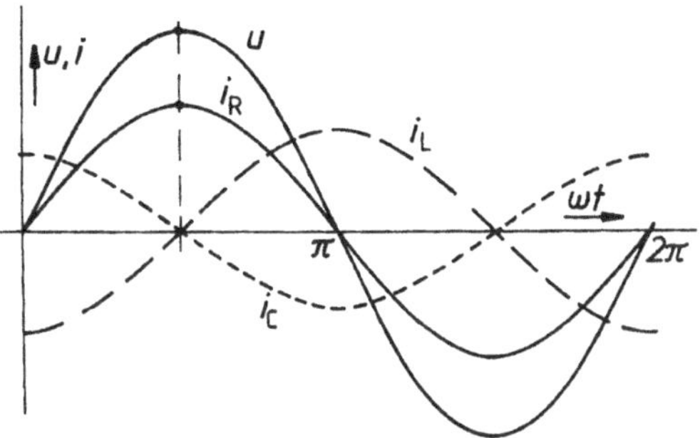

Abb. 1.65 Zeitlicher Verlauf des Wechselstromes bei R-, L- und C-Belastung

Zeitdiagramme Abb. 1.65 zeigt das Ergebnis der vorstehenden Berechnungen. Ausgehend von der Sinusspannung u sind die drei Ströme zugeordnet. Entsprechend den Gl. 1.67a, b liegt i_R in Phase mit seiner Spannung, während i_L der Spannung um $\pi/2\,(90°)$ nacheilt. Der Kondensatorstrom i_C eilt der Spannung $\pi/2$ vor und liegt damit stets gegenläufig zu i_L.

In Abb. 1.66 sind mit $p = ui$ die momentanen Produkte von Spannung und Strom und damit die Augenblicksleistung angegeben. Man erkennt, dass nur im Falle des Widerstandes über eine Periode gemittelt ein Wert größer als null entsteht. In den beiden anderen Fällen pendelt die Leistung p mit dem Mittelwert null um die Zeitachse. Die Bewertung dieser Ergebnisse erfolgt in Abschn. 1.3.1.4.

Die zeitliche Lage der Ströme zu ihrer Spannung wird durch Phasenverschiebungswinkel φ ausgedrückt. Er ist als Winkel der Spannung gegen den Strom festgelegt.

$$\varphi = \varphi_u - \varphi_i$$

Im Vergleich der Gl. 1.67a, b ergeben sich die Phasenwinkel:

R	L	C	
$\varphi = 0°$	$\varphi = 90° = \dfrac{\pi}{2}$	$\varphi = -90° = -\dfrac{\pi}{2}$	(1.70)
Spannung und Strom in Phase	Spannung eilt Strom um 90°	Spannung eilt Strom vor um 90° nach	

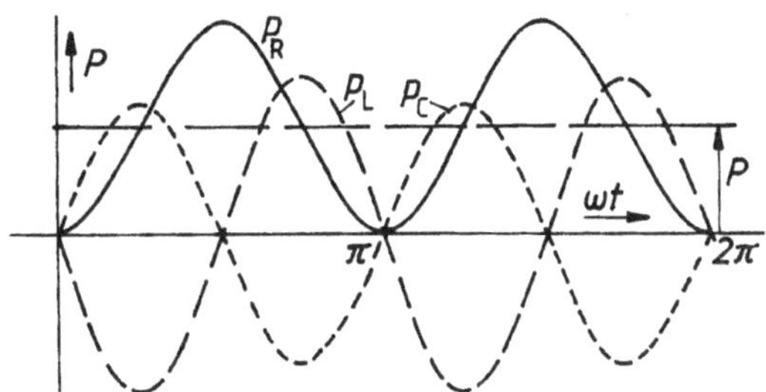

Abb. 1.66 Zeitlicher Verlauf der Leistungen bei R-, L- und C-Belastung

Abb. 1.67 Messung der
Effektivwerte U und I bei
Anschluss von R, L und C

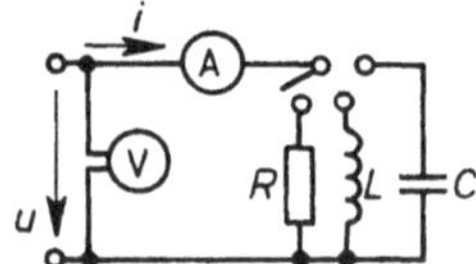

Bei der vorstehenden Herleitung wurden idealisierte („reine") Bauteile sowohl als Spule (Induktivität L ohne R) und als Kondensator (Kapazität C ohne R) vorausgesetzt. Somit erhält man jeweils getrennt bei R die Wirkung des Strömungsfeldes, bei L die Wirkung des Magnetfeldes und bei C die Wirkung des elektrischen Feldes bei Wechselstrom.

Beispiel 1.44

Ein Widerstand $R = 200\,\Omega$ wird an die sinusförmige Wechselspannung 230 V, 50 Hz angeschlossen (Abb. 1.67). Man gebe die Wechselgrößen im Stromkreis an.

Für den Effektivwert des Wechselstromes ist nach Gl. 1.68

$$I = U/R = 230\,\text{V}/200\,\Omega = 1{,}15\,\text{A}\,.$$

Für die Amplituden der Wechselspannung und des Wechselstromes erhält man aus Gl. 1.63

$$\hat{u} = \sqrt{2}U = \sqrt{2}\cdot 230\,\text{V} = 325\,\text{V} \qquad \hat{\imath} = \sqrt{2}I = \sqrt{2}\cdot 1{,}15\,\text{A} = 1{,}63\,\text{A}\,.$$

Somit gelten als Zeitfunktionen der Wechselspannung Gl. 1.65 und des Wechselstroms Gl. 1.66 dieses Stromkreises

$$u = 325\,\text{V}\sin\omega t \qquad i = 1{,}63\,\text{A}\sin\omega t\,.$$

Prinzipielle (nicht maßstäbliche) Darstellung durch die Kurven u und i_R in Abb. 1.66.

Beispiel 1.45

Eine Spule ($R = 0$) wird an ein Wechselspannungsnetz 230 V, 50 Hz angeschlossen und ein Wechselstrommessgerät zeigt einen Strom von 2 A an. Welche Wechselgrößen treten im Stromkreis auf?

Nach den Gl. 1.68 und 1.69a ergibt sich für die Induktivität L der Spule

$$L = U/I\omega = 230\,\text{V}/(2\,\text{A}\cdot 314\,\text{s}^{-1}) = 0{,}366\,\Omega\text{s} = 0{,}366\,\text{H}\,.$$

Der Blindwiderstand X_L beträgt

$$X_\text{L} = U/I = 230\,\text{V}/2\,\text{A} = 115\,\Omega\,.$$

Für die Amplituden von Wechselspannung und Wechselstrom ergeben sich $\hat{u} = 325\,\text{V}$ und $\hat{\imath} = \sqrt{2}{\cdot}2\,\text{A} = 2{,}83\,\text{A}$. Somit gelten folgende Zeitfunktionen für Wechselspannung Gl. 1.67a, b und Wechselstrom

$$u = 325\,\text{V}\sin\omega t \quad i = 2{,}83\,\text{A}\sin(\omega t - \pi/2)$$

Prinzipielle (nicht maßstäbliche) Darstellung durch die Kurven u und i_L in Abb. 1.66.

Beispiel 1.46

Ein Kondensator wird an ein Wechselstromnetz 230 V, 50 Hz angeschlossen und ein Strom von 0,5 A gemessen. Wie groß sind Kapazität und kapazitiver Blindwiderstand, welchen Betrag haben die Amplituden von Spannung und Strom?

Nach Gl. 1.67a, b ergibt sich für die Kapazität des Kondensators

$$C = \frac{I}{U\omega} = \frac{0{,}5\,\text{A}}{230\,\text{V}\cdot 314\,\text{s}^{-1}} = 6{,}92\cdot 10^{-6}\,\text{s}/\Omega = 6{,}92\,\mu\text{F}\,.$$

Der kapazitive Blindwiderstand nach Gl. 1.69b beträgt

$$X_\text{C} = -\frac{1}{\omega C} = -\frac{10^6}{314\,\text{s}^{-1}\cdot 6{,}92\,\text{s}/\Omega} = -460\,\Omega\,.$$

Die Amplituden der Wechselspannung und des Wechselstroms sind $\hat{u} = 325\,\text{V}$ und $\hat{\imath} = \sqrt{2}{\cdot}0{,}5\,\text{A} = 0{,}707\,\text{A}$. Somit gelten die folgenden Zeitfunktionen für Wechselspannung Gl. 1.67a, b und Wechselstrom

$$u = 325\,\text{V}\sin\omega t \qquad i = -0{,}707\,\text{A}\sin(\omega t - \pi/2)$$

Prinzipielle (nicht maßstäbliche) Darstellung durch die Kurven u und i_C in Abb. 1.66.

Beispiel 1.47

In der elektrischen Nachrichtentechnik spielt die Abhängigkeit der Wechselstromwiderstände von der Frequenz eine wichtige Rolle.

Man berechne und stelle die Größen R, X_L und X_C aus den Beispielen 1.44 bis 1.46 abhängig von der Frequenz (bis 500 Hz) in einem Schaubild (Abb. 1.68) maßstäblich dar.

Beispiel 1.44: $R = 200\,\Omega =$ konstant, also unabhängig von der Frequenz

Beispiel 1.45: $X_\text{L} = \omega L = 115\,\Omega$ bei 50 Hz; $X_\text{L} = 2\pi f L$ steigt proportional mit f an (Ursprungsgerade), also z. B. $X_\text{L} = 1150\,\Omega$ bei 500 Hz

Abb. 1.68 Frequenzverhalten
von Wechselstromwiderstän-
den

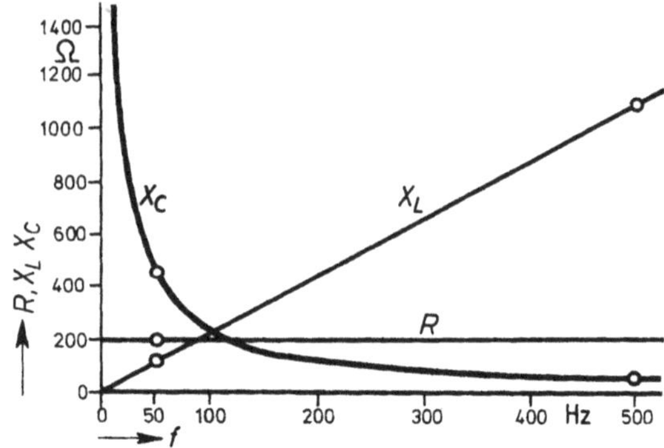

Beispiel 1.46: $X_C = |1/\omega C| = 460\,\Omega$ bei 50 Hz; $X_C = 1/(2\pi f C)$ verläuft umge-
kehrt proportional f (Hyperbel); für 25 Hz wird $X_C = 2 \cdot 460\,\Omega = 920\,\Omega$, für 250 Hz
wird $X_C = \frac{1}{5} \cdot 460\,\Omega = 92\,\Omega$, für 500 Hz wird $X_C = 46\,\Omega$.

Aufgabe 1.39

Ein Kondensator nimmt bei $f = 50$ Hz den Strom $I = 0{,}1$ A auf. Mit welcher
Frequenz wird er betrieben, wenn $I = 2$ A gemessen wird?

Ergebnis: $f = 1$ kHz

Aufgabe 1.40

Eine Spule mit dem Widerstand $R = 0{,}5\,\Omega$ besitzt die Induktivität $L = 0{,}6$ mH.
Bei welcher Frequenz f gilt für den induktiven Blindwiderstand $X_L = R$?

Ergebnis: $f = 132{,}6$ Hz

1.3.1.3 Darstellung von Wechselgrößen im Zeigerbild

Herleitung der Zeigerbilder Eine weitere, in der Wechselstromtechnik viel verwendete
und besonders einfache Darstellung sinusförmiger Wechselspannungen und -ströme geschieht mit Hilfe der nun zu besprechenden Zeigerbilder.

Der Augenblickswert $u = \sqrt{2}U \sin \omega t$ einer sinusförmigen Wechselspannung kann
nach Abb. 1.69a nämlich durch die Projektion eines Spannungszeigers dargestellt werden, dessen Betrag gleich der Amplitude $\sqrt{2}U$ der Spannung ist und der mit der

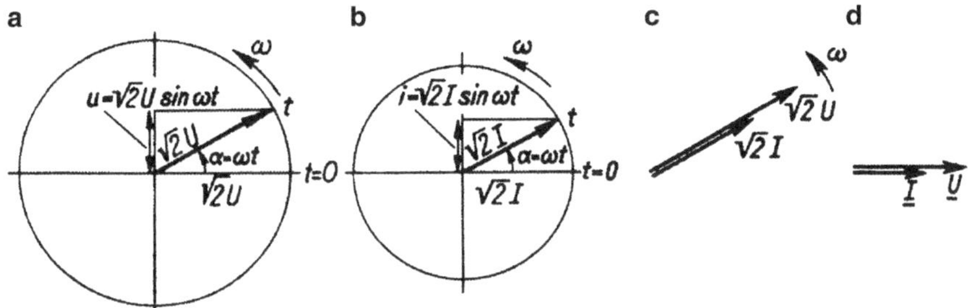

Abb. 1.69 Entwicklung des Zeigerbildes für sinusförmige Wechselgrößen

Kreisfrequenz ω vereinbarungsgemäß entgegengesetzt zum Uhrzeigersinn rotiert. Nach Abb. 1.69a gilt mit $\alpha = \omega t$ in jedem Augenblick

$$u = \sqrt{2}U \sin a = \sqrt{2}U \sin \omega t \qquad (1.71)$$

Auf gleiche Weise lässt sich auch ein sinusförmiger Wechselstrom $i = \sqrt{2}I \sin \omega t$, wie er sich bei Anschluss eines Widerstandes R an eine Spannungsquelle ergibt, durch einen mit ω im Gegenuhrzeigersinn rotierenden Stromzeigers mit dem Betrag $\sqrt{2}I$ darstellen (Abb. 1.69b). Da in diesem Fall Spannung und Strom in Phase sind ($\varphi = 0°$), decken sich im Zeigerbild beide Zeiger in jedem Augenblick (Abb. 1.69c). Das Zeigerbild ersetzt vollwertig die viel umständlicher zu zeichnenden Zeitschaubilder (Liniendiagramm) nach der Art von Abb. 1.66, dort die Kurven u und i_R.

Zeigerbild und Schaltplan Der Vorteil des Zeigerbildes erweist sich besonders bei der Berechnung von Wechselstromkreisen. Mit Rücksicht auf die praktische Verwendung ist es zweckmäßig, das Abb. 1.69c noch zu vereinfachen. Da man mit den Effektivwerten von Spannungen und Strömen rechnet und Wechselstrominstrumente ebenfalls Effektivwerte anzeigen, liegt die Vereinbarung nahe, im Zeigerbild durch die Zeigerstrecken nicht die für ihre Herleitung benutzten Amplituden, sondern ebenfalls die Effektivwerte U und I darzustellen (Abb. 1.69d). Die Orientierung der Zeiger in der Zeichenebene kann willkürlich gewählt werden, z. B. waagerecht wie in Abb. 1.69d. Weiter wird für alle Zeiger einheitlich vereinbart, dass sie im Gegenuhrzeigersinn mit der Kreisfrequenz ω rotieren, so dass der Drehpfeil für ω in Abb. 1.69d wegbleiben kann.

Schließlich ist es erforderlich, bei der Zusammensetzung mehrerer gleichartiger Zeiger außer ihren Beträgen auch ihre Phasenlage zu berücksichtigen. Sie werden also nicht algebraisch sondern wie Vektoren z. B. Kräfte in der Mechanik geometrisch addiert. Man trägt diesem Sachverhalt dadurch Rechnung, dass man die Zeiger durch Unterstreichung des Formelbuchstabens mit $\underline{U}$ bzw. $\underline{I}$ kennzeichnet. Schreibt man schließlich in den Schaltplänen an die Zählpfeile anstelle von u und i ebenfalls $\underline{U}$ bzw. $\underline{I}$, so stimmen die Bezeichnungen in den Schaltplänen und Zeigerbilder überein.

Tab. 1.5 Zusammenfassende Darstellung

	Widerstand	Induktivität	Kapazität	Zweipol (passiv)
Schaltplan				
Zeigerbild				
Widerstand	R	$X_\mathrm{L} = \omega L$	$X_\mathrm{C} = -1/\omega C$	Z
Phasenverschiebungswinkel	$\varphi = 0°$	$\varphi = 90°$	$\varphi = -90°$	$90° \geq \varphi \geq = -90°$
Leistung	$P = UI$	$P = 0$	$P = 0$	$P = UI \cos\varphi$
Blindleistung	$Q = 0$	$Q = UI$	$Q = -UI$	$Q = UI \sin\varphi$
Scheinleistung	$S = UI$	$S = UI$	$S = UI$	$S = UI = \sqrt{P^2 + Q^2}$
Leistungsfaktor	$\cos\varphi = 1$	$\cos\varphi = 0$	$\cos\varphi = 0$	$\cos\varphi = P/S$
Arbeit	$W = Pt$	$W = 0$	$W = 0$	$W = Pt$
Blindarbeit	$W_\mathrm{q} = 0$	$W_\mathrm{q} = Qt$	$W_\mathrm{q} = -Qt$	$W_\mathrm{q} = Qt$

Zusammenfassung In Tab. 1.5 sind oben Schaltpläne und Zeigerbilder für Widerstand R, Induktivität L und Kapazität C dargestellt. Für den Widerstand R decken sich Spannungs- und Stromzeiger, Spannung und Strom sind in Phase und $\varphi = 0°$. Bei der Induktivität L eilt die Spannung um den Phasenverschiebungswinkel $\varphi = +90°$ dem Strom voraus. Umgekehrt eilt bei einer Kapazität C die Spannung dem Strom um $\varphi = -90°$ nach.

Zweipol (Eintor) Verbraucher mit zwei Anschlüssen sollen nachstehend weiterhin mit der gewohnten Bezeichnung Zweipol benannt werden, obwohl für die zwei betrieblich zusammen–gehörigen Anschlüsse (früher Pole) der Begriff Eintor (entsprechend Vierpol = Zweitor) empfohlen wird. Ein passiver Zweipol nimmt elektrische Leistung aus dem Stromkreis auf und es ist $P > 0$, im Grenzfall $P = 0$. Man kann deshalb nicht nur die 3 Bauteile R, L und C für sich getrennt darstellen, sondern jede beliebige, aus passiven Zweipolen zusammengesetzte Wechselstromschaltung mit 2 Klemmen als passiven Zweipol behandeln. Durch die Größe

$$Z = U/I \tag{1.72}$$

den Scheinwiderstand des Zweipols, und den Phasenverschiebungswinkel φ des Zweipols liegt auch das Zeigerbild fest. Bei einem passiven Zweipol liegt φ zwischen $+90°$ und $-90°$; das Schaltzeichen für Z nach (Tab. 1.5) gilt für beliebigen Winkel φ.

Entsprechend der Definition der Blindleitwerte ist der Kehrwert des Scheinwiderstands Z als Scheinleitwert Y definiert, so dass allgemein gilt

$$Y = 1/Z\,.$$

Somit gilt auch allgemein für den Zweipol

$$U = IZ \quad \text{und} \quad I = UY. \tag{1.73}$$

1.3.1.4 Leistung, Leistungsfaktor, Arbeit

Augenblickswert der Leistung, Wirkleistung Zur Ermittlung der Leistung bei Wechselstrom geht man von dem allgemein gültigen Gesetz für den Augenblickswert P_t der elektrischen Leistung entsprechend Gl. 1.6 aus:

$$P_t = ui \tag{1.74a}$$

Setzt man die Zeitfunktionen

$$u = \sqrt{2}U \sin(\omega t + \varphi_u) \qquad i = \sqrt{2}I \sin(\omega t + \varphi_i)$$

in Gl. 1.74a ein, erhält man unter Zuhilfenahme der Beziehung

$$\sin\alpha \cdot \sin\beta = (1/2)[\cos(\alpha - \beta) - \cos(\alpha + \beta)] \text{ und } \varphi = \varphi_u - \varphi_i$$
$$P_t = \sqrt{2}U \sin(\omega t + \varphi_u)\sqrt{2}I \sin(\omega t + \varphi_i)$$
$$P_t = 2UI(1/2)[\cos\varphi - \cos(2\omega t + \varphi_u + \varphi_i)]$$

Damit lautet die allgemeingültige Gleichung für einen Zweipol

$$P_t = UI \cos\varphi - UI \cos(2\omega t + \varphi_u + \varphi_i)$$
$$p = P - P_\sim \tag{1.74b}$$

Der Augenblickswert P_t der elektrischen Leistung setzt sich somit aus zwei Anteilen zusammen: dem Durchschnittswert P oder zeitlich konstanten Mittelwert der Leistung, den man

$$\text{Wirkleistung } P = UI \cos\varphi \tag{1.75}$$

oder auch kurz nur Leistung nennt und dem Wechselanteil $P_\sim$ der Leistung, der mit der Amplitude UI und der doppelten Frequenz des Wechselstroms um die Wirkleistung P sinusförmig schwingt, im Mittel also keinen Beitrag zur Leistung liefert. Man beachte, dass für die von einem Zweipol aufgenommene Leistung P bei Gleichstrom das Produkt UI, bei Wechselstrom aber das Produkt $UI \cos\varphi$ maßgebend ist.

Beispiel 1.48

Drei Verbraucher für $U = 230\,\text{V}$, $50\,\text{Hz}$ nehmen alle den Strom $I = 1{,}15\,\text{A}$ auf. Das Zeitdiagramm in Tab. 1.5 zeigt bei a) Spannung und Strom phasengleich, b) den Winkel $\varphi = 90°$ nacheilend, c) den Winkel $\varphi = 90°$ voreilend.

Es sind die drei Verbraucherarten zu bestimmen.

a) Ohmscher Widerstand $R = 230\,\text{V}/1{,}15\,\text{A} = 200\,\Omega$,
b) Induktivität mit $X_\text{L} = \omega L = 200\,\Omega$ und damit $L = 200\,\Omega/(2\pi \cdot 50\,\text{Hz}) = 0{,}64\,\text{H}$,
c) Kapazität mit $X_\text{C} = 1/\omega C$ und damit $C = 1/(2\pi \cdot 200\,\Omega) = 795{,}8\,\mu\text{F}$.

Blindleistung, Scheinleistung, Leistungsfaktor Außer der Leistung P (Wirkleistung) sind nun bei Wechselstrom die zwei weiteren Leistungsgrößen Blindleistung und Scheinleistung definiert, die keine physikalische Realität haben und nur zweckmäßig gewählte Rechengrößen sind. Für einen Zweipol ist definiert

$$\text{Blindleistung} \quad Q = UI \sin\varphi \tag{1.76}$$

$$\text{Scheinleistung} \quad S = UI. \tag{1.77}$$

Somit ergibt sich zusammenfassend

$$P = UI \cos\varphi = S \cos\varphi; \quad Q = UI \sin\varphi = S \sin\varphi; \quad S = UI = \sqrt{P^2 + Q^2}. \tag{1.78}$$

Die Einheit aller drei Leistungsgrößen sind nach obigen Definitionen $1\,\text{W} = 1\,\text{VA}$. Um die 3 Größen deutlich voneinander zu unterscheiden, wird nach DIN 1301 in der Praxis nur die Wirkleistung P in Watt (W), dagegen die Scheinleistung S in Volt-Ampere (VA) und die Blindleistung in Var (var) angegeben. Es gilt $1\,\text{W} = 1\,\text{VA} = 1\,\text{var}$. Allgemein ist das Verhältnis der Wirkleistung zur Scheinleistung der

$$\text{Leistungsfaktor } \lambda = \frac{P}{S} \leq 1. \tag{1.79}$$

Im Fall der hier betrachteten Sinusgrößen folgt damit aus Gl. 1.78 für den

$$\text{Leistungsfaktor } \lambda = \cos\varphi \tag{1.80}$$

der in der elektrischen Energietechnik besondere Bedeutung hat.

Sind wie in Schaltungen der Leistungselektronik vor allem die Netzströme nicht sinusförmig, sondern enthalten auch höherfrequente Anteile, so wird $\lambda < |\cos\varphi|$. Auf diese Problematik wird in Abschn. 4.6.3.2 eingegangen.

Leistungsdreieck Aus dem Zeigerbild eines Zweipols (Abb. 1.70a) lässt sich mit dem gleichem Winkel φ sofort ein rechtwinkliges Leistungsdreieck (Abb. 1.70b) mit den 3 definierten Leistungsgrößen P, Q, S des Zweipols zeichnen, wie aus Gl. 1.78 folgt.

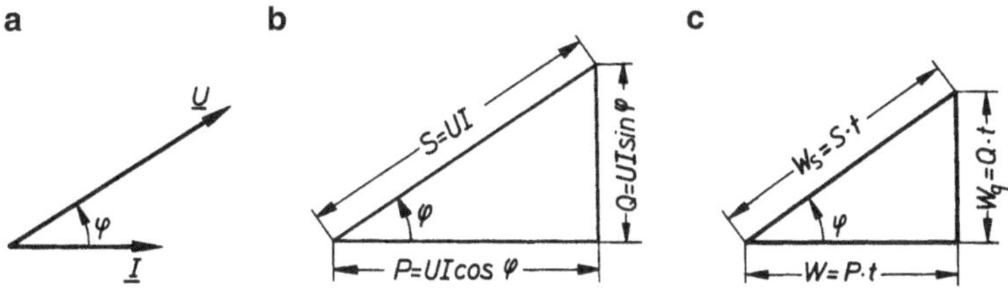

Abb. 1.70 Zweipol. **a** Zeigerbild, **b** Leistungsdreieck, **c** Arbeitsdreieck

Beispiel 1.49

An einer Steckdosenleiste sind bei $U = 230\,\text{V}$, $50\,\text{Hz}$ die Verbraucher $R = 100\,\Omega$ und eine Induktivität mit $X_\text{L} = 115\,\Omega$ angeschlossen. Es ist der Zuleitungsstrom zu bestimmen.

Die Verbraucher erhalten nach Gl. 1.68 die Ströme

$I_\text{R} = U/R = 230\,\text{V}/100\,\Omega = 2,3\,\text{A}$ und $I_\text{L} = U/X_\text{L} = 230\,\text{V}/115\,\Omega = 2\,\text{A}$

Nach Tab. 1.5 wird $P_\text{R} = U I_\text{R} = 230\,\text{V} \cdot 2,3\,\text{A} = 529\,\text{W}$ und $Q_\text{L} = U I_\text{L} = 230\,\text{V}\,2\,\text{A}$ $= 460\,\text{var}$.

Die Scheinleistung ergibt sich mit Abb. 1.70 zu $S = \sqrt{P_\text{R}^2 + Q_\text{L}^2} = \sqrt{529^2 + 460^2}\,\text{VA}$ $= 701\,\text{VA}$.

Dies ergibt den Zuleitungsstrom $I = S/U = 701\,\text{VA}/230\,\text{V} = 3,05\,\text{A}$.

Arbeit, Blindarbeit Die elektrische Arbeit ergibt sich auch bei Wechselstrom aus dem Produkt von Leistung und Zeitspanne

$$\text{Arbeit (Wirkarbeit)}\ W = P \cdot t\,. \tag{1.81}$$

Entsprechend der Blindleistung Q ist wiederum ohne jede physikalische Realität definiert

$$\text{Blindarbeit}\ W_\text{q} = Q \cdot t\,. \tag{1.82a}$$

Die weitere Definition

$$\text{Scheinarbeit}\ W_\text{s} = S \cdot t \tag{1.82b}$$

ist das Produkt von Scheinleistung und Zeitspanne und die Hypothenuse in Abb. 1.70c.

Nach den vorstehenden Ausführungen ist für W die SI-Einheit $1\,\text{Ws} = 1\,\text{J}$ und für W_q die SI-Einheit $1\,\text{var s}$ in Gebrauch, für Ws empfiehlt sich $1\,\text{VAs}$. In der elektrischen Energiewirtschaft wird bei der Messung der Wirkarbeit mit dem kWh-Zähler die Einheit $1\,\text{kWh} = 3,6 \cdot 10^6\,\text{Ws}$ verwendet, während bei der Messung der Blindarbeit mit dem kvarh-Zähler, z. B. in Hochspannungsanlagen von Industriebetrieben, die entsprechende Einheit $1\,\text{kvarh} = 3,6 \cdot 10^6\,\text{var s}$ bei der Verrechnung der Stromkosten auftritt.

Man erkennt, dass sich die Blindleistung und die Blindarbeit bei der Spule positiv, beim Kondensator negativ ergeben. Läuft demnach ein kvarh-Zähler bei induktiver Blindleistung z. B. rechts herum, so muss er bei kapazitiver Blindleistung links herum laufen, falls im Zähler keine Rücklaufhemmung eingebaut ist. Heben sich induktive und kapazitive Blindleistung gerade auf, so steht der kvarh-Zähler still. Im praktischen Sprachgebrauch spricht man meist von Blindleistungsaufnahme bzw. -abgabe eines Zweipols. Man versteht dann unter Blindleistungsaufnahme induktive Blindleistung ($Q > 0$), unter Blindleistungsabgabe kapazitive Blindleistung ($Q < 0$) und spricht dementsprechend von Aufnahme bzw. Bezug von Blindarbeit ($W_q > 0$) oder von Abgabe bzw. Lieferung von Blindarbeit ($W_q < 0$).

Beispiel 1.50

a) Man gebe für die 3 Schaltelemente von Beispiel 1.44 bis 1.46 die Arbeit W und die Blindarbeit W_q an, wenn sie je 4 Stunden in Betrieb sind.
Widerstand R: $W = 0{,}2645\,\text{kW} \cdot 4\,\text{h} = 1{,}058\,\text{kWh}$; $W_q = 0$
Induktivität L: $W = 0$; $W_q = 0{,}46\,\text{kvar} \cdot 4\,\text{h} = 1{,}84\,\text{kvarh}$ (Aufnahme von Blindarbeit)
Kapazität C: $W = 0$; $W_q = -0{,}115\,\text{kvar} \cdot 4\,\text{h} = -0{,}460\,\text{kvarh}$ (Abgabe von Blindarbeit)

b) Welche Arbeit zeigt der kWh-Zähler, welche Blindarbeit der kvarh-Zähler an, wenn bei einem Abnehmer alle 3 Schaltelemente gleichzeitig in Betrieb sind?
$W = 1{,}058\,\text{kWh}$; $W_q = (1{,}84 - 0{,}460)\,\text{kvarh} = 1{,}380\,\text{kvarh}$ (Aufnahme von Blindarbeit)

c) Welche Leistungsgrößen, welcher Netzstrom und Phasenverschiebungswinkel ergeben sich insgesamt, wenn die 3 Schaltelemente gleichzeitig eingeschaltet sind?
$P = \sum P = 264{,}5\,\text{W}$; $Q = \sum Q = (460 - 115)\,\text{var} = 345\,\text{var}$;
$S = \sqrt{P^2 + Q^2} = \sqrt{264{,}5^2 + 345^2}\,\text{VA} = 434{,}7\,\text{VA}$
$I = S/U = 434{,}7\,\text{VA}/230\,\text{V} = 1{,}89\,\text{A}$; $\cos\varphi = P/S = 264{,}5/434{,}7 = 0{,}608$;
$\varphi = 52{,}5°$

Aufgabe 1.41

An einer Steckdosenleiste mit $U = 230\,\text{V}$, $50\,\text{Hz}$ sind drei Verbraucher mit folgender Stromaufnahme angeschlossen.

a) Widerstand mit $I_R = 4\,\text{A}$, b) Ideale Spule mit $I = 6\,\text{A}$, c) Kondensator mit $I_C = 3\,\text{A}$

Wie groß ist der Strom in der Zuleitung?

Ergebnis: $I = 5\,\text{A}$

1.3.2 Wechselstromkreise

1.3.2.1 Kirchhoffsche Regeln bei Wechselstrom

Knotenregel und Maschenregel Bei Gleichstrom gilt für die Ströme am Knotenpunkt einer elektrischen Schaltung nach Gl. 1.16 die Knotenregel $\sum I_{zu} = \sum I_{ab}$ und für die Spannungen in einem geschlossenen Stromkreis nach Gl. 1.17 die Maschenregel $\sum U = 0$.

Allgemein gelten die Kirchhoffschen Regeln für die Augenblickswerte der Wechselströme i und der Wechselspannungen u von beliebigem zeitlichem Verlauf, also nicht nur für die Sinusform. Demnach lautet die Knotenregel

$$\sum i_{zu} = \sum i_{ab} \tag{1.83}$$

und die Maschenregel

$$\sum u = 0 \tag{1.84}$$

Die Regeln für Gleichstrom sind also Spezialfälle der allgemein gültigen obigen Regeln.

Zusammensetzung von Zeigern Bei Wechselstrom erfordert demnach die Knotenregel die Zusammensetzung der Augenblickswerte von Wechselströmen, die Maschenregel die Zusammensetzung der Augenblickswerte von Wechselspannungen. Bei sinusförmigem Verlauf der Wechselgrößen ist die rechnerische Durchführung mit Hilfe der Strom- und Spannungsgleichungen weit mühsamer als diejenige mit Hilfe ihrer Zeiger, die nunmehr erläutert wird.

In einer Wechselstromschaltung (Abb. 1.71a) liegen an zwei Scheinwiderständen zwei sinusförmige Wechselspannungen gleicher Frequenz mit den Effektivwerten U_1 und U_2, die zunächst mit den Zählpfeilen u_1 und u_2 im Schaltbild angegeben sind. Die Spannungen sind gegeneinander um den Winkel φ_{12} versetzt. Gesucht sind der Effektivwert U und der Winkel φ_{1u} der Wechselspannung u gegen u_1. Es gilt nach der Maschenregel Gl. 1.84

$$u = u_1 + u_2 .$$

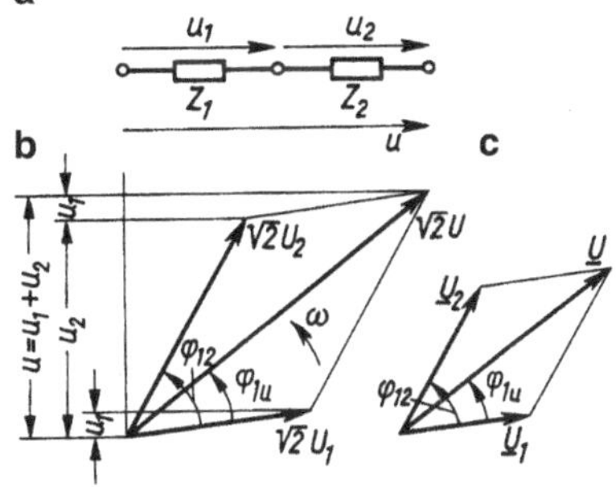

Abb. 1.71 Zusammensetzung sinusförmiger Wechselspannungen $u = u_1 + u_2$. **a** Schaltplan, **b** Zusammensetzung rotierender Spannungszeiger, **c** geometrische Zusammensetzung der Zeiger $\underline{U} = \underline{U}_1 + \underline{U}_2$

In Abschn. 1.3.1.3 wurde bei der Erläuterung der Zeigerbilder bereits gezeigt, dass die Projektion eines Zeigers, dessen Betrag der Amplitude der betreffenden Wechselgröße entspricht, auf der Ordinate ihren jeweiligen Augenblickswert darstellt. Für die Zeiger $\sqrt{2}U_1$ und $\sqrt{2}U_2$ ergeben sich die Augenblickswerte u_1 und u_2 in einem beliebigen Zeitpunkt nach Abb. 1.71b. Setzt man den Zeiger $\sqrt{2}U_1$ durch Parallelverschieben an der Spitze des Zeigers $\sqrt{2}U_2$ an, so ergibt sich der Zeiger $\sqrt{2}U$, dessen Projektion auf die Ordinate $u = u_1 + u_2$ ist. Demnach ist $\sqrt{2}U$ *der* gesuchte Spannungszeiger. Führt man jetzt noch die in Abb. 1.69e vereinbarte Zeigerdarstellung ein, so erhält man nach Abb. 1.71c

$$\underline{U} = \underline{U}_1 + \underline{U}_2$$

Zeiger werden also, wie in Abschn. 1.3.1.3 bereits erwähnt, wie Vektoren geometrisch, d. h. unter Berücksichtigung ihres Betrags und ihrer Richtung zusammengesetzt. Deshalb verwendet man in allen Schaltplänen von Wechselstromschaltungen, die berechnet werden sollen, Zeiger $\underline{U}$, $\underline{I}$ anstelle der Zählpfeile u, i.

Zeichnet man die Zeiger $\underline{U}_1$ und $\underline{U}_2$ hinsichtlich ihrer Phasenlage zueinander maßstäblich auf (Abb. 1.71c), so können die Effektivwerte U und der Winkel φ_{1u} der gesuchten Spannung einfach auf grafischem Wege (mit Hilfe von Maßstab und Winkelmesser) ermittelt werden. Eine rechnerische Lösung wäre wie folgt durchzuführen:

$$U = \sqrt{U_1^2 + U_2^2 + 2U_1 U_2 \cos\varphi_{12}} \qquad \cos\varphi_{1u} = \frac{U^2 + U_1^2 - U_2^2}{2U U_1}$$

Die grafische Zusammensetzung von Stromzeigern erfolgt auf entsprechende Weise.

Zusammensetzung Die Zusammensetzung sinusförmiger Spannungen und Ströme ist durchzuführen

algebraisch für die Augenblickswerte, z. B.

$$u = u_1 + u_2 + \dots \text{ bzw. } i = i_1 + i_2 + \dots$$

geometrisch für die Zeiger

$$\underline{U} = \underline{U}_1 + \underline{U}_2 + \dots \text{ bzw. } \underline{I} = \underline{I}_1 + \underline{I}_2 + \dots.$$

Man erhält demnach die Kirchhoffschen Regeln bei sinusförmigen Wechselgrößen endgültig in der Schreibweise mit Strom- und Spannungszeigern

$$\text{Knotenregel} \quad \sum \underline{I}_{\text{zu}} = \sum \underline{I}_{\text{ab}} \qquad\qquad (1.85)$$

$$\text{Maschenregel} \quad \sum \underline{U} = 0 \qquad\qquad (1.86)$$

Man beachte: Die Kirchhoffschen Regeln gelten bei Wechselstrom für die Zeiger und nicht für ihre Beträge! Die Zeiger sind geometrisch wie Vektoren zusammenzusetzen. In den folgenden Abschnitten werden Wechselstromkreise mit Hilfe der Kirchhoffschen Regeln behandelt.

1.3.2.2   Wechselstromschaltungen mit R, L und C

Zunächst wird an 5 Beispielen gezeigt, wie Zweipolschaltungen mit Widerständen, Spulen und Kondensatoren mit Hilfe der Zeigerbilder berechnet werden.

Beispiel 1.51

Reihenschaltung von R und L. Der Widerstand R und eine Induktivität L sind nach Abb. 1.72a in Reihe an ein Wechselstromnetz angeschlossen. Die Wechselspannung hat den Effektivwert U und die Kreisfrequenz $\omega = 2\pi f$.

Gesucht sind Betrag I des von der Schaltung aufgenommenen Netzstromes, der Phasenverschiebungswinkel φ der Netzspannung gegen den Netzstrom sowie die von dem Zweipol aufgenommenen Leistungen.

Schaltplan, Zeigerbild   Zunächst werden sämtliche in der Schaltung auftretenden Spannungen und Ströme mit ihren Zählpfeilen in den Schaltplan eingetragen.

Nach der Maschenregel Gl. 1.86, $\sum \underline{U} = 0$ folgt für einen Umlauf im Uhrzeigersinn

$$\underline{U}_\mathrm{R} + \underline{U}_\mathrm{L} - \underline{U} = 0 \text{ oder } \underline{U} = \underline{U}_\mathrm{R} + \underline{U}_\mathrm{L}.$$

Diese Gleichung von Spannungszeigern ist nun im Zeigerbild darzustellen. Man geht hierbei von einer im Schaltbild auftretenden gemeinsamen Wechselgröße aus. Bei einer Reihenschaltung ist dies immer ein Strom, der im vorliegenden Fall für R und L gemeinsam ist. Der Stromzeiger $\underline{I}$ wird im Zeigerbild z. B. von links nach rechts gezeichnet (Abb. 1.72b). Dann liegt nach Tab. 1.5 der Spannungszeiger $\underline{U}_\mathrm{R}$ in Phase mit dem Stromzeiger.

Nach obiger Spannungsgleichung ist an den Zeiger $\underline{U}_\mathrm{R}$ der Zeiger $\underline{U}_\mathrm{L}$ anzusetzen, $\underline{U}_\mathrm{L}$ eilt nach Tab. 1.5 dem Strom $\underline{I}$ durch die Spule um 90° voraus, weist im Zeigerbild also senkrecht nach oben. Somit ergibt die geometrisch durchzuführende Addition den

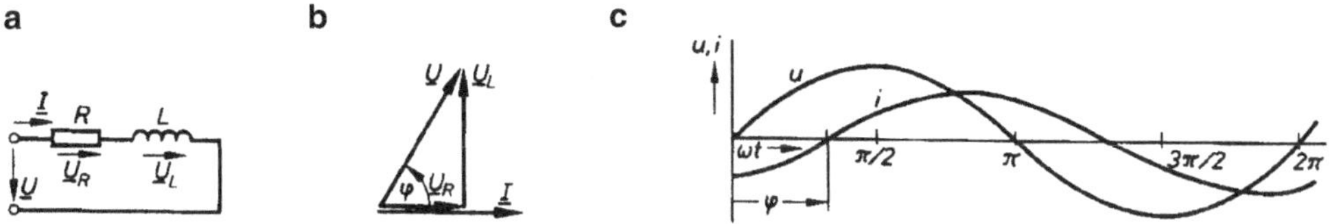

Abb. 1.72 Reihenschaltung von R und L. **a** Schaltplan, **b** Zeigerbild, **c** Zeitschaubild

Spannungszeiger $\underline{U}$ der Netzspannung. Nun kann auch der Phasenverschiebungswinkel φ im Zeigerbild angegeben werden, der vom Stromanzeiger zum Spannungszeiger weist.

Berechnung An Hand des Zeigerbildes können Netzstrom I und Winkel φ aus dem rechtwinkligen Spannungsdreieck ermittelt werden. Der folgende Rechengang enthält die Beträge der Zeiger, also ihre Effektivwerte. Nach Tab. 1.5 ist

$$U_{\mathrm{R}} = IR \text{ und } U_{\mathrm{L}} = I\omega L \,.$$

Aus dem rechtwinkligen Spannungsdreieck in Abb. 1.72b erhält man $U = \sqrt{U_{\mathrm{R}}^2 + U_{\mathrm{L}}^2}$ oder

$$U = I\sqrt{R^2 + (\omega L)^2}\,.$$

Der Scheinwiderstand der Schaltung ergibt sich nach $Z = U/I$ oder zu

$$Z = \sqrt{R^2 + (\omega L)^2}\,. \tag{1.87}$$

Schließlich errechnet man den Phasenverschiebungswinkel aus dem Zeigerbild

$$\tan\varphi = \frac{U_{\mathrm{L}}}{U_{\mathrm{R}}} = \frac{\omega L}{R}\,. \tag{1.88}$$

Mit den obigen Beziehungen sind I und φ bekannt. Somit lassen sich auch die Spannungen U_{R} und U_{L} berechnen. In Zahlenbeispielen können nun auch die Gleichungen für Netzspannung u und Netzstrom i zahlenmäßig angegeben werden, zweckmäßig in der Form

entweder mit $\quad \varphi_i = 0 \colon u = \sqrt{2}U\sin(\omega t + \varphi) \quad i = \sqrt{2}I\sin\omega t$ (Abb. 1.72c)

oder mit $\qquad \varphi_u = 0 \colon u = \sqrt{2}U\sin\omega t \qquad i = \sqrt{2}I\sin(\omega t - \varphi)$

und die zugehörigen Zeitschaubilder $u = f(t)$ und $i = f(t)$ maßstäblich gezeichnet werden.

Nach Tab. 1.5 sind sodann die von der Schaltung aufgenommenen Leistungen P, Q und S zu berechnen:

$$P = UI\cos\varphi \qquad Q = UI\sin\varphi \qquad S = UI$$

Schließlich folgt nach Tab. 1.5 für die Arbeit

$$W = Pt \quad \text{und für die Blindarbeit} \quad W_{\mathrm{q}} = Qt$$

Kontrolle der Berechnung Nach dem Energieprinzip muss die im Widerstand R auftretende Leistung $P_{\mathrm{R}} = U_{\mathrm{R}}I \cdot \cos\varphi_{\mathrm{R}} = I^2 R = U_{\mathrm{R}}^2/R$ gleich der vom Netz gelieferten Leistung P und die in der Spule auftretende Blindleistung $Q_{\mathrm{L}} = U_{\mathrm{L}}I \cdot \sin\varphi_{\mathrm{L}} = I^2\omega L = U_{\mathrm{L}}^2/\omega L$ gleich der vom Netz gelieferten Blindleistung Q sein.

Zusammenfassung Die hier ausführlich dargestellte systematische Ermittlung der wichtigsten Wechselgrößen in vier Stufen

1. Entwerfen des Schaltplanes mit Zeigerangabe an den Zählpfeilen
2. Anschreiben der Kirchhoffschen Regeln
3. Aufzeichnen des Zeigerbildes
4. Berechnung der Beträge und des Phasenverschiebungswinkels

wird in den folgenden Beispielen einheitlich angewendet.

Aufgabe 1.42

Die Wicklung eines Wechselstrommotors hat die Daten $R = 1{,}2\,\Omega$ und $L = 0{,}2\,\mathrm{H}$. Es sind die Stromwärmeverluste in der Wicklung bei $U = 230\,\mathrm{V}$, $50\,\mathrm{Hz}$ zu bestimmen.

Ergebnis: $P_\mathrm{v} = 16{,}1\,\mathrm{W}$

Beispiel 1.52

Reihenschaltung von R und C. Wie oben für die Reihenschaltung von R und L gesehen, zeichnet man die Zählpfeile für Strom $\underline{I}$ und Spannungen $\underline{U}$, $\underline{U}_\mathrm{R}$ und $\underline{U}_\mathrm{C}$ in den Schaltplan des Zweipols ein (Abb. 1.73a). Nach der Maschenregel, Gl. 1.86 ist

$$\underline{U} = \underline{U}_\mathrm{R} + \underline{U}_\mathrm{C}\,.$$

Beim Aufzeichnen des Zeigerbildes (Abb. 1.73b) dieser Reihenschaltung geht man wieder vom Stromzeiger $\underline{I}$ aus; $\underline{U}_\mathrm{R}$ liegt in Phase mit $\underline{I}$, während nach Tab. 1.5 der Spannungszeiger $\underline{U}_\mathrm{C}$ am Kondensator dem Stromzeiger $\underline{I}$ um 90° nacheilt. Setzt man den Spannungszeiger $\underline{U}_\mathrm{C}$ an die Zeigerspitze von $\underline{U}_\mathrm{R}$ an, so erhält man den Spannungszeiger $\underline{U}$ der Netzspannung. Der Phasenverschiebungswinkel φ ist negativ, die Spannung $\underline{U}$ eilt dem Strom $\underline{I}$ nach.

Abb. 1.73 Schaltplan und Zeigerbild für eine Reihenschaltung von R und C

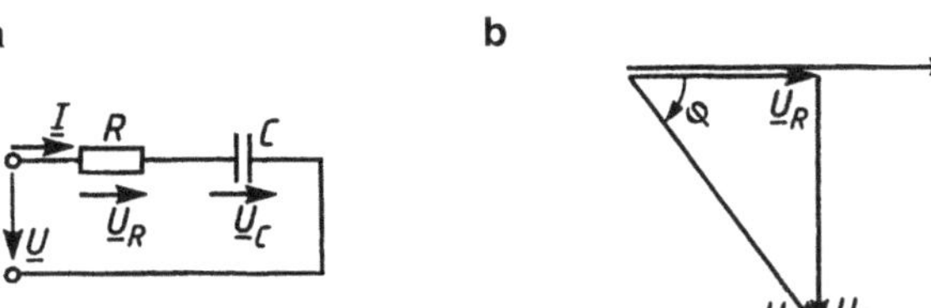

Die Beträge der Zeiger sind nach Tab. 1.5 $U_R = IR$ und $U_C = I/\omega C$. Aus dem rechtwinkligen Spannungsdreieck ergeben sich hiermit

$$U = \sqrt{U_R^2 + U_C^2} = I\sqrt{R^2 + \left(\frac{1}{\omega C}\right)^2}$$

$$Z = \sqrt{R^2 + \left(\frac{1}{\omega C}\right)^2} \tag{1.89}$$

$$\tan\varphi = -\frac{U_C}{U_R} = -\frac{1}{R\omega C} \tag{1.90}$$

Kontrolle: Es muss $P = UI\cos\varphi = U_R I\cos\varphi_R = U_R I = I^2 R = U_R^2/R$ und $Q = UI\sin\varphi = U_C I\sin\varphi_C = -U_C I = -I^2/\omega C = -U_C^2\omega C$ sein.

Beispiel 1.53

Parallelschaltung von R und L. Der Schaltplan in Abb. 1.74a mit der für R und L gemeinsamen Spannung $\underline{U}$ enthält die Ströme $\underline{I}$ (Netzstrom), $\underline{I}_R$ und $\underline{I}_L$, die wieder nach Tab. 1.5 der Spannung $\underline{U}$ zuzuordnen sind. Die Knotenregel, Gl. 1.85, ergibt $\underline{I} = \underline{I}_R + \underline{I}_L$.

Bei der Aufzeichnung des Zeigerbildes (Abb. 1.74b) geht man von dem gemeinsamen Spannungszeiger $\underline{U}$ aus; $\underline{I}_R$ liegt in Phase mit $\underline{U}$. An die Pfeilspitze von $\underline{I}_R$ ist nach obiger Stromgleichung der Strom $\underline{I}_L$ durch die Induktivität, der dem Spannungszeiger $\underline{U}$ um 90° nacheilt, einzutragen, so dass sich der Zeiger des Netzstromes $\underline{I}$ ergibt. Die Netzspannung $\underline{U}$ eilt dem Netzstrom $\underline{I}$ um den Phasenverschiebungswinkel φ vor, φ ist demnach positiv.

Die Beträge der Zeiger sind nach Tab. 1.5 $I_R = U/R$ und $I_L = U/X_L$. Aus dem rechtwinkligen Stromdreieck (Abb. 1.74b) ergeben sich dann

$$I = \sqrt{I_R^2 + I_L^2} = U\sqrt{1/R^2 + 1/X_L^2} = U/Z$$

$$\frac{1}{Z} = \sqrt{\frac{1}{R^2} + \frac{1}{X_L^2}} = \sqrt{\frac{1}{R^2} + \frac{1}{(\omega L)^2}} \tag{1.91}$$

$$\tan\varphi = \frac{I_L}{I_R} = \frac{R}{\omega L}. \tag{1.92}$$

Abb. 1.74 Schaltplan und Zeigerbild für eine Parallelschaltung von R und L

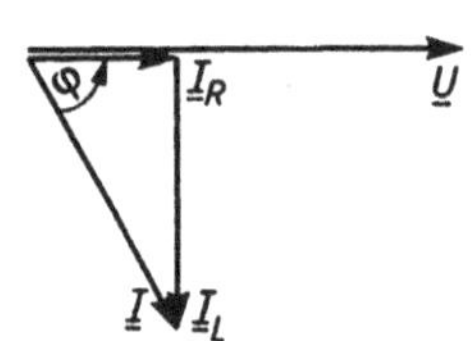

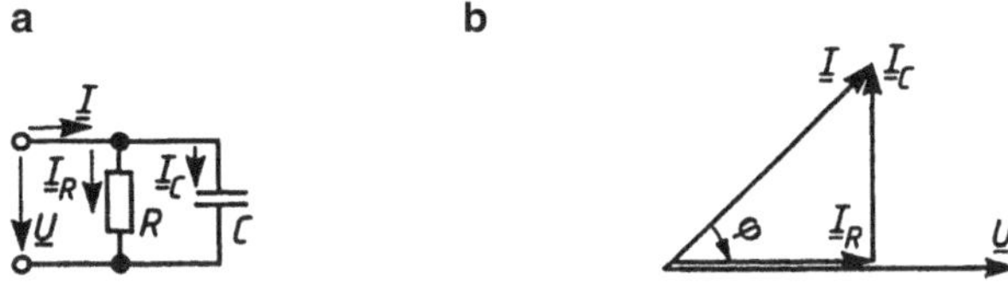

Abb. 1.75 Schaltplan und Zeigerbild für eine Parallelschaltung von R und C

Beispiel 1.54

Parallelschaltung von R und C. Abb. 1.75a zeigt die Schaltung mit dem Spannungspfeil $\underline{U}$ und den Strompfeilen $\underline{I}$ (Netzstrom), $\underline{I}_R$ und $\underline{I}_C$. Die Knotenregel, Gl. 1.85, ergibt

$$\underline{I} = \underline{I}_R + \underline{I}_C .$$

Ausgehend vom gemeinsamen Spannungszeiger $\underline{U}$ ergeben sich im Zeigerbild (Abb. 1.75b) der Stromzeiger $\underline{I}_R$ in Phase mit $\underline{U}$ und der Stromzeiger $\underline{I}_C$ um 90° dem Spannungszeiger $\underline{U}$ voreilend. Nach obiger Stromgleichung folgt der Stromzeiger $\underline{I}$ durch geometrische Addition, so dass sich φ negativ ergibt.

Aus dem rechtwinkligen Stromdreieck (Abb. 1.75b) erhält man mit den Beträgen $I_R = U/R$ und $I = U/X_C$ (Tab. 1.5)

$$I = \sqrt{I_R^2 + I_C^2} = U\sqrt{1/R^2 + 1/X_C^2} = U/Z$$

$$\frac{1}{Z} = \sqrt{\frac{1}{R^2} + \frac{1}{X_C^2}} = \sqrt{\frac{1}{R^2} + (\omega C)^2} \qquad (1.93)$$

$$\tan\varphi = -\frac{I_C}{I_R} = -R\omega C . \qquad (1.94)$$

Beispiel 1.55

Zusammengesetzte Schaltung. Als Beispiel wird eine aus den drei Schaltelementen R, L und C zusammengesetzte Schaltung (Abb. 1.76a) untersucht. In ihr treten die Spannungen $\underline{U}$, $\underline{U}_R$ und die an L und C gemeinsame Spannung $\underline{U}_{LC}$ sowie die drei Ströme $\underline{I}$ (Netzstrom), $\underline{I}_L$ und $\underline{I}_C$ auf. Die Knotenregel, Gl. 1.85, ergibt

$$\underline{I} = \underline{I}_L + \underline{I}_C .$$

und aus der Maschenregel, Gl. 1.86 folgt

$$\underline{U} = \underline{U}_{LC} + \underline{U}_R .$$

Nun sind je eine Gleichung für Stromzeiger und für Spannungszeiger im Zeigerbild darzustellen. Beim Aufzeichnen des Zeigerbildes (Abb. 1.76b) geht man von der an L

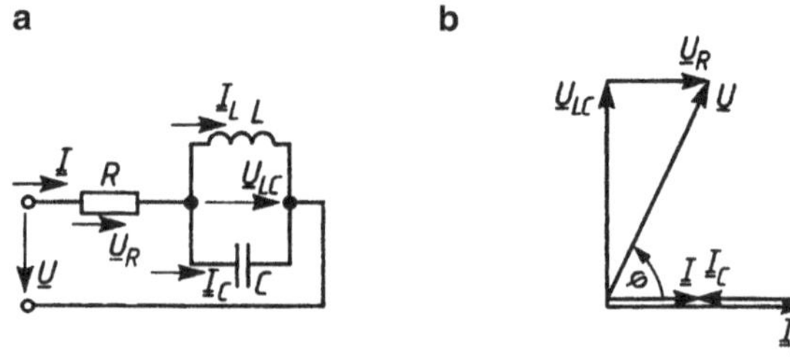

Abb. 1.76 Schaltplan und Zeigerbild für eine zusammengesetzte Schaltung

und C gemeinsamen Spannung $\underline{U}_{LC}$ aus. Der Stromzeiger $\underline{I}_L$ eilt dem Spannungszeiger $\underline{U}_{LC}$ um 90° nach, der Stromzeiger $\underline{I}_C$ eilt dem Zeiger $\underline{U}_{LC}$ um 90° vor, so dass sich als Summe der Stromanzeiger $\underline{I}$ des Netzstromes ergibt. Da der Netzstrom $\underline{I}$ durch den Widerstand R fließt, liegt $\underline{U}_R$ in Phase mit $\underline{I}$, so dass man resultierend als Summe den Zeiger $\underline{U}$ der Netzspannung erhält.

Nach Tab. 1.5 ist

$$U_R = IR \qquad I_L = U_{LC}/X_L \qquad I_C = U_{LC}/X_C .$$

Somit wird

$$I = I_L - I_C = \frac{U_{LC}}{X_L} - \frac{U_{LC}}{X_C}$$

und hieraus

$$U_{LC} = \frac{I}{(1/\omega L) - \omega C} = \frac{I\omega L}{1 - \omega^2 LC} .$$

Aus dem rechtwinkligen Spannungsdreieck (Abb. 1.76b) folgt $U = \sqrt{U_R^2 + U_{LC}^2}$, somit sind Netzspannung, Scheinwiderstand und Phasenverschiebungswinkel

$$U = I \sqrt{R^2 + \left(\frac{\omega L}{1 - \omega^2 LC} \right)^2} ; \quad Z = \sqrt{R^2 + \left(\frac{\omega L}{1 - \omega^2 LC} \right)^2} ;$$

$$\tan \varphi = \frac{U_{LC}}{U_R} = \frac{\omega L}{R(1 - \omega^2 LC)}$$

1.3.2.3 Schwingkreise

Je nach der Anordnung von L und C im Schaltplan unterscheidet man Reihenschwingkreise (Abb. 1.77a) und Parallelschwingkreise (Abb. 1.78a). Die sich für diese beiden Resonanzkreise ergebenden Verhältnisse werden im Folgenden gegenübergestellt: **Reihenschwingkreis, Parallelschwingkreis.**

Zeichnet man in die Schaltpläne Abb. 1.77 und 1.78 die auftretenden Spannungen und Ströme

Reihenschwingkreis: $\underline{U}, \underline{U}_R, \underline{U}_L, \underline{U}_C, \underline{I}$
Parallelschwingkreis: $\underline{U}, \underline{I}, \underline{I}_R, \underline{I}_L, \underline{I}_C$

Abb. 1.77 Reihenschwingkreis. **a** Schaltung,
b $\omega L > \frac{1}{\omega C}$,
c $\omega L = \frac{1}{\omega C}$

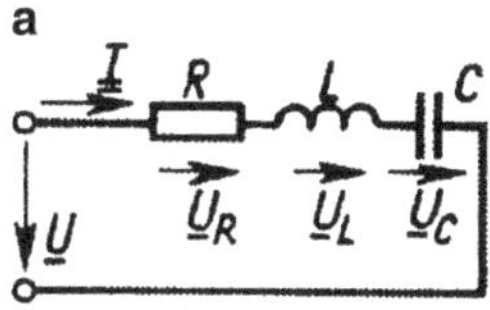

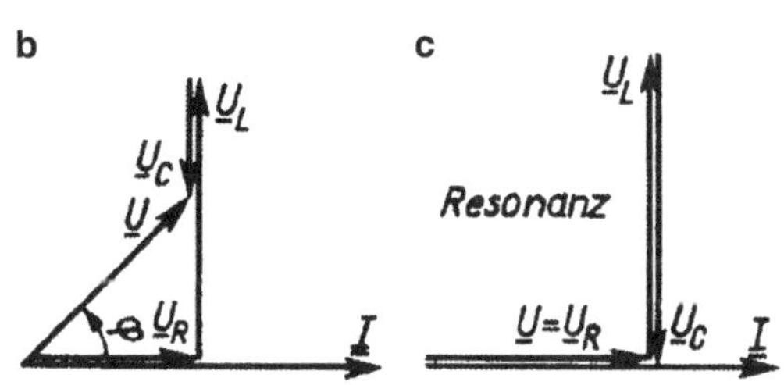

ein, so ergibt sich nach der

Reihenschwingkreis: Maschenregel, Gl. 1.85 $\underline{U} = \underline{U}_\mathrm{R} + \underline{U}_\mathrm{L} + \underline{U}_\mathrm{C}$
Parallelschwingkreis: Knotenregel, Gl. 1.86 $\underline{I} = \underline{I}_\mathrm{R} + \underline{I}_\mathrm{L} + \underline{I}_\mathrm{C}$

Beim Aufzeichnen der Zeigerbilder 1.77b und 1.78b geht man vom

Reihenschwingkreis: gemeinsamen Stromzeiger $\underline{I}$
Parallelschwingkreis: gemeinsamen Spannungszeiger $\underline{U}$

aus. Die Phasenlage der

Reihenschwingkreis: Spannungszeiger $\underline{U}_\mathrm{R}, \underline{U}_\mathrm{L}, \underline{U}_\mathrm{C}$ zum Stromzeiger $\underline{I}$
Parallelschwingkreis: Stromzeiger $\underline{I}_\mathrm{R}, \underline{I}_\mathrm{L}, \underline{I}_\mathrm{C}$ zum Spannungszeiger $\underline{U}$

liegt nach Tab. 1.5 fest, so dass sich durch geometrische Addition der

Reihenschwingkreis: Zeiger $\underline{U}$ der Netzspannung
Parallelschwingkreis: Zeiger $\underline{I}$ des Netzstromes

und die Phasenverschiebungswinkel φ, jeweils vom Zeiger $\underline{I}$ des Netzstroms zum Zeiger $\underline{U}$ der Netzspannung ergeben. Aus den rechtwinkligen Dreiecken in den Zeigerbildern folgen

Reihenschwingkreis:

$$U = \sqrt{U_\mathrm{R}^2 + (U_\mathrm{L} - U_\mathrm{C})^2}$$
$$U_\mathrm{R} = IR, \quad U_\mathrm{L} = I\omega L, \quad U_\mathrm{C} = I/(\omega C)$$

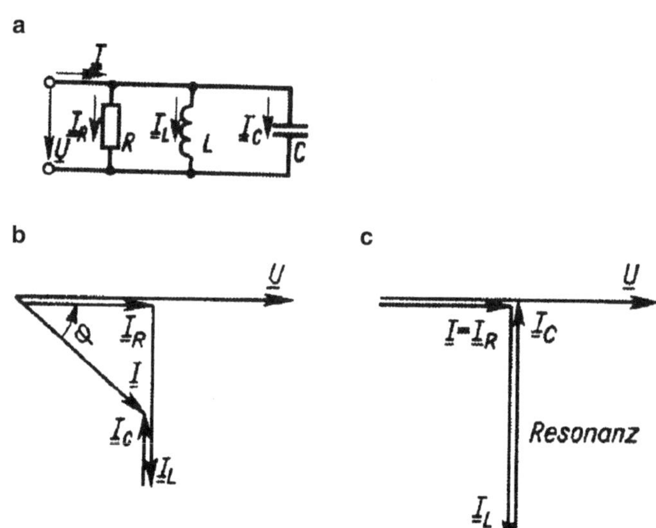

Abb. 1.78 Parallelschwingkreis. **a** Schaltung, **b** $\omega L < \frac{1}{\omega C}$, **c** $\omega L = \frac{1}{\omega C}$

Parallelschwingkreis:

$$I = \sqrt{I_R^2 + (I_L - I_C)^2}$$

$$I_R = U/R, \quad I_L = U/\omega L, \quad I_C = U\omega C$$

Somit erhält man

Reihenschwingkreis:

$$U = I \sqrt{R^2 + \left(\omega L - \frac{1}{\omega C}\right)^2}$$

Parallelschwingkreis:

$$I = U \sqrt{\frac{1}{R^2} + \left(\frac{1}{\omega L} - \omega C\right)^2}$$

und die Phasenverschiebungswinkel φ aus

Reihenschwingkreis:

$$\tan \varphi = \frac{U_L - U_C}{U_R} = \frac{\omega L - \frac{1}{\omega C}}{R}$$

Parallelschwingkreis:

$$\tan \varphi = \frac{I_L - I_C}{I_R} = \frac{\frac{1}{\omega L} - \omega C}{1/R}$$

Resonanz Die obigen Gleichungen zeigen, dass bei gegebener Netzspannung U und gegebenem Widerstand R der Netzstrom I bei

Reihenresonanz den Maximalwert $I_{max} = U/R$ annimmt, wenn $\omega L - \frac{1}{\omega C} = 0$,
Parallelresonanz den Minimalwert $I_{min} = U/R$ annimmt, wenn $\frac{1}{\omega L} - \omega C = 0$

wird, d. h., wenn in beiden Fällen die Bedingung

$$\omega^2 LC = 1 \tag{1.95a}$$

oder, da $\omega = 2\pi f$ ist, die Bedingung

$$f = \frac{1}{2\pi \sqrt{LC}} \tag{1.95b}$$

erfüllt ist. Die Gleichungen, die beide dasselbe aussagen, heißen Thomsonsche Formeln. In beiden Schaltungen wird bei Resonanz der Netzstrom – abgesehen von der Netzspannung U – nur durch den Widerstand R bestimmt. Im Zeigerbild Abb. 1.77c heben sich die Teilspannungen $\underline{U}_L$ und $\underline{U}_C$, im Zeigerbild Abb. 1.78c die Teilströme $\underline{I}_L$ und $\underline{I}_C$ gegenseitig auf. Es gilt

$$\underline{U}_L = -\underline{U}_C \text{ somit } \underline{U} = \underline{U}_R \qquad \underline{I}_L = -\underline{I}_C \text{ somit } \underline{I} = \underline{I}_R$$
$$U_L = U_C \text{ somit } U = U_R \qquad I_L = I_C \text{ somit } I = I_R$$

Aus den Bildern folgt, dass die Effektivwerte dieser Teilspannungen bzw. -ströme weit größer als der Effektivwert der Netzspannung U bzw. des Netzstroms I sein können. Diese bei Resonanz auftretenden Verhältnisse widersprechen aber nicht den physikalischen Gesetzen der Wechselstromlehre. Zeichnet man beispielsweise in beiden Fällen die Zeitschaubilder aller Spannungen und Ströme auf, so sind die Kirchhoffschen Gesetze für die Augenblickswerte in jedem Zeitpunkt erfüllt.

In beiden Resonanzfällen sind Spannungszeiger $\underline{U}$ und Stromzeiger $\underline{I}$ in Phase, d. h., es ist $\varphi = 0$. Induktivität L und Kapazität C heben sich gegenseitig im Bezug auf die Klemmen der Schaltung in ihrer Wirkung auf und es ist scheinbar nur noch der ohmsche Widerstand R vorhanden. Damit gilt bei Resonanz für die Einzelleistungen

$$P = UI \qquad Q = 0 \qquad S = P$$

Blindstromkompensation Die Schwingkreisschaltungen nehmen bei Resonanz also nur Wirkleistung aus dem Netz auf, während sich die induktiven Blindleistungen der Spulen und die kapazitiven Blindleistungen der Kondensatoren gegenseitig aufheben. Nimmt z. B. ein induktiv wirkender Zweipol wie Motor, Leuchtstofflampe und dgl. bei Anschluss an ein Wechselstromnetz den nacheilenden Strom $\underline{I}_L$ auf, so kann durch Parallelschalten eines Kondensators zu dem betreffenden Gerät (Abb. 1.79a) erreicht werden, dass dem Netz nur Wirkleistung entnommen wird. Der Blindstrom des Geräts wird nach

Abb. 1.79 Blindstromkompensation einer Leuchtstofflampe

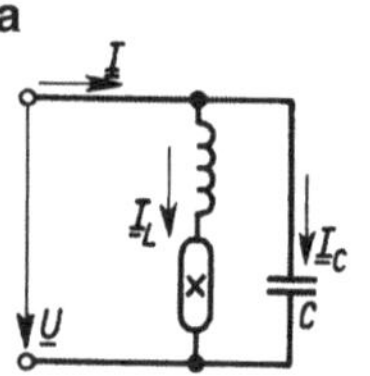
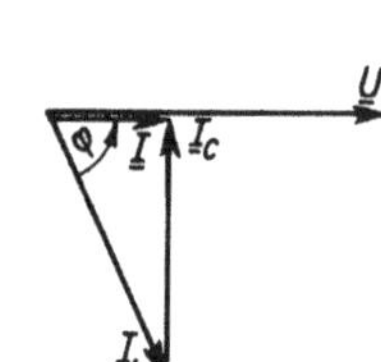

Abb. 1.79b durch den Kondensatorstrom $\underline{I}_C$ kompensiert, so dass Gerät samt Kondensator den Strom $\underline{I}$ aufnehmen und damit für das Netz reine Wirklast darstellen.

Blindstromkompensation durch eine Kondensator-Batterie wird in Werksnetzen gerne dann angewandt, wenn ein resultierend zu schlechter $\cos\varphi$-Wert entsteht. Die Energieversorgungsunternehmen (EVU) verlangen in diesen Fällen auch eine Vergütung für die Blindleistung, die man durch die hauseigene Batterie netzseitig vermeidet.

Aufgabe 1.43

An eine 230 V-Leitung sind angeschlossen:

a) ein Heizlüfter mit $I_1 = 8\,\text{A}$, $\cos\varphi = 1$,
b) zwei Verbraucher mit zusammen $I_2 = 10\,\text{A}$, $\cos\varphi = 0{,}8$,
c) ein Verbraucher mit $I_3 = 16\,\text{A}$, $\cos\varphi = 0{,}6$.

Es ist der Zuleitungsstrom $I < I_1 + I_2 + I_3$ zu bestimmen.

Ergebnis: $I = 31{,}76\,\text{A} < 34\,\text{A}$

Rundfunk Bei beiden Schwingkreisschaltungen lässt sich nach Gl. 1.95b Resonanz durch Verändern der Induktivität L bzw. der Kapazität C einstellen. Beim Rundfunkempfang wird die Eigenfrequenz f der im Gerät vorhandenen Schwingungskreise z. B. durch Verändern von C (Drehkondensatoren, Kapazitätsdioden) auf die Sendefrequenz f_s des Senders eingestellt, der empfangen werden soll ($f = f_s$). Es kann erreicht werden, dass die gleichzeitig von der Antenne empfangenen Wellen anderer Sender mit eng benachbarten Frequenzen so stark unterdrückt werden, dass ein störungsfreier Empfang des gewünschten Senders möglich ist.

Analogie zu mechanischen Schwingungen Schließlich sei noch die Analogie zwischen elektrischen und mechanischen Schwingkreisen, wie sie z. B. auch in der Schwingungslehre behandelt werden, an einem Beispiel erläutert.

Einem elektrischen Reihenschwingkreis nach Abb. 1.80a entspricht ein mechanischer Schwingkreis (Abb. 1.80b), der aus einer Masse m, einer geschwindigkeitsproportional

Abb. 1.80 Schwingkreise.
a Elektrisch, **b** mechanisch

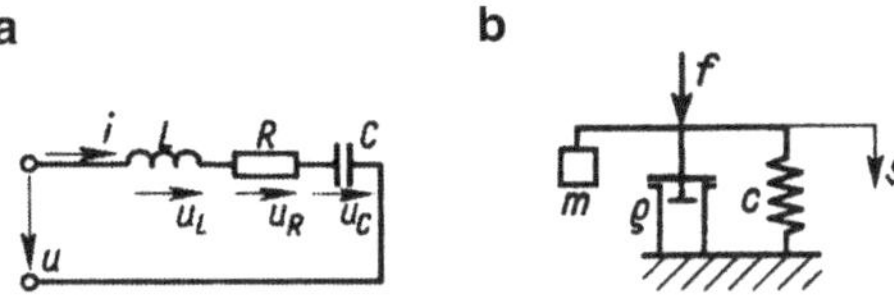

wirkenden Bremse mit der Dämpfungskonstanten ϱ, und einer Feder mit der Federkonstanten c besteht und von einer äußeren Kraft mit dem Augenblickswert/erregt wird.

Spannungsgleichungen nach der Maschenregel ($\sum U = 0$) (siehe Abb. 1.80a):

$$u_{\mathrm{L}} + u_{\mathrm{R}} + u_{\mathrm{C}} = u$$

Für die Teilspannungen gelten

$$u_{\mathrm{L}} = L\,\mathrm{d}i/\mathrm{d}t = L\,\mathrm{d}^2q/\mathrm{d}t^2$$
$$u_{\mathrm{R}} = Ri = R\,\mathrm{d}q/\mathrm{d}t$$
$$u_{\mathrm{C}} = \frac{1}{C}\int i\,\mathrm{d}t = \frac{1}{C}q$$
$$\text{da}\quad i = \mathrm{d}q/\mathrm{d}t,\,\mathrm{d}i/\mathrm{d}t = \mathrm{d}^2q/\mathrm{d}t^2\ \text{und}$$
$$\int i\,\mathrm{d}t = q\ \text{ist.}$$

Somit folgt für die Spannungen

$$L\frac{\mathrm{d}^2q}{\mathrm{d}t^2} + R\frac{\mathrm{d}q}{\mathrm{d}t} + \frac{1}{C}q = u$$

Kräftegleichung nach dem Gleichgewicht der Kräfte ($\sum f = 0$) (siehe Abb. 1.80b):

$$f_{\mathrm{m}} + f_{\mathrm{p}} + f_{\mathrm{c}} = f$$

Für die Teilkräfte gelten

$$\text{Massenkraft}\quad f_{\mathrm{m}} = ma = m\,\mathrm{d}^2s/\mathrm{d}t^2$$
$$\text{Dämpfungskraft}\quad f_{\mathrm{p}} = rv = r\,\mathrm{d}s/\mathrm{d}t$$
$$\text{Federkraft}\quad f_{\mathrm{s}} = cs$$
$$\text{da}\quad v = \mathrm{d}s/\mathrm{d}t\quad a = \frac{dv}{dt} = \frac{\mathrm{d}^2s}{\mathrm{d}t^2}\ \text{ist}\,.$$

Somit folgt für die Kräfte

$$m = \frac{\mathrm{d}^2s}{\mathrm{d}t^2} + r\frac{\mathrm{d}s}{\mathrm{d}t} + cs = f$$

Der Aufbau dieser Differentialgleichungen stimmt vollkommen überein. Den elektrischen Spannungen entsprechen mechanische Kräfte, der Ladung q entspricht der Weg s,

Abb. 1.81 Gaußsche Zahlenebene. Komplexe Zahl $\underline{z}$ und
konjugiert komplexe Zahl $\underline{z}*$

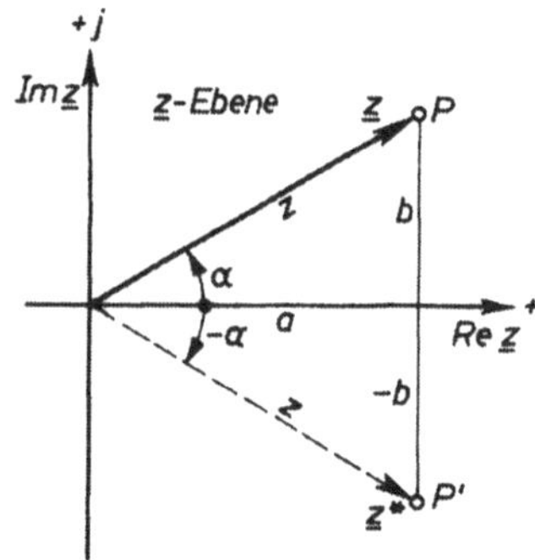

dem Strom i die Geschwindigkeit v. Somit können auch die Ergebnisse der Behandlung
des elektrischen Schwingkreises bei zeitlich sinusförmiger Änderung der Spannung u auf
den Fall übertragen werden, dass sich die erregende Kraft f des mechanischen Schwingkreises zeitlich sinusförmig ändert. Dieser Fall spielt in der Regelungstechnik bei der
Untersuchung des Zeitverhaltens der Regelkreisglieder nach der Frequenzgangmethode
eine wichtige Rolle.

1.3.2.4 Komplexe Berechnung von Wechselstromschaltungen

Die Berechnung von Wechselstromschaltungen nach Abschn. 1.3.2 mit Hilfe des geometrischen Zeigerbilds und algebraischer Berechnung wird umso umfangreicher und schwie-
riger, je mehr Knoten und Maschen im Schaltplan vorhanden sind.

Einfacher ist der Lösungsweg mit Hilfe der komplexen Rechnung, die auch im Maschinenbau, z. B. in der Schwingungslehre und in der Regelungstechnik mit Vorteil angewandt
wird. Sie soll hier erläutert und anhand einiger Beispiele mit der oben behandelten Berechnung mit Hilfe von Zeigerbildern verglichen werden. Das Rechnen mit komplexen Zahlen
muss dabei als bekannt vorausgesetzt werden.

Komplexe Zahlen In der Gaußschen Zahlenebene (Abb. 1.81) mit der waagrechten Achse für die reellen Zahlen und der senkrechten Achse für die imaginären Zahlen mit der
Definition $j = \sqrt{-1}$ kann man eine komplexe Zahl $\underline{z}$ durch einen Punkt P oder durch
einen Pfeil oder Strahl vom Nullpunkt zum Punkt P mathematisch in zwei Formen darstellen:

Komponentenform

$$\underline{z} = a + jb = \operatorname{Re}\underline{z} + j\operatorname{Im}\underline{z}$$

Hierin ist $a = \operatorname{Re}\underline{z}$ der Realteil, $b = \operatorname{Im}\underline{z}$ der Imaginärteil der komplexen Zahl $\underline{z}$.

Exponentialform

$$\underline{z} = z \cdot e^{j\alpha} = z\cos\alpha + jz\sin\alpha$$

Für den Betrag z und den Winkel α von der positiven reellen Achse zum Strahl $\underline{z}$ gelten
die Beziehungen (s. Abb. 1.81):

$$z = \sqrt{a^2 + b^2} \qquad a = z\cos\alpha \qquad b = z\sin\alpha \qquad \tan\alpha = b/a$$

Damit ergibt sich mit Hilfe der Eulerschen Gleichung

$$e^{j\alpha} = \cos\alpha + j\sin\alpha$$

aus der Komponentenform die Exponentialform.

Für die zu z konjugiert komplexe Zahl $\underline{z}^*$ (Punkt P' in Abb. 1.81) gilt

$$\underline{z}* = a - jb = z \cdot e^{-j\alpha}$$

Beispiel 1.56

a) Die quadratische Gleichung $5x^2 - 2x + 2 = 0$ hat die Lösungen $\underline{z}$ und $\underline{z}^*$. Man gebe beide Lösungen in der Komponenten- und Exponentialform an.

$$5x^2 - 2x + 2 = 0; \quad x_{12} = \frac{2 \pm \sqrt{4 - 40}}{10}$$

$$= \frac{2 \pm \sqrt{-36}}{10} = \frac{2 \pm j6}{10} = 0{,}2 \pm j0{,}6$$

$$z = 0{,}2 + j0{,}6; \qquad z = \sqrt{0{,}2^2 + 0{,}6^2} = 0{,}632;$$

$$\tan\alpha_1 = 0{,}6/0{,}2 = 3; \quad \alpha_1 = 71{,}6°; \qquad\qquad z = 0{,}632 e^{j\,71{,}6°}$$

$$z^* = 0{,}2 - j0{,}6; \quad z = \sqrt{0{,}2^2 + 0{,}6^2} = 0{,}632; \quad \tan\alpha_2 = -3;$$

$$\alpha_2 = -71{,}6°; \quad z^* = 0{,}632 e^{-j\,71{,}6°}$$

b) Gegeben $\underline{z} = 3 - j4$. Somit ist $a = 3$; $b = -4$; $z = 5$; $\tan\alpha = -4/3$; $\cos\alpha = 0{,}6$; $\sin\alpha = -0{,}8$; $\alpha = -53°$; $\underline{z} = 5 \cdot e^{-j53°}$ und $\underline{z}^* = 3 + j4$; $\underline{z}^* = 5 \cdot e^{j53°}$

c) Einige Rechenregeln: $e^{j0} = 1$; $e^{j90°} = j$; $e^{-j90°} = -j$; $j^2 = -1$; $1/j = -j$

d) Addieren und Subtrahieren komplexer Zahlen erfolgt zweckmäßig in Komponentenform

$$\underline{z} = \underline{z}_1 - \underline{z}_2 + \underline{z}_3 = (a_1 + jb_1) - (a_2 + jb_2) + (a_3 + jb_3)$$

$$= (a_1 - a_2 + a_3) + j(b_1 - b_2 + b_3) = a + jb$$

e) Multiplizieren und Dividieren komplexer Zahlen erfolgt zweckmäßig in Exponentialform

$$z = \frac{z_1 \cdot z_2}{z_3} = \frac{z_1 \cdot e^{j\alpha_1} \cdot z_2 \cdot e^{j\alpha_2}}{z_3 \cdot e^{j\alpha_3}} = \frac{z_1 \cdot z_2}{z_3} e^{j(\alpha_1 + \alpha_2 - \alpha_3)} = z e^{j\alpha}$$

f) Komplexe Nenner von Brüchen macht man reell, indem man Zähler und Nenner mit dem konjugiert komplexen Nenner multipliziert, z. B.

$$z = \frac{a_1 + jb_1}{a_2 - jb_2} = \frac{(a_1 + jb_1)(a_2 + jb_2)}{(a_2 - jb_2)(a_2 + jb_2)}$$

$$= \frac{(a_1 a_2 - b_1 b_2) + j(a_1 b_2 + a_2 b_1)}{a_2^2 + b_2^2} = a + jb$$

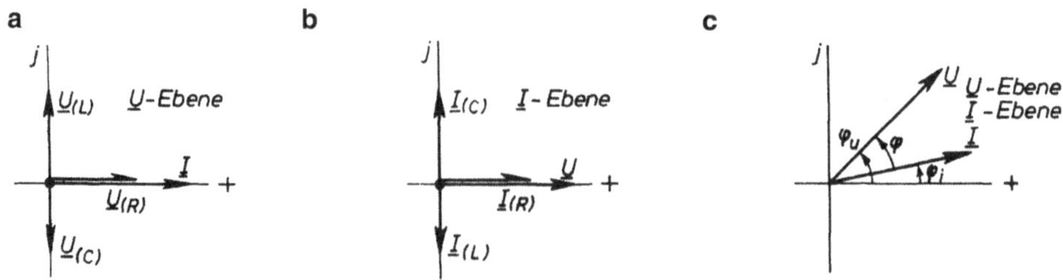

Abb. 1.82 Darstellung der Zeigerbilder in der komplexen $\underline{U}$- und $\underline{I}$-Ebene. **a** $\underline{I}$-Zeiger in positiv reeller Achse der $\underline{U}$-Ebene. **b** $\underline{U}$-Zeiger in positiv reeller Achse der $\underline{I}$-Ebene. **c** Allgemein für Zweipol $\underline{U} = \mathrm{Re}\,\underline{U} + \mathrm{jIm}\,\underline{U}$, $\underline{I} = \mathrm{Re}\,\underline{I} + \mathrm{j}\,\mathrm{Im}\,\underline{I}$

Komplexe Spannungen und Ströme Die Darstellung komplexer Zahlen in der Gaußschen Zahlenebene wird zunächst auf die komplexe Darstellung der Spannungs- und Stromzeiger angewandt. Zu diesem Zweck ordnet man komplexe Spannungs- und Stromebenen nach Abb. 1.82 an, wieder mit positiv reellen Achsen nach rechts (+) und positiv imaginären Achsen nach oben (j). Überträgt man nun die Zeigerbilder für R, L und C (z. B. aus Tab. 1.5) in diese Darstellung, dann können Spannungs- und Stromzeiger wie folgt dargestellt werden, je nachdem, ob man die Stromzeiger ($\underline{I}$ in Abb. 1.82a) oder die Spannungszeiger ($\underline{U}$ in Abb. 1.82b) in die positiv reellen Achsen legt:

$$\underline{I} = I\mathrm{e}^{\mathrm{j}0^\circ} = I; \quad \underline{U}_{(R)} = U\mathrm{e}^{\mathrm{j}0^\circ} = IR; \quad \underline{U}_{(L)} = U\mathrm{e}^{\mathrm{j}90^\circ} = \mathrm{j}I\omega L;$$

$$\underline{U}_{(C)} = U\mathrm{e}^{-90^\circ} = -\mathrm{j}I/\omega C; \quad \underline{U} = U\mathrm{e}^{\mathrm{j}0^\circ} = U; \quad \underline{I}_{(R)} = I\mathrm{e}^{\mathrm{j}0^\circ} = U/R;$$

$$\underline{I}_{(L)} = I\mathrm{e}^{-\mathrm{j}90^\circ} = -\mathrm{j}U/\omega L; \quad \underline{I}_{(C)} = I\mathrm{e}^{\mathrm{j}90^\circ} = -\mathrm{j}U\omega C$$

Bei beliebiger Lage der Zeiger gilt für R, L, C:

$$\underline{U} = \underline{I}R \qquad U = \mathrm{j}\underline{I}\omega L = \mathrm{j}\underline{I}X_\mathrm{L} \qquad \underline{U} = -\mathrm{j}\underline{I}/\omega C = -\mathrm{j}\underline{I}X_\mathrm{C}$$

$$\underline{I} = \underline{U}G \qquad \underline{I} = -\mathrm{j}\underline{U}/\omega L = -\mathrm{j}\,\underline{U}B_\mathrm{L} \qquad \underline{I} = \mathrm{j}\underline{U}\omega C = \mathrm{j}\underline{U}B_\mathrm{C} \qquad (1.96)$$

Somit kann hier und allgemein bei einem Zweipol, bei dem beide Zeiger $\underline{U} = U\mathrm{e}^{\mathrm{j}\varphi_u}$ und $\underline{I} = I\mathrm{e}^{\mathrm{j}\varphi_i}$ in beliebiger Richtung liegen (Abb. 1.82c) und den Phasenverschiebungswinkel $\varphi = \varphi_u - \varphi_i$ einschließen, gesetzt werden:

$$\underline{U} = \underline{I} \qquad \underline{Z}\underline{I} = \underline{U}\underline{Y} \qquad \underline{Y} = 1/\underline{Z} \qquad (1.97)$$

Komplexe Widerstände und Leitwerte Die komplexe Berechnung von Wechselstromschaltungen läuft darauf hinaus, die komplexen Größen $\underline{Z}$ bzw. $\underline{Y}$ des Zweipols zu bestimmen. Durch Vergleich der Gl. 1.96 und 1.97 ergibt sich, dass allgemein der komplexe Widerstand $\underline{Z} = \underline{U}/\underline{I}$ durch

$$\underline{Z} = R + \mathrm{j}(X_\mathrm{L} - X_\mathrm{C}) \quad \text{bzw.} \quad \underline{Z} = \frac{U\mathrm{e}^{\mathrm{j}\varphi_u}}{I\mathrm{e}^{\mathrm{j}\varphi_i}} = Z\mathrm{e}^{\mathrm{j}\varphi}$$

Abb. 1.83 a Ermittlung von $\underline{Z} = Z\mathrm{e}^{\mathrm{j}\varphi}$ bei Reihenschaltungen, **b** Ermittlung von $\underline{Y} = Y\mathrm{e}^{-\mathrm{j}\varphi}$

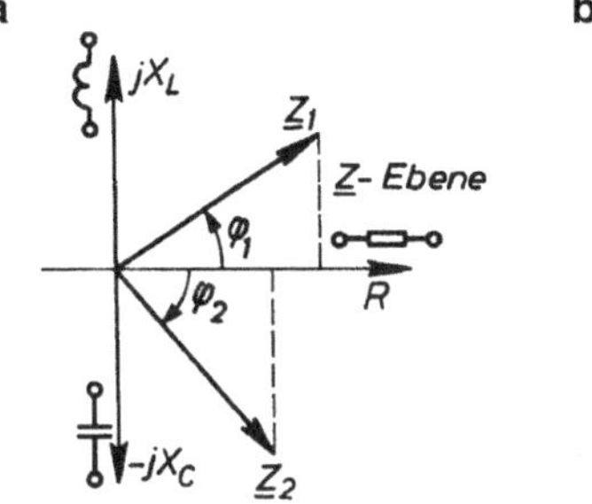
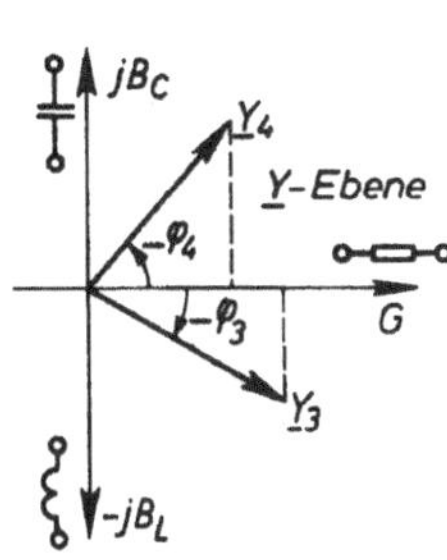

mit

$$Z = U/I = \sqrt{R^2 + (X_{\mathrm{L}} - X_{\mathrm{C}})^2} \quad \text{und} \quad \varphi = \arctan \frac{X_{\mathrm{L}} - X_{\mathrm{C}}}{R} \qquad (1.98)$$

der komplexe Leitwert $\underline{Y} = \underline{I}/\underline{U} = 1/\underline{Z}$ durch

$$\underline{Y} = G + \mathrm{j}(B_{\mathrm{C}} - B_{\mathrm{L}}) \quad \text{bzw.} \quad Y = \frac{1}{Z \cdot \mathrm{e}^{\mathrm{j}\varphi}} = Y\mathrm{e}^{-\mathrm{j}\varphi}$$

mit

$$Y = I/U = \sqrt{G^2 + (B_{\mathrm{L}} - B_{\mathrm{C}})^2} \quad \text{und} \quad \varphi = \arctan \frac{B_{\mathrm{L}} - B_{\mathrm{C}}}{G} \qquad (1.99)$$

angegeben werden kann. Die Lösungen $\underline{Z}$ bzw. $\underline{Y}$ stellen für einen Zweipol in der komplexen $\underline{Z}$- bzw. $\underline{Y}$-Ebene jeweils einen einzigen Punkt bzw. Ursprungsstrahl dar (Abb. 1.83).

Zusammenfassung Die bei Gleichstrom für Ohmsche Widerstände bzw. Leitwerte hergeleiteten Regeln der Reihen- und Parallelschaltung gelten bei Wechselstrom für die komplexen Scheinwiderstände bzw. Scheinleitwerte.

Bei einer Reihenschaltung addieren sich die einzelnen komplexen Widerstände

$$\underline{Z} = \underline{Z}_1 + \underline{Z}_2 + \underline{Z}_3 + \ldots = \sum R + \mathrm{j}\left[\sum X_{\mathrm{L}} - \sum X_{\mathrm{C}}\right]$$

bei einer Parallelschaltung addieren sich die einzelnen komplexen Leitwerte

$$\underline{Y} = \underline{Y}_1 + \underline{Y}_2 + \underline{Y}_3 + \ldots = \sum G + \mathrm{j}\left[\sum B_{\mathrm{C}} - \sum B_{\mathrm{L}}\right] .$$

Bei zusammengesetzten Schaltungen wird schrittweise mit Hilfe der obigen Gleichungen der Lösungsweg gefunden.

Beispiel 1.57

a) Die drei Bauelemente $R = 100\,\Omega$, $C = 10\,\mu\mathrm{F}$ und $L = 0{,}01$ sind in Reihe geschaltet. Es ist der komplexe Widerstand $\underline{Z}$ bei der Frequenz $f = 1\,\mathrm{kHz}$ zu bestimmen.

Nach Gl. 1.69a, b ist $X_C = -1/\omega C = -1/(2\pi \cdot 10^3\,\text{Hz} \cdot 10 \cdot 10^{-6}\,\text{F}) = -15,9\,\Omega$
$X_L = \omega L = 2\pi \cdot 10^3\,\text{Hz} \cdot 0,01\,\text{H} = 62,8\,\Omega$
Nach Gl. 1.98 wird $\underline{Z} = R + jX_L - jX_C = 100\,\Omega + j(62,8 - 15,9)\,\Omega = 100\,\Omega + j\,46,9\,\Omega$
Der Betrag wird $Z = \sqrt{100^2 + 46,9^2}\,\Omega = 110,5\,\Omega$.

b) Man zeichne die Ergebnisse der Beispiele 1.51 bis 1.55 von Wechselstromschaltungen in die komplexe $\underline{Z}$- und $\underline{Y}$-Ebene ein und erläutere, wie die komplexe Berechnung durchgeführt wird.

Komplexe Leistung　Es liegt nahe, abschließend auch ein einfaches Verfahren zur komplexen Berechnung der Wechselstromleistungen S, P und Q herzuleiten. Probiert man es mit dem Produkt $\underline{U} \cdot \underline{I}$ so erhält man

$$\underline{U}\,\underline{I} = U\mathrm{e}^{\mathrm{j}\varphi_u} \cdot I\mathrm{e}^{\mathrm{j}\varphi}i = U \cdot I\mathrm{e}^{\mathrm{j}(\varphi_u + \varphi_i)}$$

Der Ansatz $\underline{U}\,\underline{I}$ ist deshalb nicht brauchbar, weil im Ergebnis ein Winkel $\varphi_u + \varphi_i$ statt des Phasenverschiebungswinkels φ auftritt. Nimmt man aber bei der Produktbildung der Zeiger den zu $\underline{I}$ konjugiert komplexen Stromzeiger $\underline{I}^* = I\mathrm{e}^{-\mathrm{j}\varphi_i}$ zu Hilfe, dann wird

$$\underline{S} = \underline{U}\,\underline{I}^* = U\mathrm{e}^{\mathrm{j}\varphi_u} \cdot I\mathrm{e}^{-\mathrm{j}\varphi_i} = UI\mathrm{e}^{\mathrm{j}(\varphi_u - \varphi_i)} = S\mathrm{e}^{\mathrm{j}\varphi}$$

wobei $S = U \cdot I$ nach Gl. 1.77 und $\varphi = \varphi_u - \varphi_i$ gesetzt wurde.

Man erhält somit für die komplexe Leistung

$$\underline{S} = \underline{U}\,\underline{I}^* = S\mathrm{e}^{\mathrm{j}\varphi} = S\cos\varphi + \mathrm{j}S\sin\varphi = P + \mathrm{j}Q\,. \tag{1.100}$$

Wobei Scheinleistung S, Wirkleistung P und Blindleistung Q nach Gl. 1.78 eingeführt sind.

Abb. 1.84 zeigt abschließend die Größe S in einer Vierquadranten-Darstellung mit folgenden Bewertungen der Anteile P und Q:

1. Quadrant – Aufnahme von P und Q z. B. für einen Motor
2. Quadrant – Abgabe von P und Aufnahme von Q, z. B. bei einem Asynchrongenerator
3. Quadrant – Abgabe von P und Q, z. B. bei einem Kraftwerksgenerator
4. Quadrant – Aufnahme von P und Abgabe von Q, z. B. einem übererregten Synchron-
　　　　　motor

Tab. 1.6　Zusammenstellung für komplexe Berechnung

	R	L	C	Zweipol (passiv)
Gesetz	$\underline{U} = \underline{I}\,R$	$\underline{U} = \mathrm{j}\underline{I}\,X_L$	$\underline{U} = -\mathrm{j}\underline{I}\,X_C$	$\underline{U} = \underline{I}\,Z$
	$\underline{I} = \underline{U}\,G$	$\underline{I} = -\mathrm{j}\underline{U}\,B_L$	$\underline{I} = \mathrm{j}\underline{U}\,B_C$	$\underline{I} = \underline{U}\,Y$
Widerstand	R	$\mathrm{j}\omega L = \mathrm{j}X_L$	$-\mathrm{j}\frac{1}{\omega C} = -\mathrm{j}X_C$	$\underline{Z} = R + \mathrm{j}(X_L - X_C) = Z \cdot e^{\mathrm{j}\varphi}$
Leitwert	$G = 1/R$	$-\mathrm{j}\frac{1}{\omega L} = -\mathrm{j}B_L$	$\mathrm{j}\omega C = \mathrm{j}B_C$	$\underline{Y} = G + \mathrm{j}(B_C - B_L) = Y \cdot \mathrm{e}^{-\mathrm{j}\varphi}$

Abb. 1.84 Scheinleistung S in
Vierquadranten-Darstellung

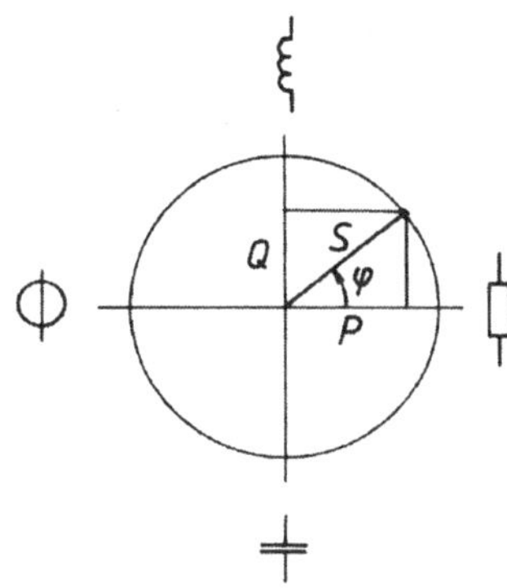

Beispiel 1.58

Von einem Zweipol ist bekannt: $U = 220\,\text{V}$, $\varphi_u = 75°$; $I = 5\,\text{A}$, $\varphi_i = 45°$. Man
bestimme die 3 Leistungsgrößen dieses Zweipols.

Man erhält

$$\underline{S} = UI\,\mathrm{e}^{\mathrm{j}(\varphi_u - \varphi_i)} = 220\,\text{V} \cdot 5\,\text{A}\,\mathrm{e}^{\mathrm{j}30°} = 1100\,\text{VA}(\cos 30° + \mathrm{j}\sin 30°)$$

$$\underline{S} = P + \mathrm{j}Q = (953 + \mathrm{j}550)\,\text{VA}; \; S = 1100\,\text{VA}, \; P = 953\,\text{W}, \; Q = 550\,\text{var}\,.$$

1.3.2.5 Messungen bei Wechselstrom

Für den Einsatz von Strom- und Spannungsmessern gelten die gleichen Bedingungen wie
in Abschn. 1.1.2.4 für den Gleichstromkreis besprochen. Die Messgeräte zeigen bei Sinusgrößen den Effektivwert an. Sind Strom oder Spannung mit Anteilen höherer Frequenz
versehen, d. h. oberschwingungshaltig, so können große Messfehler entstehen. Auf dieses
Problem wird in Kap. 3 eingegangen.

Die Wirkleistung $P = UI\cos\varphi$ wird mit einem elektrodynamischen Messwerk angezeigt. Durch Einbau eines Phasendrehers im Spannungspfad kann man auch die Blindleistung $Q = UI\sin\varphi$ bestimmen.

Die elektrische Arbeit (Wirkarbeit) misst man bei Wechselstrom mit Induktionszählern.
Ohne auf ihre Wirkungsweise hier näher einzugehen, sei erwähnt, dass die Drehzahl n des
Zählers proportional der entnommenen elektrischen Leistung P ist: $n \sim P$. Somit ist die
Zahl z der in einer bestimmten Zeit t zurückgelegten Umdrehungen $z = nt$ der Zäh-
lerscheibe proportional der in dieser Zeit über den Zähler geführten elektrischen Arbeit
$W = Pt$, also $z \sim W$. Für die Messung der Blindarbeit können ebenfalls Induktionszähler in Verbindung mit Kunstschaltungen verwendet werden.

Frequenz In den öffentlichen Hoch- und Niederspannungsnetzen wird die Frequenz
durch Regelung der Turbinendrehzahl in den Kraftwerken konstant gehalten und ist damit
bekannt (50 Hz).

Abb. 1.85 Verfahren zur Frequenzmessung:
a Zungenfrequenzmesser:
1 Stahlzungen, *2* Erregerspule,
3 Permanentmagnete, *4* Skala,
b Skalenbild bei der Messung
(Anzeige in Hz), **c** digitale
Anzeige

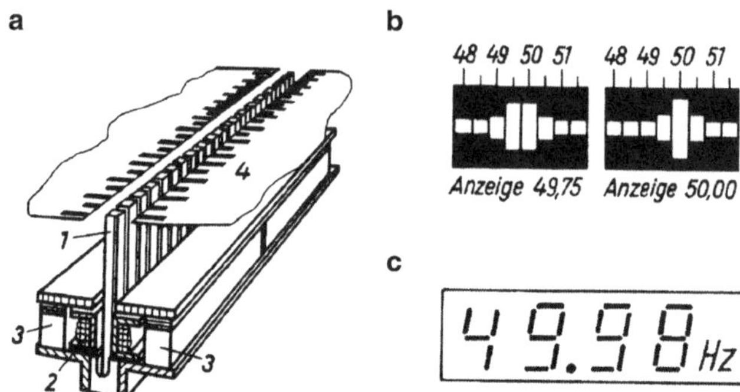

Zu ihrer Messung verwendete man früher meist den Zungenfrequenzmesser (Abb. 1.85a). Stahlzungen 1 mit Eigenfrequenzen im Messbereich von z. B. 20 bis 100 Hz befinden sich im Magnetfeld einer Spule 2. Fließt durch die Spule ein Wechselstrom der gesuchten Frequenz, so wird diejenige Zunge zu Schwingungen angeregt, deren Eigenfrequenz mit der Frequenz des Spulenstromes übereinstimmt. Benachbarte Zungen schwingen etwas mit, so dass wie in Abb. 1.85b auch Zwischenwerte geschätzt werden können.

Moderne digitale Anzeigen (Abb. 1.85c) beruhen z. B. auf der Erfassung der ansteigenden Flanken der Sinusgröße. Deren Anzahl wird über eine Zeitspanne (Torzeit) erfasst und damit die Frequenz als Zahlenwert angegeben – s. Abschn. 3.4.2.3.

Beispiel 1.59

Eine Luftspule entnimmt einem Gleichspannungsnetz von 24 V den Strom 1,2 A, einem Wechselspannungsnetz von 230 V, 50 Hz den Strom 2,3 A.

a) Es sollen die Ersatzschaltbilder für Gleich- und Wechselstrom mit eingezeichneten Messinstrumenten für Strom und Spannung entworfen werden.
Die Ersatzschaltung der Luftspule ist nach Abb. 1.72a eine Reihenschaltung von R und L. Zur Messung von Spannung und Strom werden deshalb nach Abb. 1.86 Gleich- und Wechselstrommessinstrumente in der hierfür erforderlichen Weise geschaltet.

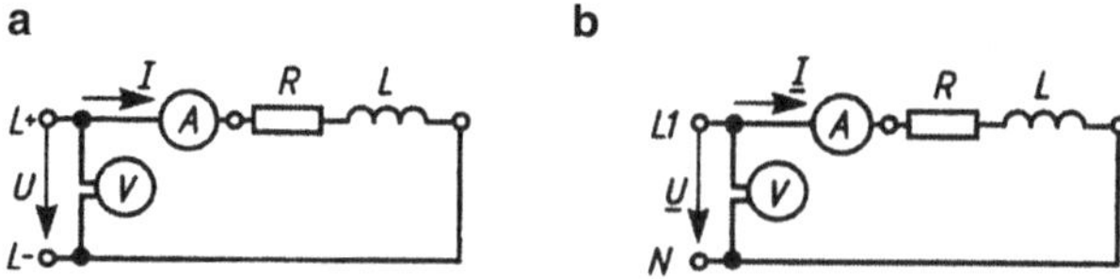

Abb. 1.86 Ersatzschaltbilder einer Luftspule mit den genormten Anschlussbezeichnungen am Netz bei Gleichstrom (**a**) und Wechselstrom (**b**)

b) Es sind Wirkwiderstand R, Induktivität L und Phasenwinkel φ der Luftspule zu berechnen. Nach Gl. 1.89 ist der Spulenstrom

$$I = \frac{U}{\sqrt{R^2 + (\omega L)^2}}$$

Für Gleichstrom ist $f = 0$, mithin auch $\omega = 0$ und somit $I = U/R$; der Wirkwiderstand der Spule ist dann

$$R = \frac{U}{I} = \frac{24\,\text{V}}{1{,}2\,\text{A}} = 20\,\Omega$$

Für Wechselstrom erhält man aus Gl. 1.87 für den Scheinwiderstand

$$Z = \frac{U}{I} = \frac{230\,\text{V}}{2{,}3\,\text{A}} = 100\,\Omega$$

Der induktive Blindwiderstand der Spule ist

$$\omega L = \sqrt{Z^2 - R^2} = \sqrt{(100\,\Omega)^2 - (20\,\Omega)^2} = 98\,\Omega$$

Somit beträgt die Induktivität

$$L = \frac{98\,\Omega}{314\,\text{s}^{-1}} = 0{,}312\,\text{H}$$

Den Phasenverschiebungswinkel erhält man aus Gl. 1.88

$$\tan\varphi = \frac{\omega L}{R} = \frac{98\,\Omega}{20\,\Omega} = 4{,}9$$
$$\varphi = 78{,}5°$$

Der Leistungsfaktor ist also $\cos\varphi = 0{,}2$.

Beispiel 1.60

Gegeben ist die Schaltung nach Abb. 1.87 mit $C = 220\,\mu\text{F}$, $R_1 = 20\,\Omega$, $\omega L = 40\,\Omega$, $R_2 = 5\,\Omega$. Gesucht sind Teilspannungen und -ströme für die Netzspannung $U = 230\,\text{V}$, $50\,\text{Hz}$.

a) In das Schaltbild werden sämtliche auftretenden Spannungen $\underline{U}$, $\underline{U}_1$, $\underline{U}_2$, $\underline{U}_3$ und Ströme $\underline{I}$, $\underline{I}_1$, $\underline{I}_3$ eingetragen, dann gilt nach der Knotenregel $\underline{I} = \underline{I}_1 + \underline{I}_2$ (1) und nach der Maschenregel $\underline{U} = \underline{U}_1 + \underline{U}_2 + \underline{U}_3$ (2).

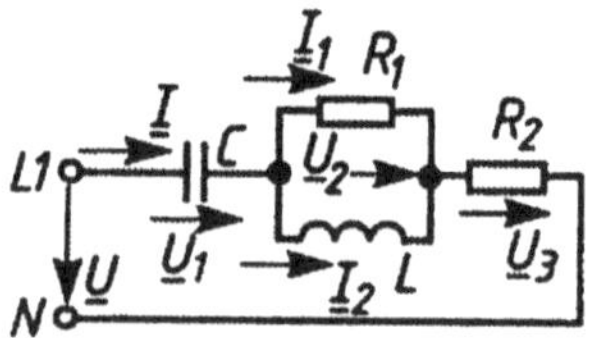

Abb. 1.87 Schaltplan zu Beispiel 1.60

b) Man zeichnet das Zeigerbild 1.88, ausgehend von dem R_1 und L gemeinsamen Spannungszeiger $\underline{U}'_2$ nimmt zunächst $\underline{U}'_2 = 100\,\text{V}$ an und wählt als bequemen Maßstab z. B. 1 cm $\hat{=}$ 20 V, 1 cm $\hat{=}$ 2 A.

Dann gilt für die Ströme durch R_1 und L für $U'_2 = 100\,\text{V}$

$$I'_1 = U'_2/R_1 = 100\,\text{V}/20\,\Omega = 5\,\text{A} \qquad \underline{I}'_1 \text{ ist in Phase mit } \underline{U}'_2$$

$$I'_2 = U'_2/\omega L = 100\,\text{V}/40\,\Omega = 2{,}5\,\text{A} \qquad \underline{I}'_2 \text{ eilt } \underline{U}'_2 \text{ um } 90° \text{ nach}$$

Damit ergibt sich für den Stromzeiger $\underline{I}'$ der Betrag (Kontrolle anhand des Zeigerbildes)

$$I' = \sqrt{I'^2_1 + I'^2_2} = \sqrt{5^2 + 2{,}5^2}\,\text{A} = 5{,}6\,\text{A}$$

Somit werden die Spannungen an R_2 und an C

$$U'_3 = I'R_2 = 5{,}6\,\text{A} \cdot 5\,\Omega = 28\,\text{V} \qquad \underline{U}'_3 \text{ ist in Phase mit } \underline{I}'$$

$$U'_1 = \frac{I'}{\omega C} = \frac{5{,}6\,\text{A}}{314\,\text{s}^{-1} \cdot 220 \cdot 10^{-6}\,\text{F}} = 81\,\text{V} \qquad \underline{U}'_1 \text{ eilt } \underline{I}' \text{ um } 90° \text{ nach}$$

Den Betrag des Spannungszeigers $\underline{U}'$ entnimmt man der Zeichnung und findet $U' = 124\,\text{V}$.

c) Da die tatsächliche Netzspannung $U = 230\,\text{V}$ ist, müssen sämtliche vorstehend ermittelten Ströme und Spannungen mit $U/U' = 230\,\text{V}/124\,\text{V} = 1{,}855$ multipliziert werden, um die wirklich auftretenden Teilspannungen und Teilströme zu erhalten.

Abb. 1.88 Zeigerbild zu Beispiel 1.60

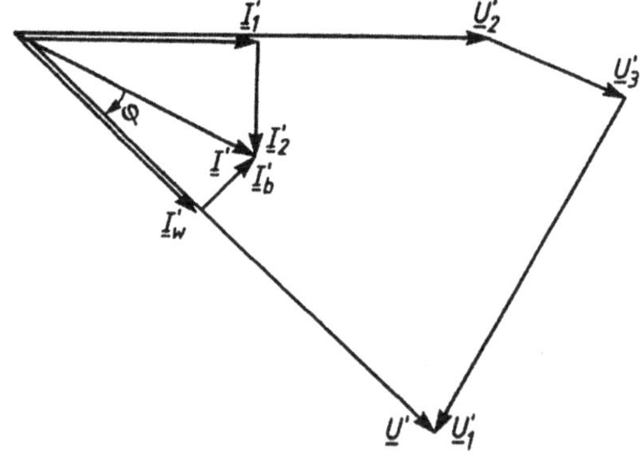

Somit sind

$$U_2 = 185,5\,\text{V} \qquad I_1 = 9,27\,\text{A} \qquad I_2 = 4,64\,\text{A}$$
$$I = 10,39\,\text{A} \qquad U_3 = 51,9\,\text{V} \qquad U_1 = 150,2\,\text{V}\,.$$

Beispiel 1.61

Vier Quecksilber-Hochdrucklampen für 230 V, 450 W, 3,7 A sollen in der Montagehalle einer Fabrik getrennt geschaltet werden können. Der Blindstrom jeder Lampe ist durch je einen Kondensator zu kompensieren.

a) Der Schaltplan der Beleuchtungsanlage ist zu entwerfen.
   Die in Parallelschaltung an das Stromversorgungsnetz nach Abb. 1.89a angeschlossenen Stromkreise der vier Lampen können durch je einen Schalter unabhängig voneinander ein- und ausgeschaltet werden. Jeder Stromkreis enthält einen Stromzweig mit Lampe und vorgeschalteter Stabilisierungsdrossel. In einem parallel geschalteten Stromzweig liegt der zugehörige Kondensator zur Kompensation des Blindstroms.

b) Mit Hilfe des Zeigerbildes eines Lampenstromkreises soll die Größe des zugehörigen Kondensators bestimmt werden.
   Eine Quecksilber-Hochdrucklampe samt Vorschaltdrossel nimmt Wirk- und Blindleistung auf. Das Ersatzschaltbild des Lampenstromkreises ist nach Abb. 1.72 eine Reihenschaltung von R und L. Aus $P = UI \cos\varphi$ erhält man den Phasenverschiebungswinkel

$$\cos\varphi = \frac{P}{UI} = \frac{450\,\text{W}}{230\,\text{V} \cdot 3,7\,\text{A}} = 0,529 \qquad \varphi = 58,1\,^\circ\,.$$

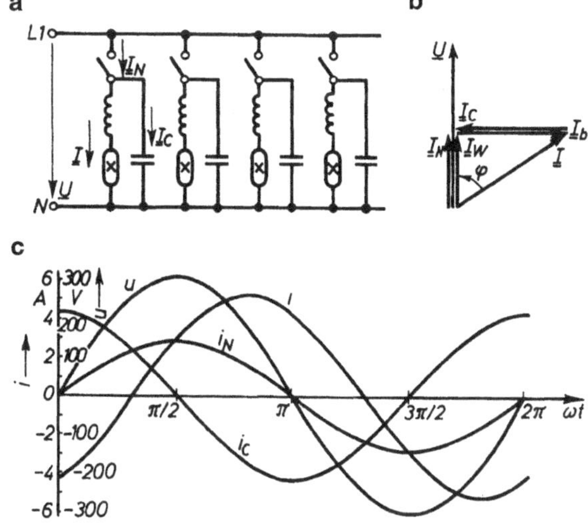

Abb. 1.89 Blindstromkompensierte Beleuchtungsanlage (**a**) mit Zeigerbild (**b**) und Zeitschaubild (**c**)

Jetzt kann das Zeigerbild des Lampenstromkreises gezeichnet werden (Abb. 1.89b).
Zerlegt man den Stromzeiger $\underline{I}$ in Wirkstrom $\underline{I}_\mathrm{w}$ und Blindstrom $\underline{I}_\mathrm{b}$, so werden die
Beträge von Wirk- und Blindstrom

$$I_\mathrm{w} = I \cos\varphi = 3{,}7\,\mathrm{A} \cdot 0{,}529 = 1{,}96\,\mathrm{A}$$
$$I_\mathrm{b} = I \sin\varphi = 3{,}7\,\mathrm{A} \cdot 0{,}849 = 3{,}14\,\mathrm{A}\,.$$

Schaltet man den Kondensator parallel (Abb. 1.89a), so nimmt dieser einen der
Spannung $\underline{U}$ um 90° voreilenden Strom $\underline{I}_\mathrm{C}$ auf. Wählt man die Kapazität des Kondensators so groß, dass $I_\mathrm{C} = I_\mathrm{b}$ wird, so heben sich die Stromzeiger $\underline{I}_\mathrm{b}$ und $\underline{I}_\mathrm{C}$ im
Zeigerbild auf. Der Netzstrom $\underline{I}_\mathrm{N}$ ist dann gleich dem Wirkstrom $\underline{I}_\mathrm{w}$, der Phasenverschiebungswinkel $\varphi = 0°$ und der Leistungsfaktor $\cos\varphi = 1{,}0$.
Aus $I_\mathrm{b} = I_\mathrm{C}$ folgt $3{,}14\,\mathrm{A} = U\omega C$ und hieraus

$$C = \frac{3{,}14\,\mathrm{A}}{230\,\mathrm{V} \cdot 314\,\mathrm{s}^{-1}} = 43{,}46 \cdot 10^{-6}\,\mathrm{F} = 43{,}46\,\mu\mathrm{F}\,.$$

Die Blindleistung eines Kondensators beträgt

$$Q = -UI_\mathrm{C} = -230\,\mathrm{V} \cdot 3{,}14\,\mathrm{A} = -722\,\mathrm{var} = -0{,}722\,\mathrm{kvar}\,.$$

c) Die Zeitschaubilder der Netzspannung und der in Abb. 1.89b auftretenden drei Ströme sollen gezeichnet werden.
Netzspannung

$$\hat{u} = \sqrt{2}U = \sqrt{2} \cdot 230\,\mathrm{V} = 325\,\mathrm{V} \qquad u = 325\,\mathrm{V} \sin\omega t$$

Netzstrom

$$\hat{\imath}_\mathrm{N} = \sqrt{2}I_\mathrm{N} = \sqrt{2} \cdot 1{,}96\,\mathrm{A} = 2{,}77\,\mathrm{A} \qquad i_\mathrm{N} = 2{,}77\,\mathrm{A} \sin\omega t$$

Lampenstrom

$$\hat{\imath} = \sqrt{2}I = \sqrt{2} \cdot 3{,}7\,\mathrm{A} = 5{,}23\,\mathrm{A} \qquad i = 5{,}23\,\mathrm{A} \sin(\omega t - 58{,}1°)$$

Kondensatorstrom

$$\hat{\imath}_\mathrm{C} = \sqrt{2}I_\mathrm{C} = \sqrt{2} \cdot 3{,}14\,\mathrm{A} = 4{,}44\,\mathrm{A} \qquad i_\mathrm{C} = 4{,}44\,\mathrm{A} \cos\omega t$$

Aus dem Zeitschaubild (Abb. 1.89c) erkennt man, dass die Knotenregel $i_\mathrm{N} = i + i_\mathrm{C}$
für die Augenblickswerte der Ströme in jedem beliebigen Zeitpunkt erfüllt ist.
Der Netzstrom lässt sich durch die Kompensation je Lampe von $3{,}7\,\mathrm{A}$ auf $1{,}96\,\mathrm{A}$,
also um 47 % senken. Die Zuleitungen vom Speisepunkt werden also entlastet und
die mit dem Strom quadratisch steigenden Stromwärmeverluste in den Zuleitungen
werden auf das $(1{,}96\,\mathrm{A}/3{,}7\,\mathrm{A})^2 = 0{,}281$ fache, d. h. um fast 72 % gesenkt.

Beispiel 1.62

In einer Fabrikhalle sind Leuchtstofflampen mit den Daten 40 W, 230 V, 0,4 A in der alten Technik mit Starter und Drosselspule eingesetzt.

Mit welcher Kondensator-Kapazität pro Lampe kann man in der Zuleitung reinen Wirkstrom erreichen?

Nach Tab. 1.5 erhält man die

$$\text{Scheinleistung} \quad S = UI = 230\,\text{V}\ 0{,}4\,\text{A} = 92\,\text{VA}$$

$$\text{Blindleistung} \quad Q = \sqrt{S^{2} - P^{2}} = \sqrt{92^{2} - 40^{2}}\ \text{var} = 82{,}85\,\text{var}$$

Mit $I_{b} = U\omega C$, $Q = I_{b}U$ damit $U\omega C = Q/U$ und $C = Q/(U^{2}\omega)$ erhält man

$$C = \frac{82{,}85\,\text{VA}}{(230\,\text{V})^{2}\,314\,\text{s}^{-1}} = 5\,\mu\text{F}$$

Erkenntnisse

- Die Wechselstromtechnik (WT) hat gegenüber der anfänglichen Gleichstromversorgung eines Landes den Vorteil, dass mittels Transformatoren eine Energieübertragung mit der jeweils optimalen Spannungshöhe möglich ist.
- WT verwendet zeitlich sinusförmige Zeitverläufe von Spannung und Strom mit einheitlich 50 Schwingungen pro Sekunde (50 Hz, USA 60 Hz).
- WT führt in der Regel zu zeitlich versetzten Strom- und Spannungsverläufen, was als Phasenverschiebung bezeichnet wird.
- Für die Berechnung der Leistung aus Strom und Spannung muss wegen der möglichen Phasenverschiebung in der WT ein Leistungsfaktor $\cos\varphi$ zugefügt werden.
- Zur Bewertung eines Wechselstroms zur Leistungsbildung unterscheidet man zwischen seinem Wirkstromanteil und dem Blindstromanteil. Ersterer liegt phasengleich zur Spannung und ist allein leistungsbildend. Der zur Spannung 90 phasenverschobene Blindstrom bildet im Mittel keine Wirkleistung.
- Für die grafische Darstellung von Wechselströmen und -spannungen werden Zeigerbilder verwendet, die in ihrer Länge und Zuordnung der Zeiger – ähnlich wie Kraftvektoren – Wert und Phasenlage angeben.

1.3.3 Drehstrom

1.3.3.1 Drehstromsysteme

Drehstromtechnik Für die öffentliche Energieversorgung werden in den Kraftwerksgeneratoren grundsätzlich in drei räumlich gleichmäßig verteilten Wicklungen (Abb. 1.90) drei zueinander 120° phasenverschobene, gleich große Wechselspannungen erzeugt (Abb. 1.91). Sie werden schaltungstechnisch miteinander verbunden und als Drehspannung bezeichnet. Diese Drehstromtechnik besitzt gegenüber der Verwendung nur einer Wechselspannung, wie z. B. beim 15 kV-Bahnnetz folgende Vorteile:

- Die übertragene Leistung ist zeitlich konstant und pendelt nicht wie bei nur einer Wechselspannung mit doppelter Netzfrequenz zwischen null und dem zweifachen Mittelwert.
- Die drei Ströme bilden mit ihren Wicklungen im Luftspalt der Maschine ein Magnetfeld, das synchron mit der Drehfrequenz rotiert und als Drehfeld bezeichnet wird (s. Abschn. 4.3.1.1). Dies ist die Grundlage der Wirkungsweise aller Drehstrommotoren.
- Im Vergleich zur Zweileitertechnik mit im Niederspannungsnetz z. B. $1 \times 230\,\text{V}$ kann eine Drehstromleitung mit drei Leitern und so $3 \times 230\,\text{V} = \sqrt{3} \times 400\,\text{V}$ bei gleicher Stromstärke die dreifache Leistung übertragen. Generatoren und Leitungen werden also besser ausgenützt.

Erzeugung einer Drehspannung In Abschn. 1.2.3.3 wird gezeigt, dass bei einer Relativbewegung mit der Geschwindigkeit v zwischen einer Spule und einem Magnetfeld der Dichte B in den N Windungen die Spannung $U_{\text{q}} = 2NlBv$ entsteht. Nach diesem Prinzip arbeiten alle Generatoren zur Erzeugung einer Wechsel- oder Drehspannung.

In Abb. 1.90 sind im Ständer aus Elektroblech drei räumlich um jeweils 120° versetzte Wicklungen untergebracht, was hier nur schematisch dargestellt ist. Die Anfänge der

Abb. 1.90 Prinzip eines Drehstromgenerators

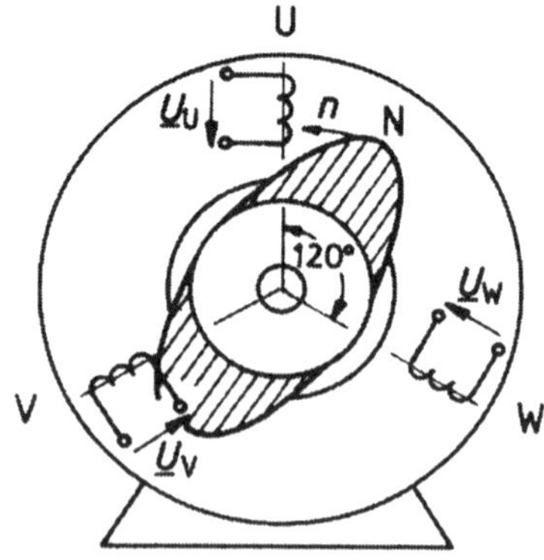

Abb. 1.91 **a** Zeitdiagramm eines Drehspannungssystems, **b** Zeigerbild der Drehspannung

Wicklungen mit der einheitlichen Windungszahl N haben die Anschlussbezeichnungen U1, V1, W1 und die Enden U2, V2, W2. Im Läufer wird durch einen nicht gezeichneten Elektromagneten ein Gleichfeld erzeugt, dessen Flussdichte B_x sich längs des Umfangs sinusförmig ändert. Dreht man nun den Läufer mit der konstanten Umfangsgeschwindigkeit v, so wird in jeder der drei Wicklungen eine zeitlich sinusförmige Wechselspannung von gleicher Frequenz und gleichem Effektivwert erzeugt. Durch die räumliche Versetzung der Spulen um 120° gegeneinander sind aber die drei Wechselspannungen zeitlich um $t = T/3$ bzw. $\omega t = 2\pi/3$ oder 120° gegeneinander phasenverschoben. Abb. 1.91a zeigt das zugehörige Zeitschaubild, Abb. 1.91b das Zeigerbild der drei Wechselspannungen.

Unter Drehstrom oder Dreiphasen-Wechselstrom versteht man demnach ein System von drei sinusförmigen Wechselspannungen mit gleicher Frequenz und gleichem Effektivwert, die zeitlich gegeneinander jeweils um $T/3$ bzw. $2\pi/3$ oder 120° phasenverschoben sind.

Mit Drehstrom kann ein räumlich umlaufendes magnetisches Feld, ein sogenanntes Drehfeld, erzeugt werden, woher der Drehstrom seinen Namen hat. Die in einem Strang erzeugte Wechselspannung hat nach Gl. 1.59 die Amplitude

$$\hat{u}_{st} = \sqrt{2}U_{st} = 2\,N \cdot l\,B_{max} \cdot v$$

Somit lauten die Gleichungen der drei Strangspannungen

Strang U1 − U2   Strang V1 − V2   Strang W1 − W2

$$u_U = \sqrt{2}U_{st}\sin\omega t \quad u_V = \sqrt{2}U_{st}\sin(\omega t - 120°) \quad u_w = \sqrt{2}U_{st}\sin(\omega t - 240°)$$

$$\tag{1.101}$$

wobei U_{st} der Effektivwert der Strangspannung und $\omega = 2\pi f$ ihre Kreisfrequenz ist.

Die genormte zeitliche Reihenfolge der drei Strangspannungen, ihre Phasenfolge, ist U V W.

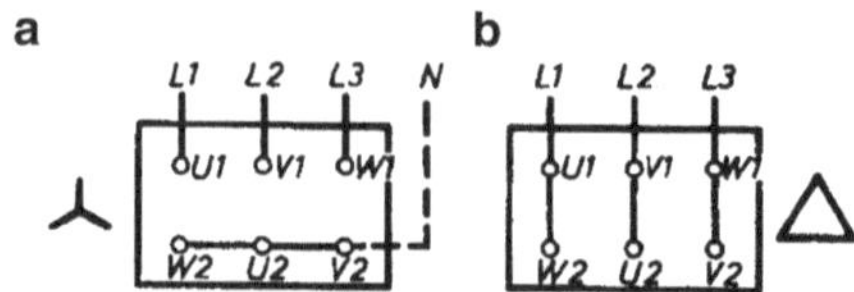

Abb.1.92 Genormte Anordnung der Anschlüsse am Anschlusskasten bei Drehstrommaschinen und -geräten L1, L2, L3 Außenleiter, N Neutralleiter. **a** waagrechte Verbindungen W2 – U2 – V2 bei Sternschaltung ($\curlywedge$), **b** senkrechte Verbindungen U1 – W2, V1 – U2, W1 – V2 bei Dreieckschaltung (Δ)

Verkettung der drei Stränge Die sechs Anschlusspunkte der drei Stränge sind am Anschlusskasten von Drehstrommaschinen (Abb. 1.92a) in der Reihenfolge U1, V1, W1 und W2, U2, V2 angeordnet. Man könnte nun die drei Strangspannungen des Drehstromsystems über sechs Leiter, ausgehend von den sechs Anschlusspunkten des Generators, zu den Verbrauchern fuhren. Durch geeignete Zusammenschaltung, Verkettung der drei Stränge genannt, ist es jedoch möglich, mit weniger als sechs Leitern auszukommen, wie nun gezeigt wird.

Sternschaltung Verbindet man am Anschlusskasten des Generators die drei Strangenden U2, V2, W2 miteinander (Abb. 1.92a), so werden die drei Strangspannungen in diesem Punkt, dem Sternpunkt, miteinander verkettet. In Abb. 1.93 ist die dann vorhandene Sternschaltung der drei Stränge gezeigt, weil die Zeiger der Strangspannungen einen Spannungsstern bilden. Die von den Stranganfängen U1, V1, W1 ausgehenden Leiter werden als Außenleiter L1, L2, L3 bezeichnet und zusammen Drehstrom-Dreileiternetz. Wenn zusätzlich auch der vom Sternpunkt ausgehende Sternpunktleiter oder Neutralleiter N mitgeführt wird, ergibt sich ein Drehstrom-Vierleiternetz, wie es als Niederspannungsnetz heute ausschließlich der öffentlichen Stromversorgung dient.

Dreieckschaltung Verbindet man am Anschlusskasten des Generators die Anschlüsse senkrecht miteinander (Abb. 1.92b), dann werden die drei Stränge so miteinander verkettet, dass immer das Ende eines Strangs mit dem Anfang des folgenden Strangs verbunden

Abb. 1.93 Sternschaltung der drei Stränge. Spannungsstern mit Sternspannungen ($U_\curlywedge$) und Spannungsdreieck mit Dreieckspannungen (U)

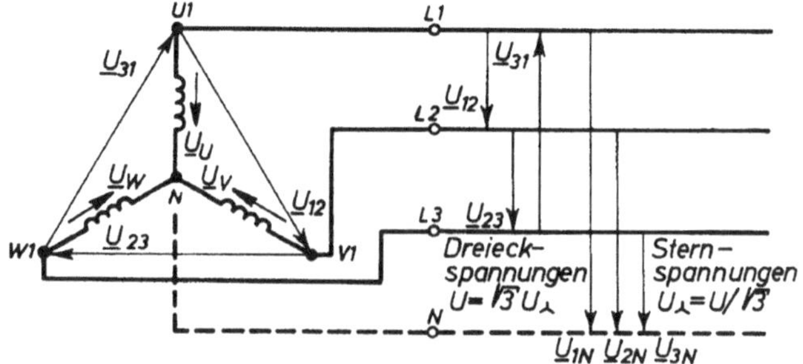

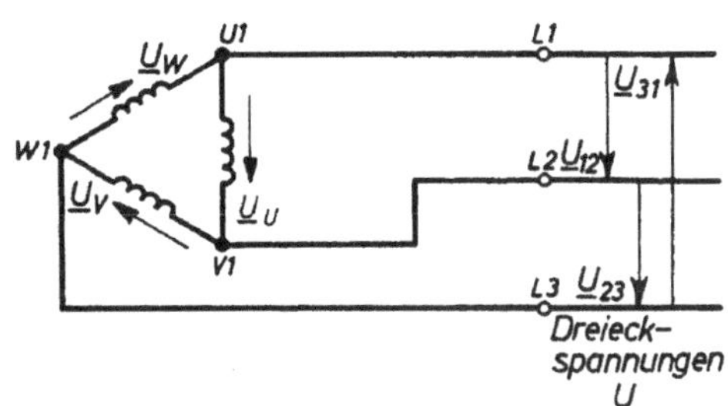

Abb. 1.94 Dreieckschaltung der drei Stränge. Spannungsdreieck mit Dreieckspannungen U

wird; z. B. wird durch die Verbindungslasche U2 – V1 das Ende U2 des ersten Strangs mit dem Anfang V1 des zweiten Strangs verbunden usw. Diese in sich geschlossene Ringschaltung der drei Strangspannungen ist technisch möglich, weil dabei die Zeiger der drei Strangspannungen im Zeigerbild (Abb. 1.94) ein gleichseitiges Spannungsdreieck bilden, so dass $\underline{U}_U + \underline{U}_V + \underline{U}_w = 0$ folgt. Natürlich ist dann auch in jedem beliebigen Augenblick des Zeitschaubildes (Abb. 1.91a) die Summe der Augenblickswerte der drei Strangspannungen $u_U + u_V + u_w = 0$, was auch rechnerisch aus Gl. 1.101 folgt. Mit den von den drei Anschlussstellen ausgehenden Außenleitern L1, L2 und L3 erhält man ein Drehstrom-Dreileiternetz, wie es vorwiegend bei Hochspannungen angewandt wird.

Anwendungen Die vorstehend beschriebene Stern- und Dreieckschaltung von drei unter sich gleichen Strängen wird praktisch sowohl bei der Erzeugung elektrischer Energie in Drehstromgeneratoren als auch im Zuge der Fortleitung und Verteilung der Energie in den Primär- und Sekundärwicklungen von Drehstromtransformatoren und vor allem bei der an die Drehstromnetze angeschlossenen Vielzahl von Drehstromverbrauchern, insbesondere bei den Wicklungen von Drehstrommotoren, angewandt. Die dabei gemeinsam auftretenden elektrischen Größen werden nun besprochen.

1.3.3.2 Elektrische Größen bei Stern- und Dreieckschaltung

Spannungen bei Sternschaltung Zeichnet man die im Drehstrom-Vierleiternetz zur Verfügung stehenden drei Spannungen zwischen je einem Außenleiter und dem Sternpunktleiter, Sternspannungen genannt, in Abb. 1.93 ein, so sind diese gleich den drei entsprechenden Strangspannungen

$$\underline{U}_{1N} = \underline{U}_U \quad \underline{U}_{2N} = \underline{U}_V \quad \underline{U}_{3N} = \underline{U}_w$$

Bei einem symmetrischen Drehstromsystem sind die Effektivwerte $U_\curlywedge$ der Sternspannungen daher gleich den Effektivwerten U_{st} der Strangspannungen

$$U_\curlywedge = U_{st} \tag{1.102a}$$

Zwischen jedem Außenleiter und dem Sternpunktleiter steht eine sinusförmige Wechselspannung mit dem Betrag $U_\curlywedge$ (Sternspannung) zur Verfügung.

Außer den drei Sternspannungen sind zwischen den Außenleitern noch weitere drei Wechselspannungen verfügbar, die man Außenleiter- oder Dreieckspannungen nennt.

Die Zeiger der Dreieckspannungen bilden ein gleichseitiges Spannungsdreieck, das den Spannungsstern umschließt. Auch die Dreieckspannungen sind gegeneinander um $120°$ phasenverschoben. Aus dem gleichseitigen Spannungsdreieck ergibt sich weiterhin, dass z. B. die Dreieckspannung $\underline{U}_{12}$ der Sternspannung $\underline{U}_{1N} = \underline{U}_U$ um $30°$ voreilt. Aus Abb. 1.93 erhält man auch den Effektivwert U der Dreieckspannungen. Betrachtet man das durch U1, N, V1 gebildete gleichschenklige Dreieck, so wird $U = U_{12} = 2U_\curlywedge \cos 30° = 2U_\curlywedge \sqrt{3/2}$ oder allgemein

$$U = \sqrt{3}\,U_\curlywedge \tag{1.102b}$$

Die drei Dreieckspannungen U sind also $\sqrt{3}$mal so groß wie die drei Sternspannungen $U_\curlywedge$.

Beispiel 1.63

Ist in einem Drehstrom-Vierleiternetz die Sternspannung $U_\curlywedge$ $-230\,\text{V}$, so ist die Dreieckspannung $U = \sqrt{3} \cdot 230\,\text{V} = 400\,\text{V}$. Ein solches Drehstrom-Vierleiternetz hat die Bezeichnung $3 \times 400\,\text{V}/230\,\text{V}$ oder $400\,\text{V}/230\,\text{V}$. In diesem Vierleiternetz stehen Spannungen von $230\,\text{V}$ und $400\,\text{V}$ zur Verfügung. Wird der Sternpunktleiter im Netz nicht mitgeführt, so erhält man ein Dreileiternetz, bei dem nur die Dreieckspannungen zur Verfügung stehen. Ein solches Dreileiternetz bezeichnet man z. B. als $10\,\text{kV}$-Netz, wobei $10\,\text{kV}$ die Dreieckspannung („Drehspannung") zwischen je zwei Außenleitern ist.

Spannungen bei Dreieckschaltung Es treten nur die in Abb. 1.94 eingezeichneten Dreieckspannungen und keine Sternspannungen auf, und es ist

$$\underline{U}_{12} = \underline{U}_U \quad \underline{U}_{23} = \underline{U}_V \quad \underline{U}_{31} = \underline{U}_w$$

Die Effektivwerte U der Dreieckspannungen sind gleich den Effektivwerten U_{st} der Strangspannungen

$$U = U_{st} \tag{1.103}$$

Man erhält bei Dreieckschaltung also lediglich ein gleichseitiges Spannungsdreieck (Abb. 1.94) mit 3 gleich großen Spannungen, je vom Betrag U.

Ströme An die drei Außenleiter L1, L2, L3 eines Drehstrom-Dreileiternetzes oder -Vierleiternetzes werden die Drehstromverbraucher in Stern- bzw. Dreieckschaltung angeschlossen (Abb. 1.95 und 1.96). In beiden Schaltungen sind am Anschlusskasten des Verbrauchers dieselbe Anordnung und Bezeichnung der Anschlüsse wie am Generator (Abb. 1.92) gültig.

Abb. 1.95 **a** Sternschaltung eines symmetrischen Drehstromverbrauchers, **b** Zeigerbild, **c** Addition der Stromzeiger am Sternpunkt

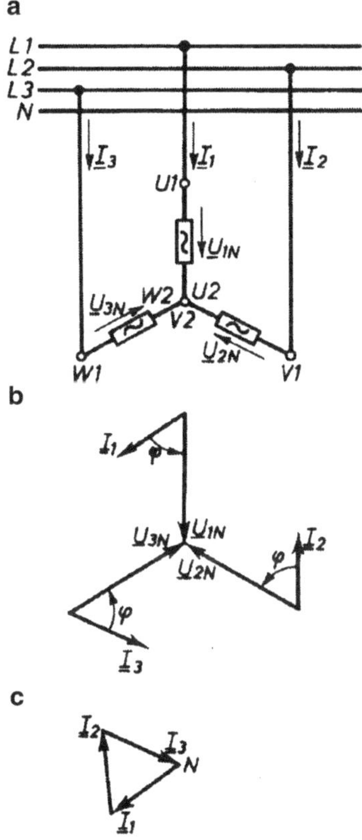

Wir beschränken unsere Betrachtungen auf symmetrische Belastung des Drehstromnetzes. An das Drehstromnetz sollen also nur Verbraucher angeschlossen werden, die aus drei gleichen Strängen bestehen, z. B. aus drei gleichen Wicklungssträngen in Drehstrommotoren, drei gleichen Heizspulen in einem Elektroofen, drei gleichen Kondensatoren einer Kondensatorbatterie. Jeder Strang eines Drehstromverbrauchers kann dann als Zweipol mit bekanntem Scheinwiderstand Z und Phasenverschiebungswinkel φ dargestellt werden. Ist U_{st} die Strangspannung, dann gilt nach Gl. 1.73 für den Effektivwert des Strangstroms allgemein:

$$I_{st} = U_{st}/Z \tag{1.104}$$

φ ist der Phasenverschiebungswinkel der Strangspannung gegen den Strangstrom.

Sternschaltung Hier bilden die drei zusammengeschlossenen Strangenden W2, U2, V2 den Sternpunkt (Abb. 1.95a), so dass an den Strängen die Sternspannungen $\underline{U}_{1N}$, $\underline{U}_{2N}$, $\underline{U}_{3N}$ liegen. Nach Gl. 1.102a, b ist der Effektivwert jeder Strangspannung

$$U_{st} = U_\curlywedge = U/\sqrt{3}$$

Abb. 1.96 **a** Dreieckschaltung eines symmetrischen Drehstromverbrauchers, **b** Zeigerbild, **c** Ermittlung des Leiterstroms $\underline{I}_1$

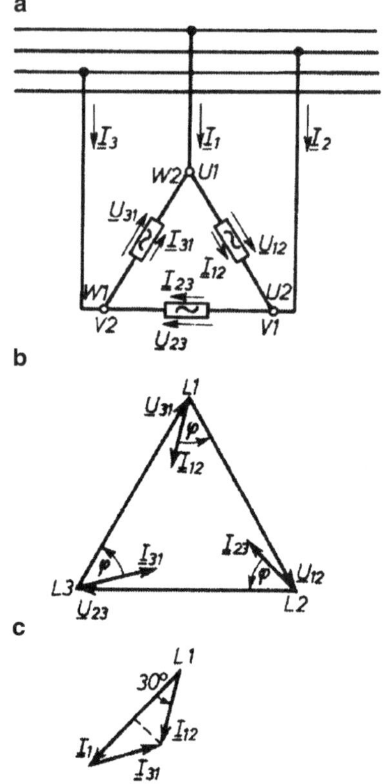

Man erhält das in Abb. 1.95b gezeichnete Zeigerbild für die drei Strangspannungen und die drei Strangströme $\underline{I}_1$, $\underline{I}_2$, $\underline{I}_3 = 0$. Nach der Knotenregel, angewandt auf den Sternpunkt, gilt

$$\underline{I}_1 + \underline{I}_2 + \underline{I}_3 = 0$$

Die drei Stromzeiger bilden im Zeigerbild Abb. 1.95c ein gleichseitiges Dreieck. Die geometrische Addition der drei Zeiger ergibt also den Strom null, weil die Summe der drei Strangströme in jedem Augenblick null ist, wie dies aus Abb. 1.91c auch für die Ströme folgt. Bezeichnet man allgemein den Effektivwert der Außenleiterströme mit I, so gilt, da bei der Sternschaltung die Strangströme gleich den Strömen in den Außenleitern sind

$$I = I_{\mathrm{st}} = U_{\mathrm{st}}/Z = U/\sqrt{3}Z \tag{1.105}$$

Dreieckschaltung Bei der Dreieckschaltung (Abb. 1.96a) liegen an den Strängen die Dreieckspannungen $\underline{U}_{12}$, $\underline{U}_{23}$, $\underline{U}_{31}$ des Drehstromnetzes. Nach Gl. 1.103 ist somit der Effektivwert jeder Strangspannung $U_{\mathrm{st}} = U$. Man erhält das in Abb. 1.96b gezeichnete Zeigerbild für die drei Strangspannungen und die drei Strangströme $\underline{I}_{12}$, $\underline{I}_{23}$, $\underline{I}_{31}$. Die aus dem Netz entnommenen Außenleiterströme $\underline{I}_1$, $\underline{I}_2$, $\underline{I}_3$ erhält man aus Abb. 1.96a nach der

Knotenregel

$$\underline{I}_1 = \underline{I}_{12} - \underline{I}_{31} \quad \underline{I}_2 = \underline{I}_{23} - \underline{I}_{12} \quad \underline{I}_3 = \underline{I}_{31} - \underline{I}_{23}$$

Bildet man z. B. $\underline{I}_1$ im Zeigerbild Abb. 1.96c, so erhält man ein gleichschenkliges Dreieck, dessen Schenkel gleich den Strangströmen I_{st} sind. Somit ergibt sich nach Gl. 1.103 und 1.104 für die Effektivwerte der Strangströme I_{st} und der Außenleiterströme I

$$I_{st} = U/Z I = \sqrt{3}I_{st} = \sqrt{3}U/Z \tag{1.106}$$

Leistungen, Leistungsfaktor, Arbeit Allgemein gilt für die Leistung (Wirkleistung) eines Stranges nach Gl. 1.78

$$P_{st} = U_{st}I_{st}\cos\varphi \, .$$

Somit ist die gesuchte Drehstromleistung

$$P = 3P_{st} = 3U_{st}I_{st}\cos\varphi \, . \tag{1.107}$$

Bei Sternschaltung ergibt sich hieraus

$$P = 3\frac{U}{\sqrt{3}}I\cos\varphi = \sqrt{3}UI\cos\varphi \, .$$

Bei Dreieckschaltung entsprechend

$$P = 3U\frac{I}{\sqrt{3}}\cos\varphi = \sqrt{3}UI\cos\varphi \, .$$

Allgemein gelten somit bei Drehstrom, symmetrisches Netz und symmetrische Belastung vorausgesetzt, für Stern- und Dreieckschaltung die folgenden Gleichungen:

Leistung (Wirkleistung)

$$P = \sqrt{3}UI\cos\varphi \tag{1.108}$$

Blindleistung Für die Blindleistung eines Stranges ergibt sich nach Gl. 1.76 $Q_{st} = U_{st} \cdot I_{st}\sin\varphi$. Für die Blindleistung aller drei Stränge ist somit in die vorstehende Leistungsgleichung $\sin\varphi$ statt $\cos\varphi$ einzusetzen, und man erhält

$$Q = \sqrt{3}UI\sin\varphi \, . \tag{1.109}$$

Scheinleistung Entsprechend erhält man für die Scheinleistung eines Stranges $S_{st} = U_{st}I_{st}$ und damit für die Scheinleistung aller drei Stränge

$$S = \sqrt{3}UI = \sqrt{P^2 + Q^2} \tag{1.110}$$

Man beachte sehr genau, dass in den vorstehenden drei Leistungsgleichungen bedeuten:

U Dreieckspannung des Drehstromnetzes = Spannung der Außenleiter,

I Strom in einem Außenleiter des Drehstromnetzes,

φ Phasenverschiebungswinkel der Strangspannung gegen den Strangstrom.

Leistungsfaktor Entsprechend Gl. 1.80 erhält man auch für Sinusgrößen bei Drehstrom aus den vorstehenden Gleichungen

$$\lambda = \frac{P}{S} = \cos\varphi \qquad (1.111)$$

Arbeit (Wirkarbeit), Blindarbeit und Scheinarbeit. Diese sind mit den Gl. 1.108 bis 1.110

$$W = Pt \qquad W_q = Qt \qquad W_S = St \qquad (1.112)$$

Augenblickswert der Drehstromleistung. Aus den Gl. 1.74a, b und 1.101 folgt, dass für die Augenblickswerte der Leistung in den drei Strängen (UVW) gilt:

$$P_{tU} = P_{st} - U_{st}I_{st}\cos(2\omega t + \varphi_u + \varphi_i)$$
$$P_{tV} = P_{st} - U_{st}I_{st}\cos(2\omega t + \varphi_u + \varphi_i - 120°)$$
$$P_{tW} = P_{st} - U_{st}I_{st}\cos(2\omega t + \varphi_u + \varphi_i - 240°)$$

Somit ergibt sich für den Augenblickswert der Drehstromleistung

$$P_t = P_{tU} + P_{tV} + P_{tW} = 3P_{st} - U_{st}I_{st}\cdot[\cos(2\omega t + \varphi_u + \varphi_i)$$
$$+ \cos(2\omega t + \varphi_u + \varphi_i - 120°) + \cos(2\omega t + \varphi_u + \varphi_i - 240°)]$$

Da der Wert der eckigen Klammern in jedem Zeitpunkt 0 ist, folgt mit Gl. 1.108

$$P_t = 3P_{st} = 3U_{st}I_{st}\cos\varphi = P$$

d. h. der Augenblickswert der Drehstromleistung ist konstant.

Beispiel 1.64

Aus Tab. 1.7 ist das Leistungsverhältnis $Y/\Delta = 1 : 3$ zu beweisen.

Aus Gl. 1.107 gilt allgemein $P = 3U_{st}I_{st}\cos\varphi$ und damit für

Sternschaltung:	$P_Y = 3U_{st}(U_{st}/Z)\cos\varphi = 3(U_{st})^2/Z\cos\varphi$
Dreieckschaltung:	$P_\Delta = 3U_L(U_L/Z)\cos\varphi = 3(U_L)^2/Z\cos\varphi$
da $U_L = \sqrt{3}U_{st}$:	$P_\Delta = 9(U_{st})^2/Z\cos\varphi = 3P_Y$

Aufgabe 1.44

Bei einem Drehstrommotor mit unbekannter Innenschaltung der Ständerwicklung sind nur zwei Zuleitungen zugänglich. Mit Gleichspannung $U = 24\,\text{V}$ werden einmal $I_1 = 2\,\text{A}$ und andernfalls $I_2 = 6\,\text{A}$ gemessen.

Tab. 1.7 Spannungen, Ströme und Leistungen bei Stern- und Dreieckschaltung eines symmetrischen Drehstromverbrauchers (je Strang Z, φ)

	Sternschaltung $\curlywedge$	Dreieckschaltung Δ	Verhältnis $\curlywedge : \Delta$
Strangspannung U_{st}	$\frac{U}{\sqrt{3}}$	U	$1 : \sqrt{3}$
Strangstrom I_{st}	$\frac{U}{\sqrt{3}Z}$	$\frac{U}{Z}$	$1 : \sqrt{3}$
Außenleiterstrom I	$\frac{U}{\sqrt{3}Z}$	$\frac{\sqrt{3}U}{Z}$	$1 : 3$
Leistung P	$\frac{U^2}{Z}\cos\varphi$	$\frac{3U^2}{Z}\cos\varphi$	$1 : 3$
Blindleistung Q	$\frac{U^2}{Z}\sin\varphi$	$\frac{3U^2}{Z}\sin\varphi$	$1 : 3$
Scheinleistung S	$\frac{U^2}{Z}$	$\frac{3U^2}{Z}$	$1 : 3$

Es ist zu entscheiden, ob eine Stern- oder eine Dreieckschaltung der Ständerwicklung vorliegt.

Ergebnis: Es liegt eine Sternschaltung vor.

Erkenntnisse

- Zur besseren Ausnutzung von Stromtrassen und elektrischen Maschinen verwendet die Technik drei miteinander verbundene Wechselspannungen, die als Drehspannung und Drehstrom bezeichnet werden.
- Die Bezeichnung Drehstrom kennzeichnet, dass die drei Wechselströme in den Wicklungen von Maschinen ein umlaufendes Magnetfeld = Drehfeld erzeugen. Dies ist Grundlage aller Drehstrommotoren.
- Je nach dem optischen Eindruck der drei verbundenen Wechselströme im Zeigerbild bezeichnet man die jeweilige Verknüpfung als Sternschaltung oder Dreieckschaltung.

1.3.3.3 Messungen im Drehstromnetz

Für die Messung von Strömen und Spannungen gelten gegenüber dem Wechselstromkreis keine neuen Vorschriften.

Die Leistung im Drehstromnetz besteht aus der Summe der drei Einzelwerte durch die Ströme in den Leitungen L1, L2 und L3. Ist die Belastung völlig gleichmäßig, man nennt dies symmetrisch, so genügt die Bestimmung eines Wertes, der dann $^1/_3$ der Gesamtleistung ist. Man benötigt allerdings zu dieser Messung den Neutralleiter N, da an die Spannungsspule die Sternspannung U_{N} anzuschließen ist (Abb. 1.97a).

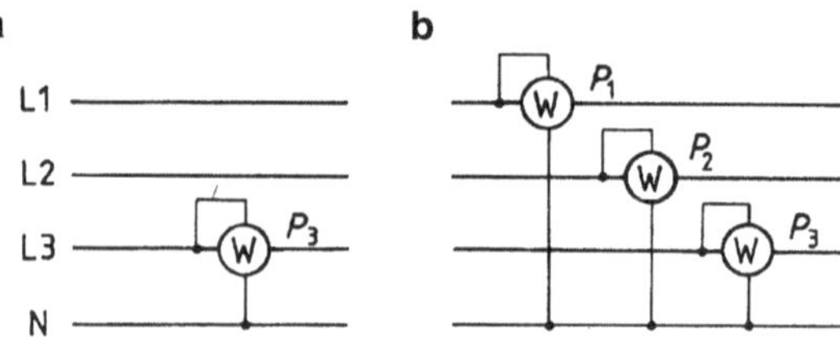

Abb. 1.97 Messung der Drehstromleistung. **a** Einwattmetermethode bei gleichmäßiger Belastung $P = 3P_3$, **b** Dreiwattmetermethode im Vierleiternetz $P = P_1 + P_2 + P_3$

Sind die Leitungsströme ungleich, d. h. liegt eine unsymmetrische Belastung vor, sind im Vierleiternetz nach Abb. 1.97b drei Messgeräte erforderlich. Die Drehstromleistung ergibt sich dann aus der Summe der Einzelwerte. In Niederspannungsnetzen werden die drei Messwerke in ein Gerät mit gemeinsamer Achse und einer Skala vereint.

Zweiwattmeter-Methode Im Dreileiter-Drehstromsystem, d. h. ohne die Mitnahme des an den Sternpunkt des Verteilertransformators angeschlossenen Leiters muss die Summe der drei Strangströme null ergeben. In diesem Falle genügt zur Leistungsbestimmung der Einsatz von nur zwei Messgeräten. Diese nach seinem Erfinder auch Aronschaltung genannte Zweiwattmetermethode verwendet die Schaltung nach Abb. 1.98a. Wie in Abschn. 1.3.2.1 gezeigt, ergibt sich die Leistung in komplexer Schreibweise zu

$$S = \underline{U}_{1\mathrm{N}}\underline{I}_1^* + \underline{U}_{2\mathrm{N}}\underline{I}_2^* + \underline{U}_{3\mathrm{N}}\underline{I}_3^* \, .$$

Nach Abb. 1.98b lässt sich umformen

$$\underline{U}_{1\mathrm{N}} = \underline{U}_{12} + \underline{U}_{2\mathrm{N}} \text{ und } \underline{U}_{3\mathrm{N}} = \underline{U}_{32} + \underline{U}_{2\mathrm{N}} \, .$$

Setzt man dies in obige Leistungsgleichung ein, so erhält man bei gleichzeitiger Ordnung der Terme die Beziehung

$$S = \underline{U}_{12}\underline{I}_1^* + \underline{U}_{32}\underline{I}_3^* + \underline{U}_{2\mathrm{N}}(\underline{I}_1^* + \underline{I}_2^* + \underline{I}_3^*) \, .$$

Die Stromsumme innerhalb der Klammer ist null, so dass für den Wirkanteil der Drehstromleistung die Gleichung

$$P = U_{12}I_1 \cos\varphi_1 + U_{32}I_3 \cos\varphi_3 = P_{12} + P_{32}$$

entsteht. Diese Beziehung wird durch die Schaltung in Abb. 1.98a erfasst.

Die Drehstromleistung wird mit $P = k_{\mathrm{w}}(\alpha_1 + \alpha_2)$ durch die Summe der Anzeigen α_1 und α_3 der beiden Leistungsmesser bestimmt. Der Faktor k_{w} ist die Gerätekonstante in Watt/Skalenteil. Das Messverfahren hat die Besonderheit, dass ab $\varphi \geq 60°$, d. h. bei $\cos\varphi$-Werten unter 0,5 mit $\varphi_1 = \varphi + 30°$ der Ausschlag α_1 negativ wird. In diesem Fall muss die Stromspule von Wattmeter 1 umgepolt und die Leistung mit $P = k_{\mathrm{w}}(\alpha_3 - a_1)$ bestimmt werden.

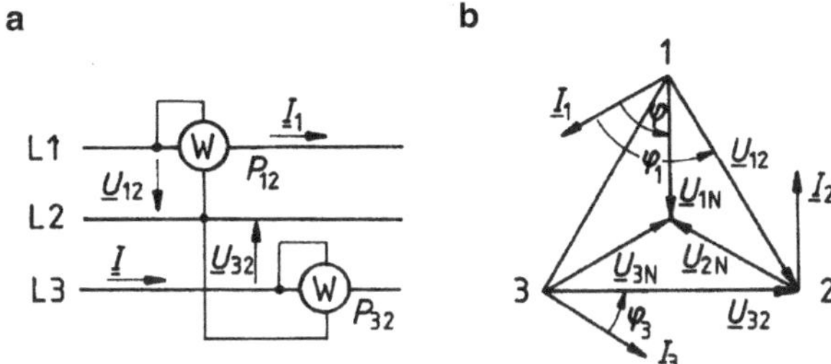

Abb. 1.98 Zweiwattmetermethode (Aronschaltung) im Dreileiternetz bei beliebiger Belastung. **a** Schaltung der Messgeräte und $P = P_{12} + P_{32}$, **b** Zeigerdiagramm bei beliebigem $\cos\varphi$

1.3.3.4 Schutzmaßnahmen in elektrischen Anlagen

Verantwortlichkeit Praktisch alle Tätigkeiten im Bereich elektrotechnischer Produkte sind durch ein umfangreichen Regelwerk internationaler Institutionen, der EU und in Deutschland durch den VDE (Verband Deutscher Elektrotechniker) erfasst. So sind verantwortlich:

- Die Hersteller für eine den Bestimmungen gemäße Ausführung ihrer auf den Markt gebrachten elektrischen Betriebsmittel.
- Die Errichter für die Beachtung aller Vorschriften bei der Installation und Prüfung von elektrischen Anlagen.
- Die Nutzer für den bestimmungsgemäßen Betrieb ihrer elektrischen Anlagen.

Die VDE-Bestimmungen, bzw. heute schon weitgehend Europanormen (EN) haben zwar nicht den Status von Gesetzen, sie gelten aber als „anerkannte Regeln der Technik" und werden bei Streitigkeiten auch vor Gericht in der Regel als Basis einer Entscheidung benutzt.

Eine bedeutende Rolle für den Einsatz der Elektrotechnik nimmt die Normenreihe DIN VDE 0100 „Errichten von Niederspannungsanlagen" ein. In Abschnitt Teil 410 (Juni 2007) werden mit den „Schutzmaßnahmen – Schutz gegen elektrischen Schlag" (früher Schutz gegen gefährliche Körperströme) alle Maßnahmen zusammengestellt, die Menschen vor gesundheitlichen Schäden beim Betrieb elektrischer Betriebsmittel bewahren sollen.

Netzformen Im Zusammenhang mit den nachstehend besprochenen Schutzmaßnahmen kommt dem vom Sternpunkt der Verteilertransformatoren abgehenden Leiter eine besondere Bedeutung zu. Die einzelnen Schaltungsmöglichkeiten sind ebenfalls in DIN VDE 0100, Teil 410 definiert und durch eine Buchstabenfolge gekennzeichnet. Nachstehend sollen daraus nur die wichtigsten Varianten angegeben werden.

TN-S-Netz (Abb. 1.99a) Der Neutralleiter N für den Anschluss der 230 V-Geräte ist ebenso wie der (grün-gelb gekennzeichnete) Schutzleiter PE zum Anschluss der Körper an den Betriebserder im gesamten Netz getrennt verlegt. Im ungestörten Betrieb führt nur der

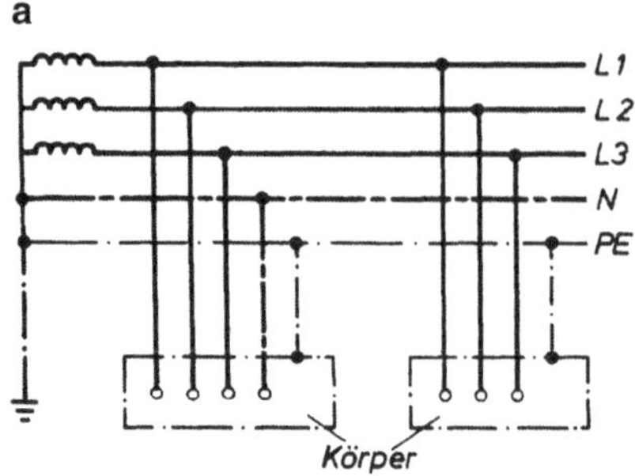
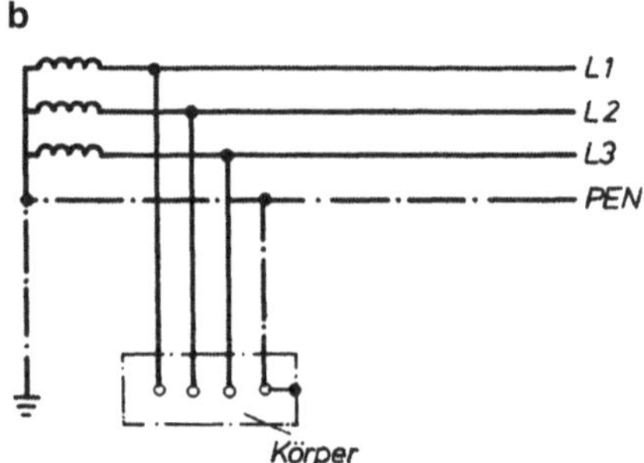

Abb. 1.99 **a** TN-S-Netz. Getrennte Neutralleiter und Schutzleiter **b** TN-C-Netz. Neutralleiter und Schutzleiter im PEN-Leiter zusammengefasst

Neutralleiter N Strom; bei Körperschluss wird durch den Schutzleiter PE ein Kurzschluss hergestellt, so dass der Überstromschutz die defekte Anlage sofort abschaltet.

TN-C-Netz (Abb. 1.99b) Der PEN-Leiter fasst die Funktionen der beiden Leiter zusammen, d. h. er ist an den Betriebserder angeschlossen, führt nur den resultierenden Betriebsstrom der Wechselstromabnehmer, im Störungsfall den Kurzschlussstrom.

TN-C-S-Netz (Abb. 1.100) In Deutschland ist diese Netzform bei Anlagen in Industrie, Gewerbe und Haushalt am häufigsten anzutreffen. Vom geerdeten Sternpunkt aus führt ein gemeinsamer PEN-Leiter im Netz bis zum Abnehmer. Innerhalb der abnehmereigenen Anlage werden die zu schützenden Anlagenteile (Körper)

a) bei Leiterquerschnitten ab $10\,\text{mm}^2$ Cu direkt an den PEN-Leiter angeschlossen („klassische Nullung"), Abb. 1.100a
b) bei Leiterquerschnitten unter $10\,\text{mm}^2$ Cu über einen besonderen Schutzleiter PE angeschlossen, der vom Neutralleiter N getrennt, aber leitend mit ihm verbunden ist („moderne Nullung"), Abb. 1.100b.

Abb. 1.100 TN-C-S-Netz. Im Netz PEN-Leiter, beim Abnehmer sowohl PEN-Leiter (**a**) als auch getrennte Neutral- und Schutzleiter (**b**) möglich

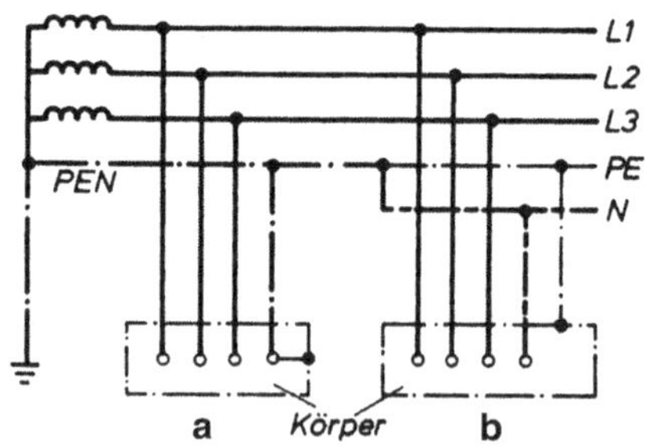

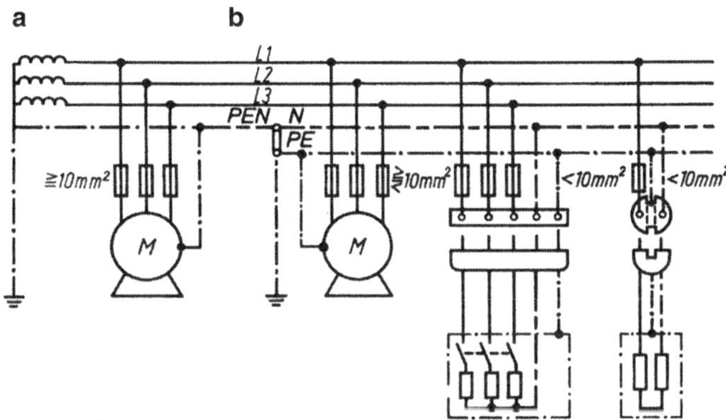

Abb. 1.101 TN-C-S-Netz. Anwendungsbeispiel: **a** Hauptverteilung, Netzteil mit Anschluss größerer Motoren, **b** Unterverteilung für Kraft und Licht Anschluss über Steckvorrichtungen

Abb. 1.101 zeigt als Anwendungsbeispiel den Anschluss eines Industriebetriebes an das TN-C-S-Netz mit einem Netzteil für größere Motoren und dem üblichen „Kraft- und Lichtnetz" für Drehstrom- und Wechselstromverbraucher, auch bei Anschluss über Steckvorrichtungen.

Der Vollständigkeit halber werden noch die beiden weiteren Netzformen erwähnt:

TT-Netz: Im TT-System ist ein Punkt direkt geerdet; die Körper der Betriebsmittel sind mit Erdern verbunden.

IT-Netz: Das IT-System hat keine direkte Verbindung zwischen aktiven Leitern und geerdeten Teilen, die Körper der elektrischen Betriebsmittel sind geerdet.

1.3.3.5 Schutzmaßnahmen gegen elektrischen Schlag

Gefährdung des Menschen In Abb. 1.102 habe das metallische Gehäuse eines elektrotechnischen Betriebmittels B durch Beschädigung der Isolierung einen niederohmigen Kontakt zur spannungsführenden Leitung L (Körperschluss). Das Gerät steht auf einer hölzernen Arbeitsplatte, so dass der Sicherungsautomat nicht anspricht. Der Benutzer mit dem Körperwiderstand R_M berührt das Gehäuse und hat gleichzeitig ab seinen Fußsohlen den Erdungswiderstand R_E. Vernachlässigt man den dagegen unbedeutenden Widerstand R_T der Transformatorerdung und den des übrigen Stromkreises, so gilt für die Berührungsspannung die Teilergleichung

$$U_B = U_N \frac{R_M}{R_M + R_E} = U_N \frac{1}{1 + R_E/R_M} .$$

Nur weil in der Regel durch das Schuhwerk und den Bodenbelag R_E viel größer als R_M ist, bleibt die Berührungsspannung U_B so klein, dass keine Lebensgefahr auftritt. Bei $U_B \approx U_N = 230\,\text{V}$ besteht diese durchaus, was immer wieder Unfälle beweisen. In diesem Fall kann es zu Herzkammerflimmern kommen, was ohne rasche Hilfe tödlich ist.

Abb. 1.102 Gefährdung ohne
Schutzleiter

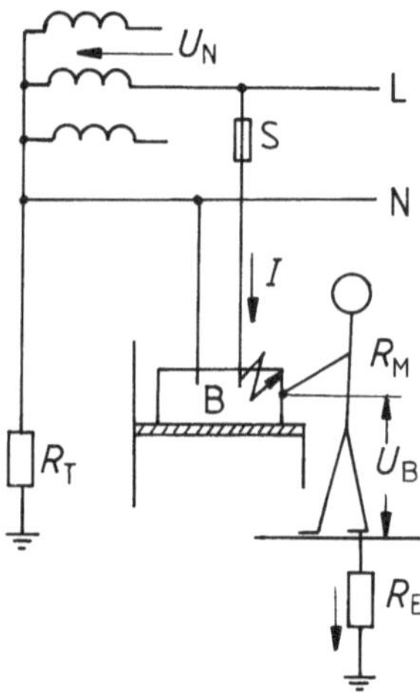

Vom Sicherungsautomaten S des Stromkreises kommt keine Hilfe, da der Körperstrom
weit unterhalb des Auslösewertes liegt.

Beispiel 1.65

Welches Verhältnis muss zwischen dem Korperwiderstand R_M und dem Bodenkontakt-
widerstand R_E vom Fuß einer Person zum leitendem Boden (Abb. 1.102) bestehen, so
dass die Berührungsspannung mit einer Hand $U_B \leq 50\,V$ beträgt?

Nach vorstehender Gleichung muss der Nenner mindestens den Wert $U_N/U_B =
230\,V/50\,V = 4{,}6$ werden. Mit der Annahme $R_M = 1\,k\Omega$ erhält der Nenner den Wert
$1 + R_M/R_E = 4{,}6\,k\Omega$ und damit $R_E \geq 36\,k\Omega$. Dies wird bei festem Schuhwerk und
z. B. Teppichboden erreicht, so dass bei Handkontakt mit dem defekten Gerät nur ein
unangenehmes Zucken auftritt.

Erfolgt das Geschehen aber z. B. barfüßig auf einem Betonboden, so entsteht wegen
$R_E \rightarrow 0$ akute Lebensgefahr. Dies gilt ebenso für den Fall, dass die Person gleichzeitig mit seiner anderen Hand z. B. ein blankes Heizungsrohr im Keller anfasst, womit
ebenfalls die volle Betriebsspannung von 230 V am Oberkorper anliegt.

Schutzmaßnahmen DIN VDE 0100, Teil 410 sieht zum Schutz des Menschen eine oder
auch mehrere der folgende Maßnahmen vor:

- Automatische Abschaltung der Stromversorgung,
- Verstärke oder doppelte Isolierung (Schutzisolierung),
- Versorgung über einen Trenntransformator,
- Verwendung von Kleinspannung.

Abb. 1.103 Betriebsmittel mit Schutzleiteranschluss

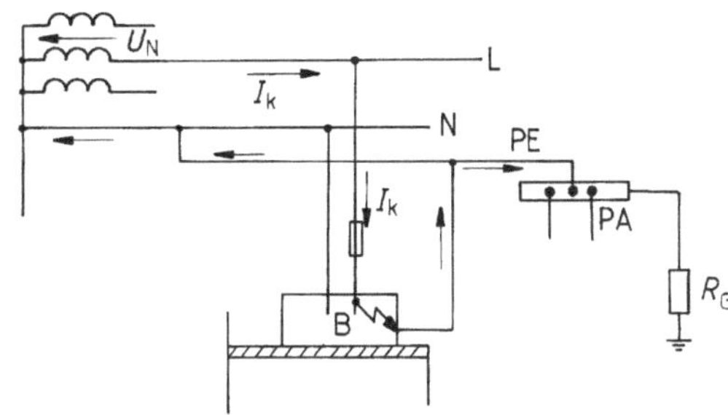

Diese Techniken sollen nachstehend erläutert werden, wobei noch weitere Möglichkeiten wie z. B. der Aufbau isolierter Räume möglich sind.

Schutz durch Abschaltung Grundlage ist ein TN S-Netz nach Abb. 1.99a in dem in der Regel nach dem Kabeleingang in den Zähler- oder Verteilerkästen der PEN-Leiter der Zuleitung in einen N-Leiter und einen Schutzleiter PE (**P**rotection **E**arth) getrennt wird. Alle Verbraucher werden mit ihren zugänglichen metallischen Teilen an den Schutzleiter angeschlossen, was bei beweglichen Geräten über den Einsatz von Schukosteckern und entsprechenden Steckdosen erfolgt. Erfährt das Gerät einen Körperschluss, so kann nach Abb. 1.103 sofort ein Kurzschlussstrom I_k im Stromkreis mit L-Leitung, Sicherung, Schutzleiter, Transformator entstehen, der die Sicherung mit dem Abschaltstrom I_a auslöst und damit die Stromversorgung abschaltet.

Vorbedingung für eine sichere Abschaltung ist, dass der Gesamtwiderstand Z_k des Stromkreises klein genug ist um einen Kurzschlussstrom $I_k = U_N/Z_k \geq I_a$ zu garantieren. Dies muss der Errichter der Anlage in einem genormten Verfahren messtechnisch überprüfen. Als maximale Abschaltzeit bestimmen die VDE-Vorschriften bei $U_N \leq 230\,\mathrm{V}$ die Zeitspanne 0,4 s.

Doppelte oder verstärkte Isolierung Diese früher als Schutzisolierung bezeichnete Maßnahme verlangt neben der immer erforderlichen Grundisolierung spannungsführender Teile (meist Wicklungen) eine zusätzliche Isolierung für den Fehlerfall. In der Regel wird wie bei Hausgeräten ein Kunststoffgehäuse (Haartrockner, Rasierer, Mixer, Kaffeemaschine usw.) ausgeführt. Sind wie bei einer Handbohrmaschine trotzdem metallische Teile berührbar (Bohrfutter), muss mit z. B. einer gegen den Läufer isolierten Welle die Anforderung realisiert werden.

Schutzisolierte Geräte sind mit dem Zeichen ▣ erkennbar und werden über einen Flachstecker oder Schukostecker ohne PE-Kontakte angeschlossen.

Schutztrennung Bei dieser Schutztechnik werden die elektrischen Betriebsmittel über einen Sicherheits-Trenntransformator und damit gegenüber dem Versorgungsnetz isoliert angeschlossen. Beim Berühren spannungsführender Teile infolge Körperschluss entsteht

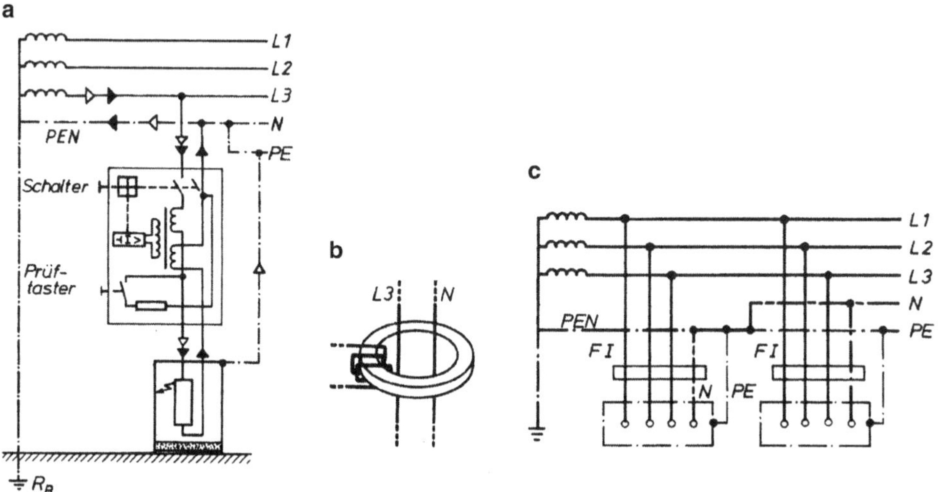

Abb. 1.104 Fehlerstrom(FI-)Schutzschaltungen. **a** Schaltplan. Betriebsstromkreis (*ausgefüllte Strompfeile*) und Fehlerstromkreise (*leere Strompfeile*) bei Körperschluss des Verbrauchers, **b** Ringstromwandler mit Eisenkern; Durchführungen L_3 und N, *links* Sekundärwicklung, **c** Drehstrom-Fehlerstrom (FI)-Schutzschaltungen

kein geschlossener Stromkreis zur Erde und damit auch keine Berührungsspannung. Der Fall entspricht dem Berühren eines Pols einer ausgebauten Autobatterie.

Kleinspannung Diese Technik verwendet ebenfalls einen Sicherheits-Trenntransformator und wird vorwiegend dort eingesetzt, wo besondere Gefährdungen anzunehmen sind. Die Kleinspannung von je nach Einsatz 6 bis 50 V ist daher bei Spielzeugen oder speziellen Handwerkzeugen üblich.

Fehlerstrom-Schutzeinrichtung Ist in einem Stromkreis der Körperschluss eines Gerätes so hochohmig, dass der Abschaltstrom der Sicherung nicht erreicht wird, so bleibt dieser Fehler bestehen. Die Berührungsspannung kann aber den zulässigen Wert von $U_B \geq$ 50 V überschreiten, so dass die Vorschriften zumindest für den besonders gefährdeten Bereich von Nass-und Feuchträumen (Bad, Sauna, Gartenanlagen usw.) eine zusätzliche Sicherungsmaßnahme verlangen.

Diese erfüllt die in Abb. 1.104 dargestellte Fehlerstrom-(FI)-Schutzschaltung. Im ungestörten Betrieb (Abb. 1.104a) treibt die Spannung U_{3N} einen Wechselstrom durch den mit ausgefüllten Pfeilen gekennzeichneten Stromkreis. Bei Körperschluss bildet sich zusätzlich ein Parallelstromkreis von der Fehlerstelle bis zum Sternpunkt des Transformators aus (leere Pfeile), der zur Folge hat, dass sich die Ströme in den Durchführungen L3 und N (Abb. 1.104b) des Stromwandlers (im Schaltplan 1.104a durch die beiden Primärwicklungen im FI-Schutzschalter dargestellt) nicht mehr wie im ungestörten Betrieb aufheben. Durch den deshalb im Eisenkern entstehenden magnetischen Wechselfluss wird in der Sekundärwicklung des Wandlers eine Wechselspannung erzeugt, die an die Spule des Auslöserelais gelegt wird, so dass mittels des hervorgerufenen Auslöserstromes das Schaltschloss entriegelt wird. Bei Anschluss eines Drehstromverbrauchers werden alle vier Zuleitungen durch den Wandler geführt (Abb. 1.104c).

Die Differenz zwischen den zu- und abfließenden Strom in den Primärwicklungen wird als Fehlerstrom ΔI bezeichnet. Für Wohnbereiche wird der 30 mA-Typ gewählt, der beim Auftreten eines Fehlers innerhalb weniger Perioden der Netzspannung abschalten muss. IT-Schutzschalter erkennen bereits sich anbahnende noch hochohmige Isolationsfehler und zeigen diese im Unterschied zum Sicherungsautomaten durch Abschalten an. Zu beachten ist, dass sie die Schutzleitertechnik nicht ersetzen, sondern nur zusätzlich verwendet werden dürfen.

Beispiel 1.66

Ein Drehstromofen nimmt bei Dreieckschaltung und Anschluss an das Drehstromnetz 400 V/230 V die Leistung 10 kW auf.

a) Der Widerstand eines Heizstranges ist zu berechnen.
   An jedem Strang liegt bei der Dreieckschaltung die Strangspannung $U = 400$ V. Somit ist die Leistung aller drei Stränge $P_\Delta = 3U^2/R$. Hieraus folgt der gesuchte Widerstand

$$R = \frac{3U^2}{P_\Delta} = \frac{3 \cdot (400\,\text{V})^2}{10.000\,\text{W}} = 48\,\Omega$$

b) Wie groß sind die Außenleiter- und Strangströme bei Dreieckschaltung?
   Strangstrom

$$I_{\text{st}} = \frac{U}{R} = \frac{400\,\text{V}}{48\,\Omega} = 8{,}33\,\text{A}$$

   Außenleiterstrom

$$I = \sqrt{3}I_{\text{st}} = \sqrt{3} \cdot 8{,}33\,\text{A} = 14{,}43\,\text{A}$$

   Kontrolle

$$P_\Delta = \sqrt{3}UI\cos\varphi = \sqrt{3} \cdot 400\,\text{V} \cdot 14{,}43\,\text{A} \cdot 1 = 10.000\,\text{W} = 10\,\text{kW}$$

c) Wie groß ergeben sich zum Vergleich die elektrischen Größen bei Sternschaltung?
   An jedem Strang liegt bei dieser Schaltung die Spannung $U_\curlywedge = 230$ V. Somit ist die Leistung der drei Stränge

$$P_\curlywedge = 3U_\curlywedge^2/R$$

Mit $U_\curlywedge = U/\sqrt{3}$ ist

$$P_\curlywedge = \frac{U^2}{R} = \frac{400\,\text{V}^2}{48\,\Omega} = 3330\,\text{W} = 3{,}33\,\text{kW} \quad \text{also} \quad P_\curlywedge = \frac{1}{3}P_\Delta$$

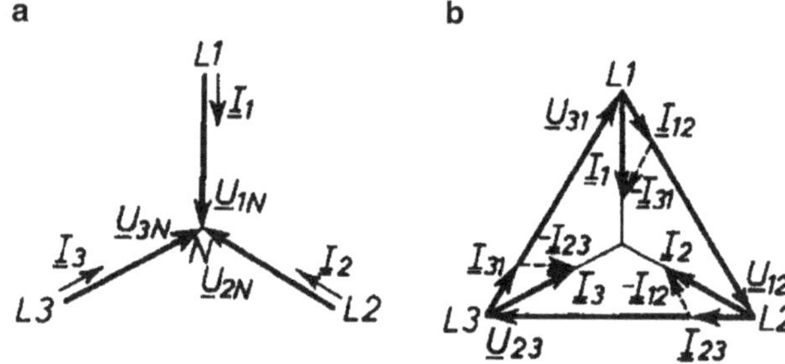

Abb. 1.105 Zeigerbild für Sternschaltung (**a**) und Dreieckschaltung (**b**)

Für den Außenleiterstrom (Strangstrom) gilt

$$I = I_{st} = \frac{U_{\curlywedge}}{R} = \frac{230\,\text{V}}{48\,\Omega} = 4{,}79\,\text{A} \text{ also } I_{\curlywedge} = \frac{1}{3} I_{\triangle}$$

Leistungskontrolle

$$P = \sqrt{3}\,U I \cos\varphi = \sqrt{3} \cdot 400\,\text{V} \cdot 4{,}79\,\text{A} \cdot 1 = 3330\,\text{W} = 3{,}33\,\text{kW}$$

d) Für Stern- und Dreieckschaltung ist ein maßstäbliches Zeigerbild mit Strangspannungen, Strangströmen und Außenleiterströmen zu entwerfen.
Da reine Wirklast vorliegt, sind jeweils die Strangspannungen und Strangströme in Phase. Die Außenleiterströme sind somit bei beiden Schaltungen in Phase mit den entsprechenden Sternspannungen (Abb. 1.105).

Beispiel 1.67

Von einem Drehstrommotor, der an ein 230 V/400 V-Netz in Dreieckschaltung anzuschließen ist, sind für Bemessungsleistung folgende Daten bekannt: Leistung 11 kW, Drehzahl 1455 min^{-1}, Leistungsfaktor $\cos\varphi = 0{,}85$, Wirkungsgrad $\eta = 81{,}5\,\%$.

a) Schaltplan und Schaltung am Anschlusskasten sind zu entwerfen. Abb. 1.106 zeigt die hergestellte Schaltung.
b) Außenleiterstrom und Strangstrom sind zu berechnen und das Zeigerbild für einen Motorstrang ist zu zeichnen. Da die vom Motor abgegebene Leistung $P_2 = 11$ kW beträgt, ist die vom Motor aufgenommene Leistung

$$P_1 = P_2/\eta = 11\,\text{kW}/0{,}815 = 13{,}5\,\text{kW}\,.$$

Aus Gl. 1.108 folgt für den Außenleiterstrom

$$I = \frac{P_1}{\sqrt{3}\,U \cos\varphi} = \frac{13.500\,\text{W}}{\sqrt{3} \cdot 400\,\text{V} \cdot 0{,}85} = 22{,}92\,\text{A}\,.$$

Abb. 1.106 Schaltplan mit
Schalter und Anschlusskasten
eines Drehstrommotors für
Dreieckschaltung

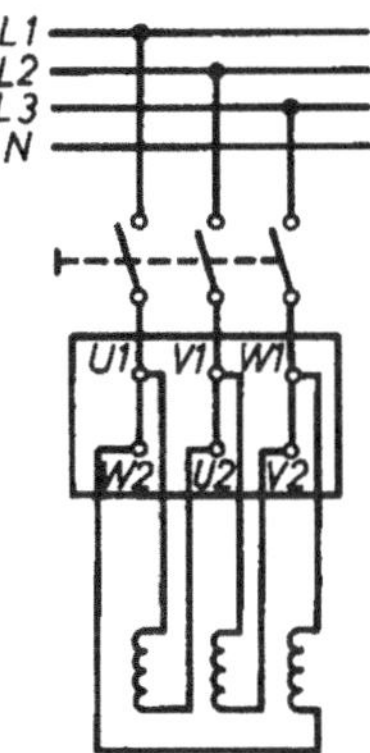

Der Strangstrom ergibt sich aus Gl. 1.106

$$I_{st} = \frac{I}{\sqrt{3}} = \frac{22{,}92\,\text{A}}{\sqrt{3}} = 13{,}24\,\text{A}\,.$$

Mit Hilfe dieser Größen kann das Zeigerbild Abb. 1.107a gezeichnet werden.
c) Die im Bemessungsbetrieb benötigte Blind- und Scheinleistung, der Leistungsverlust und das Drehmoment des Motors sind zu ermitteln.
Nach Gl. 1.110 ist

$$S = \sqrt{3}UI = \sqrt{3} \cdot 400\,\text{V} \cdot 22{,}92\,\text{A} = 15.879\,\text{VA} = 15{,}9\,\text{kVA}\,.$$

Damit folgt aus Gl. 1.109, da $\sin\varphi = 0{,}527$ wird

$$Q = S\sin\varphi = 15{,}9 \cdot 0{,}527\,\text{kvar} = 8{,}238\,\text{kvar}$$

Der Leistungsverlust des Motors ist

$$P_{V} = P_1 - P_2 = (13{,}5 - 11)\,\text{kW} = 2{,}5\,\text{kW}\,.$$

Das Drehmoment des Motors errechnet man aus Gl. 1.18

$$M_{N} = \frac{P_{2N}}{2\pi \cdot n_{N}} = \frac{11.000\,\text{Ws}}{2\pi \cdot 1455/60} = 72{,}2\,\text{N m}$$

Abb. 1.107 Drehstrommotor.
a Zeigerbild für einen Strang,
b Leistungsdreieck

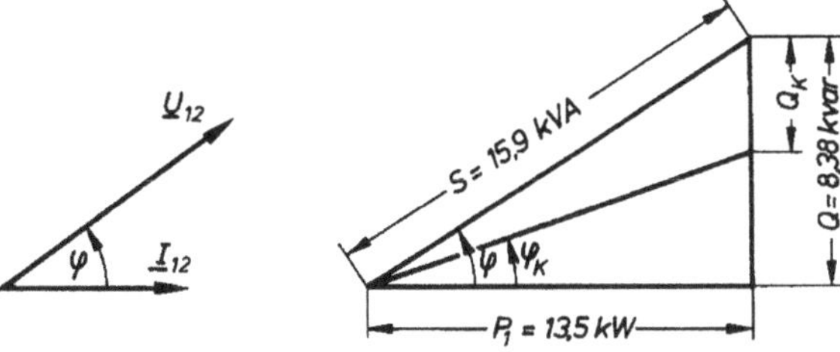

d) Welche Stromkosten entstehen bei Volllast je Stunde bei den Tarifen 8 Cent/kWh und 1 Cent/kvarh?

Elektrische Arbeit in einer Stunde

$$W = P_1 t = 13{,}5\,\text{kW} \cdot 1\,\text{h} = 13{,}5\,\text{kWh}$$

Elektrische Blindarbeit in einer Stunde

$$W_q = Q t = 8{,}38\,\text{kvar} \cdot 1\,\text{h} = 8{,}38\,\text{kvarh}$$

Stromkosten in einer Stunde

$$K = 13{,}5 \cdot 8\,\text{Cent} + 8{,}38 \cdot 1\,\text{Cent} = 116\,\text{Cent} = 1{,}16\,\text{€}$$

e) Zu ermitteln ist die Blindleistung einer Kondensatorbatterie, die den Leistungsfaktor der Anlage bei Bemessungsbetrieb des Motors auf $\cos\varphi_K = 0{,}95$ verbessern soll. Zeichnet man mit den bekannten Größen $P_1 = 13{,}5\,\text{kW}$ und $Q = 8{,}38\,\text{kvar}$ das Leistungsdreieck auf (Abb. 1.107b), so ergibt sich als Hypothenuse des rechtwinkligen Dreiecks die bereits ermittelte Scheinleistung $S = 15{,}9\,\text{kVA}$. Trägt man, $\cos\varphi_K = 0{,}95$ entsprechend, $\varphi_K = 18{,}2°$ in Abb. 1.107 ein, so ergibt sich aus diesem Bild die erforderliche Kondensatorenleistung $Q_K = -4\,\text{kvar}$.

$$Q_K = -Q + P_1 \tan\varphi_K = -8{,}38\,\text{kvar} + 13{,}5 \cdot 0{,}329\,\text{kvar}$$
$$= -3{,}94\,\text{kvar} \approx -4\,\text{kvar}$$

f) Die Kapazitäten $C_\curlywedge$ und $C_\triangle$ bei Stern- und Dreieckschaltung der Kondensatoren sind zu berechnen. Aus Tab. 1.7 erhält man mit $Q = Q_K$, $Z = 1/\omega C$ und $\sin\varphi = -1$ bei Sternschaltung

$$Q_K = -U^2 \omega C_\curlywedge \text{ hieraus}$$
$$C_\curlywedge = -\frac{Q_K}{U^2 \omega} = \frac{4000\,\text{VA}}{400^2\,\text{V}^2 \cdot 314\,\text{s}^{-1}} = 79{,}6 \cdot 10^{-6}\,\text{F} = 79{,}6\,\mu\text{F}$$

bei Dreieckschaltung

$$Q_K = -3U^2 \omega C_\triangle \text{ somit}$$
$$3C_\triangle = C_\curlywedge \text{ oder } C_\triangle = \frac{1}{3}C_\curlywedge = 26{,}4\,\mu\text{F}$$

Beispiel 1.68

In einer Fabrik sind am 400 V/230 V-Netz drei Abnehmergruppen installiert (Abb. 1.108a):

I)   60 Motoren zu je 2,2 kW $\cos \varphi_\mathrm{I} = 0{,}82$; $\eta = 79{,}5\,\%$
II) 20 Motoren zu je 5,15 kW $\cos \varphi_\mathrm{II} = 0{,}84$; $\eta = 81\,\%$
III) Elektrowärmegeräte 40 kW $\cos \varphi_\mathrm{III} = 1{,}0$

Es kann vereinfacht angenommen werden, dass bei der Höchstbelastung 60 % der Motoren mit Bemessungsleistung und alle Elektrowärmegeräte in Betrieb sind.

a) Höchstbelastung, Gesamtstrom und Leistungsfaktor sind zu ermitteln.
   Die aufgenommene elektrische Leistung beträgt für
   Gruppe I 60 % von 60 Motoren = 36 Stück zu je 2,2 kW

$$P_\mathrm{I} = \frac{36 \cdot 2{,}2}{0{,}795}\,\text{kW} = 99{,}6\,\text{kW}$$

Gruppe II 60 % von 20 Motoren = 12 Stück zu je 5,15 kW

$$P_\mathrm{II} = \frac{12 \cdot 5{,}15}{0{,}81}\,\text{kW} = 76{,}2\,\text{kW}$$

Gruppe III 100 % der Leistung der Elektrowärmegeräte

$$P_\mathrm{III} = 40{,}0\,\text{kW}$$

Insgesamt auftretende Wirklast: $P = 215{,}8\,\text{kW}$

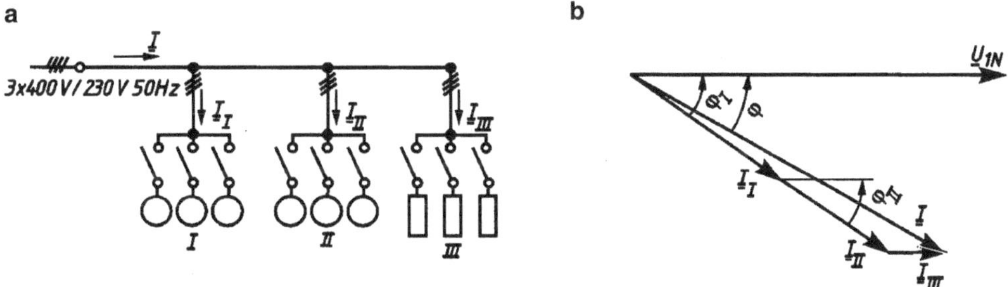

Abb. 1.108   **a** Schaltplan der Abnehmergruppen I, II, III einer Fabrik (vereinfacht), **b** Zeigerbild der Ströme

Die aufgenommene Blindleistung ist

$$Q = S \sin\varphi = \frac{P}{\cos\varphi} \sin\varphi = P \tan\varphi$$

Somit wird die Blindleistung für
Gruppe I $Q_\mathrm{I} = 99{,}6 \cdot 0{,}698\,\mathrm{kvar} = 69{,}5\,\mathrm{kvar}$
Gruppe II $Q_\mathrm{II} = 76{,}2 \cdot 0{,}646\,\mathrm{kvar} = 49{,}3\,\mathrm{kvar}$
Gruppe III –
Insgesamt auftretende Blindlast: $Q = 118{,}8\,\mathrm{kvar}$
Dann wird die Scheinleistung nach Gl. 1.110

$$S = \sqrt{P^2 + Q^2} = \sqrt{215{,}8^2 + 118{,}8^2}\,\mathrm{kVA} = 246\,\mathrm{kVA}$$

und man erhält

$$I = \frac{S}{\sqrt{3}\,U} = \frac{246\,\mathrm{kVA}}{\sqrt{3} \cdot 400\,\mathrm{V}} = 0{,}355\,\mathrm{kA} = 355\,\mathrm{A}$$

Der Leistungsfaktor ist

$$\cos\varphi = \frac{P}{S} = \frac{215{,}8}{246} = 0{,}878$$

b) Die Sternspannung $\underline{U}_{1\mathrm{N}}$ und die drei Anteile $\underline{I}_\mathrm{I}$, $\underline{I}_\mathrm{II}$ und $\underline{I}_\mathrm{III}$ des Außenleiterstromes
sind in einem Zeigerbild darzustellen.
Die gesamten Anteile addieren sich zum Leiterstrom $\underline{I} = \underline{I}_\mathrm{I} + \underline{I}_\mathrm{II} + \underline{I}_\mathrm{III}$. Die Beträge
der Ströme sind

$$I_\mathrm{I} = \frac{99.600\,\mathrm{W}}{\sqrt{3} \cdot 400\,\mathrm{V} \cdot 0{,}82} = 175{,}3\,\mathrm{A} \text{ aus } \cos\varphi_\mathrm{I} = 0{,}82 \text{ ergibt sich } \varphi_\mathrm{I} = 34{,}9°$$

$$I_\mathrm{II} = \frac{76.200\,\mathrm{W}}{\sqrt{3} \cdot 400\,\mathrm{V} \cdot 0{,}84} = 131\,\mathrm{A} \text{ aus } \cos\varphi_\mathrm{II} = 0{,}84 \text{ ergibt sich } \varphi_\mathrm{II} = 32{,}9°$$

$$I_\mathrm{III} = \frac{40.000\,\mathrm{W}}{\sqrt{3} \cdot 400\,\mathrm{V}} = 57{,}7\,\mathrm{A} \text{ aus } \cos\varphi_\mathrm{III} = 1 \text{ ergibt sich } \varphi_\mathrm{III} = 0°.$$

Aus einem Zeigerbild nach Abb. 1.108b in genügend großer Darstellung wurden zur
Kontrolle abgelesen

$$I = 354\,\mathrm{A} \qquad\qquad \text{Rechenwert unter a) } I = 355\,\mathrm{A}$$
$$\cos\varphi = 0{,}875 \qquad\qquad \text{Rechenwert unter a) } \cos\varphi = 0{,}878.$$

c) Welche Wirkleistung P_1 darf bei Blindstromkompensation auf $\cos\varphi_\mathrm{K} = 1{,}0$ zusätzlich auftreten, ohne dass der zulässige Belastungsstrom $I = 355\,\mathrm{A}$ überschritten
wird?

Die erforderliche Kondensatorenbatterie muss die Blindleistung Q vollständig kompensieren. Somit ist die von den Kondensatoren aufzunehmende Blindleistung $Q_K = -Q = -118{,}8\,\text{kvar}$.

Die gesamte Wirkleistung bei einem Leiterstrom $I = 355\,\text{A}$ beträgt dann

$$P_{ges} = \sqrt{3}UI\cos\varphi_K = \sqrt{3}\cdot 400\,\text{V}\cdot 355\,\text{A}\cdot 1{,}0 = 246\,\text{kW}.$$

Diese Leistung ist also gleich der bisherigen Scheinleistung S, so dass zusätzlich eine Wirkleistung

$$P_1 = P_{ges} - P = (246 - 215{,}8)\,\text{kW} = 30{,}2\,\text{kW}$$

auftreten darf.

Beispiel 1.69

Das Leistungsschild eines Drehstrommotors gibt als Bemessungsdaten an: $U_N = 400\,\text{V}$, $50\,\text{Hz}$ in Sternschaltung, $I_N = 4{,}8\,\text{A}$, $P_N = 2{,}2\,\text{kW}$, $\cos\varphi_N = 0{,}85$

a) Die Aufnahmeleistung P_{1N} wird mit der Zweiwattmeter-Methode nach Abb. 1.98a kontrolliert. Welche Teilleistungen P_{12} und P_{32} zeigen die zwei Leistungsmesser an?

Nach Abschn. 1.3.3.3 gilt

$$P_{12} = U_{12}I_1\cos\varphi_1 \quad\text{und}\quad P_{32} = U_{32}I_3\cos\varphi_3$$

Bei $\cos\varphi_N = 0{,}85$ wird $\varphi_N = 31{,}79°$ und damit nach dem Zeigerbild Abb. 1.98b

$$\varphi_1 = \varphi_N + 30° = 61{,}79° \quad\text{und}\quad \varphi_3 = \varphi_N - 30° = 1{,}79°$$

Mit $I = I_1 = I_3 = 4{,}8\,\text{A}$ und $U_{12} = U_{32} = 400\,\text{V}$ erhält man die Leistungsmesseranzeigen

$$P_{12} = 400\,\text{V}\cdot 4{,}8\,\text{A}\cdot\cos 61{,}79° = 907{,}6\,\text{W}$$
$$P_{32} = 400\,\text{V}\cdot 4{,}8\,\text{A}\cdot\cos 1{,}79° = 1919{,}1\,\text{W}$$

b) Bei welchem Leistungsfaktor $\cos\varphi$ zeigt ein Leistungsmesser den Maximalwert an? Ein Maximalwert wird erreicht, wenn entweder $\cos\varphi_1 = 1$ oder $\cos\varphi_3 = 1$ auftritt. Nach Abb. 1.98b kann dies für einen nacheilenden Strom I nur mit $\varphi_3 = 0°$ entstehen, wobei dann $\varphi = 30°$ ist. Der Maximalwert wird damit bei $\cos\varphi = 0{,}866$ erreicht.

c) Wie groß ist der Wirkungsgrad η_N des Motors?

Der Wirkungsgrad eines Motors steht nicht auf dem Leistungsschild, sondern muss aus dem Verhältnis Abgabeleistung P_N an der Welle zur Aufnahmeleistung berechnet werden.

Aufnahmeleistung des Motors nach Gl. 1.108

$$P_{1N} = \sqrt{3}\,U_N I_N \cos\varphi_N = \sqrt{3}\,400\,\text{V}\cdot 4{,}8\,\text{A}\cdot 0{,}85 = 2826{,}7\,\text{W}$$

Kontrolle aus a):

$$P_{1N} = P_{12} + P_{32} = 907{,}6\,\text{W} + 1919{,}1\,\text{W} = 2827\,\text{W}$$

Wirkungsgrad

$$\eta_N = P_N/P_{1N} = 2200\,\text{W}/2826{,}7\,\text{W} = 0{,}78$$

d) Zur vollständigen Blindstromkompensation sollen drei Kondensatoren C_D in Dreieckschaltung eingesetzt werden. Welchen Wert muss ein Kondensator erhalten?

Von der Kondensatorbatterie muss pro Leitung der Motorblindstrom

$$I_{bN} = I_N \sin\varphi_N = 4{,}8\,\text{A}\cdot 0{,}527 = 2{,}53\,\text{A}$$

geliefert werden. Dies verlangt nach Gl. 1.106 den Kondensatorstrom

$$I_C = I_{st} = I_{bN}/\sqrt{3} = 2{,}53\,\text{A}/\sqrt{3} = 1{,}46\,\text{A}\,.$$

Mit $I_C = U\omega C$ nach Gl. 1.68 erhält man für den Kondensator

$$C_D = 1{,}46\,\text{A}/(400\,\text{V}\cdot 314\,\text{s}^{-1}) = 11{,}6\,\mu\text{F}$$

Aufgabe 1.45

Mit den Daten aus Beispiel 1.69 ist das Drehmoment an der Welle bei $n_N = 1440\,\text{min}^{-1}$ zu bestimmen. Wie groß ist ferner der warme Widerstand R der Ständerwicklung, wenn die Stromwärmeverluste 50 % der Gesamtverluste betragen?

Ergebnis: $M = 14{,}6\,\text{N}\,\text{m}$ und $R = 4{,}53\,\Omega$

Literatur

1. Büttner, W.: Grundlagen der Elektrotechnik. De Gruyter, Oldenbourg (2014)
2. Herriehausen, T., Schwarzenau, D.: Moeller Grundlagen der Elektrotechnik. Springer Vieweg Verlag, Wiesbaden (2013)
3. Führer, A., Heidemann, K., Nerreter, W.: Grundgebiete der Elektrotechnik, Bd. 1 und 2. Carl Hanser Verlag, München, Wien (2011)
4. Busch, R.: Elektrotechnik und Elektronik. 7. Aufl., Springer Vieweg Verlag, Wiesbaden (2015)
5. VDE 0100 T 410: Schutzmaßnahmen gegen elektrischen Schlag. VDE-Verlag, Berlin
6. Oeding, D., Oswald, B., Halopp, R.: Elektrische Kraftwerke und Netze. 7. Aufl. Springer Vieweg Verlag, Wiesbaden (2011)
7. Flosdorff, R., Hilgarth, G.: Elektrische Energieverteilung. 9. Aufl. Springer Vieweg Verlag, Wiesbaden (2005)

Zusammenfassung
Zur Elektronik, dem jüngsten Teilgebiet der Elektrotechnik, zählt man die Vorgänge und Bauelemente, welche die Bewegung elektrischer Ladungsträger in Halbleitern und Gasen technisch ausnutzen, außerdem die mit Halbleiterbauelementen und den klassischen Bauteilen Widerständen, Kondensatoren und Spulen gebildeten Schaltungen. Durch die großen Fortschritte in der Halbleitertechnologie, die heute vom preiswerten Einzelbaustein z. B. einer Diode bis zur hochintegrierten Schaltung in einem Gehäuse eine fast unüberschaubare Vielzahl von Bauteilen bereitstellt, hat die Elektronik alle Bereiche der Elektrotechnik erfasst. Der Schwerpunkt der Anwendung liegt jedoch in der Informations- und Unterhaltungselektronik, der elektrischen Messtechnik, der Regelungstechnik und der Leistungselektronik. Ein weiter expandierendes Teilgebiet ist ferner immer noch die elektronische Datenverarbeitung EDV mit der Mikroprozessortechnik.

Die nachstehenden Abschnitte sollen eine Einführung in das Gebiet der Elektronik geben und damit auch dem Ingenieur nichtelektrotechnischer Fachbereiche das erforderliche Grundlagenwissen vermitteln. Dazu werden zunächst die wichtigsten elektronischen Bauelemente mit ihrer Wirkungsweise und ihren typischen Daten vorgestellt und danach einfache Baugruppen, die häufig Bausteine umfangreicher Schaltungen sind, behandelt, Lit. [1–6].

2.1 Grundlagen und Bauelemente der Elektronik

2.1.1 Allgemeine elektrische Bauelemente

2.1.1.1 Widerstände

Ohmsche Widerstände sind mit die wichtigsten Bestandteile elektronischer Schaltungen. Ihr Größenbereich umfasst etwa 10^{-2} bis $10^9\,\Omega$, wobei je nach zulässiger Belastung sehr verschiedene Ausführungen üblich sind. Allgemein unterscheidet man zwischen Widerständen mit einem Festwert und verstellbaren Widerständen.

Bauarten von Festwiderständen Bei Drahtwiderständen (0,1 bis $10^5\,\Omega$) wird ein Leiter aus einer Chrom-Nickel-Legierung über ein Keramikrohr gewickelt und mit einer Schutzglasur abgedeckt. Bei Betriebstemperaturen bis ca. 400 °C können dadurch auch bei Verlustleistungen von über hundert Watt noch relativ kleine Baugrößen erreicht werden.

Bei Schichtwiderständen (10 bis $10^9\,\Omega$) bringt man auf einem Keramikkörper eine einige µm starke leitfähige Schicht aus Metall, Kohle oder Metalloxid auf. Der Leistungsbereich liegt hier vorwiegend zwischen 0,1 bis 2 W.

Massewiderstände werden durch Pressen einer homogenen Widerstandsmasse mit einem Bindemittel hergestellt, wobei man die Anschlussdrähte mit aufnimmt.

Widerstandsdaten Festwiderstände werden durch ihren Nennwiderstand mit einem zulässigen Toleranzbereich und die Belastbarkeit bestimmt. Die Abstufung der verfügbaren Nennwiderstände erfolgt nach internationalen IEC-Normreihen, wobei meist die Stufungen E6 ($\pm 20\,\%$), E12 ($\pm 10\,\%$) und E24 ($\pm 5\,\%$) mit 6 bzw. 12 oder 24 Werten pro Dekade und den in Klammern angegebenen Toleranzen ausreichen.

Die Kennzeichnung der Widerstände geschieht entweder durch einen Aufdruck oder mit Hilfe eines Codes mit umlaufenden Farbringen. Abb. 2.1 zeigt als Beispiel die Vierfarbberingung, die für die Normreihen E6 bis E24 verwendet wird. Zur Kennzeichnung von Widerständen ab E48 wählt man eine Fünffarbberingung mit drei Werteziffern. Für die Belastbarkeit der Widerstände gibt es ebenfalls eine Stufung mit Nennwerten von z. B. 0,05 W, 0,1 W, 0,25 W, 0,5 W usw. Der jeweilige Wert wird vom Hersteller bis zu einer oberen Umgebungstemperatur z. B. 40 °C garantiert.

Verstellbare Widerstände Schiebewiderstände oder Drehwiderstände werden als veränderliche Vorwiderstände oder als Potenziometer eingesetzt. Für geringere Ansprüche und Belastungen verwendet man offene Kohleschichtpotenziometer (10^2 bis $10^7\,\Omega$) mit einem Kohlestift als Abgriff. Höherwertige Ausführungen haben einen Drahtwiderstand (10 bis $10^4\,\Omega$) und einen Metallschleifkontakt.

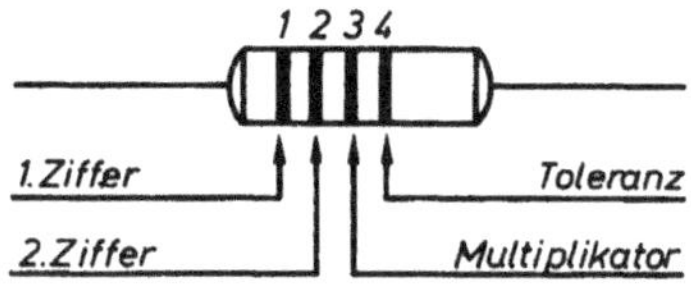

Abb. 2.1 Farbkennzeichnung von Widerständen (Farbcode mit 4 Ringen)

Farbe	Widerstandswert in Ohm			
	1. Ring = 1. Ziffer	2. Ring = 2. Ziffer	3. Ring = Multiplikator	4. Ring = Toleranz in %
schwarz	0	0	10^0	–
braun	1	1	10^1	±1
rot	2	2	10^2	±2
orange	3	3	10^3	–
gelb	4	4	10^4	–
grün	5	5	10^5	±0,5
blau	6	6	10^6	–
violett	7	7	10^7	–
grau	8	8	10^8	–
weiß	9	9	10^9	–
gold	–	–	10^{-1}	±5
silber	–	–	10^{-2}	±10
keine	–	–	–	±20

Der über den Abgriff einstellbare Widerstand eines Potenziometers muss nicht linear mit der Verstellung zunehmen. Durch Abstufungen des Leiterquerschnitts gibt es Ausführungen mit logarithmischem oder exponentiellem Verlauf des Ohmwertes in Abhängigkeit vom Drehwinkel.

Beispiel 2.1

Aus einem Gerät wird ein defekter Schichtwiderstand mit der Belastbarkeit 0,5 W und der Farbfolge braun – grün – orange – silber ausgebaut. Der Widerstand ist zu bestimmen und die maximal zulässige Betriebsspannung anzugeben. Nach Abb. 2.1 gilt die Zuordnung:

braun	grün	orange	silber	Ohmwert
1	5	10^3	±10 % =	15 kΩ ± 10 %

Nach Gl. 1.13b ist die Verlustleistung $P = U^2/R$ und damit

$$U = \sqrt{P \cdot R} = \sqrt{0{,}5\,\mathrm{W} \cdot 15 \cdot 10^3\,\Omega} = 86{,}6\,\mathrm{V}$$

Abb. 2.2 Kernbleche nach DIN 41302. **a** UI-Schnitt, **b** EI-Schnitt, **c** M-Schnitt

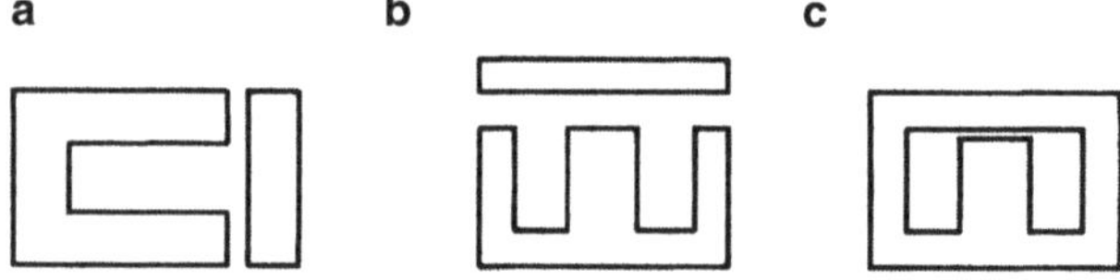

Aufgabe 2.1

Ein Widerstand hat die Farbringe gelb – rot – braun – silber. Es sind die Grenzwerte der Ohmwerte anzugeben.

Ergebnis: $R_{\mathrm{min}} = 378\,\Omega$, $R_{\mathrm{max}} = 462\,\Omega$

Aufgabe 2.2

Zwei Widerstände $R_1 = 200\,\Omega \pm 10\,\%$ und $R_2 = 200\,\Omega \pm 10\,\%$ sollen eine Spannung von 12 V auf 6 V teilen. Welche Grenzwerte entstehen unter Beachtung der Toleranz?

Ergebnis: $U_{\mathrm{min}} = 5{,}4\,\mathrm{V}$, $U_{\mathrm{max}} = 6{,}6\,\mathrm{V}$

2.1.1.2 Spulen

Alle Spulen, die in vielfältigen Bauarten hergestellt werden, stellen keine reinen Induktivitäten dar, sondern besitzen entsprechend ihrem Drahtquerschnitt auch einen Widerstand R_{L}. Als Ersatzschaltung einer realen Spule entsteht damit die Reihenschaltung von L und R_{L} mit den Beziehungen nach Abschn. 1.3.2.2.

Eisenkernspulen Durch einen ferromagnetischen Kern mit seiner Permeabilität $\mu \gg \mu_0$, den man bei netzfrequenten Anwendungen meist aus Elektroblech ausführt, lässt sich nach Gl. 1.54 die Induktivität wesentlich vergrößern. Wegen der gekrümmten Magnetisierungskennlinie infolge der Sättigung im Eisenweg wird L allerdings stromabhängig.

Gestalt und Abmessungen der 0,1 bis 0,5 mm dicken, isolierten Bleche sind in DIN 41302 genormt. Hier werden für jede Schnittart und Baugröße Angaben über die zulässige Belastung und Ausführung der Wicklung gemacht (Abb. 2.2).

Durch die periodische Ummagnetisierung und induzierte Wirbelströme in den Blechen entstehen bei Wechselstrombetrieb mit den Anteilen Hystereseverluste und Wirbelstromverluste, sogenannte Eisenverluste. Sie betragen bei einer Wechselmagnetisierung mit $B = 1{,}5\,\mathrm{T}$, 50 Hz je nach Blechqualität etwa 1 bis 10 W/kg.

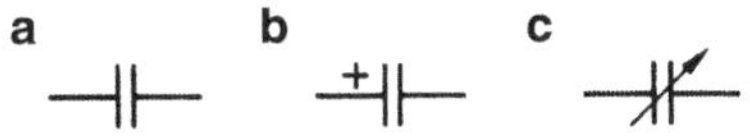

Abb. 2.3 Schaltzeichen für Kondensatoren. **a** allgemein, **b** gepolt, z. B. Elektrolyt-Kondensator, **c** einstellbar

Ferritkernspulen Bei Frequenzen im kHz-Bereich werden bei aus Blechen geschichteten Kernen die Eisenverluste zu groß. Man verwendet daher bis zu Frequenzen von 10 MHz gesinterte Ferritkerne. Diese bestehen aus keramischen Werkstoffen hoher Permeabilität wie Eisen- oder Nickeloxid und sehr geringer elektrischer Leitfähigkeit, die in die gewünschte Form gepresst werden.

Luftspulen Bei sehr hohen Frequenzen, wo meist Induktivitäten von nur wenigen μH erforderlich sind, kommen reine Luftspulen zum Einsatz. Das Gleiche gilt auch dann für 50 Hz-Anwendungen, wenn ein Induktivitätswert z. B. 100 mH völlig lastunabhängig eingehalten werden muss.

Aufgabe 2.3

Eine Induktivität benötigt bei $f_1 = 50$ Hz einen Kern aus Elektroblech mit den Daten $m = 0{,}14$ kg und den spezifischen Eisenverlusten $p_{Fe} = 2$ W/kg.

Bei konstanter Flussdichte sind die Verluste bei $f_2 = 10$ kHz abzuschätzen, wenn man die Eisenmasse mit $m_{Fe} \sim f_1/f_2$ und die spezifischen Verluste mit $p_{Fe} \sim (f_2/f_1)^{1{,}6}$ anzunehmen kann.

Ergebnis: $P_{Fe1} = 0{,}28$ W bei 50 Hz, $P_{Fe2} = 6{,}73$ W bei 10 kHz

---

2.1.1.3 Kondensatoren

Nach Abschn. 1.2.1.1 besteht ein Kondensator aus zwei leitenden Schichten oder Platten mit den beiden Anschlüssen und einer Zwischenisolation, die Dielektrikum genannt wird. Die technische Verwirklichung dieses einfachen Prinzips erfolgt in sehr unterschiedlichen Ausführungsformen. Soweit erforderlich, kommt dies auch im Schaltzeichen (Abb. 2.3) zum Ausdruck.

Wickelkondensatoren In der Bauform als Papierkondensator (bis 10 μF) werden zwei Metallfolien durch isolierende Papierzwischenlagen getrennt und zu einem Wickel aufgerollt (Abb. 2.4). Ersetzt man das Papier durch eine Kunststofffolie, so spricht man von einem Kunststoff-Folienkondensator (bis 100 μF). Anstelle der Metallfolien kann man die leitende Schicht auch beidseitig auf das Dielektrikum aufdampfen, womit man besonders kleine Abmessungen erhält. Kondensatoren mit einem auf die Papier- oder Kunststoffiso-

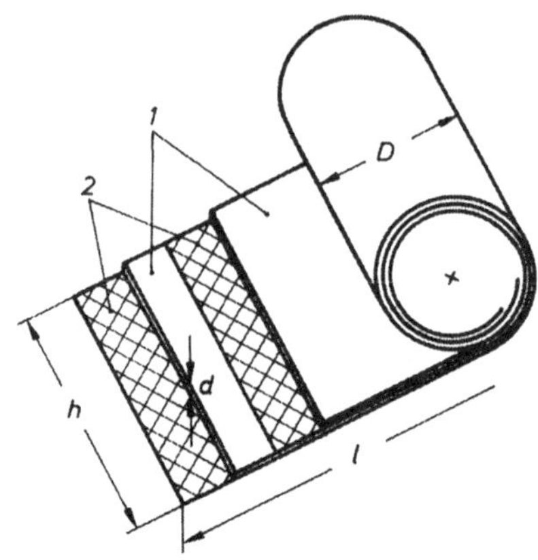

Abb. 2.4 Aufbau eines MP-
oder MK-Kondensators:
1 Papier- oder Kunststoff-
isolierung, *2* Metallbelag

lation aufgedampften Metallbelag (MP- oder MK-Kondensatoren) sind selbstheilend. Bei einem inneren Durchschlag verdampft infolge der kurzzeitig sehr hohen Stromdichte der Metallbelag an der Schadstelle, womit diese isoliert wird und der Kondensator betriebsbereit bleibt.

Elektrolytkondensatoren Der Aluminium-Elko besteht aus einem Wickel von zwei Alufolien, zwischen denen sich ein mit dem Elektrolyt getränktes Papier befindet. Bei der Herstellung wird durch einen elektrolytischen Strom auf der Anodenfolie eine nicht leitende Schicht aus Aluminiumoxid erzeugt, welche dann das Dielektrikum bildet. Man bezeichnet diesen Vorgang als Formierung. Der Elektrolyt mit der Katodenfolie wird zur zweiten Kondensatorplatte. Aufgrund der hohen Dielektrizitätskonstanten des Oxides mit $\varepsilon_r \approx 8$ und der geringen Schichtdicke $< 1\,\mu$m können Kapazitätswerte bis ca. 50.000 μF erreicht werden.

Tantal-Elkos entstehen im Prinzip nach der gleichen Technik. Sie haben bei derselben Kapazität noch geringere Abmessungen, sind aber teurer.

Elektrolytkondensatoren gibt es bis zu Betriebsspannungen von etwa 500 V. Sie dürfen nur mit Gleichspannung und richtiger Polung (Abb. 2.3b) betrieben werden, da sich andernfalls die Oxidschicht abbaut und der Kondensator dann zerstört wird. Falsch gepolte Elkos können explodieren!

Drehkondensatoren Die Ausführung erfolgt meist so, dass ein bewegliches Al-Plattenpaket in ein feststehendes kammartig hereingedreht wird. Man ändert dadurch die wirksame Plattenfläche und kann durch passende Formgebung auch den Verlauf $C = f(\alpha)$ in Abhängigkeit vom Drehwinkel α beeinflussen. Drehkondensatoren gibt es bis etwa 500 pF.

Beispiel 2.2

Ein becherförmiger MP-Kondensator mit einem Aufbau nach Abb. 2.4 habe den äußeren Wickeldurchmesser $D = 30\,\text{mm}$ und eine Höhe $h = 80\,\text{mm}$. Das Dielektrikum mit $\varepsilon_\mathrm{r} = 4,5$ sei $d = 0,05\,\text{mm}$ dick. Es ist die Kapazität des Kondensators zu berechnen, wobei die Stärke der aufgedampften Metallbeläge vernachlässigt werden kann.

Bei einer Länge l der abgewickelten Papierisolation gilt für die Plattenfläche $A = l \cdot h$ und wegen der doppelten Schichtung für die Kapazität nach Gl. 1.27

$$C = \varepsilon_\mathrm{r} \cdot \varepsilon_0 \cdot \frac{A}{d} = \varepsilon_\mathrm{r} \cdot \varepsilon_0 \cdot \frac{2l \cdot h}{d}$$

Für den zylindrischen Querschnitt des Wickels gilt bei 100 % Füllung die Bedingung

$$\frac{\pi}{4}D^2 = 2d \cdot l$$

Damit wird

$$C = \varepsilon_\mathrm{r} \cdot \varepsilon_0 \cdot \frac{\pi \cdot D^2 \cdot h}{4d^2} = 4,5 \cdot 8,85 \cdot 10^{-15}\,\frac{\text{F}}{\text{mm}} \cdot \frac{\pi \cdot (30\,\text{mm})^2 \cdot 80\,\text{mm}}{4 \cdot (0,05\,\text{mm})^2}$$

$$C = 0,9\,\mu\text{F}.$$

Aufgabe 2.4

Es ist die für einen Elektrolyt-Kondensator mit $C = 0,1\,\text{F}$ erforderliche Fläche A zu bestimmen, wenn die Dicke des Dielektrikums aus Aluminiumoxid $d = 5\,\text{nm}$ beträgt und $\varepsilon_\mathrm{r} = 8$ ist.

Ergebnis: $A = 7,1\,\text{m}^2$

2.1.2 Grundbegriffe der Halbleitertechnik

Für den praktischen Einsatz von Halbleiterbauelementen ist es nicht unbedingt erforderlich, ihren teils komplizierten Leitungsmechanismus zu überblicken. Es genügt meist, die Wirkungsweise des Bauteils zu kennen und bei Auslegung einer Schaltung die Kennwerte und Belastungsgrenzen zu beachten. Trotzdem sollen nachstehend einige grundlegende Erscheinungen der Halbleitertechnik, die in den meisten Bauelementen gleichartig auftreten, behandelt werden. Dies erleichtert es, einige typische Eigenschaften wie die Empfindlichkeit gegen Überlastung oder das Temperaturverhalten zu verstehen.

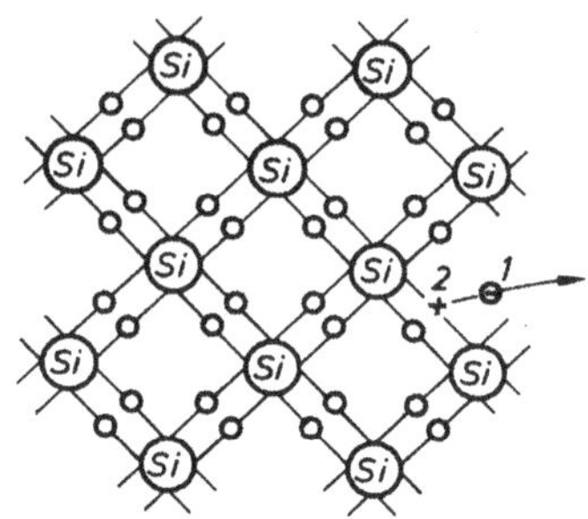

Abb. 2.5 Schema eines reinen Si-Kristalls mit Eigenleitfähigkeit: *1* freies Elektron, *2* Fehlstelle oder Defektelektron

2.1.2.1   Trägerbewegung in Halbleitern

Eigenleitfähigkeit Halbleiterwerkstoffe haben meist einen kristallinen Aufbau mit einer regelmäßigen Anordnung der Atome in einer Gitterstruktur. Bei den wichtigsten jeweils vierwertigen Elementen Silizium und Germanium stellt jedes der vier Valenzelektronen die Bindung zu einem Nachbaratom her und ist damit zunächst im Kristallgitter gebunden. In der Ebene dargestellt, ergibt dies ein Schema nach Abb. 2.5 mit einer Elektronenpaarbindung nach allen vier Seiten. Der reine Kristall besitzt in diesem Zustand keine freien Ladungsträger und ist daher ein idealer Isolator.

Bei Temperaturen $> 0\,\mathrm{K}$ brechen nun durch die Wärmeschwingungen der Atome einzelne Paarbindungen auf, womit die betreffenden Elektronen als frei bewegliche negative Ladungsträger zur Verfügung stehen. Jedes freie Elektron hinterlässt an seinem Platz eine Fehlstelle (Loch, Defektelektron), die als positive Elementarladung wirkt. Durch die Bewegung der Elektronen werden einige Fehlstellen wieder besetzt (Rekombination) und an anderer Stelle entstehen so neue Löcher. Auf diese Weise wandern sowohl positive wie negative Ladungsträger und es besteht eine Eigenleitfähigkeit, die bei $20\,^{\circ}\mathrm{C}$ den Wert $\gamma_{\mathrm{Si}} = 5 \cdot 10^{-4}\,\mathrm{S/m}$ hat und mit der Temperatur stark ansteigt (Kupfer etwa $\gamma_{\mathrm{Cu}} = 5 \cdot 10^{7}\,\mathrm{S/m}$). Man bezeichnet die Bildung der freien Ladungsträger durch die Wärmeenergie als thermische Generation (Abb. 2.5).

2.1.2.2   Störstellenleitfähigkeit

Dotieren Durch kontrollierte Verunreinigung des reinen Si-Kristalls mit dreiwertigen Elementen wie Indium, Aluminium oder fünfwertigen wie Arsen, Phosphor lässt sich die Leitfähigkeit des Halbleitermaterials stark verändern. Je nach den gewünschten Eigenschaften dotiert man Fremdatome zu Eigenatome in einem Verhältnis 1 zu 10^{4} bis 10^{8}, wodurch die Leitfähigkeit in weiten Grenzen eingestellt werden kann. Man bezeichnet die fünfwertigen Elemente, die ein überschüssiges Elektron in das Kristallgitter einbringen, als Donatoren (Spender) und die dreiwertigen, denen ein Bindungselektron fehlt, als Akzeptoren.

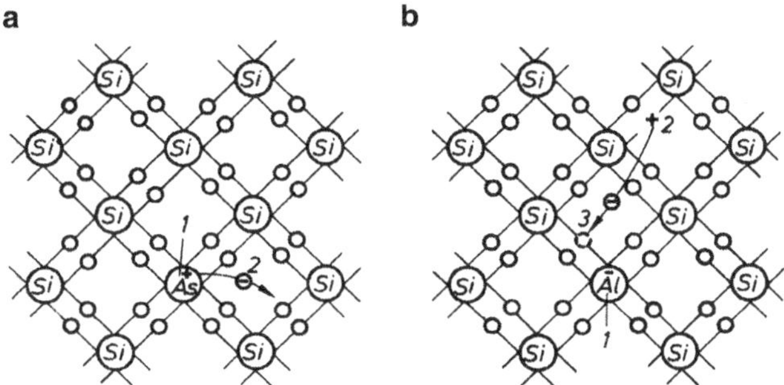

Abb. 2.6   Schema eines dotierten Si-Kristalls. **a** N-Leitung: *1* fünfwertiges Fremdatom (Arsen), *2* Elektron, freie negative Ladung. **b** P-Leitung *1* dreiwertiges Fremdatom (Aluminium), *2* Defektelektron, freie positive Ladung, *3* vervollständigte Bindung

N-Leitung   Die Wirkung eines fünfwertigen Fremdatoms im vierwertigen Si-Kristall ist in Abb. 2.6a dargestellt. Das fünfte Valenzelektron findet in der vierwertigen Gitterstruktur keine feste Bindung, kann sich daher von seinem Atom (Donator) lösen und steht als freier Ladungsträger zur Verfügung. Das Gleiche erfolgt bei den anderen Fremdatomen, so dass insgesamt eine Vielzahl freier negativer Ladungsträger (N-Leitung) vorhanden sind.

Durch den Verlust eines Valenzelektrons wird das Arsenatom in Abb. 2.6a zu einem Ion mit einer positiven Elementarladung, die allerdings im Kristallgitter ortsgebunden ist. Insgesamt ist der Halbleiter aber nach wie vor elektrisch neutral, da sich die negativen Ladungen der freien Elektronen und die positiven der Gitterionen gegenseitig aufheben.

P-Leitung   Im Falle der Dotierung mit Akzeptoren wie z. B. Aluminium in Abb. 2.6b können, da nur drei Valenzelektronen vorhanden sind, nicht alle Paarbindungen im Kristallgitter erzeugt werden. In der einen unvollständigen Bindung bleibt ein Loch oder Defektelektron übrig.

Kommt ein infolge der Wärmebewegung freies Elektron an so eine unvollständige Bindung, so kann es diese schließen, reisst aber damit an seiner ursprünglichen Stelle ein Loch auf. Unter der Wirkung einer äußeren elektrischen Spannung wird die Elektronenbewegung in Richtung zum Pluspol erfolgen, womit die Löcher zwangsläufig in die Gegenrichtung und damit zum negativen Pol wandern. Sie verhalten sich also wie positive Ladungen. Das Dotieren mit Akzeptoren führt damit zu freien positiven Ladungsträgern (P-Leitung), während entsprechend das dreiwertige Fremdatom nach Vervollständigung seiner Bindungspaare eine ortsfeste negative Ladung trägt. Insgesamt ist der Halbleiter nach außen hin wieder elektrisch neutral.

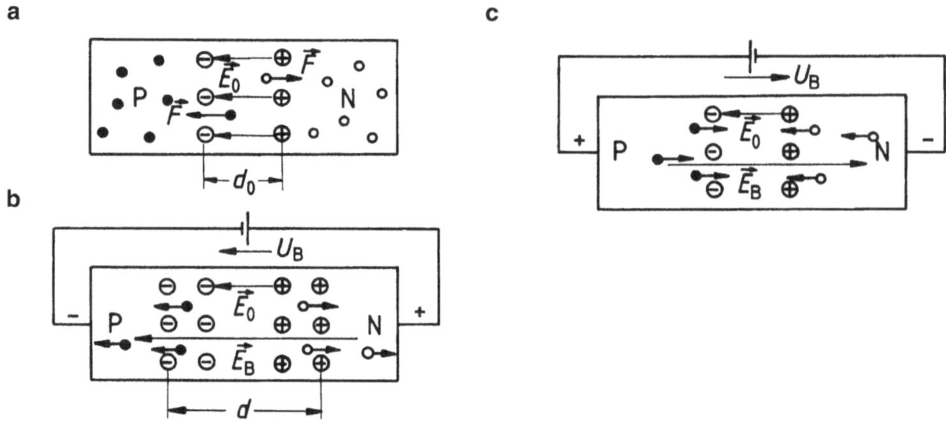

Abb. 2.7 Verhalten eines PN-Übergangs. **a** Keine äußere Spannung: ● positive freie Ladung, ○ negative freie Ladung, **b** Spannung U_B in Sperrrichtung, **c** Spannung U_B in Durchlassrichtung

2.1.2.3 PN-Übergang

Raumladungszone In eine dünne Siliziumscheibe sollen durch Einwirkung geeigneter Gase von der einen Seite fünfwertige, von der anderen dreiwertige Fremdatome eindringen, so dass sich in der Mitte an ein Gebiet mit N-Leitung unmittelbar eines mit P-Leitung anschließt (Abb. 2.7a). In dieser Grenzschicht, dem PN-Übergang, stehen sich damit freie Ladungsträger unterschiedlicher Polarität gegenüber und können sich als sogenannter Diffusionsstrom gegenseitig neutralisieren. Zurück bleiben auf beiden Seiten die ortsfesten Ionen des Kristallgitters, womit auf der N-Seite eine positive Raumladung und auf der P-Seite eine negative Raumladung mit der Gesamtdicke d_0 entsteht.

Wie bei einem geladenen Kondensator bilden diese einander gegenüberliegenden Raumladungen der Grenzschicht wie in Abb. 2.7a skizziert ein elektrisches Feld $\vec{E}_0$ aus. Auf Ladungsträger in diesem Bereich wirken dann nach Gl. 1.2 mit $F = qE$ Kräfte, so dass sich ein dem Diffusionsstrom entgegengerichteter sogenannter Feldstrom ausbilden kann. Resultierend kommt es zu einem Gleichgewicht, d. h. im Bereich des PN-Übergangs fließt kein Strom mehr, was einem hochohmigen Zustand gleichkommt. Dem elektrischen Feld $\vec{E}_0$ entspricht nach der Grundgleichung $U = El$ entlang der PN-Zone eine Potenzialdifferenz, die man Diffusionsspannung U_D nennt. Sie beträgt bei Silizium als Grundmaterial etwa 0,7 V, bei Germanium ca. 0,3 V.

2.1.2.4 Eigenschaften des PN-Übergangs

Sperrrichtung Wird die PN-dotierte Siliziumscheibe nach Abb. 2.7b mit dem Pluspol auf der N-Seite an eine Gleichspannung U_B angeschlossen, so überlagert sich dem Feld

Abb. 2.8 PN-dotierter Si-
Halbleiter als Diode

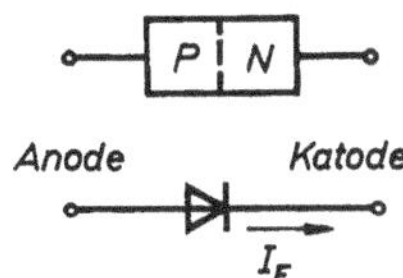

$\vec{E}_0$ das gleichgerichtete elektrische Feld $\vec{E}_\text{B}$ dieser äußeren Spannung. Die freien Ladungsträger werden damit im Sinne des Feldstroms jeweils zu den Anschlüssen hin bewegt, die Elektronen der N-Seite also zum Pluspol der Spannungsquelle. Damit verbreitert sich die von beweglichen Ladungen freie Zone auf $d > d_0$ und der PN-Übergang wirkt hochohmig. Trotz der äußeren Spannung U_R fließt damit nur ein sehr kleiner Strom, man sagt, das Siliziumplättchen wird in Sperrrichtung betrieben.

Durchlassrichtung Polt man nach Abb. 2.7c die äußere Spannung U_B mit dem Pluspol auf der P-Seite des dotierten Siliziums, so wirkt das elektrische Feld E_B jetzt dem Raumladungsfeld E_0 entgegen. Überschreitet U_B den Wert der Diffusionsspannung $U_\text{D} = 0,7\,\text{V}$, so werden die freien Ladungen im Sinne des Diffusionsstromes in Richtung auf den PN-Übergang bewegt, Dieser wird mit Ladungen überschwemmt und verringert seinen Durchlasswiderstand um viele Zehnerpotenzen. Der Halbleiter ist damit niederohmig, er wird in Durchlassrichtung betrieben und muss durch einen Vorwiderstand vor einem Kurzschluss geschützt werden.

Ein Halbleiter mit einem PN-Übergang besitzt also Ventileigenschaften und stellt somit eine Diode dar, wobei das Schaltzeichen mit dem Durchlassstrom I_F und der PN-Aufbau einander nach Abb. 2.8 zugeordnet sind.

Sperrstrom Die mit Abb. 2.7b definierte Sperrrichtung des PN-Übergangs gilt nur für die durch die Dotierung erzeugten sogenannten Majoritätsträger, also die Elektronen der N-Seite und die positiven Ladungen der P-Seite. Bereits bei Raumtemperatur entstehen aber durch die thermische Energie mit den Minoritätsträgern auch Ladungen der jeweils anderen Polarität, für die der PN-Übergang durchlässig ist. Sie bilden den Sperrstrom, der bei 20 °C nur ca. 1 ‰ des Durchlassstromes beträgt, bei Erwärmung aber stark ansteigt.

Durchbruchspannung Steigert man die an einem PN-Halbleiter in Sperrrichtung gepolte Spannung stetig, so wächst der Sperrstrom zunächst nur langsam an. Überschreitet die elektrische Feldstärke im Bereich des PN-Übergangs aber einen kritischen Wert, so werden die den Sperrstrom bildenden freien Ladungsträger so stark beschleunigt, dass sie weitere Valenzelektronen aus ihren Doppelbindungen herausschlagen können. Es entsteht dann bei der entsprechenden Durchbruchspannung ein lawinenartiger Anstieg des Sperrstromes, der zur Zerstörung des Halbleiters führt.

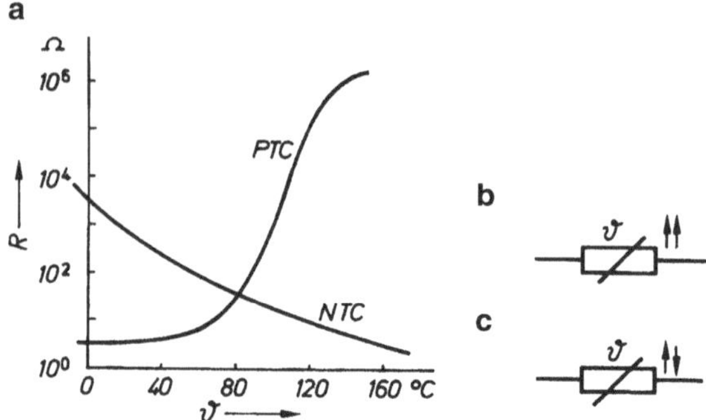

Abb. 2.9 Thermistoren.
a Widerstandskennlinien,
b Schaltzeichen eines PTC-Widerstandes, **c** Schaltzeichen eines NTC-Widerstandes

2.1.3 Halbleiterbauelemente ohne Sperrschicht

2.1.3.1 Thermistoren

Unter der Bezeichnung Thermistor (von **therm**al sensitiv re**sistor**) fasst man alle Halbleiterwiderstände zusammen, die ihren Ohmwert bei Erwärmung um mehrere Zehnerpotenzen ändern. Es handelt sich hierbei um Gemische verschiedener Metalloxide, die in Scheiben- oder Stabform gesintert werden.

Heißleiter Diese auch NTC-Widerstände genannten Bauelemente besitzen einen sehr großen negativen Temperaturbeiwert und damit Kennlinien nach Abb. 2.9. Der Widerstand R_{20} bei 20 °C liegt im Bereich 10 Ω bis 500 kΩ. Je nach Anwendung unterscheidet man zwischen fremdbeheizten Heißleitern und solchen, die durch ihren eigenen Laststrom erwärmt werden.

Anwendungen Messheißleiter eignen sich für alle Aufgaben der Temperaturmessung und -überwachung, z. B. bei thermischem Überlastungsschutz elektrischer Geräte. Kompensationsheißleiter werden zur Temperaturstabilisierung von elektronischen Schaltungen eingesetzt. Anlassheißleiter dienen zur Unterdrückung von Einschaltstromstößen vor allem bei Kleinmotoren und Netzgeräten z. B. für PCs. Ihr Ohmwert sinkt durch die Eigenerwärmung infolge des Laststromes innerhalb weniger Sekunden um Zehnerpotenzen. Mit demselben Prinzip lassen sich auch Anzugs- und Abfallverzögerungen von Relais verwirklichen.

Beispiel 2.3

Auf der Spule eines Relais sind die Daten $U = 12\,\text{V}$, $R = 750\,\Omega$ angegeben. Zur Anzugsverzögerung wird nach Abb. 2.10 ein Heißleiter mit dem Widerstand $R_{20} = 5\,\text{k}\Omega$ bei 20 °C und der zulässigen Verlustleistung $P_v = 64\,\text{mW}$ in Reihe geschaltet. Wie groß darf der Heißleiterwiderstand R_H im Dauerbetrieb höchstens sein, wenn er nicht wie im Bild angegeben bei eingeschaltetem Relais überbrückt werden kann? Welche

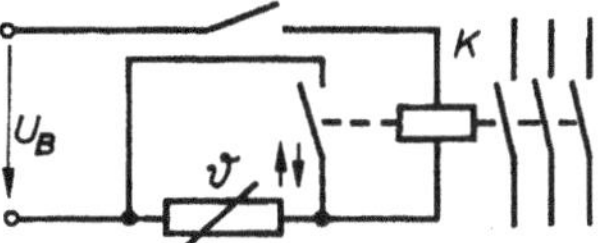

Abb. 2.10 NTC-Widerstand zur Anzugsverzögerung eines Relais K

Spannung U_B ist an die Schaltung anzulegen und welcher Strom I_0 fließt bei noch kaltem Halbleiter?

Erforderlicher Betriebstrom des Relais

$$I = \frac{U}{R} = \frac{12\,\text{V}}{750\,\Omega} = 16\,\text{mA}$$

Die Verlustleistung des Heißleiters bei Betrieb ist $P_\text{v} = I^2 \cdot R_\text{H}$, damit

$$R_\text{H} = \frac{P_\text{v}}{I^2} = \frac{64\,\text{mW}}{(16\,\text{mA})^2} = 250\,\Omega$$

Erforderliche Betriebsspannung

$$U_\text{B} = I(R + R_\text{H}) = 16\,\text{mA}(750\,\Omega + 250\,\Omega) = 16\,\text{V}$$

Relaisstrom bei kaltem Halbleiter

$$I_0 = \frac{U_B}{R + R_{20}} = \frac{16\,\text{V}}{5750\,\Omega} = 2{,}78\,\text{mA}$$

Aufgabe 2.5

Ein Relais mit den Daten $U = 12\,\text{V}$, $R = 600\,\Omega$ erreicht bereits bei $I_\text{a} = 12\,\text{mA}$ seinen Anzugsstrom. Welche Zeitverzögerung t_a entsteht mit einem Heißleiter in Reihe, der den Anfangswiderstand $R_{20} = 6{,}4\,\text{k}\Omega$ hat und der alle zwei Sekunden seinen Widerstand bei Erwärmung halbiert?

Ergebnis: $t_\text{a} = 8\,\text{s}$

Kaltleiter Diese PTC-Widerstände mit $R_{20} = 1$ bis $100\,\text{k}\Omega$ haben einen großen positiven Temperaturbeiwert (Abb. 2.9) und können ebenfalls entweder im Bereich der Fremderwärmung oder der Eigenerwärmung eingesetzt werden. Im ersten Fall handelt es sich wieder um Temperaturfühler für Aufgaben der Mess- und Regelungstechnik, im anderen um alle Arten des Überlastungsschutzes.

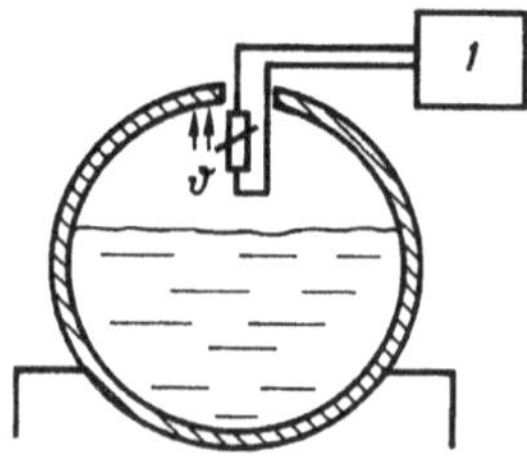

Abb. 2.11 PTC-Widerstand als Grenzstandmelder: *1* Signalgeber

Eigenerwärmte Kaltleiter werden häufig als Niveauregler in Öl- und Kraftstofftanks eingesetzt (Abb. 2.11). Hat die Flüssigkeit den PTC-Widerstand erreicht, so kühlt er sich durch die dann bessere Wärmeabgabe rasch ab und verringert dadurch seinen Ohmwert wesentlich. Die erzielte Stromänderung dient dann zur Signalabgabe.

2.1.3.2 Varistoren

Auf der Basis von Siliziumkarbid oder Zinkoxid lassen sich Bauelemente herstellen, deren Widerstand beim Überschreiten einer bestimmten Ansprechspannung U_N stark sinkt. Dadurch entstehen I/U-Kennlinien nach Abb. 2.12 mit einem ausgeprägten Knick bei U_N.

Bei modernen Metalloxid-Varistoren bricht der Widerstand beim Überschreiten der Ansprechspannung von über $1\,M\Omega$ in weniger als $50\,ns$ auf einige Ohm zusammen. Sie eignen sich dadurch sehr gut zum Schutz empfindlicher elektronischer Schaltungen vor kurzzeitigen Überspannungen, die sie auf den Ansprechwert begrenzen. Bei der Auslegung ist darauf zu achten, dass der Varistor weder im Normalbetrieb bei $U < U_N$ noch bei einem Überspannungsstoß überlastet wird. Richtwerte dafür sind eine mögliche Energieabsorption von 1 bis $100\,Ws$ und eine Dauerbelastbarkeit von 0,1 bis $1\,W$ je nach Baugröße.

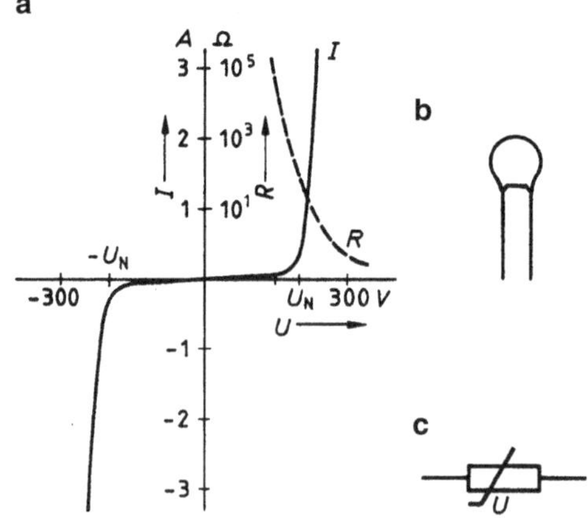

Abb. 2.12 Varistoren. **a** I/U- und Widerstandskennlinie, **b** Bauform, **c** Schaltzeichen

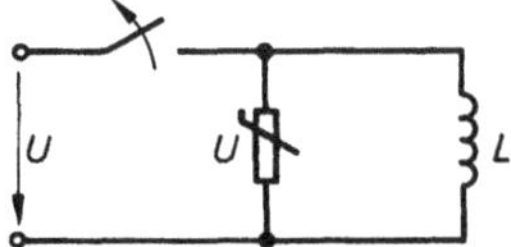

Abb. 2.13 Überspannungsschutz durch einen Varistor

Beispiel 2.4

Für welche Energieabsorption muss ein Varistor in Abb. 2.13, der die Überspannung beim Abschalten der Induktivität L begrenzen soll, ausgelegt sein? Es ist $U = 230\,\text{V}$, $50\,\text{Hz}$, $L = 200\,\text{mH}$.

Der Varistor muss die magnetische Energie der Spule im ungünstigsten Schaltaugenblick, d. h. bei Strommaximum $\hat{\imath}$ aufnehmen können. Nach Gl. 1.66 ist

$$\hat{\imath} = \frac{\sqrt{2} \cdot U}{\omega\,L} = \frac{\sqrt{2} \cdot 230\,\text{V}}{314\,\text{s}^{-1} \cdot 0{,}2\,\text{H}} = 5{,}18\,\text{A}$$

Damit gilt nach Gl. 1.55 für die magnetische Energie W

$$W = \frac{1}{2} L\,\hat{\imath}^2 = \frac{1}{2} \cdot 0{,}2\,\text{H} \cdot (5{,}18\,\text{A})^2 = 2{,}68\,\text{Ws}$$

Aufgabe 2.6

Die Induktivität in Beispiel 2.4 baut den Maximalwert ihres Stromes in $1\,\text{ms}$ ab. Welche Überspannung entsteht?

Ergebnis: $U_{\text{max}} = 1036\,\text{V}$

2.1.3.3 Fotowiderstände

Bei diesen Bauelementen aus Mischkristallen (CdS, PbS) wird durch die Lichteinstrahlung über ein Kunststofffenster im Gehäuse die Zahl der freien Ladungsträger erhöht, womit sich der Ohmsche Widerstand stark verringert. In Abhängigkeit von der Beleuchtungsstärke E erreicht man Kennlinien nach Abb. 2.14a. Je nach verwendetem Material erhält man eine unterschiedliche spektrale Empfindlichkeit S (Abb. 2.14b), deren Maximum nicht innerhalb des sichtbaren Wellenbereichs von $0{,}35$ bis $0{,}75\,\mu\text{m}$ liegen muss. Die Ansprechzeiten betragen bei Helligkeitsänderung einige ms.

Anwendungen Fotowiderstände haben zulässige Verlustleistungen von etwa $50\,\text{mW}$ bis $2\,\text{W}$ und werden sehr vielfältig eingesetzt. Hauptanwendungsgebiete sind Lichtschranken aller Art, Dämmerungsschalter und z. B. Flammwächter bei Ölbrennern.

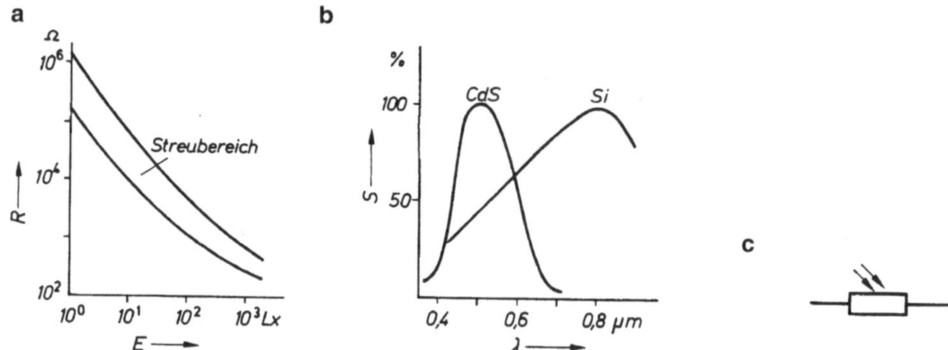

Abb. 2.14 Fotowiderstände. a Kennlinienfeld, b spektrale Empfindlichkeit, c Schaltzeichen

Abb. 2.15 Hallsonden.
a Bauform und Anschlüsse,
b Schaltzeichen

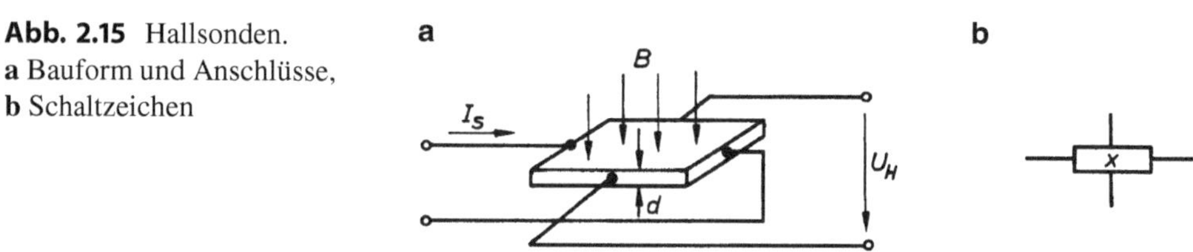

2.1.3.4 Magnetfeldabhängige Bauelemente

Hallsonden Werden längliche, dünne Plättchen aus Indiumarsenid oder verschiedenen anderen Halbleitermaterialien (Abb. 2.15) in Längsrichtung von einem Steuerstrom I_S durchflossen und gleichzeitig senkrecht zur Fläche von einem Magnetfeld der Dichte B durchsetzt, so entsteht zwischen den seitlichen Anschlüssen eine Hallspannung U_H genannte Potenzialdifferenz, die sich nach

$$U_H = \frac{R_H}{d} \cdot B \cdot I_S = c_H \cdot B \cdot I_S \qquad (2.1)$$

errechnet. Ursache dieses Halleffektes ist die Ablenkung der Ladungsträger des Steuerstromes im Magnetfeld. Der Faktor c_H ergibt sich aus der Hallkonstanten R_H des Materials und der Plättchendicke d, er beträgt etwa $c_H = 1\,\mathrm{V}/(\mathrm{A} \cdot \mathrm{T})$. Bei Steuerströmen von $I_S = 100\,\mathrm{mA}$ und der Felddichte $B = 1\,\mathrm{T}$ erhält man also eine Hallspannung $U_H = 100\,\mathrm{mV}$.

Aufgrund ihrer kleinen Abmessungen von $< 1\,\mathrm{cm}^2$ Fläche und $< 1\,\mathrm{mm}$ Dicke können Hallsonden im Luftspalt elektrischer Maschinen zur Magnetfeldmessung eingesetzt werden. Erzeugt man nach Abb. 2.16 das Magnetfeld durch einen beliebigen Strom I_d, so wird bei geeigneter Auslegung $B \sim I_d$ und damit die Hallspannung $U_H = C \cdot I_S \cdot I_d$, womit die Hallsonde als Multiplikator arbeitet. Diese Technik wird z. B. zur potenzialfreien Gleichstrommessung verwendet (Beispiel 2.5).

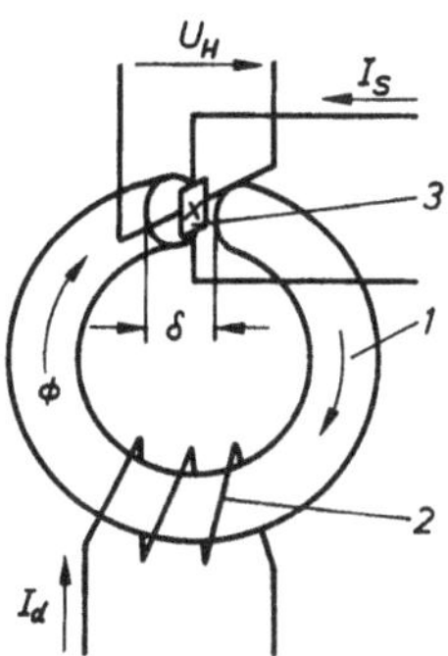

Abb. 2.16 Potenzialfreie Gleichstrommessung mit einer Hallsonde: *1* Ringkern, *2* Spule, *3* Hallsonde

---

Beispiel 2.5

Zur potenzialfreien Messung eines Gleichstromes $I_d = 20\,\text{A}$ wird die Anordnung nach Abb. 2.16 aus einer Ringspule mit Luftspalt $\delta = 1\,\text{mm}$ und einer eingebauten Hallsonde verwendet. Für die Hallspannung gilt $U_H = c_H \cdot B \cdot I_S$, wobei $c_H = 0,8\,\text{V/(A} \cdot \text{T)}$ ist und ein konstanter Steuerstrom $I_S = 500\,\text{mA}$ eingestellt wird.

Welche Windungszahl N muss die Spule erhalten, wenn der magnetische Widerstand des Eisenwegs vernachlässigbar ist und bei $I_d = 20\,\text{A}$ eine Hallspannung $U_H = 200\,\text{mV}$ auftreten soll?

Bei den gestellten Bedingungen muss bei $I_d = 20\,\text{A}$ eine Felddichte

$$B = \frac{U_H}{c_H \cdot I_s} = \frac{0,2\,\text{V}}{0,8\,\text{V/(A} \cdot \text{T)} \cdot 0,5\,\text{A}} = 0,5\,\text{T}$$

in der Spule auftreten.

Zwischen Felddichte und Spulenstrom gilt nach Abschn. 1.2.2.3 die Zuordnung

$$B = \mu_0 \cdot H = \mu_0 \cdot \frac{N \cdot I_d}{\delta}$$

Die erforderliche Windungszahl der Spule wird

$$N = \frac{B \cdot \delta}{\mu_0 \cdot I_d} = \frac{0,5\,\text{Vs} \cdot 10^{-3}\,\text{m}}{\text{m}^2 \cdot 1,25 \cdot 10^{-6}\,\Omega\text{s/m} \cdot 20\,\text{A}}$$
$$N = 20\,\text{Wdg.}$$

Aufgabe 2.7

Die Anordnung in Abb. 2.16 erhält durch einen Herstellungsfehler nur einen Luftspalt von $\delta = 0,8\,\text{mm}$. Sonst gelten alle Daten aus Beispiel 2.5.

Welche Empfindlichkeit hat jetzt ein Spannungsmesser, der als Amperemeter zu eichen ist?

Ergebnis: 1 Skalenteil $= 0{,}08\,\text{A/mV}$

Feldplatten Dies sind Halbleiterwiderstände z. B. aus Indiumarsenid, die meist mäanderförmig auf einen Träger aufgebracht werden. Befindet sich die stromdurchflossene Feldplatte in einem Magnetfeld, so werden die Strombahnen aus ihrem geraden Weg abgelenkt und so verlängert. Der Widerstand des Bauteils ist damit feldabhängig und erreicht von einem Grundwert von $10\,\Omega$ bis $10\,\text{k}\Omega$ bei $B = 0$ etwa den zehnfachen Wert bei $B = 1\,\text{T}$.

Anwendungen Feldplatten wie auch Hallsonden werden vor allem zur Messung magnetischer Felder und zur magnetfeldabhängigen Signalabgabe eingesetzt.

2.1.3.5 Flüssigkristallzellen

Als Flüssigkristalle bezeichnet man bestimmte organische Verbindungen mit kristalliner Struktur, deren optische Eigenschaften sich im elektrischen Feld ändern. Auf der Grundlage dieses Effektes lassen sich sogenannte LCD-Anzeigesysteme (Liquid Cristal Display) aufbauen, deren Bausteine Flüssigkristallzellen (Abb. 2.17) sind.

Zwei Glasplatten mit Polarisationsfiltern an den Außenseiten schließen eine ca. $10\,\mu\text{m}$ dicke Flüssigkristallschicht ein. An den Innenseiten befinden sich Elektroden, die bei angelegter Spannung in ihrem Bereich ein elektrisches Feld E in der Schicht erzeugen. Je nach Anordnung der Filter und der Beleuchtungstechnik erscheint dann die Teilfläche hell oder dunkel gegenüber der Umgebung, während sich alle nichterregten Teile nicht hervorheben.

Zur Wiedergabe von Dezimalzahlen in Digitalanzeigen verbindet man mehrere Zellen zu einer 7-Segment-Einheit (Abb. 2.18). Im Vergleich zur Leuchtdiodentechnik benötigt eine LCD-Anzeige wesentlich weniger Leistung. Die Stromaufnahme für eine mehrstellige Ziffer beträgt bei Betriebsspannungen von 5 bis $8\,\text{V}$ nur ca. $10\,\mu\text{A}$. LCD-Anzeigen haben sich daher bei batterieversorgten Geräten wie Uhren, Multimetern und Taschenrechnern durchgesetzt.

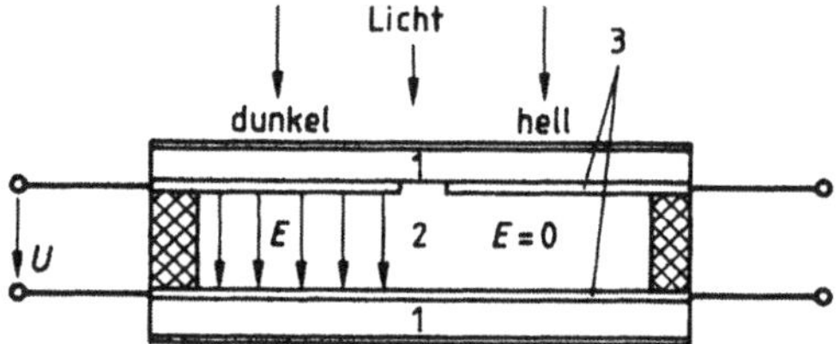

Abb. 2.17 Aufbau einer Flüssigkristallzelle: *1* Glasplatte mit Polarisationsfilter, *2* Flüssigkristallschicht, *3* Elektroden

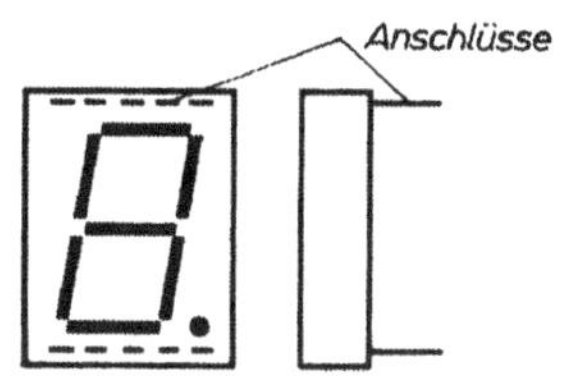

Abb. 2.18 7-Segment-Anzeige
für Dezimalzahlen

2.1.4 Halbleiterbauelemente mit Sperrschichten

2.1.4.1 Dioden

Der Aufbau einer Diode aus einem P- und N-dotierten Silizium- oder Germaniumkristall und ihr grundsätzliches Verhalten wurden bereits in Abschn. 2.1.2 erläutert. Je nach Einsatzbereich unterscheidet man sehr verschiedene Ausführungen und Leistungen.

Gleichrichterdioden Das Verhalten einer Diode wird durch die Strom-Spannungskennlinie für beide Stromrichtungen bestimmt. Man unterscheidet zwischen Durchlassbereich (Index F – forward, vorwärts) und Sperrbereich (Index R – reverse, rückwärts) und erhält für die wichtigen Siliziumdioden ein Diagramm nach Abb. 2.19. In Durchlassrichtung wird der niederohmige Bereich mit dem steilen Kennlinienast erst mit Überschreiten der Schwell- oder Schleusenspannung U_S erreicht, da zunächst die Diffusionsspannung des PN-Übergangs überwunden werden muss. Für Germaniumdioden gilt etwa $U_S = 0{,}3$ V, für Siliziumdioden $U_S = 0{,}7$ V.

Für die Sperrkennlinie in Abb. 2.19 gilt ein völlig anderer Maßstab. Der Sperrstrom I_R steigt mit der Spannung U_R nur wenig an und liegt im Bereich von μA bis mit der Durchbruchspannung U_D die Belastungsgrenze erreicht ist. Der Sperrstrom ist stark von der Temperatur des PN-Übergangs, die bei Silizium etwa maximal 180 °C betragen darf, abhängig. Man kann ungefähr pro 10 °C Temperaturanstieg mit einer Verdoppelung von I_R rechnen.

Abb. 2.19 Gleichrichterdioden. **a** Kennlinien für Sperr- und Durchlassrichtung, **b** Schaltzeichen

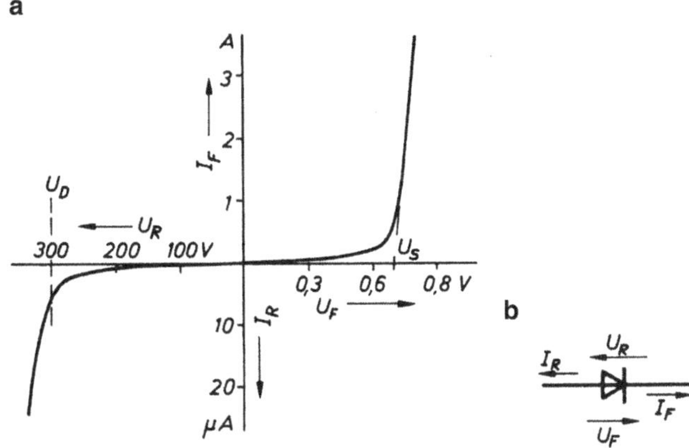

Abb. 2.20 Bauformen von Gleichrichterdioden. **a** Drahtdiode, **b** Schraubdiode, **c** Scheibendiode

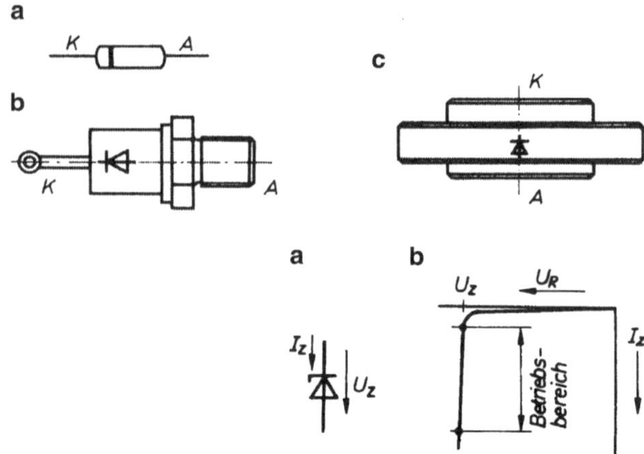

Abb. 2.21 Z-Diode. **a** Schaltzeichen, **b** Sperrkennlinie

Bauarten und Einsatz Gleichrichterdioden werden heute für Sperrspannungen von etwa 10 V bis 6 kV bei Durchlassströmen von 10 mA bis über 1000 A gebaut. Entsprechend unterschiedlich sind auch die technischen Ausführungen. Bis zu Strömen von einigen Ampere verwendet man meist Drahtdioden (Abb. 2.20a), die direkt in die Schaltung eingelötet werden. Bei Werten unter 100 A kommen Schraubdioden (Abb. 2.20b) zum Einsatz, die auf einen eigenen Kühlkörper montiert sind. Darüber hinaus gibt es großflächige Scheibendioden (Abb. 2.20c), die eine äußere Wasserkühlung erhalten.

Anwendungen Der Einsatzbereich umfasst alle Aufgaben der Gleichrichtung von Wechselströmen von der Demodulationsstufe eines Nachrichtengeräts mit kleinsten Strömen bis zu großen Stromrichtern der Anlagentechnik. Für diesbezügliche Schaltungen sei auf Abschn. 2.2 verwiesen.

Die Verluste einer Leistungsdiode liegen unter 1 % der Anschlussleistung, trotzdem muss man zur Abfuhr der Verlustwärme besondere Maßnahmen treffen. Da das Halbleiterplättchen unter 1 mm stark ist, besitzt es fast keine innere Wärmekapazität, womit jede Überlastung sofort die Sperrschichttemperatur unzulässig erhöht. Damit kommt bei allen Leistungshalbleitern dem Überstromschutz eine besondere Bedeutung zu.

Z-Dioden Bei diesen auch Zenerdioden genannten Bauelementen ist der Knick in der Sperrkennlinie besonders stark ausgeprägt und die Ausführung so, dass ein Betrieb auf dem steilen Ast der Sperrkennlinie zulässig wird (Abb. 2.21).

Z-Dioden gibt es für Durchbruchspannungen von $U_z = 2$ bis 200 V und zulässige Verlustleistungen von $P_v = 10$ mW bis 5 W. Einsatzgebiete sind Schaltungen zur Stabilisierung von Spannungen bei Netzgeräten oder zur Bildung von Referenzspannungen (s. Beispiel 2.6).

In Abb. 2.22 ist die grundsätzliche Schaltung einer Z-Diode zur Spannungsbegrenzung angegeben. Da bei $u_1 > U_z$ der Strom entsprechend dem steilen Ast der Kennlinie sofort unzulässig ansteigt, muss ein Schutzwiderstand R vorgesehen werden. Dieser nimmt mit

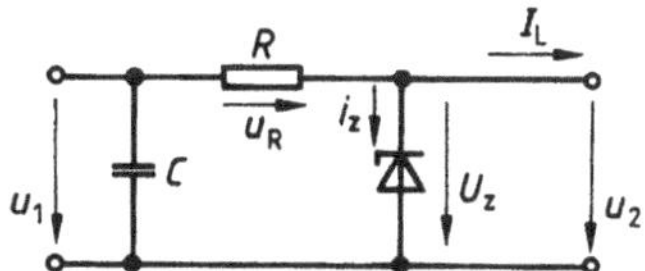

Abb. 2.22 Schaltung zur Spannungs-Begrenzung mit Z-Diode

$u_R = u_1 - U_z$ den Spannungsüberschuss auf und begrenzt damit den Strom der Z-Diode auf Werte innerhalb des Betriebsbereichs.

Ohne Kondensator C in Abb. 2.22 entsteht aus der gleichgerichteten Wechselspannung u_1 der abgeflachte Verlauf in Abb. 2.23a mit einer Amplitudenbegrenzung auf den Ansprechwert U_z. Wird die Eingangsspannung dagegen durch die Kapazität C so vorgeglättet, dass stets $u_1 > U_z$ ist (Abb. 2.23b), erhält man am Ausgang die konstante Spannung $u_2 = U_z$.

Beispiel 2.6

Zur Begrenzung einer pulsierenden Gleichspannung mit $\hat{u} = 24\,\text{V}$ (Abb. 2.23), die durch einen Kondensator C nicht genügend geglättet ist, soll eine Z-Diode mit den Daten $U_z = 15\,\text{V}$, $P_v = 150\,\text{mW}$ verwendet werden. Der Ausgangsstrom der Schaltung sei $I_L = 20\,\text{mA}$. Es ist ein Schutzwiderstand R so auszulegen, dass die Z-Diode nicht überlastet wird.

Zulässiger Z-Diodenstrom $I_{z\,\text{max}} = P_v/U_z = 150\,\text{mW}/15\,\text{V} = 10\,\text{mA}$. Dieser Strom tritt auf, wenn $u_1 = \hat{u}$ ist, wobei der Strom I_R im Widerstand

$$I_R = I_L + I_{z\,\text{max}} = 20\,\text{mA} + 10\,\text{mA} = 30\,\text{mA}$$

beträgt. Der Widerstand muss in diesem Augenblick die Spannung $U_R = \hat{u} - U_z$ aufnehmen. Es gilt damit

$$R = \frac{\hat{u} - U_z}{I_R} = \frac{24\,\text{V} - 15\,\text{V}}{30\,\text{mA}} = 300\,\Omega$$

Abb. 2.23 Spannungsbegrenzung durch eine Z-Diode. **a** Spannungen ohne Kondensator, **b** Spannungen mit Kondensator

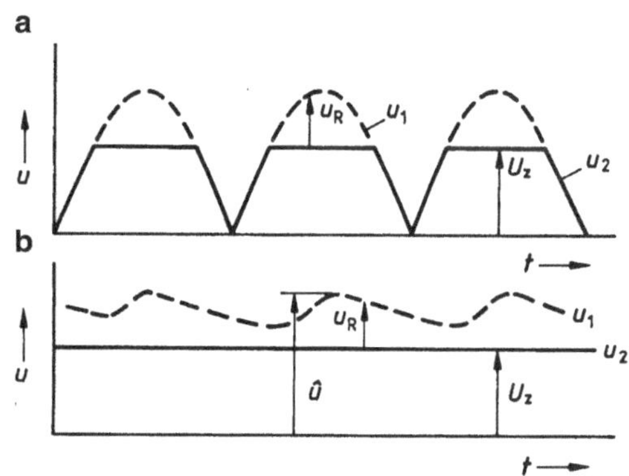

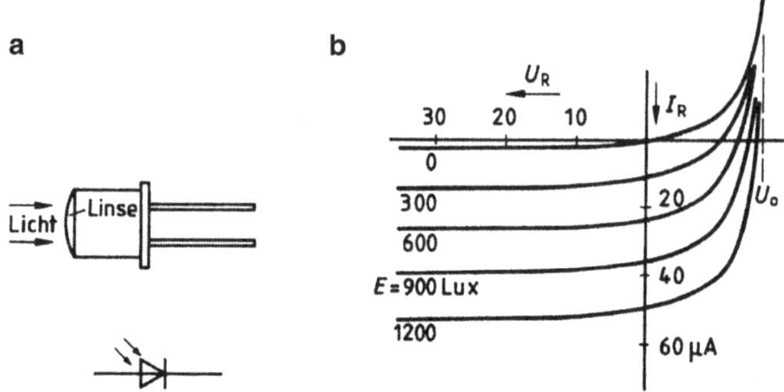

Abb. 2.24 Fotodioden. **a** Bauform und Schaltzeichen, **b** Kennlinienfeld

Maximale Verlustleistung im Widerstand

$$P_R = I_R^2 \cdot R = (30\,\text{mA})^2 \cdot 300\,\Omega = 0{,}27\,\text{W}$$

Aufgabe 2.8

Auf welchen Wert $u_{1\text{min}}$ darf die Eingangsspannung in Abb. 2.22 (Beispiel 2.6) sinken, wenn ein minimaler Z-Diodenstrom $I_{z\,\text{min}} = 1$ mA garantiert sein muss?

Ergebnis: $u_{1\text{min}} = 21{,}3$ V

Fotodioden Ermöglicht man bei Dioden eine Lichteinstrahlung auf die Sperrschicht, so können sich durch die Energie der aufgenommenen Lichtquanten oder Photonen Elektronen aus den Gitterverbindungen lösen. Zusammen mit den zugehörigen Fehlstellen entstehen damit freie Ladungsträgerpaare, die durch das elektrische Feld der Raumladungszone im PN-Übergang getrennt werden und eine Leerlaufspannung U_0 bilden (Abb. 2.24).

Betreibt man das Bauelement mit einer Betriebsspannung U_R in Sperrrichtung, so erhält man eine Fotodiode, deren Sperrstrom entsprechend dem angegebenen Kennlinienfeld proportional zur Beleuchtungsstärke E ansteigt. Im Gegensatz zum Fotowiderstand entsteht fast keine Anzeigeträgheit, so dass der Sperrstrom auch noch Lichtwechseln im MHz-Bereich folgt. Fotodioden eignen sich daher sehr gut für alle Aufgaben der Steuerungstechnik.

Fotoelemente Aufgrund ihrer Leerlaufspannung U_0 kann eine Fotodiode auch eigenständig als Generator eingesetzt werden. Man bezeichnet sie in dieser Anwendung als Fotoelement und betreibt sie in der Mess- und Steuerungstechnik z. B. im Belichtungsmesser mit $R_L = 0$ im Kurzschluss (Abb. 2.25).

Solarzellen Großflächige Fotoelemente werden als Solarzellen zur Erzeugung elektrischer Energie aus Sonnenstrahlen eingesetzt. Da die Spannung pro Zelle mit $U_0 < 0{,}5$ V

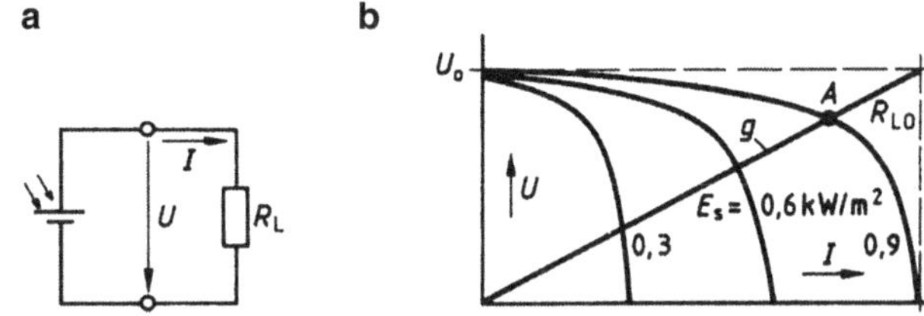

Abb. 2.25 Fotoelement und Solarzelle. **a** Schaltung und Zeichen, **b** Kennlinienfeld der Solarzelle, *g* Widerstandsgerade, *A* Arbeitspunkt

nur den Wert der Diffusionsspannung U_D des PN-Übergangs erreicht, schaltet man in der Praxis viele Zellen in Reihe.

Die Betriebskennlinie $U = f(I)$ eines derartigen Solarmoduls wird meist in Abhängigkeit von der Bestrahlungsstärke E_s des Sonnenlichts angegeben, die maximal etwa $1\,\mathrm{kW/m^2}$ beträgt (Abb. 2.25b). Der Arbeitspunkt bei Belastung mit einem Widerstand R_L ergibt sich dann durch den Schnittpunkt mit der Geraden g aus der Gleichung $U = I \cdot R_\mathrm{L}$. Die optimale Abgabeleistung erhält man bei R_{L_0}, sie beträgt bei Wirkungsgraden von ca. $10\,\%$ maximal $100\,\mathrm{W}$ pro m^2 Solarfläche. Der Einsatz von Solarmodulen reicht heute vom Taschenrechner über die Versorgung von Parkautomaten und entlegenen Anlagen der Fernmeldetechnik bis zum Fotovoltaik-Kraftwerk mit mehreren $100\,\mathrm{kW}$ Leistung.

Beispiel 2.7

Für ein Projekt „Wasserstoff-Technologie" soll in einem wüstenähnlichen Gebiet ein großes Solarkraftwerk geplant werden. Als Spitzenwert sind $P = 1000\,\mathrm{MW}$, d. h. die Leistung eines Generators aus einem Kernkraftwerk vorgesehen.

Es ist der Flächenbedarf A_F abzuschätzen.

Bei einer maximalen Bestrahlungsstärke $E_\mathrm{s} = 1\,\mathrm{kW/m^2}$ und einem Umwandlungswirkungsgrad $\eta = 0{,}1$ ergibt sich die reine Solarfläche zu

$$A_\mathrm{s} = \frac{P}{E_\mathrm{s} \cdot \eta} = \frac{10^6\,\mathrm{kW}}{1\,\mathrm{kW/m^2} \cdot 0{,}1} = 10^7\,\mathrm{m^2}$$

Wegen der Installationen, Verkehrswege usw. sei für das Gelände der 1,6fache Wert von A_s erforderlich.

$$A_\mathrm{F} = 1{,}6 A_\mathrm{s} = 1{,}6 \cdot 10^7\,\mathrm{m^2} = 16\,\mathrm{km^2} = 4\,\mathrm{km} \times 4\,\mathrm{km}$$

Aufgabe 2.9

Auf dem südseitigen Dach eines Hauses werden $40\,\mathrm{m^2}$ Solarmodule angebracht. Wie groß ist die jährliche Energieausbeute W, wenn mit $1000\,\mathrm{h}$ voller Sonneneinstrahlung ($p = 1\,\mathrm{kW/m^2}$) und einem Wirkungsgrad von $10\,\%$ zu rechnen ist?

Ergebnis: $W = 4000\,\mathrm{kWh}$

Abb. 2.26 Schaltzeichen einer
Leuchtdiode

Leuchtdioden Diese auch Lumineszensdioden oder LED (Licht emittierende Diode) ge-nannten Zweischichthalbleiter (Abb. 2.26) werden in Durchlassrichtung betrieben, so dass Elektronen in die P-Schicht gelangen. Dort kommt es mit den als positive Ladungen wir-kenden Löchern zu Rekombinationen, bei denen Energie in Form von Lichtstrahlung frei wird. Die Lichtstärke wächst mit dem Diodenstrom, wobei je nach Kristallmaterial verschiedene Leuchtfarben (gelb, grün, rot, blau) entstehen. Anwendungen sind Anzeige-systeme und optoelektrische Koppelbausteine (Optokoppler, s. Abschn. 2.1.4.4)

OLED Neben der LED, die aus anorganischem Material besteht, sind in den letzten Jah-ren zunehmend sogenannte organische Leuchtdioden OLED auf dem Markt. Sie bestehen aus teils mehreren organischen sehr dünnen Schichten, die auch auf einen Träger aufge-dampft werden können und keine einkristalline Struktur besitzen müssen.

OLEDs können unter 1 mm dünn gehalten werden, sie werden als flächenhafte Schei-ben gefertigt und z. B. in Handys und Notebooks aber auch als Leuchtkörper in Räumen eingesetzt. Wie bei der LED wird die Leuchtfarbe durch das P-Material bestimmt, wobei aber durch Reihenschaltung aus Material der drei Grundfarben rot, grün und blau direkt weißes Licht erzeugt werden kann. Die Reaktionszeit von OLED-Bildschirmen kann bis auf 1 Mikrosekunde gesenkt werden und ist damit um das 100fache schneller als die LCD-Technik. Nachteilig ist die gegenüber der LED begrenzte Betriebszeit mit bis zu 50 % voller Leuchtstärke, die ca. 6000 Stunden beträgt.

2.1.4.2 Bipolare Transistoren

Aufbau Diese „normalen" Transistoren – im Unterschied zu den Feldeffekttransistoren – bestehen mit meist Silizium aber auch Germanium als Ausgangsmaterial aus einer NPN-oder PNP-Schichtenfolge. Sie besitzen daher zwei PN-Übergänge, die unterschiedlich ge-polt sind, worauf sich die genauere Bezeichnung bipolarer Transistor bezieht.

Den prinzipiellen Aufbau eines NPN-Transistors und die sich aus den beiden PN-Übergängen ergebende Diodenersatzschaltung zeigt Abb. 2.27. Die drei Anschlüsse wer-den mit C-Kollektor, B-Basis und E-Emitter bezeichnet und wie angegeben an Gleich-spannung angeschlossen. Wichtig für die Funktion des Transistors ist es, dass die mittlere Basis-Schicht mit $< 50\,\mu\mathrm{m}$ sehr dünn und nur schwach dotiert ausgeführt wird.

Wirkungsweise Legt man den Transistor nur mit den Anschlüssen Kollektor und Emit-ter an die Spannung U_{CE} (Abb. 2.27a), so arbeitet die Diode D_1 in Sperrrichtung, womit der Transistor sehr hochohmig ist und nur ein kleiner Sperrstrom I_{CO} fließen kann. Die Elektronen des Emitter-N-Gebietes können trotz der Polung von D_2 in Durchlassrich-tung die mittlere P-Schicht nicht erreichen, da sie bei $U_{BE} = 0\,\mathrm{V}$ die Diffusionsspannung

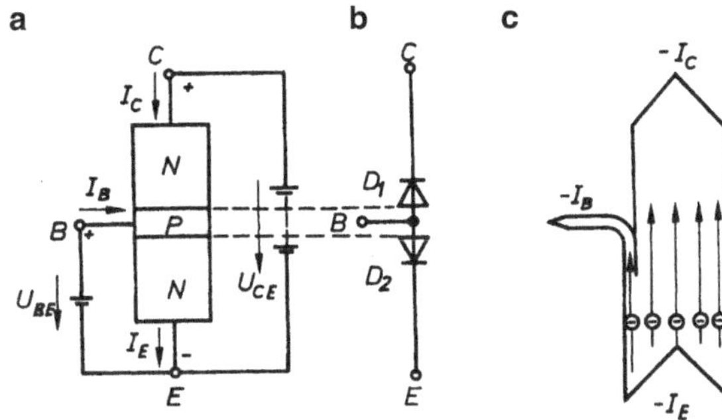

Abb. 2.27 Wirkungsweise bipolarer Transistoren. **a** Aufbau und Schaltung eines NPN-Transistors, **b** Diodenersatzschaltung, **c** Stromaufteilung

$U_\mathrm{D} \approx 0{,}7\,\mathrm{V}$ der Raumladungszone nicht überwinden. Schaltet man nun aber zusätzlich eine Basis-Emitterspannung U_BE von etwa $0{,}7\,\mathrm{V}$ zu, so wird die Sperrschicht D_2 entsprechend der Diodenkennlinie niederohmig, womit ein Elektronenstrom vom Emitter in die Basiszone gelangen kann (emittieren = aussenden). Da diese dünn und nur schwach dotiert ist, können in der P-Schicht nur wenige Elektronen rekombinieren, so dass der Hauptanteil von 90 bis über 99 % in die Sperrschicht Basis-Kollektor gelangt und dort durch das elektrische Feld zum Pluspol, d. h. dem Kollektoranschluss beschleunigt. Der Kollektor „sammelt" die ankommenden negativen Ladungsträger ein. Die wenigen zum Pluspol der Spannung U_BE abfließenden Elektronen bilden den Basisstrom.

Betrachtet man entgegen der klassischen Stromrichtung den Elektronenstrom, so ergibt sich für einen NPN-Transistor eine Stromaufteilung nach Abb. 2.27c. Da der Kollektorstrom I_C aus den die Basiszone überquerenden negativen Ladungsträgern besteht, diese aber erst durch eine Basis-Emitterspannung U_BE ermöglicht werden, welche die Sperrschicht D_1 öffnet, lässt sich der Transistorstrom I_C über die Spannung U_BE steuern. Anstelle von U_BE führt man meist den Basisstrom I_B ein und kann dann eine Gleichstrom-Verstärkung $B = I_\mathrm{C}/I_\mathrm{B}$ angeben. Der Wert liegt etwa im Bereich $B = 10$ bis 10^3.

Bei einem PNP-Transistor sind durch die andere Schichtenfolge beide PN-Übergänge und damit die Ersatzdioden gerade umgekehrt gepolt. Entsprechend muss auch der Spannungsanschluss umgekehrt werden, d. h. an den Klemmen B und C liegt nun der Minuspol der Gleichspannung. Bei der Betrachtung des Leitungsmechanismus sind die Elektronen durch Defektelektronen also freie positive Ladungsträger zu ersetzen.

Bezeichnungen In Abb. 2.28 sind die Schaltzeichen beider Transistortypen angegeben und gleich die genormten Zählpfeilrichtungen für alle Ströme und Spannungen eingetragen. Werden wie beim PNP-Transistor andere Polaritäten nötig, so ist dies in Diagrammen und bei Datenangaben durch negative Werte berücksichtigt. Im Folgenden wird wegen der Übereinstimmung mit den positiven Zählrichtungen meist der NPN-Transistor behandelt.

Bauformen und Nenndaten Transistoren gibt es in einer sehr großen Typenvielfalt, die sich aus dem breiten Anwendungsfeld von der Rundfunk- und Fernsehtechnik bis zur Leistungselektronik erklärt. Zur Kennzeichnung wird ein allgemeines Bezeichnungssche-

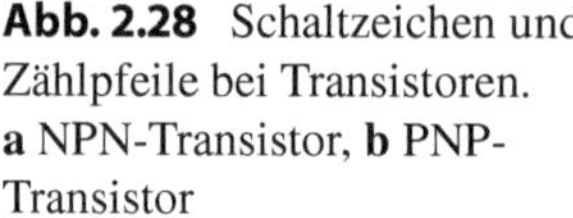

Abb. 2.28 Schaltzeichen und Zählpfeile bei Transistoren. **a** NPN-Transistor, **b** PNP-Transistor

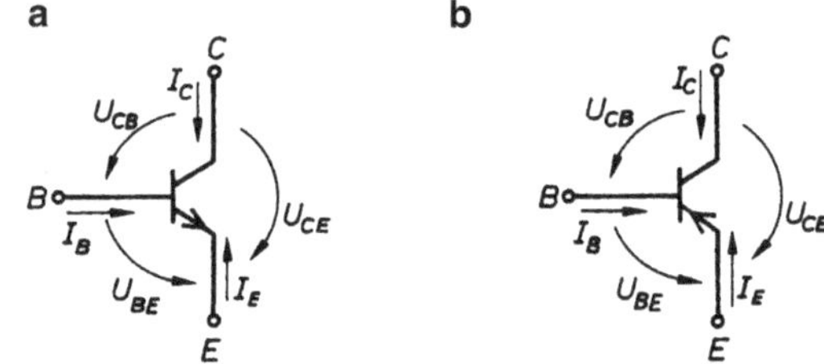

ma für Halbleiter mit 2 bis 3 Buchstaben und nachgestellten Ziffern verwendet. Ist der erste Buchstabe A, so liegt Germanium als Ausgangsmaterial vor, bei B ist es Silizium. Der zweite Buchstabe kennzeichnet den Anwendungsbereich, z. B. C für Tonfrequenzbereich, U bei Leistungsschalttransistoren.

In Abb. 2.29 sind drei Bauformen mit für ihren Leistungsbereich typischem Bild angegeben. Bei kleineren Verlustleistungen wird ein Kunststoffmantel verwendet, danach ein Metallgehäuse, das zur besseren Wärmeabgabe auch einen Kühlstern tragen kann (s. Abschn. 2.1.6). Transistoren des oberen Leistungsbereichs (Abb. 2.29c) werden fest auf einen Kühlkörper montiert.

Transistoren gibt es heute etwa in einem Leistungsbereich von U_{CE} = 6 bis 1500 V und I_C = 10 mA bis über 100 A. Die oberen Werte sind vor allem für den Einsatz als elektronischer Schalter von Bedeutung.

Kennlinien Der Zusammenhang zwischen den verschiedenen Transistorströmen und -spannungen wird in den Datenblättern durch Kennlinien dargestellt. Wichtig sind vor allem die

Steuerkennlinie	$I_C = f(I_B)$	nach Abb. 2.30a
Eingangskennlinie	$I_B = f(U_{BE})$	nach Abb. 2.30b
Ausgangskennlinie	$I_C = f(U_{CE})$	nach Abb. 2.30c

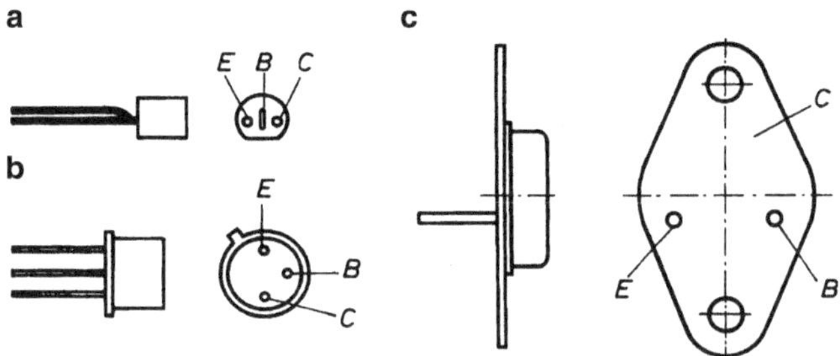

Abb. 2.29 Bauformen von Transistoren. **a** Kunststoffmantel, U_{CE} = 12 V, I_C = 10 mA, **b** Metallgehäuse 20 V, 0,5 A, **c** Leistungstransistor 40 V, 5 A

wobei die angegebenen Werte für einen Transistor kleinerer Leistung gelten.

Aus der Steuerkennlinie lassen sich zwei Stromverstärkungen berechnen. Man bezeichnet als Gleichstromverstärkung

$$B = \frac{I_C}{I_B} \text{ für } U_{CE} \text{ konstant} \tag{2.2}$$

Stromverstärkungsfaktor

$$\beta = \frac{\Delta I_C}{\Delta I_B} \text{ für } U_{CE} \text{ konstant} \tag{2.3}$$

Der Wert β wird für die Wechselstromverstärkung benötigt und ist wegen der Krümmung der Steuerkennlinie nur etwa gleich B.

Die Eingangskennlinie entspricht der Durchlasskennlinie einer Diode mit einer Schwellspannung U_S, die für Si-Transistoren wieder 0,6 V bis 0,7 V, bei Germanium als Ausgangsmaterial 0,3 bis 0,4 V beträgt. Aus der Eingangskennlinie kann man den Eingangswiderstand

$$R_{BE} = \frac{U_{BE}}{I_B} \text{ für } U_{CE} \text{ konstant} \tag{2.4}$$

Differentiellen Eingangswiderstand

$$r_{BE} = \frac{\Delta U_{BE}}{\Delta I_B} \text{ für } U_{CE} \text{ konstant} \tag{2.5}$$

entnehmen. Letzterer ist für die Belastung einer Wechselspannungsquelle am Eingang maßgebend.

Im Ausgangskennlinienfeld (Abb. 2.30c) ist oberhalb einer Kniespannung U_{Kn} der Einfluss der Spannung U_{CE} auf den Kollektorstrom gering. Dies bedeutet, dass der Differentielle Ausgangswiderstand

$$r_{CE} = \frac{\Delta U_{CE}}{\Delta I_C} \text{ für } I_B \text{ konstant} \tag{2.6}$$

groß ist.

Der Grund für den flachen Verlauf der Kurven $I_C = f(U_{CE})$ liegt darin, dass mit $U_{CE} > U_{Kn}$ fast alle vom Emitter bereitgestellten Ladungsträger, abzüglich des Basisanteils vom Kollektor erfasst werden.

Beispiel 2.8

Der mit seinen Kennlinien in Abb. 2.30 angegebene Transistor habe in A seinen Arbeitspunkt.

a) Es sind Gleichstromverstärkung B und der Eingangswiderstand R_{BE} zu bestimmen. Nach Abb. 2.30 sind $U_{BEA} = 0{,}7$ V, $I_{BA} = 40\,\mu$A, $I_{CA} = 20$ mA

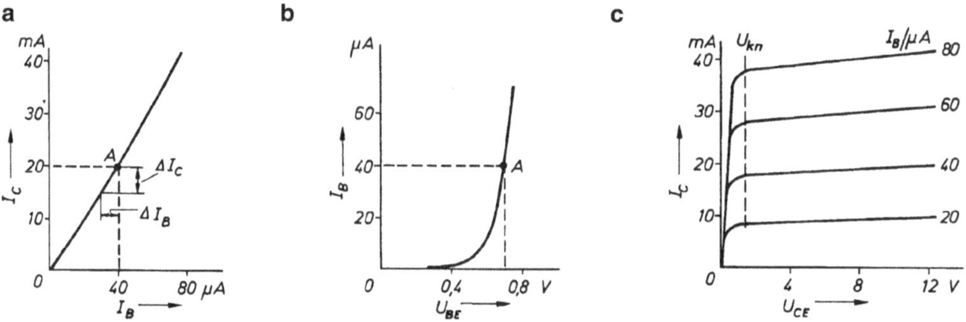

Abb. 2.30 Kennlinien bipolarer Transistoren. **a** Steuerkennlinie, **b** Eingangskennlinie, **c** Ausgangskennlinienfeld

Damit gilt nach Gl. 2.2 und 2.4

$$B = \frac{I_C}{I_B} = \frac{20\,\text{mA}}{40\,\mu\text{A}} = 500$$

$$R_{BE} = \frac{U_{BE}}{I_B} = \frac{0{,}7\,\text{V}}{40\,\mu\text{A}} = 17{,}5\,\text{k}\Omega$$

b) Welcher Vorwiderstand R_B ist der Basis vorzuschalten, damit bei einer Betriebsspannung $U_B = 6\,$V der eingetragene Arbeitspunkt A erreicht wird?
Mit $U_{BEA} = 0{,}7\,$V muss der Vorwiderstand die Spannung

$$U_R = U_B - U_{BEA} = 6\,\text{V} - 0{,}7\,\text{V} = 5{,}3\,\text{V}$$

aufnehmen. Mit $I_{BA} = 40\,\mu$A gilt dann

$$R_B = \frac{U_R}{I_B} = \frac{5{,}3\,\text{V}}{40\,\mu\text{A}} = 132{,}5\,\text{k}\Omega$$

2.1.4.3 Feldeffekttransistoren

Diese auch kurz FET genannten Bauelemente sind unipolare Transistoren, da die PN-Übergänge gleichgepolt betrieben werden. Mit dem Sperrschicht-FET und dem Isolierschicht-FET unterscheidet man zwei grundsätzliche Bauformen, innerhalb deren es wieder Untergruppen gibt. Der entscheidende Unterschied zum bipolaren Transistor besteht darin, dass der Ausgangsstrom über ein von der Eingangsspannung erzeugtes elektrisches Feld gesteuert wird, was nahezu leistungslos erfolgt. Feldeffekttransistoren haben daher einen sehr hohen Eingangswiderstand von über $10^9\,\Omega$.

Sperrschicht-FET Abb. 2.31 zeigt den prinzipiellen Aufbau eines Sperrschicht-FET mit N-Kanal und das Prinzip der Ansteuerung. Die Anschlüsse werden mit S (Source – Quelle), D (Drain – Abfluss) und G (Gate – Tor) bezeichnet und entsprechen in dieser Reihenfolge den Klemmen Emitter, Kollektor und Basis des bipolaren Transistors.

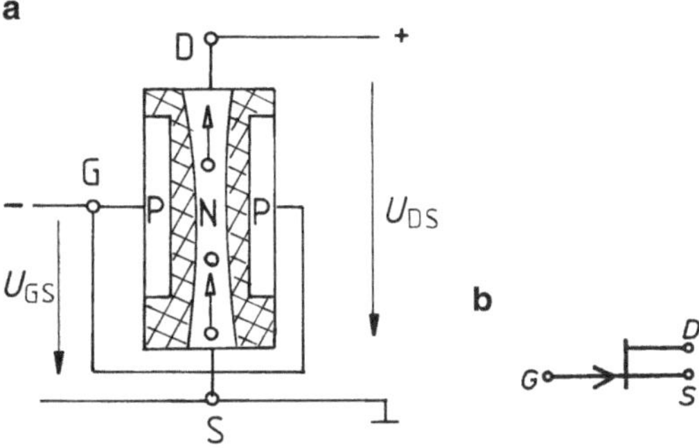

Abb. 2.31 Sperrschicht-Feldeffekttransistor mit N-Kanal. **a** Aufbau und Schaltung, **b** Schaltzeichen

Bei $U_{GS} = 0$ sind bereits wegen der positiven Spannung am Drainanschluss beide PN-Übergänge in Sperrrichtung gepolt, womit der N-Kanal beidseitig durch die hochohmige Zone des Sperrbereichs eingeschnürt wird. Trotzdem fließt entsprechend der Leitfähigkeit der Strombahn in Abb. 2.31 ein Elektronenstrom I_D. Wird nun $U_{GS} < 0$ eingestellt, so wird das Gatepotenzial negativ und die beidseitigen PN-Übergänge geraten noch weiter in den Sperrbereich. Die ladungsfreie und so hochohmige Zone verbreitert sich, so dass der Bahnwiderstand zwischen den Anschlüssen D und S ansteigt und der Drainstrom I_D entsprechend sinkt. Man erhält damit für einen Feldeffekttransistor Kennlinien nach Abb. 2.32, die denen des bipolaren Transistors prinzipiell ähnlich sind, wenn man anstelle des Basisstromes I_B die Steuerspannung U_{GS} setzt.

Isolierschicht-FET Diese auch nach ihrer Technologie MOS-FET (Metal-Oxide-Semiconductor) genannten Transistoren erhalten zwischen Gateanschluss und dem P-Material eine hochisolierende Siliziumoxidschicht, wodurch man noch höhere Eingangswiderstände bis $10^{14}\,\Omega$ erreicht.

MOS-FET gibt es in vier Grundausführungen, die sich auch in ihrem Schaltzeichen (Abb. 2.33) unterscheiden. Die Kennlinien gleichen prinzipiell denen des Sperrschicht-FET.

In der Ausführung als N-Kanal-Anreicherungstyp sind in das P-leitende Grundmaterial (Substrat) zwei N-Inseln mit dem Drain- und Sourceanschluss eindotiert. Die Gateelektrode G ist als Metallbelag auf die SiO_2-Isolierschicht aufgedampft (Abb. 2.33a). Ohne Gatespannung U_{GS} kann sich zwischen den Anschlüssen S und D nur der Sperrstrom des

Abb. 2.32 Kennlinien der Sperrschicht-FET. **a** Steuerkennlinie, **b** Ausgangskennlinienfeld

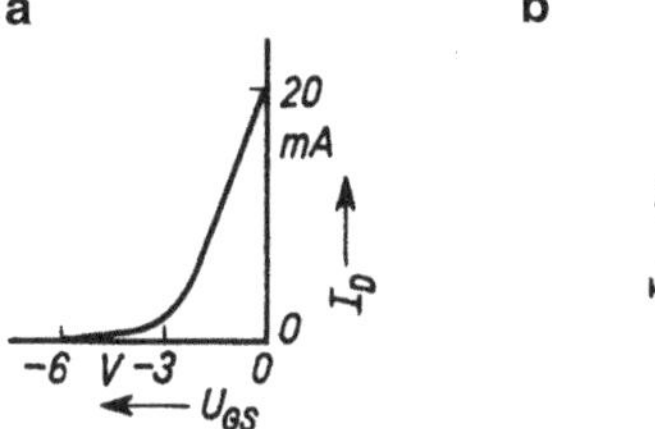

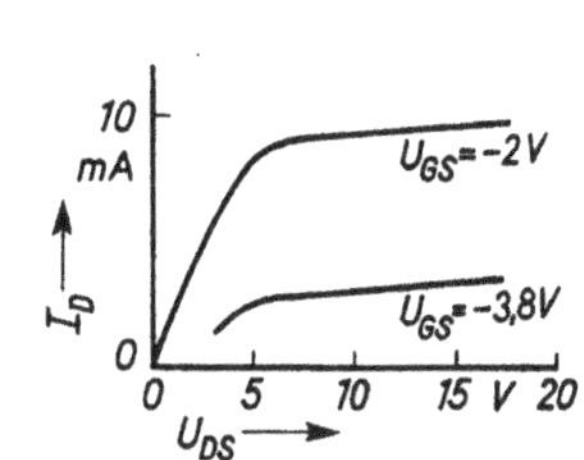

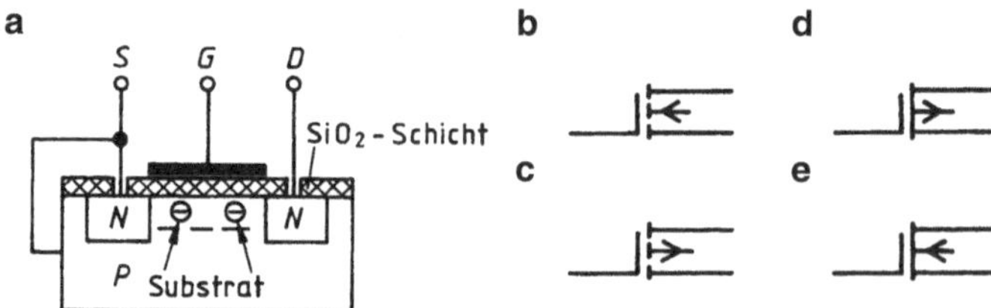

Abb. 2.33 Isolierschicht-FET. **a** Aufbau des N-Kanal-Anreicherungstyp, **b** N-Kanal-Anreicherungstyp, **c** P-Kanal-Anreicherungstyp, **d** P-Kanal-Verarmungstyp, **e** N-Kanal-Verarmungstyp

PN-Übergangs ausbilden. Erhält das Gate dagegen mit $U_{GS} > 0$ ein positives Potenzial gegen Source und Substrat, so werden Elektronen (Minoritätsträger in der P-Schicht) bis unter die SiO_2-Isolierung angezogen und bilden quer zu den N-Inseln durch Anreicherung eine leitende Brücke. Damit kann jetzt ein Drainstrom I_D fließen, dessen Stärke über die Gatespannung fast leistungslos steuerbar ist.

Einsatz des MOS-FET Beim Umgang mit diesem Transistortyp ist besonders darauf zu achten, dass die zulässigen Gatespannungen nicht überschritten werden, da sonst die dünne SiO_2-Isolierschicht und damit das Bauelement zerstört werden. Diese Gefahr besteht schon beim Berühren des Transistors durch statisch aufgeladene Personen, da der sehr hohe Eingangswiderstand die Ableitung der aufgebrachten Ladungen verhindert. Beim Einsatz von MOS-FETs muss man daher sich selbst, den Arbeitsplatz und z. B. den Lötkolben erden.

Auf Grund ihrer leistungslosen Ansteuerung allein über eine Spannung eignet sich der MOS-FET für den Einsatz in der Signalelektronik. Er wird daher fast immer in integrierten Schaltungen verwendet, wo bei der Vielzahl der Bauteile eine insgesamt geringe Verlustleistung erforderlich ist.

In der Ausführung als so genannter Power-MOS-FET wird dieser Transistortyp aber auch in der Leistungselektronik bei Betriebsspannungen bis etwa 1000 V und Strömen von über 100 A eingesetzt.

IGBT Um die Vorteile der beiden grundsätzlichen Transistorarten, nämlich die fast leistungslose Ansteuerbarkeit des MOS-FET mit der hohen Strombelastbarkeit bipolarer Transistoren zu verbinden, wurde der Isolated Gate Bipolar Transistor mit der Kurzbezeichnung IGBT geschaffen. Abb. 2.34 zeigt die prinzipielle Ersatzschaltung dieses Bauteils und das daraus entwickelte Kurzzeichen.

IGBT's sind inzwischen die wichtigsten elektronischen Schalter der Leistungselektronik. Als Einzelbausteine erreicht man in den Daten Sperrvermögen/Strombelastung Werte von z. B. 1200 V/3600 A bis 6500 V/600 A. Häufig werden sechs Bausteine zu einer 3 Phasen-Vollbrücke (Abb. 2.43) verbunden und als Wechselrichter eingesetzt. Aufgrund ihrer kurzen Schaltzeiten von unter 1 μs erlauben sie den Aufbau der in Abschn. 4.6.2.3

Abb. 2.34 Ersatzschaltung eines IGBT. **a** Aufbau mit Eingangs-MOS-FET und zwei bipolaren Transistoren, **b** Schaltzeichen für N-Kanal-Anreicherungstyp, **c** Schaltzeichen für N-Kanal-Verarmungstyp

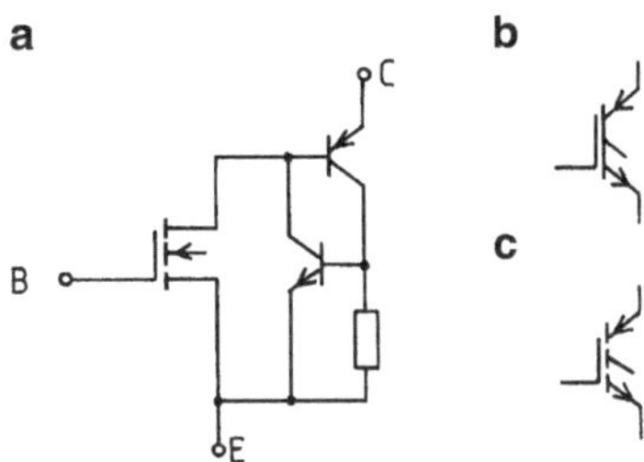

behandelten Frequenzumrichter mit Taktfrequenzen bis ca. 20 kHz und damit oberhalb des Hörbereichs.

2.1.4.4   Optoelektronische Bauelemente

Fototransistoren Bei diesen Transistoren erfolgt die Steuerung durch Lichteinfall auf die Basis-Kollektorsperrschicht, womit die Beleuchtungsstärke E die Rolle des Basisstromes bipolarer Transistoren übernimmt (Abb. 2.35). Wird trotzdem der Basisanschluss herausgeführt, so kann der Arbeitspunkt durch einen entsprechenden Gleichstrom I_{BA} eingestellt werden.

Im Vergleich zu Fotoelementen erhält man etwa die 100 bis 1000fache Verstärkung, so dass der Ausgangsstrom z. B. direkt ein Relais betätigen kann.

Optokoppler Optoelektronische Koppler gestatten eine rückwirkungsfreie, nicht galvanische Kopplung zweier elektrischer Baugruppen. Dies ist z. B. dann von großem Vorteil, wenn der informationsverarbeitende Logikteil einer Steuerung auf einem niederen Spannungsniveau arbeitet wie der Leistungsteil.

Optokoppler bestehen prinzipiell aus der Kombination Lichtsender-Lichtempfänger z. B. in der Anordnung nach Abb. 2.36 mit Leuchtdiode und Fototransistor. Kennwerte sind die Isolationsspannung, die etwa 500 V bis 2,5 kV beträgt und das Stromübertragungsverhältnis I_C/I_F von 0,2 bis 4. Typische Werte sind $I_F = 60\,\text{mA}$, $I_C = 100\,\text{mA}$, $U_{CE} = 70\,\text{V}$.

Abb. 2.35 Fototransistor. **a** Schaltzeichen (mit herausgeführtem Basisanschluss), **b** Ausgangskennlinienfeld

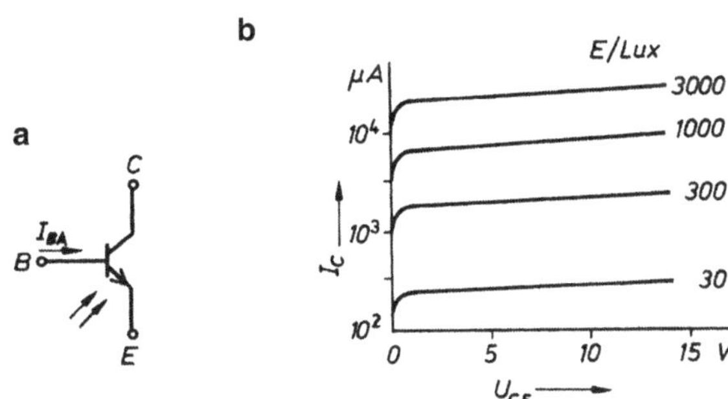

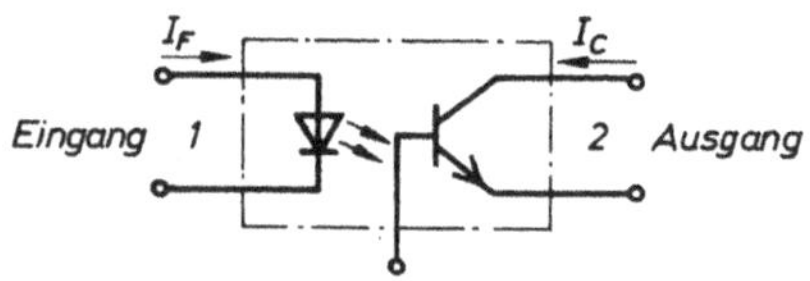

Abb. 2.36 Prinzip eines Optokopplers: *1* Leuchtdiode als Sender, *2* Fototransistor als Empfänger

2.1.4.5 Thyristoren

Während ein Transistor als ein über den Steuerstrom kontinuierlich einstellbarer Widerstand mit den idealen Grenzwerten $R_{CE} = 0$ und ∞ aufgefasst werden kann, sind mit einem Thyristor nur die zwei Schalterzustände „Ein" und „Aus" erreichbar. Thyristoren sind damit elektronische Schalter, die bis zu Frequenzen von einigen kHz eingesetzt werden können.

Aufbau und Wirkungsweise Thyristoren bestehen aus einer Folge von je zwei P- und N-Schichten mit den Anschlüssen nach Abb. 2.37. Die äußeren Zonen mit der Anode (A) und Katode (K) sind stark dotiert (ca. 10^{19} Fremdatome/cm^3), die inneren mit der Steuerelektrode (Gate – G) an der P-Schicht nur schwach (10^{14} Fremdatome/cm^3). Der Aufbau besitzt damit drei PN-Übergänge, was zu der angegebenen Diodenersatzschaltung führt.

Aus der Anordnung der drei Dioden D_1 bis D_3 kann man erkennen, dass der Thyristor ohne eine Ansteuerung über die Steuerelektrode unabhängig von der Polarität der Spannung U_{AK} zwischen Anode und Katode immer sperrt. Ist $U_{AK} > 0$, so sperrt die Diode D_2, was als positiver Sperrbetrieb oder die Blockierrichtung bezeichnet wird. Ist $U_{AK} < 0$, so sperren in der negativen Sperrrichtung die Dioden D_1 und D_3. In beiden Fällen fließt nur ein kleiner Sperrstrom I_R.

Der Übergang in den leitenden Zustand ist nur bei positiver Spannung U_{AK}, also mit dem Pluspol auf der Anodenseite möglich. Er wird durch einen kurzen Stromimpuls I_G auf die Steuerelektrode eingeleitet und hat das Ziel, die Sperrwirkung von Diode D_2 aufzuheben. Zur Erklärung des Vorgangs zerlegt man den Vierschichtenaufbau des Thyristors nach Abb. 2.38 in einen PNP- und einen NPN-Transistor mit der eingetragenen galvanischen Verbindung jeweils derselben Zonen. In diesem Zweitransistormodell erscheint der Zündstrom I_G als Basisstrom I_{B_2} des Transistors T_2, der damit einen Kollektorstrom I_{C_2}

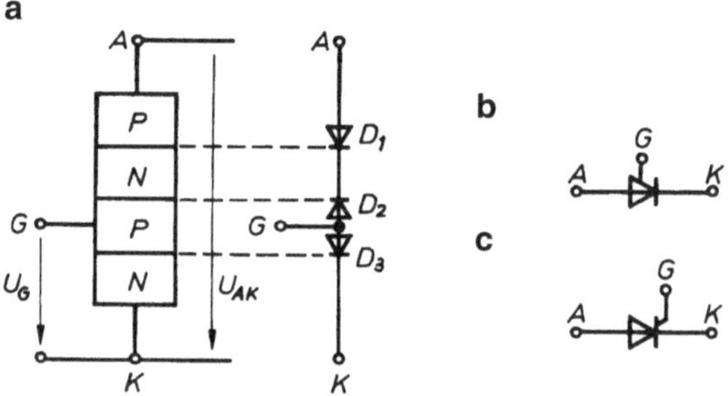

Abb. 2.37 Thyristor. **a** Aufbau und Anschlüsse, **b** Diodenersatzschaltung, **c** Schaltzeichen, allgemein, **d** Schaltzeichen, Ansteuerung zwischen G und K

Abb. 2.38 Zweitransistormodell eines Thyristors.
a Trennung in PNP- und
NPN-Transistor, **b** Transistor-
Ersatzschaltung

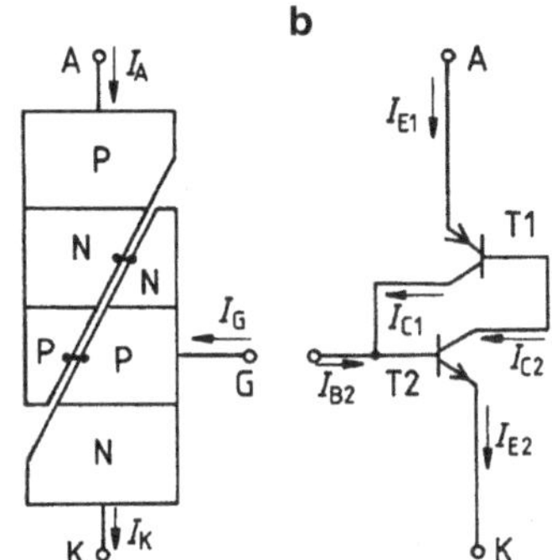

ausbilden kann. Dieser ist aber identisch mit dem Basisstrom des Transistors T_1, wodurch wiederum der Kollektorstrom I_{C_1} entsteht. I_{C_1} fließt der Basis von T_2 zu und kann damit die einleitende Wirkung des Zündstromes I_G übernehmen. Bei passender Auslegung der Stromverstärkung bleiben beide Transistoren daher auch ohne den äußeren Strom I_G leitend. Die Sperrwirkung der Diode D_2 ist aufgehoben und der Thyristor eingeschaltet.

Der eingeschaltete Zustand mit einer Restspannung zwischen den Anschlüssen A und K von ca. 2 V bleibt erhalten, solange nur der äußere Kreis einen genügend großen Laststrom aufrechterhält. Erst wenn dieser unter einen typischen Haltestrom sinkt, verliert der Thyristor wieder seine Leitfähigkeit und schaltet damit den Kreis aus. Ein Einschalten kann nur durch eine erneute Ansteuerung über den Gate-Anschluss erfolgen, wobei ein genügend langer Stromimpuls ausreicht, gleichzeitig muss eine positive Anoden-Katodenspannung anliegen.

Insgesamt stellt ein Thyristor damit eine Diode dar, die erst durch einen Steuerimpuls eingeschaltet werden muss. Das Ausschalten erfolgt mit dem nächsten Stromnulldurchgang selbsttätig. Dieses grundsätzliche Verhalten soll am Beispiel der Schaltung von Abb. 2.39 verdeutlicht werden.

Während der positiven Halbschwingung der Netzspannung u_1 bezogen auf die Durchlassrichtung kann der Thyristor durch einen Stromimpuls im Bereich $0° \leq \alpha \leq 180°$ ein-

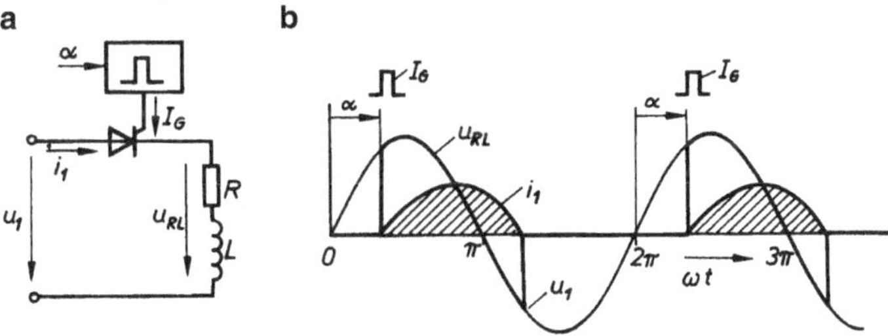

Abb. 2.39 Betriebsverhalten eines Thyristors. **a** Thyristor im Wechselstromkreis mit *RL*-Belastung, **b** Diagramme von Strom und Spannungen

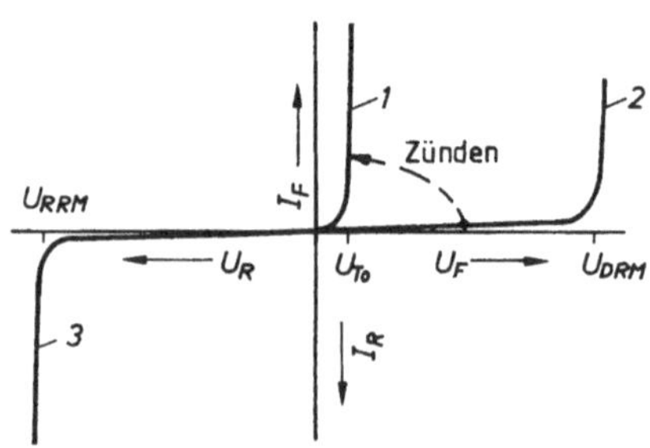

Abb. 2.40 Kennlinienfeld eines Thyristors: *1* Durchlasskennlinie, *2* Blockierkennlinie, *3* Sperrkennlinie

geschaltet werden. Man bezeichnet α als Steuerwinkel. Solange der Laststrom i_1 fließt – hier wegen der Induktivität L über den Nulldurchgang der Spannung u_1 hinaus – bleibt der Thyristor leitend und der betreffende Teil der Netzspannung liegt mit $u_{RL} = u_1$ am Verbraucher.

Durch die Wahl des Steuerwinkels α lässt sich der Anteil der Netzspannung u_1, welcher am Verbraucher anliegt, im Bereich $0 \leq U_{RL} \leq U_1$ einstellen. Da dies durch Anschneiden der Sinusschwingung erfolgt, bezeichnet man diese Technik als Anschnittsteuerung.

Über einen Zündimpuls gesteuerte Thyristoren sind die wichtigsten Stellglieder der heutigen Stromrichterschaltungen zur Erzeugung von Gleichspannungen und netzfremden Wechselspannungen. Sie sind damit mit die häufigsten Bauelemente der Leistungselektronik.

Kennlinien Da ein Thyristor in Richtung Anode-Katode sowohl sperrend wie leitend sein kann, hat sein Kennlinienfeld insgesamt drei Äste (Abb. 2.40). Durch den Steuerimpuls I_G wird von der Blockierkennlinie 2 auf die Durchlasskennlinie 1 umgeschaltet. Die Sperrkennlinie 3 entspricht der einer Diode.

Zur Kennzeichnung der Eigenschaften eines Thyristors sind eine Vielzahl von Kenn- und Grenzwerten festgelegt, von denen nachstehend die wichtigsten aufgeführt werden:

Periodische Spitzensperrspannung U_{DRM}, $U_{RRM} = 100\,\text{V}$ bis $4\,\text{kV}$
　　　　　Höchstzulässige Augenblickswerte von periodischen Spannungen in Schalt-
　　　　　richtung (U_{DRM}) oder Sperrrichtung (U_{RRM}).
Dauergrenzstrom $I_{TAVM} = 1$ bis $500\,\text{A}$ $(1000\,\text{A})$
　　　　　Arithmetischer Mittelwert des höchstzulässigen Durchlassstromes unter defi-
　　　　　nierten Bedingungen.
Haltestrom $I_H = 20\,\text{mA}$ bis $0{,}6\,\text{A}$
　　　　　Kleinster Wert des Durchlassstromes, bei dem der leitende Zustand erhalten
　　　　　bleibt.
Sperrstrom I_D, $I_R = 1$ bis $80\,\text{mA}$
　　　　　Es werden die Werte für die Spannungen U_{DBM}, U_{RRM} angegeben.
Schleusenspannung $U_{TO} \approx 1$ bis $2\,\text{V}$
　　　　　Entspricht der Schwellspannung U_S einer Diode.

Zündstrom $I_{GT} = 10$ bis $300\,\text{mA}$

Wert des Steuerstroms, der zum sicheren Einschalten (Zünden) erforderlich ist.

Freiwerdezeit $t_q = 10$ bis $200\,\mu\text{s}$

Erforderliche Mindestwartezeit zwischen Stromnulldurchgang und der Wiederkehr einer positiven Sperrspannungsbeanspruchung.

Die Freiwerdezeit, innerhalb der nach einem Nulldurchgang des Laststromes durch Abbau der freien Ladungsträgerkonzentration in der PN-Schicht die Sperrfähigkeit erneuert wird, bestimmt die zulässige Frequenz beim Einsatz eines Thyristors im Wechselstromkreis. Bei einer sinusförmigen Netzspannung und ohmscher Belastung liegt zwischen dem Stromnulldurchgang und dem Beginn der nächsten positiven Halbschwingung die Zeitspanne $\Delta t = T/2\,(T$ Periodendauer). Setzt man zur Sicherheit $\Delta t = 2t_q$, so errechnet sich die zulässige obere Frequenz der Netzspannung aus

$$2t_q = \frac{T}{2}, \quad f_{max} = \frac{1}{T}$$

$$f_{max} = \frac{1}{4t_q} = 5\text{–}25\,\text{kHz} \quad (t_q = 50\text{–}10\,\mu\text{s})$$

Bei induktiver Belastung liegen Stromnulldurchgang und Wiederkehr der positiven Netzspannung noch näher beeinander, so dass der zulässige Frequenzwert weiter sinkt (s. Beispiel 2.9).

Beispiel 2.9

Ein Thyristor soll in einem Wechselstromkreis mit $f = 5\,\text{kHz}$ und einem induktiven Verbraucher als Schalter eingesetzt werden. Welche Freiwerdezeit t_q muss gewährleistet sein, wenn zwischen Stromnulldurchgang und der positiven Halbschwingung der Netzspannung eine Zeitspanne $\Delta t = 1,5\,t_q$ einzuhalten ist?

Bei einer Induktivität L eilt die Spannung u_N dem Strom i_L um den Winkel $\varphi = 90°$ vor (Abb. 1.66), womit zwischen $i_L = 0$ und $u_N > 0$ die Zeitspanne $\Delta t = T/4$ liegt. Damit wird

$$t_q \leq \frac{\Delta t}{1,5} = \frac{T}{4 \cdot 1,5} = \frac{1}{6f} \qquad t_q \leq \frac{1}{6 \cdot 5 \cdot 10^3\,\text{Hz}} = 33,3\,\mu\text{s}$$

Triac Will man mit Thyristoren einen Wechselstrom steuern, so muss man, da ein Stromfluss nur in Durchlassrichtung möglich ist, zwei Bauelemente gegenparallel schalten (Abb. 2.41a). Jeder Thyristor benötigt dabei seine eigene Steuerstromversorgung, die zudem, da die Steuerelektroden auf verschiedenen Potenzialen liegen, galvanisch getrennt auszuführen sind.

Dieser Aufwand lässt sich bis zu Leistungen von einigen kW durch den Einsatz eines Triac (Triode for alternating current) umgehen. Ein Triac (Abb. 2.41b) vereinigt in einem

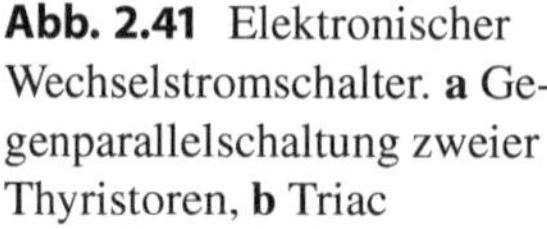

Abb. 2.41 Elektronischer Wechselstromschalter. **a** Gegenparallelschaltung zweier Thyristoren, **b** Triac

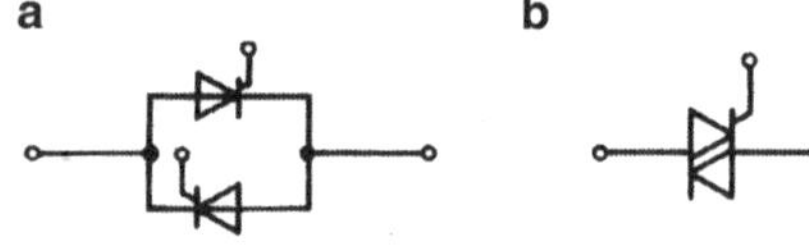

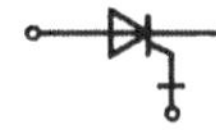

Abb. 2.42 Abschaltbarer Thyristor

Aufbau die beiden gegenparallelen Thyristoren und kann für beide Durchlassrichtungen über eine Steuerelektrode eingeschaltet werden. Es lassen sich dadurch sehr einfache Schaltungen für den Betrieb von Wechselstromverbrauchern mit variabler Spannung wie z. B. die weit verbreiteten Dimmerschaltungen zur Helligkeitssteuerung von Lampen aufbauen.

Abschaltbare Thyristoren Den Nachteil, einen Thyristor nicht während der Strombelastung ausschalten zu können, hat man mit der Entwicklung des GTO (Abb. 2.42) beseitigt. Dieser wird wie beim einfachen Thyristor durch einen geringen positiven Stromimpuls leitend, kann jetzt aber durch einen wesentlich stromstärkeren negativen Impuls auf die Steuerelektrode (Gate Turn Off) wieder wie ein Transistor zu einer beliebigen Zeit ausgeschaltet werden. Mit der Technik der GTO sind Frequenzumrichter mit Leistungen von über 1 MW z. B. für Bahnantriebe ausgeführt worden.

In letzter Zeit ist mit dem Baustein IGCT (Integarted Gate Commutated Thyristor) eine Weiterentwicklung des GTO auf dem Markt. Einsatzgebiete sind ebenfalls vor allem Mittelspannungsantriebe mit mehr als 500 kW.

Leistungsmodule Elektronische Schalter wie Thyristoren oder IGBTs werden in der Leistungselektronik meist in der in Abschn. 2.2.1 behandelten Drehstrombrücke eingesetzt. Anstelle eines Aufbaus dieser Schaltungen aus Einzelelementen fertigt man gerne eine integrierte Ausführung aller Stellglieder auf einer gemeinsamen Kühlplatte.

Abb. 2.43 zeigt als Beispiel Schaltung und Ansicht eines derartigen Powerblocks als IGBT-Modul für den Einsatz in einem Wechselrichter. Dieser „Sixpack" ist der wichtigste Baustein im Leistungsteil eines Frequenzumrichters.

2.1.5 Elektronen- und Gasentladungsröhren

2.1.5.1 Elektronenröhren

Nach Abschn. 1.1.1.1 befinden sich zwischen dem Ionengitter eines Metalls eine Vielzahl freier Elektronen (Elektronengas). Führt man nun einer Leiterelektrode, die in einen luftleeren Glaskolben eingebracht wird, z. B. durch Erwärmung genügend Energie zu, so können freie Elektronen das Metall verlassen und an der Oberfläche der Elektrode eine Elektronenwolke bilden. Man bezeichnet diesen Vorgang als Thermoemission und muss dazu die Elektrode auf über 750 °C erhitzen. Dies kann entweder durch einen direkten

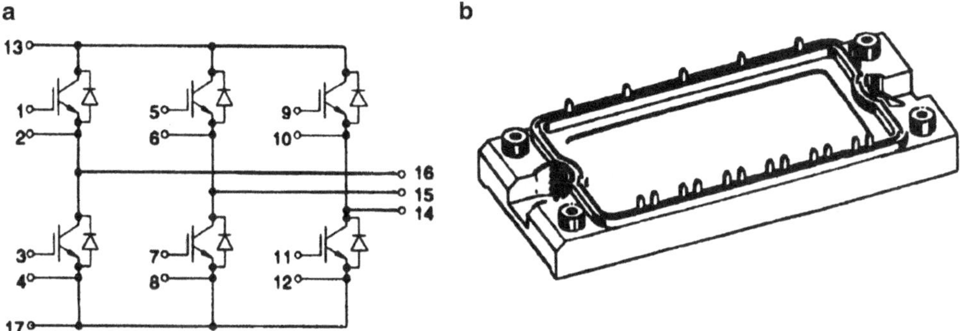

Abb. 2.43 IGBT-Leistungsmodul für $U_{CE} = 600\,V$, $I_d = 45\,A$. **a** Schaltung der IGBTs zur B6-Brücke, **b** Powerblock mit Anschlüssen

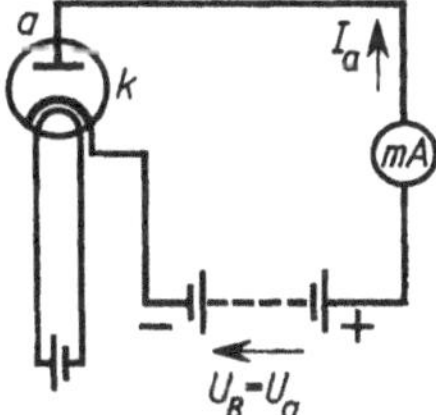

Abb. 2.44 Schaltung einer Elektronenröhre Diode, Kathode indirekt beheizt. a Anode, k Kathode

Heizstrom oder indirekt über einen Heizwendel erfolgen. Die heiße Elektrode bezeichnet man als Glühkathode.

Hochvakuumröhren Umgibt man die Glühkathode mit einer zylindrischen Anode und schließt diese an den Pluspol einer äußeren Spannungsquelle an (Abb. 2.44), so werden die Elektronen von der Kathode abgesaugt und es fließt ein ständiger Strom. Da die Elektronen nur von der Kathode emittiert werden können, besteht eine Ventilwirkung, d. h. der Aufbau wirkt als Diode. Derartige Röhren wurden vor der Entwicklung der Halbleiterbauelemente allgemein als Gleichrichter eingesetzt, während sich ihr Einsatz heute auf Sonderzwecke z. B. im Hochfrequenzbereich beschränkt.

Bringt man in den Raum zwischen Kathode und Anode eine wendelförmig gestaltete dritte Elektrode (Gitter genannt) ein, so erhält man eine Triode. Durch ein negatives Gitterpotenzial zur Kathode hin kann der Elektronenfluss fast leistungslos gesteuert werden, so dass die Triode als Verstärker eingesetzt werden kann. Verstärkerröhren mit insgesamt bis zu fünf Elektroden (Pentode) sind auch heute bei sehr hochwertigen HiFi-Geräten im Einsatz. Sie waren, bevor die Transistortechnik zur Verfügung stand, als Radioröhren wichtige Bauteile der Nachrichtentechnik.

Röntgenröhre Abb. 2.45 zeigt eine Sonderform der Diode, die Röntgenröhre. Sie dient der Erzeugung von Röntgenstrahlen, die entstehen, wenn Elektronen auf die meist aus Wolfram hergestellte Anode treffen. Die Intensität der Röntgenstrahlen ist proportional

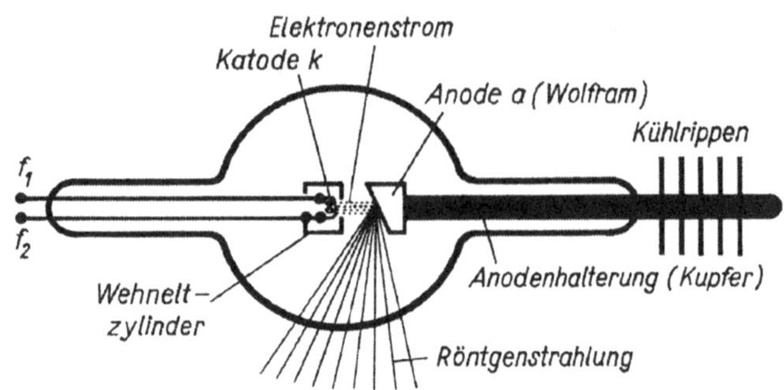

Abb. 2.45 Schema einer Röntgenröhre

dem Anodenstrom, also der Kathodenemission, die durch Ändern der Heizspannung U_H verstellt werden kann. Die Durchdringungsfähigkeit oder Härte ist von der Geschwindigkeit der Elektronen und damit von der Anodenspannung U_a abhängig und durch diese einstellbar.

Anwendungen Röntgenstrahlen werden nicht nur in der Medizin für Diagnostik und Therapie, sondern auch in der Technik, und zwar vorwiegend zur zerstörungsfreien Werkstoffprüfung, verwendet. Das auf Inhomogenitäten, z. B. Blasen, Lunker und Risse zu untersuchende Werkstück wird dabei von Röntgenstrahlen durchsetzt. Die durchgelassenen Strahlen treffen auf einen fotografischen Film, der durch die Röntgenstrahlen wie durch sichtbares Licht geschwärzt wird. Da die Röntgenstrahlen vom Prüfling etwa proportional zu dessen durchstrahlter Masse geschwächt werden, ergeben Blasen oder Risse eine geringere Schwächung als ihre homogene Umgebung, so dass die Fehler auf dem Film dunkel auf hellerem Grund erscheinen.

Elektronenstrahlröhren Während in der normalen Elektronenröhre die Elektronen ungeordnet von der Kathode zur Anode fließen, in dem Raum zwischen diesen also eine Wolke bilden, werden sie in der Elektronenstrahlröhre, auch Braunsche Röhre (1897) genannt, nach ihrem Austritt aus der Kathode im Strahlerzeugungssystem zu einem Strahl gebündelt. Dieses System (Abb. 2.46a) besteht aus mehreren Blenden, die gegenüber der Kathode verschiedenes Potenzial haben. Dadurch entstehen zwischen den Blenden inhomogene elektrische Felder, die als elektrische Linsen auf bewegte Elektronen ähnlich wirken wie Glaslinsen auf Licht. Der gebündelte Elektronenstrahl trifft auf den auf der Innenseite des Kolbenbodens angebrachten Leuchtschirm und regt ihn zum Leuchten an. Auf dem Leuchtschirm entsteht ein leuchtender Fleck, dessen Durchmesser vom Strahldurchmesser abhängt.

Die zum Betrieb der Röhre notwendigen Spannungen werden über Spannungsteiler einer Hochspannungsquelle entnommen. Mit dem Spannungsteiler P_2 stellt man die Strahlschärfe (Fokussierung), mit P_1 die Strahlstromstärke und damit die Helligkeit des Leuchtpunktes (Intensität) ein. Die Elektrode g_1, Wehneltzylinder genannt, hat hier die Funktion des Gitters in der Triode.

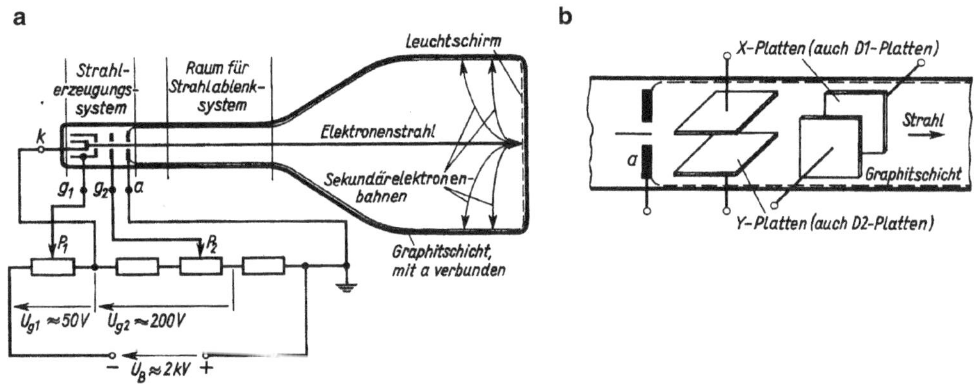

Abb. 2.46 Elektronenstrahlröhre. **a** Aufbau mit Strahlerzeugung, **b** elektrische Ablenksysteme

Da jedes Elektron eine negative elektrische Ladung trägt, müssen in einem senkrecht zur Bewegungsrichtung der Strahlelektronen wirkenden elektrischen Feld Kräfte auf die Elektronen einwirken. Diese verschieben den Spurpunkt des Strahls auf dem Leuchtschirm und man erhält eine elektrische Strahlablenkung. Auch ein senkrecht zur Strahlrichtung wirkendes magnetisches Feld bewirkt eine Ablenkung des Strahls, da jedes bewegte Elektron auch von einem magnetischen Feld umgeben ist. Man bezeichnet diese Technik als magnetische Strahlablenkung.

Die Vorrichtungen zur Erzeugung der Ablenkfelder nennt man Strahlablenksysteme. Sie werden an der in Abb. 2.46a gekennzeichneten Stelle vorgesehen. Die magnetischen Ablenksysteme werden als passend geformte Spulen außerhalb der Röhre, die elektrischen Ablenksysteme jedoch in Form von Zweiplattenkondensatoren innerhalb der Röhre angebracht (Abb. 2.46b). Letztere ergeben Ablenkmöglichkeiten in zwei senkrecht aufeinander stehenden Richtungen (x- und y-Richtung).

Abb. 2.47 zeigt das y-Ablenksystem nochmals allein. Tritt ein Elektron mit der Masse m_0, der Ladung $-e$ und der Geschwindigkeit $v \sim \sqrt{U_a}$ bei B in das homogene Ablenkfeld

Abb. 2.47 y-Ablenksystem einer Elektronenröhre:
L Leuchtschirm, A Punkt auf dem Schirm

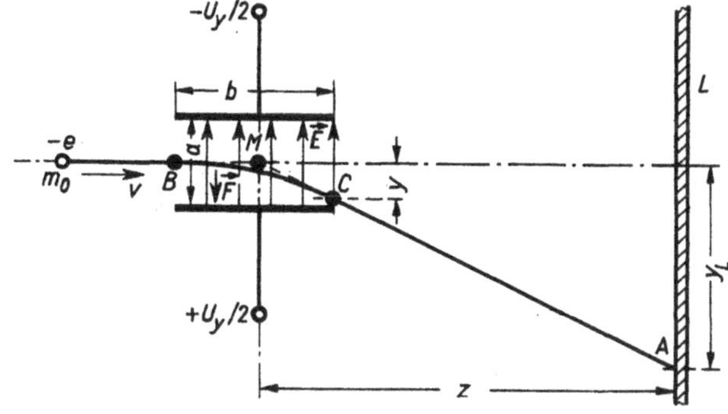

mit der Feldstärke $\vec{E}$ ein, so wirkt auf dieses die Kraft $\vec{F}$. Es fliegt unter deren Einfluss auf einer Parabelbahn bis C. Diese entspricht der beim horizontalen Wurf auftretenden Flugkurve und kann in analoger Weise berechnet werden. Nach dem Austreten des Elektrons aus dem Ablenksystem befindet es sich in einem praktisch feldfreien Raum, so dass seine Bahnkurve über die Strecke $\overline{CA}$ die Parabeltangente im Punkt C, also eine Gerade ist.

2.1.5.2 Gasentladungsröhren

Stoßionisation Befindet sich in einer Zweipolröhre eine geringe Gasmenge, so werden bei anliegender Spannung die aus der Kathode emittierten Elektronen auf ihrem Weg zur Anode auf Gasmoleküle treffen. Ist die Anoden-Kathoden-Spannung genügend groß, so reicht die kinetische Energie der beschleunigten Elektronen aus, um beim Auftreffen auf ein Gasmolekül ein weiteres Elektron freizusetzen. Man bezeichnet diesen Vorgang, bei dem das Molekül zu einem positiven Ion wird, als Stoßionisation.

Ab einer bestimmten Betriebsspannung, der Zündspannung, steigt durch die vermehrt auftretende Stoßionisation die Zahl der freien Ladungsträger lawinenartig an, womit eine selbständige Gasentladung erreicht ist. Da nicht jeder Aufprall zur Auslösung eines weiteren Elektrons führt, sondern diese ihre gewonnene Energie teils auch als Lichtstrahlung abgeben, ist die Gasentladung leuchtend.

Ionenröhren Die Gasentladung wird in einigen Bauformen von Ionenröhren technisch genutzt. Am bekanntesten sind die Thyratrons und die Ignitrons. Beide besitzen außer der Anode und Kathode eine Steuerelektrode, das Gitter, womit der Zündzeitpunkt innerhalb der positiven Halbschwingung einer äußeren Wechselspannung eingestellt werden kann. Es handelt sich bei diesen Ionenröhren damit um steuerbare Gleichrichter mit einem Verhalten ähnlich dem eines Thyristors, der diese Gasröhren auch abgelöst hat.

Leuchtröhren und Leuchtstoffröhren Leuchtröhren werden, je nach der gewünschten Lichtfarbe, mit verschiedenen Gasen gefüllt; das von den angeregten Gasatomen emittierte Licht wird unmittelbar ausgenutzt. Hauptanwendungsgebiet ist die Reklamebeleuchtung.

In den Leuchtstoffröhren, die stets mit Hg-Dampffüllung arbeiten, wird deren sehr starke Ultraviolettstrahlung durch den auf der Innenseite der Glasröhre angebrachten Leuchtstoff in sichtbares Licht umgewandelt. So ist es möglich – gegebenenfalls durch Mischung verschiedener Leuchtstoffe – jede gewünschte Lichtfarbe zu erzeugen. Hauptanwendungsgebiete sind Reklamebeleuchtung und Beleuchtung von Theatern, Kinos, Hörsälen u. a.

Leuchtstofflampen Sie unterscheiden sich von den Leuchtstoffröhren nur durch die Art der verwendeten Elektroden. Während die Leuchtstoffröhren zylinderförmige Elektroden aus Eisenblech haben, benutzt man bei den Leuchtstofflampen mit Oxiden überzogene Wolframwendel, die im Betrieb durch die kinetische Energie der aufprallenden Ladungsträger auf der für thermische Elektronenemission notwendigen Temperatur gehalten werden. Auf die Emissionstemperatur werden sie beim Einschalten in der Schaltung

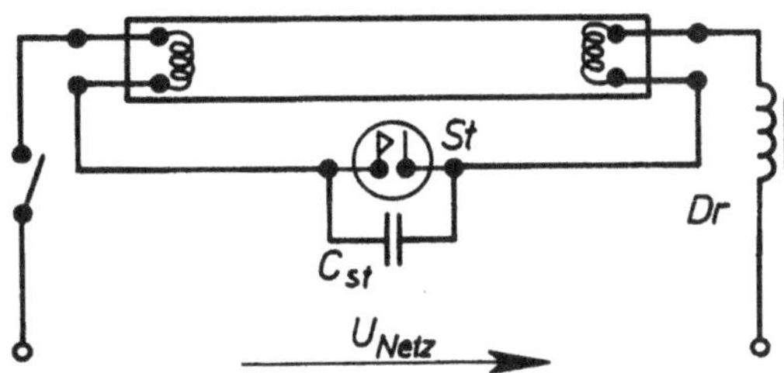

Abb. 2.48 Schaltplan einer Leuchtstofflampe

(Abb. 2.48) gebracht. Der Starter St ist eine kleine Glimmlampe, deren eine Elektrode aus einem Bimetallstreifen besteht. Wird Netzspannung angelegt, so liegt diese über den Oxidelektroden und die Drosselspule Dr am Starter St, der zündet. (Die Leuchtstofflampe kann nicht zünden, da ihre Zündspannung bei kalten Oxidelektroden weit über dem Scheitelwert der Netzspannung liegt.) Durch den Stromdurchgang wird der Starter so stark erwärmt, dass sich durch Verbiegen der Bimetallelektrode die beiden Elektroden des Starters berühren. Durch den jetzt starken Strom werden die Oxidelektroden auf Emissionstemperatur aufgeheizt. Der Starter kühlt sich, da kein Glimmbetrieb mehr besteht, ab, die Bimetallelektrode biegt sich zurück und der starke Strom wird unterbrochen.

Die dadurch entstehende hohe Selbstinduktionsspannung zündet die Leuchtstofflampe. Da deren Brennspannung mit 100 V weit unter der Zündspannung des Starters liegt, bleibt dieser stromlos. Der kleine Kondensator C_{st} verbessert die Schalteigenschaften des Starters.

Die Verwendung von Oxidkathoden ermöglicht den Betrieb der Leuchtstofflampen direkt am 230 V-Netz, während Leuchtröhren und Leuchtstoffröhren je nach Länge Spannungen zwischen etwa 500 V und 6000 V benötigen.

Leuchtstofflampen sind heute neben den Glühlampen die wichtigsten Lichtquellen. Sie haben gegenüber Glühlampen gleicher Leistungsaufnahme sechsfache Lebensdauer und ergeben etwa den dreifachen Lichtstrom. Seit einigen Jahren werden Kompakt-Leuchtstofflampen mit dem Glühlampensockel E27 und eingebauter Vorschaltelektronik angeboten. Diese Alternative zur klassischen Glühlampe hat etwa die achtfache Lebensdauer und spart bis zu 80 % Energie.

Quecksilberhochdrucklampen, Natriumdampflampen und Xenonlampen können für sehr große Leistungen gebaut werden. Sie ergeben dementsprechend starke Lichtströme bei sehr gutem Wirkungsgrad und langer Lebensdauer. Hauptanwendungsgebiete sind: Beleuchtung von Fabrikhallen und Fabrikhöfen, Straßen und Plätzen, Bahnhof- und Hafenanlagen, Flutlichtanlagen in Sportstadien.

Spannungsanzeigeröhren Diese $\approx 20\,\text{mm}$ langen Glimmröhren werden z. B. in den Griff eines Schraubendrehers eingebaut. Mit der Schraubendreherklinge ist ein Pol verbunden. Der andere Pol liegt über einem eingebauten Widerstand ($R = 1\,\text{M}\Omega$) an einem am Griff so angebrachten Kontakt, dass dieser beim Anfassen mit der Hand verbunden wird. Berührt man mit der Schraubendreherklinge den auf Spannung zu prüfenden Gegenstand, so bildet man über Glimmlampe, Widerstand und Körper einen Stromkreis, in dem bei 230 V Spannung ein Strom von der Größenordnung 0,1 mA fließt. Durch diesen entsteht auf den drahtförmigen Elektroden Glimmlicht, dessen Länge der Spannung proportional ist. Merkbare physiologische Wirkungen treten bei dieser Stromstärke nicht auf. Die „Reizschwelle", d. h. die Stromstärke, bei der merkbare physiologische Wirkungen (Elektrisieren) auftreten, ist für $f = 50$ Hz etwa 0,5 bis 1,0 mA; gefährlich werden könnten nur Stromstärken über 10 mA.

2.1.6 Kühlung und Schutzmaßnahmen bei Halbleiterbauelementen

2.1.6.1 Verluste und Erwärmung

Das dotierte Siliziumplättchen, das den aktiven Teil eines Halbleiterbauelementes bildet, besitzt bei einer Stärke von $< 0{,}5$ mm und einer Fläche von einigen mm^2 nur eine sehr geringe Masse. Dies bedeutet, dass es eine entsprechend kleine Wärmekapazität aufweist und damit jede Vergrößerung der Verlustleistung fast augenblicklich zu einer höheren Sperrschichttemperatur ϑ führt. Hier sind jedoch vor allem mit Rücksicht auf ein sicheres Sperrverhalten des PN-Übergangs je nach Bauelement nur Werte von $\vartheta = 120$ bis 200 °C zulässig. Die Erwärmungskontrolle ist daher eine wichtige Aufgabe, die bei Halbleiterbauelementen mit Hilfe des Wärmewiderstandes R_{th} vorgenommen wird.

Erwärmungsverlauf Entsteht in einem Körper die Verlustleistung P_v, so erhält man seine Temperatur ϑ ab dem Zeitpunkt $t = 0$ über die Leistungsbilanz nach

$$P_v = mC\frac{\Delta\vartheta}{\Delta t} + O\alpha\Delta\vartheta$$

Der erste Term bestimmt die im Körper der Masse m (kg) und der spezifischen Wärmekapazität C (Ws/(kg K)) aufgrund der Erwärmung gespeicherten Energie. Der zweite Anteil erfasst die über die kühlende Oberfläche O (m^2) durch die Wärmeabgabeziffer α (W/(m^2 K)) an die Umgebung abgegebene Leistung.

Der Vorgang des Wärmetransports kann man in Analogie zum elektrischen Stromkreis mit einem RC-Glied in der Schaltung in Abb. 2.49 behandeln. An die Stelle von Kapazität und ohmschen Widerstand treten der Wärmewiderstand

$$R_{th} = \frac{1}{O\alpha} \tag{2.7}$$

Abb. 2.49 Thermische Ersatzschaltung eines verlustbehafteten Körpers

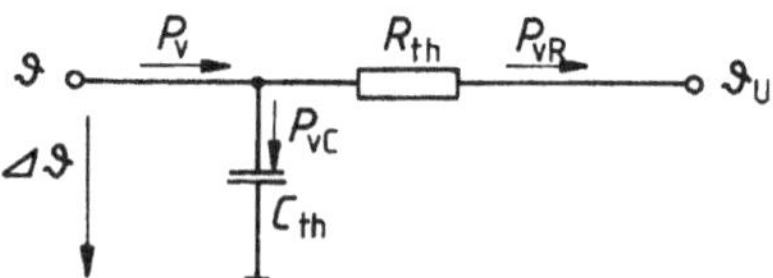

und die Wärmekapazität

$$C_{th} = mC \; . \tag{2.8}$$

Das Produkt ist wie im elektrischen Stromkreis nach Gl. 1.34 die thermische Zeitkonstante

$$\tau_{th} = R_{th}C_{th} = \frac{mC}{O\alpha} \tag{2.9}$$

Die Größe τ_{th} bestimmt als Zeitkonstante den exponentiellen Verlauf der Erwärmung bis zur Endtemperatur ϑ_e. Zu Beginn werden mit $P_{vC} = P_v$ die gesamten Verluste im Körper gespeichert und damit seine Temperatur ϑ angehoben. Entsprechend der Temperaturdifferenz $\Delta\vartheta = \vartheta - \vartheta_U$ wird allmählich mit P_{vR} nach Abb. 2.49 die Wärmeabgabe über R_{th} an die Umgebung mit ϑ_U immer stärker. Ist die Endtemperatur ϑ_e erreicht und damit die Änderung $\Delta\vartheta/\Delta t = 0$, so wird die gesamte Verlustleistung P_v abgegeben. Der Körper hat dann gegenüber seiner Umgebung die Übertemperatur

$$\Delta\vartheta = P_v R_{th} \tag{2.10}$$

Der Wärmewiderstand R_{th} ist damit eine zentrale Größe für die Berechnung der stationären Erwärmung von Verlustquellen, d. h. hier von Halbleitern. In den Datenblättern sind so auch immer die Werte für R_{th} enthalten, so dass entweder bei gegebenen Verlusten die Erwärmung kontrolliert oder die zulässige Verlustleistung bestimmt werden kann. Kleine Transistoren haben z. B. Wärmewiderstände von etwa $R_{thJU} = 200\,\text{K/W}$, wobei dieser Wert die Wärmeabgabe von der Sperrschicht (Index J für junction) mit der Temperatur $\vartheta_1 = \vartheta_J$ bis zur Umgebung (Index U) mit der Temperatur $\vartheta_2 = \vartheta_U$ umfasst.

2.1.6.2 Kühlkörper

In vielen Fällen reicht die natürliche Wärmeabgabe des Bauteils über sein Gehäuse nicht aus, sondern die kühlende Oberfläche muss vergrößert werden. Man verwendet dazu aufsteckbare Kühlsterne oder gerippte Alu-Profile (Abb. 2.50), auf welche der Halbleiter bei gutem Wärmekontakt (Wärmeleitpaste) befestigt wird. Für jeden dieser Kühlkörper, welche die Wärmeabgabe von der Gehäuseoberfläche mit der Temperatur ϑ_C (Index C für case) zur Umgebung übernehmen, gelten je nach Abmessungen bestimmte Wärmewiderstände etwa im Bereich $R_{thCU} = 60$ bis $5\,\text{K/W}$.

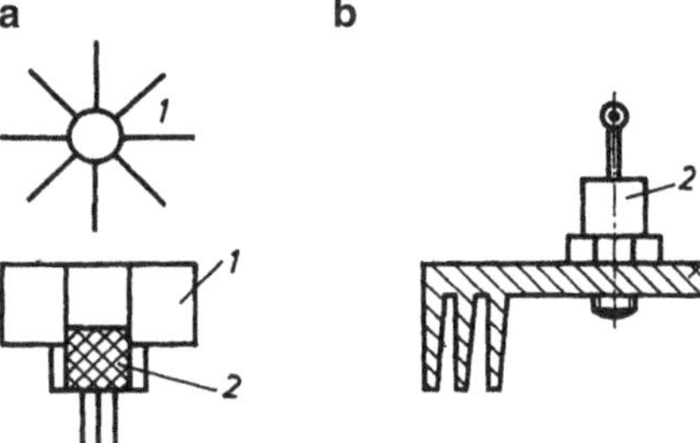

Abb. 2.50 Einsatz von Kühlkörpern. **a** Kühlstern auf einem Transistorgehäuse: *1* Blechstern, *2* Transistor. **b** Diode mit Kühlkörper: *1* AI-Rippenprofil, *2* Schraubdiode

Abb. 2.51 Erwärmungsberechnung mit thermischen
Widerständen: J Halblei-
tertablette (junction), U
Umgebungsluft, C Gehäuse
(case)

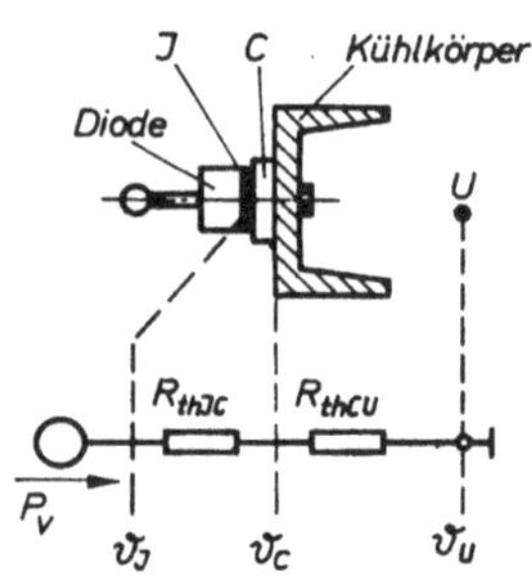

Für den Betrieb mit Kühlkörper geben die Hersteller für ein Halbleiterbauteil neben
dem Gesamtwert R_{thJU} auch einen Wärmewiderstand R_{thJC} an, der nur die Wärmeleitung
von der Sperrschicht zur Gehäuseoberfläche, also nicht den Übergang zur Umgebungsluft
erfasst. Zur Berechnung der Erwärmung bei Verwendung eines Kühlkörpers muss man
dann den Gesamtwert $R_{\mathrm{thJU}} = R_{\mathrm{thJC}} + R_{\mathrm{thCU}}$ verwenden, der aber wesentlich kleiner als
der Wert R_{thJU} des Bauelementes selbst ist (s. Beispiel 2.10).

Thermisches Ersatzschaltbild Die Erwärmungsberechnung mit Wärmewiderständen
führt nach Abb. 2.51 zu einer Ersatzschaltung, in der alle Temperaturen ϑ verschiedenen
Spannungspotenzialen vergleichbar sind. Der Wärmestrom (Verlustleistung P_v) fließt
über die Reihenschaltung der Wärmewiderstände zur Umgebung (Masse) ab und ergibt
an den einzelnen Messstellen Zwischentemperaturen.

Beeinflussen sich durch entsprechenden Aufbau mehrere Bauteile gegenseitig in ihrer Erwärmung, so wird das Ersatzschaltbild vermascht und zu einem Wärmequellennetz. Alle Verlustquellen sind miteinander über die Wärmewiderstände ihrer Bauteile und
Kühlkörper verbunden, so dass ein Aufbau entsteht, der einem Widerstandsnetzwerk mit
verteilten Stromquellen entspricht.

Beispiel 2.10

Ein Transistor habe die Verlustleistung $P_v = 1{,}5\,\mathrm{W}$ und die Wärmewiderstände
$R_{\mathrm{thJU}} = 150\,\mathrm{K/W}$ und $R_{\mathrm{thJC}} = 30\,\mathrm{K/W}$.

a) Welche Sperrschichttemperatur ϑ_J wird ohne Kühlkörper bei einer Umgebungstem-
   peratur $\vartheta_U = 30\,°\mathrm{C}$ erreicht? Nach Gl. 2.10 gilt mit $\vartheta_1 = \vartheta_J$ und $\vartheta_2 = \vartheta_U$

$$\vartheta_J = R_{\mathrm{thJU}} \cdot P_v + \vartheta_U = 150\,\mathrm{K/W} \cdot 1{,}5\,\mathrm{W} + 30\,°\mathrm{C} = 255\,°\mathrm{C}!$$

b) Es ist ein Kühlkörper auszuwählen, der eine Sperrschichttemperatur $\vartheta_J \leq 150\,°C$ gewährleistet. Erforderlich ist mit $\Delta\vartheta = \vartheta_J - \vartheta_U = 150\,°C - 30\,°C = 120\,K$

$$R_{\text{thJU}} \leq \frac{\Delta\vartheta}{P_v} = \frac{120\,K}{1,5\,W} = 80\,K/W$$

$$R_{\text{thJU}} = R_{\text{thJC}} + R_{\text{thCU}}$$

$$R_{\text{thCU}} = 80\,K/W - 30\,K/W = 50\,K/W$$

c) Welche Temperatur ϑ_C nimmt das Gehäuse des Halbleiters an? Nach Abb. 2.51 ist

$$\vartheta_C = P_v \cdot R_{\text{thCU}} + \vartheta_U = 1,5\,W \cdot 50\,K/W + 30\,°C$$

$$\vartheta_C = 105\,°C$$

Aufgabe 2.10

Wie groß darf die Verlustleistung P_v in Beispiel 2.10 werden, wenn folgende Daten gelten: $R_{\text{thJC}} = 30\,K/W$, $R_{\text{thCU}} = 25\,K/W$, $\vartheta_U = 40\,°C$, $\vartheta_J = 150\,°C$?

Ergebnis: $P_v = 2\,W$

Aufgabe 2.11

Aus den Gl. 2.8 u. 2.9 folgt für den thermischen Widerstand $R_{\text{th}} = 1/(O\alpha)$. Welche Kühloberfläche O muss ein senkrecht eingebautes Kühlblech erhalten, damit bei freier Luftkühlung mit der Wärmeabgabeziffer $\alpha = 10\,W/(m^2\,K)$ der Wert $R_{\text{th}} = 20\,K/W$ entsteht?

Ergebnis: $O = 50\,cm^2$

2.1.6.3 Schutzmaßnahmen für Halbleiter

Überstromschutz In einer Elektronikschaltung kann man die oft große Anzahl von Dioden, Transistoren usw. nicht einzeln vor thermischer Überlastung schützen. Man nutzt dann wenn möglich, wie z. B. bei Spannungsreglern nach Abschn. 2.2.2.4 eine im *IC*-Baustein realisierte innere Strombegrenzung, mit der bei Überlastung die Ausgangsspannung zusammenbricht. Mitunter ist auch in Kauf zu nehmen, dass zur Vermeidung von Folgeschäden eine Abschaltung erfolgt. Die ganze Baugruppe wird dann über eine Sicherung am Eingang des Netzgerätes geschützt.

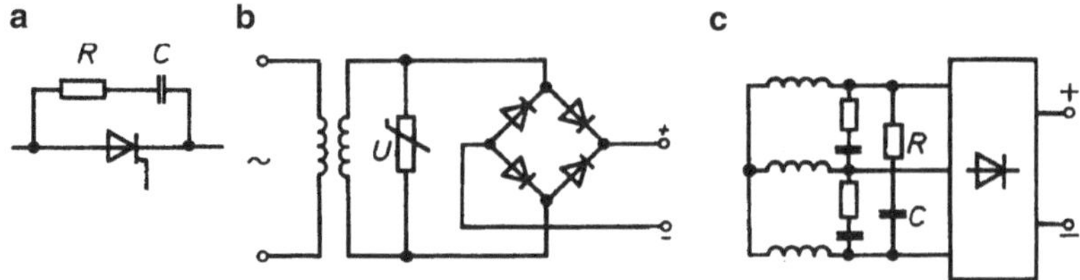

Abb. 2.52 Überspannungsschutz bei Halbleitern. **a** *RC*-Beschaltung eines Thyristors, **b** Schutz einer B2-Brücke mit Varistor, **c** *RC*-Eingangsbeschaltung eines Gleichrichters

In der Leistungselektronik sichert man dagegen Stellglieder großer Leistung wie Thyristoren durch zugeordnete Einzelsicherungen oder über einen Überstromschutz für die gesamte Baugruppe ab. Aufgrund der geringen Wärmekapazität und damit einer hohen Überlastempfindlichkeit muss man spezielle überflinke Sicherungen oder entsprechende Automaten verwenden, die auf die zulässige Stoßbelastung der Halbleiter abgestimmt sind.

Überspannungsschutz Halbleiterbauelemente sind auch gegen Spannungsbeanspruchungen über den zulässigen Spitzenwert, die durch atmosphärische Einflüsse, Schalthandlungen im Netz oder auch aus der eigenen Schaltung heraus entstehen können, sehr empfindlich. Elektronische Steuerschaltungen erhalten daher meist auf der Netzseite einen Eingangsschutz, während man die Dioden und Thyristoren großer Leistungen wiederum einzeln schützt.

Für den wirksamen Überspannungsschutz gibt es eine ganze Reihe von Bauteilen und Schaltungen, von denen Abb. 2.52 einige Möglichkeiten zeigt. Wichtigste Schutzelemente sind die in Abschn. 2.1.3 besprochenen Varistoren und *RC*-Glieder, welche die Energie des Überspannungsimpulses aufnehmen und damit vom Halbleiter fernhalten sollen.

2.2 Baugruppen der Elektronik

2.2.1 Gleichrichterschaltungen

Gleichrichterschaltungen sind statische Umformer, die mit Hilfe der Ventilwirkung von Dioden oder Thyristoren aus dem Wechselstromnetz Gleichspannungen erzeugen. Da diese immer aus Anteilen der Sinusspannungen gebildet werden, entsteht nie eine reine Gleichspannung, wie sie z. B. eine Batterie liefert. Dem Gleichspannungsmittelwert U_d, wie ihn ein Drehspulinstrument anzeigt, ist stets eine nichtsinusförmige Wechselspannung überlagert, wobei deren Effektivwert $U_\ddot{u}$ und die Grundfrequenz $f_\ddot{u}$ von der gewählten Gleichrichterschaltung abhängen. Jeder Gleichrichter erzeugt damit eine Gleichspannung

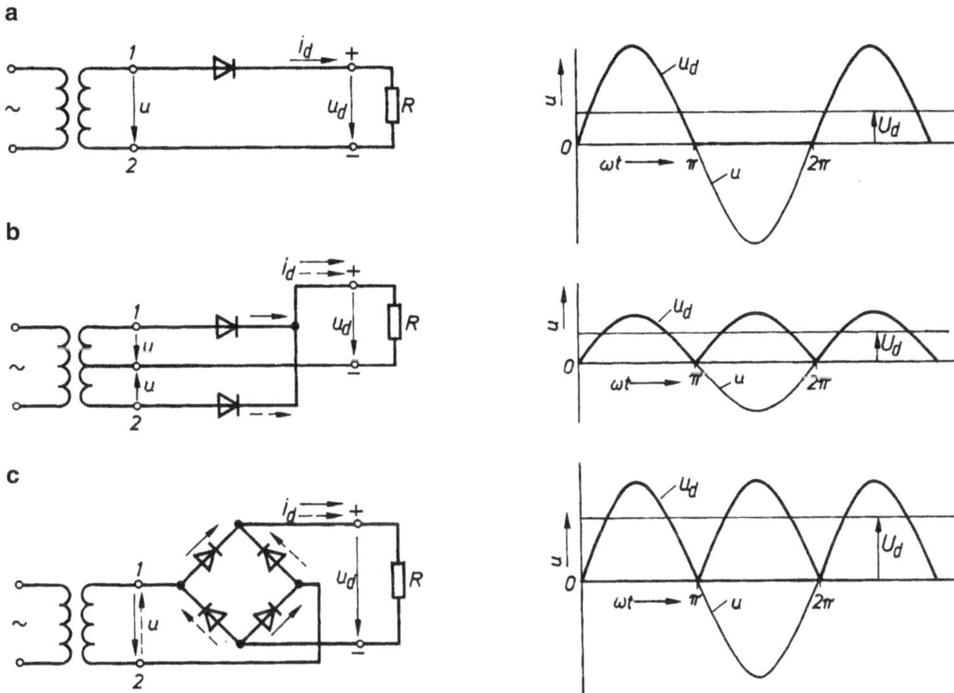

Abb. 2.53 Gleichrichterschaltungen für Wechselstromanschluss. Aufbau und Spannungsdiagramme: **a** Einpuls-Mittelpunktschaltung (M1), **b** Zweipuls-Mittelpunktschaltung (M2), **c** Zweipuls-Brückenschaltung (B2)

mit einer charakteristischen Welligkeit

$$w_{\mathrm{u}} = \frac{U_{\mathrm{ü}}}{U_{\mathrm{d}}}$$

(2.11)

Die erreichbaren Werte sind bei den einzelnen Schaltungen angegeben.

2.2.1.1 Wechselstromschaltungen

Für den Anschluss an das Wechselstromnetz der Frequenz f gibt es die in Abb. 2.53 angegebenen drei Grundschaltungen. In allen Schaltungen sei der gleiche Netztransformator eingesetzt, d. h. die Spannung zwischen den Klemmen 1 und 2 ist jeweils gleich groß. Für die nachstehenden Diagramme und Formeln gilt jeweils die Vereinfachung verlustfreier Bauelemente und rein ohmsche Last.

Einpuls-Mittelpunktschaltung (M1) Bei dieser M1-Schaltung (früher Einwegschaltung) kann der Strom i_{d} nur in der positiven Halbschwingutig der Wechselspannung u fließen, wenn dann jeweils die Diode in Durchlassrichtung beansprucht wird. Die Gleichspannung u_d hat damit den Verlauf nach Abb. 2.53a und lückt zwischen zwei Sinusbögen. Der Mittelwert U_d ist entsprechend gering und die Welligkeit groß. Im Einzelnen gilt

$$U_d = \frac{\sqrt{2}}{\pi} \cdot U \qquad w_u = 1{,}21 \qquad f_ü = f \qquad (2.12)$$

Zweipuls-Mittelpunktschaltung (M2) Man benötigt einen Transformator mit Mittelanzapfung (Abb. 2.53b), wobei in der positiven Halbschwingung der Sekundärspannung die obere Diode den Laststrom i_d fuhrt, in der negativen die untere. Die Sekundärwicklung ist also jeweils nur zur Hälfte belastet und die Gleichspannung besteht im Vergleich zur M1-Schaltung aus aneinandergereihten Sinusbögen der halben Amplitude. Bezeichnet man mit U den Spannungswert zur Mittelanzapfung, so gilt

$$U_d = \frac{2\sqrt{2}}{\pi} \cdot U \qquad w_u = 0{,}483 \qquad f_ü = 2f \qquad (2.13)$$

Zweipuls-Brückenschaltung (B2) Sie ist die wichtigste Wechselstromschaltung und nutzt in jeder Halbschwingung die volle Sekundärwicklung des Transformators aus (Abb. 2.53c). Es gilt

$$U_d = \frac{2\sqrt{2}}{\pi} U \qquad w_u = 0{,}483 \qquad f_ü = 2f \qquad (2.14)$$

Die B2-Brückenschaltung ist der übliche Gleichrichter in Netzgeräten für elektronische Baugruppen jeder Art und in der Nachrichtentechnik seit langem als Graetz-Schaltung eingeführt. In der Leistungselektronik wird die B2-Brücke für Leistungen bis zu einigen kW am 230 V-Netz und in der Verkehrstechnik sogar bis in den MW-Bereich verwendet.

Beispiel 2.11

Zur Versorgung eines Verbrauchers mit einer welligen Gleichspannung von $U_d = 24$ V wird eine B2-Schaltung nach Abb. 2.53c eingesetzt und an 230 V Wechselspannung angeschlossen. Für welche sekundäre Leerlaufspannung U_{20} muss der Netztransformator ausgeführt werden, wenn bei Belastung mit 5 % Spannungsfall im Transformator und mit $U_D = 1$ V pro Diode zu rechnen ist?

Für die erforderliche Wechselspannung der verlustfreien Schaltung gilt Gl. 2.14 und damit unter Beachtung der Durchlassspannung U_D

$$U = \frac{\pi}{2\sqrt{2}} U_d + 2U_D = \frac{\pi}{2\sqrt{2}} 24\,\text{V} + 2\,\text{V} = 28{,}7\,\text{V}$$

Leerlaufspannung des Transformators

$$U_{20} = 1{,}05U = 1{,}05 \cdot 28{,}7\,\text{V} = 30{,}1\,\text{V}$$

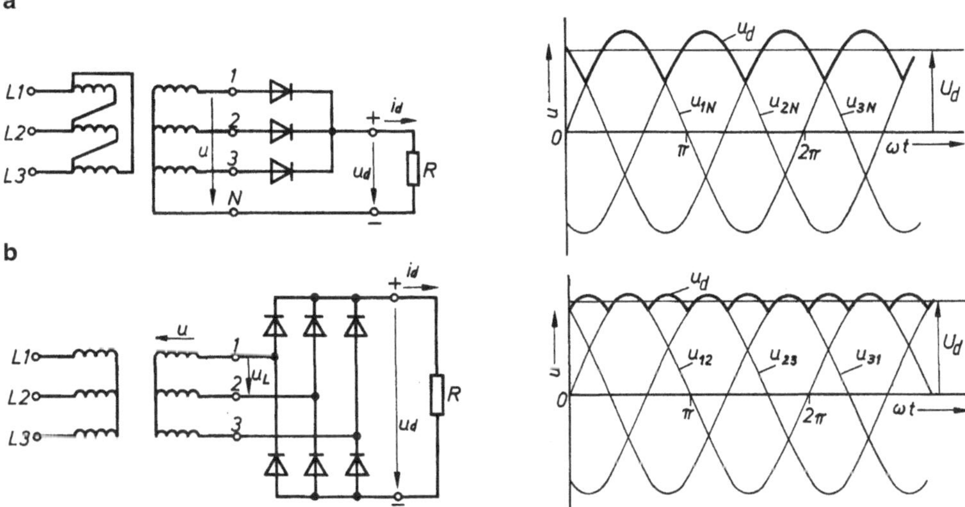

Abb. 2.54 Gleichrichterschaltungen für Drehstromanschluss. Aufbau und Spannungsdiagramme: **a** Dreipuls-Mittelpunktschaltung (M3), **b** Sechspuls-Brückenschaltung (B6)

2.2.1.2 Drehstromschaltungen

Drehstromschaltungen werden bei Anschlussleistungen etwa ab 5 kW erforderlich, wobei die Ausführungen nach Abb. 2.54 am häufigsten zum Einsatz kommen. Zur weiteren Verminderung der Welligkeit werden gelegentlich auch Schaltungen mit zwei Transformator-Sekundärwicklungen ausgeführt.

Dreipuls-Mittelpunktschaltung (M3) Über die Dioden werden nacheinander die drei Sternspannungen $u_{1\mathrm{N}}$, $u_{2\mathrm{N}}$, $u_{3\mathrm{N}}$ mit dem Effektivwert U an die Belastung R gelegt, wobei immer die Wicklung mit den positivsten Spannungswerten im Betrieb ist. Es gilt

$$U_{\mathrm{d}} = \frac{3\sqrt{6}}{2\pi} \cdot U = 1{,}17U \qquad w_{\mathrm{u}} = 0{,}183 \qquad f_{\ddot{\mathrm{u}}} = 3f \tag{2.15}$$

Sechspuls-Brückenschaltung (B6) Bei dieser auch kurz Drehstrombrücke genannten Schaltung fließt der Laststrom immer über zwei Wicklungsstränge, d. h. es wird die Außenleiterspannung $u_{\mathrm{L}} = \sqrt{3} \cdot u$ gleichgerichtet. Mit dem Effektivwert U der Sternspannung gilt

$$U_{\mathrm{d}} = \frac{3\sqrt{6}}{\pi} \cdot U = 2{,}34U \qquad w_{\mathrm{u}} = 0{,}042 \qquad f_{\ddot{\mathrm{u}}} = 6f \tag{2.16}$$

Anwendungen Vor allem die B6-Schaltung wird in der Leistungselektronik zur Versorgung elektrischer Antriebe, für Elektrolyseanlagen bis zu den höchsten Leistungen eingesetzt. Im Kfz erhält die Drehstromlichtmaschine einen B6-Gleichrichter.

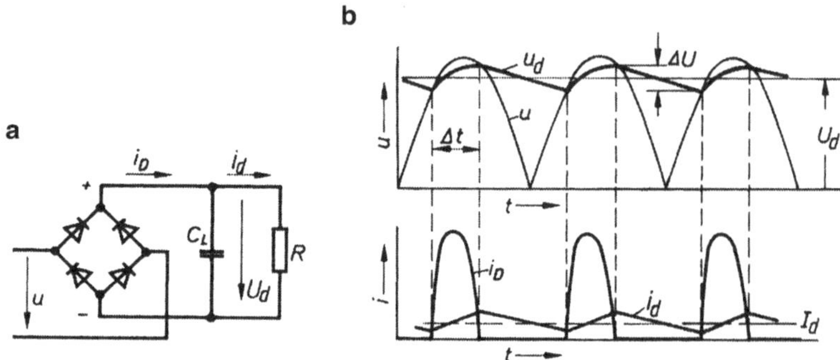

Abb. 2.55 Spannungsglättung mit einem Kondensator. **a** Schaltung, **b** Diagramme

2.2.1.3 Glättungs- und Siebglieder

Kondensatorglättung Die in den Schaltungen nach Abb. 2.53 erzeugten Gleichspannungen haben für die direkte Versorgung einer Elektronikbaugruppe meist eine zu hohe Welligkeit. Man bezeichnet diesen Gesamtwert $U_{\ddot{u}}$ aller Wechselanteile auch als Brummspannung, da sie z. B. in Radiogeräten einen entsprechenden Brummton hervorrufen können.

Die erste Maßnahme zur Erzielung einer sauberen Gleichspannung stellt die Verwendung eines Glättungs- oder Ladekondensators C_L dar, der nach Abb. 2.55 die Gleichspannung der Brückenschaltung stützt. Ist mit $u > u_d$ die Eingangsspannung u größer als die des Kondensators, so wird C_L über die Diodenschaltung aufgeladen. Dabei fließt mit i_D nach Abb. 2.55b in der kurzen Ladezeit Δt über die Dioden außer dem Laststrom i_d ein impulsförmiger Ladestrom. In den Zeiten $u < u_d$ sperren die Dioden und der Kondensator liefert den Laststrom, womit er sich wieder teilweise entlädt. Im welchem Umfang dies erfolgt und wieweit dabei die Spannung u_d absinkt, ist von der Zeitkonstanten $\tau = R \cdot C_L$ abhängig.

Insgesamt ändert sich die Ausgangsspannung nur noch um ΔU bei einem Mittelwert U_d, wobei ΔU durch eine entsprechende Kondensatorkapazität sehr klein gemacht werden kann. Vereinfacht man die Schwankung von u_d um den Mittelwert zu einer Sinuskurve mit der Frequenz $f_{\ddot{u}}$, so lässt sich mit

$$U_{\ddot{u}} \approx \frac{\Delta U}{2\sqrt{2}} \tag{2.17}$$

ein Bezug zur Brummspannung $U_{\ddot{u}}$ angeben.

Bei bekannten Schaltungsdaten kann man den Wert ΔU über die dem Kondensator entnommene Ladung durch den Strommittelwert I_d während der Entladungszeit t_E bestimmen. Sie ist nach Abb. 2.55b etwas kürzer als die halbe Periodendauer T und kann im Mittel zu $t_E = 0{,}75 \cdot T/2$ angenommen werden. Der Kondensator gibt damit die Ladung

$$\Delta Q = I_d \cdot t_E = 0{,}75 \cdot I_d \cdot T/2$$

ab, wobei seine Spannung U_C um den Anteil ΔU sinkt. Mit der Grundgleichung $Q = CU$ des Kondensators erhält man dann

$$\Delta Q = 0{,}75 \cdot I_d \cdot T/2 = C_L \Delta U \text{ und } T = 1/f$$

$$\Delta U = \frac{0{,}75 \cdot I_d}{2 f C_L} . \tag{2.18}$$

Bei sehr geringer Belastung wird mit $I_d \to 0$ auch $\Delta U = 0$ und damit nach Abzug der Schleusenspannung von $U_D = 0{,}7\,\text{V}$ pro Diode die Gleichspannung $U_d = \sqrt{2}U - 2U_D$. Der Kondensator lädt sich fast auf den Scheitelwert der Eingangswechselspannung U auf.

Beispiel 2.12

Zur Versorgung einer Elektronikschaltung mit $U_d = 24\,\text{V}$ aus dem Netz mit $f_N = 50\,\text{Hz}$ soll eine B2-Schaltung mit C-Glättung eingesetzt werden. Der Laststrom sei $I_d = 20\,\text{mA}$, als Abweichung vom Mittelwert $U_d = 24\,\text{V}$ sei $\pm 5\,\%$ zulässig.

a) Welcher Kondensator C_L ist zu wählen?
   Mit 5 % Abweichung vom Mittelwert gilt $\Delta U = 2 \cdot 0{,}05 \cdot U_d = 0{,}1 \cdot 24\,\text{V} = 2{,}4\,\text{V}$.
   Damit benötigt man nach Gl. 2.18 einen Kondensator

$$C_L = \frac{0{,}75\, I_d}{2 f \cdot \Delta U} = \frac{0{,}75 \cdot 20\,\text{mA}}{2 \cdot 50\,\text{Hz} \cdot 2{,}4\,\text{V}} = 62{,}5\,\mu\text{F}$$

b) Welche Sekundärspannung U muss ein Transformator im Falle a haben, wenn der Spannungsfall an den beiden Dioden 1,5 V beträgt?
   Für den Höchstwert der welligen Gleichspannung erhält man

$$\hat{u}_d = \sqrt{2}U - 1{,}5\,\text{V}$$

Ferner gilt nach Abb. 2.55b

$$U_d = \hat{u}_d - 0{,}5\,\Delta U \text{ mit } \Delta U = 2 \cdot 0{,}05 U_d$$

Damit erhält man die Gleichung

$$U_d = \sqrt{2}U - 1{,}5\,\text{V} - 0{,}5 \cdot 0{,}1 \cdot 24\,\text{V}$$
$$U = 18{,}9\,\text{V}$$

Die Sekundärspannung des Transformators muss 18,9 V betragen.

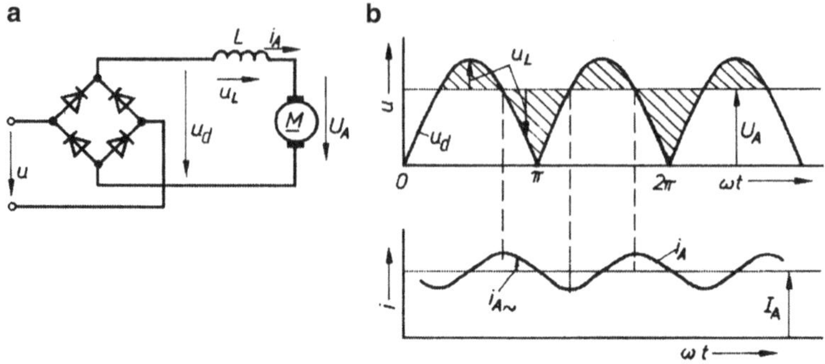

Abb. 2.56 Stromglättung mit einer Induktivität. **a** Schaltung, **b** Diagramme

Aufgabe 2.12

Die Schaltung in Abb. 2.55 wird mit $U = 19\,\text{V}$, $50\,\text{Hz}$ betrieben und soll eine Last mit den Daten $U_\text{d} = 24\,\text{V}$, $I_\text{d} = 10\,\text{mA}$ versorgen. Welche Glättungskapazität C ist zu wählen?

Ergebnis: $C = 26{,}8\,\mu\text{F}$

L-Glättung Bei den in der Leistungselektronik möglichen großen Lastströmen würde zur Glättung der Gleichspannung nach Gl. 2.18 eine unwirtschaftlich große Kapazität erforderlich. Man verwendet daher vor allem bei Schaltungen zur Versorgung von Gleichstromantrieben eine Glättungsdrosselspule L nach Abb. 2.56. Sie wird gleichstromseitig in Reihe mit dem Motor geschaltet und übernimmt durch ihren Blindwiderstand $X_\text{L} = 2\pi f L$ den Wechselanteil u_L in der Gleichrichterspannung u_d. Die Ausgangsspannung hat damit nur noch eine geringe Welligkeit.

Während eine C-Glättung umso wirksamer wird, je geringer der Laststrom ist, bleibt die L-Glättung im Leerlauf ohne Wirkung. Der Wechselspannungsanteil u_L kann nämlich nur dann von der Drosselspule übernommen werden, wenn nach

$$u_\text{L} = L\frac{\text{d}\,i_{\text{A}\sim}}{\text{d}t}$$

ein entsprechend kleiner Wechselstrom $i_{\text{A}\sim}$ im Laststromkreis auftritt. Bei einer großen Induktivität L wird die Amplitude $\hat{i}_{\text{A}\sim}$ dann so gering, dass fast nur der Gleichstrommittelwert I_A in Erscheinung tritt.

***RC*- und *LC*-Tiefpass** Die Stellglieder der Leistungselektronik wie Thyristoren und IGBT's aber auch die Stromwender der Universalmotoren in E-Werkzeugen erzeugen

Abb. 2.57 *RC*-Tiefpass

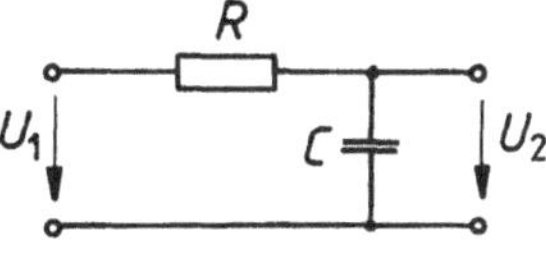

Abb. 2.58 *LC*-Tiefpass

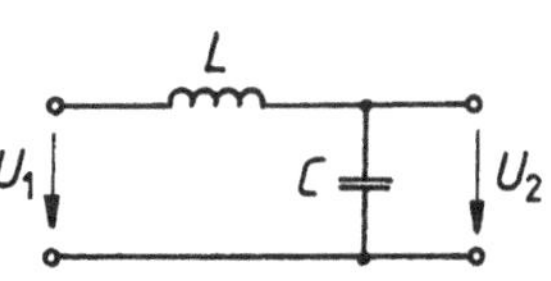

Störspannungen, die im Frequenzbereich über 150 kHz durch Maßnahmen zur Funkentstörung nach VDE 0875 begrenzt werden müssen. Die klassische Technik zur Minderung solcher hochfrequenter Spannungen ist der Einsatz eines Tiefpasses aus einem *RC*-Glied nach Abb. 2.57 oder in der Kombination *LC* nach Abb. 2.58. Beide Schaltungen arbeiten als frequenzabhängiger Teiler, der die Störspannung U_1 am Kondensatorausgang mit steigender Frequenz im stärker auf U_2 absenkt. Mit den Beziehungen aus Abschn. 1.3.2 erhält man für die beiden Varianten die Ergebnisse:

RC-Tiefpass

$$\frac{U_2}{U_1} = \frac{1}{\sqrt{(\omega RC)^2 + 1}} \tag{2.19a}$$

LC-Tiefpass

$$\frac{U_2}{U_1} = \frac{1}{(\omega^2 LC) - 1} \tag{2.19b}$$

Kennzeichen der Wirkung eines Tiefpasses im Bezug auf sein Sperrverhalten ist die sogenannte Grenzfrequenz f_g, bei welcher das Verhältnis $U_2/U_1 = 1/\sqrt{2} = 0{,}707$ auftritt. In einer logarithmischen Skala entspricht dies der Bewertung -3 dB. Für die *RC*-Kombination gilt

$$f_g = \frac{1}{2\pi \cdot RC} . \tag{2.20}$$

In der Praxis werden zum Abblocken von Störspannungen fast immer *LC*-Tiefpässe oder wie in Abb. 4.93 für ein EMV-Netzfilter gezeigt, Kombinationen von *L* und *C* verwendet. Im Vergleich zur *RC*-Schaltung, bei der die Störspannung U_1, nur mit $1/f$ sinkt, erfolgt dies bei der LC-Schaltung mit $1/f^2$. Man bezeichnet das *LC*-Glied daher als einen Tiefpass zweiter Ordnung.

In Abb. 2.59 ist die Wirkung beider Varianten dargestellt. Bezug ist die Grenzfrequenz des *RC*-Tiefpasses, wobei der Wert *LC* so gewählt wurde, dass *bei* $f = f_g$ ebenfalls $U_2/U_1 = 0{,}7$ auftritt. Da der *LC*-Tiefpass eigentlich ein Reihenschwingkreis ist, besitzt er nach Gl. 1.95b eine Resonanzfrequenz, bei der eine Überhöhung der Spannung U_2 entsteht. Ihr Wert hängt vom Spulenwiderstand ab und ist ohne Bedeutung, wenn alle betriebsmäßig auftretenden Spannungen weit von dieser Resonanzfrequenz wegliegen.

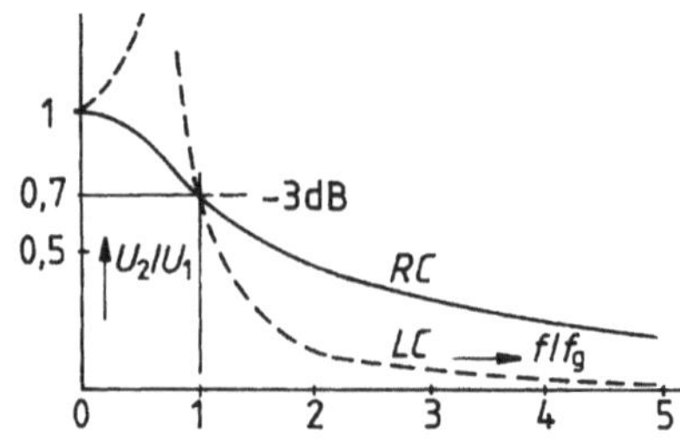

Abb. 2.59 Vergleich der Wirksamkeit von *RC*- und *LC*-Tiefpass

---

Beispiel 2.13

Eine Phasenanschnittsteuerung mit Triac nach Abb. 4.86 soll durch einen *LC*-Tiefpass mit den Daten $C = 0{,}2\,\mu\text{F}$ und $L = 0{,}5\,\text{mH}$ entstört werden.

a) Ab welcher Frequenz $f_{\min}$ wird die Störspannung netzseitig auf weniger als 1/1000 ihres Wertes U_1 reduziert?
   Nach Gl. 2.19b gilt für $U_2/U_1 = 1/1000$ die Beziehung

$$\omega_{\min}^2 LC - 1 = 1000 \text{ und damit } \omega_{\min}^2 = 1001/LC.$$

Mit $\omega_{\min} = 2\pi f_{\min}$ ergibt sich als kleinste Frequenz

$$f_{\min} = \frac{1}{2\pi} \cdot \sqrt{\frac{1001}{LC}} = \frac{1}{2\pi} \cdot \sqrt{\frac{1001}{0{,}5 \cdot 10^{-3}\,\text{H} \cdot 0{,}2 \cdot 10^{-6}\,\text{F}}} = 503\,\text{kHZ}.$$

b) Welchen Einfluss hat das *LC*-Glied auf die 230 V-Versorgung der Triacschaltung?
   Bei $f = 50\,\text{Hz}$ wird $\omega^2 LC - 1 = (2\pi \cdot 50\,\text{Hz})^2 \cdot 0{,}5 \cdot 10^{-3}\,\text{H} \cdot 0{,}2 \cdot 10^{-6}\,\text{F} \approx |1|$
   Es besteht damit kein merkbarer Einfluss.

c) Welchen Wert hat die Resonanzfrequenz f_0 des Tiefpasses?
   Nach Gl. 1.95b erhält man

$$f_0 = \frac{1}{2\pi \cdot \sqrt{LC}} = \frac{1}{2\pi \cdot \sqrt{0{,}5 \cdot 10^{-3}\,\text{H} \cdot 0{,}2 \cdot 10^{-6}\,\text{F}}} = 15{,}9\,\text{kHz}.$$

Aufgabe 2.13

Anstelle des Tiefpasses in Beispiel 2.13 soll eine *RC*-Kombination mit ebenfalls $C = 0{,}2\,\mu\text{F}$ gewählt werden. Welcher Wert muss bei gleicher Wirkung für R gewählt werden?

Ergebnis: $R = 1{,}58\,\text{k}\Omega$

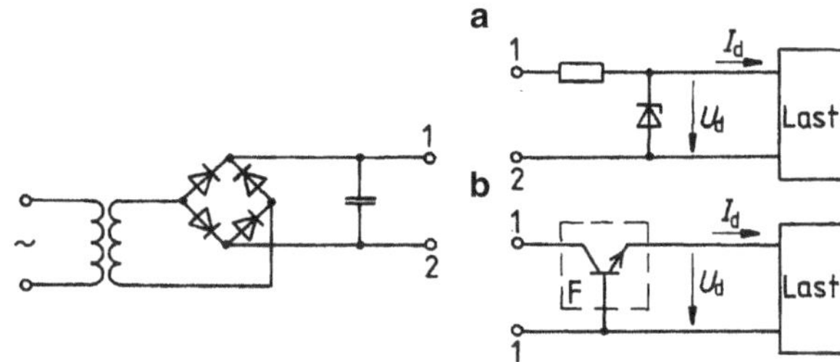

Abb. 2.60 Aufbau eines konventionellen Netzgerätes. **a** Stabilisierung der Spannung mit einer Z-Diode, **b** Einsatz eines Festspannungsreglers F

2.2.1.4 Netzteile

Zum Betrieb einer Elektronik benötigt man stets eine stabilisierte Gleichspannung im Bereich von etwa 5 bis 30 V. Für Geräte mit Netzanschluss an 230 V, 50 Hz wird diese Versorgungsspannung durch eine Netzteil genannte Baugruppe hergestellt.

Abb. 2.60 zeigt die konventionelle Ausführung eines Netzteils mit dem die gewünschte Gleichspannung fast unabhängig von der Höhe der Belastung und möglichen Spannungsschwankungen auf 1 bis 3 % konstant gehalten werden kann. Bei geringer Ausgangsleistung $U_d I_d < 1\,\mathrm{W}$ kann man zur Stabilisierung die in Abb. 2.22 gezeigte Anordnung mit einer Z-Diode einsetzen. In der Regel verwendet man jedoch einen als IC-Baustein verfügbaren Festspannungsregler F, der mit seinen drei Anschlüssen nach Abb. 2.60b zu schalten ist. Das interne Stellglied ist hier ein sogenannter Längstransistor, der über eine Z-Diode so ausgesteuert wird, dass eine konstante Gleichspannung am Ausgang entsteht. Der Transistor wirkt in der Schaltung als variabler Widerstand R_{CE}, der stets die Differenz zwischen der vorgeglätteten Kondensatorspannung U_c und U_d aufnehmen muss. Im IC-Baustein entstehen damit vor allem die Verluste $U_{CE} I_d$, was zusammen mit den Verlusten im Eingangstransformator und den Dioden zu einem Wirkungsgrad des Netzteils von nur 30 bis 50 % führt. Dieser Nachteil und der bauliche Aufwand für den 50 Hz-Transformator haben dazu geführt, dass für immer mehr Anwendungen wie z. B. in EDV-Anlagen, Fernsehgeräten, Recordern usw. die nachstehende Technik der Schaltnetzteile zur Stromversorgung eingesetzt wird.

Schaltnetzteile Grundgedanke dieser SNT abgekürzten Technik ist es, die galvanische Trennung und die Transformation auf kleine Spannungswerte nicht auf der 50 Hz-Netzseite, sondern bei Frequenzen bis etwa 50 kHz durchzuführen. Da die übertragbare Leistung eines Transformators proportional mit der Frequenz ansteigt, wird dieser sehr klein und preiswert. Abb. 2.61 zeigt die Struktur eines Schaltnetzteils mit seinen einzelnen Baugruppen.

Ein LC-Filter (1) vor dem Eingangsgleichrichter mit C-Glättung (2) verhindert die netzseitige Abgabe von hochfrequenten Störimpulsen infolge der Taktung. Die Spannung U_{d1} wird durch eine Transistorschaltung (3) in Einzelimpulse der genannten Frequenz „zerhackt" und damit der Ferritkern-Transformator (4) auf- und abmagnetisiert. Die Baugruppe 3 + 4 wird als Flusswandler bezeichnet, sie liefert dem nachgeschalteten Gleichrichter (5) eine potenzialgetrennte Wechselspannung der U_d angepassten Größe. Wegen

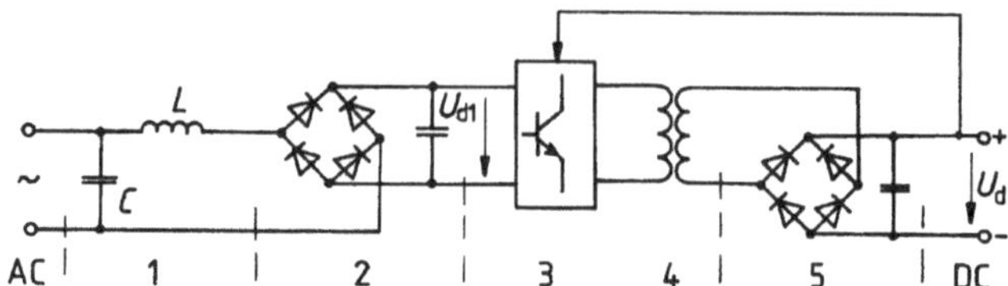

Abb. 2.61 Aufbau eines Schaltnetzteils. *1* EMV-Netzfilter, *2* Gleichrichter mit Glättungskondensator, *3* Transistor-Wechselrichter mit Trenntransformator, *4*, *5* Gleichrichter mit Glättungskondensator

der hohen Frequenz dieser Spannung ist nach Gl. 2.18 der Glättungsaufwand durch einen Kondensator gering. Die Regelung der Ausgangsspannung auf einen festen U_d-Wert erfolgt über die Taktung des Transistorkreises weitgehend verlustlos. Trotz des größeren Aufwandes an Elektronik und Siebgliedern ist das SNT preisgünstig und erreicht zudem Wirkungsgrade von bis zu 90 %.

Weitwinkelphasenschieber Mitunter ist es erforderlich, eine sinusförmige Wechselspannung ohne die Amplitude zu ändern, in ihrer Phasenlage um den Winkel $0° \leq \varphi \leq 180°$ zu drehen. Hierzu eignet sich besonders die Brückenschaltung nach Abb. 2.62, in welcher der Phasenwinkel φ der Ausgangsspannung $\underline{U}_2$ über die Stellung des Potenziometers R_p bestimmt werden kann.

Die Wirkungsweise der Schaltung ergibt sich aus dem Zeigerbild Abb. 2.62b. Die Sekundärspannung $U_{12} = 2 \cdot U_1$ des Transformators liegt an dem RC-Glied, wobei wegen der 90°-Phasenverschiebung zwischen den Spannungen $\underline{U}_\mathrm{R}$ und $\underline{U}_\mathrm{C}$ die Ortskurve des Punktes 3 der Thaleskreis über U_{12} ist. Mit $R_\mathrm{p} = 0$ wird auch $U_\mathrm{R} = 0$ und der Punkt 3 liegt an der Stelle 2, womit der Winkel φ zu null wird. Mit größerem Widerstand wandert der Punkt 3 in Richtung nach 1 und φ wird entsprechend größer. Bei $R_\mathrm{p} \gg 1/\omega C$ ist praktisch $\varphi = 180°$ erreicht.

Für die Belastung des Ausgangs mit den Klemmen 0 und 3 durch einen Strom I_2 ist zu beachten, dass $I_2 \ll I_\mathrm{RC}$ bleibt, da das Diagramm in Abb. 2.62 streng nur im Leer-

Abb. 2.62 Weitwinkelphasenschieber. **a** Schaltung, **b** Zeigerdiagramm der Spannungen

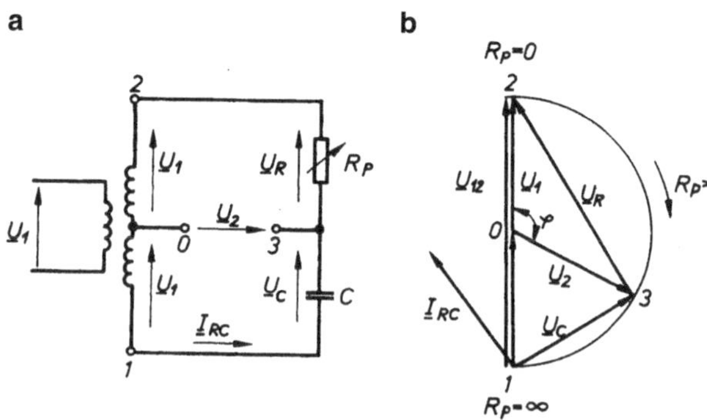

lauf gültig ist. Bei zu großem Laststrom ändert sich mit dem Phasenwinkel φ auch die Amplitude der Ausgangsspannung $\underline{U}_2$.

Beispiel 2.14

Für einen Phasenschieber nach Abb. 2.62 sind ein Kondensator mit $C = 10\,\mu\text{F}$ und ein Potenziometer mit $R_\text{p} = 100\,\text{k}\Omega$ vorgesehen. Welcher maximale Winkel φ_max nach Abb. 2.62b ist bei $U_1 = 10\,\text{V}$, $50\,\text{Hz}$ erreichbar?

Für die Reihenschaltung von R und C gilt nach Beispiel 1.52

$$I = \frac{U_{12}}{\sqrt{R_\text{p}^2 + \left(\frac{1}{\omega C}\right)^2}} \quad \text{und} \quad U_\text{C} = \frac{I}{\omega C}$$

Der Winkel φ_max hat den doppelten Wert des Winkels zwischen den Spannungen U_{12} und U_C in Abb. 2.62b, der mit a bezeichnet werden soll. Damit gilt

$$\cos\alpha = \frac{U_\text{C}}{U_{12}} = \frac{1}{\sqrt{1 + (\omega R_\text{p} C)^2}}$$

$$\cos\alpha = \frac{1}{\sqrt{1 + (2\pi \cdot 50\,\text{Hz} \cdot 10^5\,\Omega \cdot 10^{-5}\,\text{F})^2}} \approx \frac{1}{2\pi \cdot 50} = 3{,}18 \cdot 10^{-3}$$

Damit $\alpha = 89{,}9°$ und $\varphi_\text{max} = 179{,}6°$.

2.2.2 Verstärker

Verstärker sind elektronische Schaltungen, welche die Amplitude einer elektrischen Eingangsgröße als Strom oder Spannung so vergrößern, dass sie danach bequem gemessen, weiterverarbeitet oder nutzbar gemacht werden können. Grundelemente sind immer bipolare Transistoren oder FET, wobei diese wie im Operationsverstärker auch innerhalb eines *IC*-Bausteins realisiert sein können.

Wird zur Verstärkung nur ein kleiner und damit geradliniger Teil der Verstärkerkennlinie ausgenutzt, so spricht man von einem Kleinsignalverstärker oder Verstärker im A-Betrieb. Leistungsverstärker nutzen vielfach die ganze Kennlinie aus, benötigen dann jedoch für jede Halbschwingung eines Wechselstromsignals eine eigene Endstufe (Verstärker im B-Betrieb, Gegentaktverstärker). Je nach Stromart unterscheidet man ferner grundsätzlich Gleichspannungsverstärker und Wechselspannungsverstärker.

2.2.2.1 Transistorgrundschaltungen

Transistoren können prinzipiell in drei Grundschaltungen eingesetzt werden, die jeweils ihre besonderen Eigenschaften aufweisen und entsprechende Verwendung finden. Abb. 2.63 zeigt die Zusammenstellung für bipolare Transistoren, für FET gelten analoge

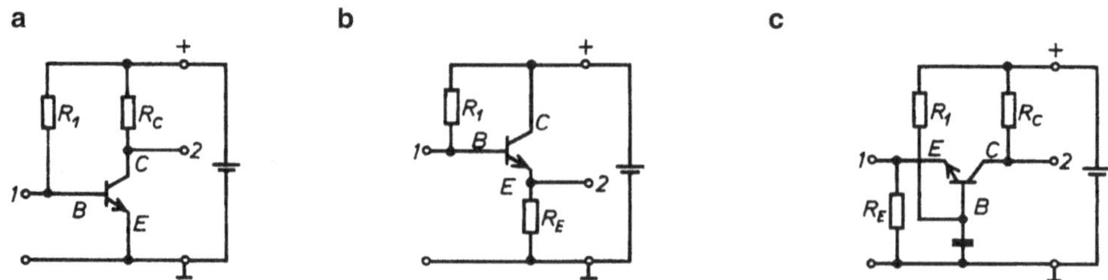

Abb. 2.63 Transistorgrundschaltungen. **a** Emitterschaltung, **b** Kollektorschaltung, **c** Basisschaltung

Schaltungen. Die Bezeichnung kennzeichnet jeweils den Anschluss, der sowohl für die Eingangs- wie die Ausgangsseite gilt, wobei für die Kollektorschaltung der für Wechselströme kurzgeschlossene Weg über die Batterieversorgung mit der Spannung U_B gilt.

Die weitaus wichtigste Schaltung für den Aufbau von Verstärkern ist die Emitterschaltung, deren Technik im Folgenden näher betrachtet werden soll.

2.2.2.2 Emitterschaltung

Am Beispiel der Emitterschaltung nach Abb. 2.64 soll das Prinzip der Spannungsverstärkung mit einem Transistor dargestellt werden. An den Eingang 1 ist die Signalquelle mit der zu verstärkenden Wechselspannung u_1 angeschlossen. Damit beide Halbschwingungen verarbeitet werden können, muss der Betriebspunkt oder Arbeitspunkt A des Verstärkers ohne Eingangssignal etwa in der Mitte des Kennlinienfeldes (Abb. 2.64b und c) liegen. Die Wechselspannung u_1 bewirkt dann auf der Eingangskennlinie $I_B = f(U_{BE})$ des Transistors eine Änderung des Basisstromes im Bereich I_{B1} bis I_{B2}, was einer Aussteuerung zwischen den Punkten A_1 und A_2 entspricht. Im Ausgangskennlinienfeld $I_C = f(U_{CE})$ wandert der Betriebspunkt bei offenem Ausgang 2 (Leerlauf) dann ebenfalls von A_1 bei I_{B1} bis A_2 bei I_{B2} entlang einer Arbeitsgeraden g, deren Lage sich aus Gl. 2.22 ergibt. Sie hat damit die Achsenabschnitte U_B und U_B/R_C, ist also in ihrer Steigung vom Kollektorwiderstand R_C abhängig. Mit der Schwankung zwischen den Punkten A_1 und A_2 ändert sich das Kollektorpotenzial entsprechend dem Verlauf von u_1, wobei in Richtung Ausgang der Gleichanteil durch den Kondensator C_2 zurück gehalten wird. Am Anschluss 2 entsteht schließlich nach Gl. 2.21

$$u_{20} = -V_{U0} \cdot u_1 \tag{2.21}$$

eine Wechselspannung u_{20}, welche um die Leerlauf-Spannungsverstärkung $V_{U0} = 50$ bis 500 größer als das Eingangssignal u_1 ist. Das Minuszeichen berücksichtigt, dass bei dieser Emitterschaltung zwischen den Schwingungen u_1 und u_{20} entsprechend Abb. 2.64b, c eine 180°-Phasenverschiebung auftritt.

Wird der Ausgang durch einen Widerstand R_L belastet, so entsteht für den Wechselanteil u_{CE} der Kollektor-Emitterspannung eine Parallelschaltung $R_C \parallel R_L$. Die im Ausgangskennlinienfeld durch den Arbeitspunkt A gelegte Gerade wird dann nicht mehr

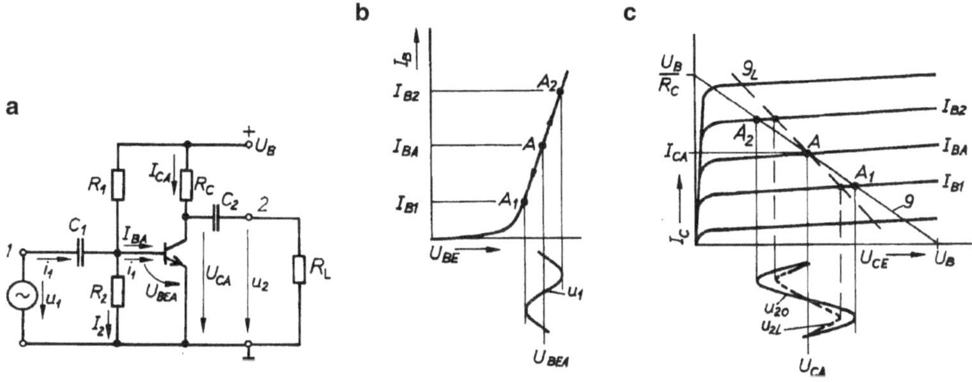

Abb. 2.64 Arbeitspunkteinstellung beim Transistor. **a** Schaltung mit Basisspannungsteiler, **b** Eingangskennlinie mit Arbeitspunkt A und Signalspannung u_1, **c** Ausgangskennlinienfeld mit Arbeitsgeraden g und Ausgangsspannung u_2

allein durch R_C sondern durch den geringeren Parallelwert $R_C \parallel R_L$ bestimmt. Sie hat jetzt mit g_L den in Abb. 2.64c gestrichelten, steileren Verlauf und als Folge die geringere Ausgangsspannung u_{2L}. Die Spannungsverstärkung sinkt auf $V_{UL} < V_{U0}$.

Arbeitspunkteinstellung Die Lage des Arbeitspunktes A in Abb. 2.64 wird durch eine Gleichstrom-Aussteuerung des Transistors festgelegt, die mit Hilfe der Widerstände R_C, R_1 und R_2 eingestellt werden kann. Für den Kollektor-Emitterkreis des Transistors gilt die Spannungsgleichung

$$U_B = I_C \cdot R_C + U_{CE}$$

und damit

$$I_C = \frac{U_B}{R_C} - \frac{U_{CE}}{R_C} \tag{2.22}$$

Im Ausgangskennlinienfeld $I_C = f(U_{CE})$ nach Abb. 2.64c stellt Gl. 2.22 eine Gerade g mit dem Ordinatenabschnitt U_B/R_C und der Nullstelle bei $U_{CE} = U_B$ dar. Man bezeichnet g als Arbeits- oder Widerstandsgerade und legt ihre Neigung durch den Wert des Kollektorwiderstandes R_C fest.

Die Lage des Arbeitspunktes A auf der Geraden und damit die Betriebswerte U_{CA} und I_{CA} des Transistors ohne Eingangssignal werden durch die Wahl des Basisgleichstromes I_{BA} bestimmt. Für I_{BA} benötigt man nach der Eingangskennlinie (Abb. 2.64b) des Transistors eine Basis-Emitterspannung U_{BEA}, die über den Spannungsteiler $R_1 - R_2$ eingestellt wird. Damit U_{BEA} nur vom Teilerverhältnis $R_2/(R_1 + R_2)$ bestimmt ist und der Transistor als Belastung nur einen geringen Einfluss hat, sollte ein Querstrom I_2 nach

$$I_2 = (5 \text{ bis } 10) \cdot I_{BA} \tag{2.23}$$

gewählt werden.

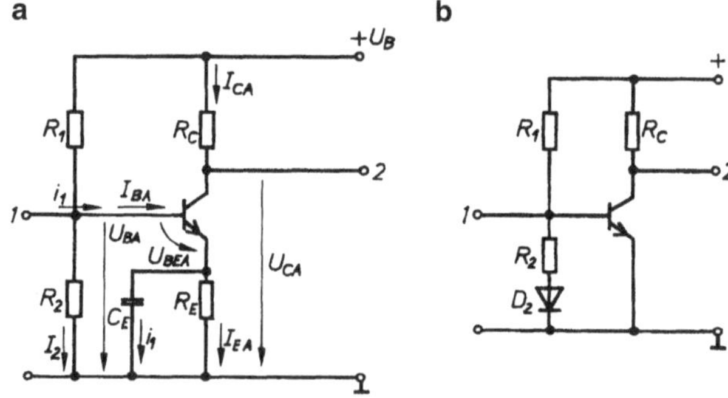

Abb. 2.65 Schaltungen zur Arbeitspunktstabilisierung. **a** Gleichstrom-Gegenkopplung mit R_E, **b** Temperaturkompensation mit Diode D_2

Für die Dimensionierung der drei Widerstände gelten damit die Beziehungen

$$R_\mathrm{C} = \frac{U_\mathrm{B} - U_\mathrm{CA}}{I_\mathrm{CA}} \tag{2.24}$$

$$R_1 = \frac{U_\mathrm{B} - U_\mathrm{BA}}{I_2 + I_\mathrm{BA}} \tag{2.25}$$

$$R_2 = \frac{U_\mathrm{BA}}{I_2} \tag{2.26}$$

U_BA ist die Basisgleichspannung bei Verwendung eines Emitterwiderstandes R_E (Abb. 2.65), ohne R_E gilt $U_\mathrm{BA} = U_\mathrm{BEA}$.

Man wählt die Arbeitspunkte U_CA und I_CA und kann dann nach Gl. 2.2 mit $I_\mathrm{BA} = I_\mathrm{CA}/B$ den erforderlichen Basisgleichstrom berechnen. Die Spannung $U_\mathrm{BEA} \approx 0{,}65\,\mathrm{V}$ ergibt sich aus dem Eingangskennlinienfeld des betreffenden Transistors.

Die gesamte Arbeitspunkteinstellung erfolgt also über die Wahl der ohmschen Widerstände und die dadurch auftretenden Gleichströme. Damit diese weder über die Basis auf die Signalseite, noch über den Kollektoranschluss an den Ausgang gelangen, werden die Kondensatoren C_1 und C_2 in Abb. 2.64 zwischengeschaltet. Während die Gleichströme dadurch auf den Transistor begrenzt bleiben, stellen die Kondensatoren nach $X_\mathrm{C} = 1/\omega C$ für die Signalwechselströme bei genügend hoher Frequenz kein Hindernis dar.

Arbeitspunktstabilisierung Wird ein Transistor infolge seiner Verluste oder durch die Umgebung erwärmt, so wird seine Leitfähigkeit größer, was bei einer durch die Widerstände R_1 und R_2 festgelegten Spannung U_BEA zu einer Erhöhung von I_BA und damit I_CA fuhrt. Dadurch wird der eingestellte Arbeitspunkt A nach oben auf der Geraden g verschoben. Man kann diesem unerwünschten Effekt dadurch entgegenwirken, dass man die Spannung U_BEA etwas reduziert und so den Transistor geringfügig zusteuert. Das kann durch eine Arbeitspunktstabilisierung selbsttätig erfolgen.

In der Schaltung nach Abb. 2.65a wird die Stabilisierung durch Stromgegenkopplung mit Hilfe des Widerstandes R_E erreicht. Erhöht sich infolge einer Erwärmung des Transistors der Kollektorstrom I_C, so steigt auch der Emitterstrom I_EA an und vergrößert den

Spannungsabfall $U_E = I_{EA} \cdot R_E$. Dadurch wird das Emitterpotenzial etwas angehoben und die Spannung U_{BEA} entsprechend gesenkt.

Der Transistor wird so geringfügig zugesteuert und die Lage des Arbeitspunktes bleibt erhalten. Damit der Signalstrom i_1 nicht ebenfalls über R_E fließen muss, was eine Verringerung der Verstärkung zur Folge hätte, schafft man diesem Wechselstrom einen Bypass über C_E.

Der Wert des Emitterwiderstandes wird meist mit

$$R_E = \frac{R_C}{m} \tag{2.27}$$

am Kollektorwiderstand R_C orientiert. Es werden Werte von $m = 5$ bis 10 empfohlen.

Eine andere Schaltung zur Stabilisierung zeigt Abb. 2.65b. Bei einer Erwärmung des Transistors wird sich auch die Temperatur der räumlich eng zugeordneten Diode erhöhen, womit ihr Durchlasswiderstand sinkt. Damit erhält die Basis-Emitterstrecke ebenfalls eine etwas reduzierte Spannung U_{BEA}, was wieder einer Erhöhung des Kollektorstromes entgegenwirkt.

Beispiel 2.15

Für einen Si-NPN-Transistor mit den Daten $I_{CA} = 3\,\text{mA}$, $U_{BEA} = 0{,}6\,\text{V}$, $B = 100$ ist mit $U_B = 12\,\text{V}$ eine Verstärkerstufe nach Abb. 2.65 aufzubauen. Bei $R_E = 100\,\Omega$ sind die Widerstände R_1, R_2 und R_C zu bestimmen. Im Arbeitspunkt soll $U_{CA} = 6\,\text{V}$ bestehen.

Kollektorwiderstand nach Gl. 2.24

$$R_C = \frac{U_B - U_{CA}}{I_{CA}} = \frac{12\,\text{V} - 6\,\text{V}}{3\,\text{mA}} = 2\,\text{k}\Omega$$

Basisstrom nach Gl. 2.2

$$I_{BA} = \frac{I_{CA}}{B} = \frac{3\,\text{mA}}{100} = 30\,\mu\text{A}$$

Emitterstrom

$$I_E = I_{CA} + I_{BA} = 3{,}03\,\text{mA} \approx 3\,\text{mA}$$

Emitterspannung

$$U_E = I_E \cdot R_E = 3\,\text{mA} \cdot 100\,\Omega = 0{,}3\,\text{V}$$

Basisspannung

$$U_{BA} = U_{BEA} + U_E = 0{,}6\,\text{V} + 0{,}3\,\text{V} = 0{,}9\,\text{V}$$

Nach Gl. 2.23 wird $I_2 = 10 \cdot I_{BA} = 0,3\,\mathrm{mA}$ gewählt, damit erhält man die Widerstände des Spannungsteilers nach den Gl. 2.25 und 2.26

$$R_2 = \frac{U_{BA} - U_{CA}}{I_2} = \frac{0,9\,\mathrm{V}}{0,3\,\mathrm{mA}} = 3\,\mathrm{k\Omega}$$

$$R_1 = \frac{U_B - U_{BA}}{I_2 + I_{BA}} = \frac{12\,\mathrm{V} - 0,9\,\mathrm{V}}{0,33\,\mathrm{mA}} = 33,6\,\mathrm{k\Omega}$$

Aufgabe 2.14

Anstelle des Teilers R_1/R_2 in Abb. 2.65 wird ohne R_2 nur ein Basisvorwiderstand $R_v = R_1$ verwendet. Mit den Daten in Beispiel 2.15 ist R_v zu berechnen.

Ergebnis: $R_v = 370\,\mathrm{k\Omega}$

2.2.2.3 Differenzverstärker

Der Aufbau eines Gleichspannungsverstärkers durch galvanische Kopplung mehrerer Emitterschaltungen bringt außer dem schon erwähnten Nachteil weitere Probleme. Alle durch Temperaturschwankungen bedingten Änderungen der Arbeitspunktlage führen zu einer anderen Ausgangsgleichspannung und damit zu einem Messfehler. Man kann diese Drift des Nullpunktes zwar durch Schaltungsmaßnahmen verringern, verwendet aber trotzdem für den Aufbau von Gleichspannungsverstärkern andere Techniken.

Das Problem der Temperaturdrift lässt sich weitgehend beherrschen, wenn man nach Abb. 2.66 einen Differenzverstärker verwendet. Bei den beiden Transistoren werden gleichsinnige Änderungen der Eingangsspannungen u_1 und u_2 auch zu entsprechend gleichen Veränderungen der Kollektorspannungen u_{C_1} und u_{C_2} führen, wobei diese Gleichtaktverstärkung durch den Gegenkopplungswiderstand R_E herabgesetzt ist. Die Differenz $u_D = u_{C_1} - u_{C_2}$ bleibt unverändert, was auch dann gilt, wenn die Änderungen durch Temperatureinfluss, der sicher gleichsinnig auftritt, entstehen.

Gegenläufige Änderungen der Eingangsspannungen führen dagegen zu einer Erhöhung der einen Kollektorspannung und zur Verringerung der anderen. Damit entsteht eine Dif-

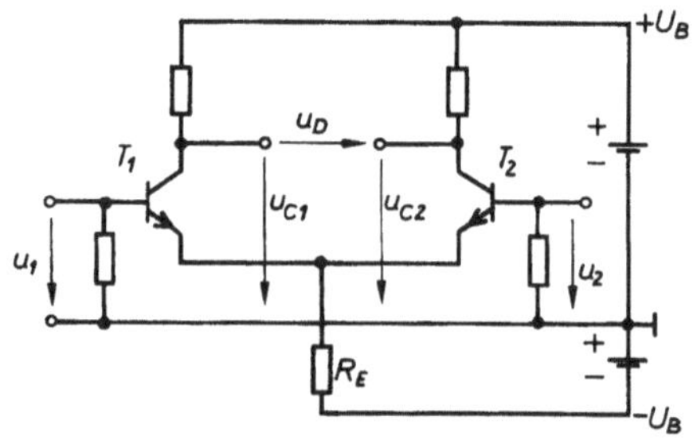

Abb. 2.66 Schaltung eines Differenzverstärkers

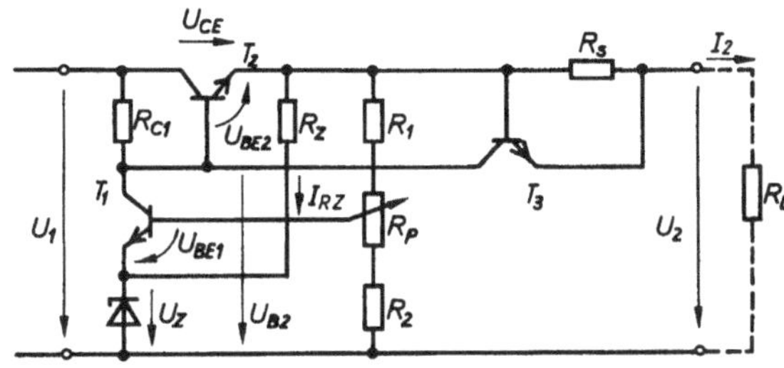

Abb. 2.67 Schaltung eines einfachen Spannungsreglers

ferenzspannung u_D und die Schaltung erhält mit

$$u_\mathrm{D} = V_\mathrm{D}(u_1 - u_2) \tag{2.28}$$

eine hohe Differenzverstärkung V_D ähnlich der Emitterschaltung. Die Technik der Differenzverstärker ist Grundlage des Aufbaus von Operationsverstärkern, die heute als integrierte Bausteine sehr vielfältig eingesetzt werden.

2.2.2.4 Steuerschaltungen mit Transistoren

Spannungsregler Transistoren können auch als lineare Stellglieder in Steuerschaltungen eingesetzt werden. Abb. 2.67 zeigt eine Schaltung zur Einstellung einer konstanten Gleichspannung, die z. B. im Anschluss an die Gleichrichterschaltung in Abb. 2.60 verwendet werden kann.

Der Transistor T_2 arbeitet als veränderlicher Widerstand R_{CE_2}, der die Differenz $U_1 - U_2$ zwischen Eingangsspannung U_1 und dem gewünschten Ausgangswert U_2 aufnimmt. Wird durch einen anderen Potenziometerwiderstand R_p der Transistor T_1 weiter aufgesteuert, so sinkt seine Kollektorspannung und damit auch die Basisspannung von T_2. Transistor T_2 erhält einen höheren Widerstandswert R_{CE_2}, womit die Ausgangsspannung sinkt. Die Spannung U_2 wird also durch die Stellung des Potenziometers bestimmt und ist etwa im Bereich $U_z < U_2 < U_1$ einstellbar.

Wird U_2 durch eine stärkere Belastung I_2 oder ein Absinken der Eingangsspannung kleiner, so fällt auch die Basisspannung von T_1, der dadurch etwas zusteuert und die Basisspannung von T_2 anhebt. Transistor T_2 verringert seinen Widerstand R_{CE_2}, so dass U_2 auf dem ursprünglichen Wert gehalten wird.

Transistor T_3 dient der Überstrombegrenzung. Bei $I_2 < I_{2\,\mathrm{zul}}$ ist die Spannung $R_\mathrm{s} \cdot I_2 = U_{\mathrm{BE}_3} < 0{,}6\,\mathrm{V}$, womit T_3 sehr hochohmig bleibt und keinen Einfluss hat. Bei Überströmen mit $R_\mathrm{s} \cdot I_2 > 0{,}6\,\mathrm{V}$ steuert T_3 auf und verringert damit die Basisspannung von T_2. Dieser wird damit hochohmiger und begrenzt I_2 auf zulässige Werte.

Beleuchtungssteuerung Abb. 2.68 zeigt das Prinzip einer Relaissteuerung für eine Beleuchtung über den Lichteinfall auf eine Fotodiode. Zum Einsatz kommt ein PNP-Transistor, womit der Emitteranschluss am Pluspol der Gleichstromversorgung liegt. Bei

Abb. 2.68 Lichtelektrische Steuerung

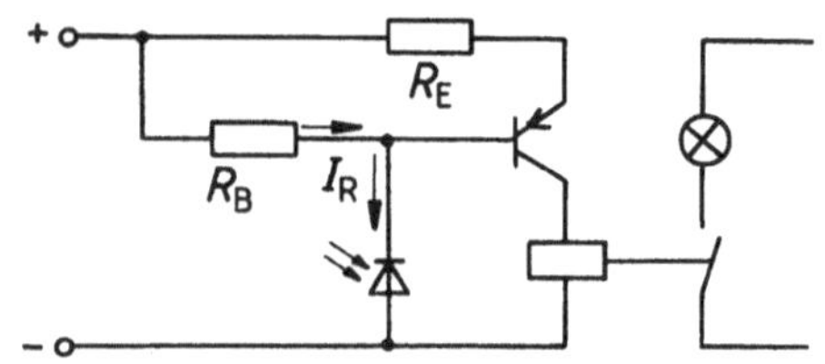

geringem Lichteinfall fließt entsprechend der Diodenkennlinie nach Abb. 2.24 nur ein kleiner Sperrstrom I_R durch die Fotodiode, so dass das Basispotenzial nur um den geringen Spannungsabfall $R_B \cdot I_R$ unterhalb des Pluspotenzials liegt. Dies reicht nicht aus, den Transistor aufzusteuern und das Relais zieht nicht an. Bei Lichteinfall wird der Sperrstrom I_R wesentlich größer, damit sinkt das Basispotenzial so stark, dass der Transistor leitend wird und mit I_C der Anzugsstrom des Relais erreicht ist.

Beispiel 2.16

Für die Schaltung in Abb. 2.67 ohne R_s und T_3 gelten die Transistordaten $I_{C_1} = 2\,\text{mA}$, $U_{BE_1} = U_{BE_2} = 0{,}6\,\text{V}$. Die Spannungen sind $U_1 = 12\,\text{V}$, $U_Z = 2\,\text{V}$, $U_2 = 2{,}5$ bis $11\,\text{V}$. Die Basisströme I_{B_1} und I_{B_2} können vernachlässigt werden.

a) Es ist der erforderliche Kollektorwiderstand R_{C_1} zu bestimmen.
   Der Transistor T_1 führt dann den zulässigen Wert I_{C_1}, wenn er aufgesteuert ist und damit die Ausgangsspannung U_2 an der unteren Grenze liegt. Dann gilt

$$U_{B_2} = U_2 + U_{BE_2} = 2{,}5\,\text{V} + 0{,}6\,\text{V} = 3{,}1\,\text{V}.$$

Spannungen an R_{C_1}

$$U_{RC_1} = U_1 - U_{B_2} = 12\,\text{V} - 3{,}1\,\text{V} = 8{,}9\,\text{V}$$

Kollektorwiderstand

$$R_{C_1} = \frac{U_{RC_1}}{I_{C_1}} = \frac{8{,}9\,\text{V}}{2\,\text{mA}} = 4{,}45\,\text{k}\Omega$$

b) Wie groß ist bei $R_Z = 900\,\Omega$ der Strom in der Z-Diode an der oberen Spannungsgrenze?

$$I_{RZ} = \frac{U_2 - U_Z}{R_Z} = \frac{11\,\text{V} - 2\,\text{V}}{900\,\Omega} = 10\,\text{mA}$$

$$U_{B_2} = U_2 + U_{BE_2} = 11\,\text{V} + 0{,}6\,\text{V} = 11{,}6\,\text{V}$$

$$U_{RC_1} = U_1 - U_{B_2} = 12\,\text{V} - 11{,}6\,\text{V} = 0{,}4\,\text{V}$$

$$I_{C_1} = \frac{U_{RC_1}}{R_{C_1}} = \frac{0{,}4\,\text{V}}{4{,}45\,\text{k}\Omega} \approx 0{,}1\,\text{mA}$$

$$I_Z = I_{RZ} + I_{C_1} \approx 10{,}1\,\text{mA}$$

2.2.3 Generator- und Kippschaltungen

2.2.3.1 Schalterbetrieb des Transistors

Während im Verstärkerbetrieb eines Transistors ein linearer Zusammenhang zwischen Ein- und Ausgangsspannung erwünscht ist, werden für den Einsatz als elektronischer Schalter nur zwei Grenzzustände am Rande des Kennlinienfeldes benötigt. Das Prinzip dieser Ansteuerung ist in Abb. 2.69 dargestellt.

Elektronischer Schalter Erhält der Transistor mit Schalterstellung 1 keinen Basisstrom I_B, so liegt der Betriebspunkt nach dem Kennlinienfeld bei A (AUS). Es fließt nur ein kleiner Sperrstrom I_{CO} (Bereich nA) und die Kollektor-Emitterstrecke ist sehr hochohmig. Die Betriebsspannung liegt mit $U_a \approx U_B$ fast ganz am Transistor, der wie ein geöffneter Schalter wirkt.

Wird dem Transistor durch die Schalterstellung 2 ein genügend großer Basisstrom $I_{Bü}$ zugeführt, so erreicht man den Betriebspunkt E (EIN). Die Kollektor-Emitterstrecke ist so niederohmig wie möglich geworden und nimmt nur noch eine Sättigungsspannung $U_{CES} \approx 0.3\,\text{V}$ auf. Die Betriebsspannung U_B liegt fast ganz am Lastwiderstand R_C, der Transistor wirkt mit $U_a \approx 0\,\text{V}$ wie ein geschlossener Schalter.

Da sowohl das Anreichern der Sperrschichten beim Einschalten wie das Ausräumen der freien Ladungsträger eine kurze Zeit erfordern, folgen Transistoren dem Steuerbefehl nicht völlig unverzögert. Man kann je nach Transistortyp und dem Wert des um den Übersteuerungsgrad $ü = 5$ bis 10 vergrößerten Basisstroms $I_{Bü}$ mit Einschaltzeiten von 10 bis 100 ns und Ausschaltzeiten von 50 bis 1000 ns rechnen.

Beispiel 2.17

Für den Transistor nach Abb. 2.69 gelten die Daten: $U_B = 12\,\text{V}$, $R_C = 200\,\Omega$, $I_{CO} = 400\,\text{nA}$, $U_{CES} = 0.4\,\text{V}$. Es ist der Transistorwiderstand R_{CE} in den beiden Schaltzuständen zu bestimmen.

$$\text{AUS:} \qquad R_{ges} = \frac{U_B}{I_{CO}} = \frac{12\,\text{V}}{0.4\,\mu\text{A}} = 30\,\text{M}\Omega \gg 200\,\Omega$$

$$R_{CE} = R_{ges} - R_C \approx 30\,\text{M}\Omega$$

$$\text{EIN:} \qquad U_R = U_B - U_{CES} = 12\,\text{V} - 0.4\,\text{V} = 11.6\,\text{V}$$

$$I_C = \frac{U_R}{R_C} = \frac{11.6\,\text{V}}{200\,\Omega} = 58\,\text{mA}$$

$$R_{CE} = \frac{U_{CES}}{I_C} = \frac{0.4\,\text{V}}{58\,\text{mA}} = 6.9\,\Omega$$

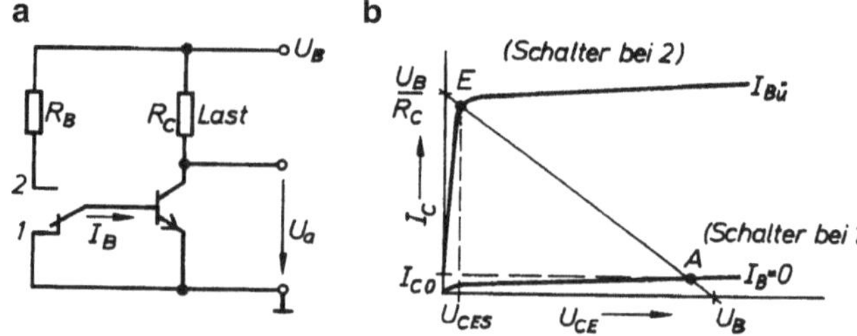

Abb. 2.69 Schalterbetrieb eines Transistors. **a** Schaltung, **b** Betriebszustände im Kennlinienfeld

Aufgabe 2.15

Das Relais in Abb. 2.68 hat die Betriebsdaten $I = 0{,}1\,\mathrm{A}$, $R = 240\,\Omega$ und der Transistor im eingeschalteten Zustand die Spannungen $U_{\mathrm{EB}} = 0{,}7\,\mathrm{V}$, $U_{\mathrm{EC}} = 1\,\mathrm{V}$. Die Schaltung wird mit $U = 35\,\mathrm{V}$ versorgt.

Mit $I_{\mathrm{R}} = 0{,}01\,\mathrm{A}$ sind die Widerstände R_{E} und R_{B} zu bestimmen.

Ergebnis: $R_{\mathrm{E}} = 100\,\Omega$, $R_{\mathrm{B}} = 1070\,\Omega$

Induktive Last Beim Ein- und Ausschalten eines Transistors treten jeweils Schaltverluste auf, die dem Produkt $U_{\mathrm{B}} \cdot I_{\mathrm{c}}$ proportional sind. Diese Schaltverluste sind bei netzfrequenten Anwendungen gegenüber den Durchlassverlusten ohne Bedeutung, müssen jedoch bei höheren Frequenzen berücksichtigt werden.

Besondere Schwierigkeiten macht das Abschalten eines induktiven Verbrauchers (Abb. 2.70), da erst die magnetische Energie der stromdurchflossenen Spule abgebaut werden muss. Ohne Zusatzmaßnahmen würde durch die Spannungsinduktion in der Spule beim raschen Abklingen des Laststromes eine gefährliche, unzulässige Überspannung am Transistor entstehen. Zum Schutz vor derartigen Schaltspannungen wird dem induktiven Verbraucher daher eine Freilaufdiode D_1 gegenparallelgeschaltet, über die der Spulenstrom langsam abklingen kann.

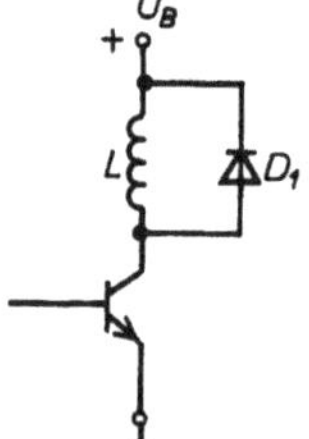

Abb. 2.70 Freilaufdiode für eine induktive Last

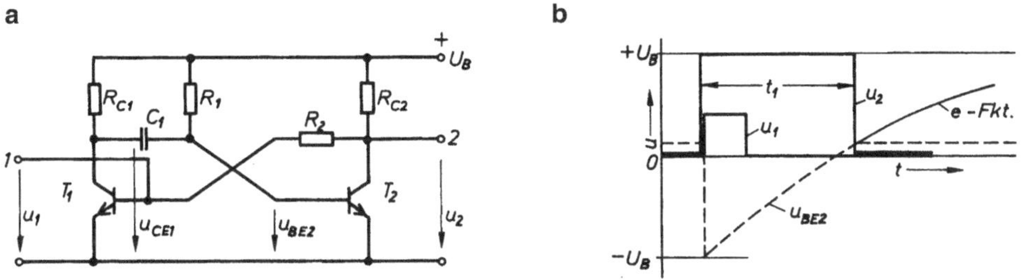

Abb. 2.71 Monostabile Kippschaltung. **a** Prinzipschaltung, **b** Spannungsdiagramme

2.2.3.2 Kippschaltungen

Mit elektronischen Schaltern und meist in Verbindung mit RC-Gliedern lassen sich eine Reihe klassischer Kippschaltungen aufbauen. Nach der Zahl der stabilen Betriebszustände unterscheidet man zwischen astabilen, monostabilen und bistabilen Schaltungen. Auch der Schmitt-Trigger oder Schwellwertschalter gehört in diesen Kreis.

Monostabile Kippschaltungen Das Prinzip dieser Schaltung ist in Abb. 2.71 angegeben. Ohne ein Eingangssignal u_1 ist der Transistor T_1 gesperrt und Transistor T_2 leitend. Dieser Betrieb mit $u_2 = 0$ ist der einzige stabile Zustand. Wird T_1 durch einen kurzen Spannungsimpuls u_1 eingeschaltet, so öffnet T_2 und man erhält über die Zeit

$$t_1 = \ln 2 \cdot (R_1 C_1) \tag{2.29}$$

am Ausgang das Signal $u_2 = U_{\mathrm{B}}$. Danach fällt die Kippschaltung wieder in ihre Ruhelage zurück. Die Verweilzeiten mit dem nichtstabilen Zwischenzustand können etwa 1 μs bis 10^3 s betragen.

Im stationären Zustand mit der Betriebsspannung U_{B} aber ohne Eingangsimpuls u_1 ist infolge der Wirkung des Kondensators C_1 stets T_1 gesperrt und T_2 leitend. Damit gilt $u_{\mathrm{CE}_1} \approx U_{\mathrm{B}}$, $u_{\mathrm{CE}_2} = u_2 \approx 0$ und $u_{\mathrm{BE}_2} = 0{,}7\,\mathrm{V}$ (Abb. 2.71b).

Durch einen kurzen Eingangsimpuls u_1 wird T_1 leitend, wodurch das Kondensatorpotenzial auf der Kollektorseite von T_1 (linke Seite) plötzlich auf $u_{\mathrm{CE}_1} \approx 0$ herabgezogen wird. Da sich die Kondensatorladung nicht schlagartig ändern kann, muss das Potenzial der anderen Seite (rechts) folgen und ergibt $u_{\mathrm{BE}_2} \approx -U_{\mathrm{B}}$. T_2 sperrt bei dieser negativen Basisspannung sofort und man erhält das Ausgangssignal $u_2 \approx U_{\mathrm{B}}$. Der Kondensator wird nun über R_1 und T_1 mit der Zeitkonstanten $\tau_1 = R_1 \cdot C_1$ aufgeladen. Sobald nun die rechte Seite von C_1 das Potenzial $u_{\mathrm{BE}_2} \approx 0{,}7\,\mathrm{V}$ erreicht, wird T_2 wieder leitend. Damit verschwindet mit $u_2 = 0$ das Ausgangssignal wieder und T_1 verliert erneut seine Basisspannung und sperrt. Der stabile Betriebszustand ist erreicht. Bevor ein neuer Einschaltimpuls u_1 folgen darf, muss C_1 über R_{C_1} und die Basis von T_2 auf $u_{\mathrm{CE}_1} \approx U_{\mathrm{B}}$ gebracht werden.

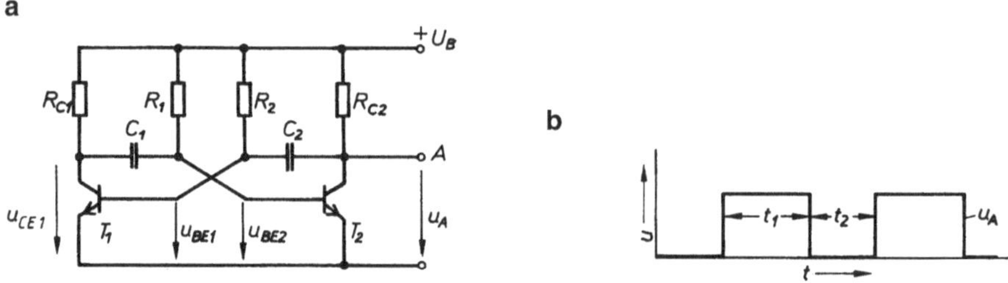

Abb. 2.72 Astabile Kippschaltung. **a** Prinzipschaltung, **b** Spannungsdiagramm

Anwendungen Monostabile Kippstufen werden als Verzögerungsschalter und zur Impulsformung eingesetzt.

Astabile Kippschaltung (Multivibrator) Diese Schaltung (Abb. 2.72) hat keinen stabilen Zustand, sondern erzeugt selbstschwingend eine Rechteckspannung mit einstellbarer Frequenz. Für die Impulsbreiten gilt

$$t_1 = \ln 2 \cdot (R_1 C_1) \qquad t_2 = \ln 2 (R_2 C_2) \tag{2.30}$$

man kann also Ein- und Ausschaltdauer der Transistoren über die jeweiligen RC-Glieder verändern.

Nach dem Einschalten von U_B beginnt die symmetrische Schaltung je nach der Streuung der Transistorwerte z. B. mit den Schaltzuständen T_1 leitend, T_2 gesperrt. C_2 nimmt damit die Potenziale $u_{CE_2} \approx U_B$, $u_{BE_1} \approx 0{,}7\,\text{V}$ an, während C_1 über R_1 und T_1 aufgeladen wird. Erreicht C_1 den Wert $u_{BE_2} \approx 0{,}7\,\text{V}$, so schaltet T_2 ein, die Potenziale von C_2 werden auf $u_{CE_1} \approx 0$, $u_{BE_1} \approx -U_B$ heruntergezogen und T_1 sperrt infolge der negativen Basisspannung. Jetzt wird C_2 über R_2 und T_2 aufgeladen, womit T_1 bei $u_{BE_1} \approx 0{,}7\,\text{V}$ wieder einschaltet usw. Der ständige Wechsel in den Betriebszuständen erfolgt also durch die Umladungen der Kondensatoren C_1 und C_2 mit den Zeitkonstanten $\tau_1 = R_1 \cdot C_1$ und $\tau_2 = R_2 \cdot C_2$.

Anwendungen Astabile Kippschaltungen werden als Rechteckgeneratoren und Taktgeber verwendet. Man kann damit z. B. auch eine Blinkschaltung aufbauen.

Bistabile Kippschaltung Diese Schaltungen (Abb. 2.73) sind die Grundlage der in der Digitaltechnik verwendeten Kippglieder oder Flipflops und können durch einen Steuerimpuls von einer stabilen Betriebslage in die andere umgeschaltet werden. In der Bauform des RS-Kippgliedes bezeichnet man die Eingänge E_1 und E_2 mit S (set – setzen) und R (reset – rücksetzen). Ein Spannungsimpuls auf E_1 macht T_2 leitend, womit T_1 sperrt und mit $u_{A_1} = U_B$ an A_1 ein Ausgangssignal erscheint. Das Signal ist gesetzt und bleibt auch nach

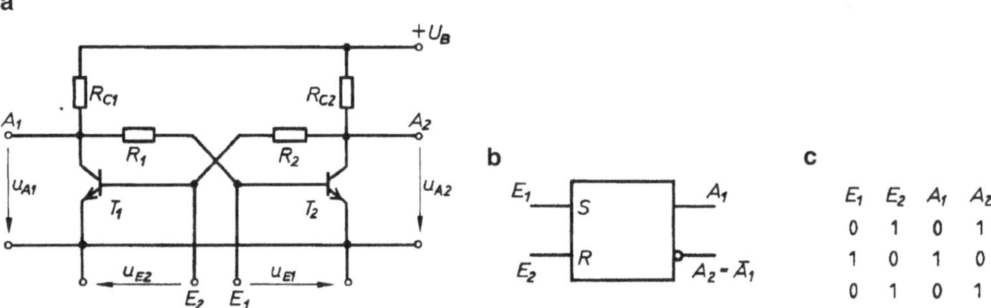

Abb. 2.73 Bistabile Kippschaltung. **a** Prinzipschaltung, **b** Schaltzeichen, **c** Wertetabelle

dem Eingangsimpuls gespeichert. Erst durch einen Spannungsimpuls auf E_2 wird T_1 leitend, womit das Signal an A_1 zu null wird. Dafür ist nun T_2 gesperrt und somit $u_{A_2} = U_B$. Die Ausgangssignale verhalten sich also immer gegenläufig oder komplementär.

Bezeichnet man nach $u_A = 0\,\text{V} \mathrel{\widehat{=}} 0$ und $u_A = U_B \mathrel{\widehat{=}} 1$ die beiden möglichen Betriebszustände durch die Binärangaben, so entsteht ein Verhalten der Schaltung nach Abb. 2.73c.

Anwendungen Kippglieder sind sehr wichtige Schaltungen der digitalen Elektronik, vor allem der Rechentechnik. Eine weitere Anwendung ist der Einsatz als Frequenzteiler (s. Abschn. 3.3.1).

2.2.3.3 Sinusgeneratoren

Elektronische Generatoren sind Schaltungen, die ohne externes Steuersignal eine Wechselspannung erzeugen. Je nach ihrer Kurvenform unterscheidet man z. B. Sinus-, Rechteck- oder Sägezahngeneratoren. Entsprechend umschaltbare Geräte, bei denen die Frequenz der Spannungen zusätzlich meist in einem weiten Bereich gewählt werden kann, bezeichnet man als Funktionsgeneratoren. Beim Sinusgenerator ist die gewünschte Frequenz der Wechselspannung durch die Eigenfrequenz eines schwingungsfähigen Bauelements, z. B. eines Parallel-Schwingkreises bestimmt. Um ungedämpfte Schwingungen, also einen Wechselstrom gleichbleibender Amplitude zu erhalten, muss dem schwingungsfähigen Bauelement periodisch und in richtiger Phasenlage so viel Energie zugeführt werden, dass die u. a. durch den Widerstand der Spule des Schwingkreises sowie durch Energieabgabe nach außen verloren gegangene Energie gerade ersetzt wird. Dieser Ersatz geschieht durch gesteuerte Energiezufuhr über ein Verstärkerbauelement, eine Röhre oder einen Transistor nach dem von Meissner (1913) angegebenen, Rückkopplung genannten Prinzip der Selbststeuerung. Die zugeführte Energie stammt meist aus einer Gleichspannungsquelle, z. B. einem Netzgerät.

Abb. 2.74 zeigt die mit einem NPN-Transistor bestückte Grundschaltung, in der eine induktive Rückkopplung über die Transformatorspulen L_B und L genutzt wird. Die Frequenz der erzeugten Sinusspannung U wird durch die Resonanzbedingung des LC-

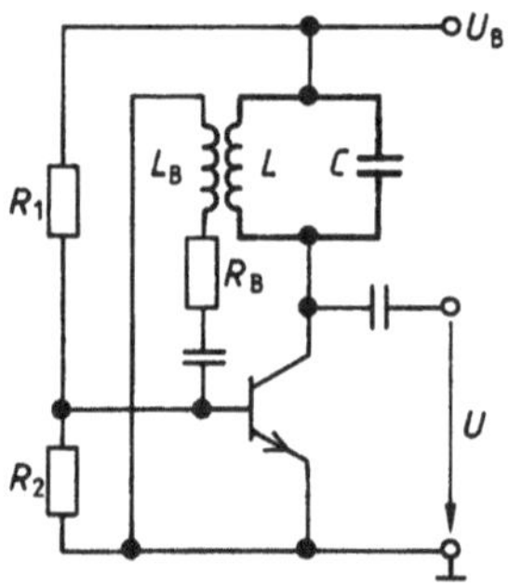

Abb. 2.74 Grundschaltung
eines Sinusgenerators

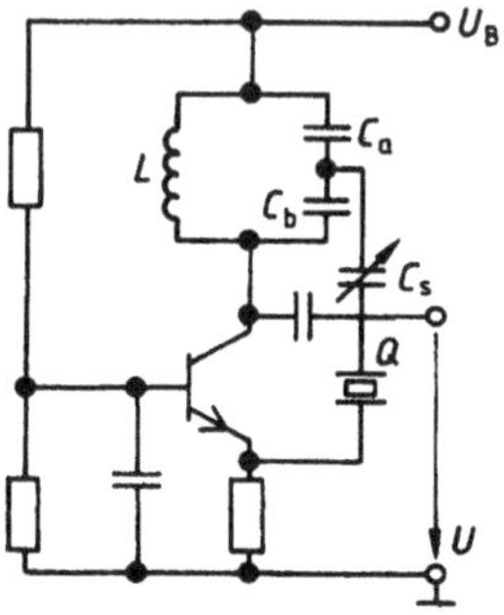

Abb. 2.75 Sinusgenerator
mit Schwingquarz Q (Quarz-
Colpitts-Oszillator)

Schwingkreises (dick gezeichnet) bestimmt. Mit dem Spannungsteiler $R_1 - R_2$ lässt sich
der Arbeitspunkt des Transistors etwa in Kennlinienmitte einstellen. Über den Eingangs-
kreis mit L_B und R_B wird der Transistor im Takt der Resonanzfrequenz f_0 angesteuert
und damit sein Kollektorpotenzial sinusförmig geändert.

$$f_0 = \frac{1}{2\pi \cdot \sqrt{LC}}$$

Quarzoszillator Bei hohen Anforderungen an die Frequenzkonstanz eines Sinusgenerators führt man die Rückkopplung mit einem Schwingquarz aus (Abb. 2.75). Seine Resonanzfrequenz wird durch die mechanischen Daten des Quarzkristalls bestimmt und
besitzt eine Stabilität von $\Delta f/f = 10^{-6}$ bis 10^{-10}. In der gezeigten Schaltung wird
durch die kapazitive Spannungsteilung durch C_a und C_b nur ein Teil der Wechselspannung rückgekoppelt. Der Kondensator C_s erlaubt eine Feineinstellung der gewünschten
Resonanzfrequenz.

Schwingquarze bestehen aus einem Quarzeinkristall, dessen beide Schnittflächen
metallisiert sind und die Anschlusselektroden tragen. Der Kristall zeigt den piezo-
elektrischen Effekt, d. h. unter dem Einfluss einer mechanischen Deformation durch
Druck- oder Zugkräfte entstehen auf den Oberflächen entgegengesetzte elektrische Ladungen und damit eine Spannung zwischen den Elektroden. In Umkehrung des Effekts
ergeben sich beim Anlegen einer Spannung infolge des elektrischen Feldes im Kristall je

nach Polarität Dehnungen oder Stauchungen des Kristalls. Durch eine Wechselspannung wird er somit periodisch verformt und kann zu Schwingungen mit seiner Eigenfrequenz f_0 angeregt werden. Er verhält sich hier wie ein Schwingkreis hoher Güte, wobei je nach Abmessungen $f_0 = 1\,\mathrm{kHz}$ bis $20\,\mathrm{MHz}$ möglich ist.

Anwendungen Sinusgeneratoren werden vielfach für messtechnische Zwecke verwendet, sie sind ferner Bestandteil jedes Rundfunk- und Fernsehgerätes. In der Nachrichtentechnik werden Quarzoszillatoren als Steuerstufe für Sender eingesetzt.

Da frequenzstabile Sinusgeneratoren nur Ausgangsleistungen der Größenordnung Milliwatt liefern, werden mehrere selektive Leistungsverstärkerstufen nachgeschaltet, um auf die der Antenne zuzuführende Leistung (bis $1000\,\mathrm{kW}$) zu kommen. Die Stufen mit Leistungen $> 200\,\mathrm{W}$ sind mit Röhren – bei Leistungen $> 10\,\mathrm{kW}$ mit Wasserkühlung – bestückt.

2.2.4 Integrierte Schaltungen

2.2.4.1 Aufbau elektronischer Schaltungen

Bei der räumlichen Gestaltung einer elektronischen Schaltung für den industriellen Einsatz wird man schon aus wirtschaftlichen Gründen stets ein möglichst geringes Bauvolumen anstreben. Dies hat auch technische Vorteile, da durch die kürzeren Verbindungen äußere Störeinflüsse und die Eigenkapazitäten und -induktivitäten der Leitungen verringert werden. Erst dadurch sind schnelle Schaltzeiten und so ein Betrieb bei hohen Frequenzen möglich. Ziel der Fertigung von Halbleiterschaltungen ist damit schon immer eine möglichst enge Zusammenfassung (Integration) der Bauelemente.

Leiterplattentechnik Elektronische Baugruppen werden praktisch immer auf einer sogenannten Leiterplatte montiert (Flachbaugruppe). Grundlage ist eine durch Glasfasern verstärkte 0,3 bis 3 mm dicke Kunststoffplatte, die ein- oder beidseitig mit ca. 30 μm starker Kupferfolie kaschiert ist. Deren Oberfläche ist meist bereits herstellerseitig mit einem fotoempfindlichen Lack überzogen.

Im Schaltungsentwurf (Layout) werden alle Bauelemente im Hinblick auf eine optimale Lage angeordnet und die Verbindungen festgelegt. Diese Aufgabe löst man heute vielfach an einem PC-Arbeitsplatz. Die Zeichnung mit den Verbindungsleitungen wird nun fototechnisch auf die Lackseite übertragen und diese belichtet und entwickelt. Dabei werden die nicht erforderlichen Kupferflächen freigelegt und können in einem Ätzverfahren abgetragen werden. Es folgt ein Reinigen und Überziehen der jetzt nur noch die Schaltverbindungen tragenden Platte mit einem lötbaren Schutzlack. Nach dem Lochen der Platte kann diese bestückt werden, wobei die Anschlussdrähte der Bauelemente von einer Seite aus in die zugeordneten Löcher gesteckt und z. B. nach dem Schwall-Verfahren verlötet werden.

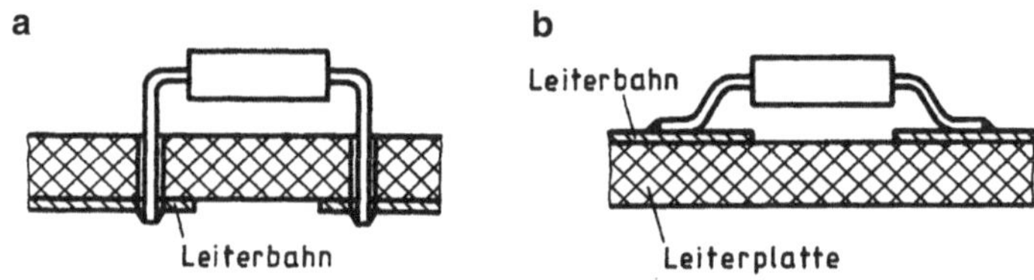

Abb. 2.76 Bestückungstechniken. **a** konventionell mit Bohrungen, **b** SMD-Technik

SMD-Technik Bei der konventionellen Bestückung einer Leiterplatte werden die Bauelemente mit ihren Anschlussdrähten in die vorbereiteten Löcher gesteckt und auf der Rückseite mit den Leiterbahnen verlötet (Abb. 2.76a). Die Leiterplatte kann nur einseitig mit Bauelementen belegt werden.

Dieses Verfahren wird zunehmend durch eine reine Oberflächenmontage abgelöst. Die Bauelemente müssen dazu als sogenannte SMD (Surface Mounted Devices) mit flachen Anschlussbeinen, die unmittelbar auf die Leiterbahnen zu löten sind, gefertigt werden (Abb. 2.76b). Diese neue Bestückungstechnik hat eine ganze Reihe von Vorteilen wie z. B. Löcherbohrungen entfallen, kein Biegen und Kürzen von Anschlussdrähten, höhere Packungsdichte durch geringere Bauteilabmessungen, Verringerung der Verbindungsinduktivitäten und Kapazitäten.

Dünn- und Dickschichttechnik Schichtschaltungen liegen in ihrer Technik zwischen den Leiterplatten mit diskreten Bauelementen und den hochintegrierten Halbleitern. Sie sind in ihrer Entwicklung preiswerter als ein *IC*-Baustein. Gegenüber der Leiterplattentechnik haben sie als Vorteile eine höhere Packungsdichte, bessere HF-Eigenschaften durch kürzere Verbindungswege, höhere thermische Belastbarkeit und eine bessere Störsicherheit. Im Vergleich zum monolithisch integrierten Halbleiter sind vor allem die Möglichkeit, auch Induktivitäten, optoelektronische Bauelemente oder Sensoren aufzunehmen und die höhere Spannungsfestigkeit, zu nennen.

In der Dickschichttechnik werden auf einer Keramikplatte (Substrat) die Leiterbahnen und Widerstände in einem Siebdruckverfahren aufgebracht. Man verwendet dazu Edelmetallpasten und kann durch deren Zusammensetzung sehr unterschiedliche Flächenwiderstände etwa im Bereich $1\,\Omega$ bis $1\,M\Omega$ herstellen. Mit einem Laserstrahl kann man auf genaue Werte abgleichen. Transistoren, Dioden oder andere Bauelemente werden mit Gehäuse in die Schaltung eingelötet. Durch Mehrfachdruck der Leiterbahnen mit Isolierschichten dazwischen können Mehrlagenstrukturen und Überkreuzungen, d. h. eine hohe Packungsdichte erreicht werden.

In der Dünnfilmtechnologie werden die Substrate zunächst vollständig durch Aufdampfen metallisiert und die gewünschten Strukturen danach durch Fotolithografie und Ätzvorgänge erzeugt. Die Dünnfilmtechnik erlaubt die Herstellung sehr feiner und genauer Strukturen, so können Widerstände mit einer Genauigkeit von $0,1\,\%$ realisiert werden.

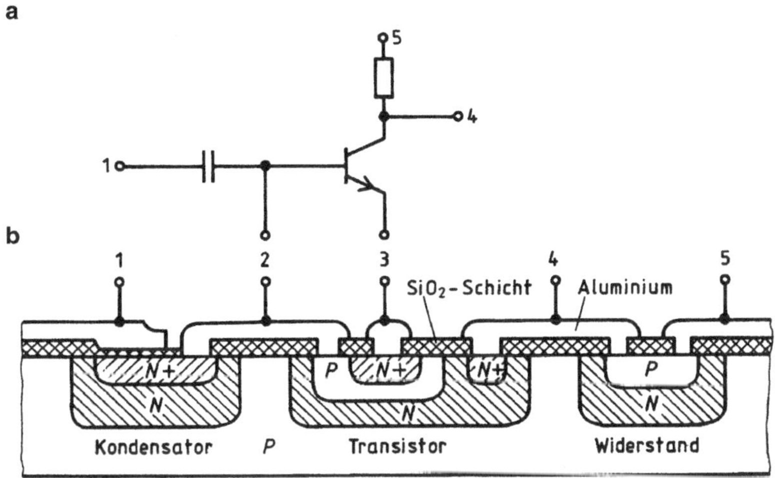

Abb. 2.77 Integrierte Schaltung mit bipolarem Transistor, Widerstand und Kondensator. **a** Schaltung, **b** Aufbau

Monolithisch integrierte Schaltungen Integrierte Schaltungen (*IC*-Schaltungen, Integrated Circuits) sind vollständige Funktionseinheiten, deren Bauteile und Verbindungen in einem mehrstufigen Fertigungsprozess in einem einkristallinen Si-Plättchen (chip) hergestellt werden. Ausgehend von z. B. einer P-leitenden Trägerplatte (Substrat) werden N-leitende Inseln entweder eindiffundiert oder durch Auftrag erzeugt. Hält man das Potenzial dieser Inseln positiv gegenüber dem Substrat, so werden die PN-Übergänge in Sperrrichtung betrieben und die Inseln sind elektrisch gegeneinander isoliert. In weiteren Arbeitsgängen entstehen dann je nach gewünschtem Bauelement weitere P- und N-Zonen. Die abschließende Isolation übernimmt eine SiO_2-Schicht, die Kontaktierung ein aufgedampfter Aluminiumbelag.

In Abb. 2.77 ist als Beispiel der schematische Querschnitt durch die integrierte Schaltung eines NPN-Transistors mit Eingangskondensator und Kollektorwiderstand gezeigt. Der ungepolte Kondensator entsteht mit der SiO_2-Schicht als Dielektrikum zwischen der hochdotierten N^+-Lage und der metallisierten Kontaktfläche. Der Widerstand ergibt sich aus dem Ohmwert der P-dotierten Zone zwischen den beiden Anschlüssen 4 und 5.

In integrierter Technik lassen sich durch eine passende PN-Struktur Widerstände, Kondensatoren, Dioden und Transistoren realisieren. Induktivitäten müssen mit einer geeigneten Ersatzschaltung umgangen werden. Nach dem Anwendungsbereich unterscheidet man zwischen *IC*-Bausteinen für analoge oder lineare Schaltungen (Verstärker, Regler) und für digitale Schaltungen (Zähler, Speicher, logische Verknüpfungen). Bei letzteren spricht man nach den verwendeten Bauelementen von einer

- DTL-Technik = Dioden-Transistor-Logik,
- TTL-Technik = Transistor-Transistor-Logik.

Die Integrationsdichte in *IC*-Bausteinen wird meist am Beispiel von Speicherschaltungen nach der Anzahl der Transistoren pro cm^2 Chip-Fläche bewertet. Die Integrationsdichte steigt mit jeder Entwicklungsstufe weiter an. So sind z. B. im Cache-Chip des Pentium-Pro-Prozessors auf einer Fläche von ca. $3\,cm^2$ etwa 30 Millionen Transistoren untergebracht.

IC-Herstellung Der Fertigung eines monolithisch integrierten Bausteins geht eine aufwändige Schaltungsentwicklung voraus (Zeitaufwand z. B. 20 Mannjahre), die nur noch über den Bildschirm eines PC-Arbeitsplatzes (Computer-Design) erfolgen kann. Ziel ist es, einen Aufbau zu realisieren, der eine möglichst geringe Fläche benötigt und damit geringste Verluste und hohe Arbeitsgeschwindigkeit erreicht.

Abgesehen von den hohen Entwicklungskosten dauert es häufig einige Jahre bis zur Markteinführung eines IC, was nur für Großserieneinsatz wirtschaftlich ist. Um auch für kundenspezifische Aufgaben mit kleinerer Stückzahl und mit wesentlich geringerem Zeitaufwand den Einsatz von ICs zu ermöglichen, wurde die „Semicustomtechnik" entwickelt. Es handelt sich hier um vorgefertigte Halbleiter, die z. B. beim Gate Array bereits alle Grundfunktionen enthalten und wo nur noch die Art der Verbindungen offen ist. Mit Hilfe spezieller CAD-Software kann nun aus den vorhandenen Bauelementen die kundenspezifische Schaltung erstellt und der Verbindungsplan festgelegt werden. Der *IC*-Baustein wird jetzt nach diesen Angaben speziell gefertigt.

2.2.4.2 Operationsverstärker

Operationsverstärker sind hochwertige Gleichspannungsverstärker, die ursprünglich für die Analogrechnertechnik entwickelt wurden und dort die Durchführung mathematischer Operationen (Addition, Integration) übernehmen können. Sie werden heute als monolithisch integrierte Schaltungen (*IC*-Baustein) in großer Stückzahl gefertigt und sind daher preiswert.

Der Operationsverstärker ist ein selbstständiges Bauteil mit definierten Eigenschaften, der ein sehr breites Anwendungsfeld in der industriellen Elektronik und Regelungstechnik besitzt. Sein Verhalten wird durch die gewählte Beschaltung mit Widerständen, Kondensatoren und Dioden bestimmt.

Aufbau und Eigenschaften Operationsverstärker sind als Differenzverstärker aufgebaut, wobei der *IC*-Baustein einen umfangreichen Schaltplan mit einer Vielzahl an Transistoren erhält. Das Bauelement gibt es in der Regel in einem runden Metallgehäuse oder als Kunststoffblock nach Abb. 2.78a. Will man einen sehr hohen Eingangswiderstand erreichen, so führt man die Eingangsstufe mit Feldeffekttransistoren aus.

Für die Darstellung in einem Schaltplan gibt es nach DIN 60617-13 je nach gewünschter Funktion eine Reihe von Schaltzeichen, die alle auf Abb. 2.78b aufbauen und nur die

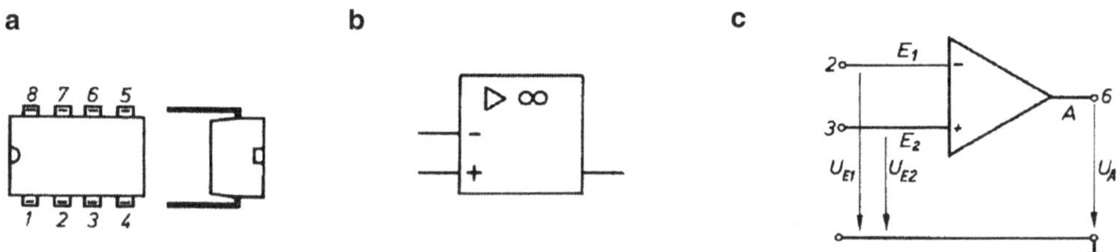

Abb. 2.78 Operationsverstärker. **a** Bauform, **b** Schaltzeichen nach EN 60617-13, **c** ältere Darstellung

Signalleitungen enthalten. In den folgenden Beispielen für die R- und C-Beschaltung und die Darstellung der damit erreichten Wirkung wird dieses Schaltzeichen verwendet, während Abb. 2.78c die frühere Dreieckform zeigt.

Das Verstärkerverhalten eines Operationsverstärkers wird durch die Gleichung

$$U_{\mathrm{A}} = V \cdot (U_{\mathrm{E}_2} - U_{\mathrm{E}_1}) = V \cdot U_{\mathrm{D}} \tag{2.31}$$

bestimmt.

Gleiche Spannungen an beiden Eingängen E_1 und E_2 ergeben also mit $U_{\mathrm{D}} = U_{\mathrm{E}_2} - U_{\mathrm{E}_1} = 0$ kein Ausgangssignal, womit die Gleichtaktverstärkung des idealen Operationsverstärkers (OP) null ist.

Wird nur an den Eingang E_1 eine positive Spannung U_{E_1} angelegt, so erhält man nach Gl. 2.31

$$U_{\mathrm{A}} = -V \cdot U_{\mathrm{E}_1} \tag{2.32}$$

die Ausgangsspannung U_{A} wird also negativ. Man bezeichnet daher den Eingang E_1 als invertierenden Eingang.

Eine Spannung U_{E_2} an E_2 ergibt dagegen

$$U_{\mathrm{A}} = V \cdot U_{\mathrm{E}_2} \tag{2.33}$$

d. h. keine Änderung der Polarität. E_2 ist damit der nichtinvertierende Eingang des OP.

Daten Aus den vielen Betriebswerten eines Operationsverstärkers sind nachstehende Angaben besonders wichtig:

Betriebsspannung $U_{\mathrm{B}} = \pm 15\,\mathrm{V}$ (typisch)
Maximaler Ausgangsstrom $I_{\mathrm{A}} = \pm 20\,\mathrm{mA}$ (typisch)
Leerlauf-Verstärkung $V = 10^5$ bis 10^6
Eingangswiderstand $R_{\mathrm{E}} = 10^6$ bis $10^{12}\,\Omega$
Ausgangswiderstand $R_{\mathrm{A}} = 10$ bis $10^3\,\Omega$

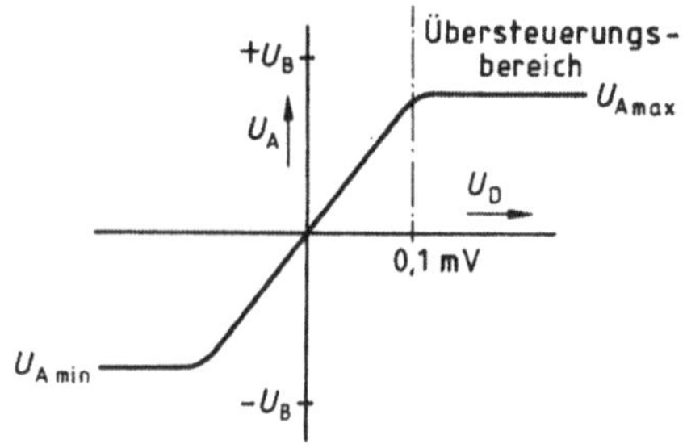

Abb. 2.79 Kennlinie eines
unbeschalteten Operationsverstärkers

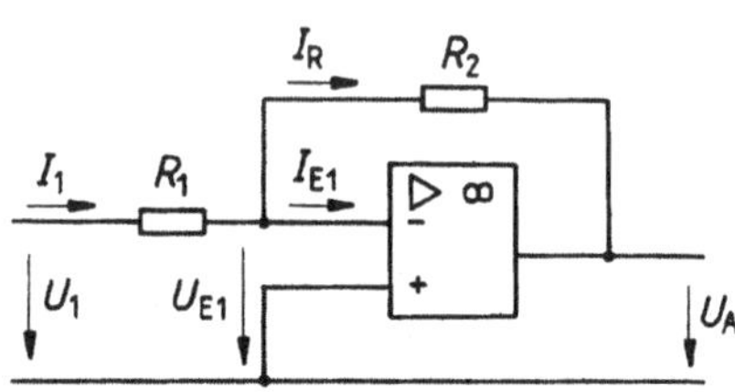

Abb. 2.80 Operationsverstärker als Umkehrverstärker

Die Verstärkung hat praktisch nur bei Gleichspannung den angegebenen hohen Wert und
nimmt etwa um den Faktor 10 pro zehnfacher Frequenz (20 dB/Dekade) ab.

Die Verstärkerkennlinie (Abb. 2.79) des reinen OP ist sehr steil. Bei $V = 10^5$ ist für
$U_D = 0{,}1\,$mV etwa bereits das Ende des linearen Bereichs mit $U_{A\,min} \leq U_A \leq U_{A\,max}$
erreicht. Mit höheren Differenzspannungen U_D am Eingang wird der OP übersteuert, d. h.
die Ausgangsspannung hat ihren Grenzwert, der ca. 3 V unter U_B liegt, angenommen.

2.2.4.3 Beschaltung von Operationsverstärkern

Für den Einsatz eines OP gibt es eine Reihe klassischer Grundschaltungen, die jeweils ein
bestimmtes Verhalten ergeben, das durch die Beschaltung bestimmt ist. Aus der Vielzahl
der Möglichkeiten sollen nachstehend einige Beispiele angegeben werden.

Umkehrverstärker Im Aufbau nach Abb. 2.80 ist der Pluseingang E_2 auf Massepoten-
zial gelegt und der OP mit den Widerständen R_1 und R_2 beschaltet. Dies bewirkt, dass ein
am invertierenden Eingang E_1 angeschlossenes Signal U_1 unter Umkehr des Vorzeichens
nach

$$U_A = -\frac{R_2}{R_1} \cdot U_1 \tag{2.34a}$$

verstärkt wird. Die Verstärkung selbst ist durch die Wahl des Widerstandsverhältnisses in
weiten Grenzen einstellbar.

Wegen des hohen Eingangswiderstandes R_E ist der Eingangsstrom I_E vernachlässigbar
klein ($I_{E_1} \rightarrow 0$). Außerdem gilt für die Eingangsspannung U_{E_1} nach Gl. 2.32 die Beziehung

$$U_{E_1} = -\frac{U_A}{V}$$

Abb. 2.81 Operationsverstärker als Addierer

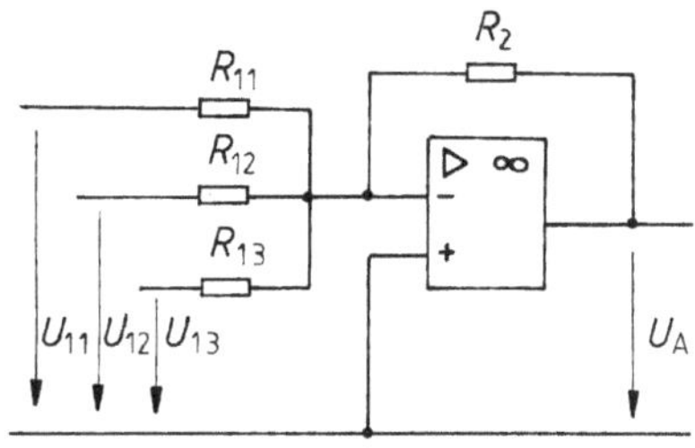

was wegen $V \rightarrow \infty$ ebenfalls einen sehr kleinen Wert bedeutet. Damit wird

$$I_1 = I_R$$

$$\frac{U_1 - U_{E_1}}{R_1} = \frac{U_{E_1} - U_A}{R_2}, \quad U_{E_1} \rightarrow 0$$

$$\frac{U_1}{R_1} = -\frac{U_A}{R_2}$$

Addierer In Abb. 2.81 erhält der Operationsverstärker mit U_{11}, U_{12}, U_{13} mehrere Eingangssignale, die er alle nach Gl. 2.34a verarbeitet. Man erhält dann die Summengleichung

$$U_A = -\left(U_{11} \frac{R_2}{R_{11}} + U_{12} \frac{R_2}{R_{12}} + U_{13} \frac{R_2}{R_{13}} \right) \tag{2.34b}$$

Das Minuszeichen kann leicht durch einen nachfolgenden Umkehrverstärker mit $R_1 = R_2$ beseitigt werden.

Die obige Schaltung summiert die Eingangssignale mit einer durch die Widerstandsverhältnisse einstellbaren Bewertung. Addierer sind ein wichtiger Baustein der analogen Regelungstechnik, wo sie Messwerte gewichten und zusammenführen.

Aufgabe 2.16

Es soll die Gleichung $y = 4x_1 + 8x_2 + 2x_3$ durch einen Addierer mit $R_2 = 10\,\mathrm{k\Omega}$ realisiert werden. Es sind die drei Eingangswiderstände zu bestimmen.

Ergebnis: $R_{11} = 2{,}5\,\mathrm{k\Omega}$, $R_{12} = 1{,}25\,\mathrm{k\Omega}$, $R_{13} = 5\,\mathrm{k\Omega}$

Integrierer In der Beschaltung nach Abb. 2.82 wirkt der Operationsverstärker als integrierender Verstärker, der die an E_1 anliegende Spannungszeitfläche $U_1 \cdot \Delta t$ bildet. Man erhält die Beziehung

$$U_A = -\frac{1}{R_1 C} \int U_1 \, \mathrm{d}t \tag{2.35}$$

wonach die Kurve $U_A = f(t)$ das Integral der Eingangskurve ist (Abb. 2.85, Beispiel 2.18).

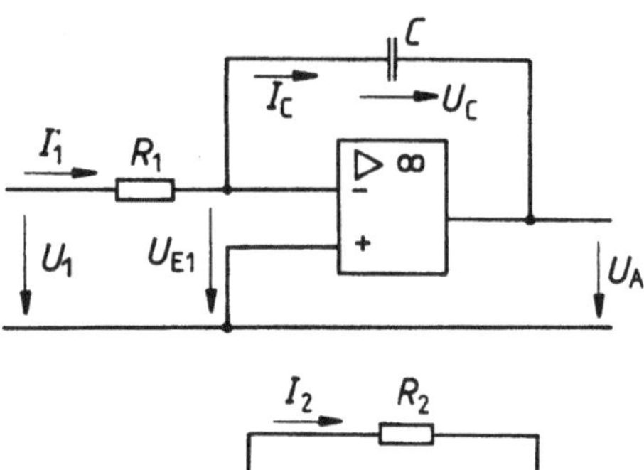

Abb. 2.82 Operationsverstärker als Integrierer

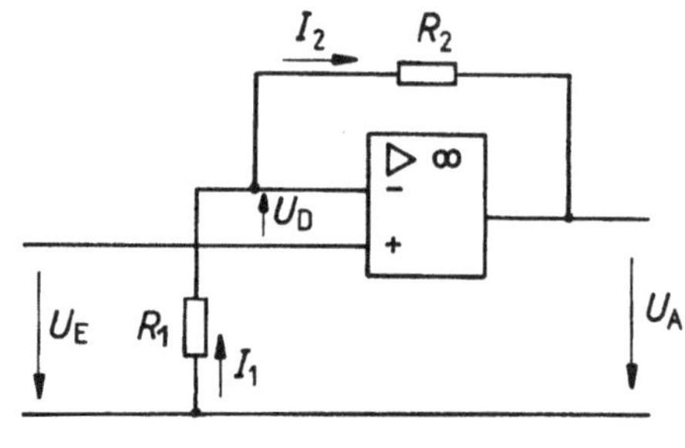

Abb. 2.83 Operationsverstärker als Elektrometerverstärker

Für den Kondensator C gilt die allgemeine Beziehung $Q = C \cdot U$ und hier

$$q = I_\mathrm{C} \cdot \Delta t = C \cdot \Delta U_\mathrm{C}$$

ferner wird

$$I_1 = \frac{U_1 - U_{\mathrm{E}_1}}{R_1}, \quad U_\mathrm{C} = U_{\mathrm{E}_1} - U_\mathrm{A}$$

Mit den gleichen Vereinfachungen ($I_\mathrm{E} \to 0$, $U_{\mathrm{E}_1} \to 0$) wie zuvor, gilt

$$I_1 = I_\mathrm{C} = C \cdot \frac{\Delta U_\mathrm{C}}{\Delta t}$$

$$\frac{U_1}{R_1} = C \cdot \frac{\Delta U_\mathrm{C}}{\Delta t} = -C \cdot \frac{\Delta U_\mathrm{A}}{\Delta t}$$

$$U_\mathrm{A} = -\frac{1}{R_1 C} \cdot \int U_1 \, \mathrm{d}t$$

Elektrometer-Verstärker In der Beschaltung nach Abb. 2.83 erhält man einen nicht invertierenden Verstärker mit den Daten

$$U_\mathrm{A} = U_\mathrm{E} \left(1 + \frac{R_2}{R_1} \right) \tag{2.36}$$

Durch den sehr hohen Eingangswiderstand R_E eignet sich die Schaltung mit einem nachgeschalteten Messgerät zur leistungslosen Spannungsbestimmung.

Nach Abb. 2.83 gelten die Spannungsgleichungen:

$$U_\mathrm{E} = U_\mathrm{D} - I_1 \cdot R_1 \text{ und } I_1 R_1 + I_2 R_2 = -U_\mathrm{A}$$

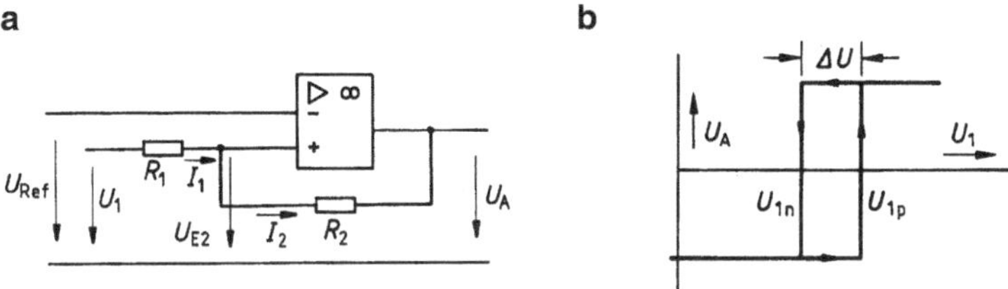

Abb. 2.84 Operationsverstärker als Komparator. **a** Schaltung, **b** Schaltverhalten

Mit den üblichen Vereinfachungen $I_1 = I_2$, $U_D \to 0$ wird daraus

$$U_E = -I_1 \cdot R_1 \quad \text{und} \quad I_1(R_1 + R_2) = -U_A$$

$$U_E = R_1 \frac{U_A}{R_1 + R_2}$$

$$U_A = U_E \cdot \frac{R_1 + R_2}{R_1}$$

Komparator mit Hysterese In der Mess-, Regel- und Steuerungstechnik werden häufig Schaltungen zum Vergleich einer Eingangsspannung U_1 mit einem Referenzwert U_{Ref} (Soll-Istwertvergleich) benötigt. Diese Komparatoren (Abb. 2.84) können auch eine Hysterese enthalten, bei der die Umschaltung auf $U_A > 0$ bei U_{1p}, das Rücksetzen auf $U_A < 0$ dagegen bei $U_{1n} < U_{1p}$ erfolgt. Die Kennwerte nach Abb. 2.84b lassen sich über die Beschaltungswiderstände variieren.

$$U_{1p,n} = \left(1 + \frac{R_1}{R_2}\right) \cdot U_{Ref} \pm \frac{R_1}{R_2} U_A \tag{2.37}$$

$$\Delta U = 2\frac{R_1}{R_2} \cdot U_A \tag{2.38}$$

Ohne Widerstände ist $\Delta U = 0$, und die Schaltschwelle liegt bei $U_1 = U_{Ref}$.

Beispiel 2.18

Aus einer 1 kHz-Rechteckspannung mit $\hat{u}_1 = 4\,\text{V}$ soll durch einen Integrierverstärker eine Dreieckspannung u_A gebildet werden. Welche Beschaltung R_1 und C ist zu wählen, damit $\hat{u}_A = 2{,}5\,\text{V}$ wird? Nach Gl. 2.35 und Abb. 2.85 gilt

$$\hat{u}_A = -\frac{1}{R_1 C} \int\limits_0^{T/4} u_1 \, dt$$

Mit $T = \dfrac{1}{f} = \dfrac{1}{1\,\text{kHz}} = 1\,\text{ms}$ und $u_1 = 4\,\text{V}$ konstant ist $\int\limits_0^{T/4} u_1 \, dt = 4\,\text{V} \cdot 0{,}25\,\text{ms} = 1\,\text{mV s}$.

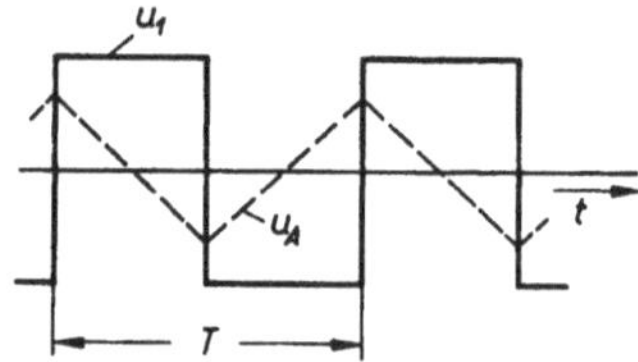

Abb. 2.85 Spannungen zu
Beispiel 2.18

Für $\hat{u}_A = -2{,}5\,\mathrm{V}$ wird erforderlich $R_1 C = \dfrac{-\int\limits_{0}^{T/4} u_1 \, \mathrm{d}t}{u_A} = \dfrac{-1\,\mathrm{mVs}}{-2{,}5\,\mathrm{V}} = 0{,}4\,\mathrm{ms}$ gewählt
$R_1 = 1\,\mathrm{k\Omega}$, $C = 0{,}4\,\mu\mathrm{F}$.

2.2.4.4 Einsatz einer integrierten Schaltung

Integrierte Schaltkreise werden für Aufgaben angeboten, die in der industriellen Elektronik immer wiederkehren und wofür sich dadurch der Entwicklungsaufwand lohnt. Der genaue innere Aufbau und der Schaltplan sind dem Anwender vielfach nicht bekannt und im Allgemeinen ist die Kenntnis für den funktionsgerechten Einsatz auch nicht erforderlich. So wird vom Hersteller meist nur ein Blockschaltbild angegeben, das die Funktion und die Verbindungen der wichtigsten inneren Baugruppen verdeutlicht. Der Anwender muss hingegen vor allem wissen, wie die einzelnen Anschlüsse des Bausteins zu belegen sind, wo also z. B. die Spannungsversorgung anzuschließen und welche äußere Beschaltung erforderlich ist.

Der praktische Einsatz eines solchen *IC*-Bausteins soll am Beispiel der Phasenanschnittsteuerung einer Wechselspannung mit einem netzgeführten Stromrichter gezeigt werden. Diese Technik ist die Grundlage zur Drehzahlsteuerung von Gleichstrommotoren in der Leistungselektronik, wo bis zu Leistungen von etwa $5\,\mathrm{kW}$ die in Abb. 2.86 gezeigte halbgesteuerte Einphasenbrücke verwendet wird. Sie enthält im Leistungsteil (dick eingezeichnet) zwei Dioden D_1 und D_2 und zwei Thyristoren T_1 und T_2, welche über Zündimpulse eingeschaltet werden müssen. Die Steuerschaltung mit dem *IC*-Baustein TCA 785 (Siemens AG) als zentrales Element hat die Aufgabe, diese Impulse im Abstand einer Halbperiode der Netzspannung synchronisiert mit deren Nulldurchgängen zu liefern.

Aus dem Datenblatt des Bausteins sind die Funktionen und Belegungen aller 16 Anschlüsse (Pins) zu entnehmen. Ihre Bedeutung soll zumindest für die wichtigsten Verbindungen in Abb. 2.86 erläutert werden:

Die Versorgungsspannung U_B des Bausteins beträgt 8 bis 18 V und ist zwischen Pin 16 (Pluspol) und Pin 1 (Bezugsmasse) anzuschließen. In der Schaltung wird sie direkt über den Vorwiderstand R_v aus der 230 V-Netzspannung entnommen, durch die Diode D_3 gleichgerichtet, mit C3 geglättet und über die Z-Diode D_z auf 15 V stabilisiert.

Das Synchronisiersignal U_{syn} wird über einen hochohmigen Widerstand R_5 aus der Netzspannung bezogen und durch die beiden gegenparallelen Dioden auf $\pm 0{,}6\,\mathrm{V}$ zwischen Pin 5 und Masse begrenzt.

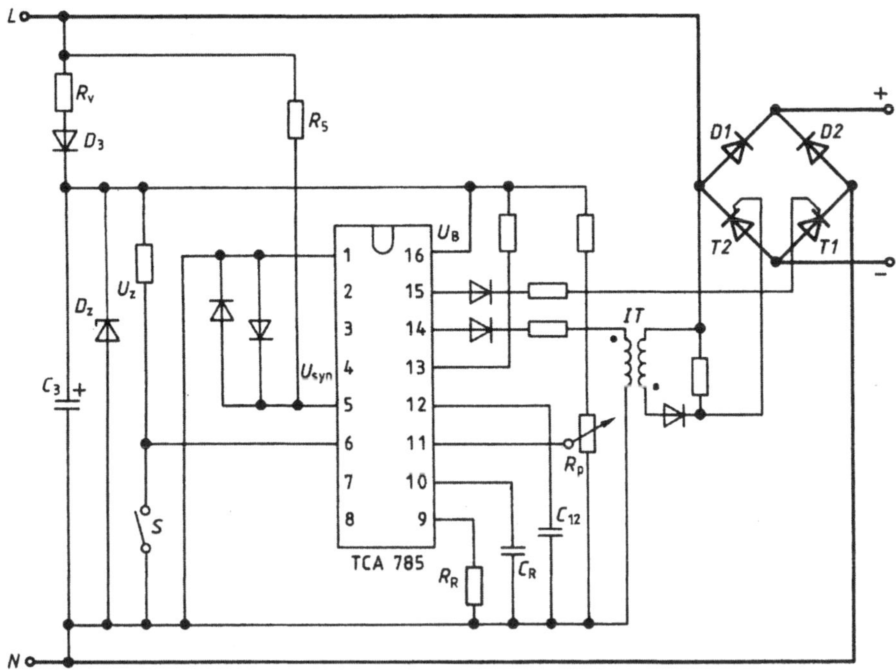

Abb. 2.86 Stromrichter mit Ansteuerschaltung (Ersatzbeispiel für IG-Baustein TCA 785)

Die Steuerimpulse können durch Schließen des Schalters S, der Pin 6 an Masse legt, gesperrt werden. Mit dieser Impulssperre lässt sich damit die Spannung des Stromrichters über die Steuerschaltung auf null setzen.

Die Bildung eines variablen Steuerwinkels a und die Lage der beiden Zündimpulse sind in Abb. 2.87 gezeigt. Ein Dreiecksgenerator im IC erzeugt die Rampenspannung U_{10} (Pin 10), deren Anstieg mit der RC-Kombination R_R und C_R variiert werden kann.

Jede Rampe beginnt mit dem Nulldurchgang der Synchronisierspannung und damit mit der des Netzes. Die Steuerspannung U_{11} entsteht aus U_B durch Wahl der Potenziometereinstellung R_P und ist im Bereich $0 \leq U_{11} \leq U_{10max}$ einstellbar.

Ein interner Steuerkomparator vergleicht U_{11} mit U_{10} und schaltet bei $U_{10} = U_{11}$ abwechselnd zwei Transistorstufen ein, die an den Ausgängen Pin 14 bzw. Pin 15 einen gegen Masse positiven Impuls zur Verfügung stellen. Die Breite der beiden Impulse ist durch den Wert des Kondensators C_{12} wählbar. Über die Stellung von R_p ist also die zeitliche Lage der Zündimpulse für die beiden Thyristoren (Zündwinkel α) beliebig innerhalb der Halbschwingung der Netzspannung veränderbar.

Ein Thyristor verlangt zur Zündung einen Impuls mit der Polarität der Durchlassspannung. In der positiven Halbschwingung der Netzspannung (Pluspol bei L), in der D_1 und T_1 den Laststrom führen, kann damit der Thyristor T_1 unmittelbar durch den Impuls aus Pin 15 gezündet werden. In der negativen Halbschwingung der Netzspannung, wo der

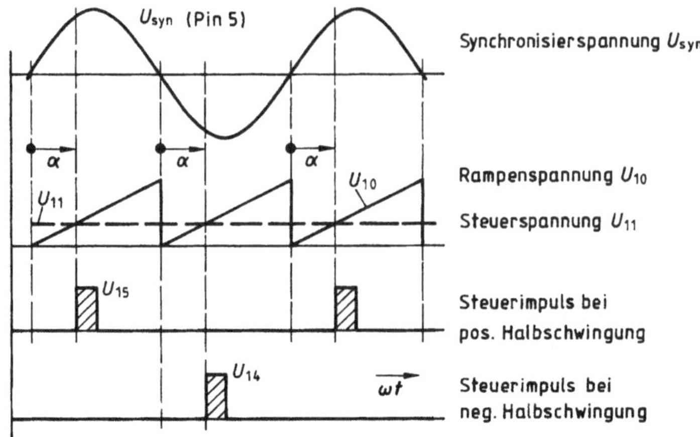

Abb. 2.87 Spannungsdiagramme für *IC*-Baustein TCA 785

Lastkreis über D_2 und T_2 geschlossen wird, muss dagegen für den Thyristor T_2 aus dem positiven Impuls aus Pin 14 erst ein negativer erzeugt werden. Dies und die erforderliche Potenzialtrennung werden mit Hilfe des Impulsübertragers IT und vertauschten Anschlüssen (Kennzeichen •) erreicht.

Literatur

1. Goerth, J.: Bauelemente und Grundschaltungen. B.G. Teubner, Stuttgart/Leipzig (1999)
2. Kästner, R., Möschwitzer, A.: Elektronische Schaltungen. Carl Hanser Verlag, München/Wien (1993)
3. Bystron, K., Borgmeyer, J.: Grundlagen der Technischen Elektronik. Carl Hanser Verlag, München/Wien (1989)
4. Bernstein, H.: Analoge Schaltungstechnik. Hüthig Verlag, Heidelberg (1997)
5. Tietze, U., Schenk, Ch., Gramm, E.: Halbleiter-Schaltungstechnik. 14. Aufl., Springer Vieweg Verlag, Wiesbaden (2012)
6. Borucki, L.: Digitaltechnik. 5. Aufl. Springer Vieweg Verlag, Wiesbaden (2000)

Zusammenfassung

Neben den elementaren Aufgaben der Bestimmung elektrischer Größen wie Stromstärke oder Spannung wird die elektrische Messtechnik zur Kontrolle und Steuerung fast aller Produktionsabläufe eingesetzt. Ihre Verfahren zeichnen sich durch eine hohe Empfindlichkeit, Genauigkeit und Betriebssicherheit aus, ihre Messwerte können leicht verstärkt und auch in großer Entfernung angezeigt und verarbeitet werden. Alle physikalischen Größen lassen sich zudem mit geeigneten Aufnehmern in elektrische Signale umwandeln und damit in eine EDV-gestützte Prozesssteuerung einbringen, Lit. [1–4].

3.1 Grundlagen der elektrischen Messtechnik

3.1.1 Allgemeine Angaben

3.1.1.1 Messwerterfassung

Messeinrichtung Um eine physikalische Größe aufzunehmen und eventuell zu verarbeiten, durchläuft sie prinzipiell eine ganze Reihe von Funktionsbausteinen. Man bezeichnet diese Reihenschaltung in Abb. 3.1 als Messkette, die wie z. B. bei einem Multimeter in einem Gerät vereint sein kann.

Alle Bausteine der Messkette arbeiten mit einer ihnen eigenen Genauigkeit und ergeben so insgesamt eine Messungenauigkeit, die für das komplette Gerät als Klassengenauigkeit angegeben wird. Bezüglich der Verfahren dieser Fehlerbewertung muss auf die Lit. [1–4] verwiesen werden.

© Springer Fachmedien Wiesbaden GmbH, ein Teil von Springer Nature 2019
R. Fischer, *Elektrotechnik*, https://doi.org/10.1007/978-3-658-25644-9_3

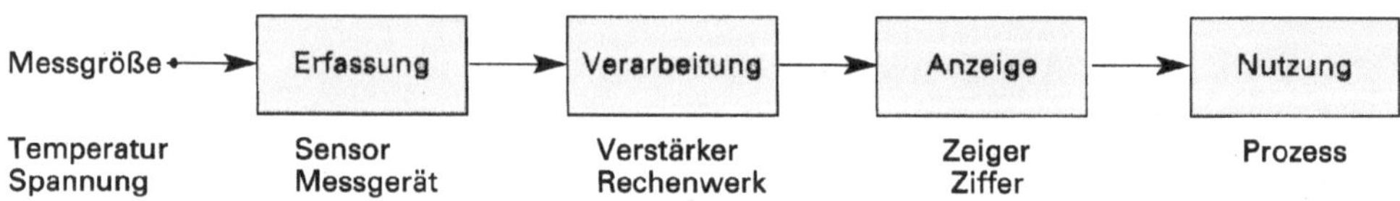

Abb. 3.1 Struktur einer Messeinrichtung

3.1.1.2 Betriebsdaten von Messgeräten

Analoge Zeigerinstrumente Messgeräte in der klassischen Technik mit meist einem Drehspul- oder Dreheisenmesswerk sind zwar weitgehend durch Digitalgeräte verdrängt, aber immer noch auf dem Markt und im Einsatz. Hinsichtlich ihrer Messfehler unterscheidet man zwei Genauigkeitsklassen GK mit der Einteilung:

Feinmessgeräte: GK $= 0{,}1; 0{,}2; 0{,}5$
Betriebsmessgeräte: GK $= 1{,}0; 1{,}5; 2{,}5; 5; 10$

Der Wert GK gibt den höchstzulässigen Anzeigefehler AF in Prozent vom Messbereichs-Endwert an und darf in dieser Größe im gesamten Messbereich auftreten. Dies bedeutet, dass man auch im Anfang der Skala bereits mit dem Fehler AF rechnen muss, dort also wie in Beispiel 3.1 ein recht ungenaues Ergebnis erhält.

Beispiel 3.1

Ein Vielfachgerät der Güteklasse 1,5 mit 30 Skalenteilen wird im Messbereich 300 V verwendet.

a) In welchen Grenzen kann eine Spannung liegen, wenn der Zeiger 22 Skalenteile angibt?
   Der Anzeigefehler AF ist gleich bleibend 1,5 % des Skalenendwerts, damit Fehlangabe FA $= \pm 0{,}015 \cdot 300\,\text{V} = \pm 4{,}5\,\text{V}$
   Anzeigewert AW $= 22$ Skalenteile $\cdot$ 10 V/Skalenteil $= 220\,\text{V}$.
   Wahrer Wert WW $=$ AW $-$ FA $= 220\,\text{V} \cdot 4{,}5\,\text{V} = 215{,}5$ bis $224{,}5\,\text{V}$.
b) In welchem Toleranzbereich kann ein Messwert liegen, wenn 24 V angezeigt werden?
   Es gilt unverändert FA $= \pm 4{,}5\,\text{V}$ und damit
   Wahrer Wert WW $= 24\,\text{V} \pm 4{,}5\,\text{V} = 19{,}5$ bis $28{,}5\,\text{V}$

Symbole für Messgeräte Die für einen Benutzer wichtigen Daten eines analogen Messgerätes wie Art des Messwerks oder die Gebrauchslage werden durch die Symbole nach Tab. 3.1 auf der Skalenscheibe angegeben.

Tab. 3.1 Sinnbilder für Messinstrumente

—	Gleichstrom		waagrechte Gebrauchslage		Drehspulmesswerk mit Gleichrichter
$\sim$	Wechselstrom	$\angle 60°$	schräge Gebrauchslage mit Neigungswinkel		Drehspulmesswerk mit Thermoumformer
$\approx$	Gleich- und Wechselstrom	⭐2	Prüfspannung (Ziffer $\hat{=}$ kV)		Dreheisenmesswerk
$\approx$ 1	Drehstrom mit einem Messwerk	1,5	Genauigkeitsklasse		elektrodynamisches Messwerk (eisenlos)
$\approx$ 2	Drehstrom mit zwei Messwerken		Bimetallmesswerk		elektrodynamisches Messwerk (eisengeschlossen)
$\approx$ 3	Drehstrom mit drei Messwerken		Drehspulmesswerk		
⊥	senkrechte Gebrauchslage		Drehspul-Quotientenmesswerk		elektrostatisches Messwerk

Genauigkeit bei Digitalgeräten Bei der Ziffernanzeige eines Messwertes kommt zu den Ungenauigkeiten der vorderen Glieder der Messkette noch eine sogenannte Quantisierungsabweichung hinzu. Sie entsteht dadurch, dass auch mit der letzten Stelle nur Ziffernschritte von 1 möglich sind. Bei einer dreistelligen Anzeige kann ein Wert 100,5 entweder durch die Ziffern 100 oder 101 angezeigt werden, der dadurch bedingte Anzeigefehler beträgt damit 1/2 Digit (D) oder 0,5 %.

Insgesamt erreichen gute Digitalgeräte die Genauigkeit von analogen Präzisionsinstrumenten, wobei die Fehlergrenze F_{max} meist in einer Prozentangabe vom Anzeigewert Aw plus vom Bereichsendwert Ew angegeben wird. Dazu kann noch eine Quantisierungsabweichung D addiert werden.

Die Werte sind für die einzelnen Messgrößen (Gleich- oder Wechselgrößen, Strom oder Spannung) unterschiedlich und liegen im Bereich 0,05 bis 0,5 %.

Mitunter wird bei einem Digitalgerät die Stellenzahl bruchzahlig, z. B. mit 4 1/2 angegeben. Der Bruch 1/2 bedeutet dabei, dass als vorderste Ziffer nur die 1 zur Verfügung steht. Als maximale Zahl kann somit der Wert 19.999 angegeben werden. Soll auch die erste Ziffer alle Werte annehmen können, muss ein Gerät mit fünfstelliger Anzeige verwendet werden.

Beispiel 3.2

Ein Multimeter mit vierstelliger Anzeige hat im Messbereich bis 1000 V DC die Fehler-grenzen $F_{max} = \pm(0,1\,\%\ \text{Aw} +0,05\,\%\ \text{Ew} +1D)$. Es ist die Messungenauigkeit bei $U = 240\,\text{V}$ Gleichspannung DC zu bestimmen.

Bei 240 V wird eine Nachkommastelle angezeigt, womit $1D \pm 0,1\,\text{V}$ entspricht. Damit wird $F_{max} = \pm(0,1\,\%\ \text{von}\ 240\,\text{V} + 0,05\,\%\ \text{von}\ 1000\,\text{V} + 0,1\,\text{V}) = \pm 0,84\,\text{V}$.

Beispiel 3.3

In welchem Bereich kann die Anzeige für einen ohmschen Widerstand von genau $R_0 = 11\,\text{k}\Omega$ liegen, wenn eine 3 ½ stellige Anzeige möglich ist und die Fehlergrenzen mit $F_{max} = \pm(0,2\,\%\text{Aw}+0,1\,\%\text{Ew})$ angegeben sind?

Bei automatischer Bereichsanpassung kann maximal der Wert $19,99\,\text{k}\Omega \approx 20\,\text{k}\Omega$ an-gezeigt werden. Die Fehlergrenzen liegen damit bei $\pm\ (0,2\,\%\ \text{von}\ 11\,\text{k}\Omega + 0,1\,\%\ \text{von}\ 20\,\text{k}\Omega) = \pm 42\,\Omega$. Es können also Werte von 10,96 bis 11,04 kΩ angezeigt werden.

Effektivwerte Ein besonderes Problem ist bei Digitalgeräten die richtige Bestimmung der Effektivwerte von Spannung oder Strom. Die Tauglichkeit hierzu wird allgemein durch die Kennzeichnung RMS (Root Mean Square = Wurzel aus dem quadratischen Mittelwert = Effektivwert) angegeben. Dabei ist aber zu beachten, dass die Messgröße meist über eine AC-Kopplung erfasst wird, d. h. sie ist über einen Kondensator zugeführt. Dieser entfernt einen möglichen Gleichanteil z. B. in der zu bestimmenden Spannung und das Gerät misst nur den Effektivwert der Wechselkomponente. Will man den Effektivwert insgesamt bestimmen, so muss man ein Gerät wählen, das auch im RMS-Messbereich eine DC-Ankopplung verwendet. Derartige Digitalmultimeter werden gerne mit der Kenn-zeichnung TRMS (True RMS = echter Effektivwert) versehen.

Über diese Problematik hinaus, ist die richtige Bestimmung des Effektivwertes vom Grad der Abweichung der Messgröße von der Sinusform abhängig. Dies wird durch den Scheitelfaktor (Crestfaktor) $C = i_{max}/I$ als Verhältnis von Spitzenwert zu Effektivwert des periodischen Signals bestimmt. Bei Sinusform ist der Wert 1,414 und hochwertige Multimeter gestatten Verzerrungen bis $C = 9$ (14). Darüber hinaus wird der Verstärker durch die zu hohen Spannungsspitzen momentan übersteuert, was einen entsprechenden Fehler bedeutet. Grundsätzlich ist ferner zu beachten, dass bei verzerrten Kurvenformen die für Wechselgrößen angegebene Messgenauigkeit in der Regel nicht erreicht wird, da sich diese auf reine Sinusverläufe bezieht.

Das Thema Effektivwerte ist durch die Technik der umrichtergesteuerten Drehstrom-motoren sehr aktuell, da z. B. die IGBT-Umrichter bei Taktungen bis 20 kHz stark ober-schwingungshaltige Spannungen und Ströme an den Motor abgeben (s. Abschn. 4.6.2.3). Es sind inzwischen sehr hochwertige – und sehr teuere – Multimeter auf dem Markt, die alle Betriebsgrößen der Anlage wie Spannung, Strom, Wirk- und Blindleistung usw. bis in den Frequenzbereich von über 20 kHz mit einer Genauigkeit im 1 %-Bereich messen

Tab. 3.2 Verlauf von Messgrößen und dafür geeignete Messgeräte

Zeitverlauf des Signals	Geeignetes Messgerät
Gleichsignal	Drehspul- und Dreheisengerät
	Digitalmultimeter
Reines Sinussignal	Drehspulgerät mit Gleichrichter
	Dreheisengerät, Digitalmultimeter
Allgemeines Wechselsignal	Dreheisengerät, RMS-Digitalmultimeter
	jeweils bis zu einer Frequenzgrenze
Gemischtes Signal	Dreheisengerät, TRMS-Digitalmultimeter mit DC-Kopplung
Periodische Impulse	Oszilloskop
Einzelimpuls	Digitales Speicheroszilloskop

können. Darüber hinaus sind bei derartigen Geräten Fourieranalysen mit grafischen Darstellungen auf dem LC-Display und der Anschluss an einen PC möglich.

3.1.1.3 Auswahl eines Messgerätes

Vor dem Einsatz eines Messgerätes muss man sich über den zeitlichen Verlauf der Messgröße im Klaren sein. Nachstehende Zusammenstellung in Tab. 3.2 zeigt die prinzipiell möglichen Verläufe und gibt die geeigneten Messgeräte an.

Bei Servicetätigkeiten und im Labor werden heute fast ausschließlich digitale Multimeter eingesetzt. Für die Spannungsbereiche gelten hier Innenwiderstände von $10\,\mathrm{M}\Omega$ und mehr, in den Strombereichen von einigen Ampere etwa 1 bis $10\,\mathrm{m}\Omega$.

Oszilloskope haben in der Regel einen Eingangswiderstand von $R_i = 1\,\text{M}\Omega$ und eine Eingangskapazität von $C_i = 10$ bis $25\,\text{pF}$.

Letztere ist für den übertragungstreuen Abgleich eines Tastkopfes (s. Abschn. 3.2.3.2) von Bedeutung.

3.1.2 Einsatz elektrischer Messgeräte

3.1.2.1 Strom- und spannungsrichtige Messung

In Abschn. 1.3.2.4 wurde bereits gezeigt, wie ein Strom- und ein Spannungsmesser in eine Schaltung einzufügen sind. In beiden Fällen dürfen die Innenwiderstände R_{iA} und R_{iV} der Messgeräte die ursprünglichen Verhältnisse nur unmerklich ändern. Dies bedeutet die allgemeine Forderung an die Innenwiderstände $R_{iA} \rightarrow 0$ und $R_{iV} \rightarrow \infty$, was in der Praxis nur annähernd erfüllt ist und vor allem bei gleichzeitiger Strom- und Spannungsmessung verfälschte Ergebnisse ergeben kann.

In Abb. 3.2 sollen gleichzeitig Strom I_L und Spannung U_L eines Verbrauchers mit dem Widerstand R_L bestimmt werden, was mit den Schaltungen nach Abb. 3.2a oder 3.2b möglich ist. In der Variante a wird der Strom I_L richtig erfasst, dagegen durch das Voltmeter zusätzlich der Spannungsfall $R_{iA} \cdot I_L$ mitgemessen. Für U_L gilt dann nach der Beziehung des Spannungsteilers

$$U_L = U\,\frac{R_L}{R_L + R_{iA}} = \frac{U}{1 + R_{iA}/R_L}$$

Die Schaltung der Messgeräte ist also richtig gewählt, wenn $R_{iA}/R_L \ll 1$ gilt, d. h. in der Praxis $R_{iA} \leq R_L/1000$ ist.

In der Variante b wird die Spannung U_L richtig gemessen, dafür erfasst das Amperemeter zusätzlich den Strom $I_V = U_L/R_{iV}$ und misst damit den Gesamtwert

$$I = \frac{U_L}{R_L} + \frac{U_L}{R_{iV}} = \frac{U_L}{R_L}\left(1 + \frac{R_L}{R_{iV}}\right)$$

Damit der Verbraucherstrom U_L/R_L angezeigt wird, muss der Wert R_L/R_{iV} vernachlässigbar sein. Die Schaltung ist also anzuwenden, wenn $R_L/R_{iV} \rightarrow 0$ gilt, also etwa $R_L \leq R_{iV}/1000$ ist.

Abb. 3.2 Strom- und Spannungsmessung an einem Verbraucher. **a** stromrichtige Schaltung, **b** spannungsrichtige Schaltung

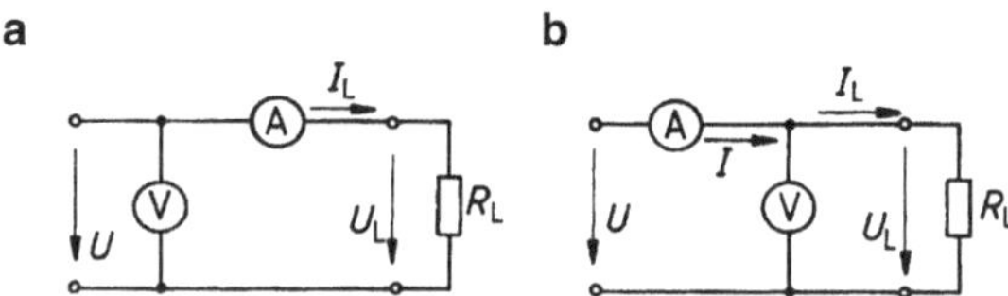

Aufgabe 3.1

Zur Bestimmung eines Widerstandes von $R = 12{,}5\,\Omega$ nach Abb. 3.2a wird ein ungeeignetes Amperemeter mit $R_{iA} = 1\,\Omega$ verwendet. Welchen Wert ergibt eine Strom-Spannungsmessung?

Ergebnis: $R = 12{,}96\,\Omega$

3.1.2.2 Innenwiderstände von Messgeräten

Das Einbringen eines Messgerätes in eine Schaltung soll die Strom- und Spannungswerte von zuvor nicht merklich ändern. Es wurde bereits festgelegt, dass dazu der Innenwiderstand eines Strommessers sehr klein, der eines Spannungsmessers dagegen sehr groß sein muss. Sind diese Bedingungen nicht erfüllt und treten dadurch Fehler auf, die in den Bereich der Genauigkeit des Messgerätes kommen, so sind Korrekturrechnungen erforderlich. In der Praxis will man dies vermeiden und muss sich daher vor der Messung über den Innenwiderstand eines Messgerätes Klarheit verschaffen. Hierzu sollen nachstehend einige Angaben gemacht werden.

Bei analogen Spannungsmessern ist es üblich, den Innenwiderstand verschiedener Messbereiche jeweils mit der Angabe Ω/V auf den Volt-Endausschlag zu beziehen. Bei den verschiedenen Messsystemen werden etwa die folgenden Werte erreicht:

Dreheisengeräte – 20 bis 500 Ω/V,
Drehspulgeräte mit Gleichrichter – 300 Ω/V bis 2 kΩ/V,
Drehspulgeräte mit Verstärker – 100 kΩ/V bis 10 MΩ,
Thermoumformergeräte – 1 bis 10 MΩ.

Ein Dreheisengerät mit z. B. 100 Ω/V besitzt also im Messbereich bis 100 V einen Innenwiderstand von 10 kΩ. Dies wäre für den Einsatz in elektronischen Schaltungen mit ihren oft sehr kleinen Strömen viel zu wenig.

Bei Strommessern entsteht durch den Innenwiderstand ein unerwünschter Spannungsfall auf der Leitung. In der Regel wird dieser auf 60 bis 150 mV begrenzt, was bedeutet, dass z. B. ein Drehspulgerät für 15 mA Endausschlag einen Innenwiderstand von 4 Ω hat. Im Messbereich 5 A sinkt durch einen 60 mV-Nebenwiderstand nach Abschn. 3.1.2.3 der resultierende Wert bereits auf 12 mΩ.

Bei Dreheisengeräten gibt man gerne den Eigenverbrauch an, der für einen Strommesser mit 5 A Endausschlag bei etwa 0,25 VA liegen kann. Dies entspricht einem Innenwiderstand von 10 mΩ oder einem Spannungsfall von 50 mV.

Digitalmultimeter haben in den Spannungsbereichen meist einen Innenwiderstand von mindestens 10 MΩ und mehr. Im Strombereich beträgt der innere Spannungsfall je nach Messbereich typisch 25 bis 250 mV, was z. B. bei $I = 2\,A$ einem Innenwiderstand von 10 mΩ entspricht.

Abb. 3.3 Messbereichserweiterung bei Gleichstrom. **a** Strommesser mit Nebenwiderstand R_n, **b** Spannungsmesser mit Vorwiderstand R_v

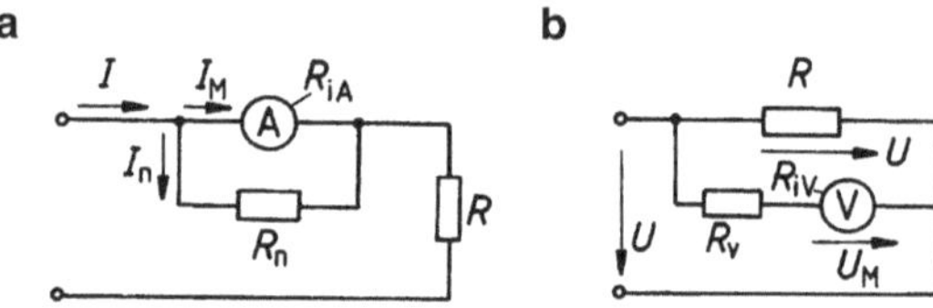

3.1.2.3   Messbereichserweiterung

Die Messwerke von Strom- und Spannungsmessern werden nicht so ausgelegt, dass sie die maximal zulässigen Größen direkt aufnehmen. So kann der jeweilige Endausschlag bereits bei $I_M = 1\,\text{mA}$ oder $U_M = 1\,\text{V}$ erreicht sein. Sind größere Ströme oder Spannungen zu bestimmen, so erweitert man den Messbereich dazu mit Neben- und Vorwiderständen.

Nebenwiderstand In Abb. 3.3a ist ein Messwerk gezeichnet, das den Innenwiderstand R_{iA} und beim Strom I_M seinen Endausschlag hat. Sollen nun Ströme bis zum Wert I bestimmt werden, so wird der Nebenwiderstand R_n parallel geschaltet. Dieser führt den Strom $I_n = I - I_M$, womit wegen der gleichen Spannung an der Parallelschaltung die Beziehung

$$I_M R_{iA} = I_n R_n = (I - I_M) R_n$$

gilt. Daraus errechnet sich der erforderliche Nebenwiderstand zu

$$R_n = R_{iA} \frac{I_M}{I - I_M} \tag{3.1}$$

Soll also ein Strommesser mit den Daten $R_{iA} = 49{,}9\,\Omega$ und $I_M = 1\,\text{mA}$ für Ströme bis $I = 0{,}5\,\text{A}$ ausgerüstet werden, so ist der Nebenwiderstand

$$R_n = 49{,}9\,\Omega \, \frac{1\,\text{mA}}{500\,\text{mA} - 1\,\text{mA}} = 0{,}1\,\Omega$$

erforderlich.

Vorwiderstand Soll der Spannungsbereich des Messgerätes vergrößert werden, so können dazu Vorwiderstände R_v verwendet werden. In der Schaltung nach Abb. 3.3b darf in keinem Bereich die zulässige Spannung $U_M = I_M R_{iV}$ überschritten werden. Damit gilt die Spannungsgleichung

$$U = U_M + R_v I_M = U_M + R_v U_M / R_{iV}$$

Für den erforderlichen Vorwiderstand ergibt sich daraus

$$R_v = R_{iV} \left(\frac{U}{U_M} - 1 \right) \tag{3.2}$$

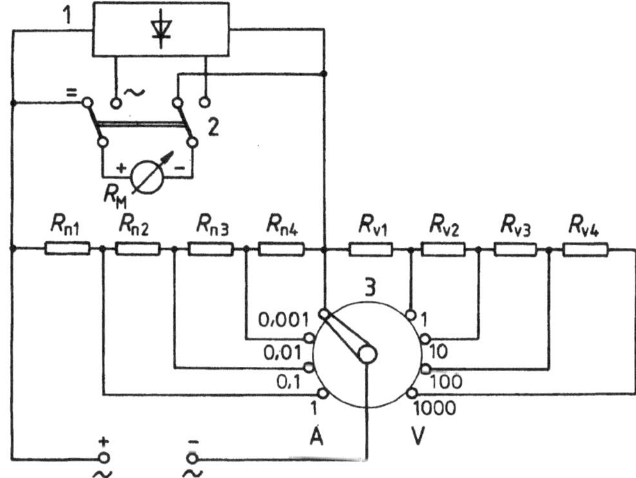

Abb. 3.4 Messbereicserweiterung bei einem Vielfachinstrument (vereinfacht). *1* Gleichrichterschaltung, *2* Stromartwähler, *3* Messbereichswähler

Soll also der Messbereich eines Spannungsmessers für $U_M = 1\,\text{V}$ auf $U = 100\,\text{V}$ vergrößert werden, so ist bei $R_{iV} = 500\,\Omega$ ein Vorwiderstand

$$R_v = 500\,\Omega \left(\frac{100\,\text{V}}{1\,\text{V}} - 1 \right) = 49{,}5\,\text{k}\Omega$$

erforderlich.

Aufgabe 3.2

Der Spannungsmesser in Abb. 3.3b hat für den Endausschlag die Daten $U_M = 1\,\text{V}$ und $R_{iV} = 10\,\text{k}\Omega$. Es sind die Vorwiderstände für die Messbereiche $U = 10\,\text{V}$, 30 V, 100 V, 300 V zu bestimmen.

Ergebnis: $R_v = 90\,\text{k}\Omega, 290\,\text{k}\Omega, 990\,\text{k}\Omega, 2{,}99\,\text{M}\Omega$

Beispiel 3.4

Das Messwerk eines Drehspulgerätes hat die Daten $R_M = 800\,\Omega$ und $I_M = 0{,}2\,\text{mA}$.

a) Für die Messbereiche $I = 1\,\text{mA}$; $10\,\text{mA}$; $100\,\text{mA}$ und $1\,\text{A}$ sind die Nebenwiderstände entsprechend der Schaltung in Abb. 3.4 zu bestimmen.
Nach Gl. 3.1 gilt für den ersten erweiterten Messbereich

$$R_n = R_M \frac{I_M}{I - I_M} = 800\,\Omega \frac{0{,}2\,\text{mA}}{1\,\text{mA} - 0{,}2\,\text{mA}} = 200\,\Omega$$

Dieser Wert wird in die vier Einzelwiderstände

$$R_{n_1} = 0{,}2\,\Omega \quad R_{n_2} = 1{,}8\,\Omega \quad R_{n_3} = 18\,\Omega \quad R_{n_4} = 180\,\Omega$$

aufgeteilt. In der Schalterstellung 1 mA sind wie erforderlich alle in Reihe geschaltet.

Im Messbereich 10 mA wird R_{n_4} in Reihe mit dem Messwerkwiderstand R_M und dazu parallel die Werte R_{n_1} bis R_{n_3} gelegt. Damit gilt

$$R_{M_4} = 800\,\Omega + 180\,\Omega = 980\,\Omega$$

womit nach Gl. 3.1 für den neuen Parallelwert

$$R_n = 980\,\Omega \, \frac{0{,}2\,\text{mA}}{10\,\text{mA} - 0{,}2\,\text{mA}} = 20\,\Omega$$

erforderlich ist. Dies ist mit der Summe R_{n_1} bis R_{n_3} der Fall.

In gleicher Weise können die weiteren Stromstufen kontrolliert werden.

b) Für den Messbereich 1 V ist der Wert R_{v_1} zu bestimmen.

Dem Messwerk ist in allen Spannungsmessbereichen stets der Widerstand $R_n = 200\,\Omega$ parallel geschaltet. Damit entsteht ein Gesamtwiderstand

$$R_p = R_M \| R_n = \frac{800\,\Omega \cdot 200\,\Omega}{800\,\Omega + 200\,\Omega} = 160\,\Omega$$

An R_p darf die Spannung $U_M = R_M \, I_M = 800\,\Omega \cdot 0{,}2\,\text{mA} = 160\,\text{mV}$ anliegen. Mit $R_p = R_{iV}$ erhält man mit Gl. 3.2

$$R_{v_1} = R_{1v} \cdot \left(\frac{U}{U_M} - 1 \right) = 160\,\Omega \left(\frac{1000\,\text{mV}}{160\,\text{mV}} - 1 \right) = 840\,\Omega$$

3.2 Elektrische Messgeräte

3.2.1 Elektromechanische Messgeräte

3.2.1.1 Klassische Strom- und Spannungsmesser

Über viele Jahrzehnte waren zur Bestimmung von Strömen und Spannungen ausschließlich Zeiger-Messgeräte mit elektromechanischem Wirkungsprinzip Stand der Technik. Bei Drehspulmesswerken konnten durch Vor- und Nebenwiderstände (Abb. 3.4) eine Vielzahl von Messbereichen sowohl für den Einsatz bei Gleich- wie bei Wechselspannungen realisiert werden. Mit Dreheisen-Messwerken standen Geräte zur Verfügung, welche direkt den Effektivwert der Messgröße bestimmen.

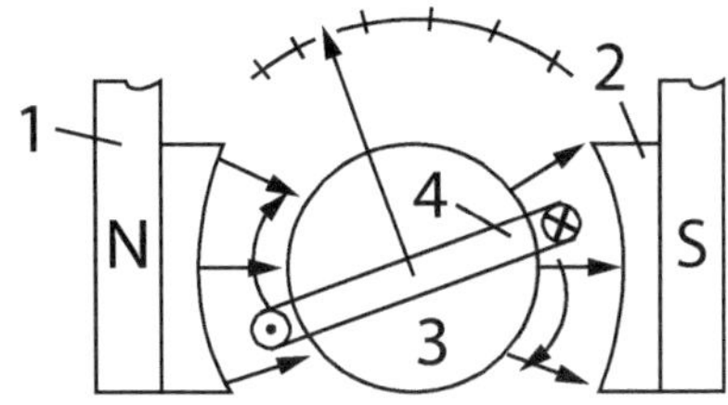

Abb. 3.5 Prinzip eines Drehspulmesswerks, *1* Dauermagnet mit Polschuhen, *2*, *3* Weicheisenkern, *4* Drehspule

Die heutige Praxis verwendet ausschließlich die unter Abschn. 3.2.3.1 vorgestellten Digitalmultimeter mit den bei Abschn. 3.1.1.2 beschriebenen Problemen. Nachstehend soll daher nur die grundsätzliche auf der Wechselwirkung von Magnetfeldern und bestromten Spulen beruhende Wirkungsweise der elektromagnetischen Messwerte dargestellt werden.

Drehspulmesswerke In Abb. 3.5 besteht zwischen den Polschuhen 2 eines Dauermagneten 1 und einem Weicheisenkern 3 ein homogenes Feld der Flussdichte B. In diesem Feld kann sich eine auf ein dünnes Alu-Rähmchen gewickelte Drehspule 4 mit der Windungszahl N frei bewegen. Dieser Drehspule wird über zwei Spiralfedern, die auch die Rückstellkraft bestimmen, der Messstrom I zugeführt. Nach Gl. 1.50 wird dann auf die $2N$ stromdurchflossenen Leiter der Drehspule mit der axialen Länge l_s die Kraft

$$F = 2N\,l\mathrm{s}\,B I$$

ausgeübt. Über den Radius r_s der Drehspule wird entgegen der Rückstellkraft ein Drehmoment gebildet, das den an der Drehspule angebrachten Zeiger proportional zum Messstrom auslenkt. Im Fall eines Wechselstromes muss, wie zuvor in Abb. 3.4 gezeigt, eine Gleichrichtung erfolgen.

Dreheisenmesswerke In Abb. 3.6 ist im Innern einer Rundspule 1 ein feststehendes Eisenplättchen 2 und darüber ein mit dem Zeiger auf der Drehachse verbundenes bewegliches zweites Eisenplättchen 3 angebracht. Die Rundspule führt den zu messenden Strom I, womit im Innern ein Magnetfeld der Flussdichte B entsteht. Nach Gl. 1.49 stoßen sich die beiden gleichmagnetisierten Plättchen mit den Kraft $F \sim B^2$ und damit $F \sim I^2$ ab. Eine Rückstellfeder sichert wieder das Momentengleichgewicht und einen Zeigerausschlag $\alpha \sim I^2$. Das Dreheisengerät erfasst damit direkt den Effektivwert von Strom und Spannung.

Beispiel 3.5

Wie groß ist das auf die Drehspule des Messwerkes in Abb. 3.5 wirkende Drehmoment, wenn jene von einem Strom von 1 mA Stärke durchflossen wird, mit 500 Windungen bewickelt ist, bei 10 mm Kantenlänge quadratische Form hat und sich in einem Magnetfeld mit der Flussdichte 0,2 T befindet?

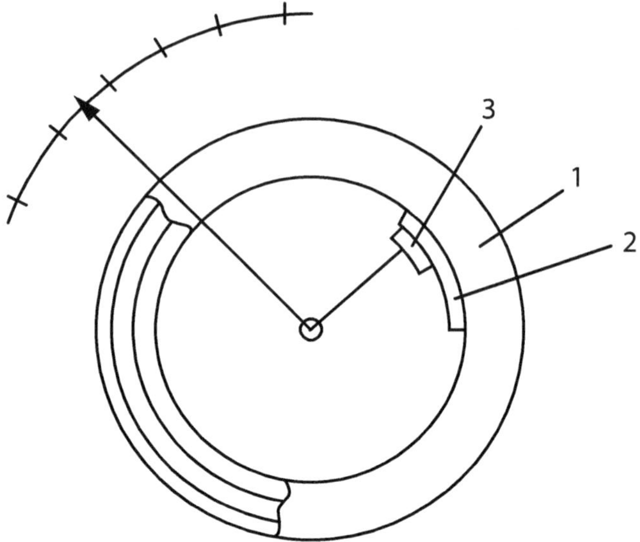

Abb. 3.6 Prinzip eines Dreheisenmesswerks. *1* Ringspule, *2* feststehendes Eisenplättchen, *3* bewegliches Eisenplättchen

Mit Gl. 1.50a und $2 \cdot 500$ Leitern erhält man die Kraft $F_\mathrm{m} = 2 \cdot 500 \cdot 0{,}2 \cdot 1{,}10^{-3} \cdot 10^{-2} \frac{\mathrm{V\,s \cdot A \cdot m}}{\mathrm{m}^2} = 2 \cdot 10^{-3}$ W s/m.

Da $1\,\mathrm{Ws} = 1\,\mathrm{N\,m}$ ist, folgt für die Kraft $F_\mathrm{m} = 2 \cdot 10^{-3}\,\mathrm{N}$. Mit $r = 5\,\mathrm{mm} = 0{,}5\,\mathrm{cm}$ ergibt sich das Drehmoment $M = 2 \cdot 10^{-3}\,\mathrm{N} \cdot 0{,}5\,\mathrm{cm} = 1 \cdot 10^{-3}\,\mathrm{N\,cm}$.

Aufgabe 3.3

Es gelingt in Beispiel 3.5 durch einen Seltenerde-Magnet die Flussdichte auf $B = 0{,}8\,\mathrm{T}$ anzuheben. Ferner ist für den Endausschlag nur noch ein Drehmoment von $10^{-4}\,\mathrm{N\,cm}$ nötig. Mit welchem Strom I ist dies jetzt möglich?

Ergebnis: $I = 0{,}025\,\mathrm{mA}$

3.2.1.2 Bestimmung von Arbeit (Energie)

Die öffentliche Energieversorgung liefert den Endverbrauchern mit 230 V/400 V eine genormte Spannung und je nach angeschlossenen Geräten den erforderlichen Wechselstrom. Das EVU berechnet daraus die nach Gl. 1.81 gelieferte Arbeit $W = P\,t$ ausgedrückt in Kilowattstunden (kWh).

Trotz Entwicklung elektronischer Techniken ist zur Messung gelieferter Arbeit immer noch der mechanisch aufgebaute Induktionszähler in den Haushalten eingebaut.

Nach Abb. 3.7 befindet sich im Luftspalt der beiden Elektromagnete 1 und 2 eine um ihre senkrechte Welle drehbare Scheibe aus Aluminium. Wicklung 1 wird vom Ver-

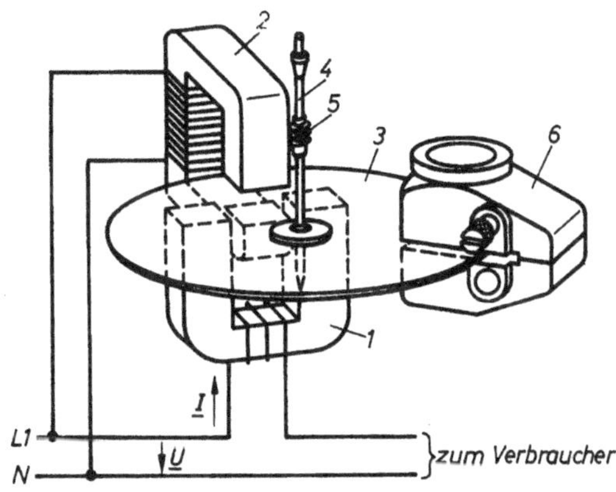

Abb. 3.7 Einphasen-Induktionszähler (schematisch). *1* Stromeisen mit Stromspule, *2* Spannungseisen mit Spannungsspule, *3* Läuferscheibe, *4* Welle, *5* Antriebsschnecke für das Zählwerk, *6* Bremsmagnet

braucherstrom I durchflossen und erzeugt im Luftspalt ihres Magnetkreises ein Feld der Flussdichte B_1. Wicklung 2 liegt an der Verbraucherspannung U und führt wegen ihres hohen Blindwiderstandes einen Strom, bzw. bewirkt eine Flussdichte B_2 im Luftspalt, welche beide der Spannung U um 90° nacheilen. Insgesamt entsteht damit durch die räumlich versetzten Polflächen und die zeitliche Phasenverschiebung ihrer Felder ein Wanderfeld, das in der Scheibe Wirbelströme verursacht. Nach Gl. 1.50 ergeben diese Wirbelströme zusammen mit dem Wanderfeld tangential an der Scheibe angreifende Kräfte, die ein Drehmoment zur Folge haben. Diesem Antriebsmoment, das nach

$$M_\mathrm{A} = c_1 \cdot U \cdot I \cos \phi$$

der Wirkleistung des Verbrauchers proportional ist, wirkt ein durch den Dauermagneten 6 nach

$$M_\mathrm{B} = c_2 \cdot n$$

erzeugtes Bremsmoment entgegen.

Die Drehzahl n der Scheibe errechnet sich dabei aus der Zahl der Umdrehungen z in der Zeit t zu

$$n = \frac{z}{t} \tag{3.3}$$

Da im Gleichgewichtszustand mit konstanter Drehzahl $M_\mathrm{A} = M_\mathrm{B}$ sein muss, erhält man aus obigen Gleichungen für die Anzahl der Scheibenumdrehungen

$$z = \frac{c_1}{c_2} \cdot t \cdot U \cdot I \cdot \cos \varphi = k \cdot W \quad \text{mit} \quad k = c_1/c_2 \tag{3.4}$$

Die Zahl z ist also der Arbeit W proportional, welche in der zugehörigen Zeitspanne t im Verbraucher umgesetzt wird.

Durch ein über die Schnecke 5 angetriebenes Zählwerk werden diese Umdrehungen gezählt und digital angezeigt. Messgeräte für die elektrische Arbeit werden (Elektrizitäts-)

Abb. 3.8 Zangenstrommesser. **a** Stromwandlertechnik, **b** Hallsonde H als Nullindikator

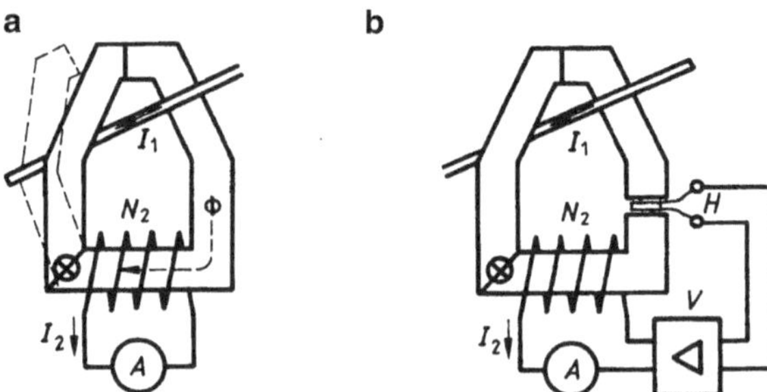

Zähler genannt. $k = c_1/c_2$ nennt man die Zählerkonstante; sie ist von der Konstruktion und Einstellung des Zählers abhängig und hat nach Gl. 3.4 die Dimension: Umdrehungen/kWh.

3.2.2 Messwandler

3.2.2.1 Zangenstrommesser

Bei betrieblichen Messungen besteht häufig die Aufgabe, Ströme ohne Unterbrechung der Leitung zu bestimmen. Hierzu werden seit langem Zangensstromwandler nach Abb. 3.8 eingesetzt.

Mit dem aufklappbaren Eisenkern des Gerätes wird die Leitung, deren Strom zu bestimmen ist, umfasst. Da der Stromkreis damit nicht aufgetrennt werden muss, eignen sich Zangenstrom messer besonders für Kontrollaufgaben in elektrischen Anlagen. In der klassischen Ausführung (Abb. 3.8a) arbeitet das Messgerät als Stromwandler, in dessen Sekundärwicklung mit der Windungszahl N_2 nach dem Transformationsgesetz ein Strom $I_2 = I_1 \cdot N_1/N_2$ mit $N_1 = 1$ induziert wird. Entsprechend dem gewünschten Messbereich, wird N_2 so groß gewählt, dass I_2 bequem mit dem eingebauten Strommesser bestimmt werden kann.

Mit obigem Wandlerprinzip können nur Wechselströme gemessen werden, da es auf dem Induktionsgesetz beruht, d. h. eine periodische Feldänderung erfordert. In der Technik nach Abb. 3.8b mit einer Hallsonde im magnetischen Kreis sind dagegen Gleich- und Wechselströme messbar. Nach Abschn. 2.1.3.4 liefert die Sonde eine feldproportionale Spannung, die auch unmittelbar zur potenzialfreien Gleichstrommessung verwendet werden kann. In der Praxis wählt man das genauere Kompensationsverfahren, bei dem die Hallsonde nur als Nullindikator wirkt und den Verstärker V so ansteuert, dass das resultierende Magnetfeld im Kern durch die Gegendurchflutung der Sekundärwicklung genau aufgehoben wird. Dann gilt wieder $I_2 = I_1/N_2$, und der eingestellte Strom I_2 ist ein Maß für den Leitungsstrom I_1.

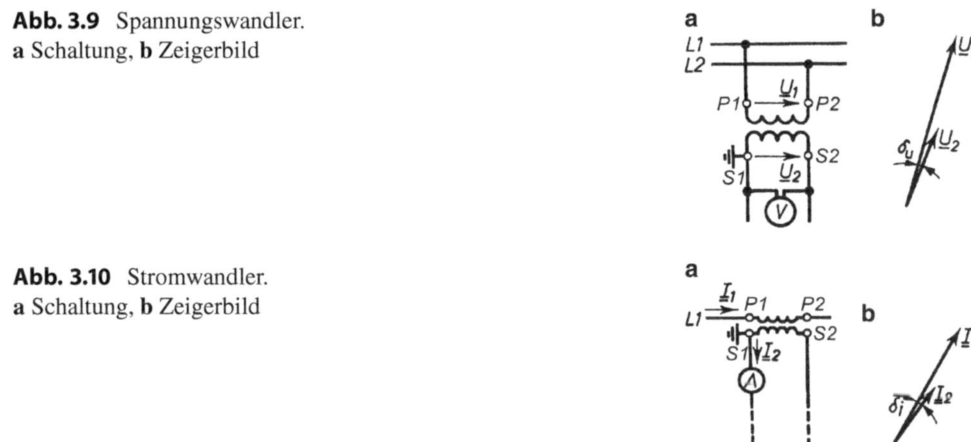

Abb. 3.9 Spannungswandler.
a Schaltung, **b** Zeigerbild

Abb. 3.10 Stromwandler.
a Schaltung, **b** Zeigerbild

3.2.2.2 Strom- und Spannungswandler

Aufbau, Schaltung und Wirkungsweise entsprechen denen des Transformators nach Abschn. 4.2.1. Es muss in jedem Betriebszustand gefordert werden, dass die Beträge von Primärspannung $\underline{U}_1$ und Sekundärspannung $\underline{U}_2$ in einem festen Verhältnis zueinander stehen (z. B. 10.000 V/100 V $= 100 : 1$) und dass außerdem beide Spannungszeiger gleiche Phasenlage haben.

Praktisch ausgeführte Spannungswandler können diese beiden Forderungen nicht streng erfüllen. Es treten Übersetzungs-(Spannungs-) und Winkelfehler δ_u auf. Je nach Größe dieser Fehler sind die Wandler, wie die anderen Messgeräte, in Güteklassen eingeteilt. Spannungswandler werden für genormte Primärspannungen gebaut, die genormte Sekundärspannung beträgt 100 V. Spannungsmesser sowie die Spannungsspulen von Leistungsmessern und Zählern werden parallel an die Sekundärklemmen des Wandlers angeschlossen. Die Erdung an einer Sekundärklemme ist vorgeschrieben.

Schon in Abschn. 3.1.2.3 wurde erläutert, weshalb bei den für Wechselstrom gebräuchlichen Messinstrumenten mit Dreheisen- bzw. elektrodynamischem Messwerk der Strommessbereich nicht durch Nebenwiderstände erweitert werden kann. Man verwendet dazu vielmehr die Stromwandler genannten Spezialtransformatoren. Von diesen ist zu fordern, dass die Beträge der primären und sekundären Ströme in einem festen Verhältnis – z. B. 50 A/5 A $= 10 : 1$ – zueinander stehen und dass ihre Zeiger $\underline{I}_1$ und $\underline{I}_2$ bei jeder Belastung bis zur Nennleistung in Phase sind. Aber auch hier treten Übersetzungs-(Strom) und Winkelfehler δ_i auf.

Stromwandler werden für genormte Primärströme gebaut. Der genormte Sekundärstrom beträgt 5 oder 1 A. An die Sekundärklemmen S_1, S_2 werden in Reihe der Strommesser und die Stromspulen von Leistungsmessern, Zählern und dgl. angeschlossen. Da alle diese Wicklungen kleine Widerstände haben, ist der Stromwandler sekundär nahezu kurzgeschlossen.

Der Sekundärkreis eines Stromwandlers darf niemals offen betrieben und daher auch nicht abgesichert werden. Der Eisenkern eines unbelasteten Stromwandlers erwärmt sich durch erhöhte Eisenverluste so stark, dass der Wandler verbrennt. Will man in seinem Sekundärkreis ohne Abschalten der Anlage Schaltungsänderungen durchführen, so müssen die Klemmen P_1, P_2 zuerst kurzgeschlossen werden. Die Erdung an einer Sekundärklemme ist vorgeschrieben. Da über die Stromwandler bei Kurzschlüssen die Kurzschlussströme fließen, müssen sie kurzschlussfest sein.

3.2.3 Elektronische Messgeräte

3.2.3.1 Digitalmultimeter

Digitalmultimeter sind heute die wichtigsten Universalgeräte für betriebliche Messungen und Arbeiten in Prüffeldern, sowie Schulungs- und Forschungseinrichtungen aller Art. Das angebotene Spektrum reicht vom billigsten Bastlergerät beim Discounter bis zu hochwertigen meist fünfstelligen Präzisionsinstrumenten für Laboruntersuchungen.

Neben den Messbereichen für Strom und Spannung getrennt nach Gleichstrom DC und Wechselstrom AC können der Ω-Wert von Widerständen, Frequenzen von Wechselgrößen und häufig über einen einsteckbaren Tastkopf auch Temperaturen gemessen werden. Vielfach passt eine Messbereichsautomatik die Kommastelle der Ziffernanzeige an die Messgröße an und erreicht damit die optimale Genauigkeit.

Da Wechselspannungen und -ströme vor dem A/D-Umsetzer z. B. nach dem in Abschn. 3.3.1.1 vorgestellten Zweirampen-Verfahren zunächst durch einen Gleichrichter- oder Effektivwertbildner in Gleichspannungen umgeformt werden müssen, ist die Messgenauigkeit im AC-Bereich deutlich geringer. Als Beispiel sei bei 100 V DC die Angabe $\pm(0{,}05\,\%Aw + 0{,}02\,\%Ew)$ und dazu 100 V AC mit $\pm(0{,}4\,\%Aw + 0{,}1\,\%Ew)$ genannt.

Abb. 3.11 zeigt ein hochwertiges TRMS-Messgerät mit der angegebenen Vielzahl von Messbereichen. Der Messpunkt mit dem niederen Potenzial muss stets an den mit meist COM bezeichneten Eingang angeschlossen werden, oft hat zumindest der hohe Strombereich (z. B. 10 A) eine eigene Buchse.

3.2.3.2 Oszilloskope

Mit Oszilloskopen kann man den zeitlichen Verlauf von Spannungssignalen bis zu Frequenzen von etwa 500 MHz auf einem Leuchtschirm sichtbar machen. Kernstück ist bei den klassischen Analog-Oszilloskopen die in Abschn. 2.1.5.1 beschriebene Elektronenstrahlröhre (Braunsche Röhre). Inzwischen werden aber überwiegend Digital-Speicheroszilloskope eingesetzt, die einen Bildschirm in LCD-Technik und PC- sowie Druckeranschluss besitzen.

Abb. 3.11 Ansicht eines fünfstelligen Digitalmultimeters
für TRMS-Messungen (Fa.
Chauvin Arnoux)

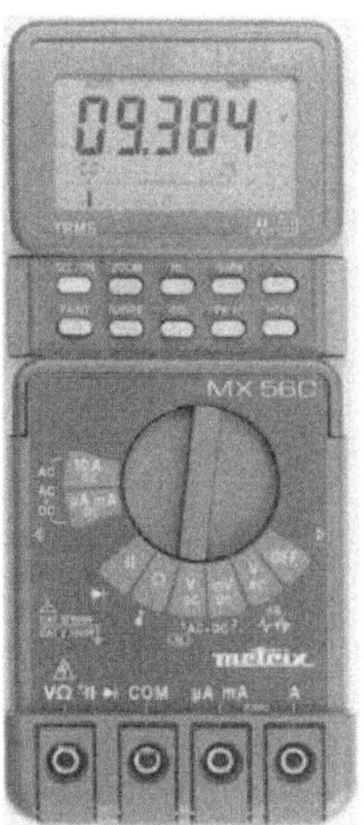

Analog-Oszilloskop Abb. 3.12 zeigt das Blockschaltbild eines Einkanal-Oszilloskops mit den wesentlichsten Komponenten. Da das Y-Plattenpaar für 1 cm Auslenkung des Elektronenstrahls auf dem Bildschirm eine Spannung von etwa 20 bis 30 V benötigt, ist für kleinere Eingangsspannungen ein Y-Verstärker 2 vorhanden. Um andererseits seine Übersteuerung zu vermeiden, ist zusätzlich für höhere Spannungen ein Teiler als Y-Abschwächer 1 vorgesehen. Beide Komponenten sind auf der Frontplatte in einem Stufenschalter zur Einstellung der Empfindlichkeit im Bereich von etwa 1 mV/cm bis 10 V/cm vereint.

Der zweite Eingang kann entweder zur Kurvendarstellung $y = f(x)$ z. B. einer Diodenkennlinie mit $i = f(u)$ oder wie in der Regel zur Zeitablenkung verwendet werden. Durch eine Vorspannung lässt sich der Leuchtpunkt mit den beiden Drehknöpfen 3 in der jeweiligen Koordinatenachse zu den Werten X_0 und Y_0 versetzen. Die Zeitablenkung realisiert ein interner Sägezahngenerator 5, dessen linear ansteigende Spannung am X-Plattenpaar anliegt (Abb. 2.26) und den Leuchtpunkt kontinuierlich ablenkt. Die Geschwindigkeit dieses Vorgangs ist mit dem Stufenschalter Zeitablenkung t/cm etwa im Bereich 1 µs/cm bis 100 s/cm einstellbar.

Um ein stehendes Bild zu erhalten, muss die Ablenkung immer zum gleichen Zeitpunkt des periodischen Signals beginnen. Dies garantiert eine Triggereinrichtung 7, die je nach Erfordernis von der Messgröße selbst (Eigen), netzsynchron (Netz) oder durch ein externes Signal gestartet werden kann. Der Block Strahlerzeugung 4 enthält Drehknöpfe zur Einstellung der Helligkeit und der Strahlschärfe (Fokussierung).

In der Regel werden Oszilloskope mit mindestens zwei Y-Eingängen gefertigt. Hier ist zwischen der Zweikanal-Ausführung, die nur ein gemeinsames Strahlablenkungssystem besitzt und einem Zweistrahloszilloskop mit zwei getrennten Elektrodensystemen zu unterscheiden. In der Regel wird die preiswertere Zweikanaltechnik ausgeführt, bei welcher

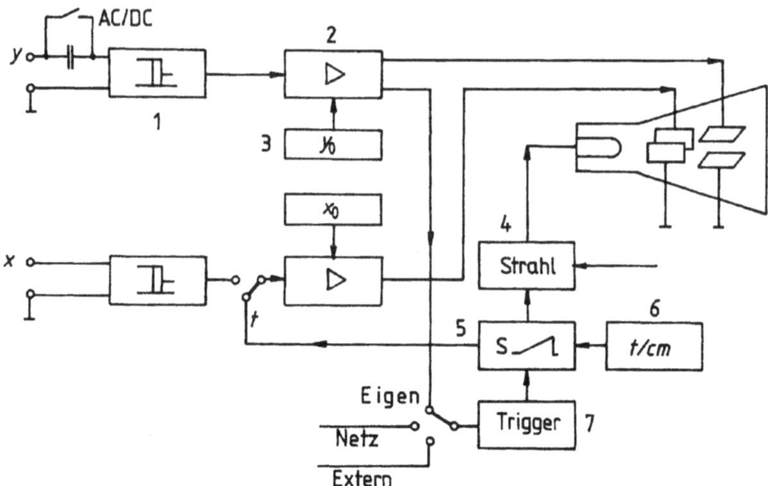

Abb. 3.12 Struktur eines analogen Einkanal-Oszilloskops. *1* Abschwächer, *2* Verstärker, *3* Nullpunkt-Einstellung, *4* Strahlhelligkeit und Schärfe, *5* Sägezahngenerator, *6* Zeitablenkung, *7* Triggerpegel

das eine Ablenksystem nacheinander beide Messwerte zugeführt erhält. Dies kann entweder über einen Umschalter in der Betriebsweise ALT (alternated) oder CHOP (chopped) erfolgen. Im ersten Fall werden die zwei Signale nacheinander im Takte der Zeitablenkung dargestellt, im zweiten erfolgt die Umschaltung ständig schon innerhalb einer Ablenkung. In beiden Techniken erfolgt die Umschaltung so schnell, dass der Eindruck eines geschlossenen Kurvenzugs entsteht. Für weitere Informationen muss auf das angegebene Schrifttum oder die Handbücher der Hersteller verwiesen werden.

Digitales Speicheroszilloskop Bei dieser Technik werden die Messgrößen nicht unmittelbar in Echtzeit auf dem Leuchtschirm der Braunschen Röhre abgebildet, sondern nach der Anpassung an das erforderliche Spannungsniveau in einem Abschwächer/Verstärker einem Analog-Digital-Umsetzer zugeführt. Die digitalisierten Messwerte werden danach in ihrer zeitlichen Folge in einem Speicher abgelegt. Die Darstellung der Signale erfolgt auf einem vom PC oder Fernseher bekannten LCD-Bildschirm unabhängig von der Signalfrequenz. Die Zeitablenkung ist über den Stufenschalter Zeit/cm (Time/Div.) z. B. im Bereich 10 ns/cm bis 100 s/cm frei wählbar.

Im Vergleich zum analogen Oszilloskop ist die deutlich geringere Grenzfrequenz von z. B. 50 MHz zu beachten, welche durch die Zeitabstände bestimmt ist, mit der das Signal abgetastet wird. Diese Abtastfrequenz muss für eine korrekte Wiedergabe des Signals mindestens doppelt so groß sein wie die höchste zu erfassende Signalfrequenz (Shannon'sches Abtasttheorem).

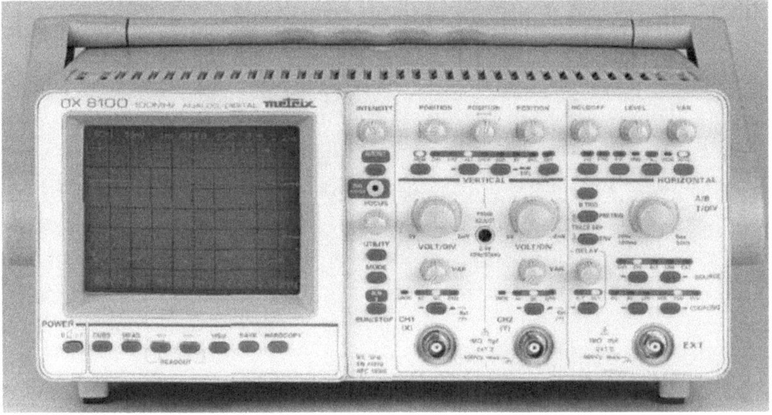

Abb. 3.13 Frontansicht eines Zweikanal-Digital-Speicheroszilloskops (Fa. Chauvin Arnoux)

Qualitätsmerkmal dieser Digital-Speicheroszilloskope (DSO) ist vor allem die Anzahl der möglichen Abtastungen in Samples (S) pro Sekunde, die Wortlänge eines gespeicherten Wertes und der Speicherumfang. Als Beispiel seien die Werte 100 MS/s für Einzelimpulse und 25 GS/s für periodische Signale mit 8-Bit-Worten und ein Speicher von 16 kByte genannt. Dies gibt dann ein kleinstes Abtastintervall von $\Delta t = 0,04$ ns und eine durch $2^8 = 256$ Zwischenstufen bestimmte Auflösung der Messgröße. Ein Beispiel für die Frontplatte eines DSO zeigt Abb. 3.13.

DSO bieten durch die Vielzahl von Auswertehilfen, wie Amplituden- und Zeitmessungen durch Curser, Plotter- und Druckausgang, IEEC-Bus für PC-Anschluss und Beschriftungen am Bildschirm einen hohen Bedienungskomfort. Die gleiche Technik wird auch bei den unter Abschn. 3.3.2.3 besprochenen Transientenspeicher verwendet.

3.3 Digital-Messtechnik

Digitale Messverfahren bieten grundsätzlich eine Reihe von Vorteilen gegenüber der analogen Zeigeranzeige. Zunächst kann durch die Anzahl der ausgeführten Dezimalstellen das Ablesen des Messwertes genau und sehr bequem erfolgen. Ferner erlaubt die Digitalisierung eines Messwertes leicht eine Speicherung und die Weiterverarbeitung z. B. in einem Prozessrechner.

Durch die Entwicklung monolithisch integrierter Schaltkreise (IC-Bausteine) mit einer Vielzahl von logischen Verknüpfungen oder Speichereinheiten auf engsten Raum können heute digital arbeitende Geräte klein und preiswert gefertigt werden (Uhren, Taschenrechner). Von dieser Entwicklung hat auch die Messtechnik profitiert, so dass gerade auch im Bereich der Vielfachinstrumente immer häufiger Digitalgeräte eingesetzt werden.

3.3.1 Baugruppen digitaler Messgeräte

In Digitalgeräten werden nach den mathematischen Beziehungen der Schaltalgebra (Boolesche Algebra) Binärzeichen in Form von Spannungsimpulsen verwendet. Diese können in der positiven Logik nur zwei Zustände, nämlich $U = 0\,\text{V}$ und z. B. $U = 5\,\text{V}$ annehmen, was den beiden Zeichen 0 und 1 des Binärsystems entspricht. Für die Verarbeitung der Impulse werden die Grundschaltungen der Digitaltechnik wie Gatter, Kippglieder, Multiplexer und Komparatoren zur Lösung der erforderlichen Rechenoperationen und Speicheraufgaben eingesetzt.

3.3.1.1 Analog/Digital-Umsetzer

In der Regel liegen die Eingangsgrößen für das Digitalgerät in Form analoger Strom- oder Spannungswerte vor. Man benötigt damit eine Baugruppe, welche das kontinuierliche Messsignal in einen proportionalen Digitalwert umwandelt. Man bezeichnet derartige Schaltungen als Analog/Digital-Umsetzer (A/D-Wandler) und unterscheidet zwischen direktvergleichenden und Umsetzern mit einer Zeit als Zwischengröße. Im ersten Fall wird die analoge Signalspannung U_e z. B. beim Stufenumsetzer nacheinander mit aufaddierten Teilen einer Referenzspannung U_R verglichen bis im Rahmen der Messgenauigkeit Übereinstimmung besteht. Als Beispiel ist nachstehend $U_e = 6{,}5\,\text{V}$ aus den Teilen 1/2, 1/4 usw. der Referenzspannung $U_R = 16\,\text{V}$ bestimmt:

Stufe	1/2	1/4	1/8	1/16	1/32		
U_e/V =	0	+ 4	+ 2	+ 0	+ 0,5	=	6,5
Ziffer	0	1	1	0	1		

Zweirampen-Umsetzer Als Beispiel für einen Spannungs/Zeit-Wandler sei der Zweirampen-Umsetzer (Dual-Slope-Verfahren) mit der Prinzipschaltung nach Abb. 3.14 vorgestellt. Durch Vergleich der zu messenden Spannung U_e mit einer genauen Referenzspannung U_R erhält man zwei Zeitspannen T_1 und T_2 und die Beziehung

$$U_e = U_R \cdot \frac{T_2}{T_1} \tag{3.5}$$

Wählt man T_1 als Festzeit und bestimmt T_2 über die Anzahl z der Impulse einer frequenzkonstanten Rechteckspannung während der Zeit T_2, so wird

$$U_e \sim z$$

Die Messspannung liegt damit als digitaler Wert vor.

Ein als Integrierer beschatteter Operationsverstärker OP1 (s. Abschn. 2.2.4.3) erzeugt während eines festgelegten, konstanten Zeitintervalls T_1 die maximale Ausgangsspannung

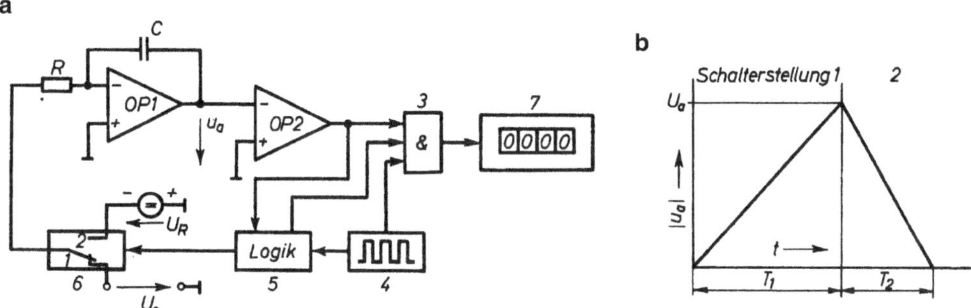

Abb. 3.14 Analog/Digital-Umsetzer. **a** Prinzip des Zweirampen-Umsetzers. OP1 Integrierer, OP2 Komparator, *3* UND-Glied, *4* Rechteckgenerator, *5* Steuerlogik, *6* elektronischer Schalter, *7* Zähler. **b** Zeitlicher Verlauf der Ausgangsspannung u_a an OP1

(Abb. 3.14b)

$$U_a = -\frac{1}{RC} \int_0^{T_1} u_e \, dt$$

Für den Mittelwert U_e der Messspannung u_e in der Zeit T_1 gilt dann

$$U_e = -\frac{1}{T_1} \int_0^{T_1} u_e \, dt = -\frac{RC}{T_1} \cdot U_a$$

Nach T_1 schaltet ein elektronischer Schalter mit Stellung 2 den Integrierer auf die konstante Referenzspannung U_R um, womit u_a linear innerhalb der Zeitspanne T_2 auf null absinkt. Es gilt wieder

$$U_a = -\frac{1}{RC} \int_0^{T_2} U_R \, dt = -\frac{T_2}{RC} \cdot U_R$$

und damit nach Kombination mit obiger Beziehung

$$U_e = U_R \cdot \frac{T_2}{T_1}$$

Für die Erfassung des Nulldurchganges der Rampenspannung u_a dient der als Komparator geschaltete Operationsverstärker OP2.

Mit dem Umschalten auf Schalterstellung 2 gibt die Steuerlogik 5 ein 1-Signal auf das UND-Glied 3 vor dem Zähler 7. Da über den Komparator OP2 in der Zeit T_2 ebenfalls eine positive Spannung abgegeben wird, gelangen mit Beginn der Messzeit T_2 die Impulse des

Oszillators 4 in den Zähler. Der Zählvorgang wird beendet, sobald $u_a = 0$ erreicht ist und der Komparator damit durch ein 0-Signal das UND-Glied für weitere Impulse sperrt. Mit der Impulsfrequenz f_p wird der Zählerstand

$$z = f_p \cdot T_2$$

und damit die Messspannung U_e nach Gl. 3.5

$$U_e = U_R \cdot \frac{z}{f_p \cdot T_1} \tag{3.6}$$

Mit den konstanten Werten U_R, T_1 und f_p wird $U_e \sim z$ und so als Digitalwert dargestellt. Da sich der beschriebene Vorgang ständig wiederholt, ergibt die Anzeige stets den Mittelwert von U_e für die Zeit T_1.

3.3.1.2 Codierung

Aufgabe der Codierschaltung ist es, die dem Messwert proportionale Impulsmenge im Dualsystem mit den Zeichen 0 und 1 darzustellen. Man verwendet dazu einen Binärcode und bezeichnet die zusammengehörenden Binärzeichen als Codewort.

Im Dualzeichencode wird einer umzuwandelnden Dezimalzahl die entsprechende Dualzahl zugeordnet. Um Codewörter mit konstanter Länge zu erhalten, füllt man alle vor der ersten 1 liegenden Stellen mit 0 auf.

Beispiel

Dezimalzahl 13 bei 6 Stellen Wortlänge – 001101

Zur Darstellung von Dezimalziffern verwendet man den Binärcode für Dezimalziffern (BCD-Code). Da pro Stelle die Ziffern 0 bis 9 verschlüsselt werden müssen, benötigt man jeweils 4 Binärstellen.

Beispiel

Dezimalzahl 39 im BCD-Code – 0011 1001

3.3.1.3 Speicher und Zählschaltungen

Kippglieder Zur Speicherung von Binärwerten eignen sich die in Abschn. 2.2.4.2 behandelten Kippschaltungen. Die beiden stabilen Betriebszustände, welche durch die Ausgangsspannungen $U_a = 0\,\text{V} \mathbin{\hat=} 0$ und z. B. $U_a = 5\,\text{V} \mathbin{\hat=} 1$ bestimmt sind, bleiben solange erhalten, bis ein Lösch- oder Setzbefehl auf die jeweiligen Eingänge den neuen Zustand festlegt. Jedes Kippglied kann also eine Binärinformation (1 Bit) speichern.

In Rechenschaltungen werden nach Abb. 3.15 Kippglieder verwendet, die einen zusätzlichen Takteingang C (clock) aufweisen.

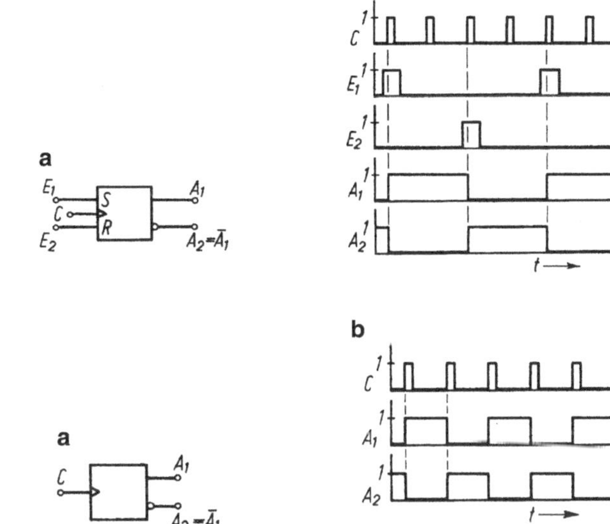

Abb. 3.15 Bistabiles Kipp-glied (getaktetes RS-Glied). **a** Schaltzeichen, **b** Diagramm der Ein- und Ausgangssignale

Abb. 3.16 Frequenzteilung 2 : 1 durch ein Kippglied. **a** Schaltzeichen **b** Diagramm der Signale

An den beiden Eingängen E_1 und E_2 (Vorbereitungseingänge) ankommende Impulse werden erst mit dem Taktimpuls wirksam (Abb. 3.15b). Auf diese Weise können viele Kippglieder zeitlich synchron in die jeweils neue Lage gebracht und damit umfangreiche Schaltungen zentral gesteuert werden.

Zählschaltungen Durch eine geeignete Beschaltung lassen sich Kippglieder bauen, die bei jedem Taktimpuls die neue Ausgangslage annehmen (JK-Kippglied). Wird die Um-schaltung nach Abb. 3.16 jeweils durch die ansteigende Flanke des Taktimpulses hervor-gerufen, so erhält man ein Ausgangssignal, das die halbe Frequenz der Taktimpulse hat.

Durch die Reihenschaltung mehrerer derartiger Kippglieder lässt sich nun nach Abb. 3.17 eine Zählschaltung aufbauen. Mit dem ersten Kippglied erfolgt die Frequenz-teilung von der Impulsfolge an C auf A_1, dann von $\bar{A}_1$ auf A_2 und schließlich von $\bar{A}_2$ auf A_3. Betrachtet man die Betriebszustande an den Ausgängen A_1, A_2 und A_3, so zeigen sie jeweils die Summe der Eingangsimpulse als Dualzahl auf. Die Schaltung stellt damit einen vorwärtszählenden Dualzähler dar, der bei drei Kippgliedern bis $2^3 - 1 = 7$ zählen kann. Über den Rückstelleingang können alle Stufen auf den Anfangszustand 0 geschaltet werden.

Ziffernanzeige Zur Darstellung des Messwertes wird eine Reihe von 7-Segment-Anzeigen mit Leuchtdioden (LED) oder Flüssigkristallen (s. Abschn. 2.1.3.5) aufgebaut (Abb. 3.18). Die einzelnen Rasterelemente werden über einen Decoder, der den im BCD-Code vorhandenen Messwert entschlüsselt und eine Verstärkerstufe mit der Be-triebsspannung versorgt.

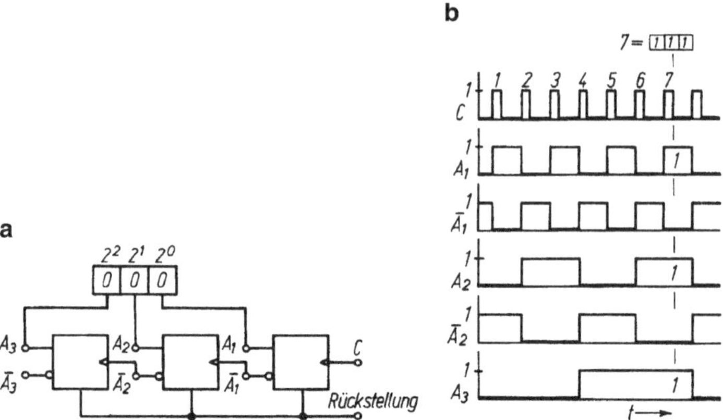

Abb. 3.17 Dreistufiger Dualzähler. **a** Schaltung der Kippglieder, **b** Diagramm der Signale

Abb. 3.18 Zifferndarstellung mit 7-Segment-Anzeige. *1* Decoder, *2* Verstärker, *3* 7-Segment-Anzeige, *P* Dezimalpunkt, *A* gemeinsamer Anodenanschluss

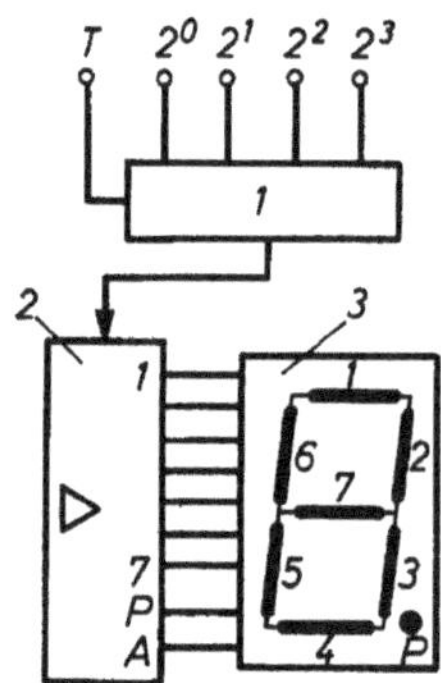

3.3.2 Digitale Messgeräte

3.3.2.1 Zähler

Im Allgemeinen werden heute sogenannte Universalzähler gebaut, die umschaltbar zur Impulszählung, Zeitangabe, Frequenz- und Drehzahlmessung geeignet sind. Der Aufbau folgt prinzipiell dem Schema nach Abb. 3.19.

Ein Zeitbasisgenerator liefert über einen Schwingquarz Rechteckimpulse der konstanten Frequenz 0,1 MHz, 1 MHz oder 10 MHz, womit eine genaue Zeitmessung und die Herstellung der Messzeiten (Torzeiten) möglich ist. Die Ansprechempfindlichkeit für Eingangssignale lässt sich meist im Bereich 10 mV bis 100 V einstellen oder wird selbsttätig angepasst. Das Zählwerk bestimmt innerhalb der gewählten Torzeit Δt_T die ankommende Impulssumme und übergibt sie dem Speicher. Wie oft von dort neue Messwerte an das Anzeigefeld weitergegeben werden, hängt von der eingestellten Speicherzeit $\Delta t_\mathrm{S} = 10\,\mathrm{ms}$ bis 10 s ab.

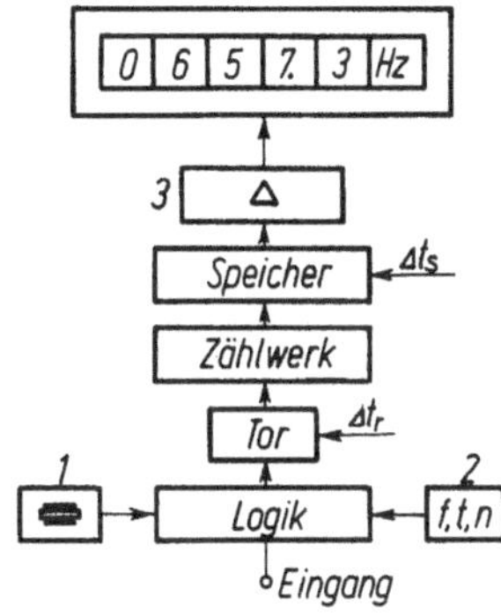

Abb. 3.19 Aufbau eines Universalzählers.
1 Quarz-Zeitbasisgenerator,
2 Umschalter, *3* Decoder und
Verstärker

Für die Bewertung der Messergebnisse ist die richtige Wahl der Torzeit Δt_T wichtig. So wird bei der digitalen Messung der Drehzahl n mit einer Scheibe, die z_L Löcher am Umfang hat, die Impulsmenge

$$z = z_\mathrm{L} \cdot n \cdot \Delta t_\mathrm{T} \tag{3.7}$$

gezählt. Um die Drehzahl in U/min zu erhalten, muss das Produkt $z_\mathrm{L} \cdot \Delta t_\mathrm{T} = 60\,\mathrm{s}$ gewählt werden, d. h. bei der Torzeit $\Delta t_\mathrm{T} = 1\,\mathrm{s}$ benötigt man 60 Löcher am Scheibenumfang (s. Abschn. 3.4.1.1).

3.3.2.2 Multimeter

Digitale Vielfachgeräte, Multimeter genannt, werden meist mit Bereichen zur Messung von Strömen, Spannungen und Widerständen ausgeführt. Die Aufnahme der Messwerte erfolgt analog, sie werden danach in einem A/D-Umsetzer, z. B. nach dem Prinzip von Abschn. 3.3.1.1 digitalisiert und als Zahl in einem LCD-Display angezeigt. Abb. 3.20 zeigt das Blockbild einer möglichen Ausführung.

Die Messwerte werden automatisch oder über einen Bereichswähler auf den richtigen Pegel gebracht, wozu bei Spannungen Vorwiderstände und bei Strömen Nebenwiderstände vorgesehen sind. Die Widerstandsmessung kann über den Spannungsabfall $U = RI_0$ eines eingeprägten Stromes I_0 erfolgen oder durch Vergleich der Spannung mit der eines Referenzwiderstandes R_0.

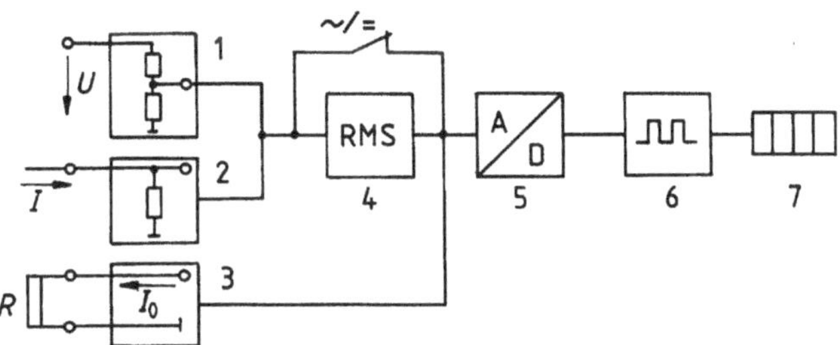

Abb. 3.20 Baugruppen eines Digitalmultimeters. *1*; *2*; *3* Eingänge zur Spannungs-, Strom- und Widerstandsmessung, *4* Effektivwertbildner, *5* Analog/Digital-Umsetzer, *6* Decoder, *7* Ziffernanzeige

Gleichspannungen und -ströme können danach direkt dem A/U-Umsetzer zugeführt werden. Zur Bestimmung von Wechselgrößen erhalten einfache Geräte nur eine Gleichrichterschaltung, womit nur Sinuswerte richtig in ihrem Effektivwert bestimmt werden. Hochwertige Multimeter besitzen dagegen einen IC-Baustein, der den Messwert nach Gl. 1.62 mit

$$U = \sqrt{\frac{1}{T} \int_0^T u^2 \mathrm{d}t}$$

in den echten Effektivwert umformt. Der Baustein muss dazu einen Quadrierer, einen Mittelwertbildner und einen Radizierer enthalten. Die Bildung des echten Effektivwertes gelingt nur dann genügend genau, wenn der Messwert nicht zu stark verzerrt ist. Ein Maß dafür ist der Crest- oder Scheitelfaktor C, der als Verhältnis zwischen Scheitelwert $\hat{u}$ und U definiert ist. Sehr teure Geräte erlauben Verzerrungen bis etwa $C = 9$ (14). Im A/D-Umsetzer erfolgt die Umwandlung des Messwertes in eine Impulsfolge, welche ein Zähler bestimmt und codiert an den Speicher übergibt. Für die Anzeige als Dezimalzahl muss der Digitalwert entschlüsselt und in Spannungen für die 7-Segmentanzeige aufbereitet werden.

3.3.2.3 Transientenspeicher

Zur Aufnahme rasch veränderlicher Größen aus allen Bereichen der Messtechnik stehen heute digitale Speichersysteme (Transient-Recorder) zur Verfügung. Die Messgröße muss als Spannungssignal vorliegen, das der Recorder mit einer zwischen z. B. 5 Hz bis 2 MHz einstellbaren Frequenz abtastet. Jeder so gewonnene Augenblickswert wird dann durch einen Analog/Digital-Umsetzer in eine Dualzahl (8-Bit-Wort) umgeformt. Der nachgeschaltete Speicher kann einige tausend Einzelwerte (Kapazität: 16 Byte bis 64 kByte) aufnehmen und festhalten. Für die Ausgabe wandelt ein Digital-Analog-Umsetzer jeden Digitalwert wieder in eine proportionale Gleichspannung um.

Wählt man ein Abtastintervall Δt, das klein gegenüber der Periodendauer der zu messenden Spannung u ist, so erhält man eine genügende Anzahl von Kurvenpunkten u_T, um den gesuchten Verlauf $u = f(t)$ darstellen zu können. Nach Wunsch interpoliert das Gerät zwischen zwei Messwerten, so dass bei der Ausgabe kein treppenförmiger Kurvenzug entsteht (Abb. 3.21). Mit einem Frequenzbereich bis etwa 200 kHz (bei 10 Stützpunkten/-Periode) werden die Aufzeichnungsmöglichkeiten jedes anderen Registriergerätes weit übertroffen, wobei die Messwerte zudem gespeichert sind und damit jederzeit verarbeitet werden können. Die Ausgabe kann über ein Oszilloskop oder einen X-Y-Schreiber beliebig oft und mit einstellbarer Schreibgeschwindigkeit erfolgen.

Mit einem Transient-Recorder können nicht nur beliebige dynamische Vorgänge erfasst, sondern auch der Verlauf unvorhersehbarer Störgrößen aufgezeichnet werden. Der Recorder beginnt seine Aufzeichnung erst bei einer Abweichung der Messgröße u_M vom einstellbaren Sollwert und nimmt dann den zeitlichen Verlauf des Vorgangs im Rahmen

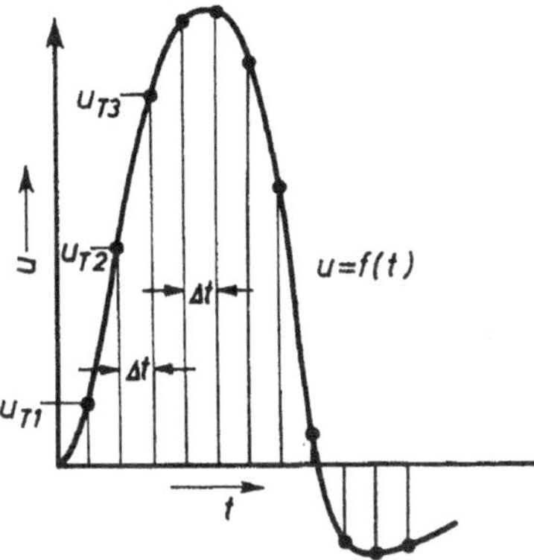

Abb. 3.21 Digitale Aufnahme einer Spannungskurve Δt Abtastintervall, u_T gespeicherte Werte

seiner Speicherkapazität auf. Die gespeicherte Funktion $u_\mathrm{M} = f(t)$ steht dann für eine spätere Untersuchung zur Verfügung.

In einer neueren Generation von Oszilloskopen wird die gleiche Technik verwendet. Qualitätsmerkmale dieser Digitalspeicher-Oszilloskope (DSO) sind die Anzahl der möglichen Abtastungen pro Sekunde (Samples/s), die Wortlänge der gespeicherten Werte und der Speicherumfang. Typische Werte sind 25 GS/s, 8-Bit-Worte und eine Speichertiefe von 32 kByte. Dies ergibt dann ein kleinstes Abtastintervall von $\Delta t = 0{,}04$ ns und eine durch $2^8 = 256$ Zwischenstufen im gewählten Messbereich bestimmte Genauigkeit.

DSO bieten durch eine Vielzahl von Auswertehilfen, wie Amplituden- und Zeitmessungen durch Cursor, Plotter- und Druckerausgang, IEEC-Bus für Rechneranschluss und Beschriftungen am Bildschirm einen hohen Bedienungskomfort.

3.4 Elektrische Messung nichtelektrischer Größen

Für die Erfassung von nichtelektrischen Größen aus allen Bereichen der Technik verwendet man heute fast immer Messgrößenumformer (Aufnehmer), die am Ausgang ein der Messgröße proportionales Signal als Strom, Spannung oder Widerstandsänderung liefern. Man nutzt dazu die vielfältigen physikalischen Erscheinungen, welche die betreffende Größe mit elektrischen Werten verknüpft. Die nachstehende Tab. 3.3 zeigt eine Zusammenstellung derartiger Verfahren für die Erfassung der wichtigsten nichtelektrischen Größen, wobei gleichzeitig das Ausgangssignal des Aufnehmers mit der Empfindlichkeit angegeben ist. In der Sensorik hat diese Technik der Messwertaufnehmer inzwischen ein umfangreiches, eigenes Fachgebiet. Aus der Vielzahl der Messverfahren und der dazu eingesetzten Umformer werden nachstehend einige besonders wichtige Beispiele gezeigt.

Tab. 3.3 Verfahren zur Messung nichtelektrischer Größen

Physikalische Größe	Aufnehmer	Ausgangssignal/Empfindlichkeit
Beschleunigung — Kraft —	Piezo-Quarz	elektrische Ladung $2,3 \cdot 10^{-12}$ As/N
Druck —	Eisenkreis	magnetische Permeabilität μ_r $\Delta\mu_r/\mu_0 = 0{,}002$ N/mm^2
Drehmoment — Längenänderung Δl —	Dehnungs- messtreifen	Widerstandsänderung $\Delta R/R_0 = K \cdot \Delta l/l_0,\ K = 2;\ 100$
Temperatur —	Thermoelement	elektrische Spannung 5 mV/100 K
	NTC-Widerstand	Widerstandsänderung $\Delta R/R_0 = 0{,}03$/K
	Platin-Widerstand	Widerstandsänderung $\Delta R/R_0 = 0{,}00385$/K
Beleuchtungsstärke —	Fotoelement	elektrischer Strom 0,1 µA/Lux
Zeit —	Quarzkristall	Wechselspannung $\Delta f/f_0 = 10^{-5}$
Weg, Winkel — Drehzahl —	codierte Scheibe	Impulse Auflösung µm
Feuchte —	Kondensator	Kapazitätsänderung ΔC $\Delta C/C_0 = 0{,}002$ %

3.4.1 Messwertgeber für mechanische Beanspruchungen

3.4.1.1 Verfahren der Drehzahlmessung

Impulsverfahren Einen einfachen magnetisch-induktiven Messgrößenumformer zeigt Abb. 3.22a. Seine wichtigsten Teile sind das aus weichem Stahl hergestellte Zahnrad 1 mit m Zähnen, das auf der zu untersuchenden Welle 2 befestigt wird, und die Spule 3 mit dem Dauermagnet 4 als Kern. Rotiert das Zahnrad vor dem Kern mit der Drehzahl n, so werden in der Spule $m \cdot n$ Spannungsstöße, die einem Zähler zugeführt werden, induziert.

Entsprechend Abschn. 3.3.2.1 ergibt die Anzeige bei passender Wahl der Torzeit Δt_T direkt die Drehzahl in min^{-1}. So ist bei $m = 60$ eine Torzeit von $\Delta t_T = 1$ s erforderlich.

In Abb. 3.22b ist eine Gabellichtschranke mit einer Leuchtdiode als Sender S und einem Fototransistor als Empfänger E skizziert, die häufig als fotoelektrischer Drehzahlgeber eingesetzt wird. Die Lochscheibe auf der Welle moduliert das emittierte Licht und steuert damit synchron mit dem Lichtwechsel den Transistor auf und zu. Die Anzahl der Impulse innerhalb der festen Torzeit des Zählers ist damit ein Maß für die Drehzahl.

Abb. 3.22c zeigt den Einsatz eines berührungslosen Handdrehzahlmessers 1 mit digitaler Anzeige. Das Messprinzip beruht auf einer Reflexlicht-Abtastung, wozu auf die Welle

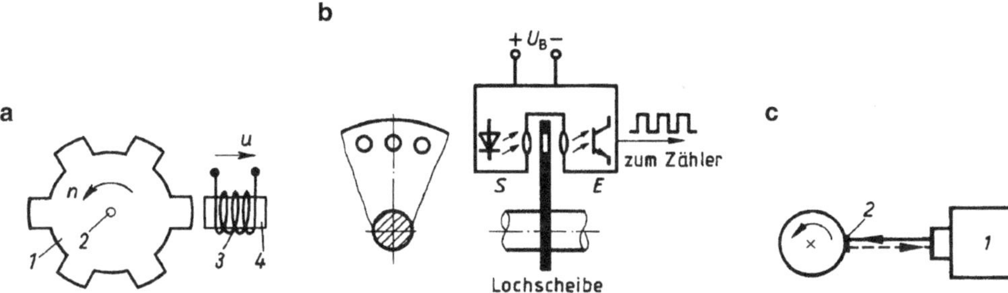

Abb. 3.22 Verfahren der Drehzahlmessung. **a** Induktiver Aufnehmer, **b** und **c** fotoelektrischer Aufnehmer

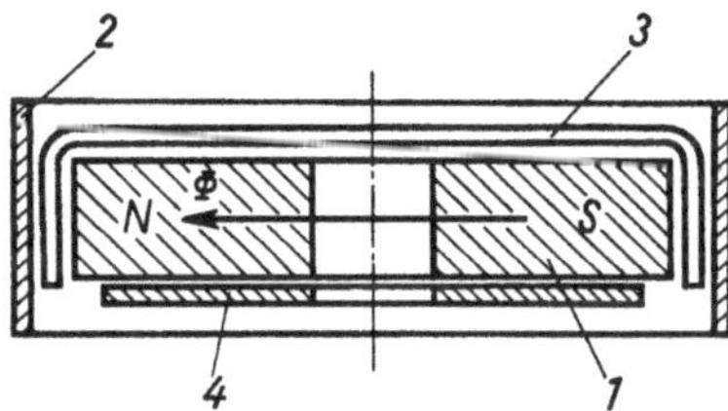

Abb. 3.23 Wirbelstromtachometer

ein weißer, hochreflektierender Papierstreifen 2 geklebt wird. Als Lichtquelle im Drehzahlmesser dient meist eine Infrarot-LED, deren Strahlung über die Reflexmarke 2 wieder in das Messgerät gelangt. Zur Bestimmung der Drehzahl verwendet man entweder den zeitlichen Abstand zweier aufeinander folgender Reflexe oder man zählt die Anzahl der reflektierten Lichtimpulse pro Zeiteinheit.

Tachogenerator Zur Erfassung der Drehzahl geregelter Antriebe verwendet man meist an das Wellenende angeflanschte kleine Gleich- oder Drehstromgeneratoren. Durch ihre Dauermagneterregung liefern sie eine drehzahlproportionale Spannung von einigen bis über hundert Volt bei Nenndrehzahl. Bei hochohmiger Belastung durch ein Drehspulgerät oder eine Steuerelektronik beträgt der Linearitätsfehler weniger als 1 %.

Wirbelstromtachometer Ein einfacher und praktisch besonders wichtiger Drehzahlmesser ist das in Kraftfahrzeuge als Geschwindigkeitsmesser eingebaute Wirbelstromtachometer (Abb. 3.23). Der Dauermagnet 1 wird über eine biegsame Welle von einem Rad aus angetrieben. Er ist längs eines Durchmessers magnetisiert (siehe Pole N und S sowie Pfeil für den Fluss Φ), so dass der Ringspalt zwischen Dauermagnet 1 und Rückschlussring 2 von einem radial gerichteten magnetischen Feld (Drehfeld) durchsetzt wird. Im Ringspalt ist – vom Dauermagnet unabhängig – eine Aluminiumtrommel 3 mit Zeiger drehbar angeordnet.

Durch Wirbelstrombildung entsteht in dieser Trommel ein Drehmoment in der Drehrichtung des Dauermagneten. Diesem Drehmoment wirkt dasjenige einer hier nicht dargestellten Spiralfeder entgegen, die einerseits an der Trommelachse und andererseits am

Gehäuse des Tachometers befestigt ist. Trommel und Zeiger werden deshalb bis zum Gleichgewicht zwischen den beiden Drehmomenten mitgenommen. Der Zeiger zeigt somit die Drehzahl der Räder und damit die Geschwindigkeit des Fahrzeuges an. Durch eine „Thermoperm"-Scheibe 4 werden der Temperatureinfluss auf den magnetischen Fluss und den elektrischen Widerstand der Aluminiumtrommel kompensiert. Bei dem einfachen und robusten Gerät muss allerdings eine Messunsicherheit von etwa 5 % in Kauf genommen werden.

Stroboskopische Drehzahlmessung Ein Stroboskop besteht aus einem Lichtblitzgerät und einem Impulsgenerator mit in weiten Grenzen einstellbarer Frequenz f_s. Blitzt man eine rotierende Welle oder Scheibe mit genau deren Drehfrequenz f_d an, so erscheint eine auf dem rotierenden Teil angebrachte Marke immer an der gleichen Stelle, d. h. sie steht scheinbar still. Für den Fall $f_s > f_d$ wandert die Marke langsam entgegen, für $f_s < f_d$ langsam in Drehrichtung. Es wird also meist mit einem Potenziometer Stillstand der Marke eingestellt und dann die Drehzahl unmittelbar abgelesen.

Das Ergebnis ist allerdings nicht eindeutig, da die Marke auch dann stillsteht, wenn die Welle nur bei jeder x-ten Umdrehung angeblitzt wird. Für Stillstand der Marke gilt damit die allgemeine Bedingung $f_d = x \cdot f_s$. Die richtige Drehzahl bei $x = 1$ erhält man bei kontinuierlich erhöhter Frequenz f_s dann, wenn die Marke zum letzten Mal einfach auftritt. Darüber hinaus erscheint sie z. B. bei $f_s = 2 \cdot f_d$ diametral doppelt. Das Verfahren hat wie die Messung nach Abb. 3.22c den Vorteil, dass keine mechanischen Verbindungen zum rotierenden Teil nötig sind und damit auch keine Belastung durch die Messung erfolgt (Drehzahlmessung bei Kleinstantrieben).

3.4.1.2 Verfahren der Drehmomentbestimmung

Die Messung des Drehmomentes M einer rotierenden Maschine ist Voraussetzung für die Bestimmung der Abgabeleistung nach der Beziehung $P_2 = 2\pi \cdot n \cdot M$. Da der Antrieb dabei belastet werden muss, realisiert man die Drehmomentmessung oft gleich an der Belastungsmaschine. Derartige Einrichtungen gehören zur Grundausstattung aller Prüffelder für Elektro- und Verbrennungsmotoren.

Pendelmaschine Führt man das Gehäuse der Belastungseinheit drehbar aus, so kann man das Drehmoment M nach $M = F \cdot l$ über die Reaktionskraft mit einer Kraftmessdose D bestimmen (Abb. 3.24). Diese Pendelmaschinen sind in klassischer Technik Gleichstromgeneratoren, es können aber auch Drehstrommaschinen oder Wirbelstrombremsen eingesetzt werden. Die gesamte Messeinrichtung mit dem geeichten Hebelarm der Länge l und der Messdose D erreicht im Prüffeldbetrieb Genauigkeiten von ca. 0,2 %.

Drehmomentaufnehmer Ohne eine dazu vorbereitete Belastungsmaschine und somit auch für betriebliche Messungen kann man Drehmomente mit Aufnehmern nach Abb. 3.25 bestimmen. Das Messprinzip beruht auf der Auswertung einer Torsion in dem

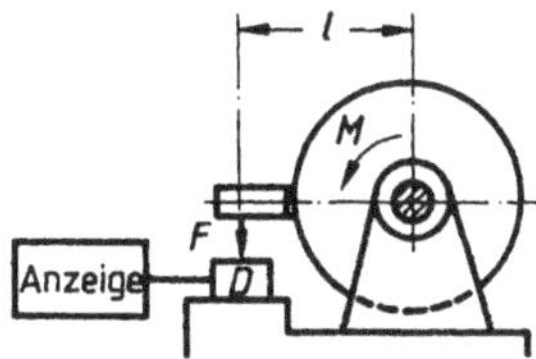

Abb. 3.24 Drehmomentmessung mit Pendelgenerator. *D* Kraftmessdose

verjüngten Wellenstück infolge des übertragenen Drehmomentes. Am bekanntesten ist der Einsatz von Dehnungsmessstreifen DMS, die man zur Erfassung der maximalen Dehnungen und Stauchungen nach Abb. 3.26a unter 45° anordnet. Die Längenänderung Δl der Streifen mit dem Anfangswiderstand R_0 führt zu einer proportionalen Widerstandsänderung ΔR, so dass unter Belastung die Werte $R = R_0 \pm \Delta R$ auftreten. Verbindet man die DMS zu einer Brückenschaltung (Abb. 3.26b) und speist diese mit der Versorgungsspannung U_B, so liefert sie am Querzweig die Spannung

$$U_D = U_B \cdot \frac{\Delta R}{R_0} = c \cdot M \tag{3.8}$$

Die Signalspannung U_D der DMS ist damit dem Drehmoment proportional und kann nach Verstärkung angezeigt und verarbeitet werden.

Will man die störanfällige Signalübertragung mittels Bürstenkontakt und Schleifringen vermeiden, so muss man für die Versorgung eine Wechselspannung vorsehen und auch U_D durch Frequenzmodulation einer kHz-Spannung übertragen. Dies erfolgt dann mit Hilfe zweier Drehtransformatoren, deren eine Wicklung im feststehenden Gehäuse und die andere auf der rotierenden Welle liegt. Die Umwandlung der Spannung erfolgt über eine in die Messwelle eingebaute Elektronik. In der Ausführung in Abb. 3.25 ist zusätzlich ein Drehzahlaufnehmer aus einem Rasterrad mit 60 Heil-Dunkelflächen am Umfang und einem optischen Sensor zur Abtastung skizziert. Damit kann aus den Werten für Drehmoment und Drehzahl zusätzlich die Leistung des Antriebs berechnet werden.

Dehnungsmessstreifen DMS nutzen den sogenannten piezoresistiven Effekt aus, nach dem sich bei der Längenänderung (Dehnung ε) eines Leiters oder Halbleiters auch sein elektrischer Widerstand R ändert. Sie werden heute meist als Folienwiderstände gefertigt, wozu man eine auf dem Träger aufgebrachte einige um dicke Metallfolie so ausätzt, dass

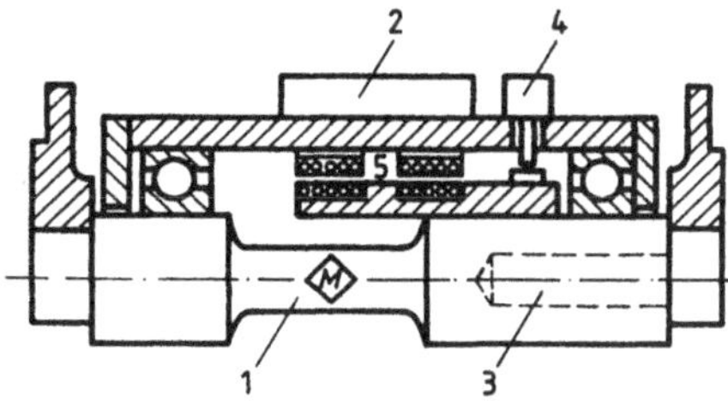

Abb. 3.25 Aufbau eines Drehmomentaufnehmers. *1* Torsionswelle, *2, 3* Außen- und Innenelektronik, *4* Drehzahlaufnehmer, *5* Drehtransformatoren

Abb. 3.26 Drehmomentmessung mit Drehungsmessstreifen. **a** Anordnung der DMS, **b** Brückenschaltung mit DMS

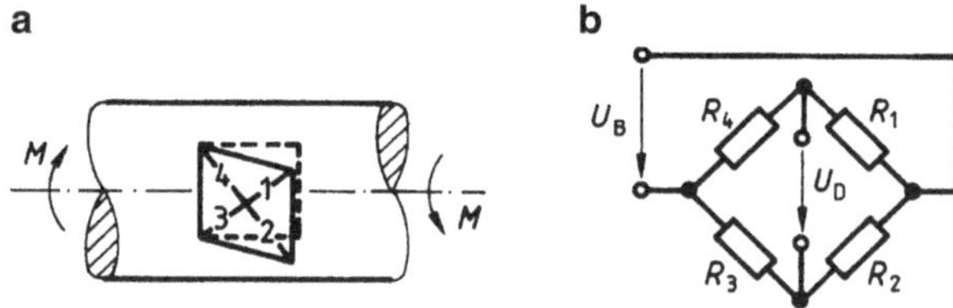

ein mäanderförmiger Streifen mit zwei Anschlüssen entsteht. Der Nennwiderstand beträgt häufig $R_0 = 120\,\Omega$ (bis $700\,\Omega$).

Nach dem Hookeschen Gesetz

$$\sigma = \varepsilon \cdot E$$

sind, bei konstantem Elastizitätsmodul E des Materials die an der Oberfläche auftretenden Dehnungen und Stauchungen proportional den hier wirksamen mechanischen Spannungen. Für die Messung dieser Beanspruchungen an Bauteilen muss der DMS mit einem speziellen Kleber so kraftschlüssig auf die Oberfläche angebracht werden, dass er alle Formänderungen mitmacht und so seinen Widerstand proportional ändert.

Zur Bewertung der Messempfindlichkeit eines DMS definiert man den k-Faktor, der nach

$$\frac{\Delta R}{R_0} = k \cdot \varepsilon$$

die relative Längenänderung mit der Widerstandsänderung ΔR verknüpft. Für DMS aus der häufig verwendeten Legierung Konstantan ist $k = 2$. Bei Dehnungen im Bereich $\varepsilon \le 10^{-3}$ entstehen damit Widerstandsänderungen von Promille und so Brückenspannungen U_{D} von Millivolt.

3.4.1.3 Bestimmung von Kraft, Druck und Schwingungen

Für die Bestimmung von Kräften und daraus abgeleiteten Drücken und Schwingungen eignen sich eine ganze Reihe von Messverfahren:

- Die Kraft wird auf einen Biegebalken geleitet und die proportionale Durchbiegung mit DMS gemessen.
- Bei kapazitiven Gebern wird der Abstand von Kondensatorplatten und damit die Kapazität durch die Krafteinwirkung geändert.
- Piezoelektrische Kraftaufhehmer werten die an den Kontaktflächen eines Einkristallquarzes bei mechanischer Beanspruchung auftretenden elektrischen Spannungen aus.
- Magnetoelastische Kraftaufnehmer nutzen die Änderung der magnetischen Leitfähigkeit einer Nickel-Eisenlegierung in Abhängigkeit von Zug- und Druckspannungen aus.

Als Beispiel für diese als Kraftmessdosen bezeichneten Aufnehmer ist in Abb. 3.27 eine magnetoelastische Ausführung gezeigt. Sie besteht aus einem Druckkörper 1 und dem Deckel 2, die beide durch den Ring 3 zusammengehalten werden. Das Material ist eine

Abb. 3.27 Magnetoelastische Kraftmessdose. *1, 2* Druckkörper, *3* Halterung, *4* Spule mit Induktivität L

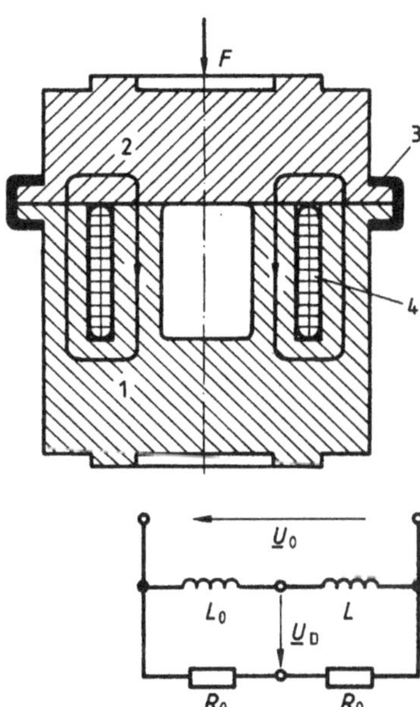

Abb. 3.28 Brückenschaltung zur Bestimmung einer Induktivitätsänderung

Nickel-Eisenlegierung, das seine Permeabilitätszahl μ_r mit der mechanischen Belastung ändert. In der Nut des Druckkörpers befindet sich eine Spule 4, die im Eisenweg das skizzierte Magnetfeld aufbaut. Die Induktivität dieser Spule ist nach Gl. 1.54 von der Permeabilität in ihrem Feldbereich abhängig, d. h. sie ändert ihren Wert proportional mit einer Krafteinwirkung.

Für die Bestimmung der Induktivitätsänderung ΔL kann eine Brückenschaltung nach Abb. 3.28 verwendet werden. Sie besteht aus zwei gleichen Widerständen R_0, der Spuleninduktivität $L = L_0 \pm \Delta L$ und einer Festinduktivität mit dem Ruhewert L_0. Für die Brückenspannung U_D lässt sich mit den Regeln nach Abschn. 1.3.2.4

$$U_\mathrm{D} = \frac{U_0}{2} \cdot \frac{\Delta L}{2\,L_0 + \Delta L} \approx \frac{U_0}{4} \cdot \frac{\Delta L}{L_0} \tag{3.9}$$

ausrechnen.

Die Brückenspannung ist damit der Induktivitätsänderung ΔL und somit der wirksamen Kraft proportional.

Magnetoelastische Messdosen werden für Kräfte zwischen etwa 5 kN und einigen Tausend kN hergestellt.

Druck Aus der Vielzahl der möglichen Messverfahren für Flüssigkeits- und Gasdrücke soll als Beispiel für einen induktiven Aufnehmer das Rohrfedermanometer nach Abb. 3.29 gezeigt werden. Die bei steigendem Druck sich aufrollende Rohrfeder bewegt den Eisenkern 3 in die Spule L_2 hinein und aus der Spule L_1 heraus; dadurch wird die Induktivität von L_2 vergrößert und die von L_1 verkleinert. Beide Spulen bilden mit den Widerständen

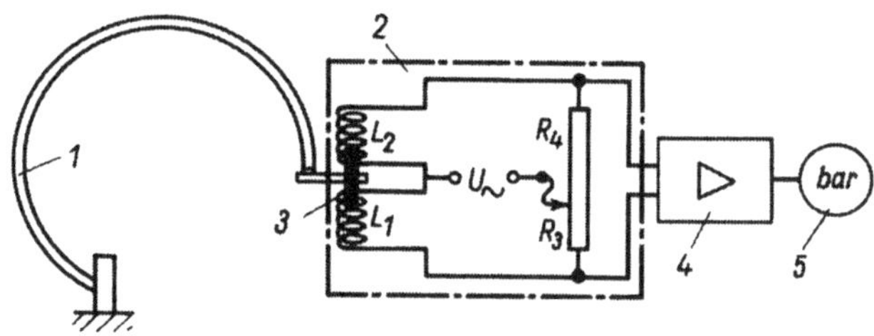

Abb. 3.29 Messgrößenumformer für Gas- oder Flüssigkeitsdruck

R_3 und R_4 eine mit Netzwechselstrom $U_\sim$ betriebene Wheatstonesche Brücke. Der über den Verstärker 4 angeschlossene Spannungsmesser 5 zeigt dann einen Ausschlag. Die Abgleichung kann beispielsweise beim Druck null geschehen, ein Druckanstieg ergibt dann einen in bestimmten Grenzen proportionalen Ausschlag.

Schwingungen Durch die Restunwucht des rotierenden Teils, magnetische Zugkräfte bei elektrischen Maschinen oder die ungleichförmige Krafteinleitung bei einem Verbrennungsmotor entstehen bei allen Antrieben mechanische Schwingungen an den Bauteilen. Sie erzeugen Geräusche, beeinträchtigen bei stärkerer Ausbildung die Fertigungsqualität und erhöhen den Verschleiß der Lager usw. Schwingungsmessungen haben daher sowohl für das Prüffeld wie auch die betriebliche Maschinenüberwachung eine große Bedeutung.

Eine Schwingung an einem Bauteil kann grundsätzlich durch ihre Amplitude oder Auslenkung x, die Schwinggeschwindigkeit $v = \dot{x}$ und die Schwingbeschleunigung $a = \dot{v} = \ddot{x}$ erfasst werden. Es genügt, eine Größe zu messen, da bei Bedarf die beiden anderen durch Differentiation oder Integration berechnet werden können. Ist die Schwingung aus Anteilen verschiedener Frequenz zusammengesetzt, so gilt dies für jeden Anteil getrennt.

Am häufigsten werden heute Beschleunigungsaufhehmer eingesetzt, bei denen die Kraft gemessen wird, die eine eingebaute Masse der Beschleunigung des Messpunktes entgegensetzt. Der Aufnehmer (Abb. 3.30) wird mit seiner Basis 1 auf die Messstelle geklebt, so dass er mit dem Bauteil mitschwingt. Zwischen diesem Boden und einem durch Federn 4 vorgespannten Körper 3 der Masse m befindet sich ein piezoelektrischer Aufnehmer 2 mit seinen beiden Anschlüssen. Wird der Aufnehmer beschleunigt, so übt die Masse nach $F = m \cdot a$ eine zusätzliche Kraft auf den Piezoquarz aus, die genau der Beschleunigung a proportional ist. Dies ändert sich erst, wenn man in den Bereich der Resonanzfrequenz des Aufnehmers kommt, die je nach dessen Größe bei 10 bis 100 kHz liegen kann. Das Spannungssignal U_a wird verstärkt und meist einer Frequenzanalyse unterzogen. Aus dem Frequenzspektrum lässt sich dann erkennen, welcher Erreger für die Schwingungen verantwortlich ist. So kann man z. B. aus einem Schwingungsanteil mit der Drehfrequenz der Welle auf eine merkbare Unwucht schließen.

Abb. 3.30 Beschleunigungs-
aufnehmer. *1* Gehäusebasis,
2 Quarzaufnehmer, *3* Masse,
4 Feder

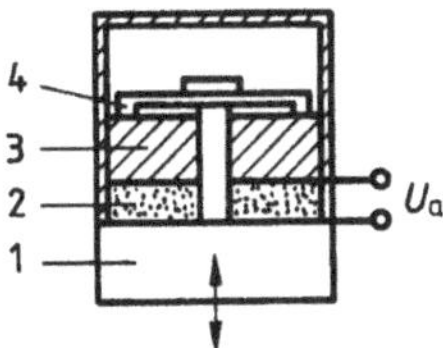

3.4.2 Messwertaufnehmer für nichtmechanische Größen

3.4.2.1 Bestimmung der Beleuchtungsstärke

Zur Kennzeichnung der Helligkeit ciner beleuchteten Fläche ist die Beleuchtungsstärke
mit der Einheit Lux (lx) festgelegt. Sie ist ein von der SI-Basisgröße Lichtstärke (Can-
dela = cd) abgeleiteter Wert. In etwa entspricht 1 lx der Beleuchtung, die eine Kerze bei
senkrechtem Lichteinfall auf einer 1 m entfernten Fläche erzeugt

Die natürliche Beleuchtungsstärke schwankt stark, sie kann bei vollem Sonnenlicht bis
100.000 lx betragen, bei Vollmond liegt sie unter 1 lx. Für die erforderliche lichttechnische
Ausstattung von Räumen bestehen nach DIN 5035 empfohlene Werte:

Garagen, Mühlen, einfache Sehaufgaben	60 lx
Werkstätten für einfache Montage- und Handwerksarbeiten	250 lx
Werkstätten mit schwierigen Sehaufgaben, Küchen	500 lx
feine Handarbeiten, Technische Büros, Werkzeugbau	1000 lx.

Zur Messung der Beleuchtungsstärke sind alle in Abschn. 2.1 vorgestellten optoelek-
trischen Bauelemente geeignet. Dabei sind Fotowiderstände, Fotodioden und Fototransistoren Geber, für deren Betrieb eine Fremdspannung benötigt wird. Fotodioden in der
Betriebsart als Solarzelle bzw. Fotoelement sind dagegen aktive Geber, deren Kurzschlussstrom genau der Beleuchtungsstärke E proportional ist (s. Abb. 2.25).

3.4.2.2 Bestimmung von Temperaturen

Die ältesten Verfahren zur elektrischen Messung einer nichtelektrischen Größe sind diejenigen zur Messung der Temperatur. In der betrieblichen Messtechnik verwendet man
im Wesentlichen zwei Verfahren, die beide auf der Erzeugung einer von der Temperatur
abhängigen elektrischen Spannung beruhen.

Thermoelemente Das erste Verfahren benutzt dazu ein Thermoelement nach Abb. 3.31.
Erwärmt man die Verbindungsstelle 1 zweier verschiedener Metalldrähte, z. B. Eisen
und Konstantan, auf die Temperatur ϑ_w, während die anderen Enden die Temperatur
ϑ_k haben, so entsteht zwischen ihnen eine Spannung, die der Temperaturdifferenz etwa
proportional ist.

Außerdem ist sie von der Art der verwendeten Metalle abhängig. Die von einigen
wichtigen, genormten Thermopaaren gelieferten Spannungen mit den zulässigen Betriebs-

Abb. 3.31 Thermoelement mit Spannungsmesser, in °C geeicht

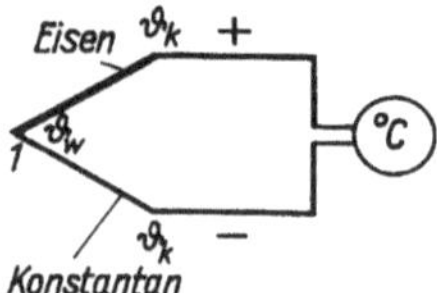

temperaturen sind in Tab. 3.4 zusammengestellt. Zum Schutz gegen mechanische und chemische Einflüsse wird das Thermopaar in genormte, Armaturen genannte Schutzhüllen eingebaut.

Die mit einem empfindlichen Digitalmultimeter gemessene Thermospannung ist von der Temperaturdifferenz $\vartheta_\mathrm{w} - \vartheta_\mathrm{k}$ abhängig. Da jedoch ausschließlich ϑ_w gemessen werden soll, muss eine Vergleichsstelle geschaffen werden mit möglichst konstanter Temperatur ϑ_k, die von der Messstelle hinreichend weit entfernt ist. Man baut die Messanlage deshalb nach Abb. 3.32 Ausgleichsleitungen sind aus den gleichen Materialien wie das Thermopaar hergestellt. Diese Leitungen reichen bis zur Vergleichsstelle. Von dieser bis zum Anzeigeinstrument werden übliche Leitungen aus beliebigem Leiterwerkstoff verwendet. Der Abgleichswiderstand R vergrößert den Leitungswiderstand auf den der Eichung des Instrumentes zu Grunde gelegten Sollwert.

Widerstandsthermometer Da der elektrische Widerstand eines Leiters oder Halbleiters von der Temperatur abhängig ist, kann man mit ihnen eine von der Temperatur abhängige Spannung erzeugen. Man verwendet als Messwiderstand ein Drahtstück aus Platin oder Nickel. Noch empfindlicher, jedoch bezüglich des Widerstandes weniger zuverlässig definiert, ist ein Thermistor (s. Abschn. 2.1.3.1). Der Messwiderstand wird als „unbekannter Widerstand" in einen Zweig einer Wheatstoneschen Brücke geschaltet. Man gleicht diese Brücke bei der Anfangstemperatur des gewünschten Temperaturbereichs ab. Bei Erwärmung des Messwiderstandes wird die Brücke verstimmt, und ihr Nullinstrument zeigt einen der Temperaturänderung des Messwiderstands nahezu proportionalen Ausschlag. Die Skala des Instruments kann wieder unmittelbar in °C geeicht werden, sofern

Tab. 3.4 Thermospannung und höchste zulässige Betriebstemperatur für verschiedene Thermopaare

Thermopaar (Polarität der Thermospannung)	Thermospannung in mV/100 °C	Höchste zulässige Temperatur in °C
Kupfer-Konstanten (+)　(−)	≈ 4,25	600
Eisen-Konstanten (+)　(−)	≈ 5,37	700
Nickelchrom-Nickel (+)　(−)	≈ 4,10	1300
Platinrhodium-Platin (+)　(−)	≈ 0,64	1600

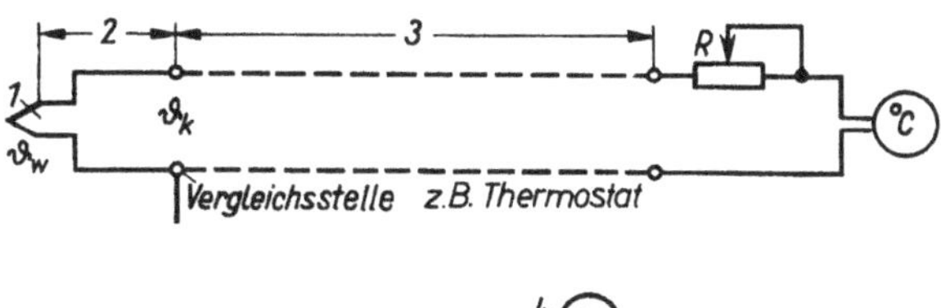

Abb. 3.32 Temperaturmessanlage mit Thermoelement (*1*), Ausgleichsleitung (*2*) und Messleitung (*3*)

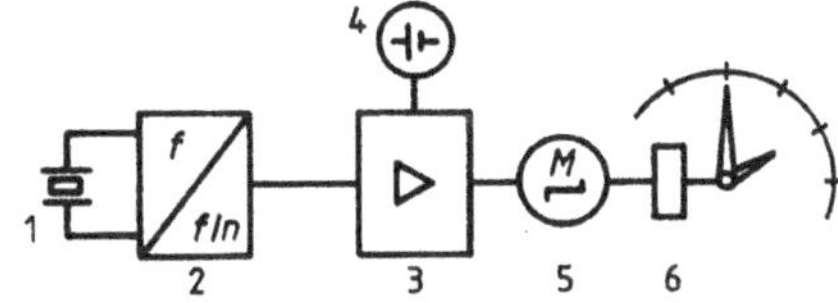

Abb. 3.33 Uhrenantrieb. *1* Quarzschwinger, *2* Frequenzteiler, *3* Verstärker, *4* Batterie, *5* Schrittmotor, *6* Räderwerk

die Brücke mit konstanter Spannung oder besser und fast ebenso einfach zu machen, mit konstantem Strom betrieben wird. Der Messwiderstand wird in eine Armatur eingebaut. Die vollständige Messeinrichtung, die sich besonders zur Messung von Temperaturen zwischen $-200\,°\mathrm{C}$ und $+500\,°\mathrm{C}$ eignet, wird Widerstandsthermometer genannt.

3.4.2.3   Zeitmessung

Die Einheit der Zeit $t = 1\,\mathrm{s}$ wird in „Atomuhren" durch ein definiertes Vielfaches von Eigenschwingungen des Cäsium-Isotops Cs 133 sehr genau bestimmt. Eine derartige Anlage steht z. B. bei der Physikalisch-Technischen Bundesanstalt in Braunschweig, die auch über einen Zeitzeichensender laufend die genaue Tageszeit in einer Impulsfolge überträgt.

Quarzuhren   Sowohl Armbanduhren wie auch ortsfeste Zeitgeber besitzen heute als taktbestimmendes Element einen Quarzschwinger (s. Abschn. 2.2.4.3). Dessen hohe Eigenfrequenz wird durch eine monolithisch integrierte Schaltung (IC-Baustein), die als vielstufiger Frequenzteiler arbeitet, auf einen kleinen Wert von z. B. 1 Hz herabgesetzt. Es folgt eine Verstärkerstufe, die eine genügend leistungsstarke Rechteckspannung liefert, um einen Kleinstantrieb in der Bauform des Schrittmotors (s. Abschn. 4.5.3) anzusteuern. Über ein Räderwerk werden dann in klassischer Technik die Zeiger der Uhr angetrieben (Abb. 3.33).

Die Uhr wird über eine Knopfzellen-Batterie mit $U = 1{,}4\,\mathrm{V}$ und einer Kapazität (Ladung) von je nach Gehäuse 10 bis 200 mAh versorgt. Da der Motor nur eine Leistung von einigen μW hat, beträgt die Laufzeit mit einer Batterie mehrere Jahre.

Zeitintervall   Die Messung einer Zeit Δt zwischen zwei Ereignissen (Start bis Stop) kann sehr genau über das Auszählen der Impulse aus einem Taktgeber fester Frequenz f_T erfolgen. Werden in der Messzeit Δt die Anzahl Z Impulse registriert, so ist

$$\Delta t = \frac{Z}{f_\mathrm{T}}$$

In Abb. 3.34 liefert ein Quarzoszillator sehr konstanter Frequenz die Impulsfolge. Diese werden im Zähler registriert, sobald das RS-Kippglied durch einen Startbefehl gesetzt

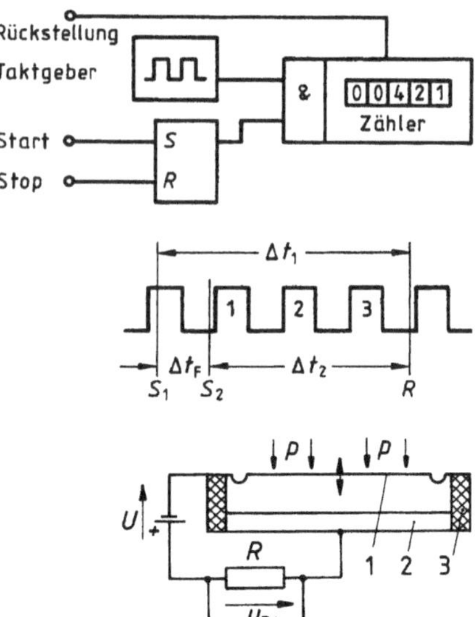

Abb. 3.34 Zeitintervallmessung

Abb. 3.35 Bestimmung des Quantisierungsfehlers. S_1, S_2 Start, R Stop

Abb. 3.36 Prinzip eines Kondensatormikrofons. *1* Schallwandlermembrane, *2* Gegenelektrode, *3* Isolation

ist und damit das als Tor wirkende UND-Gatter öffnet. Mit einem Stoppimpuls wird das Kippglied zurückgesetzt und somit das Tor durch die logische 0 am Eingang geschlossen. Der Zähler zeigt in der Regel durch entsprechende Umrechnung direkt ms, s oder min an.

Abb. 3.35 erläutert den sogenannten Quantisierungsfehler Δt_F bei der Zeitintervallmessung. Werden im Zähler z. B. die ansteigenden Flanken der Taktimpulse erfasst, so liefert er für die Zeiten Δt_1 und Δt_2 mit 3 Flanken $= 3 \cdot t_\mathrm{T}$ das gleiche Ergebnis. Der maximale Fehler beträgt damit mit $\pm t_\mathrm{T}$ eine Periode der Taktfrequenz $f_\mathrm{T} = 1/t_\mathrm{T}$.

3.4.2.4 Bestimmung von Geräuschen

Schallwandler Als Geräusch bezeichnet man den hörbaren Schall, also Luftdruckschwankungen im Empfindlichkeitsbereich des menschlichen Ohres mit Frequenzen von etwa 16 Hz bis 20 Hz. Die Geräuschmessung hat die Aufgabe, diesen Schalldruck p zu bestimmen und ihn im Bezug zu den Höreigenschaften zu bewerten. Als Aufnehmer verwendet man in der Akustik in der Regel kapazitive Geber nach Abb. 3.36. Bei diesen Kondensatormikrofonen verändert die bewegliche Schallwandlermembrane 1 mit den Luftdruckschwankungen ihren Abstand zur Gegenelektrode 2 und damit nach Gl. 1.27 die Kapazität C der Anordnung. Dies führt nach der Grundgleichung $Q = CU$ zu Änderungen der Kondensatorladung Q, was Lade- und Entladeströme über den Widerstand R bedeutet. Seine Spannung u_p ist damit proportional zum Schalldruck p und kann über eine nachgeschaltete Elektronik ausgewertet werden.

Misst man den Schalldruck p bei einem 1000 Hz-Sinuston (Normton), so erhält man als untere gerade noch hörbare Grenze den Wert

$$p_0 = 2 \cdot 10^{-5}\,\frac{\mathrm{N}}{\mathrm{m}^2} = 20\,\mu\mathrm{P} \tag{3.10}$$

Steigert man den Schalldruck dieses Tones, bis das Ohr des Beobachters schmerzt, so ergibt sich etwa

$$p_{\max} = 20 \cdot 10^{7}\,\mu\mathrm{P} \tag{3.11}$$

Das menschliche Ohr ist demnach ein analoger Aufnehmer mit einem Messbereich von sieben Zehnerpotenzen. Es entspricht damit z. B. einem Drehspulgerät, das Spannungen von 1 mV bis 10 kV ablesbar auf einer Skala anzeigen kann.

Schalldruckpegel In der Akustik hat sich – auch wegen der besseren Übereinstimmung mit dem subjektiven Hörempfinden des Menschen – durchgesetzt, den Schalldruck nicht direkt, sondern als logarithmisches Größenverhältnis anzugeben. Man definiert als Schalldruckpegel

$$L_\mathrm{p} = 20\lg\frac{p}{p_0} \quad \text{mit der Maßeinheit Dezibel dB} \tag{3.12}$$

Im logarithmischen Maß umfasst der menschliche Hörbereich damit etwa 140 dB.

Frequenzbewertung Aus vielen Reihenuntersuchungen ist bekannt, dass die maximale Empfindlichkeit des Ohres im Bereich von einigen kHz liegt und damit an die Aufnahme von Sprache und Umweltgeräuschen optimal angepasst ist. Töne von weniger als 100 Hz und alles über 20 kHz wird dagegen wesentlich vermindert oder gar nicht mehr wahrgenommen. Bei der Aufnahme von Maschinengeräuschen oder Verkehrslärm ist es daher nicht sinnvoll, den Gesamteffektivwert des Schalldrucks mit gleicher Wertigkeit aller Frequenzanteile zu messen. Man berücksichtigt vielmehr entsprechend der Ohrempfindlichkeit eine Frequenzbewertungscharakteristik, A-Kurve genannt, und schaltet dem Schalldruckmesser ein entsprechendes Bewertungsfilter nach. Auf diese Weise ergeben sich Schalldruckpegel L_pA mit den Werten in dB(A), die z. B. bei Lärmbelästigungen jeder Art Grundlage der Diskussion sind.

Aufgabe 3.4

Eine Geräuschquelle wird mit dem Pegel $L_\mathrm{p} = 70$ dB(A) gemessen.

a) Wie erhöht sich der Pegel, wenn eine zweite Quelle mit gleichem Schalldruck dazukommt?

b) Um welchen Faktor k muss sich der Schalldruck p verstärken, damit sich der Pegel L_p verdoppelt? Wie groß muss jetzt der Schalldruck p sein, wenn zuvor der Wert $p = 20 \cdot 10^3\,\mu\mathrm{P}$ bestand?

Ergebnis: a) $L_\mathrm{p} = 76\,\mathrm{dB(A)}$ b) $k = 10^3$, $p = 20 \cdot 10^6\,\mu\mathrm{P}$

Literatur

1. Mühl, Th.: Einführung in die elektrische Messtechnik. 4. Aufl. Springer Vieweg Verlag, Wiesbaden (2014)
2. Bergmann, K.: Elektrische Messtechnik. Vieweg Verlag, Braunschweig/Wiesbaden (1997)
3. Schrüfer, E.: Elektrische Messtechnik. 11. Aufl. Hanser Fachbuchverlag, München/Wien (2014)
4. Felderhoff, R.: Elektrische und Elektronische Messtechnik. 8. Aufl. Hanser Fachbuchverlag, München/Wien (2006)

Elektrische Maschinen

4

Zusammenfassung

Die Energieumwandlung in umlaufenden (rotierenden) elektrischen Maschinen, sowohl in Generatoren wie in Motoren, beruht auf den im Abschn. 1.2.3 beschriebenen Wechselwirkungen zwischen der Erzeugung von Kräften bzw. Drehmomenten und von elektrischen Spannungen in Magnetfeldern. Deshalb haben Generatoren und Motoren den gleichen Aufbau. Der Elektromotor ist das Kernstück des elektrischen Antriebs, der in seinen verschiedenen Ausführungen in fast jeder industriellen Produktion, im Gewerbe und Haushalt zum Einsatz kommt. Der Generator hat eine entsprechende Bedeutung für die Erzeugung elektrischer Energie in Kraftwerken.

Die Gliederung der einzelnen Maschinentypen erfolgt in der Regel zunächst nach der Stromart in Gleichstrom-, Wechselstrom- und Drehstrommaschinen. Innerhalb dieser Aufteilung unterscheidet man dann, z. B. mit Synchron- und Asynchronmaschinen, nach der Wirkungsweise und dem Konstruktionsprinzip.

Transformatoren sind ruhende elektrische Energiewandler. Auf der Grundlage des Induktionsgesetzes werden damit Wechselspannungen nach Betrag und Phasenlage geändert (umgespannt). Man unterscheidet hier Wechselstrom- und Drehstromtransformatoren (Lit. [1–5]).

4.1 Gleichstrommaschinen

4.1.1 Aufbau und Wirkungsweise

4.1.1.1 Aufbau

Bei Gleichstrommaschinen wird der gesamte feststehende Teil als Ständer, der rotierende als Anker bezeichnet.

© Springer Fachmedien Wiesbaden GmbH, ein Teil von Springer Nature 2019

R. Fischer, *Elektrotechnik*, https://doi.org/10.1007/978-3-658-25644-9_4

Abb. 4.1 Magnetischer Kreis einer Gleichstrommaschine. *1* Joch, *2* Hauptpol mit Polschuh, *3* Erregerwicklung, *4* Anker

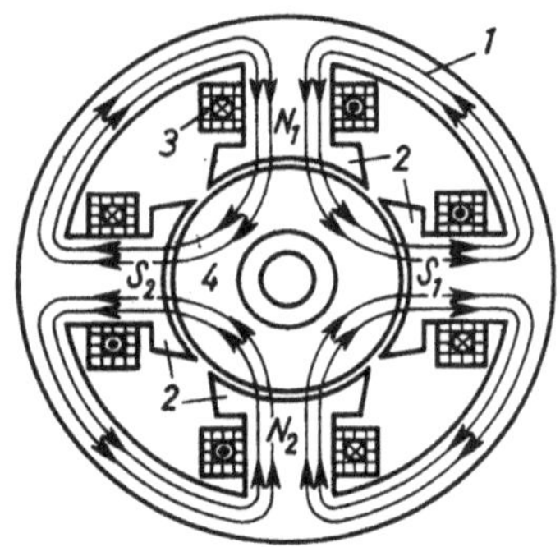

Ständer Er ist zunächst vielfach in Verbindung mit einem Gehäusemantel die mechanische Grundkonstruktion zur Aufnahme der beidseitigen Lagerschilde, des Klemmkastens und evtl. eines Fremdlüfters. In seinem aktiven Teil wirkt er als Elektromagnet, der das gleichermaßen für den Motor- wie Generatorbetrieb erforderliche magnetische Gleichfeld erzeugt (Abb. 4.1).

Gleichstrommaschinen besitzen heute einen völlig aus Blechen aufgebauten magnetischen Kreis, da nur so die bei raschen Stromänderungen im Eisen auftretenden Wirbelströme weitgehend vermieden werden können. Je nach Polpaarzahl p sind am Joch 1 gleichmäßig verteilt $2p$ Hauptpole 2 angebracht, deren Querschnitt sich dem Anker 4 zu in Form sogenannter Polschuhe erweitert. Auf diese Weise wird ein möglichst großer zu jedem Hauptpol gehöriger Umfangsteil des Ankers, der Polteilung genannt wird, vom Magnetfeld erfasst.

Jeder Hauptpol trägt eine Magnetspule 3 mit der Windungszahl N_E, die mit ihrem Strom I_E eine für den Aufbau des Magnetfeldes erforderliche Durchflutung $N_E \times I_E$ liefert. Schaltet man die unter sich gleichen Magnetspulen, deren Gesamtheit man Erregerwicklung nennt, so in Reihe, dass sich die in Abb. 4.1 gekennzeichneten Richtungen des Erregerstromes I_E ergeben, so bilden sich die dort durch ihre Feldlinien dargestellten Magnetfelder aus, die nach Abschn. 1.2.2 berechnet werden können.

Am Ständer wechseln Nordpole N und Südpole S einander ab. Die Maschinen können nur mit einem Polpaar, $p = 1$, d. h. mit je einem Nord- und Südpol, oder mit mehreren Polpaaren $p = 2$ bis 12, ausgeführt werden. Die magnetischen Feldlinien verlaufen z. B. bei der vierpoligen Maschine mit $p = 2$ nach Abb. 4.1 von einem Nordpol über den Luftspalt in den Anker, teilen sich dort in zwei gleiche Teile auf und kehren über den Luftspalt, die beiden angrenzenden Südpolhälften und das Joch zum Nordpol und in sich selbst zurück.

Den vom Erregerstrom erzeugten magnetischen Fluss, der in jedem Nordpol aus dem Ständer austritt, nennt man den Polfluss Φ. Er wird durch den Wert des Erregerstromes I_E festgelegt und kann über diesen im Rahmen der Magnetisierungskennlinie des Eisenkreises verändert werden.

Abb. 4.2 zeigt die Schnittzeichnung einer vierpoligen Gleichstrommaschine im mittleren Leistungsbereich in der heute üblichen Rechteckbauweise.

Anker Der Läufer oder Anker der Maschine besteht aus dem mit der Welle fest verbundenen, aus Elektroblechen geschichteten Blechpaket, der Ankerwicklung und dem Stromwender. In die Bleche sind, gleichmäßig am Umfang verteilt, Nuten eingestanzt. Diese enthalten die Ankerspulen, die man in ihrer Gesamtheit Ankerwicklung nennt. In der Ausführung unterscheidet man zwischen Schleifen- und Wellenwicklungen, doch ist dies nur für den Entwurf der Maschine von Bedeutung. Anfänge und Enden der Ankerspulen sind nacheinander an die gegeneinander isolierten Kupfersegmente (Stege) des Stromwenders (Kollektors, Kommutators) angelötet. Die Übertragung des Ankerstromes I_A in die Ankerspulen erfolgt über in Haltern geführte Kohlebürsten, die mit den Stromwenderstegen einen Gleitkontakt bilden.

Stromwender Zur prinzipiellen Erklärung der Funktion des Stromwenders der Gleichstrommaschine ist in Abb. 4.3 ein Anker mit der in den Anfängen verwendeten Ringwicklung und nur 8 Ankerspulen 1 gezeichnet. Entscheidend ist, dass der Stromwender mit seinen ebenfalls 8 Segmenten zusammen mit den Kohlebürsten als mechanischer Schalter wirkt. Der Gleichstrom I_A wird durch ihn fortlaufend so auf die Spulen verteilt, dass die Stromrichtung innerhalb eines Polbereiches gleich ist und nur von Pol zu Pol wechselt. In der Zeitspanne, in der eine Spule von einem zum anderen Polbereich übergeht, d. h. in der sogenannten neutralen Zone steht, ist sie von der Kohlebürste kurzgeschlossen. Der Spulenstrom wechselt in dieser Zeit seine Richtung, einen Vorgang, den man als Stromwendung oder Kommutierung bezeichnet. Diese Schalterfunktion des Stromwenders ist Voraussetzung für die nachstehend erläuterte Wirkungsweise der Maschine in Motor- und Generatorbetrieb.

Wendepol- und Kompensationswicklung Gleichstrommaschinen bis etwa 1 kW haben im Ständer nur die oben besprochenen, von der Erregerwicklung umschlossenen Hauptpole je nach der Zahl der Polpaare. Bei größeren Maschinen tritt mit dieser einfachen Ausführung am Kontakt Kohlebürsten-Stromwendersteg starkes Bürstenfeuer auf. Es wird durch Kurzschlussströme verursacht, die sich als Folge von induzierten Spannungen in der durch die Bürste überbrückten Ankerspule ausbilden. Um diesen Schwierigkeiten zu begegnen und einen funkenfreien Lauf des Kommutators auch bei größeren Maschinen ab etwa 1 kW zu erzielen, werden in den Ständer zwischen die Hauptpole Wendepole (Abb. 4.4) mit der Wendepolwicklung eingebaut. Bei großen Maschinen, etwa ab 50 bis 100 kW, besonders wenn diese einen großen Drehzahlstellbereich mittels Feldschwächung (s. Abschn. 4.1.2.3) erhalten, wird in den Polschuhen der Hauptpole zusätzlich die Kompensationswicklung untergebracht. Die Wendepol- wie auch die Kompensationswicklung werden vom Ankerstrom I_A durchflossen, beide Wicklungen sind mit der Ankerwicklung in Reihe geschaltet.

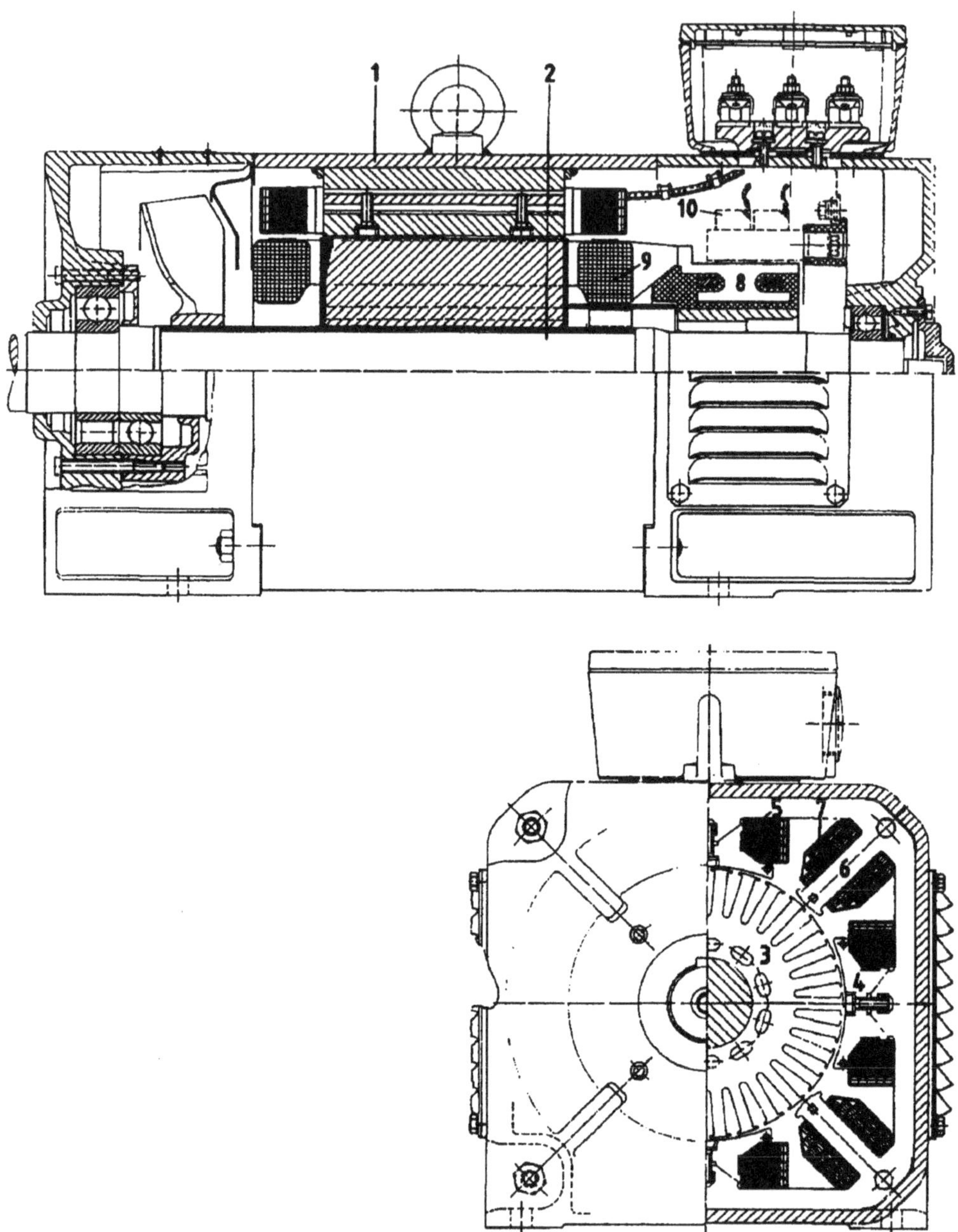

Abb. 4.2 Schnittzeichnung einer vierpoligen Gleichstrommaschine, *1* Gehäusemantel, *2* Anker, *3* Ankerblechpaket, *4* Hauptpol mit Polschuh, *5* Erregerwicklung, *6* Wendepol, *7* Wendepolwicklung, *8* Stromwender, *9* Ankerwicklung, *10* Kohlebürsten

Abb. 4.3 Funktion des Stromwenders. *1* Ankerwicklung
(vereinfacht als Ringwicklung), *2* Stromwenderstege,
3 Kohlebürsten

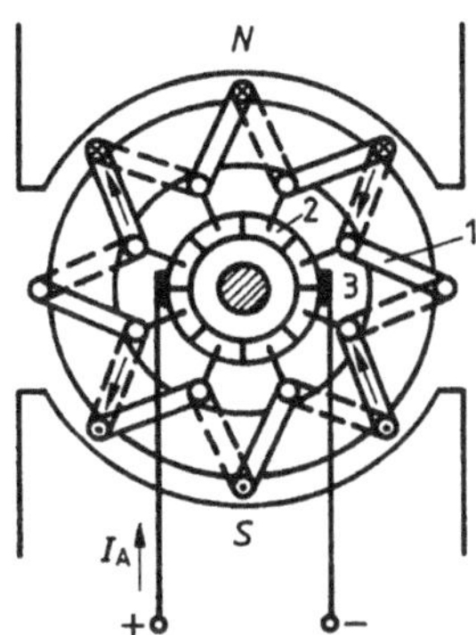

Man trifft in der Praxis gelegentlich auch Gleichstrommaschinen, die trotz Wendepo-
len und ohne überlastet zu sein, Bürstenfeuer zeigen. Es handelt sich hierbei fast immer
um eine mechanische Ursache infolge unvollkommener Laufeigenschaften. Einwandfrei-
er Betrieb setzt nämlich voraus, dass der ausgewuchtete Anker schwingungsfrei läuft, und
dass der Kommutator vollkommen rund und sauber ist. Die Bürsten müssen eine für den
jeweiligen Motoreinsatz geeignete Qualität und den richtigen Anpressdruck haben und
gut eingelaufen sein.

Dauermagneterregung Gleichstrommaschinen werden in sehr großer Stückzahl als batterieversorgte Kleinst- und Kleinmotoren für Spielzeuge, die Feinwerktechnik und vor
allem die Kfz-Elektrik (Scheibenwischer-, Gebläse- und Stellmotoren) gefertigt.

Man verwendet hier im Ständer stets eine Dauermagneterregung und erhält damit eine
sehr einfache Ausführung (Abb. 4.5). Als Magnetmaterial wählt man meist ein als Ferrite
bezeichnetes Sintermaterial, das auch für die allgemein üblichen Schließ- und Haftma-
gnete eingesetzt wird.

Ein weiteres Einsatzgebiet für dauermagneterregte Motoren sind Stellantriebe im Leistungsbereich bis zu einigen kW. Diese auch DC-Servomotoren genannten Maschinen
übernehmen in Bearbeitungszentren Stellaufgaben und werden meist in Rechteckform
ausgeführt (Abb. 4.6).

Abb. 4.4 Ständer (Ausschnitt)
einer Gleichstrommaschi-
ne 70 kW, 1200 min^{-1}
(ABB). *1* Hauptpol,
2 Erregerwicklung, *3* Kompensationswicklung, *4* Wendepol,
5 Wendepolwicklung

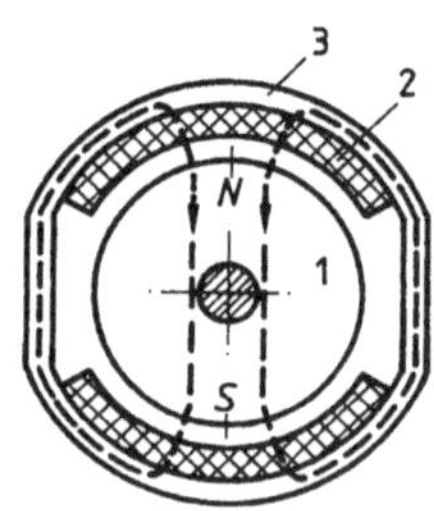

Abb. 4.5 Dauermagneter-
regter Kleinmotor. *1* Anker,
2 Dauermagnet, *3* Gehäuse als
Joch

Das Beispiel zeigt eine Technik zur Vergrößerung des Polflusses mittels seitlich zusätzlich angebrachter Radialmagnete. DC-Servomotoren erhalten zur Versorgung einen Transistor-Gleichstromsteller nach Abschn. 4.6.1.1 und gestatten sehr rasche Drehzahländerungen in beiden Drehrichtungen.

4.1.1.2 Motor- und Generatorbetrieb

Spannungserzeugung Dreht sich der Anker der Gleichstrommaschine mit seiner Wicklung im Magnetfeld der abwechselnd Nord- und Südpole des Ständers, so entsteht in jeder Windung nach dem Induktionsgesetz eine Spannung $u_\mathrm{q} = \mathrm{d}\Phi/\mathrm{d}t$. Diese Teilspannung ist demnach umso höher, je größer der Polfluss Φ und die Drehzahl n des Ankers sind. Durch den Stromwender werden alle Teilspannungen zur gesamten in der Ankerwicklung induzierten Spannung U_q addiert. Sie kann im Leerlauf zwischen der Plus- und Minuskohlebürste am Stromwender gemessen werden. Für die in der Ankerwicklung induzierte Spannung erhält man nach Gl. 1.59 die einfache Beziehung

$$U_\mathrm{q} = c\Phi\omega = 2\pi c\Phi n \tag{4.1}$$

Die Maschinenkonstante

$$c = \frac{z_\mathrm{A}}{2\pi} \cdot \frac{p}{a}$$

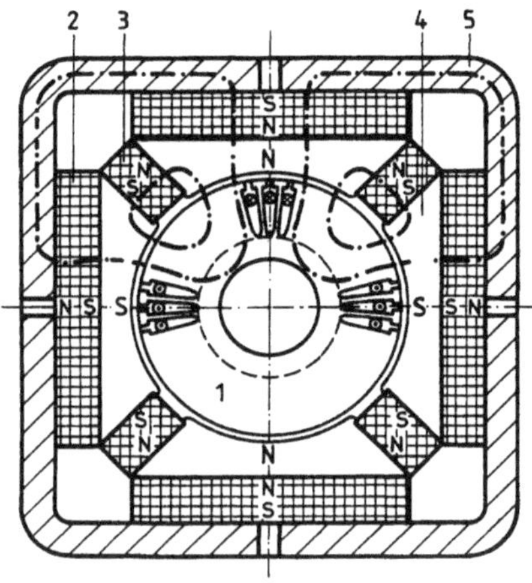

Abb. 4.6 Querschnitt eines
DC-Servomotors. *1* Anker,
2 Tangential-Dauermagnet,
3 Radial-Dauermagnet, *4* Polschuh, *5* Joch

erfasst die Ausführung der Ankerwicklung mit ihren z_A in Reihe geschalteten Leitern und den Kenngrößen:

p Zahl der Polpaare im Ständer,
a Zahl der parallelen Ankerzweigpaare.

Die Konstante c ist also eine Zahl ohne Einheit und durch den Bau der Maschine gegeben.

Drehmomenterzeugung Die Entstehung eines Drehmomentes lässt sich einfach aus der Wirkung von Kräften auf die stromdurchflossenen Ankerleiter der Länge l im Magnetfeld der Ständerpole erklären. Nach Gl. 1.50 entstehen mit $F = BlI$ Kräfte, die senkrecht zur Feldrichtung der Ständerpole und zur Leiterlage im Anker gerichtet sind und damit tangential am Ankerumfang wirken. Wie in Abb. 4.3 zu erkennen ist, haben wegen der Stromwenderfunktion alle Leiterströme innerhalb eines Poles dieselbe Richtung, womit sich die Einzelkräfte entlang des Umfangs addieren. Durch Multiplikation mit dem Ankerradius als Hebelarm entsteht dann das sogenannte innere Drehmoment M_i der Maschine.

Die Berechnung von M_i kann über die vom Anker mit der induzierten Spannung U_q und dem Strom I_A erzeugte innere Leistung

$$P_i = U_q I_A = M_i \omega \tag{4.2}$$

erfolgen. Mit Gl. 4.1 erhält man $M_i \omega = c \Phi \omega I_A$ und daraus

$$M_i = c \Phi I_A \tag{4.3}$$

Das an der Welle verfügbare Drehmoment M ist um ein zur Deckung der Leerlaufverluste des Ankers erforderlichen Anteil M_v kleiner, d. h. es gilt

$$M = M_i - M_v$$

Motor- und Generatorbetrieb der Gleichstrommaschine erfordern also den gleichen Aufbau mit Ständermagneten, Ankerwicklung und Stromwender. Werden die Hauptpole durch die Erregerwicklung magnetisiert und die Maschine mit einem Drehmoment angetrieben, so liefert sie als Generator eine Leerlaufspannung nach Gl. 4.1. Wird dem Anker über die Kohlebürsten ein Gleichstrom I_A zugeführt, so entwickelt die Maschine als Motor ein Drehmoment nach Gl. 4.3.

4.1.1.3 Leistungsbilanz

Gleichstrommaschinen werden als drehzahlgeregelte Antriebe eingesetzt, d. h. sie wandeln elektrische in mechanische Energie um. Dabei entstehen nach

$$P_v = P_{v0} + P_{vL}$$

Abb. 4.7 Leistungsbilanz des Ankerkreises eines Gleichstrommotors. *AM* Arbeitsmaschine

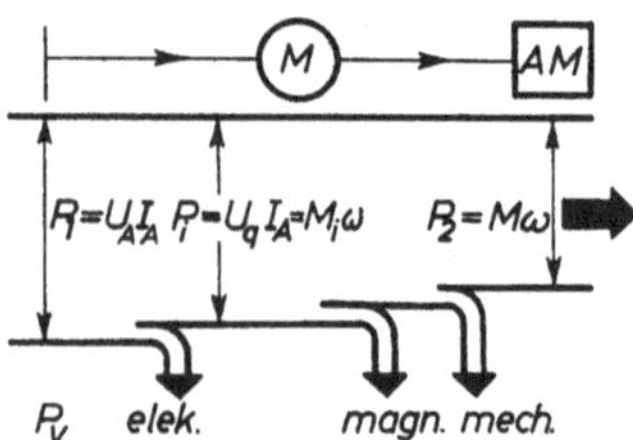

bereits im Leerlauf im Anker die Verluste P_{v0} und dann bei Belastung zusätzlich der Hauptanteil P_{vL}. Zu den lastunabhängigen Verlusten P_{v0} zählen die Lager-, Luft- und Bürstenreibung, sowie die Eisenverluste im Dynamoblech des Ankers. Lastabhängige Verluste sind die Stromwärmeverluste in allen Wicklungen und die Bürstenübergangsverluste.

Aus Abgabeleistung P_2 und der Aufnahmeleistung P_1 lässt sich der Wirkungsgrad

$$\eta = \frac{P_2}{P_1}; \quad P_1 = P_2 + P_v; \quad \eta = 1 - \frac{P_v}{P_1} \tag{4.4}$$

berechnen. Gleichstrommaschinen werden in sehr großer Stückzahl pro Jahr als batterieversorgte Kleinmotoren z. B. in der Kfz-Elektrik, Feinwerktechnik und für Handwerkzeuge gefertigt. Als Industrieantriebe sind Leistungen bis zu einigen hundert kW im Angebot. Der Wirkungsgrad steigt mit der Leistung von ca. 60 % bei 1 kW bis auf etwa 95 %.

Netz-Motor-Arbeitsmaschine In Abb. 4.7 ist die Leistungsbilanz des Ankerkreises eines Gleichstrommotors angegeben. Die Lastverhältnisse werden durch die Arbeitsmaschine bestimmt. Ist M das Motormoment und M_L das auf die Motordrehzahl n umgerechnete Lastmoment, dann gilt im stationären Betrieb $P_2 = M\,\omega = M_L\,\omega$, somit für $n = $ konst. die Bedingung

$$M = M_L$$

Zur Entscheidung der Frage, welche Drehzahlen sich im stationären Betrieb einstellen, ist die Kenntnis der Kennlinien der Elektromotoren als auch der Arbeitsmaschinen erforderlich. Die erforderliche Primärleistung P_1 wird vom Netz gedeckt.

Bei Laständerungen müssen alle bewegten Teile des elektrischen Antriebs mit dem gesamten Trägheitsmoment J beschleunigt oder verzögert werden. Nach den Gesetzen der Mechanik gilt bei der Drehbewegung für das Beschleunigungsmoment allgemein

$$M_B = M - M_L = J\frac{\mathrm{d}\omega}{\mathrm{d}t} = 2\pi\, J\frac{\mathrm{d}n}{\mathrm{d}t} \tag{4.5}$$

Im stationären Betrieb ist $M = M_L$, somit $M_B = 0$ und $\mathrm{d}n/\mathrm{d}t = 0$, d. h. $n = $ konstant.

Im nichtstationären Betrieb ist $M \gtrless M_L$, somit $M_B \gtrless 0$ und $\mathrm{d}n/\mathrm{d}t \gtrless 0$, d. h. die Drehzahl steigt (fällt), der Antrieb wird beschleunigt (verzögert). Näheres s. Abschn. 5.2.

4.1.1.4 Anschlussbezeichnungen und Schaltungen

Die Anschlüsse des Ankers und der verschiedenen Wicklungen sind nach VDE 0530, T8 mit nachstehender Einteilung durch Großbuchstaben gekennzeichnet. Die zusätzliche Ziffer bezeichnet Anfang 1 und Ende 2 des Bauteils. Für den Motorbetrieb gilt die Festlegung, dass bei Stromrichtung in allen Wicklungen von 1 nach 2 Rechtslauf bei Blickrichtung auf die Stirnseite des Wellenendes auftreten muss.

Bauteil	Bezeichnung
Ankerwicklung	A1, A2
Wendepolwicklung	B1, B2
Kompensationswicklung	C1, C2
Erregerwicklung in Reihe zum Anker	D1, D2
Erregerwicklung parallel zum Anker	E1, E2
Erregerwicklung fremdversorgt	F1, F2

Erregerarten Für das Betriebsverhalten der Gleichstrommaschine ist es von grundsätzlicher Bedeutung, wie die Erregerwicklung angeschlossen wird. Erhält sie eine eigene Spannungsversorgung, so spricht man von einer Fremderregung und führt die Wicklung mit hoher Windungszahl und geringem Leiterquerschnitt für einen Erregerstrom I_E aus, der nur einige Prozent des Ankerstromes I_A beträgt.

Bei Reihenschlusserregung ist die Wicklung dagegen mit dem Anker in Reihe geschaltet und damit $I_E = I_A$. Die Erregerwicklung benötigt damit zur Erzeugung der gleichen Durchflutung nur wenige aber dafür querschnittsstarke Windungen.

Eine Kombination beider Erregungsarten wird bei der Doppelschlussmaschine angewandt. Hier übernimmt eine fremderregte Wicklung die Haupterregung, während eine zusätzliche Hilfsreihenschlusswicklung eine lastabhängige Erhöhung der pro Hauptpol verfügbaren Durchflutung liefert. Dies verbessert das Betriebsverhalten des Motors, indem ein möglicher Drehzahlanstieg bei Belastung verhindert wird (Abschn. 4.1.2.2).

Schaltpläne In den Schaltbildern für die verschiedenen Betriebsweisen einer Gleichstrommaschine werden Anker, Wendepolwicklung und Erregung in der Darstellung nach Abb. 4.8 gezeichnet. Die in a) gewählte Form, welche die Kohlebürsten und die gegen das Ankerfeld gerichtete Wirkung der Wendepole andeutet, ist nicht mehr erforderlich. Es

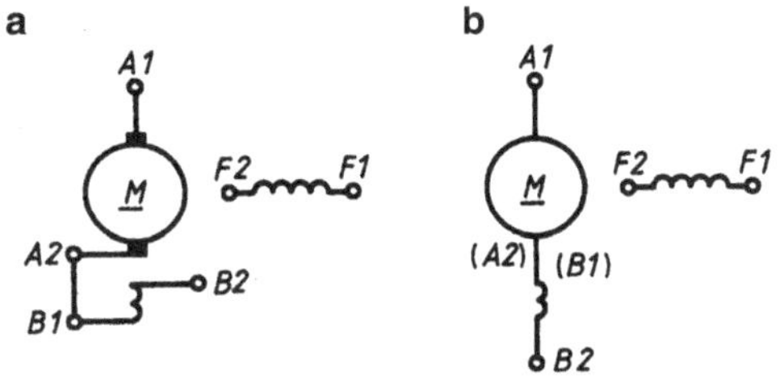

Abb. 4.8 Anschlüsse und Schaltzeichen einer fremderregten Gleichstrommaschine. **a** Anker-, Wendepol- und Erregerwicklung, **b** vereinfachte Darstellung

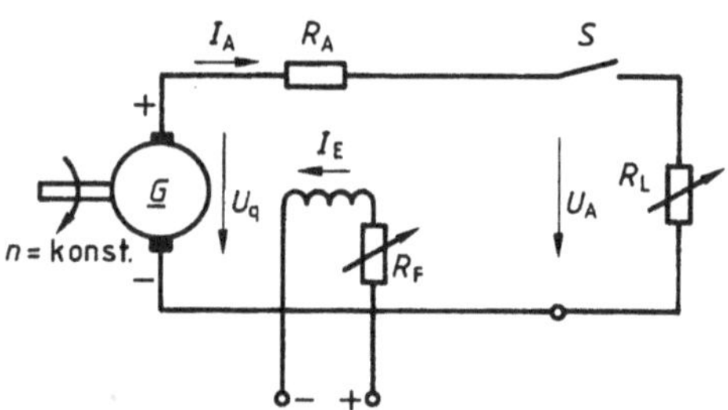

Abb. 4.9 Ersatzschaltung eines fremderregten Gleichstromgenerators

genügt die vereinfachte Darstellung b), da für den einwandfreien Betrieb nur die richtige Reihenfolge der Verbindungen wichtig ist. Nach DIN EN 60617-6 sind die Wicklungen von Maschinen und Transformatoren nicht mehr als Vollrechteck, sondern als Ergebnis einer internationalen Normung durch eine Reihe von Halbkreisbogen darzustellen.

4.1.2 Betriebsverhalten und Drehzahlsteuerung

4.1.2.1 Leerlauf und Selbsterregung

Soweit heute noch Gleichstromenergie wie in Elektrolyseanlagen, Lichtbogenöfen, Nahverkehrsbahnen und Industrieantrieben benötigt wird, erfolgt die Versorgung ausschließlich über die in Abschn. 4.6.1 besprochenen Gleichrichterschaltungen der Leistungselektronik aus dem Drehstromnetz. Generatorbetrieb einer Gleichstrommaschine findet nur noch im Rahmen des Bremsbetriebs eines Antriebs statt, in dem die kinetische Energie der Anlage rückgespeist wird. Nachstehend soll daher nur noch die grundsätzliche Technik der Selbsterregung besprochen werden.

Leerlaufkennlinie In Abb. 4.9 ist die Ersatzschaltung eines Gleichstromgenerators angegeben, dessen Drehzahl n über den Antrieb konstant gehalten wird. Der Erregerstrom I_E kann über einen Widerstand R_F, Feldsteller genannt, beliebig eingestellt werden.

Bei offenem Schalter S gilt $U_A = U_q$ und wegen der konstanten Drehzahl nach Gl. 4.1 die Proportion $U_q \sim \Phi$. Da das Hauptpolfeld Φ mit der Durchflutung $\Theta_E = N_E I_E$ der Erregerwicklung erzeugt wird, entsteht in Abhängigkeit von I_E ein Verlauf $U_q = f(I_E)$ nach Abb. 4.10, den man Leerlaufkennlinie nennt. War die Maschine schon früher im Betrieb, so ist in der Regel durch die Remanenz des magnetischen Kreises (s. Abschn. 1.2.2.5) ein Restfeld Φ_{rem} vorhanden und damit schon bei $I_E = 0$ die Remanenzspannung U_{rem}. Sie beträgt ca. 5 % der vollen Spannung U_{AN} und ist für den nachfolgend erklärten Vorgang der Selbsterregung entscheidend. Wird der Erregerstrom I_E stetig vergrößert, so steigt die induzierte Spannung U_q zunächst linear und danach mit Beginn der magnetischen Sättigung der Eisenwege immer weniger an.

Selbsterregung Beim selbsterregten Generator wird die Erregerwicklung mit dem Feldsteller R_F parallel oder im Nebenschluss zum Anker geschaltet und damit von der eigenen

Abb. 4.10 Leerlaufkennlinie
und U_q und Widerstandsgerade
g_E zur Selbsterregung eines
Gleichstromgenerators

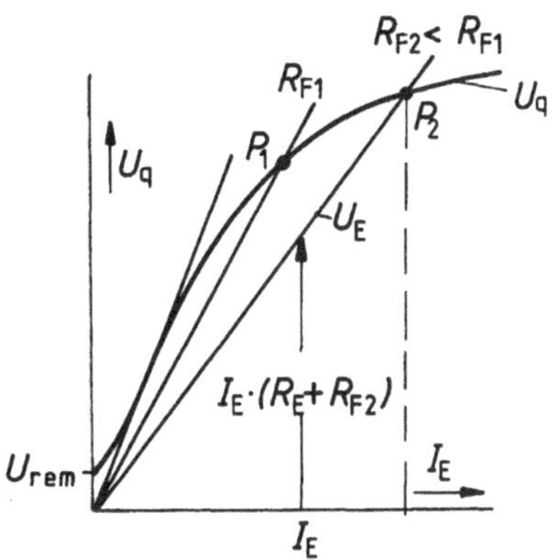

Ankerspannung U_A versorgt. Nach dem Zuschalten der Erregerwicklung liegt an ihr zunächst die Remanenzspannung U_{rem}, womit ein geringer Erregerstrom $I_{E0} = U_{rem}/(R_E + R_F)$ fließt. Bei richtiger Polung verstärkt er das Feld von Φ_{rem} aus und vergrößert damit mit U_q die Anker- und Erregerspannung.

Dieser Vorgang, den 1867 Werner von Siemens als „elektrodynamisches Prinzip" entdeckte, klingt selbsttätig bis zum Schnittpunkt P zwischen Leerlaufkennlinie und Widerstandsgeraden mit der Gleichung $U_E = I_E(R_E + R_F)$ in Abb. 4.10 auf. Erst hier herrscht Gleichgewicht zwischen erzeugter Spannung U_q und U_E, wobei der geringere Spannungsverlust am Ankerwiderstand R_A vernachlässigt ist. Über den Feldsteller R_F kann die Ankerspannung im oberen Bereich der gekrümmten Leerlaufkennlinie durch die Wahl des Schnittpunktes mit z. B. P_1 oder P_2 eingestellt werden.

4.1.2.2 Gleichstrommotoren mit Fremderregung

In vielen Bereichen industrieller Produktion, in Förderanlagen oder der Verkehrstechnik ist eine weitgehende und dabei möglichst verlustarme Drehzahlsteuerung des elektrischen Antriebs erforderlich. Dieses Feld beherrschte über Jahrzehnte der fremderregte Gleichstrommotor mit ausgezeichneten Regeleigenschaften und einem großen Drehzahlstellbereich. Erst mit der Entwicklung der Frequenzumrichter hat er diese Position an den preiswerteren und wartungsarmen Drehstrommotor verloren, behauptet sich aber mit einem nicht unbedeutenden Marktanteil in Teilbereichen der Antriebstechnik.

Schaltung des Motors mit Fremderregung Abb. 4.11 zeigt den vereinfachten Schaltplan des Motors, dessen Ankerkreis aus dem immer vorhandenen Drehstromnetz über einen sogenannten Umkehrstromrichter bestehend aus zwei gegenparallelen B6-Thyristor-Gleichrichtern gespeist wird. Mit dieser Schaltung ist der in Abschn. 4.6.1.1 besprochene Vierquadrantenbetrieb mit Antreiben und Bremsen in beiden Drehrichtungen möglich. Der Anker erhält die im Bereich $-U_{AN} \leq U_A \leq U_{AN}$ einstellbare Ankerspannung U_A, fuhrt den Ankerstrom I_A und nimmt die elektrische Leistung $P_A = U_A I_A$ zur Deckung

Abb. 4.11 Gleichstrommotor mit Fremderregung

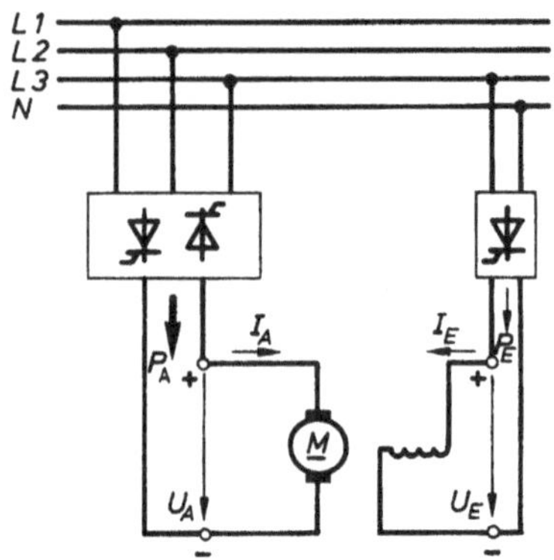

der mechanischen Leistung P_2 für das Zerspanen des Werkstücks auf (zusätzlich Motor-verluste und Reibungsverluste der mechanischen Übertragungsglieder).

Der Erregerkreis wird über den steuerbaren Feldstromrichter als Einphasen- oder Dreh-strombrücke für eine Stromrichtung, elektrisch vom Ankerkreis vollkommen getrennt, mit Gleichstrom versorgt und nimmt bei der Erregerspannung U_E den Erregerstrom I_E und da-mit die Erregerleistung $P_E = U_E I_E$ auf; es ist $P_E \ll P_A$.

Im Ankerkreis gilt die Spannungsgleichung

$$U_A = U_q + I_A R_A \tag{4.6}$$

Mit Hilfe der Gln. 4.1 und 4.3 und $\omega = 2\pi n$ ergeben sich damit die für diesen Motor allgemein gültigen Funktionen für Drehzahl und Ankerstrom

$$n = \frac{U_A}{2\pi\, c\, \Phi} - \frac{R_A M_i}{2\pi (c\Phi)^2}; \quad I_A = \frac{M_i}{c\, \Phi} \tag{4.7}$$

außerdem

$$U_E = I_E R_E \tag{4.8}$$

Betriebskennlinien des ungesteuerten Motors Bei ungesteuertem Betrieb des Motors sind die auf dem Leistungsschild angegebenen Werte der Ankerspannung und der Erreger-spannung konstant. Letzteres bedeutet, dass auch der Erregerstrom und damit der Polfluss in der Maschine konstant sind und ihre Bemessungswerte annehmen. Es gilt also

$$U_A = U_{AN} = \text{konst.}$$

$$U_E = U_{EN} = \text{konst.}, \quad I_E = I_{EN} = \text{konst.} \quad \text{und damit} \quad \Phi = \Phi_N = \text{konst.}$$

Setzt man dies in die Gln. 4.7 und 4.8 ein, ergibt sich

$$n = \frac{U_{AN}}{2\pi c\Phi_N} - \frac{R_A M_i}{2\pi (c\Phi_N)^2}; \quad I_A = \frac{M_i}{c\, \Phi_N}; \quad U_{EN} = I_{EN} R_E \tag{4.9}$$

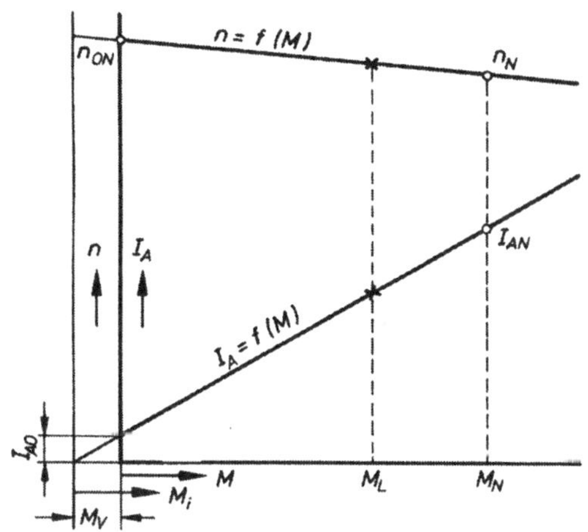

Abb. 4.12 Betriebskennlinien des ungesteuerten fremderregten Gleichstrommotors

Diese Gleichungen sind in Abb. 4.12 durch die beiden Geraden über M_i dargestellt. Durch das Verlustmoment M_V, hervorgerufen nach Abb. 4.7 durch magnetische und mechanische Verluste im Motor, ist das an der Welle zum Antrieb der Arbeitsmaschine zur Verfügung stehende Motormoment M – oft nur geringfügig – kleiner als das elektromagnetisch erzeugte innere Drehmoment M_i des Motors, somit

$$M = M_i - M_V$$

Im praktischen Leerlauf ($M = 0$) stellt sich die Leerlaufdrehzahl n_{0N} und der Leerlaufstrom I_{A0} ein. Wird der Motor so belastet, dass er seine auf dem Leistungsschild angegebene Bemessungsleistung P_{2N} nach der Gleichung

$$P_{2N} = 2\pi n_N M_N \tag{4.10}$$

abgibt, dann sind mit dem hier vorhandenen Wertepaar n_N und M_N die Bemessungswerte für Drehzahl und Drehmoment und auch der Ankerstrom I_{AN} erreicht. Für jedes andere Lastmoment $M_L = M$ können Drehzahl und Strom durch die Schnittpunkte mit den Kennlinien nach Abb. 4.12 entnommen werden.

Für die Prüfung des Motors – und diese Aussage gilt für alle Maschinenarten – ist die Kenntnis wichtig, dass für alle auf dem Leistungsschild angegebenen Größen außer P_{2N} nach VDE 0530 Teil 1 bestimmte Toleranzen gelten. Will man also durch eine Dauerbelastung prüfen, ob die Erwärmung der Wicklungen im zulässigen Bereich liegt, so muss man mit der Bemessungsleistung belasten, d. h. das Produkt Drehzahl mal Drehmoment solange variieren, bis nach Gl. 4.10 der Wert P_{2N} erreicht ist. Es wäre ein Fehler, zur Vermeidung der aufwendigen Drehmomentmessung nur die auf dem Leistungsschild angegebene Drehzahl einzustellen. Diese darf z. B. bei Gleichstrommaschinen im Betrieb mit P_{2N} 5 bis 15 % vom gestempelten Wert abweichen, der damit kein zuverlässiges Maß für den Bemessungsbetrieb ist.

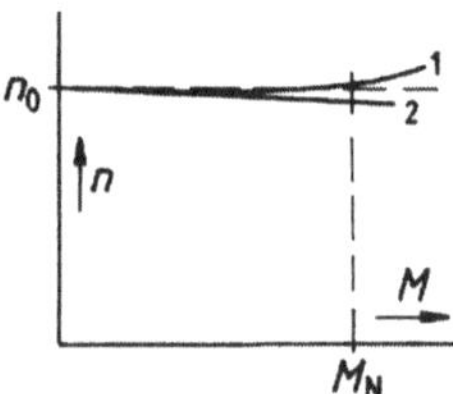

Abb. 4.13 Drehzahlkurven bei Ankerrückwirkung (*1*) und mit Hilfsreihenschlusswicklung (*2*)

Betrieb mit Hilfsreihenschlusswicklung In Gl. 4.9 ist vorausgesetzt, dass bei einem unveränderten Erregerstrom I_{EN} das Hauptpolfeld mit $\Phi = \Phi_N$ zwischen Leerlauf und Volllast konstant bleibt. In Wirklichkeit wird der Feldverlauf im Luftspalt aber durch die magnetisierende Wirkung der stromdurchflossenen Ankerwicklung verzerrt und resultierend auf $\Phi < \Phi_N$ geschwächt. Man bezeichnet diesen Effekt, der etwa mit dem Quadrat des Ankerstromes ansteigt, als Ankerrückwirkung. Er hat zur Folge, dass die Drehzahl bei Belastung nicht nach Abb. 4.12 linear sinkt, sondern wie mit Kurve 1 in Abb. 4.13 gezeigt, ab einer bestimmten Belastung wieder ansteigt. Ein derartiger Verlauf ist in der Regel unerwünscht, da er zu einem instabilen Betrieb des Antriebs führen kann.

Um die unbeabsichtigte Schwächung des Feldes durch die Ankerrückwirkung auszugleichen, muss die Erregung mit der Belastung kontinuierlich vergrößert werden. Dies lässt sich mit dem Einsatz einer zweiten Erregerwicklung, der Hilfsreihenschlusswicklung, erreichen. Sie sitzt wie in Abb. 4.14a skizziert konzentrisch mit der eigentlichen Erregerwicklung für I_E auf dem Hauptpol, wird jedoch vom Ankerstrom I_A durchflössen. Bei richtiger Polung addieren sich die Durchflutungen beider Wicklungen (Abb. 4.14b), d. h. die feldschwächende Wirkung des Ankerstromes wird durch eine von ihm erzeugte Zusatzerregung aufgehoben. Man bezeichnet Ausführungen mit dieser Hilfsreihenschlusswicklung als Doppelschlussmotoren und erhält damit wieder abfallende Drehzahlkurven wie in Abb. 4.12 oder Kurve 2 in Abb. 4.13.

Hilfsreihenschlusswicklungen sind im Vergleich zu einer Kompensationswicklung die einfachere, preiswertere Möglichkeit, die lastabhängige Feldschwächung zu vermeiden. Es ist allerdings darauf zu achten, dass bei einer Umkehr des Ankerstromes keine Gegenwirkung und damit Schwächung des Feldes auftritt. In diesem Fall sind die Anschlüsse D_1 und D_2 zu tauschen.

Abb. 4.14 Ausführung und Schaltung einer Hilfsreihenschlusswicklung. **a** Hauptpol mit Neben- und Reihenschlusswicklung, **b** Schaltung der Hilfsreihenschlusswicklung im Ankerkreis

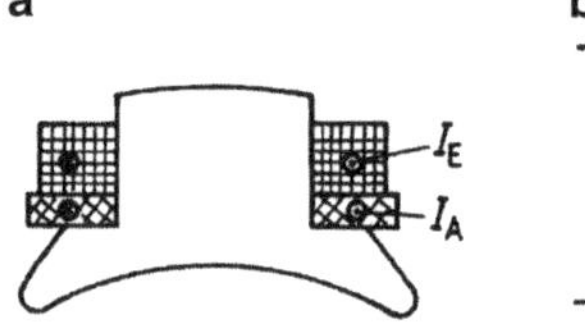
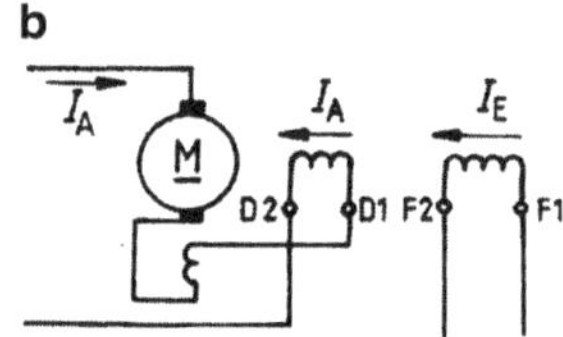

4.1.2.3 Verfahren der Drehzahlsteuerung

Betriebskennlinien des gesteuerten Motors Wenn man in den allgemein gültigen Gl. 4.7 vereinfachend $M_V = 0$ und damit $M = M_i$ setzt, erhält man

$$n = \frac{U_A}{2\pi\, c\, \Phi} - \frac{R_A\, M}{2\pi\, (c\, \Phi)^2}\;;\quad I_A = \frac{M}{c\, \Phi}\;;\quad U_E = I_E R_E$$

Aus der Beziehung $n = f(M)$ ist zu entnehmen, dass bei einem vorgegebenen Drehmoment M als Belastung die zugehörige Drehzahl n mit den folgenden Verfahren verändert werden kann:

1. Absenken der Ankerspannung im Bereich $0 \le U_A \le U_{AN}$
2. Absenken des Polflusses Φ durch Verringerung des Erregerstromes $I_E \le I_{EN}$
3. Erhöhung des Ankerkreiswiderstandes R_A durch Ankervorwiderstände.

Alle drei Verfahren werden in der Praxis angewandt und nachstehend besprochen. Damit von den speziellen Daten einer Maschine unabhängige Beziehungen entstehen, sollen die Gleichungen normiert, d. h. auf die Kennwerte des ungesteuerten Motors bezogen werden. Beim ungesteuerten Motor erhält man dann mit Gl. 4.9

$$\text{bei Leerlauf}\quad n_{0N} = \frac{U_{AN}}{2\pi c \Phi_N}\;,\quad \text{bei Volllast}\quad I_{AN} = \frac{M_N}{c\Phi_N}\;;\quad U_{EN} = I_{EN} R_E \quad (4.11)$$

Durch Division der vorstehenden Gleichungen ergeben sich damit die Betriebskennlinien des gesteuerten Motors in normierter Form

$$\frac{n}{n_{0N}} = \frac{U_A/U_{AN}}{\Phi/\Phi_N} - c_M \frac{M/M_N}{(\Phi/\Phi_N)^2}\;;\quad \frac{I_A}{I_{AN}} = \frac{M/M_N}{\Phi/\Phi_N}\;;\quad \frac{U_E}{U_{EN}} = \frac{I_E}{I_{EN}} \quad (4.12)$$

wobei

$$c_M = \frac{I_{AN} R_A}{U_{AN}} = \frac{n_{0N} - n_N}{n_{0N}} \quad (4.13)$$

als neue Maschinenkonstante eingeführt wurde.

Richtwerte für c_M liegen bei Motoren mit kleinen bis mittleren Leistungen (1 bis 100 kW) bei etwa 0,15 bis 0,05 und nehmen bei Großmotoren bis 1000 kW und darüber auf etwa 0,02 bis 0,01 ab. Dies bedeutet, dass bereits der ungesteuerte Motor durch sein weitgehend belastungsunabhängiges Drehzahlverhalten („harte Kennlinie") für viele Antriebsaufgaben geeignet ist.

Beispiel 4.1

Ein Gleichstrommotor mit konstant I_{EN} und damit vollem Erregerfeld $\Phi = \Phi_N$ hat die Spannung $U_A = U_{AN} = 400\,\text{V}$ und die Leerlaufdrehzahl $n_{0N} = 1320\,\text{min}^{-1}$. Bei Betrieb mit dem Drehmoment $M = M_N$ sinkt sie auf $n_N = 1260\,\text{min}^{-1}$.

a) Es sind die Kennwerte $c\Phi_N$ und c_M zu bestimmen.

   Aus Gl. 4.11 erhält man

$$c\Phi_N = \frac{U_{AN}}{2\pi \cdot n_{0N}} = \frac{400\,\text{V}}{2\pi \cdot 22\,\text{s}^{-1}} = 2,89 \cdot \text{Vs}$$

   Nach Gl. 4.13

$$c_M = 1 - \frac{n_N}{n_{0N}} = 1 - \frac{1260\,\text{min}^{-1}}{1320\,\text{min}^{-1}} = 0,045$$

b) Wie groß sind der Ankerwiderstand R_A und die Stromwärmeverluste P_{vA} in der Wicklung bei $M_N = 144,5\,\text{N\,m}$?

   Aus Gl. 4.11

$$I_{AN} = \frac{M_N}{c\Phi_N} = \frac{144,5\,\text{Ws}}{2,89\,\text{Vs}} = 50\,\text{A}$$

   Aus Gl. 4.13

$$R_A = \frac{c_M \cdot U_{AN}}{I_{AN}} = \frac{0,045 \cdot 400\,\text{V}}{50\,\text{A}} = 0,36\,\Omega$$

c) Wie groß ist der Motorwirkungsgrad, wenn die Stromwärmeverluste 50 % des Gesamtwertes ausmachen?

$$P_N = 2\pi n_N M_N = 2\pi \cdot 21\,\text{s}^{-1} \cdot 144,5\,\text{Ws} = 19.066\,\text{W}\,,$$

$$P_{vA} = (I_{AN})^2 R_A = (50\,\text{A})^2\,0,36\,\Omega = 900\,\text{W}$$

Gesamtverluste $P_v = 1800\,\text{W}$ damit wird die Aufnahmeleistung $P_{auf} = 20.866\,\text{W}$
Wirkungsgrad $\eta = P_N/P_{auf} = 19.066\,\text{W}/20.866\,\text{W} = 91,4\,\%$

Aufgabe 4.1

Von einem dauermagneterregten Kleinmotor sind nur die Daten $U_{AN} = 12\,\text{V}$, $M_N = 0,2\,\text{N\,m}$, $n_{0N} = 2400\,\text{min}^{-1}$ bekannt.

Mit der Annahme $\eta = 60\,\%$ ist die Abgabeleistung P_N zu bestimmen.

Ergebnis: $P_N = 30,2\,\text{W}$

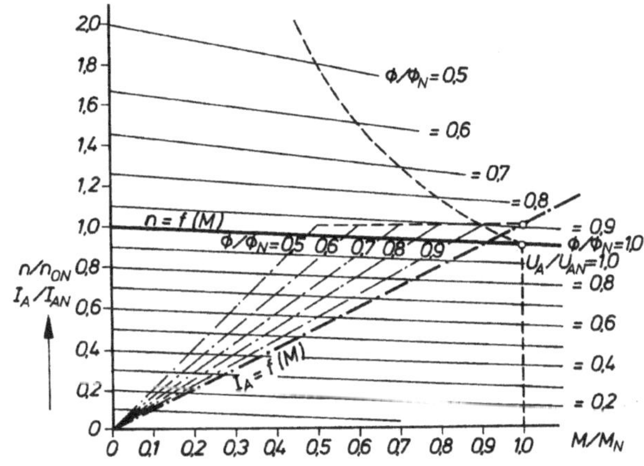

Abb. 4.15 Steuerkennlinien des fremderregten Gleichstrommotors. *Durchgezogene Linie: n = f(M), Strich-Punkt-Linie: $I_A = f(M)$, gestrichelte Linie:* Grenzlinien für den Drehzahl/Momentbereich bei Dauerbetrieb

Drehzahlsteuerung durch Absenkung der Ankerspannung Die an den Ankerkreis gelegte Spannung U_A wird stufenlos von U_{AN} bis nahe $U_A = 0$ gesteuert. Der Motor ist voll erregt ($I_E = I_{EN}$, $\Phi = \Phi_N$), so dass nach Gl. 4.12 die Steuerkennlinien nun lauten

$$\frac{n}{n_{0N}} = \frac{U_A}{U_{AN}} - c_M \frac{M}{M_N}; \quad \frac{I_A}{I_{AN}} = \frac{M}{M_N}; \quad I_E = I_{EN} \tag{4.14}$$

Gl. 4.14 ergibt bei voller Erregung die Leerlaufdrehzahlen

$$n_0 = n_{0N}\frac{U_A}{U_{AN}}$$

und die parallelen Drehzahlkennlinien in Abb. 4.15. Es kann stets mit dem vollen Drehmoment M_N belastet werden.

Drehzahlsteuerung durch Absenkung der Erregerspannung (Feldschwächung) Der Ankerkreis des Motors liegt an der Ankerspannung U_{AN}. Am Erregerkreis wird nun gegenüber der normalen Betriebsschaltung (U_{EN}, I_{EN}, Φ_N) die Erregerspannung herabgesetzt, $U_E < U_{EN}$, so dass auch $I_E < I_{EN}$ und damit das Magnetfeld Φ in der Maschine schwächer, $\Phi < \Phi_N$, also Feldschwächung durchgeführt wird.

Nach Gl. 4.12 lauten nun die Steuerkennlinien

$$\frac{n}{n_{0N}} = \frac{1}{\Phi/\Phi_N} - c_M \frac{M/M_N}{(\Phi/\Phi_N)^2}; \quad \frac{I_A}{I_{AN}} = \frac{M/M_N}{\Phi/\Phi_N}; \quad \frac{U_E}{U_{EN}} = \frac{I_E}{I_{EN}} \tag{4.15}$$

Nach Gl. 4.15 steigt die Leerlaufspannung n_0 bei konstanter Spannung U_{AN} nach

$$n_0 = n_{0N}\frac{1}{\Phi/\Phi_N}$$

stetig an. Wegen $\Phi\Phi_N$ werden die Drehzahlkennlinien immer steiler und kürzer, da das Drehmoment $M = c\Phi I_A$ und $I_A \leq I_{AN}$ nicht mehr den vollen Wert M_N erreicht.

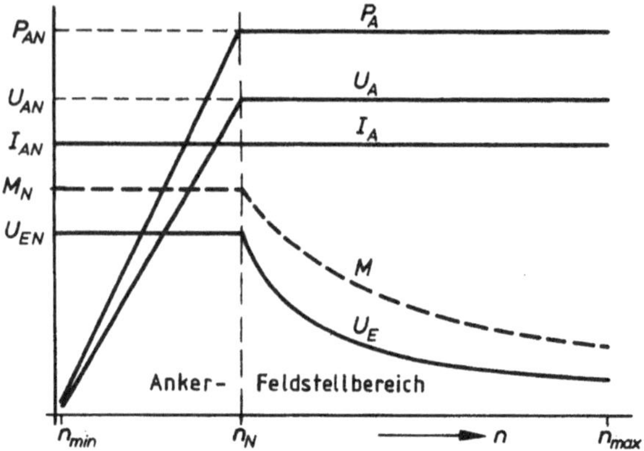

Abb. 4.16 Betriebskennlinien des fremderregten Motors mit Anker- und Feldstellbereich

Anker- und Feldstellbereich Abb. 4.16 zeigt den Verlauf der verschiedenen Motorgrößen bei Änderung der Ankerspannung und anschließender Feldschwächung über der Drehzahl. So kann z. B. bei einem fremderregten Motor mit den Bemessungsdaten $P_{2N} = 40\,\text{kW}$ und $n_N = 2000\,\text{min}^{-1}$ im sogenannten Ankerstellbereich bei vollem Drehmoment M_N und ruckfreiem Lauf die minimale Drehzahl $n = 60\,\text{min}^{-1}$ eingestellt werden. Durch Feldschwächung sei bei voller Leistung P_{2N} und ohne Bürstenfeuer die maximale Drehzahl $n = 6000\,\text{min}^{-1}$ möglich. Für diesen Antrieb ergibt sich damit ein Drehzahlregelbereich von 1 : 100.

Vierquadrantenbetrieb Die eingangs dieses Abschnitts gestellte Aufgabe, den Motor für stufenlose Drehzahlsteuerung zum Treiben und Bremsen in beiden Drehrichtungen verwenden zu können, wird nun durch Abb. 4.17 erläutert. Geht man davon aus, dass bei positiven Werten von U_A, I_A, M, P_A, n im 1. Quadranten sich Rechtslauf des Motors

Abb. 4.17 Vierquadrantenbetrieb des fremderregten Motors für Treiben und Bremsen in beiden Drehrichtungen

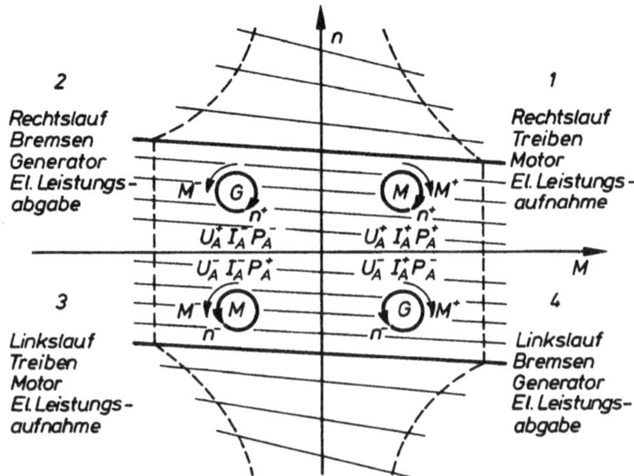

einstellt, dann ergeben sich in den übrigen 3 Quadranten Rechts- bzw. Linkslauf, Treiben bzw. Bremsen, also Motor- und Generatorbetrieb und damit elektrische Leistungsentnahme aus dem Netz bzw. elektrische Leistungsrücklieferung ins Netz bei den eingezeichneten Richtungen von n und M und den angegebenen positiven (Hochzeichen $^+$) und negativen (Hochzeichen $^-$) Werten der mechanischen und elektrischen Größen.

Das Anfahren des Antriebs erfolgt durch Hochfahren der Ankerspannung.

Drehzahlsteuerung durch Ankervorwiderstände Aus Gl. 4.12 ergibt sich die Drehzahl einer Gleichstrommaschine aus dem der Ankerspannung proportionalen Leerlaufwert abzüglich eines von der Konstanten c_M abhängigen Drehzahlabfalls bei Belastung. Nach Gl. 4.13 kann man c_M durch Erhöhen des Ankerkreiswiderstandes von R_A auf $R_A + R_v$ vergrößern und damit die Betriebsdrehzahl beliebig absenken. Dieser Einsatz von Ankervorwiderständen nach Abb. 4.18a ergibt bei $U_A = U_{AN}$ und voller Erregung mit I_{EN} Kennlinien nach der Beziehung

$$\frac{n}{n_{0N}} = 1 - c_M(1 + R_v/R_A)\frac{M}{M_N}; \quad \frac{I_A}{I_{AN}} = \frac{M}{M_N} \tag{4.16}$$

Wie in Abb. 4.18b zu erkennen ist, wird der Drehzahlverlauf mit größerem Vorwiderstand R_v immer steiler und damit lastabhängiger. Hauptnachteil dieser Technik sind aber die zusätzlichen Verluste $I_A^2 R_v$, die das Verfahren unwirtschaftlich machen. Es wird daher nur sehr selten z. B. dort angewandt, wo der Motor nur im oberen Drehzahlbereich durch Feldschwächung betrieben wird. Hier kann wie in Abb. 4.18a ein Betrieb mit voller Ankerspannung U_{AN} erfolgen und der Ankervorwiderstand R_v als mehrstufiger Anlasser verwendet werden. In Abb. 4.18b ist dieser Fall mit einem fünfstufigen Widerstand gezeigt, mit dem entlang der Pfeile zwischen den Grenzen 1,2 M_N und 0,8 M_N hochgefahren wird.

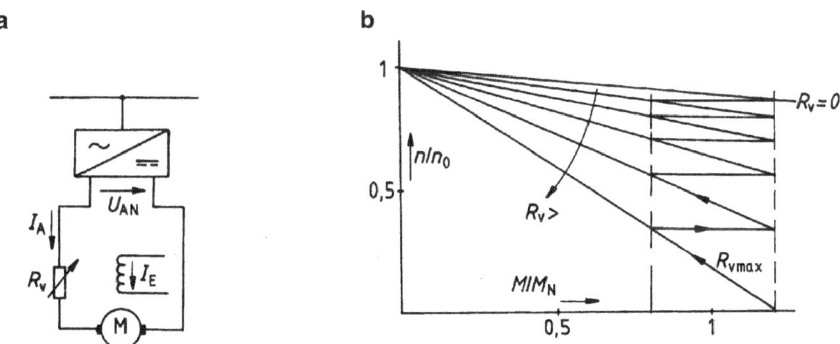

Abb. 4.18 Fremderregter Gleichstrommotor mit Ankervorwiderstand R_v. **a** Schaltung, **b** Kennlinien für Drehzahlsteuerung und Anlauf

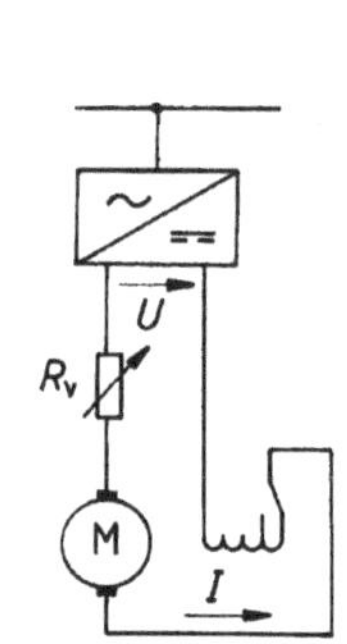
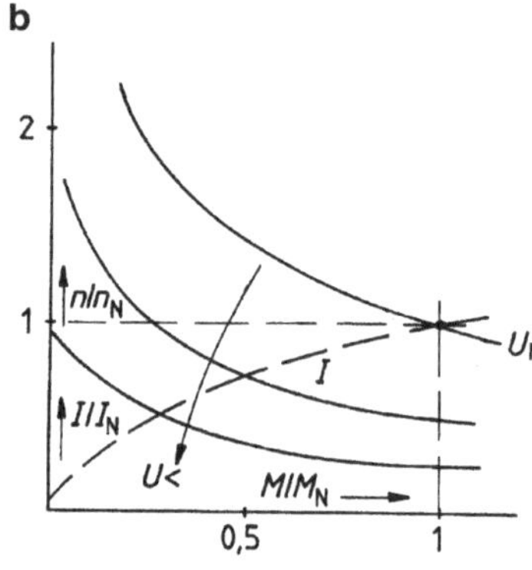

Abb. 4.19 Gleichstrom-Reihenschlussmotor.
a Schaltung mit Vorwiderstand R_v und Anzapfung der Erregerwicklung, **b** Kennlinien mit Spannungsabsenkung und Stromverlauf

4.1.2.4 Gleichstrom-Reihenschlussmotoren

Schaltung Abb. 4.19a zeigt, dass hier Ankerkreis und Erregerwicklung in Reihe geschaltet sind und damit $I_\mathrm{A} = I_\mathrm{E} = I$ besteht. Für die Möglichkeit des Anlaufs bei voller Spannung ist wieder ein Vorwiderstand R_v vorgesehen und für die Feldschwächung eine Anzapfung der Erregerwicklung.

Betriebskennlinien Die Drehzahl- und Drehmomentgleichungen werden mit der Vereinfachung, dass die magnetische Kennlinie $\Phi = f(I_\mathrm{E})$ durch eine Gerade $\Phi = c'I$ ersetzt wird, bestimmt. Ferner bleiben mit $M_\mathrm{i} = M$ und $U_\mathrm{B} = 0$ das Verlustmoment M_v und die Bürstenübergangsspannung unberücksichtigt. Im drehzahlgesteuerten Betrieb ist $U \leq U_\mathrm{N}$ und mit $I = I_\mathrm{A} = I_\mathrm{E}$ sind Anker- und Erregerstrom identisch. Im einzigen Stromkreis ist der Anlasswiderstand R_v vorhanden, so dass $R'_\mathrm{A} = R_\mathrm{A} + R_\mathrm{v}$ wird. Mit diesen Voraussetzungen gelten die Gleichungen

$$U = U_\mathrm{q} + I R'_\mathrm{A} \quad \text{mit} \quad U_\mathrm{q} = c\Phi\omega, \quad M = c\Phi I \quad \text{und} \quad \Phi = c'I$$

Im Bemessungsbetrieb (Größen mit Index N) lauten die vorstehenden Gleichungen

$$U_\mathrm{N} = U_\mathrm{qN} + I_\mathrm{N} R'_\mathrm{A} \quad \text{mit} \quad U_\mathrm{qN} = c\Phi_\mathrm{N}\omega_\mathrm{N} ; \quad M_\mathrm{N} = c\Phi_\mathrm{N} I_\mathrm{N} \Phi_\mathrm{N} = c' I_\mathrm{N}$$

Setzt man, Gl. 4.13 folgend, wieder $c_\mathrm{M} = I_\mathrm{N} R_\mathrm{A} / U_\mathrm{N}$, so wird

$$\frac{U_\mathrm{qN}}{U_\mathrm{N}} = 1 - c_\mathrm{M} \quad \text{und} \quad \frac{U_\mathrm{q}}{U_\mathrm{N}} = \frac{U}{U_\mathrm{N}} - \frac{I_\mathrm{N} R_\mathrm{A}(1 + R_\mathrm{v}/R_\mathrm{A}) I / I_\mathrm{N}}{U_\mathrm{N}}$$

Mit $\Phi/\Phi_\mathrm{N} = I/I_\mathrm{N} = \sqrt{M/M_\mathrm{N}}$ erhält man die allgemeinen Betriebskennlinien

$$\frac{n}{n_\mathrm{N}} = \frac{1}{1 - c_\mathrm{M}} \left(\frac{U/U_\mathrm{N}}{\sqrt{M/M_\mathrm{N}}} - c_\mathrm{M}(1 + R_\mathrm{v}/R_\mathrm{A}) \right) \quad \frac{I}{I_\mathrm{N}} = \sqrt{M/M_\mathrm{N}} \qquad (4.17)$$

Für den ungesteuerten Motor ($U = U_\mathrm{N}$, $R_\mathrm{v} = 0$) erhält man hieraus die normalen Betriebskennlinien

$$\frac{n}{n_\mathrm{N}} = \frac{1}{1 - c_\mathrm{M}} \left(\frac{1}{\sqrt{M/M_\mathrm{N}}} - c_\mathrm{M} \right) ; \quad \frac{I}{I_\mathrm{N}} = \sqrt{M/M_\mathrm{N}} \qquad (4.18)$$

In Abb. 4.19b sind die mit $n \approx 1/\sqrt{M}$ hyperbolisch abfallenden Drehzahlkurven des Reihenschlussmotors gezeigt. Ohne Belastung ergeben sich bei Motoren höherer Leistung und damit relativ kleinen Reibungsverlusten Drehzahlwerte, welche den Anker durch die Fliehkräfte zerstören – der Motor „geht durch". Der Reihenschlussmotor darf daher nicht ohne Belastung betrieben werden, was aber bei seinem üblichen Einsatz in Bahnen und Nahverkehrsfahrzeugen auch nicht vorkommt. Bei Spannungsabsenkung ergeben sich die eingetragenen tieferen Kennlinien, bei Feldschwächung durch die hier übliche Wicklungs- anzapfung liegen sie über der Kurve für U_N.

Für den Einsatz als Fahrzeugmotor ist die Zuordnung $I \approx \sqrt{M}$ von Vorteil, da hier beim Anfahren hohe Drehmomente gefordert sind.

Drehzahlsteuerung Wiederum ergeben sich 3 Möglichkeiten der Drehzahlsteuerung.

Absenkung der Motorspannung ($U > U_\mathrm{N}$, $R_\mathrm{v} = 0$). Aus Gl. 4.17 ergeben sich Steuer- kennlinien unterhalb der normalen Betriebskennlinie.

$$\frac{n}{n_\mathrm{N}} = \frac{1}{1 - c_\mathrm{M}} \left(\frac{U/U_\mathrm{N}}{\sqrt{M/M_\mathrm{N}}} - c_\mathrm{M} \right) \qquad (4.19\mathrm{a})$$

Feldschwächung ergibt wieder Drehzahlkennlinien oberhalb der normalen Betriebskenn- linie.

Einschalten des Anlasswiderstandes in den Stromkreis ($U = U_\mathrm{N}$, $R_\mathrm{v} > 0$). Diese Me- thode wird nur zum Anfahren benutzt. Die aus Gl. 4.17 sich ergebenden Kennlinien liegen unterhalb der normalen Betriebskennlinie und dies umso mehr, je größer der Anlasswider- stand ist.

$$\frac{n}{n_\mathrm{N}} = \frac{1}{1 - c_\mathrm{M}} \left(\frac{1}{\sqrt{M/M_\mathrm{N}}} - c_\mathrm{M}(1 + R_\mathrm{v}/R_\mathrm{A}) \right) \qquad (4.19\mathrm{b})$$

Beispiel 4.2

Auf dem Leistungsschild eines Gleichstrommotors mit Fremderregung stehen die fol- genden Angaben: 40 kW 1900 min^{-1}; Anker 440 V 100 A; Erregung 240 V 10 A. Bei einer Leerlaufmessung betrug der Ankerstrom 5 A, die Drehzahl 2000 min^{-1}.

a) Man ermittle weitere Größen bei Volllast und zeichne die normalen Betriebskenn- linien n, $I_\mathrm{A} = f(M)$ maßstäblich auf.

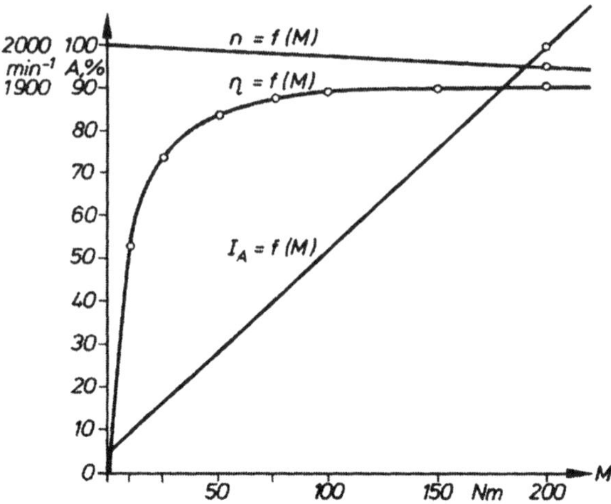

Abb. 4.20 Betriebskennlinien eines fremderregten Gleichstrommotors

Aufgenommene elektrische Leistung im Ankerkreis

$$P_{AN} = U_{AN} I_{AN} = 440\,\text{V} \cdot 100\,\text{A} = 44\,\text{kW}$$

Somit sind im Bemessungsbetrieb die Verluste und der Wirkungsgrad im Ankerkreis

$$P_{VN} = P_{AN} - P_{2N} = (44 - 40)\,\text{kW} = 4\,\text{kW}$$

$$\eta_N = \frac{P_{2N}}{P_{AN}} = \frac{40}{44} = 0{,}909 = 90{,}9\,\%$$

Berücksichtigt man auch im Erregerkreis die Verluste $P_{EN} = U_{EN} I_{EN} = 240\,\text{V} \cdot 10\,\text{A} = 2{,}4\,\text{kW}$, erhöhen sich die Gesamtverluste des Motors auf 6,4 kW und sein Gesamtwirkungsgrad sinkt auf 86,2 %. Das Bemessungsmoment des Motors wird nach Gl. 4.10

$$M_N = \frac{P_{2N}}{2\pi\, n_N} = \frac{40.000\,\text{W} \cdot 60\,\text{s}}{2\pi \cdot 1900} = 201\,\text{N m}$$

Damit können die normalen Betriebskennlinien gezeichnet werden (Abb. 4.20).

b) Man ermittle anhand einer Tabelle von $M = 0$ bis $M = M_N$ die Größen P_2, P_A und η im Ankerkreis und zeichne $\eta = f(M)$ maßstäblich in Abb. 4.20 ein.

Aus Abb. 4.20 entnimmt man die Tabellenwerte für I_A und n. Hieraus werden die elektrische Leistung $P_A = U_N I_A$, die mechanische Leistung $P_2 = M 2\pi n$ und hieraus der Wirkungsgrad $\eta = P_2/P_A$ errechnet. Man beachte den hohen Wirkungsgrad des Elektromotors auch bei Teillast.

Beispiel 4.3

Der Gleichstrommotor mit Fremderregung von Beispiel 4.2 wird zur stufenlosen Drehzahlsteuerung mit einem Drehzahlregelbereich 1 : 100 eingesetzt.

Normale Betriebskennlinien

a) Man gebe die Gleichungen der normalen Betriebskennlinien $n = f(M)$ und $I_A = f(M)$ an und zeichne sie maßstäblich auf (Abb. 4.20). Mit den Werten aus Beispiel 4.2 wird nach den Gln. 4.12 und 4.13:

$$c_M = \frac{2000 - 1900}{2000} = 0{,}05$$

$$n = \left(2000 - \frac{0{,}05 \cdot 2000}{201} \frac{M}{N\,m}\right) \min^{-1} = \left(2000 - 0{,}5 \frac{M}{N\,m}\right) \min^{-1}$$

$$I_A = 5\,A + \frac{95\,A}{201} \frac{M}{N\,m} = \left(5 + 0{,}473 \frac{M}{N\,m}\right) A$$

Rechnerisch ergibt sich damit zum Beispiel bei einem Lastmoment $M_L = 140\,N\,m$ die Betriebsdrehzahl $n = (2000 - 0{,}5 \cdot 140)\,\min^{-1} = 1930\,\min^{-1}$ und der Ankerstrom $I_A = (5 + 0{,}473 \cdot 140)\,A = 71\,A$.

Drehzahlsteuerung durch Absenkung der Ankerspannung

b) Nun soll bei dem vorgenannten Lastmoment $M_L = 140\,N\,m$ die Drehzahl auf 600/min gesteuert werden. Welche Ankerspannung U_A ist erforderlich und welche weiteren Größen ergeben sich?
Aus Gl. 4.14 folgt mit $n/n_{0N} = 600/2000 = 0{,}3$ und $M/M_N = 140/201 = 0{,}7$ für die Ankerspannung und den Ankerstrom

$$U_A = (0{,}3 + 0{,}05 \cdot 0{,}7)440\,V = 147{,}4\,V\,; \quad I_A = 0{,}7 \cdot 100\,A = 70\,A$$

Weiter ist

$$P_A = U_A I_A = 147{,}4\,V \cdot 70\,A = 10{,}3\,kW$$

$$P_2 = 140\,N\,m \cdot 2\pi \cdot 600/60\,s = 8{,}8\,kW$$

$$\eta = \frac{8{,}8}{10{,}3} = 85{,}4\,\%$$

Bei Berücksichtigung der Erregerleistung $P_E = 2{,}4\,kW$ wird $P_1 = P_A + P_E = 12{,}7\,kW$, $\eta = 8{,}8/12{,}7 = 69{,}3\,\%$.

c) Zwischen welchen Werten ist die Ankerspannung zu regeln, wenn die Betriebsdrehzahl 600/min von Leerlauf bis Volllast konstant gehalten werden soll?
Nach Gl. 4.14 ist bei Leerlauf

$$U_A = \frac{600}{2000} \cdot 440\,V = 132\,V,$$

ebenso bei Volllast

$$U_A = (0{,}3 + 0{,}05)440\,\text{V} = 154\,\text{V}.$$

d) Welche Ankerspannung ist erforderlich, damit der Motor bei der kleinsten Betriebsdrehzahl $n_{\min} = 60/\text{min}$ noch das Bemessungsmoment erzeugen kann?
   Nach Gl. 4.14 wird

$$\frac{60}{2000} = \frac{U_A}{U_{AN}} - 0{,}05 \cdot 1\,, \quad U_A = 0{,}08 \cdot 440\,\text{V} = 35{,}2\,\text{V}.$$

Aufgabe 4.2

Welche Drehzahl n erhält man in den beiden Beispielen 4.2 und 4.3 bei der Feldschwächung $\Phi/\Phi_N = 0{,}5$ und Belastung mit I_{AN}?

Ergebnis: $n = 3800\,\text{min}^{-1}$

Aufgabe 4.3

Ein Kleinmotor mit den Daten $U_{AN} = 12\,\text{V}$, $I_{AN} = 1\,\text{A}$ hat die Leerlaufdrehzahl
$n_{0N} = 1800\,\text{min}^{-1}$ und bei I_{AN} den Wert $n_N = 1440\,\text{min}^{-1}$.

Es ist die Drehzahl n bei Feldschwächung mit $\Phi/\Phi_N = 0{,}5$ und I_{AN} zu bestimmen.

Ergebnis: $n = 2880\,\text{min}^{-1}$

4.2 Transformatoren

4.2.1 Wechselstromtransformatoren

4.2.1.1 Aufbau

Transformatoren oder Umspanner haben die Aufgabe, elektrische Energie aus einem System gegebener Spannung U_1 und Frequenz f in ein System gewünschter Spannung U_2
unter Beibehaltung der Frequenz zu übertragen. Die Umwandlung der elektrischen Wech-
selstromenergie erfolgt über ein magnetisches Wechselfeld.

In der Regel werden Wechselstromtransformatoren in der Mantelausführung nach
Abb. 4.21b gefertigt. Der Mittelkern trägt beide Wicklungen meist als konzentrische Zylinder. Das Magnetfeld teilt sich über die Außenschenkel, die nun den halben Querschnitt
benötigen. Abb. 4.21a zeigt das Schalt- und das Schaltkurzzeichen eines Transformators.

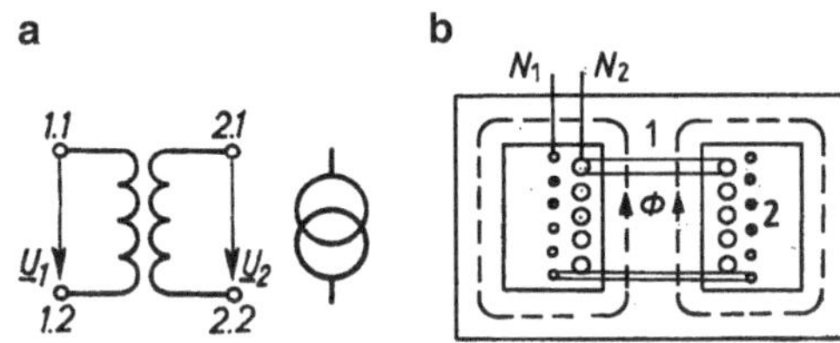

Abb. 4.21 Wechselstromtransformator. **a** Schalt-und Schaltkurzzeichen, **b** Bauform Manteltransformator, *1* Eisenkern aus Elektroblech, *2* Ober- und Unterspannungswicklung

Bei den Anschlussbezeichnungen steht die vorgestellte 1 für die Oberspannungsseite, die 2 für die Unterspannung. Die nachgestellten Zahlen zeigen mit der 1 den Anfang mit 2 das Ende einer Wicklung an.

Der Eisenkern wird zur Verringerung der Ummagnetisierungs- und Wirbelstromverluste aus 0,23 bis 0,35 mm starken sogenannten kornorientierten Elektroblechen geschichtet, die eine sehr gute Magnetisierbarkeit (hohes μ_r) und kleine spezifische Verluste (z. B. 1 W/kg bei $B = 1,5\,\text{T}, 50\,\text{Hz}$) besitzen. Den Bereich innerhalb der Wicklungen bezeichnet man als Schenkel, den äußeren Rückschluss wieder als Joch. Die im Eisenkern und in den Wicklungen durch die Eisen- und Kupferverluste auftretende Wärme wird bei den kleineren Trockentransformatoren durch Selbstkühlung an die umgebende Luft abgeführt. Die größeren Öltransformatoren sitzen in einem mit Kühlrippen versehenen Ölkessel, wobei sowohl die bessere Kühlwirkung wie auch das höhere Isoliervermögen des Öls gegenüber Luft ausgenutzt wird.

4.2.1.2 Kenngrößen und Ersatzschaltbild

Grundgleichungen Bereits in Abschn. 1.2.3.3 wurde mit Gl. 1.56 die Beziehung

$$\frac{U_{q1}}{U_{q2}} = \frac{N_1}{N_2}$$

für die Spannungsinduktion in zwei magnetisch gekoppelten Wicklungen mit den Windungszahlen N_1 und N_2 angegeben, die mit demselben Magnetfluss Φ verkettet sind. Vernachlässigt man die zumal bei Großtransformatoren sehr geringen Verluste, so gilt mit der Näherung $U_1 \approx U_{q1}$ und $U_2 \approx U_{q2}$, dass die Aufnahme- und Abgabescheinleistung mit $U_1 I_1 = U_2 I_2$ gleich sind.

Mit Beachtung von Gl. 1.56 gilt damit für das Verhältnis der Ströme

$$\frac{I_1}{I_2} = \frac{N_2}{N_1} \tag{4.20}$$

Das Verhältnis der beiden Windungszahlen N_1 und N_2 zueinander wird als Übersetzungsverhältnis

$$\ddot{u} = N_1/N_2 \approx U_{1N}/U_{20} \tag{4.21}$$

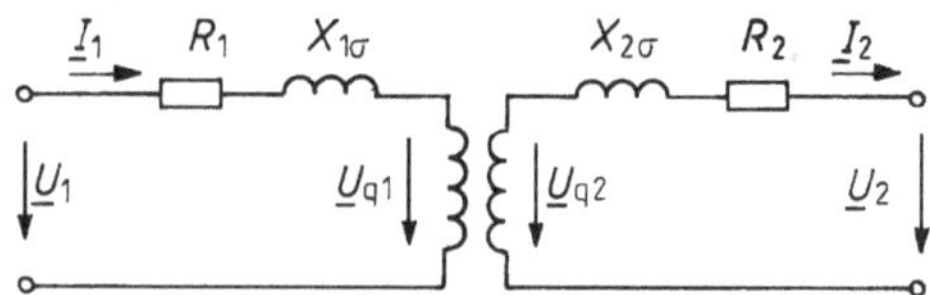

Abb. 4.22 Ersatzschaltung eines Wechselstromtransformators

bezeichnet und stimmt mit guten Näherung mit dem Verhältnis von primärer Bemessungsspannung U_{1N} und sekundärer Leerlaufspannung U_{20} überein.

Bemessungsleistung Im Unterschied zu rotierenden Maschinen wird die zur Einhaltung der zulässigen Erwärmung die Scheinleistung

$$S_N = U_{1N} I_{1N} = U_{2N} I_{2N} \tag{4.22}$$

angegeben. Die Angabe einer Bemessungswirkleistung P_N ist nicht möglich, da der Sekundärstrom I_2 je nach angeschlossenen Verbrauchern einen ständig verschiedenen $\cos\phi$-Wert haben kann. So hat ein Transformator bei rein induktiver Belastung, d. h. bei nur Blindstromabgabe den Wirkungsgrad null.

Ersatzschaltung Bei einem realen Transformator sind beide Wicklungen zwar mit dem gemeinsamen Hauptfluss Φ_h verkettet, daneben erzeugen aber die Ströme I_1 und I_2 mit ihren Wicklungen eigene so genannte Streuflüsse Φ_σ, die jeweils die andere Wicklung nicht erreichen. Sie ergeben aber nach dem Induktionsgesetz eine Selbstinduktionsspannung U_L, der in einer Ersatzschaltung nach $U_L = I\omega L = I X_\sigma$ nach Gl. 1.68 ein induktiven Blindwiderstand X_σ zuzuordnen ist. Ebenso besitzt jede Wicklung einen ohmschen Widerstand, der zu beachten ist. Insgesamt erhält man damit für einen Transformator die Ersatzschaltung nach Abb. 4.22. Sie enthält in der Mitte die idealen widerstandslosen und nur mit dem Hauptfluss verketteten Wicklungen N_1 und N_2 und beidseitig die jeweils vorgeschalteten Eigenwerte R und X_σ.

Die in Abb. 4.22 angegebene Ersatzschaltung beachtet mit der galvanischen Trennung der Wicklungen das mit z. B. $U_1 = 20\,\text{kV}$ und $U_2 = 400\,\text{V}$ reale oft stark unterschiedliche Spannungsniveau beider Seiten. Für die Auswertung der elektrischen Größen in Diagrammen und bei Berechnungen ist es nun vorteilhaft, alle sekundären Werte auf die primäre Windungszahl umzurechnen, d. h. eine Übersetzung $N_2 = N_1$ zu verwenden. Zur Kennzeichnung dieser Umrechnung erhalten alle Sekundärwerte ein Hochkomma ('). An die Stelle der jetzt einheitlichen induzierten Spannung U_q tritt bei der galvanischen Kopplung wieder ein zugeordneter Hauptblindwiderstand X_h.

Für die Umrechnung auf die Hochkommawerte gilt mit

$$\ddot{u} = N_1/N_2 ; \quad U_2' = \ddot{u} U_2 \tag{4.23}$$

Da die Umrechnung bezüglich der Scheinleistung und der Verluste leistungsgleich erfolgen muss, folgt aus

$$U_2' I_2' = U_2 I_2 \quad \text{und} \quad I_2'^2 R_2' = I_2^2 R_2$$
$$I_2' = I_2/\ddot{u} ; \quad R_2' = R_2 \ddot{u}^2 ; \quad X_\sigma' = X_\sigma \ddot{u}^2 \tag{4.24}$$

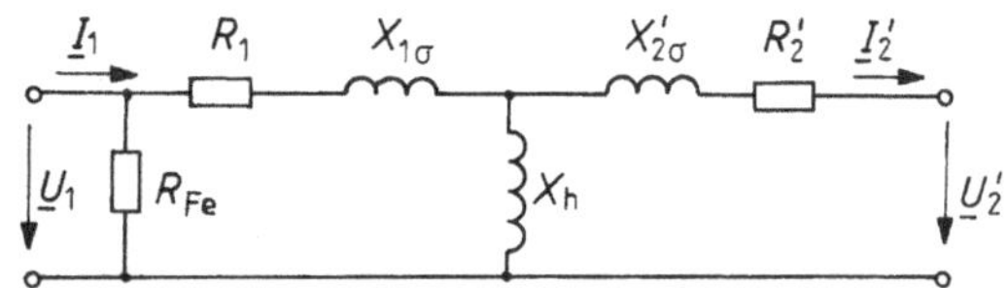

Abb. 4.23 Ersatzschaltung mit galvanischer Verbindung

Abb. 4.23 gibt auch die einfache Möglichkeit, neben den in den ohmschen Widerständen konzentrierten Stromwärmeverlusten (Kupferverlusten)

$$P_{\mathrm{Cu}} = I_1^2 R_1 + I_2'^2 R_2' \tag{4.25a}$$

die Eisenverluste

$$P_{\mathrm{FeN}} = U_1'^2 / R_{\mathrm{Fe}} \tag{4.25b}$$

zu erfassen. Letztere sind weitgehend lastunabhängig und können daher durch einen konstante Eisenverlustwiderstand R_{Fe} quer am Eingang beachtet werden.

Bei Transformatoren der Praxis liegen die Querwerte von X_{h} und R_{Fe} drei- bis vier Zehnerpotenzen über denen der Längswerte. Im Leerlauf mit $I_2' = 0$ nimmt ein Transformator damit einen *Leerlaufstrom* auf, der bei größeren Leistungen unter 1 % des Bemessungsstromes $I_{1\mathrm{N}}$ liegt. Die Querströme durch R_{Fe} und X_{h} sind damit für den Wert der Ausgangsspannung U_2' ohne Bedeutung, so dass das Betriebsverhalten des Wechselstromtransformators mit guter Genauigkeit über eine vereinfachte Ersatzschaltung nach Abb. 4.24 bestimmt werden kann.

Kurzschlussspannung Eine wichtige Kenngröße eines Transformators ist seine relative Kurzschlussspannung

$$u_{\mathrm{k}} = \frac{U_{1\mathrm{k}}}{U_{1\mathrm{N}}} \cdot 100\,\% \tag{4.26}$$

Dazu wird sekundärseitig kurzgeschlossen und die Primärspannung mit $U_{1\mathrm{k}}$ so eingestellt, dass der Bemessungsstrom $I_{2\mathrm{N}}$ fließt. Bei Transformatoren der öffentlichen Versorgung liegen die Werte bei $u_{\mathrm{k}} = 4$ bis 12 %. Der Leistungsfaktor im Kurzschlussfall errechnet sich nach Gl. 1.75 über das Verhältnis Wirk- zu Scheinleistung im Kurzschlussfall zu

$$\cos\varphi = \frac{P_{1\mathrm{k}}}{U_{1\mathrm{k}} \cdot I_{1\mathrm{N}}} = \frac{R \cdot I_{1\mathrm{N}}^2}{U_{1\mathrm{k}} \cdot I_{1\mathrm{N}}} = \frac{R}{U_{1\mathrm{k}}/I_{1\mathrm{N}}} = \frac{R}{Z}$$

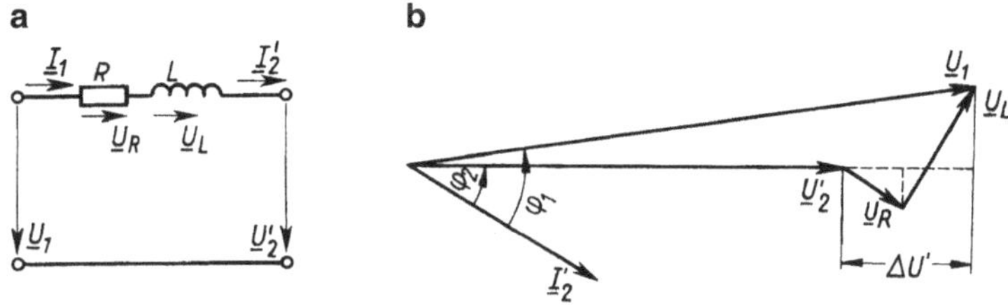

Abb. 4.24 **a** Vereinfachtes Ersatzschaltbild des Transformators, **b** Zeigerbild bei Belastung

R und Z sind der Wirk- und Scheinwiderstand aus dem vereinfachten Schaltung in Abb. 4.24.

4.2.1.3 Betriebsverhalten

Das Verhalten des Transformators bei Belastung lässt sich aus dem vereinfachten Ersatzschaltbild (Abb. 4.24a) herleiten. Es vernachlässigt den Leerlaufstrom, der besonders auf die Höhe der Ausgangsspannung U_2 praktisch ohne Einfluss ist.

Spannungsänderung bei Belastung Bei konstanter Primärspannung U_{1N} tritt bei Leerlauf mit $I_2 = 0$ an der Sekundärwicklung die Spannung U_{2N} auf. Wird der Transformator mit dem Sekundärstrom I_2 belastet, dann ändert sich die Sekundärspannung um ΔU auf U_2. Die prozentuale Spannungsänderung des Transformators ist dann wie folgt definiert

$$u_{\mathrm{v}} = 100\frac{U_{2N} - U_2}{U_{2N}}\,\% = 100\frac{\Delta U}{U_{2N}}\,\% \tag{4.27}$$

Aus Abb. 4.24b folgt hinreichend genau für den Spannungsunterschied $\Delta U' = U_1 - U_2'$

$$\Delta U' = U_{\mathrm{R}} \cos\varphi_2 + U_{\mathrm{L}} \sin\varphi_2 = I_2' R \cos\varphi_2 + I_2' \omega L \sin\varphi_2$$

$$= \frac{I_{2N}' R}{U_{1k}} \cos\varphi_2\, U_{1k}\frac{I_2'}{I_{2N}'} + \frac{I_{2N}' \omega L}{U_{1k}} \sin\varphi_2 U_{1k}\frac{I_2'}{I_{2N}'}$$

$$= U_{1k}\frac{I_2'}{I_{2N}'}(\cos\varphi_{1k} \cos\varphi_2 + \sin\varphi_{1k} \sin\varphi_2)$$

Erweitert man beide Seiten obiger Gleichung mit $100\,\%/U_{1N}$, so ergibt sich, da

$$\frac{\Delta U'}{U_{1N}} = \frac{\Delta U}{U_{2N}} \quad \text{und} \quad \frac{I_2'}{I_{2N}'} = \frac{I_2}{I_{2N}}$$

ist

$$u_{\mathrm{v}} = u_k\frac{I_2}{I_{2N}}(\cos\varphi_{1k} \cos\varphi_2 + \sin\varphi_{1k} \sin\varphi_2) \tag{4.28}$$

Beispiel 4.4

Mit Gl. 4.27 lässt sich die Spannungsänderung für jeden Belastungsfall errechnen.

Man erhält z. B. für

reine Wirklast $\cos\varphi_2 = 1$, $\sin\varphi_2 = 0$

$$u_{\mathrm{v}} = u_k\frac{I_2}{I_{2N}} \cos\varphi_{1k}$$

rein induktive Belastung, $\cos\varphi_2 = 0$, $\sin\varphi_2 = 1$:

$$u_\mathrm{v} = u_\mathrm{k}\frac{I_2}{I_{2\mathrm{N}}}\sin\varphi_{1\mathrm{k}}$$

rein kapazitive Belastung, $\cos\varphi_2 = 0$, $\sin\varphi_2 = -1$

$$u_\mathrm{v} = -u_\mathrm{k}\frac{I_2}{I_{2\mathrm{N}}}\sin\varphi_{1\mathrm{k}}$$

In Abb. 4.25 ist das Zeigebild der Spannungen einmal für ohmsch-induktiven Strom I_RL und dann ohmsch-kapazitivem Strom I_RC bei gleicher Stromstärke dargestellt. In beiden Fällen ist der für den Spannungswert unbedeutende Anteil IR vernachlässigt.

Als Ergebnis obigen Bildes ist festzustellen, dass bei

- ohmsch-induktiver Last $U_2' < U_1$,
- ohmsch-kapazitiver Last $U_2' > U_1$

wird. Bei einem wesentlichen Anteil an kapazitivem Strom steigt die Spannung auf der Sekundärseite mit zunehmender Belastung immer mehr an.

Aufgabe 4.4

Ein Transformator für $U_{1\mathrm{N}}/U_{2\mathrm{N}} = 230\,\mathrm{V}/50\,\mathrm{V}$ hat eine Kurzschlussspannung von $u_\mathrm{k} = 10\,\%$. Wie groß ist bei rein ohmschem Primärstrom $I_{1\mathrm{N}}$ die Sekundärspannung U_2, wenn der ohmsche Spannungsfall vernachlässigt wird?

Ergebnis: $U_2 = 50{,}2\,\mathrm{V}$

Abb. 4.25 Konstruktion der Sekundärspannung $\underline{U}_2'$ bei RL- und RC-Last

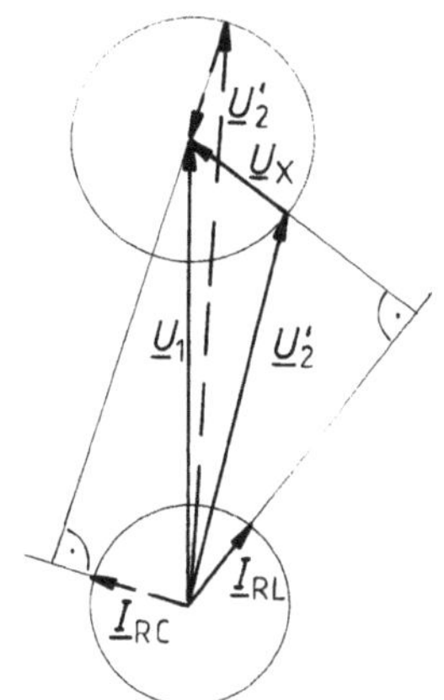

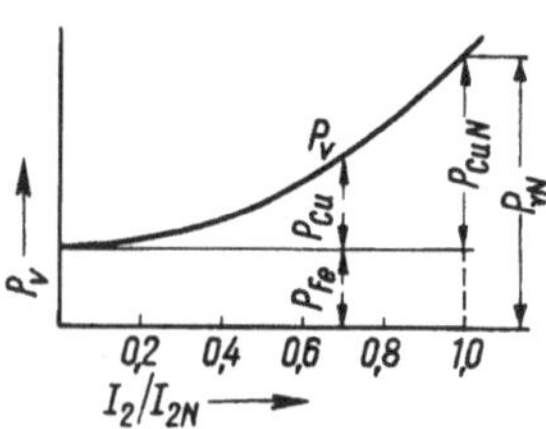

Abb. 4.26 Verlustleistung P_v des Transformators in Abhängigkeit vom Belastungsstrom I_2

Verluste und Wirkungsgrad Bleibt die Primärspannung $U_1 = U_{1\mathrm{N}}$ und deren Frequenz $f = f_\mathrm{N} =$ konst., dann sind die im Transformator auftretenden Eisenverluste P_{Fe} konstant. Ihre Größe wird durch die Leerlaufmessung festgestellt. Die Stromwärmeverluste in den Wicklungen, also die Kupferverluste treten in den Ersatzschaltbildern (Abb. 4.24) im Widerstand R auf und betragen $P_{\mathrm{Cu}} = I_2'^2 R$. Die Kupferverluste werden bei den Strömen $I_{1\mathrm{N}}$ und $I_{2\mathrm{N}}$ durch die Kurzschlussmessung zu $P_{\mathrm{CuN}} = I_{2\mathrm{N}}'^2 R$ bestimmt. Es wird somit

$$P_{\mathrm{Cu}} = P_{\mathrm{CuN}} \left(\frac{I_2}{I_{2\mathrm{N}}} \right)^2$$

Der gesamte Leistungsverlust P_v eines Transformators wird somit

$$P_\mathrm{v} = P_{\mathrm{Fe}} + P_{\mathrm{CuN}} \left(\frac{I_2}{I_{2\mathrm{N}}} \right)^2 \tag{4.29}$$

Trägt man die Verluste über dem Belastungsstrom I_2 in einem Schaubild auf (Abb. 4.26), so kann P_v ohne Aufzeichnen des Zeigerbildes auf einfache Weise für jeden Belastungsfall entnommen werden. Die Angabe eines Wirkungsgrades nach

$$\eta = \frac{P_2}{P_1} = \frac{P_2}{P_2 + P_\mathrm{v}}$$

hat dagegen bei Transformatoren nur einen Sinn, wenn man als Abgabeleistung $P_{2\mathrm{N}} = U_{2\mathrm{N}} \cdot I_{2\mathrm{N}} \cdot \cos\varphi_2$ mit $\cos\varphi_2 = 1$ reine Wirklast wählt. In diesem Fall ist er sehr gut und beträgt bei einem 10 MVA-Drehstromtransformator ca. 99 %.

Beispiel 4.5

Für einen Betrieb mit rein ohmscher Belastung ist mit den vorstehenden Gleichungen die relative Abgabeleistung $P_2/P_{2\mathrm{N}}$ zu bestimmen, bei welcher der Wirkungsgrad eines Transformators seinen Höchstwert besitzt. Es darf dazu $I_2 \approx P_2$ angenommen werden.

Mit

$$\eta = \frac{P_2}{P_2 + P_\mathrm{v}} = \frac{1}{1 + P_\mathrm{v}/P_2}$$

und P_v aus Gl. 4.28 sowie $I_2/I_{2\mathrm{N}} = P_2/P_{2\mathrm{N}}$ erhält man für den Wirkungsgrad

$$\eta = \frac{1}{1 + P_{\mathrm{Fe}}/P_2 + P_{\mathrm{CuN}} \cdot P_2/P_{2\mathrm{N}}^2}$$

Zur Bestimmung des Hochpunktes der Funktion $\eta = f(P_2)$ ist sie zu differenzieren und die Ableitung null zu setzen.

$$\mathrm{d}\eta/\mathrm{d}P_2 = \frac{P_{\mathrm{CuN}}/P_{2\mathrm{N}}^2 - P_{\mathrm{Fe}}/P_2^2}{(1 + P_{\mathrm{Fe}}/P_2 + P_{\mathrm{CuN}} \cdot P_2/P_{2\mathrm{N}})^2}$$

Eine sinnvolle Lösung ergibt sich nur, wenn der Zähler des Bruches null ist.

$$0 = P_{\mathrm{CuN}}/P_{2\mathrm{N}}^2 - P_{\mathrm{Fe}}/P_2^2$$

Der höchste Wirkungsgrad entsteht bei der Abgabeleistung

$$P_2 = P_{2\mathrm{N}} \cdot \sqrt{\frac{P_{\mathrm{Fe}}}{P_{\mathrm{CuN}}}}$$

Da Transformatoren mit einem Verlustverhältnis $P_{\mathrm{Fe}}/P_{\mathrm{CuN}} = 0{,}17$ bis $0{,}25$ ausgeführt werden, tritt der höchste Wirkungsgrad bei $P_2 \leq 0{,}5P_{2\mathrm{N}}$ auf. Dies ist sinnvoll, da Transformatoren in Netzen in der meisten Zeit im Teillastbetrieb arbeiten.

Aufgabe 4.5

a) Wie groß ist das Verhältnis Eisen- zu Wicklungsverluste $P_{\mathrm{Fe}}/P_{\mathrm{Cu}}$ bei maximalem Wirkungsgrad η_{max} und rein ohmscher Belastung?
b) Es sind die Wirkungsgrade η_{N} und η_{max} zu bestimmen.

Ergebnis:

a) $P_{\mathrm{Cu}}/P_{\mathrm{Fe}} = 1$,
b) $\eta_{\mathrm{N}} = 96{,}6\,\%$, $\eta_{\mathrm{max}} = 97{,}7\,\%$.

Überlastbarkeit Die Belastung eines Transformators wird durch Art und Größe der angeschlossenen Verbraucher bestimmt. Der Transformator kann dauernd mit der auf dem Leistungsschild angegebenen Bemessungs-Scheinleistung belastet werden, wobei die Umgebungstemperatur maximal $40\,°\mathrm{C}$ betragen darf. Liegen Verbraucher mit größerem Blindleistungsbedarf vor, so kann durch Blindstromkompensation mit Kondensatoren eine Entlastung erreicht werden. Dadurch lassen sich außerdem die Spannungshaltung und der Wirkungsgrad verbessern. Durch die herbeigeführte Entlastung besteht die Möglichkeit, weitere Verbraucher ohne Erhöhung der verfügbaren Transformatorenleistung anzuschließen.

Die in Industriegebieten meist vorhandenen, für eine Scheinleistung ab 20 kVA genormten Öltransformatoren können kurzzeitig bis 50 % überlastet werden, wenn sie vor Eintritt der Überlastung längere Zeit nicht voll belastet waren. Die Überlastungsdauer ist naturgemäß umso geringer, je größer die vorangegangene Belastung war. Sie kann z. B. 15 min bei 50 %, 4 min bei 90 % Vorbelastung betragen.

Kurzschluss Werden die sekundären Stromzuführungen des Transformators, die Sammelschienen, kurzgeschlossen, so stellt sich bei $U_1 = U_{1N}$ ein Kurzschlussstrom ein, der sich aus dem vereinfachten Ersatzschaltbild 4.24a ergibt

$$I_{1k} = \frac{U_{1N}}{\sqrt{R^2 + (\omega L)^2}}$$

Da sich im Kurzschlussversuch nach Abb. 4.22b die Bemessungsströme bereits bei der geringen Kurzschlussspannung U_{1k} einstellen, ist der Dauerkurzschlussstrom umso größer, je kleiner u_k ist

$$I_{1k} = I_{1N}\frac{100\%}{u_k} \; ; \quad I_{2k} = I_{2N}\frac{100\%}{u_k} \tag{4.30}$$

Bei einem Transformator mit einer Kurzschlussspannung $u_k = 4\%$ fließen also die 25fachen Bemessungsströme. Im Moment des Kurzschließens tritt eine Stromspitze, der Stoßkurzschlussstrom auf. Er kann fast den doppelten Wert von I_k, bei $u_k = 4\%$ demnach rund das 50fache von I_{1N} erreichen. Die Wicklungen werden dann durch die von den Kurzschlussströmen hervorgerufenen magnetischen Kräfte dynamisch und durch die auftretende Stromwärme auch thermisch stark beansprucht. Es muss daher dafür gesorgt werden, dass der Transformator kurzschlussfest, d. h. diesen Beanspruchungen gewachsen ist. Schließlich muss der Transformatorschalter oder die Sicherung in der Lage sein, genügend schnell und sicher abzuschalten.

Parallelbetrieb Transformatoren können nur dann, ohne dass unzulässige Ausgleichsströme entstehen, parallel geschaltet werden, wenn die nachstehenden Voraussetzungen erfüllt sind:

1. Die Bemessungsspannungen und die Frequenz müssen übereinstimmen.
2. Die relativen Kurzschlussspannungen müssen innerhalb der Toleranzen gleich sein.
3. Das Verhältnis der Bemessungsleistungen sollte nicht größer als 3 : 1 sein.

Sind diese Bedingungen erfüllt, dann beteiligen sich die parallelen Transformatoren im Verhältnis ihrer Einzelleistungen an der Gesamtlast.

4.2.1.4 Sondertransformatoren

Unter dem Begriff Sondertransformatoren fasst man in der Regel alle Ausführungen auf, die normalerweise nicht der Energieverteilung in elektrischen Netzen dienen. Es sind

- Stromrichtertransformatoren mit erhöhter Phasenzahl,
- Kleintransformatoren und Messwandler,
- Schutz- und Sicherheitstransformatoren,
- Spartransformatoren.

Einige Ausführungen sollen nachstehend kurz besprochen werden.

Schutztransformatoren Ein an geerdeten Metallkonstruktionen (z. B. Dampfkesseln) und in feuchten Räumen Arbeitender ist wegen des meist geringen Isolationswiderstandes zwischen ihm und der Erde, z. B. bei feuchtem Schuhwerk, stark gefährdet, wenn er mit schadhaften Elektrowerkzeugen, Handleuchten, Kabeln und dgl. in Berührung kommt. Da ein Leiter meist geerdet ist, fließt dann nämlich ein oft tödlicher Strom auf dem Wege: schadhaftes spannungsführendes Gerät-Körper-Erde-Leiter-Gerät (s. Abschn. 1.3.3.5). Diese Gefahr wird sicher ausgeschaltet, wenn man Schutztransformatoren verwendet, die die Spannung des Verteilungsnetzes auf die in VDE 0551 festgelegten Schutzspannungen (meist 24 V oder 42 V) herabsetzen. Durch besondere Vorschriften für die Isolierung der beiden Wicklungen können so die Forderungen des Unfallschutzes auch in schwierigen Fällen berücksichtigt werden.

Spartransformator Er hat im Gegensatz zu normalen Transformatoren nur eine Wicklung (Abb. 4.27), die durch eine Anzapfung in die für Primär- und Sekundärseite gemeinsame Wicklung G und für die Sekundärseite allein wirksame Zusatzwicklung Z unterteilt ist. Da beide Wicklungen leitend miteinander verbunden sind, ist der Anwendungsbereich aus Sicherheitsgründen beschränkt. Man verwendet den Spartransformator z. B. dann, wenn eine zur Verfügung stehende Spannung U_1 um geringe Beträge (in der Regel nicht mehr als um $\pm15\,\%$) nach oben oder unten verändert werden soll. Will man z. B. bei Anschluss eines Gerätes an ein Netz eine konstante Sekundärspannung U_2 trotz der im Laufe des Tages unvermeidlichen Schwankungen der Netzspannung U_1 zur Verfügung haben, so kann die Sekundärspannung durch Verstellen des Abgriffes an der Wicklung Z nachgestellt werden, wobei sich $\underline{U}_Z$ und $\underline{U}_2$ addieren: $\underline{U}_1 = \underline{U}_2 + \underline{U}_Z$.

Die Schaltung (Abb. 4.27) ähnelt der eines ohmschen Spannungsteilers, jedoch spielen bei dem hier besprochenen induktiven Spannungsteiler Wirkwiderstände und damit die Verluste nur eine untergeordnete Rolle. Es kommt hinzu, dass die gemeinsame Wicklung G nur vom Differenzstrom $\underline{I}_1 - \underline{I}_2$ durchflossen wird und deshalb im Gegensatz zu einem

Abb. 4.27 Spartransformator

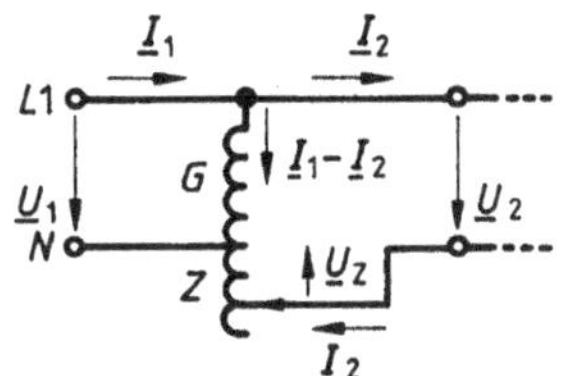

Transformator mit zwei getrennten Wicklungen auch nur für diesen Strom bemessen zu werden braucht. Es können also Betriebs- und Anschaffungskosten gespart werden.

Beispiel 4.6

An einem Wechselstromtransformator mit den Leistungsschildangaben 3 kVA, 230 V/ 115 V, 13,05 A/26,1 A, 50 Hz, $u_k = 9{,}5\,\%$ wurden Leerlauf- und Kurzschlussmessung durchgeführt.

a) Die Angaben auf dem Leistungsschild sollen rechnerisch nachgeprüft werden.

$$S_N = U_{1N}\,; \qquad\qquad I_{1N} = 230\,\text{V} \cdot 13{,}05\,\text{A} = 3002\,\text{VA} = 3\,\text{kVA}$$
$$S_N = U_{2N}\,; \qquad\qquad I_{2N} = 115\,\text{V} \cdot 26{,}1\,\text{A} = 3002\,\text{VA} = 3\,\text{kVA}$$

b) Im Leerlaufversuch wurden bei $U_{1N} = 230\,\text{V}$, 50 Hz gemessen: der primäre Leerlaufstrom $I_{10} = 1{,}5\,\text{A}$, die primär aufgenommene Leistung $P_{10} = 40\,\text{W}$, die sekundäre Leerlaufspannung $U_{20} = U_{2N} = 115\,\text{V}$. Es sollen die hieraus bestimmbaren Größen und das Zeigerbild ermittelt werden.
Der Leerlaufstrom beträgt in Prozent vom primären Strom I_{1N}

$$100\frac{I_{10}}{I_{1N}}\,\% = 100\frac{1{,}5\,\text{A}}{13{,}05\,\text{A}}\,\% = 11{,}5\,\%$$

Die Übersetzung ist nach Gl. 4.22

$$\ddot{u} = \frac{U_{1N}}{U_{2N}} = \frac{230\,\text{V}}{115\,\text{V}} = 2$$

Zum Aufzeichnen des Zeigerbildes (Abb. 4.28a) bei Leerlauf benötigt man noch den Phasenverschiebungswinkel φ_{10}

$$\cos\varphi_{10} = \frac{P_{10}}{U_{1N}I_{10}} = \frac{40\,\text{W}}{230\,\text{V} \cdot 1{,}5\,\text{A}} = 0{,}1159$$
$$\varphi_{10} = 83{,}34°\,; \quad \sin\varphi_{10} = 0{,}9933$$

c) Bei der Kurzschlussmessung wurden bei $I_{2N} = 26{,}1\,\text{A}$ die primäre Kurzschlussspannung $U_{1k} = 21{,}9\,\text{V}$ und die primär aufgenommene Leistung $P_{1k} = 125\,\text{W}$ gemessen. Welche Größen lassen sich hieraus errechnen? Das Zeigerbild ist zu entwerfen.
Die prozentuale Kurzschlussspannung ist nach Gl. 4.23

$$u_k = 100\frac{U_{1k}}{U_{1N}}\,\% = 100\frac{21{,}9\,\text{V}}{230\,\text{V}}\,\% = 9{,}52\,\%$$

Abb. 4.28 Zeigerbild für Leerlauf (**a**) und Kurzschluss (**b**) eines Transformators

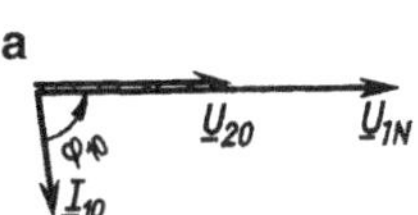

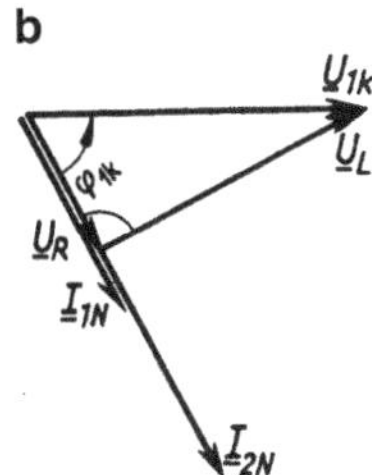

Zum Aufzeichnen des Zeigerbildes (Abb. 4.28b) bei Kurzschluss benötigt man noch

$$\cos\psi_{1k} = \frac{P_{1k}}{U_{1k}I_{1N}} = \frac{125\,\text{W}}{21{,}9\,\text{V} \cdot 13{,}05\,\text{A}} = 0{,}4374$$

$$\varphi_{1k} = 64°; \qquad \sin\varphi_{1k} = 0{,}899$$

Damit werden die Spannungen an R und L in Abb. 4.28b

$$U_R = U_{1k}\cos\varphi_{1k} = 21{,}9\,\text{V} \times 0{,}4374 = 9{,}58\,\text{V}$$

$$U_L = U_{1k}\sin\varphi_{1k} = 21{,}9\,\text{V} \times 0{,}899 = 19{,}7\,\text{V}$$

Die Elemente R und L im Ersatzschaltbild sind dann nach Gl. 4.25b

$$R = \frac{U_R}{I_{1N}} = \frac{9{,}58\,\text{V}}{13{,}05\,\text{A}} = 0{,}734\,\Omega$$

$$L = \frac{U_L}{\omega\,I_{1N}} = \frac{19{,}7\,\text{V}}{314\,\text{s}^{-1} \cdot 13{,}05\,\text{A}} = 4{,}81 \cdot 10^{-3}\,\text{H}$$

Um die Kupferverluste P_{CuN} bei den Bemessungsströmen im betriebswarmen Zustand zu ermitteln, werden die im Kurzschlussversuch bei 20 °C ermittelten Verluste P_{1k} auf 75 °C umgerechnet.

$$P_{\text{CuN}} = P_{1k}\left[1 + \frac{0{,}004}{°\text{C}}(75 - 20)\,°\text{C}\right] = 125\,\text{W} \cdot 1{,}22 = 152\,\text{W} \approx 150\,\text{W}$$

Beispiel 4.7

Für den im vorstehenden Beispiel behandelten Transformator sollen Verluste, Wirkungsgrad sowie Spannungsänderung bei verschiedenen Belastungen ermittelt werden.

a) Die Verluste des Transformators sollen zwischen Leerlauf ($I_2 = 0$) und Volllast ($I_2 = I_{2N}$) dargestellt werden.
   Die Verluste P_v des Transformators sind nach Gl. 4.28 $P_v = P_{\text{Fe}} + P_{\text{CuN}}(I_2/I_{2N})^2$. Mit $P_{\text{Fe}} = 40\,\text{W}$ und $P_{\text{CuN}} = 150\,\text{W}$ ergibt sich für diese Funktion der in Abb. 4.29a gezeichnete parabelförmige Verlauf.

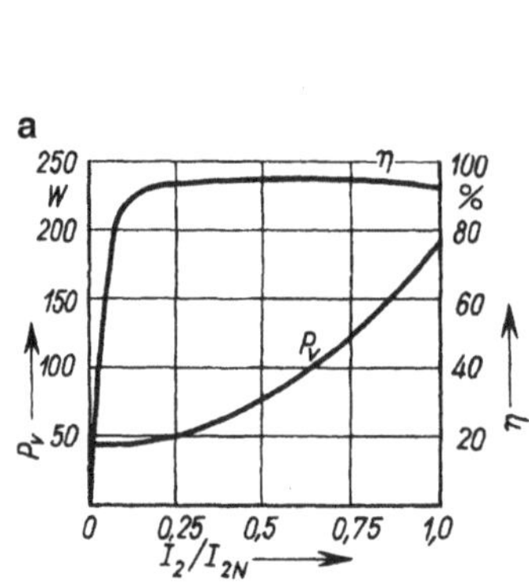
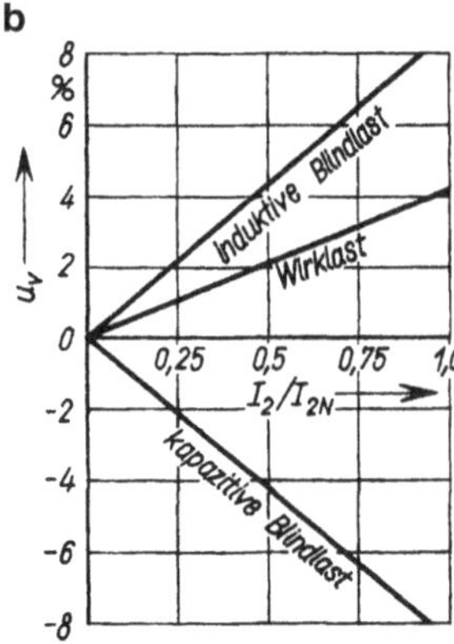

Abb. 4.29 Verlustleistung und Wirkungsgrad (**a**) sowie Spannungsänderung (**b**) eines Transformators

b) Mit P_v aus Abb. 4.29a und der Abgabeleistung $P_2 = P_\mathrm{2N}(I_2/I_\mathrm{2N}) = 3\,\mathrm{kW}$ (I_2/I_2N) ist die eingetragene Wirkungsgradkurve $\eta = f(I_2/I_\mathrm{2N})$ nachzurechnen.

c) Die Spannungsänderung u_v des Transformators bei reiner Wirklast sowie bei induktiver und kapazitiver Blindlast ist für $I_2 = I_\mathrm{2N}$ zu errechnen.
Nach Gl. 4.27 werden bei

$$
\begin{aligned}
\text{reiner Wirklast} \quad & u_\mathrm{v} = u_\mathrm{k} \cos \varphi_\mathrm{1k} = 9{,}52\,\% \cdot 0{,}437 = 4{,}16\,\% \\
\text{rein induktiver Belastung} \quad & u_\mathrm{v} = u_\mathrm{k} \sin \varphi_\mathrm{1k} = 9{,}52\,\% \cdot 0{,}899 = 8{,}6\,\% \\
\text{rein kapazitiver Belastung} \quad & u_\mathrm{v} = -u_\mathrm{k} \sin \varphi_\mathrm{1k} = -8{,}6\,\%
\end{aligned}
$$

In Abb. 4.29b sind die sich hiermit ergebenden Spannungsänderungen grafisch dargestellt.

4.2.2 Drehstromtransformatoren

4.2.2.1 Bauart und Schaltung

Bedeutung Drehstromtransformatoren haben für den Transport von elektrischer Energie eine entscheidende Bedeutung. Wie in Abschn. 6.2.1.1 gezeigt, „durchläuft" jede kWh vom Kraftwerk bis zum Endverbraucher eine Vielzahl von Transformatoren.

Bauart Die an Höchstspannungsnetze (380 kV, 220 kV) angeschlossenen Transformatoren haben Leistungen bis zu etwa 1500 MVA. Ihre Baugröße ist praktisch nur durch die beschränkten Möglichkeiten des Transports (Bahnprofil) begrenzt. In kleineren, mittleren und großen Industriebetrieben stehen Transformatoren mit Leistungen von etwa 50 kVA an bis zu 10 MVA und mehr. Die Spannung auf der Primärseite ist in den meisten Fällen 10

Abb. 4.30 Drehstromkern-
transformator Unterspan-
nungswicklung U innen,
Oberspannungswicklung O
außen

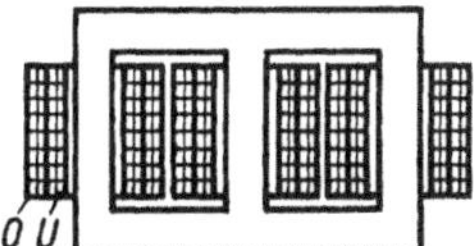

oder 20 kV (selten 30 kV), auf der Sekundärseite meist 400 V, seltener 660 V oder 500 V. Für Großmotoren mit Spannungen von meist 3 kV oder 6 kV sind besondere Transformatoren erforderlich.

Die üblichen Drehstrom-Öltransformatoren genormter Baugrößen zwischen 20 und 1600 kVA sind Kerntransformatoren (Abb. 4.30) mit drei Schenkeln in einer Ebene. Auf jedem Schenkel ist ein Strang der Primär- und Sekundärwicklung untergebracht. Die Stränge der Wicklungen können auf verschiedene Weise zusammengeschaltet werden.

Anschlussbezeichnungen In Abschn. 1.3.3.2 wurden die bei Drehstrom vorherrschenden Stern- und Dreieckschaltungen von Strängen, die hier bei den Ober- und Unterspannungswicklungen auftreten, besonders besprochen. Als dritte Verbindungsart kommt hier noch die Zickzackschaltung für die Unterspannungswicklungen von Netztransformatoren hinzu. Abb. 4.31 zeigt die einheitliche Anordnung der drei Wicklungsstränge in den Schaltplänen mit der vollständigen Bezeichnung der Anschlüsse.

Bei der 1. Ziffer gilt 1 für die Oberspannungswicklung, 2 für die Unterspannungswicklung. Die folgenden Buchstaben U, V, W gelten für die drei Stränge auf beiden Seiten. Bei der 2. Ziffer bedeutet 1 Anfang und 2 Ende des Stranganschlusses. Bei der Zickzackschaltung besteht jeder Strang der Unterspannungswicklung aus zwei Hälften (Abb. 4.31c), so dass als 2. Ziffer auch 3 und 4 für Anfang bzw. Ende einer Hälfte auftreten. In den Schaltplänen (Abb. 4.32a) werden meist nur die an das Anschlussbrett führenden Anschlüsse bezeichnet; bei den Schaltkurzzeichen (Abb. 4.32c) werden die Ziffern meist weggelassen.

Schaltgruppe, Kennzahl und Zeigerbild Die Schaltgruppe wird durch eine Kurzbezeichnung angegeben, so gilt für die

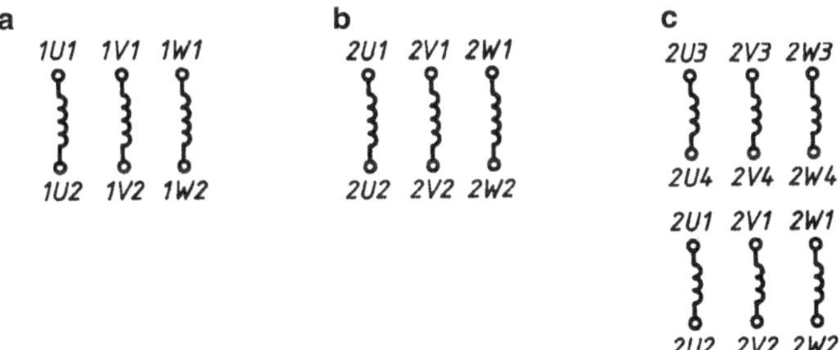

Abb. 4.31 Anschlussbezeichnung von Drehstromtransformatoren. **a** Oberspannungswicklung, **b** Unterspannungswicklung, **c** dto. bei Zickzackschaltung

Abb. 4.32 Drehstrom-
transformatoren für
Verteilungsnetze *links*:
Dreieck-Sternschaltung
(Schaltgruppe Dyn 5) *rechts*:
Stern-Zickzackschaltung
(Schaltgruppe Yzn 5) jeweils
mit Schaltplan (**a**), Zeigerbild
(**b**) zur Festlegung der Kenn-
zahl, Schaltkurzzeichen (**c**)

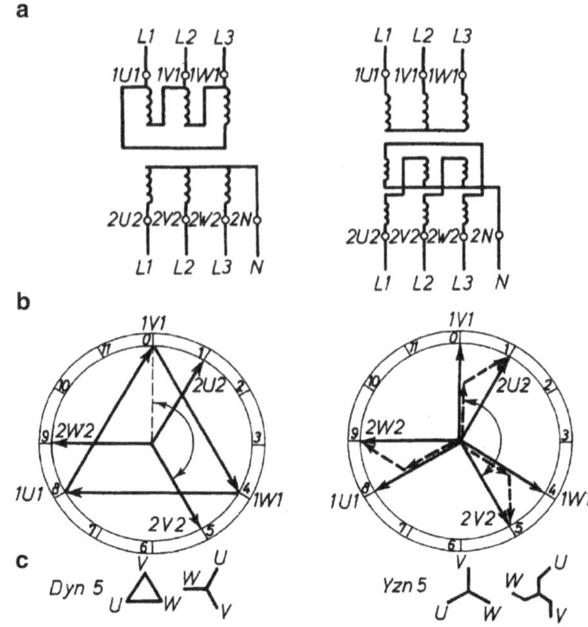

Oberspannungswicklung: D-Dreieckschaltung, Y-Sternschaltung, Z-Zickzackschaltung
Unterspannungswicklung: d-Dreieckschaltung, y-Sternschaltung, z-Zickzackschaltung.

Ist ein Sternpunkt an das Anschlussbrett geführt, wird zusätzlich zu den vorstehenden
Buchstaben noch N bzw. n hinzugesetzt, z. B. YNd; Dyn 4 und Yzn 5 (Abb. 4.32a). In den
Bildern 4.32a sind auch die Leiter der Netze mit ihren Bezeichnungen angedeutet.

Schließlich gibt in der Kurzbezeichnung die Kennzahl z. B. 5 an, welche Lage der Ausgang des V-Strangs einnimmt (2V2 in Abb. 4.32a), wenn der Eingang 1V1 des V-Strangs
auf 0, in der Bezifferung der Uhr auf 12, in einem Zeigerbild gebracht wird. Bei der
Aufzeichnung des Zeigerbildes (Abb. 4.32b) ist davon auszugehen, dass die Phasenfolge
U, V, W auf der Oberspannungsseite vorliegt und die Spannungszeiger in gleichnami-
gen Strängen gleiche Phasenlage haben. Kommen auf beiden Seiten nur Stern- und/oder
Zickzackschaltungen vor (Yzn 5, rechts in Abb. 4.32), gibt z. B. die Zahl 5 an, dass die
Unterspannungen den entsprechenden Oberspannungen um 5 Ziffern des Ziffernblattes,
also um $5 \cdot 30° = 150°$ nacheilen.

Beispiel 4.8

Auf dem Leistungsschild eines Drehstromtransformators ist die Schaltung Yzn 5 angegeben (Abb. 4.32 rechts).

Was kann hieraus entnommen werden?

Die Oberspannungswicklung ist in Stern, die Unterspannungswicklung in Zickzack geschaltet, der Sternpunkt n ist herausgeführt, ein Vierleiternetz wird gespeist (z. B. 10 kV/400 V/230 V). Die Zeiger entsprechender Spannungen der Ober- und Unterspannungswicklung sind, der Kennzahl gemäß, um 150° gegeneinander versetzt. Die zickzackförmige Zusammensetzung der Zeiger für die unter verschiedenen Schenkeln untergebrachten Stranghälften nach Abb. 4.32b rechts ist zu kontrollieren.

Die Auswahl der Schaltung von Drehstromtransformatoren richtet sich nach dem Verwendungszweck. Von den in VDE 0532 angegebenen 12 verschiedenen Schaltungen sind zu bevorzugen:

Schaltung Yzn 5 für kleinere, Dyn 5 für größere Netztransformatoren (> 400 kVA), wenn infolge unsymmetrischer Belastung des Vierleiternetzes der Sternpunktleiter voll, d. h. mit dem Bemessungsstrom der Außenleiter belastbar sein soll.

Schaltung Yy0 und Yd5 für Transformatoren in den Umspannwerken von Hoch- und Mittelspannungsnetzen, die durchweg als Dreileiternetze ausgeführt sind.

4.2.2.2 Kenngrößen und Betriebsverhalten

Kenngrößen Die Bemessungsleistung (Scheinleistung) von Drehstromtransformatoren ist

$$S_N = \sqrt{3}\, U_{1N} I_{1N} = \sqrt{3}\, U_{2N} I_{2N} \qquad (4.31)$$

Die Leerlaufmessung wird in der Regel von der Unterspannungsseite aus durchgeführt. Für die Messung der Oberspannung ist dann meist ein Spannungswandler erforderlich. Die Kurzschlussmessung wird zweckmäßig meist von der Oberspannungsseite aus durchgeführt. Die Leistungen werden z. B. mit der Zwei-Wattmeter-Methode (s. Abschn. 1.3.3.3) gemessen. Mit Hilfe des Ersatzschaltbildes können nun, den Ausführungen in Abschn. 4.2.1.2 entsprechend, weitere Kenngrößen des Transformators ermittelt werden. Das für den Wechselstromtransformator aufgestellte Ersatzschaltbild (Abb. 4.24) gilt auch für die Strangspannung und den Strangstrom eines beliebigen Stranges des Drehstromtransformators. Da die Verhältnisse in den beiden übrigen Strängen grundsätzlich gleich, jedoch zeitlich um 120° bzw. 240° versetzt sind, genügt diese Darstellung. Entsprechend gilt für einen Strang bei Drehstrom auch das Zeigerbild des Wechselstromtransformators bei Belastung (Abb. 4.24b).

Betriebsverhalten Auch die in Abschn. 4.2.1.3 aus dem Ersatzschaltbild gezogenen Folgerungen für das Betriebsverhalten und die dort hergeleiteten Gleichungen können übernommen werden, also z. B. die Berechnung der Spannungsänderung, der Verluste und des Wirkungsgrades sowie das Verhalten bei Überlastung und Kurzschluss. Nur die Verhältnisse bei Parallelbetrieb bedürfen wegen der Vielzahl der Schaltungen von Drehstromtransformatoren einer Ergänzung.

Abb. 4.33 Änderung der
Spannungsübersetzung durch
Stufenschalter

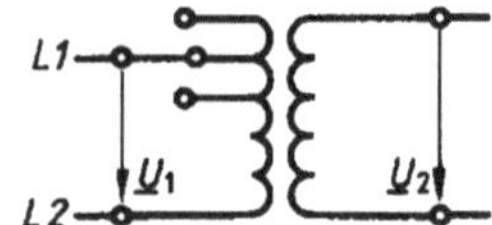

Parallelbetrieb Für Wechselstromtransformatoren gelten für das Parallelschalten folgende Vorbedingungen (s. Abschn. 4.2.1.3):

Nach Betrag und Phase gleiche primäre und sekundäre Spannungen, gleiche Frequenz, gleiche Kurzschlussspannungen (Verhältnis höchstens 1,1:1), Verhältnis der Bemessungsleistungen möglichst nicht größer 3:1. Dazu kommt nun bei Drehstromtransformatoren noch die Bedingung, dass bei Anschluss an ein gemeinsames Primärnetz die Sekundärwicklungen die gleiche Kennzahl haben müssen.

Die Sekundärspannungen sind nur dann phasengleich, wenn ihre Kennzahlen gleich sind. Es können demnach Drehstromtransformatoren, falls die übrigen Bedingungen erfüllt sind, z. B. mit den Schaltungen Yz 5 und Dy 5 parallel geschaltet werden, nicht aber mit den Schaltungen Yy 0 und Yd 5.

Änderung der Spannungsübersetzung Bei den genormten Drehstromtransformatoren hat die Primärwicklung drei Anzapfungen (Abb. 4.33), wobei die mittlere für die primäre Bemessungsspannung (normale Übersetzung) gilt. Wird der Transformator auf die obere oder untere Anzapfung geschaltet, so wird die Spannungsübersetzung um einige Prozent (4 oder 5 %) erhöht oder verringert. Dies darf nur nach Abschalten des Transformators geschehen.

Überwachung und Schutz Je nach Art und Größe der Transformatoren sind für die Überwachung und den Schutz besondere Einrichtungen erforderlich.

Über dem Ölkessel ist ein Ausdehnungsgefäß angeordnet (Abb. 4.34), das die Volumenänderungen des Öls aufnimmt, die durch die unterschiedlichen Temperaturen (Grenzwerte zwischen $-30\,°\mathrm{C}$ im Winter und $+96\,°\mathrm{C}$ im Sommer) entstehen. Zur Überwachung dienen Thermometer und Ölstandsanzeiger. Große Transformatoren haben Fernüberwachung mit einem Gefahrenmelder, der bei Überschreiten einer einstellbaren Öltemperatur oder bei Unterschreitung des tiefsten zulässigen Ölstandes ein Warnsignal auslöst. Die Reinheit des Öls, das sich im Laufe der Zeit durch die aus der Luft aufgenommene Feuchtigkeit und durch Alterung zersetzt und dadurch an Isoliervermögen verliert, wird in größeren Zeitabständen durch Probeentnahmen kontrolliert und u. U. erneuert.

Elektrische Fehler in Transformatoren (Isolationsmängel, Windungsschluss u. a.) rufen durch Zersetzung des Öls Gasbildung hervor. Diese wirkt auf die Schwimmer des Buchholz-Schutzes, der zwischen Ölkessel und Ausdehnungsgefäß eingebaut ist. Hierdurch wird ein Warnsignal ausgelöst oder der Transformator sofort abgeschaltet, so dass ein Fehler bereits im Entstehen festgestellt und größerer Schaden (Brand, Explosion) verhütet wird.

Abb. 4.34 Aufbau eines Öltransformators 1600 kVA, 10 kV + 5 %/0,4 kV. *1* Kern, *2, 3* Ober- und Unterspannungswicklung *4* Hartpapierzylinder (Isolation), *5, 6* Ober- und Unterspannungsdurchführung, *7* Ölausdehnungsgefäß, *8* Ölstandsanzeiger, *9* Buchholz-Relais, *10* Thermometertasche

Schließlich muss auch für gute Lüftung der Transformatorenkammern, die mit Brandschutzmauern und Fanggruben im Fundament für ausfließendes Öl auszurüsten sind, gesorgt werden.

Beispiel 4.9

Von einem Drehstrom-Öltransformator 50 kVA, 10.000 V ± 4 %/400 V, Schaltung Yy0 sollen die wichtigsten Größen ermittelt werden.

a) Aus Gl. 4.30 erhält man den primären und sekundären Bemessungsstrom

$$I_{1N} = \frac{S_N}{\sqrt{3}U_{1N}} = \frac{50\,\text{kVA}}{\sqrt{3} \cdot 10\,\text{kV}} = 2{,}89\,\text{A}$$

$$I_{2N} = \frac{S_N}{\sqrt{3}U_{2N}} = \frac{50\,\text{kVA}}{\sqrt{3} \cdot 0{,}4\,\text{kV}} = 72\,\text{A}$$

b) Eine allgemeine Funktion für die in einer Transformatorwicklung, die von dem magnetischen Wechselfeld $\Phi = \Phi_{max} \sin \omega t$ durchsetzt wird, erzeugte Spannung ist nach dem Induktionsgesetz [s. Gl. 1.52]

$$u_q = N \frac{d\Phi}{dt} = N\,\omega\Phi_{max}\cos\omega t = \sqrt{2}\,U_q \cos\omega t$$

Hieraus folgt

$$U_q = \frac{\omega}{\sqrt{2}} N\, \Phi_{max} = \frac{2\pi}{\sqrt{2}} f N \Phi_{max}$$

oder

$$U_q = 4{,}44 f N \Phi_{max} \tag{4.32}$$

c) Man ermittle die Windungszahlen N_1 und N_2 der drei Primär- und Sekundärstränge des Drehstromtransformators, wenn seine Schenkel und Joche einen wirksamen Eisenquerschnitt $A = 97\,\text{cm}^2$ haben und die höchstzulässige Flussdichte im Eisen $B_{max} = 1{,}37\,\text{T}$ betragen soll.

Nach Gl. 1.45 ist der magnetische Fluss

$$\Phi_{max} = B_{max} A = 1{,}37\,\text{T} \cdot 97 \cdot 10^{-4}\,\text{m}^2 = 0{,}0133\,\text{T}\,\text{m}^2 = 0{,}0133\,\text{Vs}$$

Bei Leerlauf ist $U_{1N} \approx U_{10}$ und $U_{2N} = U_{20}$. Somit werden die in einem Strang auf der Primär- und Sekundärseite erzeugten Spannungen, da die beiden Wicklungen in Stern geschaltet sind, nach Gl. 4.31

$$U_{1N}/\sqrt{3} = 4{,}44 f\, N_1\, \Phi_{max} \quad \text{und} \quad U_{2N}/\sqrt{3} = 4{,}44\, f\, N_2\, \Phi_{max}$$

Hieraus findet man die Windungszahlen

$$N_1 = \frac{U_{1N}/\sqrt{3}}{4{,}44\, f\, \Phi_{max}} = \frac{10.000\,\text{V}}{\sqrt{3} \cdot 4{,}44 \cdot 50\,\text{s}^{-1} \cdot 0{,}0133\,\text{Vs}} = 1970$$

und

$$N_2 = N_1 \cdot \frac{U_{20}}{U_{1N}} = 1970 \frac{400\,\text{V}}{10.000\,\text{V}} = 78{,}8 \approx 79$$

Beispiel 4.10

An dem Drehstromtransformator nach Beispiel 4.9 wurde eine Leerlaufmessung von der Unterspannungsseite aus durchgeführt und bei einer Strangspannung von 231 V die Strangleistung 125 W gemessen. Die Kurzschlussmessung, von der Oberspannungsseite aus durchgeführt, ergab bei einer Strangspannung von 220 V die Strangleistung 450 W.

Hieraus sollen Verluste und Wirkungsgrad ermittelt werden.

a) Im Leerlauf braucht der Transformator praktisch nur die Eisenverluste $P_{Fe} = 3 \cdot 125\,\text{W} = 375\,\text{W}$ zu decken. Bei Kurzschluss ($U_2 = 0$) wird entsprechend der Leistungsfaktor eines Stranges

$$\cos \varphi_{1k} = \frac{450\,\text{W}}{220\,\text{V} \cdot 2{,}89\,\text{A}} = 0{,}707\,; \quad \varphi_{2k} = 45°$$

Die prozentuale Kurzschlussspannung ist nach Gl. 4.23

$$u_k = 100\frac{\sqrt{3}\cdot 220\,\text{V}}{10\,000\,\text{V}}\% = 3{,}8\,\%$$

Die bei Kurzschluss gemessene Strangleistung ist gleich den Kupferverlusten eines Stranges der Ober- und Unterspannungswicklung bei 20 °C. Die Kupferverluste des Transformators betragen im betriebswarmen Zustand (75 °C)

$$P_{\text{CuN}} = 3\cdot 450\,\text{W}\left[1 + \frac{0{,}004}{°\text{C}}(75 - 20)\,°\text{C}\right] = 1350\,\text{W}\cdot 1{,}22 = 1{,}65\,\text{kW}$$

b) Um den Wirkungsgrad bei Volllast $I_{2\text{N}} = 72\,\text{A}$, $\cos\varphi_2 = 1{,}0$ errechnen zu können, müssen zuvor bestimmt werden
Spannungsänderung aus Gl. 4.27

$$u_v = 3{,}8\,\%\cdot 0{,}707 \approx 2{,}7\,\%$$

Sekundärspannung

$$U_2 = 0{,}973\cdot U_{2\text{N}} = 0{,}973\cdot 400\,\text{V} = 389\,\text{V}$$

abgegebene Leistung bei Wirklast ($\cos\varphi_2 = 1{,}0$)

$$P_2 = \sqrt{3}U_2 I_2 \cos\varphi_2 = \sqrt{3}\cdot 389\,\text{V}\cdot 72\,\text{A}\cdot 1{,}0 = 48.500\,\text{W} = 48{,}5\,\text{kW}$$

aufgenommene Leistung

$$P_1 = P_2 + P_{v\text{N}} = (48{,}5 + 0{,}375 + 1{,}65)\,\text{kW} = 50{,}525\,\text{kW}$$

Dann ist der Wirkungsgrad

$$\eta = 100\frac{P_2}{P_1}\% = 100\frac{48{,}5\,\text{kW}}{50{,}525\,\text{kW}}\% = 96\,\%$$

Aufgabe 4.6

Mit den Gln. 4.31, 1.14, 1.45 ist der Einfluss der Betriebsfrequenz f auf die Kupfer- und die Eisenquerschnitte und damit auf die Masse eines Transformators herzuleiten. Stromdichte J und Flussdichte B können als gleich bleibend angenommen werden.

Ergebnis: $(A_{\text{Cu}} A_{\text{Fe}}) \approx 1/f$

4.3   Drehstrom-Asynchronmaschinen

4.3.1   Aufbau und Wirkungsweise

4.3.1.1   Ständer und Drehstromwicklung

Ständer (Stator) In ein Gehäuse aus Stahlguss mit Kühlrippen entlang des Außenmantels wird ein aus 0,5 mm dicken, isolierten Elektroblechen geschichtetes Blechpaket eingepresst. Es besitzt längs seiner Bohrung gleichmäßig verteilte Nuten zur Aufnahme einer dreisträngigen Wicklung.

Diese Drehstromwicklung, deren drei Stränge in Stern- oder Dreieckschaltung an das Drehstromnetz angeschlossen werden, hat die Aufgabe, in der Maschine ein umlaufendes Magnetfeld, Drehfeld genannt, zu erzeugen. Wie nachstehend erläutert, verlangt dies räumlich versetzte Wicklungsteile oder Stränge, die von phasenverschobenen Strömen gespeist werden.

Drehstromwicklung Die in Abb. 1.90 angedeuteten räumlich gleichmäßig verteilten drei Teile (Stränge) einer Drehstromwicklung sind real jeweils auf mehrere Nuten des Ständerblechpaketes verteilt. Abb. 4.35a zeigt eine zweipolige Ausführung in einem Ständer mit nur 12 Nuten. Jeder Strang bildet eine Spulengruppe an, die ein Drittel der Nutzahl belegt. Die Anfänge U1, V1 und W1 der drei Teilwicklungen sind zueinander – und so auch die Wicklungsachsen – um 120° versetzt.

Abb. 4.35b zeigt eine vierpolige Wicklung, deren Stränge entsprechend je zwei Spulengruppen besitzen. Die Stirnverbindungen (Wickelköpfe) sind so gestaltet, dass jetzt konzentrische Spulen entstehen was fertigungstechnisch günstiger ist. Mit Blick auf die in

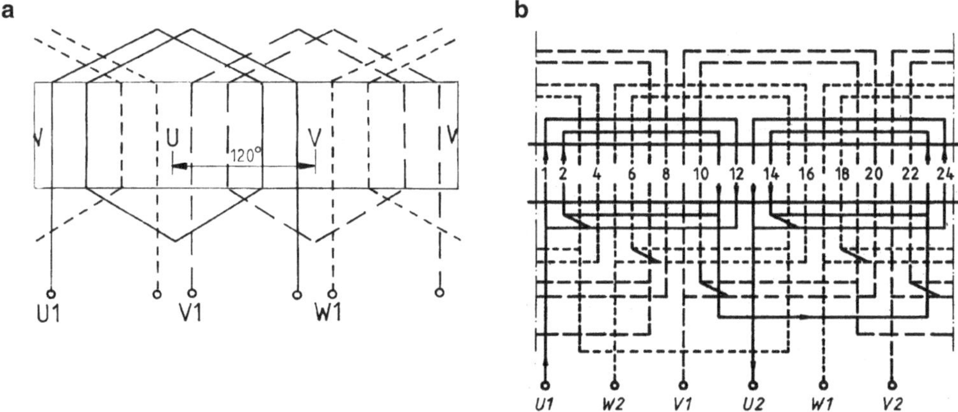

Abb. 4.35 Aufbau einer Drehstromwicklung. **a** Zweipolige Wicklung mit Spulen gleicher Weite, **b** Vierpolige Wicklung mit konzentrischen Spulen

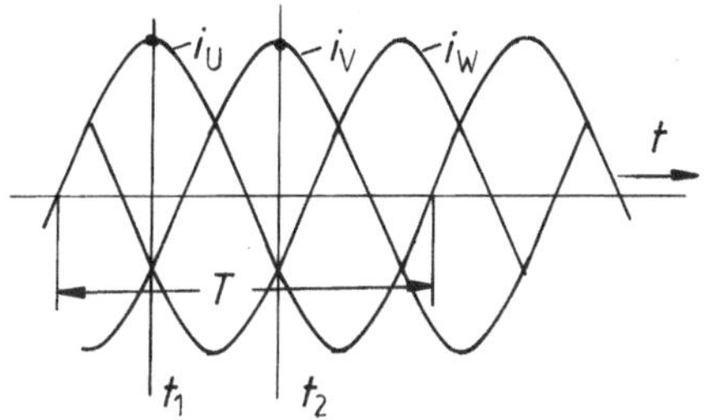

Abb. 4.36 Zeitdiagramm der Drehströme I_U, I_V, I_W

mehreren Ebenen liegenden Wickelköpfe bezeichnet man diese Ausführung als Mehretagenwicklung.

Bildung eines Drehfeldes Die drei Stränge einer Drehstromwicklung führen gleich große und zeitlich sinusförmige Ströme I_U, I_V und I_W, deren Zeitdiagramm in Abb. 4.36 skizziert ist und die ein Drehstromsystem darstellen.

Die drei Ströme sind für zwei Zeitpunkte in den Abb. 4.36a und b in die vereinfacht durch drei konzentrierte Spulen U, V und W dargestellte Drehstromwicklung eingetragen. Bei momentan positivem Verlauf nach Abb. 4.36 ist die Stromrichtung durch ein Kreuz am Eingang U, V oder W angegeben.

Betrachtet man den Augenblick t_1 des Zeitdiagramms, so besitzt die Wicklung U gerade den positiven Maximalstrom, während in den Wicklungen V und W jeweils der halbe negative Höchstwert fließt. Die Magnetfelder der Wicklungen sind proportional zu ihren Strömen und haben ihre Achse jeweils senkrecht zur Wicklungsebene. Sie sind in Abb. 4.37a durch ihre Flussdichten B im Luftspalt repräsentiert und durch die eingetragenen Pfeile dargestellt. Die Pfeile für V und W haben entsprechend ihren Strömen die halbe Länge des Pfeils für Wicklung U und umgekehrte Richtung. Addiert man die drei Pfeile unter Beachtung ihrer räumlichen Lage, so entsteht ein resultierender Pfeil mit dem 1,5fachen Wert senkrecht zur Achse der Wicklung U. Er ergibt die Amplitude der dargestellten Feldkurve. Im Bild ist weiter berücksichtigt, dass das gemeinsame Magnetfeld eine räumliche Ausdehnung – im Idealfall sinusförmig – hat, was die Kurvenform B_{1x} anzeigen soll.

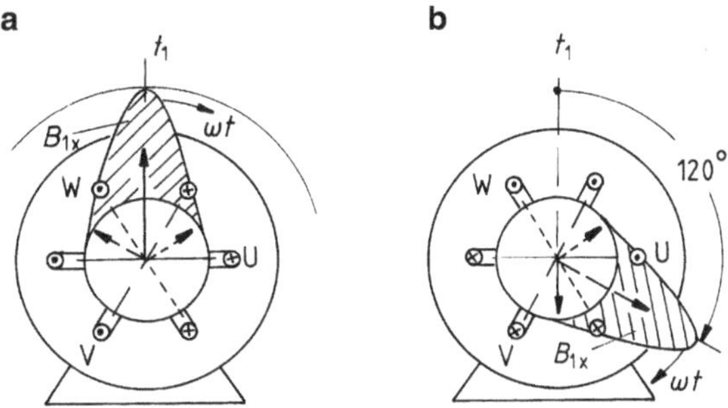

Abb. 4.37 Lage des räumlich sinusförmigen Drehfeldes **a** Zeitpunkt t_1, **b** Zeitpunkt t_2

Abb. 4.38 Schnittzeichnung eines Drehstrom-Käfigläufermotors (IEC-Normmotor)

Zum Zeitpunkt t_2 besteht nun eine vergleichbare Situation, wobei aber jetzt die Wicklung V den positiven Höchststrom führt. Mit dem gleichen Verfahren wie zum Zeitpunkt t_1 ergibt sich dann die Darstellung in Abb. 4.37b. Das Magnetfeld hat die gleiche Form und Größe aber seine Achse ist um 120° gedreht. Im Zusammenwirkung der räumlich versetzten Stränge der Drehstromwicklung mit den zeitlich phasenverschobenen Strömen entsteht also ein räumlich möglichst sinusförmig verteiltes Magnetfeld der konstanten Flussdichte $B_{\max}$, das mit einer durch die Frequenz der Ströme gegebenen Drehzahl rotiert. In obiger Darstellung ist nur die das Betriebsverhalten bestimmende sinusförmige Grundwelle B_{1x} erfasst, die mathematisch durch die Gleichung

$$B_{1x,t} = B_{\max}\left(\sin \pi \frac{x}{\tau_\mathrm{p}} - \omega \cdot t\right)$$

beschrieben wird. In dieser Gleichung bestimmt der erste Term in der Klammer die räumlich sinusförmige Gestalt des Drehfeldes entlang der Umfangsrichtung x innerhalb des Polausdehnung (Polteilung) τ_p und der zweite die an jeder Stelle zeitlich sinusförmige Änderung bei der Drehung

Das Drehstromsystem bildet also in einer Drehstromwicklung ein umlaufendes Magnetfeld aus, das als Drehfeld bezeichnet wird. In der dargestellten zweipoligen Ausführung ergibt die Zeitdifferenz $\Delta t = T/3$ eine Drehung um $\alpha = 120°$ und somit eine Drittel Umdrehung. Bei höherpoligen Wicklungen mit der Polzahl $2p$ ist der räumliche Winkel nur $\alpha = \alpha_\mathrm{el}/p$. Bei der häufig verwendeten vierpoligen Maschine mit $p = 2$ beträgt die Drehung in Abb. 4.37a, b anstelle der 120° nur 60°.

Das Drehfeld rotiert demnach bei einem Drehstromsystem der Frequenz f in einer Wicklung mit der Polpaarzahl p nach obigen Ergebnissen mit der synchronen Drehzahl

$$n_\mathrm{s} = \frac{f}{p} \tag{4.33}$$

Am 50 Hz-Netz ergibt sich damit für $p = 1$ die größte synchrone Drehzahl $50/\mathrm{s} = 3000/\mathrm{min}$, bei 60 Hz-Netzen (USA, Brasilien u. a.) $60/\mathrm{s} = 3600/\mathrm{min}$.

Abb. 4.39 Ständerblechpakete mit Drehstromwicklung und Käfigläufer von Drehstrommotoren

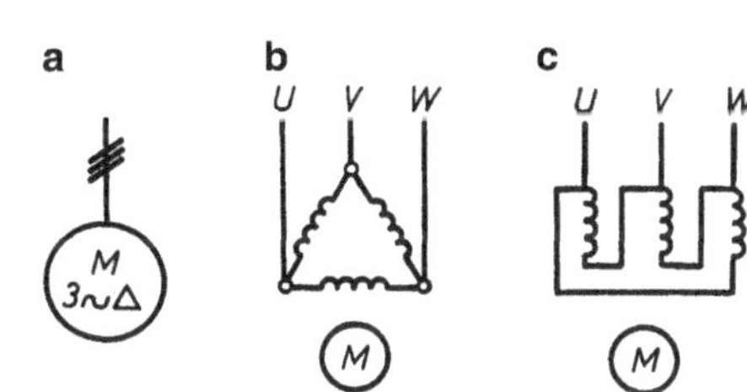

Abb. 4.40 Schaltzeichen des Motors mit Kurzschlussläufer. **a** Schaltkurzzeichen (einpolig), **b** und **c** Schaltzeichen für Dreieckschaltung (wahlweise)

4.3.1.2 Läufer

Der Läufer oder Rotor erhält wie der Ständer ein aus Elektroblechen geschichtetes Blechpaket, das bis zu mittleren Leistungen auf die Welle gepresst wird. In der Ausführung der Läuferwicklung unterscheidet man dann zwei Varianten.

Kurzschluss- oder Käfigläufer Die Nuten des Blechpaketes werden mit Aluminium oder einer Al-Legierung ausgegossen. Im gleichen Arbeitsgang verbindet man diese massiven Läuferstäbe beidseitig mit angegossenen Kurzschluss- oder Stirnringen aus dem gleichen Material. Dadurch entsteht als „Wicklung" die Form eines Käfigs, dessen Stäbe alle untereinander verbunden sind. An die Kurzschlussringe werden häufig gleich Lüfterflügel angegossen (Abb. 4.39).

Wegen seines einfachen Aufbaus ist der Drehstrommotor mit Kurzschlussläufer, meist nur Drehstrommotor oder Kurzschlussläufer- bzw. Käfigläufermotor genannt, der betriebssicherste, billigste und in der Wartung anspruchsloseste aller Elektromotoren. Mehr als 70 % aller Elektroantriebe über 1 kW sind Kurzschlussläufermotoren. Dazu zählen auch die im Haushaltsbereich sehr häufig verwendeten Spaltpol- und Kondensatormotoren (s. Abschn. 4.5.2). Durch die Entwicklung der Frequenzumrichter hat der Käfigläufermotor zudem seinen Nachteil, nur mit einer nach Gl. 4.32 von der Netzfrequenz bestimmten Drehzahl laufen zu können, verloren und ist wie ein Gleichstrommotor steuerbar. Abb. 4.40 zeigt Schaltpläne eines Motors mit Käfigläufer.

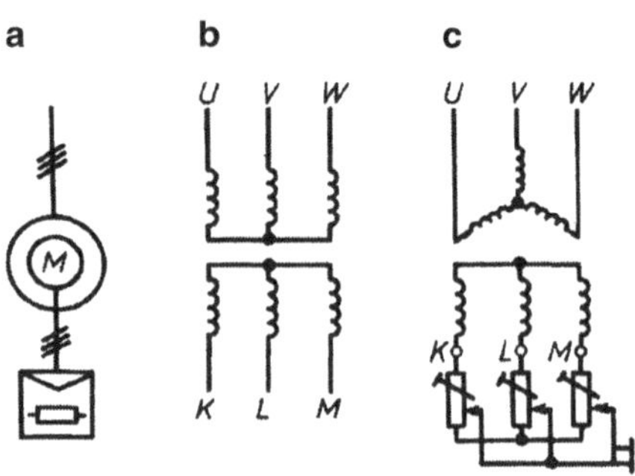

Abb. 4.41 Schaltzeichen des Motors mit Schleifringläufer und Anlasser. **a** Schaltkurzzeichen (einpolig), **b** Schaltung der Stränge (⅄/⅄), **c** Schaltung mit handbetätigtem Anlasser

Schleifringläufer Beim Motor mit Schleifringläufer liegt in den Nuten des Läufers eine Drehstromwicklung, ähnlich der des Ständers. Die Enden der drei Stränge der Wicklung sind im Läufer miteinander zu einer Sternschaltung verbunden. Ihre Anfänge sind zu drei auf der Welle angebrachten Schleifringen geführt, an die über Bürsten Widerstände zum Zwecke des Anfahrens oder zur Drehzahlsteuerung angeschlossen sind (Abb. 4.41). Bei normaler Betriebsart ohne Drehzahlsteuerung sind die Anfange K, L, M der drei Stränge nach erfolgtem Hochlauf direkt miteinander verbunden, kurzgeschlossen. Die Wirkungsweise beim Schleifringläufermotor ist dann die gleiche wie beim Kurzschlussläufermotor.

4.3.1.3   Asynchrones Drehmoment

Maschine im Stillstand Denkt man sich bei festgehaltenem Läufer, also bei Stillstand der Maschine, die Ständerwicklung an das Drehstromnetz angeschlossen, dann bildet sich in der Maschine ein Drehfeld aus. Dieses Feld durchsetzt die Wicklungen von Ständer und Läufer der Maschine und läuft nach Gl. 4.32 stets mit der synchronen Drehzahl n_s um. Im Prinzip hat somit im Stillstand die Maschine die gleichen Verhältnisse wie ein Transformator. Ruhende Wicklungen sind von einem gemeinsamen magnetischen Wechselfluss durchsetzt. Die Primär- und Sekundärwicklung des Transformators entspricht der Ständer- und Läuferwicklung der Maschine. Die magnetischen Feldlinien verlaufen beim Transformator ganz in Eisen, bei der Maschine ist ein geringer Luftspalt von meist unter 1 mm zwischen Ständer und Läufer vorhanden.

Wie beim Transformator wird nach dem Induktionsgesetz durch den magnetischen Wechselfluss bzw. durch das Drehfeld in der Läuferwicklung eine Spannung, die Läuferstillstandsspannung U_{r0}[1]) erzeugt. Ihre Frequenz f_r ist bei Stillstand gleich der Netzfrequenz: $f_{r0} = f$.

Beim Schleifringläufer kann die Läuferstillstandsspannung bei offenem Läuferkreis mit einem Spannungsmesser zwischen zwei Schleifringen gemessen werden. Ihre Größe

---

[1] Nach DIN 1304 T7 sind für den Ständer (Stator) bzw. den Läufer (Rotor) die Indizes s und r festgelegt.

ist auf dem Leistungsschild der Maschine angegeben. Sie ruft in der kurzgeschlossenen Läuferwicklung den Läuferstillstandstrom I_{rk} hervor.

Auf die stromdurchflossenen Leiter der Läuferwicklung im magnetischen Drehfeld werden nach Abschn. 1.2.3.1 Kräfte ausgeübt. Hierdurch kommt ein Drehmoment zustande, das nach der Lenzschen Regel seiner Ursache, d. h. der für den induzierten Läuferstrom erforderlichen Flussänderung entgegenwirkt. Um dies zu erreichen, muss der Läufer in Drehrichtung des Drehfeldes anlaufen, da so für den Induktionsvorgang nur noch die Relativdrehzahl wirksam ist. Das Drehfeld sucht also gleichsam den Läufer mitzunehmen. Lässt man den festgebremsten Läufer los, so wird er in Richtung des Drehfeldes beschleunigt.

Maschine im Lauf Beim Hochlauf des Motors wird mit steigender Drehzahl die Relativbewegung des Läufers gegen das Drehfeld immer geringer. Würde schließlich der Läufer genau so schnell wie das Drehfeld umlaufen (synchroner Lauf, $n = n_s$), so würde im idealen Leerlauf im Läufer keine Spannung, somit also auch kein Strom und kein Drehmoment erzeugt werden können. Da aber auch beim unbelasteten Motor im Leerlauf Reibungsverluste vorhanden sind, zu deren Deckung ein geringes Drehmoment erforderlich ist, kann der Läufer die synchrone Drehzahl des Drehfeldes nicht ganz erreichen. Der Motor läuft mit $n < n_s$ immer asynchron.

Den Unterschied zwischen der synchronen Drehzahl n_s und der Motordrehzahl n, bezogen auf n_s, nennt man den Schlupf s des Motors

$$s = \frac{n_s - n}{n_s} = 1 - \frac{n}{n_s} \tag{4.34}$$

hieraus

$$n = n_s(1 - s) \tag{4.35}$$

Der Schlupf wird meist in Prozent angegeben

$$s = 100(1 - n/n_s)\,\%$$

Beispiel 4.11

Bei einem Drehstrom-Asynchronmotor, 50 Hz, $p = 1$ läuft das Drehfeld stets mit der synchronen Drehzahl $n_s = 50/s = 3000/\text{min}$ um. Bei Stillstand des Läufers ist $n = 0$, $s = 1$ oder 100 %, bei synchronem Lauf (idealer Leerlauf) ist $n_0 = n_s = 3000/\text{min}$, $s = 0$. Beträgt z. B. bei Volllast die Drehzahl $n_N = 2850/\text{min}$, dann ist der Schlupf $s_N = 1 - n_N/n_s = 1 - (2850/3000) = 0{,}05$ oder 5 %. Dies bedeutet, dass der Läufer gegenüber dem Drehfeld zurückbleibt (schlüpft), und zwar z. B. in einer Sekunde um $0{,}05 \cdot 50 = 2{,}5$ Umdrehungen oder bei einer vollen Umdrehung des Drehfeldes um $0{,}05 \cdot 360° = 18°$.

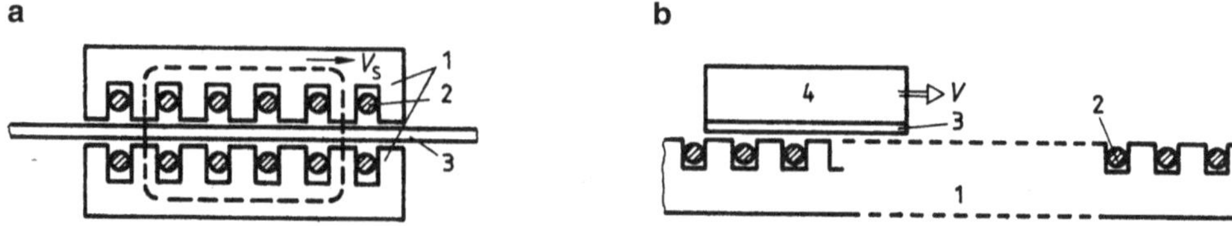

Abb. 4.42 Bauformen von Linearmotoren. **a** Kurzständermotor, **b** Langständermotor. *1* Ständer-
blechpaket, *2* Drehstromwicklung, *3* leitende Schiene, *4* Läuferblechpaket

Aufgabe 4.7

An den offenen Anschlüssen K, L und M eines Drehstrom-Schleifringläufers, der
mit der Drehzahl n rotiert entsteht eine Spannung der sogenannten Schlupffrequenz
$f_r = s f_N$. Mit welcher Drehzahl muss man bei $f_N = 50\,\text{Hz}$ eine vierpolige Maschine mit Rechtslauf im Normalfall antreiben, damit an den Läuferklemmen eine
60 Hz-Spannung entsteht?

Ergebnis: $n = 300\,\text{min}^{-1}$ im Linkslauf

4.3.1.4 Linearmotoren

Ordnet man die Nuten mit der Drehstromwicklung doppelseitig in einem ebenen Blechpaket an, so entsteht die kammartige Konstruktion in Abb. 4.42a. Anstelle des Läufers
erhält diese Linearmotor genannte Sonderbauform der Drehstrommaschine eine leitfähige
Schiene aus Kupfer, Aluminium oder Eisen. Ihre Länge muss der Wegstrecke entsprechen,
welche der Motor oder die Schiene zurücklegen soll.

Die Drehstromwicklung des Linearmotors bildet ein Wanderfeld aus, das sich entsprechend der Umfangsgeschwindigkeit v_s des Drehfeldes einer rotierenden Maschine
gleicher Daten entlang des Luftspaltes bewegt. Der Feldverlauf ist in Abb. 4.42a durch
eine Feldlinie gezeigt, die zweimal über den Luftspalt und die Schiene führt. Durch die
örtliche Flussänderung bei der Bewegung werden dort über die Fläche verteilte Wirbelströme induziert und damit wie bei der normalen Maschine Kräfte entlang des Luftspaltes
erzeugt. Je nachdem, welcher Maschinenteil festmontiert ist, bewegt sich als Folge dieser
Kräfte entweder die Schiene in Richtung des Wanderfeldes oder bei fester Schiene der
Ständer in entgegengesetzter Richtung (Lenzsche Regel).

Die Synchrongeschwindigkeit v_s des Wanderfeldes lässt sich aus der Umfangsgeschwindigkeit des Drehfeldes einer Maschine mit dem Bohrungsdurchmesser D_i
berechnen. Bei einer Polzahl $2p$ der Ständerwicklung ist der Umfangsanteil pro Pol,
d. h. die Polteilung

$$\tau_p = \frac{D_i \cdot \pi}{2p}$$

und damit

$$v_\mathrm{s} = D_\mathrm{i} \cdot \pi \cdot n_\mathrm{s} = 2p \cdot \tau_\mathrm{p} \cdot n_\mathrm{s}$$

Mit Gl. 4.32 wird daraus

$$v_\mathrm{s} = 2p \cdot \tau_\mathrm{p} \cdot \frac{f}{p}$$

$$v_\mathrm{s} = 2\tau_\mathrm{p} \cdot f \tag{4.36}$$

Die Betriebsgeschwindigkeit des Linearmotors ist wieder um den Schlupf geringer als v_s, d. h. es gilt

$$v = v_\mathrm{s}(1 - s) \tag{4.37}$$

Im Allgemeinen liegt die Synchrongeschwindigkeit bei 4 bis 12 m/s. Die mit einem Linearmotor erreichbaren Zugkräfte können über

$$F = \frac{P_2}{v} \tag{4.38}$$

aus der elektrischen Leistung berechnet werden. Als Richtwert sei $F_\mathrm{N} = (2 \text{ bis } 5) \cdot G$ genannt, d. h. Linearmotoren entwickeln Kräfte, die im Bereich ihrer Gewichtskraft liegen.

In der Bauform als Kurzständer-Linearmotor (Abb. 4.42a) wird die Maschine in zwei Varianten eingesetzt. Für die Förder- und Lagertechnik wählt man die bewegte Schiene, die man als Rohr ausführt und damit Schubbewegungen realisiert. Bei fester Schiene hat man mit dem beweglichen Ständer einen Transportschlitten.

Eine besondere Verkehrstechnik wurde mit dem Langständer-Linearmotor (Abb. 4.42b) entwickelt. Hier wird verteilt über die ganze Trasse eine vielteilige Drehstromwicklung verlegt und die Geschwindigkeit des Wanderfeldes über die Frequenz der angelegten Drehspannung gesteuert. Damit ist die Fahrgeschwindigkeit des „Läufers", der die Transportkabine trägt, stufenlos einstellbar. Mit dieser Technik, allerdings meist auf der Basis von Synchronmaschinen, wurden schon mehrere Schnellbahnen erstellt (Transrapid, M-Bahn).

Aufgabe 4.8

Ein Linearmotor mit den Daten $U = 400\,\mathrm{V}$, $I = 10\,\mathrm{A}$, $\cos\varphi = 0{,}7$, $\eta = 0{,}6$ soll eine Schubstange bewegen. Zur Minderung der Geschwindigkeit v wird bei $v_\mathrm{s} = 8\,\mathrm{m/s}$ ein hoher Schlupf $s = 0{,}5$ eingestellt. Mit welcher Schubkraft kann man etwa rechnen?

Ergebnis: $F = 728\,\mathrm{N}$

4.3.2　Betriebsverhalten und Drehzahlsteuerung

4.3.2.1　Kennlinien und Kenngrößen

Berechnung der Drehmomentkurve Die wichtigste Kennlinie eines Motors ist der Verlauf des Drehmomentes an der Welle über der Drehzahl also die Kurve $M = f(n)$.

Während diese für eine Gleichstrommaschine mit Gl. 4.7 sehr leicht zu bestimmen ist, verlangt dies bei der Asynchronmaschine einigen Aufwand und wird nachstehend etwas vereinfacht vorgenommen.

In Abb. 4.43 ist die Ersatzschaltung eines Wicklungsstrangs des kurzgeschlossenen Läufers angegeben. Im Stillstand wird im Stromkreis mit dem ohmschen Widerstand R_r und dem Blindwiderstand $X_{r0} = 2\pi f L_r$ die netzfrequente Läuferstillstandsspannung U_{r0} induziert. Die Maschine verhält sich hier wie ein Drehstromtransformator und das Verhältnis der Klemmenspannung U zu U_{r0} entspricht dem der wirksamen Windungszahlen von Ständer- und Läuferwicklung.

Dreht sich der Läufer, so verringert sich die Relativdrehzahl des Ständerdrehfeldes zur Läuferwicklung und entsprechend werden induzierte Spannung U_r und deren Frequenz f_r geringer. Beim Schlupf $s = (n_s - n)/n_s$ nach Gl. 4.33 gilt dann

$$U_r = sU_{r\_0} \quad \text{und} \quad f_r = sf \tag{4.39}$$

Gleichzeitig sinkt der für die Netzfrequenz f berechnete Blindwiderstand des Läufers auf den Wert $X_r = sX_{r0}$.

Aus Abb. 4.43a lässt sich in komplexer Schreibweise nach den Regeln in Abschn. 1.3.2.4 die Spannungsgleichung

$$\underline{U}_r = \underline{I}_r(R_r + jX_r)$$

angeben. Setzt man die obigen Werte für einen beliebigen Schlupf ein, so wird daraus die Gleichung

$$s\underline{U}_{r0} = \underline{I}_r(R_r + jsX_{r0})$$

Dividiert man diese durch s, so erhält man schließlich

$$\underline{U}_{r0} = \underline{I}_r(R_r/s + jX_{r0})$$

Abb. 4.43 Ersatzschaltung des Läuferstrangs eines Asynchronmotors. **a** Werte im Betrieb mit dem Schlupf s, **b** Werte auf die Stillstandsspannung U_{r0} bezogen

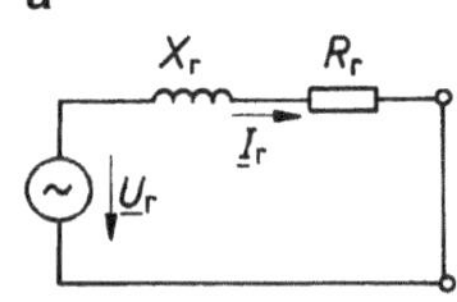

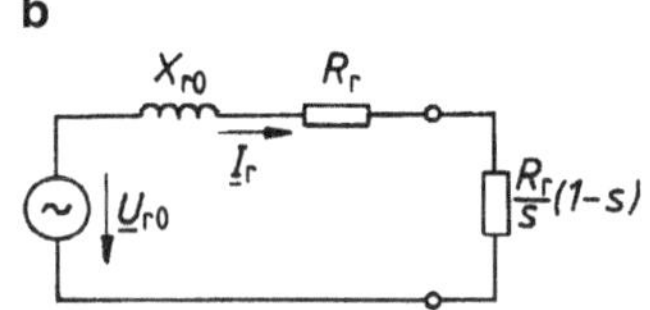

Aus dieser Gleichung erhält man den Effektivwert des Läuferstromes mit

$$I_\mathrm{r} = \frac{U_{\mathrm{r}0}}{\sqrt{(R_\mathrm{r}/s)^2 + X_{\mathrm{r}0}^2}}$$

Die Rechengröße R_r/s lässt sich nun nach Abb. 4.43b mit

$$\frac{R_\mathrm{r}}{s} = R_\mathrm{r} + \frac{R_\mathrm{r}}{s}(1-s) = R_\mathrm{r} + R_\mathrm{L}$$

in den eigentlichen Wicklungswiderstand eines Läuferstrangs und einen Wert R_L aufteilen.

$$R_\mathrm{L} = \frac{R_\mathrm{r}}{s}(1-s)$$

Dieser erfasst als ohmscher Verbraucher in der elektrischen Ersatzschaltung die an der Welle mechanisch abgegebene Wirkleistung inkl. der Reibungsverluste.

$$P_2 = 3\frac{R_\mathrm{r}}{s}(1-s)I_\mathrm{r}^2$$

Für $s = 0$ wird $R_\mathrm{L} = \infty$ und damit der Läuferkreis wie es sein muss stromlos. Bei $s = 1$ ist $R_\mathrm{L} = 0$, da der Motor im Stillstand keine Leistung abgibt.

Mit obiger Stromgleichung erhält man für die Abgabeleistung

$$P_2 = 3\frac{R_\mathrm{r}}{s}(1-s) \cdot \frac{U_{\mathrm{r}0}^2}{(R_\mathrm{r}/s)^2 + X_{\mathrm{r}0}^2}$$

Für das Drehmoment der Maschine gilt allgemein

$$M = \frac{P_2}{2\pi n}$$

und damit nach Einsetzen obiger Beziehung für P_2 und mit $n = n_\mathrm{s}(1-s)$

$$M = \frac{3\,U_{\mathrm{r}0}^2}{2\pi\,n_\mathrm{s}} \cdot \frac{R_\mathrm{r}/s}{(R_\mathrm{r}/s)^2 + X_{\mathrm{r}0}^2} = f(s)$$

Mit dieser Gleichung wird das Drehmoment der Asynchronmaschine – der Verlustanteil M_v für Lüfter und Lagerreibung wird vernachlässigt oder dem Lastmoment zugeschlagen – in Abhängigkeit vom Schlupf s beschrieben. Die punktweise Auswertung ergibt den Verlauf nach Abb. 4.44 mit einem ausgeprägten Maximum im sogenannten Kipppunkt.

Die Daten des Maximums erhält man durch Differenzieren der Funktion $M = f(s)$ und Nullsetzen der ersten Ableitung. Die Berechnung ergibt die Werte

$$M_\mathrm{K} = \frac{3U_{\mathrm{r}0}^2}{4\pi n_\mathrm{s} \cdot X_{\mathrm{r}0}} \quad \text{und} \quad s_\mathrm{K} = \frac{R_\mathrm{r}}{X_{\mathrm{r}0}} \tag{4.40}$$

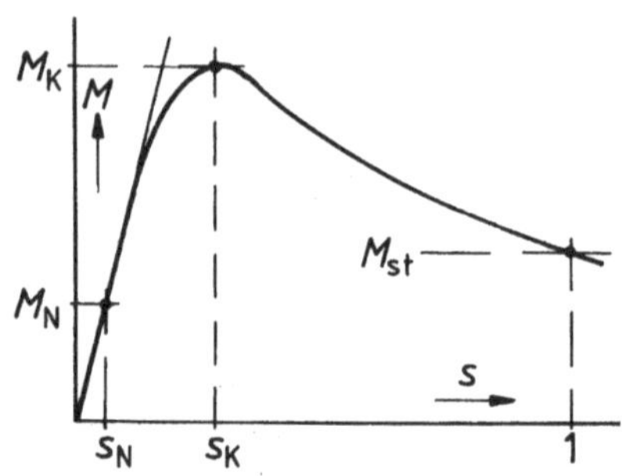

Abb. 4.44 Drehmoment-Schlupf-Kennlinie. M_K Kippmoment, M_{st} Stillstandsmoment, M_N Bemessungsmoment

Setzt man diese Daten für Kippmoment M_K und Kippschlupf s_K in die Gleichung $M = f(s)$ ein, so erhält man eine bezogene Drehmomentbeziehung, die als Klosssche Gleichung bekannt ist. Sie lautet

$$\frac{M}{M_K} = \frac{2}{s_K/s + s/s_K} \tag{4.41}$$

Sind die Daten des Kipppunktes einer Asynchronmaschine bekannt, so kann mit dieser Gleichung das Drehmoment für jeden beliebigen Schlupf s und damit die Drehzahl $n = n_s(1-s)$ berechnet werden. Die Gleichung liefert allerdings keine genauen Werte, da z. B. bei der Ableitung der Ständerwicklungswiderstand R_s nicht berücksichtigt wurde.

Motorkenngrößen Ausgehend von den Daten für den Bemessungsbetrieb mit M_N und dem Schlupf s_N gilt für Maschinen mit Leistungen über 1 kW etwa

$$M_K/M_N = 2 \text{ bis } 3{,}5 \quad \text{und} \quad s_K/s_N = 3 \text{ bis } 6 \tag{4.42a}$$

Für sehr kleine Schlupfwerte verläuft das Drehmoment nach der Anfangstangente in Abb. 4.44, so dass für den Bereich zwischen Leerlauf mit $s = 0$ und dem Bemessungspunkt mit s_N die Beziehung

$$M/M_N = s/s_N \tag{4.43}$$

gilt. Je nach Größe des Motors beträgt der Schlupf s_N etwa 2 % für sehr große und 10 % für kleine Motorleistungen.

Für $s = 1$ liefert die Klosssche Gleichung (4.41) das Anlauf- oder Stillstandsmoment M_{st} der Asynchronmaschine. Bezogen auf den Bemessungswert M_N gilt etwa

$$M_{st}/M_N = 1{,}6 \text{ bis } 2{,}5 \tag{4.42b}$$

wobei der hohe Wert mit der Bauform des später besprochenen Stromverdrängungsläufers erreicht wird.

Nach Gl. 4.40 ist das Kippmoment dem Quadrat der Läuferstillstandsspannung U_{r0} proportional. Da diese über das Windungszahlverhältnis direkt mit der Klemmenspannung U verbunden ist, gilt für das Kippmoment M_K der Asynchronmaschine bezogen auf die Bemessungswerte die Beziehung

$$M_{\mathrm{K}} = M_{\mathrm{KN}} \left(\frac{U}{U_{\mathrm{N}}} \right)^2 \tag{4.44}$$

Der Kippschlupf ist ebenfalls nach Gl. 4.40 proportional zum Läuferwiderstand R_{r}. Bei Verwendung eines Schleifringläufers kann man damit durch Zuschalten eines Vorwiderstandes R_{v} pro Strang den Kippschlupf auf den höheren Wert

$$s_{\mathrm{K}} = s_{\mathrm{KN}} \frac{R_{\mathrm{r}} + R_{\mathrm{v}}}{R_{\mathrm{r}}} \tag{4.45}$$

einstellen. Diese Technik wird zum Anlassen und zur Drehzahlsteuerung eingesetzt.

Beispiel 4.12

Ein Käfigläufermotor hat im kalten Zustand bei $20\,^{\circ}\mathrm{C}$ das Anlauf- oder Stillstandsmoment M_{st} und dem Kippschlupf $s_{\mathrm{K}} = 0{,}2$. Welchen relativen Wert $M_{\mathrm{stw}}/M_{\mathrm{st}}$ erhält man, wenn sich die Alu-Legierung des Läuferkäfigs auf $180\,^{\circ}\mathrm{C}$ erwärmt?

Mit Gl. 1.12b und $\vartheta_0 = 225\,^{\circ}\mathrm{C}$ für Aluminium erhält man die Beziehung

$$\frac{R_{\mathrm{rw}}}{R_{\mathrm{r}}} = \frac{225\,^{\circ}\mathrm{C} + 180\,^{\circ}\mathrm{C}}{225\,^{\circ}\mathrm{C} + 20\,^{\circ}\mathrm{C}} = 1{,}65$$

Damit ergibt sich der dem Läuferwiderstand R_{r} proportionale betriebswarme Kippschlupf nach Gl. 4.40 zu

$$s_{\mathrm{Kw}} = 1{,}65 s_{\mathrm{K}} = 1{,}65 \cdot 0{,}2 = 0{,}33$$

Aus Gl. 4.41 folgt für das Verhältnis der Stillstandsmomente mit $s = 1$

$$\frac{M_{\mathrm{stw}}}{M_{\mathrm{st}}} = \frac{2 M_{\mathrm{K}} (s_{\mathrm{K}} + 1/s_{\mathrm{K}})}{(s_{\mathrm{Kw}} + 1/s_{\mathrm{Kw}}) \cdot 2 M_{\mathrm{K}}} = \frac{0{,}2 + 1/0{,}2}{0{,}33 + 1/0{,}33} = 1{,}55$$

Aufgabe 4.9

Wie wirkt sich der erhöhte Kippschlupf s_{Kw} aus Beispiel 3.13 auf die Drehzahl bei M_{N} aus, wenn bei $20\,^{\circ}\mathrm{C}$ der Wert $n_{\mathrm{N}} = 1440\,\mathrm{min}^{-1}$ gilt?

Ergebnis: $n_{\mathrm{Nw}} = 1401\,\mathrm{min}^{-1}$

Drehmoment-Drehzahlkennlinie Abb. 4.45 zeigt den Verlauf der mechanischen Kennlinie $M = f(n)$ eines Motors mit Rundstabläufer. Wie später gezeigt wird, kann besonders der abfallende Ast der Kennlinie bis zum Stillstandsmoment M_{st} beim Käfigläufermotor durch die Formgebung der Läufernuten stark beeinflusst werden.

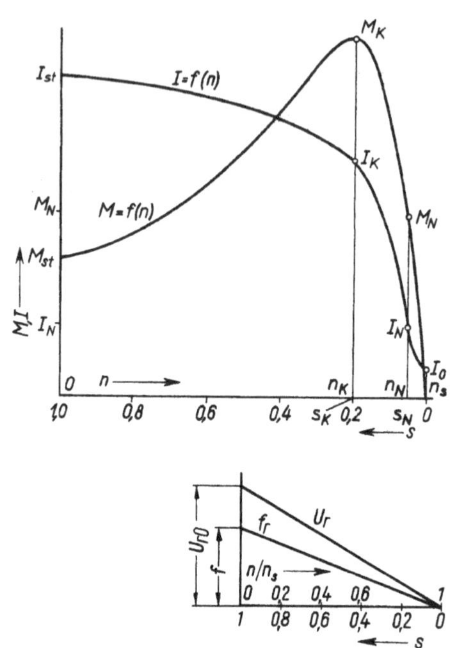

Abb. 4.45 Kennlinien $M = f(n)$ und $I = f(n)$ eines Drehstrom-Asynchronmotors (gültig für Kurzschlussläufer und Schleifringläufer mit kurzgeschlossenem Anlasser $R_v = 0$)

Abb. 4.46 Läuferspannung U_r und Läuferfrequenz f_r in Abhängigkeit vom Drehzahlverhältnis n/n_s bzw. vom Schlupf s (f Netzfrequenz)

Elektrische Kennlinien Besonders für das Anlassen des Asynchronmotors ist die Strom-Drehzahlkennlinie $I = f(n)$ von Bedeutung, die ebenfalls in Abb. 4.45 eingezeichnet ist. Charakteristisch ist der relativ hohe Leerlaufstrom I_0, der bei größeren Motoren 20 bis 30 %, bei kleinen Motoren bis 50 % und mehr des bei Volllast auftretenden Bemessungsstromes I_N beträgt. Der Strom nimmt bis zum Kipppunkt (Kippstrom I_K) zu und wächst auch trotz Abnahme des Drehmomentes zwischen Kipppunkt bis zum Stillstand weiter an. Bei Stillstand erreicht er seinen größten Wert, den Stillstandsstrom I_{st}, der je nach Motorart etwa den 4- bis 6- bis 8-fachen Wert von I_N betragen kann. Die weiteren Kennlinien für den Leistungsfaktor $\cos \varphi = f(n)$ und den Wirkungsgrad $\eta = f(n)$ interessieren in der Regel nur im normalen Betriebsbereich zwischen Leerlauf und Volllast. Der Strangstrom eilt der Strangspannung um den Phasenwinkel φ im ganzen Drehzahlbereich nach, d. h. der Motor benötigt beim Anfahren und im Betrieb induktive Blindleistung.

Frequenzwandler Besonders einfach sind die Kennlinien für die Läuferspannung U_r und deren Frequenz f_r. Beide Größen nehmen nach Gl. 4.39 linear von ihren Stillstandswerten U_{r0} und $f_{r0} = f$ bis zum Leerlauf auf null ab, so dass die in Abb. 4.46 angegebenen Geraden entstehen.

Ein Schleifringläufermotor kann damit als rotierender Frequenzwandler eingesetzt und an den läuferseitigen Anschlüssen K, L und M eine Drehspannung der Frequenz $f_r = s f$ abgenommen werden. Vor Entwicklung der Leistungselektronik wurde diese Technik gerne z. B. zur Erzeugung eines 60 Hz-Netzes verwendet. Der Motor muss dazu mit der

Drehzahl $n = 0{,}2n_s$ entgegen seiner Drehfeldrichtung angetrieben werden, womit der Schlupf $s = 1{,}2$ und die Läuferfrequenz $f = 1{,}2 \cdot 50\,\text{Hz} = 60\,\text{Hz}$ entstehen.

Kennwerte ausgeführter Drehstrommotoren Für Schlupf, Leistungsfaktor und Wirkungsgrad bei Volllast kann man, abhängig von der Größe der Bemessungsleistung, die in Abb. 4.47 dargestellten Richtwerte für die Planung zugrunde legen. Darin gelten die kleineren Werte für synchrone Drehzahlen von $750\,\text{min}^{-1}$, die höheren Werte für $3000\,\text{min}^{-1}$. Die genormten Spannungen sind z. B. 230 V, 400V, 500 V sowie 3 und 6 kV.

Leistungsschild Auf dem Leistungsschild von Asynchronmotoren sind die bei Bemessungsbetrieb auftretenden Werte von abgegebener Leistung, Drehzahl und Leistungsfaktor $\cos\varphi$ angegeben. Die angegebene Spannung muss mit der Dreieckspannung des Drehstromnetzes, die angegebene Frequenz mit der des Netzes übereinstimmen. Schließlich bedeutet die angegebene Schaltungsart ($\curlywedge$ oder $\triangle$) die Betriebsschaltung des Motors, der angegebene Strom den Strom in jedem der Hauptleiter bei Bemessungsbetrieb.

In den Listen der Hersteller findet man meist noch Angaben über den Wirkungsgrad des Motors und das Trägheitsmoment des Läufers, bei Kurzschlussläufermotoren zusätzlich Werte über die Größe von Stillstandsstrom, Stillstandsmoment, Kippmoment und Kippdrehzahl.

Drehstrommotor am Wechselstromnetz Asynchronmotoren für die Bemessungsspannungen 230 V / 400 V in D/Y-Schaltung und Leistungen bis etwa 1,5 kW können in Dreieckschaltung D nach Abb. 4.48 auch am Wechselstromnetz betrieben werden. Sie erhalten dabei mit einer nach Steinmetz benannten Schaltung mit Hilfe eines Kondensators C eine

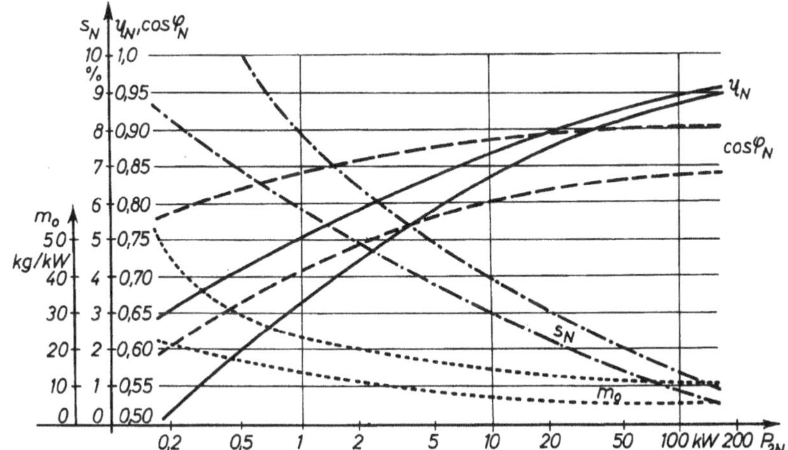

Abb. 4.47 Kennwerte (Richtwerte) ausgeführter Drehstrom-Normmotoren η_N, $\cos\varphi_N$, s_N-Werte bei Bemessungsbetrieb $m_0 = m/P_{2N}$ spezifisches Motorgewicht

Abb. 4.48 Schaltpläne eines Drehstrommotors mit Kurzschlussläufer am Wechselstromnetz 230 V für beide Drehrichtungen

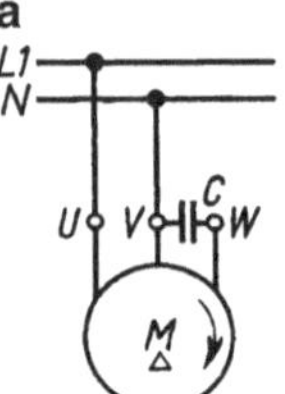

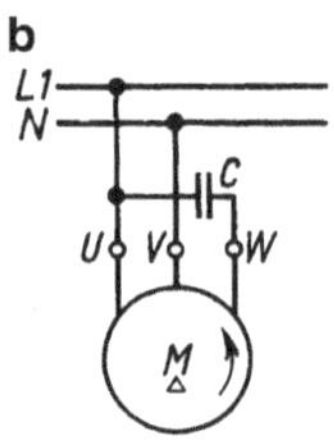

allerdings unsymmetrische Drehspannung und können damit das erforderliche umlaufende Ständerfeld aufbauen. In der Regel wird nur ca. 80 % der Bemessungsleistung des Drehstrombetriebs erreicht und auch das Anzugsmoment ist mit ca. 0,3 M_N deutlich reduziert. Ohne Beweis soll mit

$$C = \frac{1}{\pi \cdot f} \sin \varphi_N \cdot \left(\frac{I}{U} \right)_{NStr} \tag{4.46}$$

die Gleichung zur Bestimmung der erforderlichen Kondensatorkapazität angegeben werden. Alle erforderlichen Daten können unmittelbar dem Leistungsschild entnommen werden. Der Wert von C liegt im Bereich von etwa 60 μF/kW. Eine Drehrichtungsumkehr erhält man durch Vertauschen der Anschlüsse des Kondensators am Netz.

Drehstrommotoren in Steinmetzschaltung werden mitunter für Pumpen-, Lüfter- und Kleinwerkzeuge eingesetzt, wenn anstelle des eigentlich üblichen Kondensatormotors ein sehr preiswerter Drehstrom-Kleinmotor zur Verfügung steht.

Beispiel 4.13

Auf dem Leistungsschild eines Drehstrom-Käfigläufermotors stehen die Daten $P_N = 370\,\text{W}$, $n_N = 1410\,\text{min}^{-1}$, $U_N = 400\,\text{V}$ Sternschaltung, $I_N = 1{,}1\,\text{A}$, $\cos \varphi_N = 0{,}75$. Mit welcher Kondensatorkapazität C kann der Motor am Wechselstromnetz mit $U = 230\,\text{V}$ betrieben werden?

Nach Gl. 4.46 gilt

$$C = \frac{1}{\pi \cdot 50\,\text{Hz}} \cdot 0{,}6614 \cdot \frac{1{,}1\,\text{A}}{230\,\text{V}} = 20\,\mu\text{F}$$

Drehstrom-Asynchrongeneratoren Treibt man eine auf ein Netz konstanter Spannung und Frequenz geschaltete Asynchronmaschine mit $n > n_s$, d. h. $s < 0$ über die Leerlaufdrehzahl hinaus an, so gibt die Maschine im Generatorbetrieb elektrische Energie an das Netz ab. Wie im Motorbetrieb muss sie jedoch zur Magnetisierung ihres Drehfeldes nach wie vor induktive Blindleistung aufnehmen, kann also nicht wie eine Synchronmaschine auch zur Blindleistungslieferung verwendet werden.

Soll ein Asynchrongenerator ohne Netz eine Verbrauchergruppe versorgen, so kann die erforderliche Blindleistung durch eine parallele Kondensatorbatterie geliefert werden. Man bezeichnet dies als selbsterregten Generatorbetrieb. Asynchrongeneratoren sind preiswert und einfach in Wartung und Steuerung. Sie werden daher mitunter für kleine Wasserkraft- und Blockheizkraftwerke vorgesehen.

4.3.2.2 Anlassen

Direktes Einschalten von Kurzschlussläufermotoren Bei Motoren mit Kurzschlussläufer beträgt der Netzstrom im Augenblick des Einschaltens ein Vielfaches des Bemessungsstroms, und zwar je nach Motorart etwa 4- bis 8-mal so viel. Dieser relativ hohe, wenn auch nur kurz andauernde Anfahrstrom ist unerwünscht. Der Stromstoß ruft in den Leitungen des Verteilungsnetzes, an das außer dem Motor ja noch weitere Verbraucher angeschlossen sind, erhöhte Spannungsverluste hervor. Die entsprechende kurzzeitige Spannungsabsenkung kann sich z. B. durch eine unangenehm empfundene Helligkeitsminderung von Glühlampen bemerkbar machen.

Deshalb schreiben die Elektrizitätswerke in ihren Anschlussbedingungen vor, dass in öffentlichen Netzen nur kleine Motoren mit Kurzschlussläufer (meist bis 5 kW) direkt eingeschaltet werden dürfen. Geschieht der Motorschutz durch vorgeschaltete Sicherungen, so können diese beim Anlassen durchschmelzen, obwohl der Motor durch den kurzdauernden Anlaufvorgang keine unzulässige Erwärmung erfährt. Abhilfe ist entweder durch Einbau träger Sicherungen oder besser durch Verwendung eines Motorschutzschalters anstelle von Sicherungen möglich.

Stern-Dreieck-Umschaltung Der hohe Anfahrstrom kann durch einen Stern-Dreieck-Umschalter (Abb. 4.49) für die Ständerwicklung vermieden werden. Bei Benutzung eines solchen Umschalters wird die Ständerwicklung aus dem Stillstand (1. Schalterstellung 0) in Stern geschaltet (2. Stellung $\curlywedge$). Nach erfolgtem Hochlauf wird auf Dreieckschaltung umgeschaltet (3. Stellung $\triangle$). Das Verfahren kann deshalb nur bei Motoren angewandt werden, deren Betriebsschaltung die Dreieckschaltung ist. Für Betrieb am 400 V-Netz muss das Leistungsschild damit die Spannungsangaben 400 V/690 V Schaltung D/Y tragen.

Wie bereits in Abschn. 1.3.3.2 erläutert wurde, betragen die Strangspannungen und damit auch die Strangströme bei Sternschaltung nur den $1/\sqrt{3}$-fachen Wert gegenüber Dreieckschaltung, so dass sich die Leistungen und die Ströme in den Zuleitungen wie 1 : 3 verhalten. Damit ist aber bei gleicher Drehzahl das Verhältnis der Motormomente ebenfalls 1 : 3. Somit folgt

$$P_{\curlywedge} : P_{\triangle} = 1 : 3 \qquad I_{\curlywedge} : I_{\triangle} = 1 : 3 \qquad M_{\curlywedge} : M_{\triangle} = 1 : 3$$

Durch das Herabsetzen von Netzstrom I und Motormoment M auf ein Drittel bei Sternschaltung gegenüber Dreieckschaltung werden zwar die hohen Anfahrströme vermieden, jedoch kann infolge der Minderung des Motormoments das Verfahren nur dann angewandt werden, wenn der Motor während des Anlaufs durch die Arbeitsmaschine noch nicht oder nur schwach belastet ist.

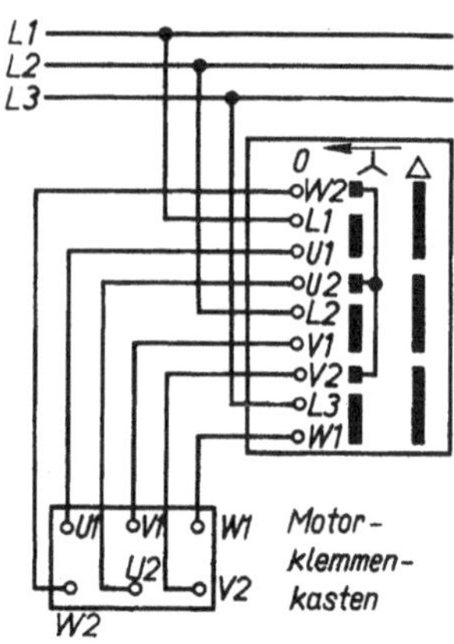

Abb. 4.49 Stern-Dreieck-Schalter. Die beweglichen Schaltstücke (*rechts*) befinden sich auf einer Schaltwalze (Walzenschalter) oder werden als einzelne Schaltelemente durch eine Nockenwelle bewegt (Nockenschalter)

Die Verhältnisse während des Hochlaufens gehen aus Abb. 4.50 hervor. Außer den aus Abb. 4.45 bekannten Kennlinien in der Betriebsschaltung, also bei Dreieckschaltung $I_\triangle$, $M_\triangle = f(n)$, sind diejenigen bei Sternschaltung $I_\curlywedge$, $M_\curlywedge = f(n)$ eingetragen. Verläuft das Lastmoment M_L der Arbeitsmaschine nach der Kurve a, so kann mit Stern-Dreieck-Schaltung angefahren werden. Der dann gegebene Verlauf von Strom $I_\curlywedge$ und Motormoment $M_\curlywedge$ sind dick ausgezogen. Von Stern- auf Dreieckschaltung wird bei so hoher Drehzahl umgeschaltet, dass die bei der Umschaltung (Drehzahl n_u) auftretende Stromspitze den größten Anfahrstrom, der im Stillstand auftritt, nicht wesentlich übersteigt. Während des ganzen Anlaufvorganges ist das Motormoment größer als das Lastmoment ($M_\curlywedge > M_L$), so dass der Antrieb dauernd beschleunigt wird. Schließlich stellt sich die Betriebsdrehzahl n_b ein, die sich durch den Schnittpunkt der beiden Momentenkennlinien ergibt ($M_\triangle = M_L$).

Verläuft dagegen das Lastmoment nach der Kurve b, dann genügt das Drehmoment des Motors bei Sternschaltung nicht, um die Arbeitsmaschine zu beschleunigen, da $M_\curlywedge < M_L$

Abb. 4.50 Anfahrkennlinien eines Kurzschlussläufermotors mit Stern-Dreieck-Umschaltung der Ständerwicklung

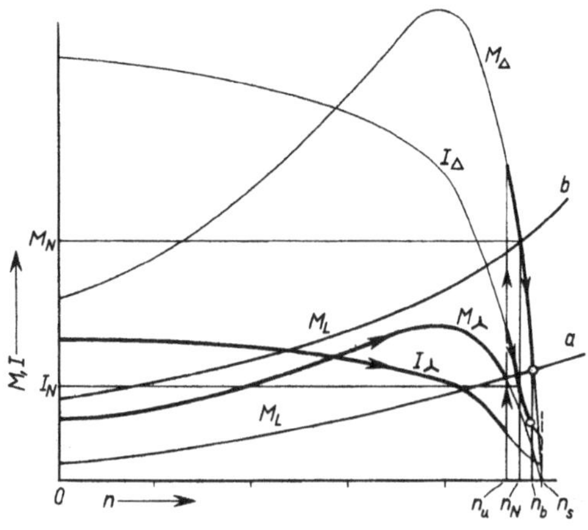

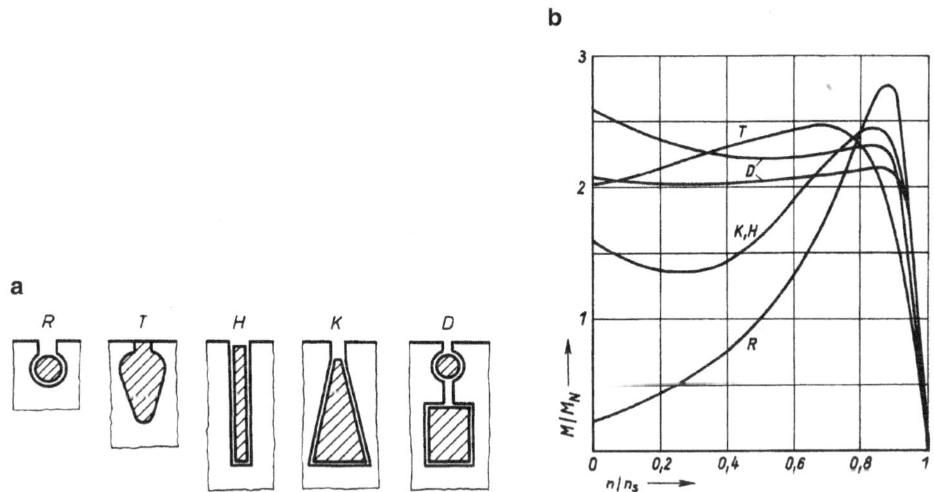

Abb. 4.51 Nut- und Läuferstabformen (**a**) von Kurzschlussläufermotoren und zugehörige Drehmomentkennlinien (**b**)

ist. Es wäre allerdings unwirtschaftlich, lediglich wegen dieser Anlaufverhältnisse einen größeren Motor zu verwenden. In diesem Falle wird man eine der nachstehend beschriebenen Sonderbauformen des Käfigläufers mit einer günstigeren Momentenkennlinie wählen.

Sonderbauformen des Käfigläufers Der einfache Käfigläufer mit einem Läuferkäfig aus Rundstäben (Abb. 4.51a, Teilbild R) wird wegen seiner ungünstigen Anlaufverhältnisse (im Stillstand bis zu 8fachem Bemessungsstrom, Anzugsmoment meist kleiner als 0,5 M_N, s. Abb. 4.51b) nur noch selten gebaut. Meist trifft man bei kleineren Motorleistungen die Tropfenform T der Stäbe an, die diese Nachteile nicht hat. Wie die Ausführungen zum Schleifringläufer aber zeigen, können die Verhältnisse durch eine Widerstandserhöhung im Läuferkreis wesentlich verbessert werden, indem während des Anlaufs der Läufervorwiderstand R_V immer mehr verringert und schließlich kurzgeschlossen wird. Bei den Sonderbauformen des Käfigläufers wird durch die verschiedenen Ausführungen der Nut- und Stabformen des Läufers (Abb. 4.51a) während des Anlaufs automatisch eine Verringerung des wirksamen Läuferwiderstandes von einem größten Wert bei Stillstand bis zu einem kleinsten Wert im Betriebsbereich erzielt.

Die Widerstandsänderung während des Anlaufs kommt bei den Hochstabläufern H mit ihren hohen, schmalen Läuferstäben bzw. den Keilstabläufern K, erst recht aber bei den Doppelkäfigläufern D mit zwei Läuferkäfigen dadurch zustande, dass im Stillstand der Läuferstrom fast ganz im oberen Teil an der Nutöffnung der Läuferstäbe bzw. in dem äußeren Läuferkäfig (Anlasskäfig) fließt. Der Läuferstrom wird also gewissermaßen auf einen relativ kleinen Querschnitt verdrängt (Stromverdrängungsläufer) und findet daher relativ hohen Widerstand vor. Mit steigender Drehzahl nimmt diese Erscheinung immer mehr ab. Am Ende des Hochlaufs verteilt sich im üblichen Betriebsbereich der Drehzahl der Läuferstrom gleichmäßig über den ganzen Querschnitt der Hochstäbe bzw. entsprechend den Widerständen des äußeren Anlaufkäfigs und des inneren Betriebskäfigs. Dadurch ergibt sich im Betrieb ein niedriger wirksamer Läuferwiderstand und guter Wirkungsgrad. Die Anlaufströme dieser Motoren liegen etwa beim 4–5fachen Bemessungsstrom; das Anfahrmoment liegt bei Hochstabläufern beim 1,5fachen Bemessungsmoment, weist aber eine für Schweranlauf ungünstige Einsattelung in der Kennlinie auf. Bei Doppelkäfigläufern ergeben sich Werte etwa bis zum 3fachen Bemessungsmoment. Soweit es die Anschlussbedingungen zulassen, werden solche Motoren direkt, anderenfalls durch Stern-Dreieck-Schaltung angefahren.

Anlassen von Schleifringläufermotoren Bei diesen Motoren kann durch Einschalten von Anlasswiderständen R_V in den Läuferkreis (Abb. 4.41) der Anfahrstrom herabgesetzt und gleichzeitig das Anfahrmoment, verglichen mit dem Moment bei direkter Einschaltung, erhöht werden.

Die Wirkung dieses Verfahrens kann unmittelbar der Ersatzschaltung des Läuferkreises in Abb. 4.43 entnommen werden. Durch einen Vorwiderstand ist im Stromkreis der Gesamtwiderstand $R_r + R_V$ vorhanden, womit sich der Läuferstrom bei $n = 0$ also $s = 1$ auf

$$I_{rst} = \frac{U_{r0}}{\sqrt{(R_r + R_V)^2 + X_{r0}^2}}$$

reduziert. Damit geht der Ständerstrom ebenfalls zurück.

Der Einfluss von R_V auf die Drehmomentkurve kann Gl. 4.40 entnommen werden. Der Kippschlupf steigt auf

$$s_K = s_{KN}(1 + R_V/R_r)$$

womit sich die Lage des Maximums der Kennlinie $M = f(n)$ in Richtung kleinere Drehzahl verlagert. Das Kippmoment selbst ist nach Gl. 4.40 von R_v unabhängig und bleibt konstant.

In Abb. 4.52 ist zunächst wieder – als Kurve a – die Momentenkennlinie $M = f(n)$ aus Abb. 4.45 übertragen worden ($s_N = 0{,}05$, $s_K = 0{,}2$). Wird nun jedem Strang der Läuferwicklung des Schleifringmotors ein Widerstand $R_V = R_r$ in Reihe geschaltet und damit der Läuferwiderstand $R_L = 2R_r$, also verdoppelt, dann verdoppelt sich nach obiger Gleichung auch der Kippschlupf s_K auf 0,4, während das Kippmoment M_K unverändert erhalten bleibt (Kurve b). Das Moment M_N tritt jetzt etwa beim doppelten Schlupf auf; d. h. die Drehzahl sinkt zwischen Leerlauf und Bemessungsmoment stärker ab. Im Stillstand ergibt sich dabei ein Anfahrmoment, das fast doppelt so groß wie beim direkten Einschalten ist. Vergrößert man R_V um den doppelten Wert von R_r, dann wird $R_L = 3R_r$, der Kippschlupf liegt bei 0,6 (Kurve c). Es ist sogar möglich, dass das Anfahrmoment gleich dem Kippmoment wird (Kurve d). Durch weiteres Vergrößern von R_V sinkt das Anfahrmoment wieder ab (Kurve e). Der Motor mit Schleifringläufer ist für schwerste

Abb. 4.52 Drehmoment-
kennlinien $M = f(n)$ eines
Drehstrommotors mit Schleifringläufer bei verschiedenen
Widerständen im Läuferkreis

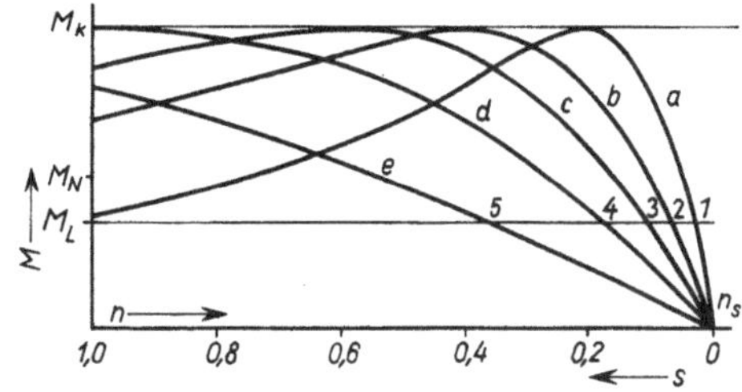

Anlaufbedingungen (Schweranlauf) geeignet. Während des Anfahrens wird der Anlasswiderstand R_V stufenweise abgeschaltet. Nach erfolgtem Hochlauf ist $R_V = 0$. Das
vorhandene Lastmoment M_L der Arbeitsmaschine bestimmt die erforderliche Größe des
Motormoments M im stationären Betrieb: $M = M_L$.

4.3.2.3 Drehzahlsteuerung

Aus Gl. 4.33 ergibt sich mit Gl. 4.32 für die Motordrehzahl

$$n = \frac{f}{p}(1 - s) \tag{4.47}$$

Somit stehen grundsätzlich drei Möglichkeiten der Drehzahlsteuerung, nämlich durch Änderung von s, p und f zur Verfügung.

Änderung des Schlupfes s Beim Schleifringläufer kann die zum Anfahren mit Vorwi-
derständen R_V herangezogene Schaltung (Abb. 4.41) auch zur Drehzahlsteuerung nach
Abb. 4.52 im Betrieb angewandt werden, wenn anstelle der Anlasserwiderstände ein für
Dauerbetrieb geeigneter Anlasssteller verwendet wird. Beim Kurzschlussläufer kann die
Schlupfänderung durch Herabsetzen der Motorspannung ($U < U_N$) erreicht werden, da
das Kippmoment $M_K \approx U^2$ ist.

In Abb. 4.52 sei das Lastmoment M_L einer Arbeitsmaschine konstant. Die Betriebsdrehzahl kann vom Schnittpunkt 1 dieser Kennlinie mit der normalen Betriebskennlinie (a) durch Verändern der Motorkennlinien nach unten gesteuert werden (Schnittpunkte
2 bis 5). Zum Nachteil der relativ hohen Stromwärmeverluste im Anlasssteller kommt die
meist unerwünschte Lastabhängigkeit der Drehzahl hinzu, da der Motor bei Entlastung
($M_L = 0$) immer auf die Drehzahl n_s hochläuft. Wegen dieser Nachteile wird die hier
beschriebene Drehzahlsteuerung nur selten, z. B. kurzdauernd in einem Arbeitsprozess,
angewendet.

Änderung der Polpaarzahl p Mit der kleinstmöglichen Polpaarzahl $p = 1$ lässt sich
bei der Netzfrequenz $f = 50\,\text{Hz}$ nach $n_s = f/p$ die größtmögliche Drehzahl 3000/min
erreichen. Bei Ausführung der Ständerwicklung mit 2/3/4 usw. Polpaaren erhält man
Motoren mit den Drehzahlstufen $n_s = 1500/1000/750\,\text{min}^{-1}$ usw.

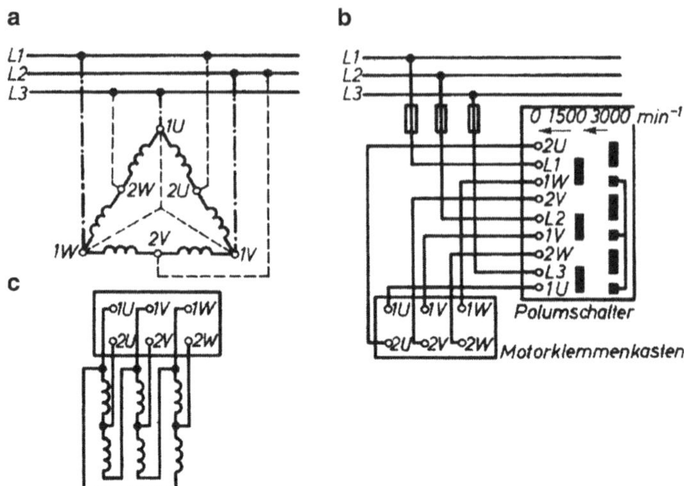

Abb. 4.53 Schaltplan für polumschaltbaren Drehstrommotor (Dahlanderschaltung). **a** *Punkt-Strich-Linie:* Reihen-Dreieckschaltung für $p = 2$, $n = 1500/\text{min}$, *gestrichelte Linie:* Doppelsternschaltung für $p = 1$, $n = 3000/\text{min}$, **b** Polumschalter (Walzenschalter) mit 3 Schaltstellungen, **c** Ergänzung des Schaltplans b

Für viele Zwecke, häufig im Zusammenhang mit Getrieben an Werkzeugmaschinen, werden Käfigläufermotoren mit Polumschaltung, sogenannte polumschaltbare Motoren, verwendet. Es sind entweder zwei getrennte Ständerwicklungen verschiedener Polpaarzahlen vorhanden, oder es können die Stranghälften der Ständerwicklung auf verschiedene Weise zusammengeschaltet werden, so dass sich in beiden Fällen eine Änderung der Polpaarzahl p und damit eine Drehzahlsteuerung in Stufen erreichen lässt (Abb. 4.53).

Üblich sind meist zwei, aber auch drei, selten vier Stufen bei Motoren bis etwa 20 kW. Die Leistungen in den einzelnen Stufen sind nicht gleich und betragen z. B. bei einem polumschaltbaren Motor mit den drei Drehzahlstufen $1500/1000/750\,\text{min}^{-1}$ in derselben Reihenfolge $9{,}5/8{,}0/6{,}3\,\text{kW}$. Gegenüber einem Motor mit nur einer Drehzahl erhöhen sich Preis und Gewicht wesentlich, Wirkungsgrad und Leistungsfaktor werden schlechter.

Für langsam laufende Maschinen und Apparate aller Art mit Drehzahlen bis unter 1/min wird anstelle von Transmissionen, Ketten- oder Zahnradvorgelegen für die Untersetzung der Getriebemotor verwendet. Außer den Vorteilen der geringeren Abnutzung, des besseren Wirkungsgrades und geringeren Raumbedarfs bedeutet dies die vollkommen staubdichte und spritzwassersichere Ausführung in Schutzart IP54, s. Abschn. 5.1.1, in einer Konstruktionseinheit. Die Verwendung dieses Antriebes ist auch unter den ungünstigen Betriebsverhältnissen wie im Bergbau oder der Stahlindustrie möglich.

Änderung der Frequenz f Betreibt man eine Asynchronmaschine mit einer Drehspannung einstellbarer Frequenz f so wird nach Gl. 4.32 mit $n_s = f/p$ die Synchron- und damit auch die Betriebsdrehzahl $n = n_s(1 - s)$ proportional geändert. Dieses Verfahren hat mit der Entwicklung von Frequenzumrichtern (s. Abschn. 4.6.2.3) die gesamte elektrische Antriebstechnik entscheidend beeinflusst und den fremderregten Gleichstrommotor als klassischen drehzahlgeregelten Antrieb weitgehend abgelöst. So werden heute in Werkzeugmaschinen, Förderanlagen und der Bahntechnik meist frequenzgesteuerte Drehstrommaschinen eingesetzt.

Der in Beispiel 4.9 für einen Transformator mit Gl. 4.32 abgeleitete Zusammenhang zwischen der Spannung an einer Wicklung mit der Windungszahl N und dem magnetischen Fluss, nämlich

$$\Phi_{\max} = \frac{U}{4{,}44 \cdot f \cdot N}$$

gilt grundsätzlich auch für rotierende Maschinen. Will man danach die magnetische Ausnutzung und damit das volle Drehmoment erhalten, so muss man bei einer Frequenzänderung mit $U \approx f$ im gleichen Maße die Spannung nachstellen. In diesem Proportionalbereich bleibt mit der aus Gl. 4.40 abgeleiteten Beziehung

$$M = M_{\mathrm{KN}} \left(\frac{U}{U_{\mathrm{N}}} \right)^2 \left(\frac{f_{\mathrm{N}}}{f} \right)^2 \tag{4.48}$$

das Kippmoment mit seinem Bemessungswert M_{KN} konstant.

Mit Erreichen der Werte U_{N} bei f_{N}, welche man als Eckpunkt der Frequenzumrichter-Kennlinie bezeichnet, wird nur noch die Frequenz erhöht. Dies führt nach obiger Gleichung zu einem quadratisch abfallenden Kippmoment und damit zu einer Höchstdrehzahl $n_{\max}$ für den Betrieb mit der Bemessungsleistung P_{N}.

Das Drehzahl-Drehmomentfeld ist in Abb. 4.54a dargestellt. Es stimmt sehr weitgehend mit dem entsprechenden Diagramm in Abb. 4.14 für die fremderregte Gleichstrommaschine überein. Noch deutlicher wird dies im Betriebsdiagramm der frequenzgesteuerten Asynchronmaschine nach Abb. 4.54b, das mit Abb. 4.16 zu vergleichen ist. Wie dort kann im unteren Stellbereich der Motor mit seinem vollen Bemessungsmoment betrieben werden. Will man im Feldschwächbereich die Bemessungsleistung fahren, so sinkt das erforderliche Drehmoment mit $1/n$. Die Grenze ist erreicht, wenn das quadratisch abfallende Kippmoment in die Nähe des Betriebsmomentes kommt.

Umsteuerung Die Drehrichtung des Drehfeldes bestimmt die Richtung des im Motor erzeugten Drehmoments und damit die Drehrichtung des Motors. Sie kann durch Vertauschen zweier beliebiger Zuführungen vom Drehstromnetz zur Ständerwicklung umgekehrt werden.

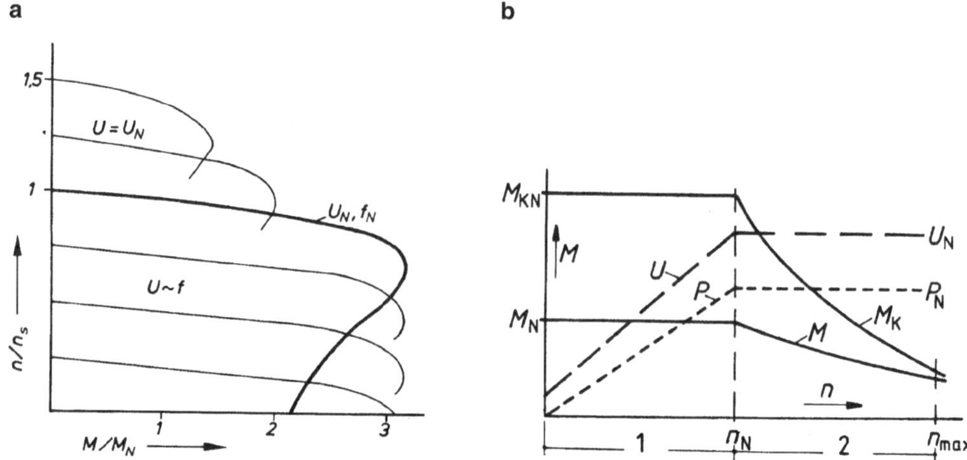

Abb. 4.54 Frequenzumrichterbetrieb der Asynchronmaschine, **a** Drehzahl-Drehmomentkennlinien im Proportional- und Feldschwächbereich, **b** Betriebskennlinien bei Frequenzänderung. *1* Proportionalbereich $U \approx f$, *2* Feldschwächbereich $U = U_\mathrm{N}$

Beispiel 4.14

Ein Drehstrom-Asynchronmotor mit Käfigläufer hat auf dem Leistungsschild folgende Angaben: 3 kW, 400 V, 6,5 A, $\cos\varphi = 0{,}84$, 955 min^{-1}, 50 Hz, Schaltung Δ

a) Man berechne alle Größen des Motors, die sich aus den Angaben des Leistungsschildes bestimmen lassen. Im Bemessungsbetrieb mit Anschluss an das 400 V/230 V-Netz sind

aufgenommene Leistung, s. Gl. 1.108

$$P_1 = \sqrt{3}\, U I \cos\varphi = \sqrt{3} \cdot 400\,\mathrm{V} \cdot 6{,}5\,\mathrm{A} \cdot 0{,}84$$
$$P_1 = 3{,}783\,\mathrm{kW}$$

Gesamtverluste

$$P_\mathrm{V} = P_1 - P_2 = (3{,}783 - 3)\,\mathrm{kW} = 0{,}783\,\mathrm{kW}$$

Wirkungsgrad

$$\eta = P_2/P_1 = 3\,\mathrm{kW}/3{,}783\,\mathrm{kW} = 79{,}3\,\%$$

Strangspannung 400 V Strangstrom 6,5 A$/\sqrt{3} = 3{,}75$ A Außenleiterstrom 6,5 A synchrone Drehzahl $n_\mathrm{s} = 1000$ min^{-1} Polpaarzahl $p = 3$
Bemessungsschlupf s. Gl. 4.33

$$s_\mathrm{N} = \frac{(1000 - 955)\,\mathrm{min}^{-1}}{1000\,\mathrm{min}^{-1}} = 0{,}045 = 4{,}5\,\%$$

Bemessungsmoment s. Gl. 1.18

$$M_N = \frac{P_N}{2\pi \cdot n_N} = \frac{3000\,\text{W} \cdot 60\,\text{s}}{2\pi \cdot 955} \quad \text{somit} \quad M_N = 30\,\text{N\,m}$$

Blindleistung s. Gl. 1.109

$$Q = \sqrt{3}\,UI \sin\varphi = \sqrt{3} \cdot 400\,\text{V} \cdot 6{,}5\,\text{A} \cdot 0{,}542 = 2{,}443\,\text{kvar}$$

Scheinleistung s. Gl. 1.110

$$S = \sqrt{3}UI = \sqrt{3} \cdot 400\,\text{V} \cdot 6{,}5\,\text{A} = 4{,}50\,\text{kVA}$$

b) Man zeichne mit Hilfe von Gl. 4.41 die Momentkennlinie für Stern- und Dreieck-schaltung auf. Das Kippmoment des Motors ist gleich dem 2,6fachen Bemessungsmoment, der Kippschlupf beträgt $s_K = 0{,}2$. Bei Dreieckschaltung erhält man mit $M_K = 2{,}6$, $M_N = 78\,\text{N\,m}$ und $s_K = 0{,}2$

$$M = \frac{2 \cdot 78\,\text{N\,m}}{\frac{s}{0{,}2} + \frac{0{,}2}{s}} = \frac{156}{5s + \frac{0{,}2}{s}}\,\text{N\,m}$$

Für $n = 0$, also $s = 1$ ergibt sich hieraus das Stillstandsmoment

$$M_{st} = \frac{156}{5 + 0{,}2}\,\text{N\,m} = 30\,\text{N\,m}$$

für $n = 500\,\text{min}^{-1}$ ($s = 0{,}5$) wird

$$M = \frac{156}{2{,}5 + 0{,}4}\,\text{N\,m} = 53{,}8\,\text{N\,m}$$

für $n_s = 1000\,\text{min}^{-1}$ ($s = 0$) wird

$$M = 0$$

Mit Hilfe der so gefundenen fünf bekannten Punkte kann $M_\triangle = f(n)$ gekennzeichnet werden (Abb. 4.55). Bei Sternschaltung (Anfahrvorgang) gilt nach Gl. 4.47 $M_\curlyvee = M_\triangle/3$. Die Kennlinie $M_\curlyvee = f(n)$ für Sternschaltung ist ebenfalls in Abb. 4.55 eingetragen.

c) Bei welcher Drehzahl sollte beim Anfahren die Umschaltung von Stern- auf Dreieckschaltung erfolgen, wenn der Motor durch die Arbeitsmaschine mit dem in Abb. 4.55 eingetragenen Lastmoment M_L belastet wird? Welche stationäre Betriebsdrehzahl stellt sich ein?
Bei Sternschaltung ergibt sich die Umschaltdrehzahl n_u aus dem Schnittpunkt der Kennlinien $M_\curlyvee$ und M_L bei $n_u \approx 920\,\text{min}^{-1}$. Die stationäre Betriebsdrehzahl n_b ergibt sich aus dem Schnittpunkt der Kennlinien $M_\triangle$ und M_L bei $n_b \approx 975\,\text{min}^{-1}$.

Abb. 4.55 Drehmoment-
kennlinien $M_{\curlywedge} = f(n)$ und
$M_{\triangle} = f(n)$ eines Motors
mit Käfigläufer sowie Lastmo-
mentkennlinie $M_{\mathrm{L}} = f(n)$
einer Arbeitsmaschine

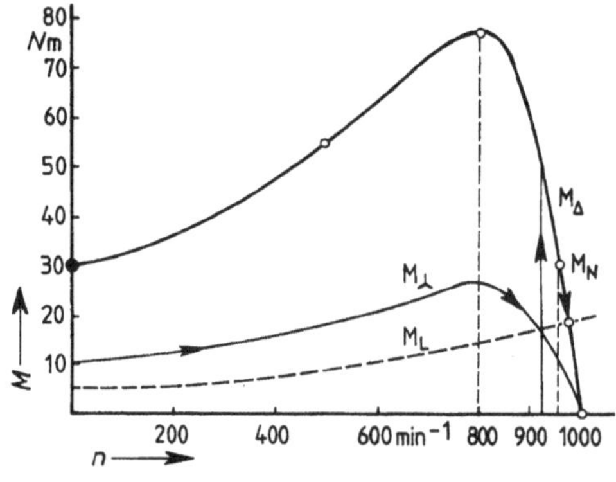

d) Wie groß sind im Stillstand die Außenleiter- und Strangströme bei direktem Einschalten und bei Stern-Dreieck-Anlauf, wenn der Stillstandsstrom des Motors $6I_{\mathrm{N}}$
beträgt?

Direkter Anlauf (Dreieckschaltung)		Stern-Dreieck-Anlauf (Sternschaltung)	
Außenleiterstrom	$I = 6I_{\mathrm{N}} = 6 \cdot 6{,}5\,\mathrm{A} = 39\,\mathrm{A}$	Außenleiterstrom	$I = 2I_{\mathrm{N}} = 13{,}0\,\mathrm{A}$
Strangstrom	$I_{\mathrm{st}} = 6 \cdot 6{,}5\,\mathrm{A}/\sqrt{3} = 22{,}5\,\mathrm{A}$	Strangstrom	$I_{\mathrm{st}} = 13{,}0\,\mathrm{A}$

Beispiel 4.15

Ein Drehstrom-Asynchronmotor mit Schleifringläufer hat folgende Angaben auf dem
Leistungsschild: 63 kW, 1440 min⁻¹, 400 V, Schaltung $\curlywedge$, 50 Hz, 118 A, $\cos\varphi = 0{,}88$;
Läufer $U_{\mathrm{rSt}} = 230\,\mathrm{V}$, $I_{\mathrm{rN}} = 171\,\mathrm{A}$. Er wird an einem Drehstromnetz 400 V/230 V
betrieben.

a) Es sind weitere Größen zu ermitteln.
   Für die Maschine mit $n_{\mathrm{s}} = 1500\,\mathrm{min^{-1}}$ und 2 Polpaaren ($p = 2$) ergibt sich für
   Bemessungsbetrieb
   Schlupf

$$s_{\mathrm{N}} = \frac{(1500 - 1440)\,\mathrm{min^{-1}}}{1500\,\mathrm{min^{-1}}} = 0{,}04 = 4\,\%$$

Moment

$$M_{\mathrm{N}} = \frac{63.000\,\mathrm{W} \cdot 60\,\mathrm{s}}{2\pi \cdot 1440} = 418\,\mathrm{N\,m}, \quad M_{\mathrm{N}} = 418\,\mathrm{N\,m}$$

aufgenommene Leistung

$$P_{\mathrm{1N}} = \sqrt{3}\,U_{\mathrm{N}}I_{\mathrm{N}} \cos\varphi_{\mathrm{N}} = \sqrt{3} \cdot 400\,\mathrm{V} \cdot 118\,\mathrm{A} \cdot 0{,}88 = 71{,}94\,\mathrm{kW}$$

Verlustleistung

$$P_{\mathrm{vN}} = P_{\mathrm{1N}} - P_{\mathrm{2N}} = (71{,}94 - 63)\,\mathrm{kW} = 8{,}94\,\mathrm{kW}$$

Wirkungsgrad

$$\eta_{\mathrm{N}} = P_{2\mathrm{N}}/P_{1\mathrm{N}} = 63\,\mathrm{kW}/71{,}94\,\mathrm{kW} = 0{,}876 = 87{,}6\,\%$$

b) Die im Läufer auftretenden Größen bei Volllast sind zu ermitteln.
Läuferfrequenz
$$f_{2\mathrm{N}} = s_{\mathrm{N}} f = 0{,}04 \cdot 50\,\mathrm{Hz} = 2\,\mathrm{Hz}$$

Läuferspannung
$$U_{2\mathrm{N}} = s_{\mathrm{N}} U_{2\mathrm{St}} = 0{,}04 \cdot 230\,\mathrm{V} = 9{,}2\,\mathrm{V}$$

Vernachlässigt man bei Volllast den induktiven Widerstand im Läuferkreis, dann ergibt sich, da $\cos\varphi_2 \approx 1$ wird

$$P_{\mathrm{Cu}2} = \sqrt{3}\,U_{2\mathrm{N}} I_{2\mathrm{N}} \cdot 1 = \sqrt{3} \cdot 9{,}2\,\mathrm{V} \cdot 171\,\mathrm{A} = 2720\,\mathrm{W} = 2{,}72\,\mathrm{kW}$$

Widerstand eines Stranges der Läuferwicklung (Sternschaltung)

$$R_{\mathrm{r}} = \frac{U_{2N}}{\sqrt{3}\,I_{2N}} = \frac{9{,}2\,\mathrm{V}}{\sqrt{3} \cdot 171\,\mathrm{A}} = 0{,}031\,\Omega$$

c) Wie groß ist der Widerstand R_{s} eines Stranges der Ständerwicklung, wenn bei Volllast die Kupferverluste im Ständer so groß wie im Läufer angenommen werden können? Es ist

$$P_{\mathrm{Cu_s}} = P_{\mathrm{Cu_r}} = 2{,}72\,\mathrm{kW} = 3\,I_{\mathrm{N}}^2 R_{\mathrm{s}} \quad \text{hieraus} \quad R_{\mathrm{s}} = \frac{2720\,\mathrm{W}}{3 \cdot (118\,\mathrm{A})^2} = 0{,}065\,\Omega$$

Aufgabe 4.10

Ein kleiner Pumpenmotor mit Käfigläufer und dem Kippschlupf $s_{\mathrm{K}} = 0{,}2$ hat ein zu geringes Verhältnis $M_{\mathrm{st}}/M_{\mathrm{K}}$. Zur Erhöhung des Stillstandsmomentes auf M_{stR} wird durch Abdrehen eines Teils der Ringquerschnitte der Läuferwiderstand R_{r} um 20 % vergrößert. Welches Verhältnis $M_{\mathrm{stR}}/M_{\mathrm{st}}$ kann erreicht werden?

Ergebnis: $M_{\mathrm{stR}}/M_{\mathrm{st}} = 1{,}18$

4.4 Drehstrom-Synchronmaschinen

In den Kraftwerken der Elektrizitätswerke und der Industrie wird elektrische Energie in Drehstrom-Synchrongeneratoren erzeugt.

In Kernkraftwerken sind vierpolige Generatoren mit Einheitsleistungen bis ca. 1700 MVA im Einsatz und in modernen Kohlekraftwerken meist zweipolige Maschinen im Bereich 100 MVA bis ca. 900 MVA. In Wasserkraftwerken sind die Generatorleistungen bei Drehzahlen bis 500 min^{-1} kleiner. In den Laufkraftwerken an Staustufen von Flüssen betragen die Drehzahlen zwischen 100 min^{-1} und 200 min^{-1}, d. h. zur Erzeugung einer 50 Hz-Spannung benötigt man nach Gl. 4.32 hohe Polzahlen $2p = 60$ bei $n = 100$ min^{-1}. Bei Antrieb der Generatoren durch Dieselmotoren kommen Drehzahlen bis unter 100 min^{-1} vor. In Schienenfahrzeugen wie auch im Kfz werden Drehstromgeneratoren als Lichtmaschinen verwendet.

Synchronmaschinen werden aber auch in einem weiten Leistungsbereich als Motoren eingesetzt. Er reicht vom Kleinantrieb für Uhren und die Feinwerktechnik über Stellantriebe in der Automatisierungstechnik (AC-Servomotoren) bis zu Einheiten von MW für Förderanlagen, Mühlen und Schiffsantriebe. Durch die Technik der Frequenzumrichter sind heute auch Synchronmaschinen drehzahlsteuerbar und damit in Konkurrenz zum Gleichstrom- und Asynchronmotor.

4.4.1 Aufbau und Wirkungsweise

4.4.1.1 Ständer und Läufer

Ständer Der Ständer einer Drehstrom-Synchronmaschine ist wie der eines Asynchronmotors aufgebaut und besteht damit aus einem geschweißten Gehäusemantel, dem Blechpaket aus isolierten Elektroblechen und der Drehstromwicklung in den Nuten entlang der Bohrung. Für den Einsatz in Kohle- oder Kernkraftwerken und damit Antrieb durch Dampfturbinen erhalten die Maschinen axiale Längen vom Mehrfachen des Läuferdurchmessers und werden als Turbogeneratoren bezeichnet. Im oberen Leistungsbereich ersetzt man zur Verbesserung der Kühlung im Innern die Luft durch Wasserstoff von bis zu 4 bar Druck und führt die Erregerwicklung des Läufers zur direkten Wärmeabgabe mit Hohlleitern aus. Die Ständerwicklung erhält ebenfalls Hohlleiter, durch die man aufbereitetes Wasser von hoher Reinheit leitet. Abb. 4.56 zeigt den Ständer eines derartigen flüssigkeitsgekühlten Turbogenerators bei der Montage im Prüffeld.

Läufer Der Läufer wird bei zwei- und vierpoligen Maschinen wegen der großen Zentrifugalkräfte infolge der Drehzahlen von 3000 min^{-1} bzw. 1500 min^{-1} als massiver Volltrommelläufer (Turboläufer) mit Nuten am Umfang ausgebildet (Abb. 4.57a). Bei Drehzahlen bis 1000 min^{-1} wird der Polradläufer verwendet, bei dem sich am Umfang $2p$ mit Gleichstrom erregte Pole befinden (Abb. 4.57b). In den Polschuhen erhalten sie häufig eine zusätzliche Käfigwicklung zur Dämpfung unsymmetrischer Belastungen.

Erregung Die Läufer- oder Erregerwicklung, die in den Nuten des Volltrommelläufers bzw. auf den Polen des Polradläufers untergebracht ist, wird mit Gleichstrom gespeist. Die Erregerleistung $P_E = U_E \cdot I_E$ beträgt bei den Großgeneratoren einige 1000 kW bei Erregerströmen I_E von mehreren kA. Sie werden heute durch eine Stromrichterschaltung erzeugt

Abb. 4.56 Ständer eines wassergekühlten Turbogenerators (ABB) $S_\mathrm{N} = 553\,\mathrm{MVA}$; $U_\mathrm{N} = 21\,\mathrm{kV}$, $\cos\varphi = 0{,}85$

und dem Läufer über Kohlebürsten und zwei Schleifringe zugeführt (Abb. 4.58a). Sowohl bei Kraftwerksgeneratoren wie auch bei Industriemotoren setzt man aber auch die bürstenlose Erregung ein. Hier erzeugt ein angekuppelter eigener Drehstrom-Erregergenerator in der Bauform der Außenpolmaschine mit der Drehstromwicklung auf dem Läufer eine Drehspannung, die in mitrotierenden Dioden gleichgerichtet und über eine Hohlwelle dem Läufer der Hauptmaschine zugeführt wird (Abb. 4.58b). Die Einstellung des erforderlichen Erregerstromes I_E erfolgt über eine Änderung der Drehspannung des angekuppelten Generators mit dessen Erregerstrom I_{E_2}.

a

b

Abb. 4.57 a Turboläufer einer Synchronmaschine, 64 MVA, 3000 min^{-1} (ABB), **b** Polrad eines Wasserkraftgenerators, 8 MVA, 125 min^{-1} (ABB)

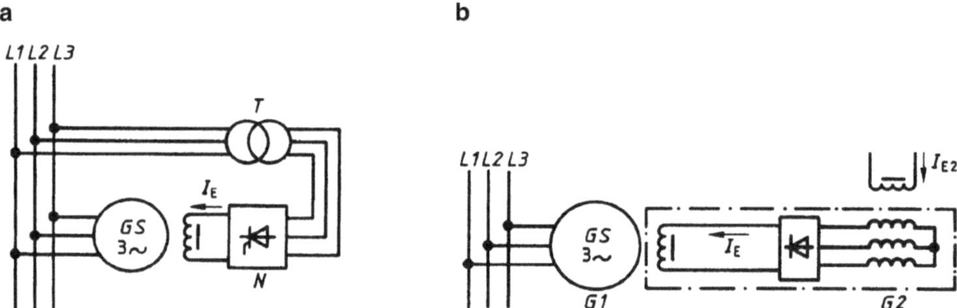

Abb. 4.58 Erregertechniken für Synchronmaschinen. **a** Erregung über Schleifringe mit Stromrichter N und Transformator T, **b** Schleifringlose Erregung mit Außenpolgenerator G2 und rotierendem Diodengleichrichter. *Strich-Punkt-Kasten:* rotierender Teil

Abb. 4.59 Drehfeld des gleichstromerregten Läufers einer Synchronmaschine

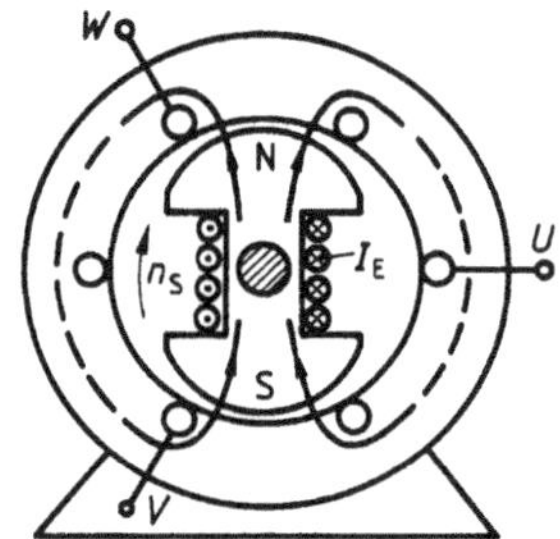

4.4.1.2 Kennlinien und Ersatzschaltung

Leerlauf Der Läufer einer Synchronmaschine stellt einen $2p$-poligen mit Gleichstrom erregten Elektromagneten dar, dessen Feldverlauf an den einzelnen Polen durch die Form der Polschuhe möglichst sinusförmig angestrebt wird. Das Gleichfeld schließt sich über das Ständerblechpaket (Abb. 4.59) und durchsetzt dabei die drei Stränge der Drehstromwicklung.

Treibt man den Läufer durch die Turbine oder eine Kolbenmaschine mit der Drehzahl n an, so dreht sich das Läufergleichfeld synchron mit und wird damit zu einem Drehfeld.

Es erzeugt nach dem Induktionsgesetz in jedem Strang der ruhenden Ständerwicklung eine sinusförmige Wechselspannung, insgesamt also eine Drehspannung. Der Effektivwert dieser Spannung berechnet sich nach derselben Beziehung in Gl. 4.32 wie bei einem Transformator zu

$$U_q = 4{,}44\,f\,N\,k_w\,\Phi_{max} \tag{4.49}$$

Dabei muss lediglich die Windungszahl N pro Strang mit einem sogenannten Wicklungsfaktor $k_w \approx 0{,}96$ multipliziert werden, um die Verteilung der Windungen auf mehrere Nuten am Bohrungsumfang zu berücksichtigen.

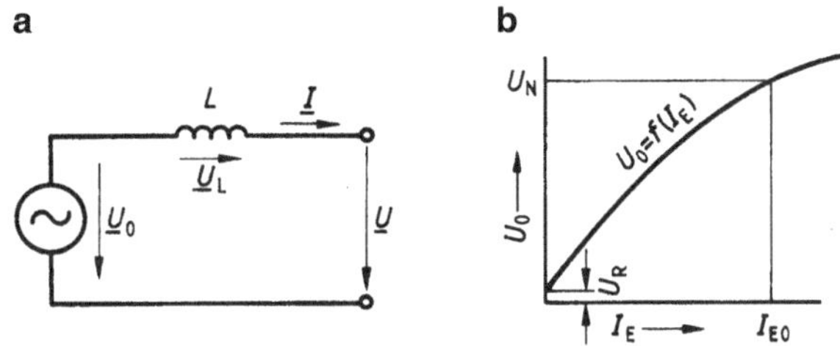

Abb. 4.60 Synchronmaschine. **a** Ersatzschaltung, **b** Leerlaufkennlinie

Die Frequenz f der im Ständer induzierten Wechselspannung ist

$$f = pn \tag{4.50}$$

Ist die Frequenz f vorgeschrieben, dann liegt damit die synchrone Drehzahl

$$n_s = \frac{f}{p} \tag{4.51}$$

fest. Die Spannung U_q kann, da $n = n_s = $ konst. ist, also nur durch Beeinflussung des Läuferdrehfeldes, d. h. durch den Erregerstrom I_E verändert werden.

Die Leerlaufkennlinie, $U_0 = U_q = f(I_E)$ (Abb. 4.60) ergibt sich ähnlich wie bei Gleichstrommaschinen. Der Leerlauferregerstrom I_{E_0} ist der Strom, bei dem sich im Ständer die Bemessungsspannung U_N einstellt.

Ersatzschaltung Es sei zunächst angenommen, dass eine mit konstanter Drehzahl n_s angetriebene Synchronmaschine als Generator allein, d. h. im sogenannten Inselbetrieb eine symmetrische Verbrauchergruppe versorgt. Die drei Stränge der in Stern oder Dreieck geschalteten Ständerwicklung nehmen dann Wechselströme I auf, die untereinander 120° phasenverschoben sind. Es entsteht damit wie bei einer Asynchronmaschine ein Ständerdrehfeld, das nach Gl. 4.51 synchron mit dem Läuferfeld rotiert und sich mit diesem zu einem resultierenden Drehfeld addiert. In den eigenen Wicklungssträngen induziert das Ständerdrehfeld eine Spannung der Selbstinduktion $\underline{U}_L$. Die Klemmenspannung des Generators ergibt sich dann als Differenz von Leerlaufspannung $\underline{U}_0$ und innerem Spannungsverlust $\underline{U}_L$.

Für eine Synchronmaschine erhält man daher ohne Berücksichtigung des ohmschen Widerstandes der Ständerwicklung, dessen Spannungsfall sehr klein ist, die einfache Ersatzschaltung nach Abb. 4.60. Der Strompfeil $\underline{I}$ ist im Sinne eines Generatorbetriebs eingetragen, so dass eine abgegebene Wirkleistung positiv gezählt wird.

Inselbetrieb Aus der Ersatzschaltung kann das Verhalten des Synchrongenerators im Inselbetrieb leicht abgeleitet werden. Durch eine konstante Drehzahl und eine fest eingestellte Erregung erhält man eine konstante Leerlaufspannung $\underline{U}_0$. Je nach Art der Belastung hat der Ständerstrom eine vor- oder nacheilende Phasenlage und der Zeiger $\underline{U}_L$ als

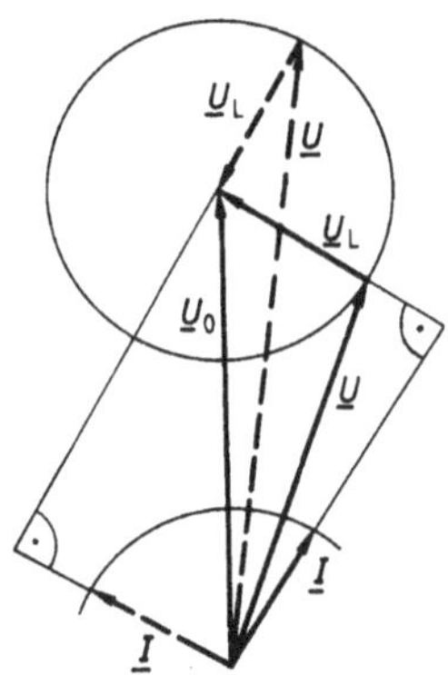

Abb. 4.61 Spannung der Synchronmaschine bei Belastung im Inselbetrieb

Spannung an einer Induktivität dazu eine 90° Voreilung. Die Klemmenspannung $\underline{U}$ ergibt sich dann aus der Differenz nach $\underline{U} = \underline{U}_0 - \underline{U}_\mathrm{L}$ wie in Abb. 4.61 für eine gleich große Belastung aber unterschiedlicher Phasenlage gezeigt ist.

Das Ergebnis stimmt mit dem schon bei der Belastung eines Transformators in Abschn. 4.2.1.3 beobachtenden Verhalten überein. Bei einer stark induktiven Last sinkt die Klemmenspannung wesentlich ab, während sie bei mehr kapazitiven Verbrauchern ansteigt. Da für die Versorgung des Inselbetriebes z. B. das Bordnetz eines Schiffes eine gleichbleibende Spannung verlangt wird, muss der Erregerstrom I_E nachgestellt werden. Dies besorgt ein Spannungsregler, der bei induktiver Belastung I_E erhöht und bei kapazitiver absenkt. Die Drehzahl wird immer auf ihrem Synchronwert n_s gehalten, da sie die Frequenz f bestimmt.

4.4.2 Betriebsverhalten im Netzbetrieb

4.4.2.1 Synchronisation

Soll eine Synchronmaschine an das vorhandene Drehstromnetz angeschlossen werden, so ist zu beachten, dass dessen Spannung durch die bereits im Verbundbetrieb arbeitenden Kraftwerksgeneratoren nach Frequenz und Betrag fest vorgegeben ist. Das Aufschalten verlangt daher einen „synchronisieren" bezeichneten Ablauf, mit dem erreicht wird, dass im Zuschaltaugenblick keine unzulässigen Stromstöße auftreten. In Abb. 4.62 ist als einfaches Beispiel die Synchronisation eines Drehstromgenerators mit der Dunkelschaltung vorgestellt. Damit der Leistungsschalter stromlos geschlossen werden kann, ist Voraussetzung, dass zwischen einander gegenüberliegenden Schaltstücken des Generatorschalters keine Spannung vorhanden ist, so dass im Moment des Aufschaltens mit $u_\mathrm{G} = u_\mathrm{N}$ die Augenblickswerte der Spannungen von Generator und Netz gleich sind. Zwei sinusförmige Wechselspannungen sind nur dann gleich, wenn sie gleiche Frequenz, gleichen Effektivwert und gleiche Phasenlage haben. Damit dies für alle drei Wechselspannungen an dem

Abb. 4.62 Parallelschalten eines Drehstrom-Synchrongenerators mit einem Drehstromnetz (Dunkelschaltung)

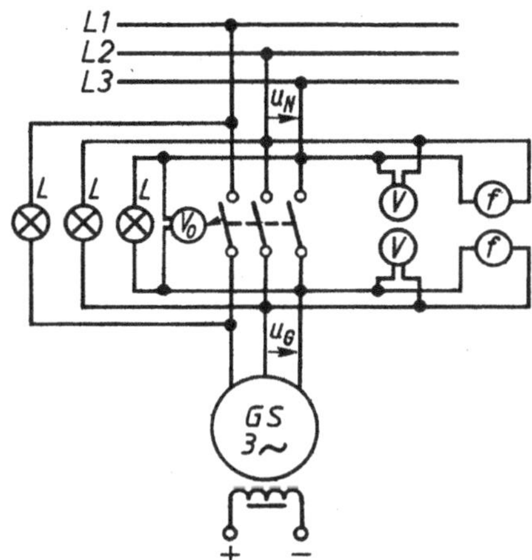

dreipoligen Schalter gilt, muss auch die Reihenfolge der drei Stränge der Drehstromsysteme auf beiden Seiten, also die sogenannte Phasenfolge, gleich sein.

Zur Kontrolle dieser vier Bedingungen dienen zunächst Doppelfrequenz- und Doppelspannungsmesser, die nach Abb. 4.62 an das Netz bzw. an den Generator angeschlossen werden, bei Hochspannung über Spannungswandler. Die Phasenbedingung wird dann durch drei Synchronisierungslampen L (oft in Verbindung mit einem Nullspannungsmesser V_0) kontrolliert.

Mit Hilfe des Kraftschiebers der Turbine und des Feldstellers für die Erregung des Generators lassen sich an den Messinstrumenten (f, V) gleiche Spannungen nur angenähert einstellen. Der verbleibende Frequenzfehler bewirkt eine Schwebung zwischen den Spannungen von Netz und Generator. Die Frequenz dieser Schwebung lässt sich als rhythmisches Hell- und Dunkelwerden der Lampen bzw. an den entsprechenden Ausschlägen des Nullspannungsmessers erkennen.

Durch Nachstellen von Kraftschieber und Feldsteller können Generatorspannung und Frequenz nun weiter angenähert und schließlich kann erreicht werden, dass die Schwebungsfrequenz immer kleiner wird. Die Lampen leuchten und erlöschen dann in immer längeren Zeitabständen. Bei der Dunkelschaltung nach Abb. 4.62 kann jetzt bei dunklen Lampen oder Nullanzeige des Nullspannungsmessers der Generatorschalter geschlossen werden, da in diesem Augenblick auch gleiche Phasenlage der beiden Spannungen u_G und u_N vorhanden ist. Der Generator läuft nach dem Aufschalten auf das Netz mit diesem synchron weiter. Wird erheblich zu früh oder zu spät aufgeschaltet, treten Betriebsstörungen auf, da große Ausgleichsströme zwischen Netz und Generator entstehen, die eine selbsttätige Abschaltung bewirken.

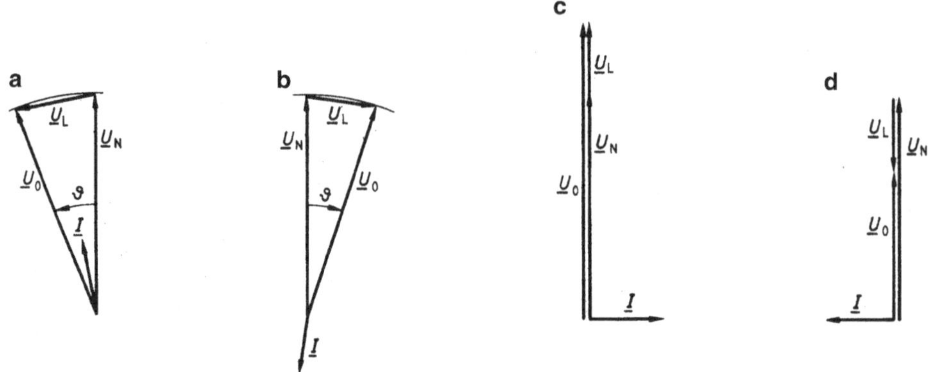

Abb. 4.63 Betriebsverhalten der Synchronmaschine im Netzbetrieb, **a** Generatorbetrieb, **b** Motorbetrieb, **c** Übererregung, **d** Untererregung

4.4.2.2 Wirk- und Blindlaststeuerung

Steuerung der Wirkleistung Nach der Synchronisation führt die Maschine mit $\underline{U}_0 = \underline{U}_N$, d. h. $\underline{U}_L = 0$ keinen Strom I und befindet sich damit im Leerlauf. Die beiden Drehspannungssysteme von Netz und Maschine sind deckungsgleich und rotieren mit Netzfrequenz.

Wird nun an der Welle bei unveränderter Erregung und damit konstanter Zeigerlänge $\underline{U}_0$, z. B. durch Öffnen des Dampfventils der Antriebsturbine ein Drehmoment eingeleitet, so will der Läufer seine Drehzahl erhöhen. Dies beginnt damit, dass der zuvor mit $\underline{U}_N$ deckungsgleiche Zeiger $\underline{U}_0$ eine voreilende Phasenlage annimmt und sich der sogenannte Polradwinkel ϑ einstellt (Abb. 4.63a). Damit entsteht aber die Spannungsdifferenz $\underline{U}_L$ und nach der Ersatzschaltung Abb. 4.60 der Strom $I = U_L/\omega L$, der in Bezug auf die Netzspannung $\underline{U}_N$ fast reiner Wirkstrom ist.

Bei der gewählten Zählpfeilrichtung von I bedeutet dies die Abgabe einer Wirkleistung an das Netz, d. h. Generatorbetrieb. Der Wirkleistung entspricht ein Bremsmoment auf die Antriebsmaschine, so dass der Läufer nicht weiter beschleunigt wird, sondern sich ein Gleichgewicht einstellt. Durch das Drehmoment an der Welle wird der Synchronbetrieb des Läufers mit dem netzfrequenten Drehfeld also nicht verändert. Es kommt lediglich zu einer lastabhängigen Voreilung der Läuferlage um den Winkel ϑ, der bei Bemessungsleistung etwa 25° beträgt.

Wird die Synchronmaschine aus dem Leerlauf heraus mechanisch belastet, so versucht der Läufer seine Drehzahl zu vermindern. Dies beginnt nach Abb. 4.63b diesmal mit einer Nacheilung der vom Läuferfeld erzeugten Spannung $\underline{U}_0$ um den Winkel ϑ. Die Lage des Zeigers $\underline{U}_L$ ergibt jetzt einen Strom I, der fast in Gegenphase zur Netzspannung liegt, was Aufnahme einer Wirkleistung bedeutet. Die Synchronmaschine befindet sich also im Motorbetrieb und entwickelt ein Drehmoment, das dem Lastmoment das Gleichgewicht hält. Es bleibt wieder beim Synchronbetrieb des Läufers, der jedoch gegenüber seiner Leerlaufstellung um den Polradwinkel ϑ nacheilt.

Steuerung der Blindleistung Leitet man nach der Synchronisation kein Drehmoment ein, sondern verstärkt mit $I_E > I_{E_0}$ die Erregung des Läufers, so wird $\underline{U}_0 > \underline{U}_N$ und man erhält das Zeigerbild 4.64c. Die Spannungszeiger bleiben in gleicher Phasenlage, doch entsteht mit $\underline{U}_L$ wieder eine Spannungsdifferenz, die einen reinen Blindstrom $\underline{I}$ zur Folge hat. Die Maschine liefert damit induktive Blindleistung in das Netz und wirkt bei dieser Übererregung wie ein Kondensator.

Reduziert man die Erregung mit $I_E < I_{E_0}$ unter den Leerlaufwert, so kehrt sich mit $\underline{U}_L$ auch wieder der Stromzeiger $\underline{I}$ um. In das Netz wird diesmal ein rein kapazitiver Strom geliefert, d. h. das Netz versorgt die Maschine mit induktivem Blindstrom. Sie wirkt jetzt wie eine Induktivität und verstärkt über die Ständerwicklung ihre für das Drehfeld zu schwache Erregung. Den Einsatz der Synchronmaschine zur Lieferung von Blindströmen durch Änderung ihrer Erregung bezeichnet man allgemein als Phasenschieberbetrieb.

Netzbetrieb Nach den Ergebnissen in Abb. 4.63 kann eine Synchronmaschine, die auf das Netz synchronisiert wurde, über zwei Stellgrößen gesteuert werden:

1. Durch Eingriff an der Welle wird im Wesentlichen die Wirkleistung der Maschine beeinflusst. Durch Einleiten eines Drehmomentes z. B. mit einer Turbine oder Dieselmotor erhält man Generatorbetrieb mit Abgabe von Wirkleistung an das Netz. Eine mechanische Belastung an der Welle führt zu einem Motorbetrieb mit Wirkleistungsaufnahme.
2. Eine Änderung der Erregung beeinflusst hauptsächlich die Blindleistungsbilanz. Verstärkt man den Erregerstrom $I_E > I_{E0}$ über den Leerlaufwert (Übererregung), so gibt die Maschine induktiven Blindstrom ab, bei einer Untererregung mit $I_E < I_{E0}$ nimmt sie dagegen Blindstrom auf.

In der Praxis werden meist beide Einflussmöglichkeiten gleichzeitig angewandt. Da das Netz für die Versorgung der vielen Drehstrommotoren Blindleistung benötigt, fährt man im übererregten Generatorbetrieb mit dem Bemessungsstrom und $\cos \varphi_N = 0{,}8$. Die Maschine gibt hier gleichzeitig Wirk- und Blindleistung an das Netz ab.

Auch im Betrieb als Motor ist der Einsatz als Phasenschieber möglich. Innerhalb des zulässigen Ständerstromes kann die Maschine neben der Wirkstromaufnahme zur Drehmomentbildung durch Übererregung wieder Blindleistung abgeben und damit z. B. die Aufgabe einer Kondensatorbatterie in der Transformatorenstation eines Werksnetzes übernehmen.

4.4.2.3 Synchronmaschinen als Industrieantrieb

Durch die Entwicklung der Frequenzumrichtertechnik (s. Abschn. 4.6.2.3) wird die Synchronmaschine immer häufiger auch als drehzahlgeregelter Antriebsmotor verwendet. Der

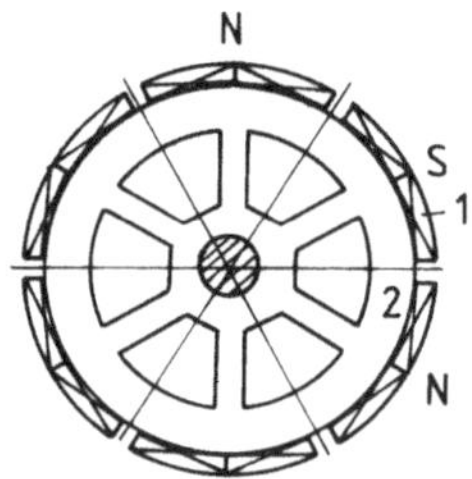

Abb. 4.64 Läufer eines dauermagneterregten Synchronmotors. *2* Läuferkörper mit Aussparungen, *1* SE-Dauermagnet

Einsatzbereich umfasst dauermagneterregte Kleinmotoren bis zu Großantrieben im MW-Bereich. Als Ausführungsformen kommen je nach gewünschter Leistung verschiedene Konstruktionen mit nachstehenden Techniken zum Einsatz:

1. Für mittlere bis große Leistungen (ca. 100 kW bis 20 MW) hat sich der so genannte Stromrichtermotor bewährt, bei dem ein Stromfrequenzumrichter in die Wicklungen des Ständers einen Drehstrom der gewünschten Frequenz einspeist. Der Läufer erhält eine bürstenlose Gleichstromerregung, die über einen angebauten Außenpol-Drehstromgenerator und einen mitrotierenden Dioden-Gleichrichter erzeugt wird.
2. Im unteren Leistungsbereich (ca. 1 bis 50 kW wird weitgehend eine Dauermagneterregung auf der Basis der Selten-Erd-Magnete ausgeführt. Synchronmotoren dieser Bauart besitzen, da kein Magnetisierungsstrom zur Erzeugung des Drehfeldes benötigt wird, einen besseren Wirkungsgrad und auf Grund der hohen Flussdichten der SE-Magnete auch eine höhere Bemessungsleistung als ein baugleicher Asynchronmotor; sie sind allerdings auch teurer.

Aufbau Während der Ständer dieser Synchronantriebe die übliche Ausführung mit einer Drehstromwicklung in den Nuten entlang der Bohrung erhält, besitzt der Läufer in der Technik mit Dauermagneten die Ausführung nach Abb. 4.64. Die großen Aussparungen im Blechkörper 2 bewirken eine Verringerung des Trägheitsmomentes und damit eine Verbesserung des dynamischen Verhaltens. Auf der Oberfläche sitzen dünne Dauermagnetplättchen 1, die entsprechend der gewünschten Polzahl – meist sechs- bis zehnpolig – in wechselnder Richtung magnetisiert sind. Als Material wird heute meist ein Werkstoff in der Kombination Neodym-Eisen-Bor verwendet. Neodym gehört zur Gruppe der Seltenen Erden und ergibt ein Dauermagnetmaterial (SE-Magnete) mit einer hohen Remanenzflussdichte B_r bis über 1,4 T bei gleichzeitig hoher Koerzitivfeldstärke H_C (s. Abschn. 1.2.2.5). Die Plättchen werden durch eine Glasfaserbandage gegen die Fliehkräfte zusätzlich gesichert.

Betriebsverhalten Für den Einsatz als drehzahlgeregelter Antrieb wird der Synchronmotor über einen Frequenzumrichter versorgt, womit eine Struktur nach Abb. 4.65a entsteht.

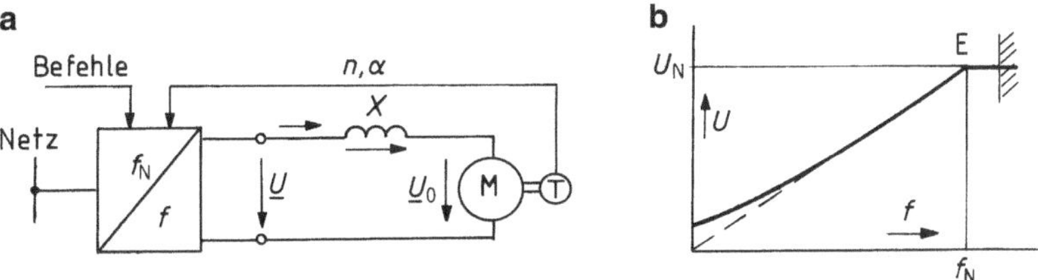

Abb. 4.65 Synchronmotor im Betrieb mit Frequenzumrichter. **a** Struktur des Antriebs, **b** Steuerkennlinie $U = g(f)$

Abb. 4.66 Zeigerbilder des umrichtergesteuerten Synchronmotors. **a** Verfahren mit $I\text{-}\Phi_\mathrm{D}$, **b** Verfahren mit $\cos\phi = 1$

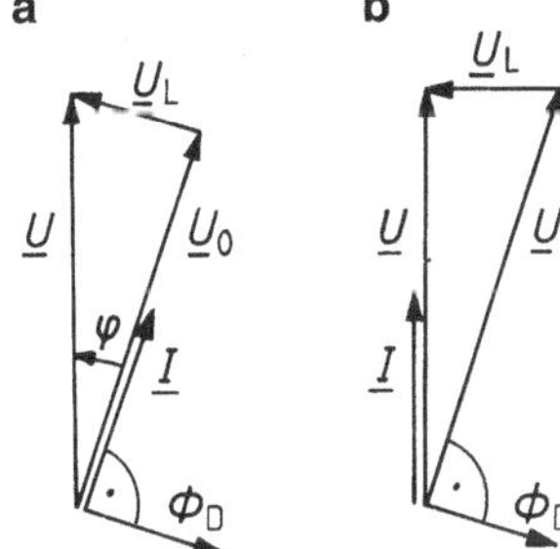

Je nach gewünschter Betriebsdrehzahl n_s erzeugt der Umrichter nach

$$U = cf\,\Phi_\mathrm{D} \quad \text{und} \quad n_\mathrm{s} = \frac{f}{p}$$

eine Drehspannung U der Frequenz f, die wegen des konstanten Feldes Φ_D der Dauermagnete im Läufer proportional mit der gewählten Drehzahl erhöht werden muss. Dies erfolgt nach Abb. 4.65b linear bis zum so genannten Eckpunkt E des Umrichters, bei dem die Bemessungswerte U_N und f_N erreicht werden.

Die Steuerung des Motors erfolgt nach dem Prinzip der „Feldorientierten Regelung" nach der die Wicklungsströme im Ständer fortwährend nach Größe und Phasenlage in Abhängigkeit von der räumlichen Lage der Läufermagnete eingestellt werden. Dies erfordert eine laufende Überwachung des Läufers durch einen Geber G (Resolver), der gleichzeitig auch die Drehzahl feststellt. Für die Zuordnung von Strom I zur eingestellten Spannung wählt man gerne die Zuordnung in Abb. 4.66a, in der die innere Spannung U_o des Motors und der Strom I der Ständerwicklung in Phase zueinander liegen. Man bildet damit den Betriebszustand eines Gleichstrommotors nach, bei dem konstruktionsbedingt Erregerfeld Φ_D und die Feldachse des Ankerstromes auch senkrecht aufeinander stehen. Will man den Phasenwinkel ϕ vermeiden, so kann auch nach Abb. 4.66b ein Betrieb mit $\cos\phi = 1$, also gleiche Lage der Zeiger U und I, erfolgen.

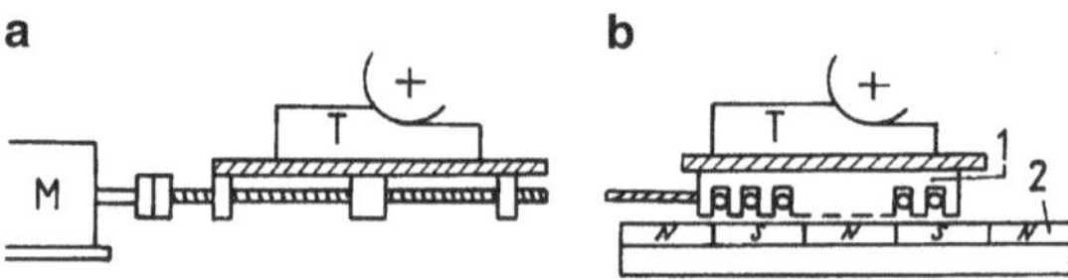

Abb. 4.67 Technik von Positionierantrieben. **a** Antrieb durch rotierenden Motor und Kugelgewindespindel, **b** Antrieb mit Linearmotor. *1* Ständer mit Drehstromwicklung, *2* Läufer mit Dauermagneten

4.4.2.4 Positionierantriebe

Werkzeugmaschinen benötigen neben dem Hauptantrieb, der die Zerspanungsarbeit leistet zur Bewegung des Werkzeugs in allen Achsen auch eine Anzahl von Hilfsantrieben. Hierzu werden ebenso wie in Montageanlagen aller Art sogenannte Servomotoren, Vorschub- oder Positionierantriebe mit Leistungen bis zu einigen kW eingesetzt. Neben Gleichstrom- und Asynchronmotoren haben hier vor allem dauermagneterregte Synchronmotoren den Hauptmarktanteil.

Da die Motoren nicht im Dauerbetrieb arbeiten, gibt man zu ihrer Kennzeichnung in der Regel keine Leistung, sondern neben der Drehzahl das Bemessungsdrehmoment an. Die Werte liegen im Bereich $n_N = 1000\,\text{min}^{-1}$ bis $6000\,\text{min}^{-1}$ und $M_N = 0{,}1$ bis $150\,\text{N m}$.

AC-Servomotoren werden stets über die in Abschn. 4.6 besprochenen Frequenzumrichter versorgt und geregelt. Um die Wicklungsströme im richtigen zeitlichen Bezug zu den rotierenden Läufermagneten einspeisen zu können, benötigt man einen Lagegeber für die ständige Läuferstellung. Mit einem hochauflösenden Linearmessgeber wird die Position des Werkstücks erfasst und der Motor entsprechend angesteuert.

Linear-Positionierantrieb Die rotierenden Servoantriebe haben den Nachteil, dass eine Umwandlung der rotatorischen in eine Linearbewegung erfolgen muss. Wie in Abb. 4.67a angedeutet, lässt sich dies z. B. durch eine Kugelgewindespindel mit Mutter realisieren. Die mechanische Konstruktion bedeutet aber stets zusätzliche Massen und begrenzt die Stellgenauigkeit wegen des unvermeidlichen Spiels.

In den letzten Jahren wurden hier auf der Basis der schon in Abschn. 4.3.1.4 besprochenen Linearmotoren Antriebssysteme geschaffen, welche unmittelbar eine geradlinige Bewegung erzeugen. Es sind dies Kurzstatormotoren mit einer Schiene aus Selten-Erd-Dauermagneten. Die Staffelung der abwechselnd Nord- und Südpolmagnete ist der Polteilung τ_p der Drehstromwicklung im kammartigen Ständerblechpaket angepasst, so dass eine kraftschlüssige Verbindung entstehen kann (Abb. 4.67b). Wird über den Umrichter die Frequenz des Drehstromsystems langsam erhöht, so dass z. B. eine Wanderfeldbewegung nach links entsteht, so bewirken die Feldkräfte eine Schubkraft nach rechts, womit die stationäre Zuordnung Ständernordpol mit Schienensüdpol usw. erhalten bleibt. Der Ständer bewegt sich mit der bereits in Gl. 4.35 abgeleiteten Geschwindigkeit

$$v = 2\tau_p f$$

Der Linear-Positionierantrieb wird mit einer rampenartig ansteigenden Frequenz auf seine Endgeschwindigkeit von ca. $v = 3\,\text{m/s}$ gebracht und mit abfallender Rampe positioniert. Dabei können Beschleunigungen bis $a = 100\,\text{m/s}^2$ und Schubkräfte von über $10\,\text{kN}$ erreicht werden. Bei Einsatz entsprechender linearer Messgeber sind Positioniergenauigkeiten von einigen µm erzielbar. Auch hinsichtlich der Stellgeschwindigkeit sind diese Antriebssysteme den rotierenden Motoren deutlich überlegen.

4.5 Wechselstrommotoren

In den nachstehenden Abschnitten werden die wichtigsten im Haushalt und Gewerbe sehr vielfältig eingesetzten Kleinmaschinen für den Anschluss an die Steckdose besprochen. Darüber hinaus gibt es für hohe Leistungen immer noch den Antriebsmotor für dic $16\frac{2}{3}$ Hz- und 50 Hz-Bahncn, dcr jcdoch kontinuicrlich durch umrichtcrgcspcistc Drchstrommaschinen abgelöst wird.

4.5.1 Universalmotoren

4.5.1.1 Schaltung und Einsatz

Universalmotoren sind nach ihrem Aufbau Gleichstrom-Reihenschlussmotoren, die grundsätzlich mit Gleich- oder Wechselspannung universell betrieben werden können. Der Ständer besteht meist aus einem einteiligen Blechpaket mit einer zweipoligen Erregerwicklung (Abb. 4.68a). Da die Maschine ohne Wendepole gebaut wird, entwickelt sie deutliches Bürstenfeuer und erzeugt damit hochfrequente Störspannungen, die den Funkbetrieb und so den Radio- und Fernsehempfang beeinträchtigen. Die Erregerwicklung wird daher nach Abb. 4.68b symmetrisch zum Anker geschaltet, so dass sie mit einem Entstörkondensator einen LC-Tiefpass bildet (s. Abschn. 2.2.1), der die Funkstörspannungen vom Netz fernhält.

Der Leistungsbereich reicht bis ca. 2000 W bei Drehzahlen bis zu $20.000\,\text{min}^{-1}$, was sehr niedrige Leistungsgewichte (kg/kW) ergibt. Der Universalmotor ist daher ideal für tragbare Geräte und wird vor allem bei Elektrowerkzeugen und einer Reihe von Haushaltsgeräten wie Staubsauger, Mixer eingesetzt. Von Nachteil ist das wegen der hohen Drehzahl deutliche Geräusch und der Verschleiß durch Bürstenabrieb.

Abb. 4.68 Universalmotoren. **a** Ständerblechschnitt, **b** Schaltung mit Funkentstörung, C Entstörkondensator, G Gehäuseanschluss

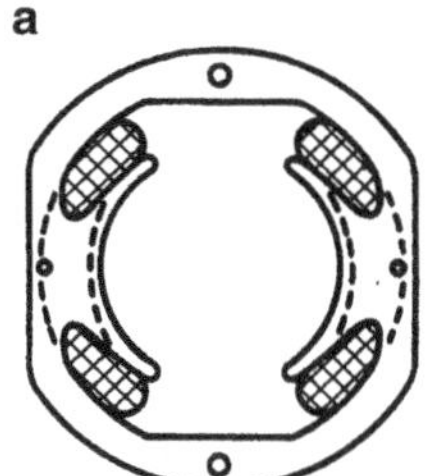

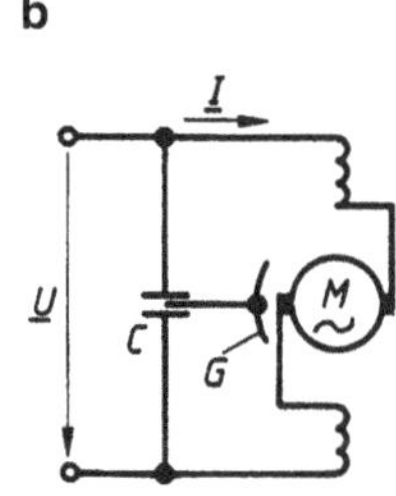

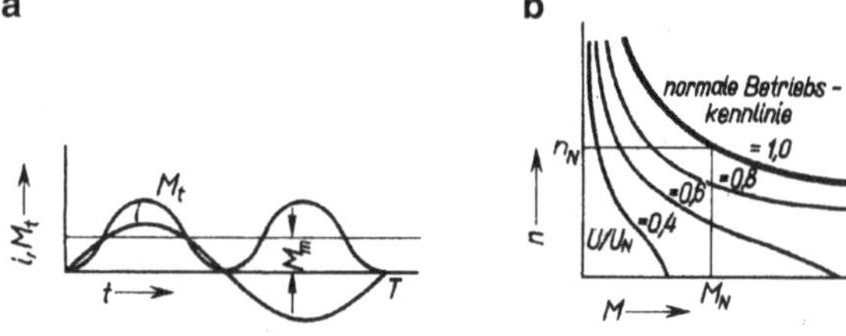

Abb. 4.69 Universalmotor. **a** zeitlicher Verlauf des Drehmomentes M_t, **b** Drehzahlsteuerkennlinien $n = f(M)$

4.5.1.2 Betriebsverhalten

Nach Gl. 4.17 gilt für das Drehmoment eines Reihenschlussmotors $M \sim I^2$. Ändert sich bei Wechselstrombetrieb der Motorstrom mit $i = \sqrt{2} \cdot I \sin \omega t$ sinusförmig, so pulsiert damit das Moment nach

$$M_t = M_{max} \cdot \sin^2 \omega t = M_m \cdot (1 - \cos 2\omega t) \tag{4.52}$$

mit doppelter Netzfrequenz (Abb. 4.69a).

Das Drehmoment pendelt also mit 100 Hz um den nutzbaren Mittelwert M_m, was zusätzliche mechanische Schwingungen und Geräusche verursacht.

Drehzahlsteuerung Grundsätzlich kann die Drehzahl mit allen vom Gleichstrommotor her bekannten Verfahren variiert werden. Bei Elektrowerkzeugen wählt man fast nur die Spannungsabsenkung mit einer Triacschaltung nach Abschn. 4.6.2.1 und erhält damit das Kennlinienfeld nach Abb. 4.69b.

Bei Haushaltsgeräten wie Mixern wird gerne eine Erhöhung der Drehzahl durch Feldschwächung angewandt. Dies geschieht meist durch eine Anzapfung der Erregerwicklung des Ständers mit einem mehrstufigen Schalter. Damit wird die wirksame Erregerdurchflutung $N_E \cdot I$ verändert und das Ständerfeld entsprechend reduziert.

4.5.2 Wechselstrommotoren mit Hilfswicklung

Wird ein Asynchronmotor für den Anschluss an eine Wechselspannung mit nur einem Wicklungsstrang im Ständer ausgeführt, so entwickelt er kein Stillstandsmoment und kann damit nicht selbstständig anlaufen. Wird er jedoch in einer beliebigen Drehrichtung angeworfen, so entsteht durch die Wirkung der induzierten Läuferströme ein resultierendes Drehfeld in der Drehrichtung und der Motor kann als sogenannte Einphasenmaschine belastet werden.

Für den Selbstanlauf benötigen Wechselstrommotoren dagegen eine zweite räumlich zur Haupt- oder Arbeitswicklung versetzte Hilfswicklung, die außerdem einen gegenüber dem Strom in der Hauptwicklung phasenverschobenen Strom führen muss. Die verschiedenen Bauformen des Motors unterscheiden sich dann dadurch, wie diese Hilfswicklung geschaltet und die Phasenverschiebung erreicht wird.

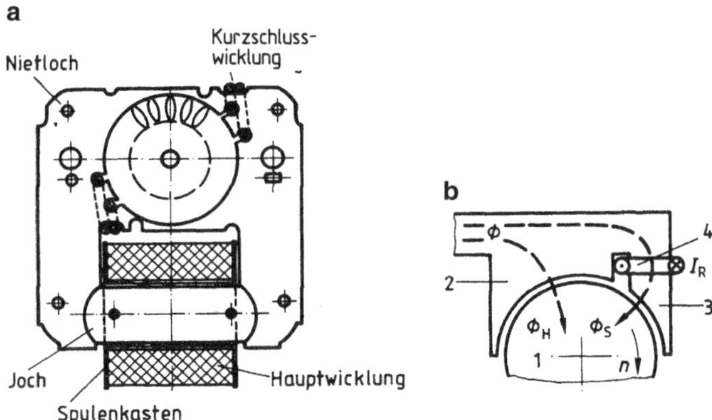

Abb. 4.70 Spaltpolmotoren. **a** Aufbau mit unsymmetrischem Schnitt, **b** Haupt- und Spaltpol. *1* Anker, *2* Hauptpol, *3* Spaltpol, *4* Kurzschlussring

4.5.2.1 Spaltpolmotoren

Spaltpolmotoren werden in sehr großer Stückzahl und meist gerätebezogen z. B. für den Antrieb von Gebläsen (Heizlüfter) und Pumpen (Laugenpumpe der Waschmaschine) bis zu Leistungen von ca. 150 W gebaut. Sie sind wegen ihres einfachen Aufbaus sehr robust und kostengünstig. Abb. 4.70a zeigt eine Ausführung mit einem zweipoligen unsymmetrischen Ständerschnitt und dem Läufer mit Käfigwicklung.

Der Ständer enthält die als konzentrische Spule ausgeführte Hauptwicklung und als Hilfswicklung ein bis zwei kurzgeschlossene kräftige Kupferwindungen um einen Teil der Polbogen. In Abb. 4.70b ist dies nochmal prinzipiell für einen Ständerpol dargestellt. Der gesamte Polbogen wird durch eine Nut in den größeren Hauptpol mit dem Magnetfeldanteil Φ_H und den Spaltpol mit Φ_s geteilt. Der Kurzschlussring führt den Strom I_R, der durch den Feldanteil Φ_s induziert wird.

Beide Teilfelder sind durch diese Konstruktion räumlich versetzt und infolge der Wirkung von I_R auf Φ_s ist dieser Feldanteil nacheilend zu Φ_H. Damit entsteht ein umlaufendes Magnetfeld mit der Drehrichtung vom Haupt- zum Spaltpol. Die Drehrichtung des Läufers ist damit ebenso und durch die Konstruktion des Motors (Spaltpol rechts oder links vom Hauptpol) festgelegt.

Spaltpolmotoren haben eine Drehmoment-Drehzahlkennlinie mit einem Kipp- und Anlaufmoment von etwa $M_K/M_N = 1{,}5$ bis 2 und $M_{st}/M_N = 0{,}5$ bis 1. Der Anlaufstrom beträgt meist nur etwa das Doppelte des Bemessungsstromes, der Wirkungsgrad liegt nicht über 40 %.

4.5.2.2 Kondensatormotoren

In den Schaltungen nach Abb. 4.71 enthält der Ständer zwei um 90° versetzte Wicklungen, die beide an der Netzspannung U_N liegen. Damit der Strom $\underline{I}_Z$ in der Hilfswicklung gegenüber dem Strom $\underline{I}_U$ in der Arbeitswicklung die für den selbständigen Anlauf und gute

Abb. 4.71 Kondensatormotoren. **a** mit Betriebskondensator, **b** mit Anlaufkondensator und Schaltrelais R

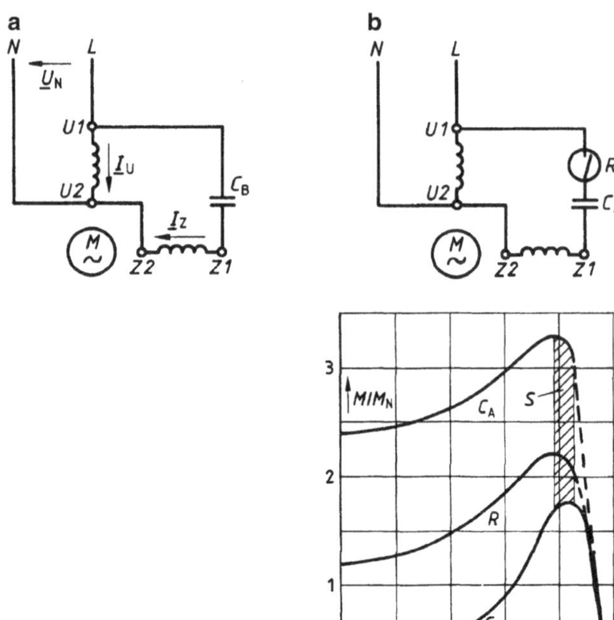

Abb. 4.72 Kennlinien von Wechselstrommotoren. C_A Anlaufkondensatormotor, C_B Betriebskondensatormotor, R Motor mit Widerstandshilfswicklung, S Schaltbereich des Relais

Belastbarkeit erforderliche Phasenverschiebung erreicht, muss hier ein Wirk- oder Blindwiderstand zugeschaltet werden. In den meisten Ausführungen wählt man dafür einen Kondensator, so dass $\underline{I}_Z$ dem Strom $\underline{I}_U$ voreilt. In der Schaltung des Betriebskondensatormotors (Abb. 4.71a) kann man mit der Kapazität C_B z. B. bei Volllast sogar die optimale Phasenverschiebung von 90° erreichen.

Aus der Drehmoment-Drehzahlkennlinie des Betriebskondensatormotors (Abb. 4.72) ist zu entnehmen, dass diese Ausführung nur ein geringes Anlaufmoment hat. Reicht dies für den vorgesehenen Einsatzfall nicht aus, so kann man einen Anlaufkondensatormotor (Abb. 4.71b) wählen, der mit einer wesentlich größeren Kapazität C_A ($C_A/C_N \approx 4$) ausgerüstet ist. Mit Rücksicht auf die Erwärmung der Hilfswicklung muss diese aber nach erfolgtem Anlauf durch ein Relais oder einen Fliehkraftschalter vom Netz getrennt werden. Der Motor läuft dann als Einphasenmaschine mit entsprechend geringerer Belastbarkeit weiter.

Eine Kombination beider Ausführungen ist der Doppelkondensatormotor, bei dem nach erfolgtem Hochlauf nur ein Teil der Kapazität abgeschaltet wird und der Motor dann mit C_B weiterläuft. Zur Drehrichtungsumkehr muss die Hilfswicklung mit Kondensator mit vertauschten Anschlüssen an die Netzspannung gelegt werden.

Kondensatormotoren werden in Haushaltsgeräten (Waschmaschine, Kühlschrank) als Pumpen- und Lüftermotoren und Kleinantriebe im Gewerbe sehr vielfältig eingesetzt. Der

Leistungsbereich reicht bis ca. 2000 W, danach ist ein Drehstrommotor schon mit Rücksicht auf die Netzbelastung günstiger.

Die für den Anlauf erforderliche Phasenverschiebung des Stromes in der Hilfswicklung kann auch durch einen erhöhten ohmschen Widerstand in diesem Stromkreis erreicht werden. Motoren mit Widerstands-Hilfswicklung werden mitunter in Haushaltsgeräten eingesetzt, wobei die Hilfswicklung wie beim Anlaufkondensatormotor nach dem Hochlauf vom Netz getrennt werden muss. Die Motoren haben einen hohen Anlaufstrom ($I_{st}/I_N = 6$) und entwickeln ein gutes Anzugsmoment ($M_{st}/M_N = 1{,}5$). Sie werden bis zu Leistungen von etwa 300 W gebaut.

4.5.3 Schrittmotoren

4.5.3.1 Aufbau und Wirkungsweise

Schrittmotoren sind nach ihrem Aufbau Synchronmaschinen mit ausgeprägten Ständerpolen. Der Läufer besteht entweder aus einem Weicheisenzahnrad (Reluktanzschrittmotor) oder hat einen Dauermagnetkern. Im Unterschied zur kontinuierlich umlaufenden Maschine werden die Wicklungen des Schrittmotors nicht ständig an eine Betriebsspannung gelegt, sondern nur zyklisch durch Stromimpulse erregt. Sie bilden dadurch ein Magnetfeld aus, das sich im Takt der Ansteuerimpulse sprungförmig weiterdreht. Der Läufer stellt sich dann jeweils in die neue Feldachse ein und dreht die Welle dabei um den Schrittwinkel α. Nach n Steuerimpulsen hat die Welle somit den Drehwinkel $\varphi = n \cdot \alpha$ zurückgelegt (Abb. 4.73).

Schrittmotorantriebe benötigen außer dem Motor immer eine zugehörige Ansteuerelektronik, die entsprechend einem Steuerprogramm die Stromimpulse auf die einzelnen Ständerwicklungen verteilt. Aufgrund der eindeutigen Zuordnung zwischen der Anzahl der Steuerimpulse und dem zurückgelegten Drehwinkel der Welle ist der Schrittmotor ein typischer Positionierantrieb. Er benötigt keine Rückmeldung der Läuferstellung und damit keine Positionsregelung, sondern kann in einer offenen Steuerkette betrieben werden.

Die Bildung des Schrittwinkels ist in Abb. 4.74 am Beispiel eines dreisträngigen vierpoligen Reluktanzmotors gezeigt. Vier Ständerpole mit ihren Wicklungen im Abstand von

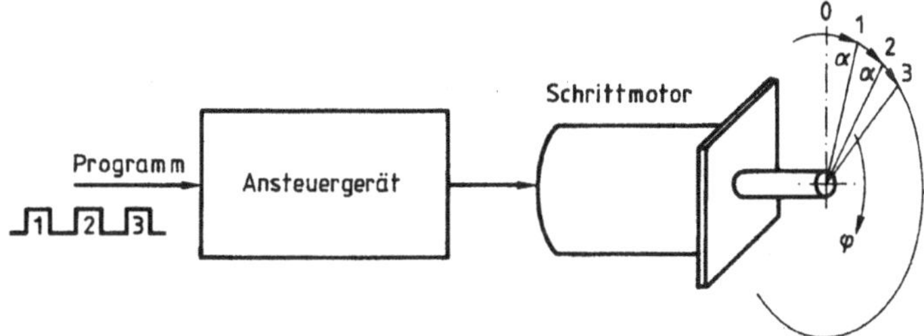

Abb. 4.73 Schrittmotorantrieb

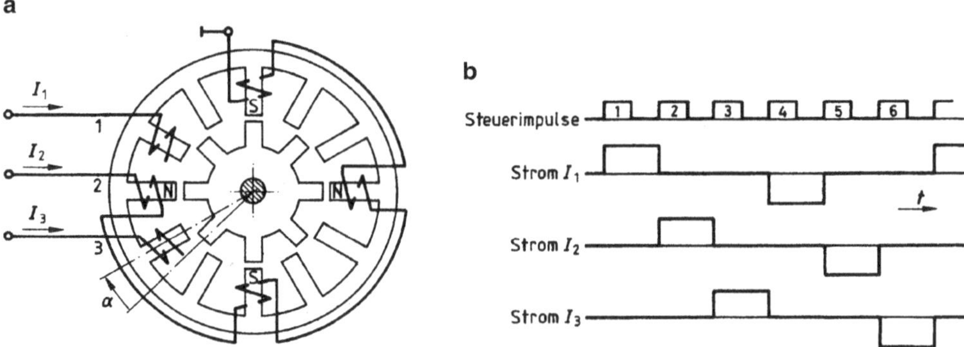

Abb. 4.74 Dreisträngiger Reluktanz-Schrittmotor. **a** Aufbau, **b** Impulsdiagramm der Strangströme

90° bilden einen Strang, die Ansteuerelektronik liefert jeweils die Strangströme I_1, I_2 und I_3. Der Läufer besteht aus Weicheisen und hat acht Zähne, die sich immer auf kürzestem Wege in Übereinstimmung mit den erregten Ständerpolen stellen. In Abb. 4.74a sei der zweite Strang bestromt, womit sich die gezeichnete Läuferlage ergibt.

Schaltet man nun entsprechend dem Diagramm in Abb. 4.74 die Impulsströme I_1 bis I_3 fortlaufend auf ihre Wicklungen, so wird als nächster der Strang 3 erregt und der Läufer bewegt sich wie angegeben um den Schrittwinkel α im Uhrzeigersinn. Nach dem vorgegebenen Stromdiagramm springt das Ständerfeld pro Steuertakt um eine Polteilung, während der Läufer den Schrittwinkel

$$\alpha = \frac{360°}{m \cdot Z_{\mathrm{L}}} \tag{4.53}$$

bildet. Mit der Strangzahl $m = 3$ und $Z_{\mathrm{L}} = 8$ Läuferzähnen ergibt sich $a = 15°$.

4.5.3.2 Betriebsdaten

Schrittmotoren werden heute von sehr einfachen einsträngigen Ausführungen z. B. für Uhren bis zu fünfsträngigen Antrieben mit Leistungen von einigen 100 W gebaut. Um kleine Schrittwinkel zu realisieren, erhalten auch die Ständerpole eine Zahnung, deren Teilung aber von Pol zu Pol zu der des Läufers versetzt ist. Auf diese Weise lassen sich Schrittwinkel von weniger als 1° erreichen. Mit z. B. $\alpha = 0{,}72°$ ergibt sich dann erst nach 500 Steuerimpulsen eine Umdrehung der Welle und so eine feine Positioniereinstellung.

Die Drehmomente von Schrittmotoren betragen bis einige N m, doch liegt der Schwerpunkt des Einsatzes bei $M \leq 1\,\mathrm{N\,m}$, da darüber hinaus meist DC- oder AC-Servomotoren als Positionierantriebe gewählt werden.

Typische Einsatzgebiete sind in der Datentechnik die Antriebe für Schreibmaschinen, Drucker, Plattenspeicher, ferner Antriebe in Programmschaltern, Automaten oder Schreibern.

Die zulässige maximale Taktfrequenz f_{s}, mit der die Positioniergeschwindigkeit bestimmt wird, ist dadurch begrenzt, dass in den immer kürzer werdenden Stromflusszeiten

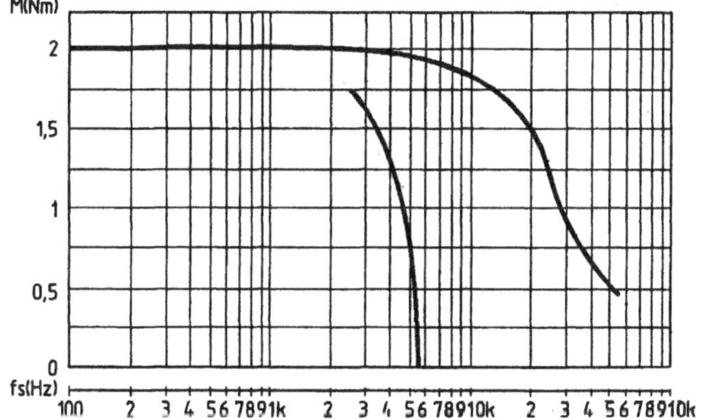

Abb. 4.75 Start-/Stopp-Kennlinie und Betriebsmoment-Kennlinie eines Schrittmotors

nicht mehr der Stromsollwert erreicht wird. Der Strangstrom kann nämlich nach Aufschalten der Gleichspannung nur mit der Zeitkonstanten $\tau = L/R$ der Wicklungen ansteigen. Damit sinkt das Drehmoment und ist nicht mehr sichergestellt, dass der Läufer ohne Winkelfehler anläuft, d. h. mit dem ersten Steuerimpuls auch den ersten Schritt durchführt.

In den Datenblättern eines Schrittmotors wird daher eine Start-/Stopp-Kennlinie angegeben, der man in Abhängigkeit vom erforderlichen Drehmoment die höchstens zulässige Anlauftaktfrequenz entnehmen kann. In Abb. 4.75 ist diese Charakteristik für einen Motor mit $M_N = 2\,\mathrm{N\,m}$ und einem Schrittwinkel von $\alpha = 0{,}36°$ angegeben. Es ist abzulesen, dass ohne Belastung, d. h. bei $M = 0$ eine maximale Startfrequenz von $f_s = 5{,}3\,\mathrm{kHz}$ zulässig ist. Die obere Kurve ist die Betriebsgrenzmoment-Kennlinie, welche die höchste Taktfrequenz bei schon laufendem Motor angibt. Bei einem Schrittwinkel $\alpha = 0{,}36°$ und der Taktfrequenz f_s erhält man für die Drehzahl der Welle

$$ n = \frac{\alpha}{360°} \cdot f_s \cdot \frac{60\,\mathrm{s}}{\mathrm{min}} $$

Bei $f_s = 1\,\mathrm{kHz}$ bedeutet dies $n = 60\,\mathrm{min}^{-1}$.

4.6 Leistungselektronik

Die Leistungselektronik befasst sich mit der Umformung und Steuerung elektrischer Energie meistens zur Versorgung von Antrieben. Sie ist damit die moderne Form der Stromrichtertechnik und verwendet als Stellglieder die in Abschn. 2.1 behandelten Transistoren, IGBTs und Thyristoren. Zur Realisierung der Umformung wird eine teils umfangreiche Steuerlogik benötigt, die heute gerne über einen Prozessor erfolgt.

Die prinzipiellen Umformverfahren der Leistungselektronik lassen sich in ein Schema nach Abb. 4.76 gliedern. Danach gelten die Definitionen:

Abb. 4.76 Betriebsarten von
Stromrichtern → Energierichtung

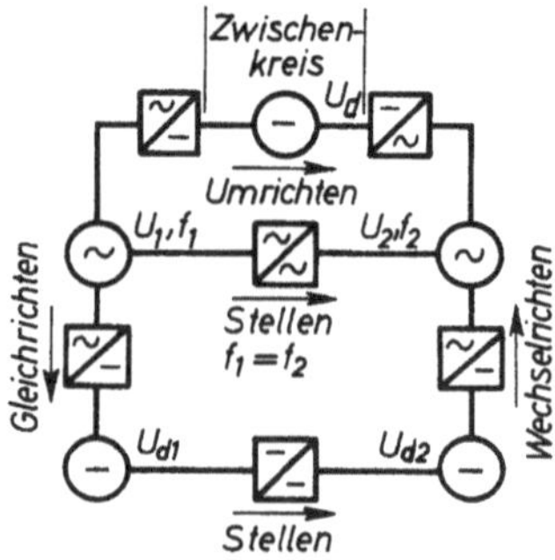

Gleichrichten ist die Umformung von Wechsel- oder Drehstrom (Spannung U, Frequenz f) in Gleichstrom (Spannung U_d) mit Energielieferung in das Gleichstromnetz.

Wechselrichten ist die genau umgekehrte Aufgabe. Gleich- und Wechselrichten sind gemeinsam die Grundlage für den Betrieb von drehzahlgesteuerten Gleichstromantrieben am Drehstromnetz.

Umrichten ist die Umformung elektrischer Energie innerhalb einer Stromart, im Allgemeinen zwischen zwei Drehstromnetzen. Will man Freizügigkeit hinsichtlich der Frequenzänderung $f_1 \rightarrow f_2$ erreichen, so wird ein Zwischenkreis, d. h. zweimalige Energieumwandlung erforderlich. Bei Beschränkung auf $f_2 < 0{,}5f_1$ ist dagegen auch eine Direktumrichtung möglich.

Stellen ist die reine Steuerung einer Spannung ($U_2 < U_1$, $U_{d2} < U_{d1}$) bei unveränderlicher Frequenz, d. h. ohne Änderung der Stromart.

Die Energieumformung mit Schaltungen der Leistungstechnik erfolgt mit sehr gutem Wirkungsgrad von in der Regel über 95 %. Die Geräte sind zudem im Vergleich zu den früheren Maschinenumformern ohne Geräusche, leichter, wartungsfrei und haben z. B. den Gleichstromgenerator völlig verdrängt.

Von Nachteil ist, dass bei fast allen Schaltungen netzseitig nichtsinusförmige Ströme entstehen, deren Phasenlage sich zudem mit der Ansteuerung ändert. Ferner treten durch die schnellen elektronischen Schalter hochfrequente Störimpulse auf, was Probleme hinsichtlich der elektromagnetischen Verträglichkeit (EMV) gegenüber anderen Verbrauchern bringt. Man bezeichnet diese Besonderheiten der Stromrichterschaltungen als Netzrückwirkungen, die in Abschn. 4.6.3 behandelt werden.

4.6.1 Stromrichterschaltungen für Gleichstromantriebe

Stromrichtergespeiste Gleichstrommaschinen waren über viele Jahrzehnte die klassische Lösung für drehzahlgeregelte Antriebe. Die Technik dieser Stromrichter ist relativ einfach und erfüllt sehr gut alle regelungstechnischen Aufgaben. Von Nachteil ist nur der teure und durch die Kohlebürsten wartungsaufwändige Gleichstrommotor. Diese Antriebe werden daher immer mehr durch die unter Abschn. 4.6.2 besprochenen Drehstromantriebe ersetzt.

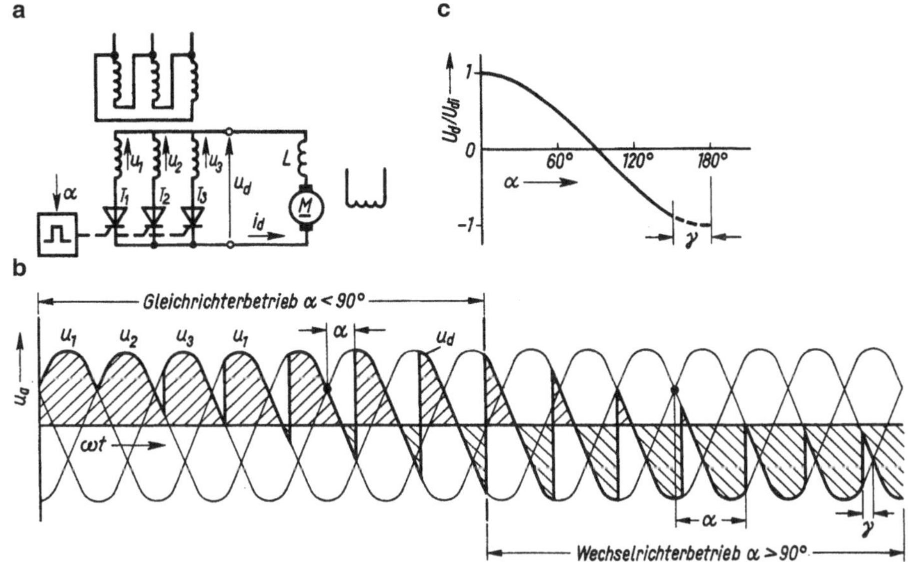

Abb. 4.77 Gleich- und Wechselrichterbetrieb eines Stromrichters. **a** Stromrichter in Drehstrom-Sternschaltung (Dreipuls-Mittelpunktschaltung), **b** Bildung der Gleichspannung, **c** Abhängigkeit der Gleichspannung vom Steuerwinkel α

Auf Grund ihrer regelungstechnischen Qualität und gelegentlichem Preisvorteil behaupten stromrichtergespeiste Gleichstromantriebe jedoch bislang einen begrenzten Markt.

4.6.1.1 Netzgeführte Stromrichter

Die nachstehend besprochenen Schaltungen bilden die Gleichspannung zur Versorgung der Antriebe unmittelbar aus dem Kurvenverlauf der Wechselspannung. Die Thyristoren lösen sich im zyklischen Wechsel in der Stromführung ab, was man als Kommutierung bezeichnet. Taktgeber ist die Abfolge der positiven Halbschwingungen und damit die Frequenz der Wechselspannung, was die Kennzeichnung netzgeführter Stromrichter erklärt.

Gleich- und Wechselrichterbetrieb Zur Erzeugung der Gleichspannung kommen prinzipiell alle in Abschn. 2.2.1 angegebenen Gleichrichterschaltungen in Frage, es sind nur die Dioden durch Thyristoren zu ersetzen. Im Wesentlichen wird jedoch im Leistungsbereich bis zu einigen kW die B2-Brückenschaltung nach Abb. 2.53c mit Anschluss an 230 V Wechselspannung und danach bis zu den größten Leistungen die B6-Brücke nach Abb. 2.54b am Drehstromnetz eingesetzt.

Durch den Einsatz von Thyristoren, die ja erst durch einen Zündimpuls in Durchlassrichtung leitend werden, lässt sich der Mittelwert der gleichgerichteten Spannung U_d stufenlos zwischen einem positiven und negativen Höchstwert einstellen. Besonders übersichtlich lässt sich dieser Vorgang am Beispiel der M3-Schaltung in Abb. 4.77 zeigen.

Die Thyristoren T_1 bis T_3 werden durch ein gemeinsames Steuergerät, das drei jeweils um $T/3$, also um 120° zueinander phasenverschobene Zündimpulse liefert, zyklisch eingeschaltet. Erfolgt dies mit dem Steuerwinkel $\alpha = 0$ im natürlichen Schnittpunkt der Strangspannungen, so erhält man den maximalen ideellen Gleichspannungsmittelwert U_{di}. Jeder Halbleiter übernimmt den Laststrom i_d, der durch eine Induktivität L völlig geglättet sein soll, über $T/3$ bis zur Zündung des nächsten Thyristors.

Wird der Steuerwinkel $\alpha > 0$ eingestellt, so erfolgt die Zündung entsprechend verspätet gegenüber dem Schnittpunkt der Strangspannungen und der Gleichspannungsmittelwert U_d sinkt bis zum Wert 0 bei $\alpha = 90°$. Man bezeichnet diesen Vorgang, der eine stufenlose Einstellung der gewünschten Gleichspannung gestattet, als Anschnittsteuerung.

Im Bereich $0° \leq \alpha \leq 90°$ ist nach Abb. 4.77 der Spannungsmittelwert U_d positiv, so dass bei einem wegen der Ventilwirkung der Thyristoren ebenfalls positivem Strom I_d die Leistung $P_d = U_d I_d$ vom Stromrichter an den Antrieb abgegeben wird. Man bezeichnet diesen Steuerbereich als Gleichrichterbetrieb der Anlage. Mit $\alpha > 90°$ überwiegen dann die negativen Spannungsflächen, womit sich die Polarität der Gleichspannung ändert. Bei gleicher Stromrichtung wie zuvor, bedeutet dies mit $P_d = -U_d I_d$ eine Umkehr der Energierichtung. Der Gleichstrommotor liefert jetzt im Generatorbetrieb über den Stromrichter Leistung an das Netz zurück. Man bezeichnet diese Ansteuerung des Stromrichters als Wechselrichterbetrieb und nutzt ihn zum Abbremsen des Antriebs.

Ähnlich wie hier am Beispiel der M3-Schaltung gezeigt, lässt sich auch für alle anderen Schaltungen nach Abschn. 2.2.1 die Spannungsbildung angeben. Allgemein gilt für den Mittelwert U_d in Abhängigkeit vom Steuerwinkel α

$$U_d = U_{di} \cdot \cos \alpha \tag{4.54}$$

wobei der maximale oder ideelle Wert U_{di} von der gewählten Schaltung abhängt.

Nach Abschn. 2.2.1 gilt danach für die

Zweipuls-Brückenschaltung B2

$$U_{di} = \frac{2 \cdot \sqrt{2}}{\pi} \cdot U \tag{4.55a}$$

Dreipuls-Mittelpunktschaltung M3

$$U_{di} = \frac{3 \cdot \sqrt{6}}{2\pi} \cdot U \tag{4.55b}$$

Sechspuls-Brückenschaltung B6

$$U_{di} = \frac{3 \cdot \sqrt{6}}{\pi} \cdot U \tag{4.55c}$$

wobei U jeweils die Strangspannung der Sekundärseite des Transformators ist.

Abb. 4.78 Drehzahlkennlinien $n = f(M)$ der fremderregten Gleichstrommaschine bei Vierquadrantenbetrieb

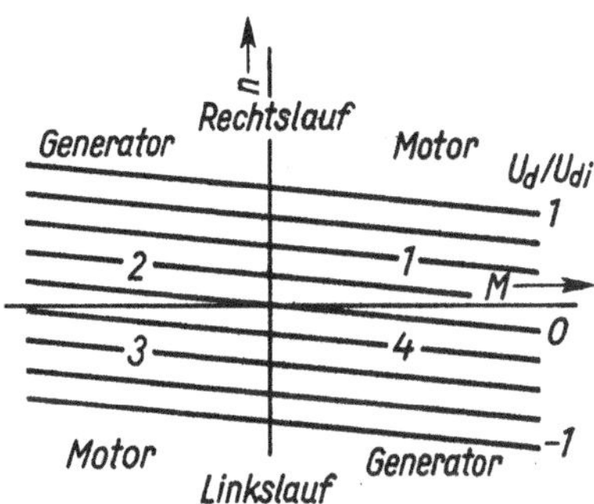

Betriebsarten Nach Gl. 4.3 wird mit $U_A = U_d$ das Verhalten der Gleichstrommaschine durch die Drehmomentgleichung

$$M = c \cdot \Phi \cdot I_A \tag{4.56}$$

und die Drehzahlgleichung

$$n = \frac{U_A}{2\pi \cdot c\,\Phi} - \frac{R_A \cdot M}{2\pi(c\,\Phi)^2} \tag{4.57}$$

bestimmt. Für die Drehzahlkennlinien $n = f(M)$ einer fremderregten Gleichstrommaschine erhält man aus diesen beiden Gleichungen bei Erregung I_{EN}, also $\Phi = \Phi_N =$ konst. ein Diagramm nach Abb. 4.78. Parameter ist darin die relative Ankerspannung U_d/U_{di}, wobei $U_d = \pm U_{di}$ den Drehzahlbereich bei voller Erregung festlegt. Die Abszisse trennt Rechts- und Linkslauf der Maschine, die Ordinate positive und negative Drehmomentrichtung. Die Quadranten 1 bis 4 erfassen damit Motor- und Generatorbetrieb in jeweils beiden Drehrichtungen. Je nach Anforderungen an die Maschine spricht man von einem Ein- oder Mehrquadrantenbetrieb und hat die Stromrichterschaltung entsprechend aufzubauen.

Drehzahlen oberhalb der durch $U_d = U_{di}$ in Abb. 4.78 gegebenen Kennlinie lassen sich nach Abb. 4.14 mit Feldschwächung, d. h. $\Phi < \Phi_N$ erreichen.

Ein- und Zweiquadrantenbetrieb Aufgrund der Ventilwirkung der Thyristoren erlaubt eine einfache Stromrichterschaltung keine Richtungsumkehr des Ankerstromes i_A. Dagegen sind nach Gl. 4.54 mit $\alpha > 90°$ negative Gleichspannungen möglich, womit ein Betrieb der Maschine in den Quadranten 1 und 4 von Abb. 4.78 zu verwirklichen ist. Das Schaltbild eines derartigen Stromrichters in Zweipuls-Brückenschaltung für einen Antrieb kleinerer Leistungen ist in Abb. 4.79 angegeben, das gleichzeitig auch die Prinzipien der üblichen Regelung zeigt.

Die Einstellung der gewünschten Drehzahl n_{soll} über die Ankerspannung erfolgt nicht direkt, sondern zur Vermeidung von unzulässigen Stromspitzen mit Hilfe einer unterlagerten Stromregelung. Hierbei ergeben Soll- und Istwert der Drehzahl über den Drehzahlregler N1 zunächst nur einen Ankerstrom-Sollwert. Dieser wird mit dem Istwert verglichen

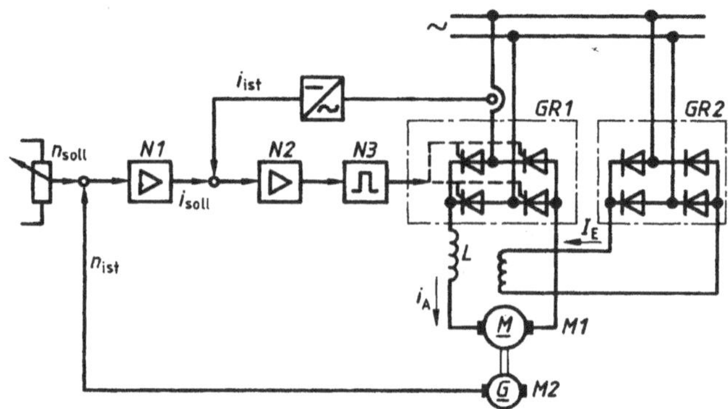

Abb. 4.79 Stromrichterschaltung für Zweiquadrantenbetrieb. *M1* Gleichstrommaschine, *M2* Tachogenerator, *GR1* Einphasen-Brückenschaltung mit Thyristoren, *GR2* Diodenschaltung, *N1* Drehzahlregler, *N2* Stromregler, *N3* Impulssteuergerät

und mit der Abweichung der nachgeschaltete Stromregler N2 angesteuert. Erst der Ausgang des Stromreglers liefert das Signal für das Impulssteuergerät N3 zur Einstellung eines bestimmten Steuerwinkels α und damit der Gleichspannung U_d. Werden über das Sollwertpotenziometer eine höhere Drehzahl und damit eine größere Ankerspannung verlangt, so erfolgt die Einstellung des dafür nach Gl. 4.54 benötigten neuen Steuerwinkels α nicht unmittelbar, sondern nur allmählich im Rahmen der gewählten Stromgrenze $I_\mathrm{A\,soll}$.

Der nach obiger Schaltung mögliche Generatorbetrieb in Quadrant 4 ist nicht ohne weiteres geeignet, den normalen Bremsvorgang eines Antriebs aus Quadrant 1 zu übernehmen, da die Drehrichtungen nicht übereinstimmen. Begnügt man sich daher mit einem Einquadrantenantrieb, so kann man die Hälfte der Thyristoren der Schaltung durch Dioden ersetzen. Diese halbgesteuerten Stromrichter haben als wesentlichen Vorteil eine geringere Blindleistungsaufnahme in Abhängigkeit vom Steuerwinkel. Diese Besonderheit gehört zum Thema Netzrückwirkungen und wird in Abschn. 4.6.3 erläutert. Die Spannungsbildung erfolgt bei halbgesteuerten Schaltungen nach der Beziehung

$$U_\mathrm{d} = \frac{1}{2}U_\mathrm{di}(1 + \cos\alpha) \tag{4.58}$$

Hier wird also erst bei $\alpha = 180°$ der Wert $U_\mathrm{d} = 0$ erreicht, womit ein Wechselrichterbetrieb nicht möglich ist.

Vierquadrantenbetrieb Ist für eine Gleichstrommaschine der Betrieb in allen vier Quadranten des $n = f(M)$-Kennlinienfeldes zu ermöglichen, so muss eine Schaltung vorgesehen werden, die auch einen Wechsel in der Drehmomentenrichtung gestattet. Je nach Leistung und den gestellten regeltechnischen Anforderungen sind hierfür die drei in Abb. 4.80 dargestellten Verfahren im Einsatz, bei denen entweder der Ankerstrom oder die Erregung umgepolt wird.

Bei Ankerumschaltung (Abb. 4.80a) und unveränderter Erregung I_E erfolgt eine Richtungsumkehr des Ankerstromes durch einen mechanischen Polwender. Für Anker- und Feldkreis ist jeweils nur ein Stromrichter erforderlich, womit diese Schaltung sehr wirtschaftlich ist. Sie wird bis zu Leistungen von einigen 100 kW eingesetzt, erlaubt allerdings

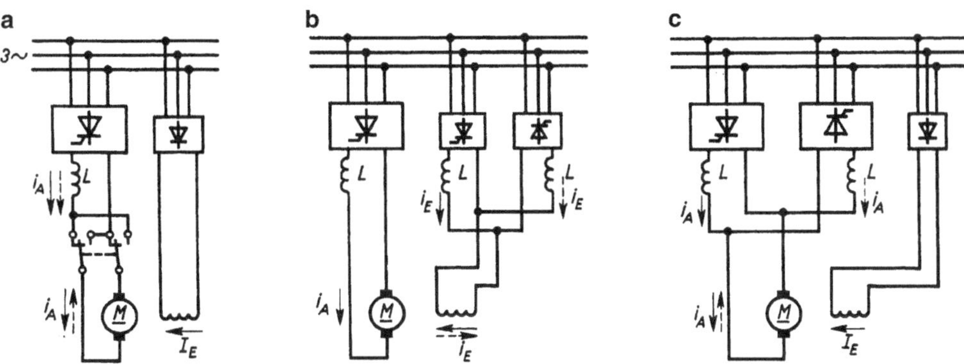

Abb. 4.80 Schaltungen für Umkehrantriebe. **a** Stromrichter mit Ankerumschaltung, **b** Feldumkehr durch zwei Stromrichter, **c** Gegenparallelschaltung zweier Stromrichter

auf Grund einer Totzeit von etwa 0,1 s während der stromlosen Umschaltung keine sehr raschen Umsteuerungen.

Nach den Gl. 4.56 und 4.57 kann eine Änderung der Drehzahl- und Drehmomentenrichtung und damit Betrieb in den Quadranten 2 und 3 bei gleichbleibender Ankerstromrichtung auch durch eine Umkehr des Erregerstromes, also $\Phi = -\Phi_\mathrm{N}$ erreicht werden (Abb. 4.80b). Diese Umschaltung kann ebenfalls mechanisch oder wegen der kleinen Erregerleistung auch ohne zu hohen Aufwand durch zwei Stromrichter erfolgen. Rasche Feldänderungen werden allerdings durch die Induktivität der Erregerwicklung verhindert.

Ist ein schnellerer Drehmomentenwechsel erwünscht, so führt man die Gegenparallelschaltung zweier Stromrichter für den Ankerkreis (Abb. 4.80c) aus, von denen jeder eine Ankerstromrichtung übernimmt. In der kreisstromfreien Schaltung bleibt dabei jeweils der andere Teilstromrichter gesperrt, und die Umschaltung erfolgt durch eine Kommandostufe in einer kurzen stromlosen Pause.

In der Ausführung als kreisstrombehafteter Umkehrstromrichter ist dagegen keinerlei Totzeit mehr vorhanden. Hier sind stets beide Teilstromrichter im Einsatz, wobei der eine im Gleichrichterbetrieb die Energie liefert und der andere in Wechselrichteraussteuerung bei gleich großer Spannung wartet. Die Summe der beiden Spannungsmittelwerte ist immer null, doch fließt durch die Unterschiede in den Augenblickswerten ein über die Drosselspulen L einstellbarer Kreisstrom.

4.6.1.2 Gleichstromsteller

Takten einer Gleichspannung Mit Hilfe der Leistungselektronik ist es auch möglich, aus einem starren Gleichspannungsnetz eine einstellbare Spannung zur Steuerung eines Antriebs zu erzeugen. Die prinzipielle Schaltung eines derartigen Gleichstromstellers für einen Gleichstrom-Reihenschlussmotor an einer Batterie zeigt Abb. 4.81a. Das Stellglied S erfüllt die Funktion eines elektronischen Ein- und Ausschalters und ist hier durch

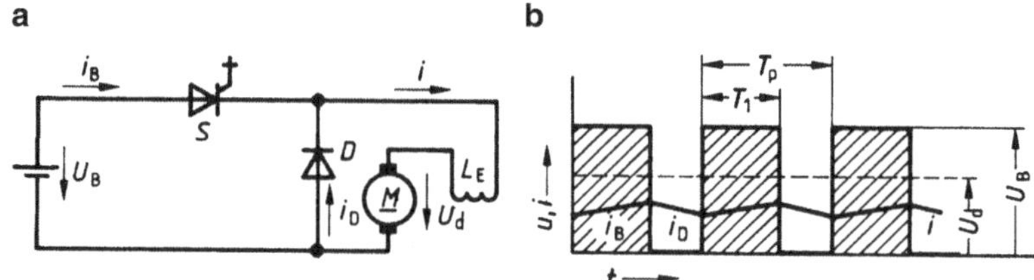

Abb. 4.81 Gleichstromsteller, **a** Prinzipschaltung, S elektronischer Schalter, D Freilaufdiode, **b** Strom- und Spannungsverlauf

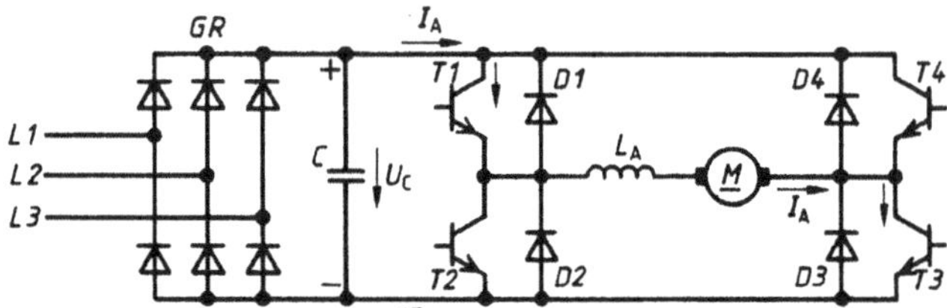

Abb. 4.82 Transistor-Gleichstromsteller. GR Eingangsgleichrichter, C Glättungskondensator, $T1$–$T4$ Transistor-Brückenschaltung, $D1$–$D4$ Freilaufdioden

einen GTO-Thyristor realisiert. Dieser kann mit einer Taktfrequenz $f_\mathrm{p} = 1/T_\mathrm{p}$ bis zu einigen kHz geschaltet werden, wobei die Einschaltzeit mit $0 \le T_1 \le T_\mathrm{p}$ wählbar ist.

Solange das Stellglied S leitet, wird mit $i = i_\mathrm{B}$ Energie aus der Batterie bezogen. Damit in den Pausenzeiten der Strom im Motor nicht abgeschaltet ist, was ein pulsierendes Drehmoment und Überspannungen bedeuten würde, wird eine Freilaufdiode D gegenparallel geschaltet. Sie übernimmt mit $i = i_\mathrm{D}$ den Motorstrom, der insgesamt nur entsprechend den Zeitkonstanten $\tau = L/R$ der beiden Stromkreise leicht schwankt (Abb. 4.81b).

Der Mittelwert der Gleichspannung U_d am Motor kann über das Einschaltverhältnis T_1/T_p einer Pulsbreitensteuerung nach

$$U_\mathrm{d} = \frac{T_1}{T_\mathrm{p}} \cdot U_\mathrm{B} \tag{4.59}$$

zwischen null und der vollen Batteriespannung U_B eingestellt werden. Gleichstromsteller werden z. B. zur Steuerung der Fahrmotoren in batteriegespeisten Fahrzeugen und Nahverkehrsbahnen eingesetzt. Sie gestatten durch Vertauschen der Lage von Stellglied und Freilaufdiode auch eine Nutzbremsung, d. h. Rückspeisung der Bewegungsenergie des Fahrzeugs in die Batterie.

Transistorsteller Mit Transistoren als Stellglied werden Gleichstromsteller heute zur Versorgung von Gleichstrom-Servomotoren verwendet (Abb. 4.82). Bei Taktfrequenzen bis ca. 20 kHz erhält man nahezu keine Totzeit und somit günstige regeltechnische Eigenschaften.

Die angegebene Brückenschaltung mit den vier Transistoren T_1 bis T_4 erlaubt zunächst einen Motorbetrieb in beiden Drehrichtungen. Für Rechtslauf werden z. B. die Transistoren T_1 und T_3 periodisch ein- und ausgeschaltet, für Linkslauf T_2 und T_4. Die Energie wird über einen Diodengleichrichter aus dem Drehstromnetz bezogen und die Gleichspannung U_C durch einen großen Pufferkondensator nahezu konstant gehalten. In den Ausschaltzeiten des Rechtslaufs kann der Ankerstrom abwechselnd über die Freilaufkreise T_1-D_4 (nur T_3 ausgeschaltet) und T_3-D_2 (nur T_1 ausgeschaltet) weiterfließen. Für Linkslauf gilt Entsprechendes mit den Freiläufen T_2-D_3 und T_4-D_1.

Für den Bremsbetrieb des Servoantriebs ist neben einer ausreichenden Induktivität L_A im Ankerkreis des Dauermagnetmotors erforderlich, dass der Kondensator C die rückgespeiste Energie aufnehmen kann. In der Praxis wird dies oft dadurch sichergestellt, dass an den Diodengleichrichter mit Kondensator mehrere Steller für verschiedene Vorschubmotoren (Mehrachsenantrieb) angeschlossen werden, zwischen denen dann ein Energieausgleich möglich ist.

Beispiel 4.16

Ein fremderregter Gleichstrommotor mit den Bemessungsdaten $U_{AN} = 340\,\text{V}$, $I_{AN} = 17\,\text{A}$, $n_N = 1380\,\text{min}^{-1}$ und der Leerlaufdrehzahl $n_{0N} = 1500\,\text{min}^{-1}$ soll bei voller Erregung und dem Drehmoment $M \leq M_N$ im Bereich $0 \leq n \leq n_N$ betrieben werden. Zur Energieversorgung ist ein B2-Stromrichter nach Abb. 4.79 mit Anschluss an das 400 V-Netz vorgesehen.

Welcher Steuerwinkel α ist für die Drehzahl $n = 0,5\,\%$ erforderlich?

Der erste Term in Gl. 4.57 bestimmt die Leerlaufdrehzahl, womit sich die Konstante

$$2\pi \cdot c\Phi = U_{AN}/n_{0N} = 340\,\text{V}/25\,\text{s}^{-1} = 13,6\,\text{Vs} \quad \text{bei} \quad 1500\,\text{min}^{-1} = 25\,\text{s}^{-1}$$

ergibt. Der Drehzahlrückgang bei Belastung mit M_N beträgt $\Delta n = n_0 - n_N = 120\,\text{min}^{-1}$.

Diesen Wert bestimmt der zweite Term in Gl. 4.57 und er bleibt bei verminderter Spannung konstant. Damit gilt für die neue Leerlaufdrehzahl

$$n_0 = 0,5n_N + \Delta n = 690\,\text{min}^{-1} + 120\,\text{min}^{-1} = 810\,\text{min}^{-1}$$

Für diesen Wert muss die Ankerspannung

$$U_A = 2\pi \cdot c\Phi n_0 = 13,6\,\text{Vs} \cdot 810/60\,\text{s}^{-1} = 183,6\,\text{V}$$

eingestellt werden. Die maximale Gleichspannung ergibt sich bei der B2-Schaltung nach Gl. 4.55a zu

$$U_{di} = 0,9U = 0,9 \cdot 400\,\text{V} = 360\,\text{V}$$

Die Steuerung der Spannung erfolgt nach Gl. 4.54 und muss den Wert $U_d = U_A$ ergeben. Damit erhält man den Steuerwinkel über

$$\cos\alpha = U_A/U_{di} = 183,6\,\text{V}/360\,\text{V} = 0,51 \quad \text{zu} \quad \alpha = 59,3°.$$

Beispiel 4.17

Im Stromkreis eines dauermagneterregten Gleichstrommotors für $U_{AN} = 240\,\text{V}$, $I_{AN} = 10\,\text{A}$ wirkt die Induktivität $L = 0{,}4\,\text{H}$ und der Widerstand $R = 0{,}5\,\Omega$. Zur Versorgung und Steuerung steht ein Gleichstromsteller nach Abb. 4.82 mit $U_B = 250\,\text{V}$ und der Taktfrequenz $f_p = 1/T_p = 5\,\text{kHz}$ zur Verfügung.

a) Welche Drehzahl n erhält man bei einem Einschaltverhältnis $T_1/T_p = 0{,}2$, wenn die Leerlaufdrehzahl bei U_{AN} den Wert $n_0 = 3600\,\text{min}^{-1} = 60\,\text{s}^{-1}$ hat?
Aus Gl. 4.59 folgt für die Ankerspannung

$$U_A = U_d = 0{,}2 \cdot 250\,\text{V} = 50\,\text{V}$$

Durch Einsetzen von Gl. 4.56 in Gl. 4.57 erhält man die auf den Ankerstrom I_A bezogene Drehzahlbeziehung

$$n = \frac{U_A}{2\pi \cdot c\Phi} - \frac{R_A \cdot I_A}{2\pi \cdot c\Phi}$$

Im idealen Leerlauf mit $I_A = 0$ gilt wie im Beispiel zuvor

$$2\pi \cdot c\Phi = U_{AN}/n_0 = 240\,\text{V}/60\,\text{s}^{-1} = 4\,\text{Vs}$$

Für die Betriebsdrehzahl erhält man damit

$$n = \frac{50\,\text{V}}{4\,\text{Vs}} - \frac{0{,}5\,\Omega \cdot 10\,\text{A}}{4\,\text{Vs}} = 675\,\text{min}^{-1}$$

b) Wie groß ist die Stromschwankung Δi in Abb. 4.81 bei einem Einschaltverhältnis $T_1/T_p = 0{,}5$? Nach dem Induktionsgesetz Gl. 1.53 gilt in der Differenzenform

$$\Delta i = u_L \Delta t / L$$

Dabei ist $u_L \Delta t$ die Spannungszeitfläche in der Zeit T_1 oberhalb des Spannungsmittelwertes U_d.
Wegen $T_1/T_p = 0{,}5$ wird $U_d = 0{,}5 U_B$ und damit ebenfalls $u_L = 0{,}5 U_B$. Für die Stromschwankung gilt dann

$$\Delta i = \frac{u_L \cdot \Delta t}{L} = \frac{U_B \cdot T_p}{2 \cdot 2 \cdot L}$$

$$\Delta i = \frac{U_B}{4L \cdot f_p} = \frac{250\,\text{V}}{4 \cdot 0{,}4\,\text{H} \cdot 5000\,\text{Hz}}$$

$$\Delta i = 0{,}03\,\text{A}$$

4.6.2 Stromrichterschaltungen für Wechsel- und Drehstromantriebe

Während man bei Gleichstrommotoren allein schon zur Versorgung mit der erforderlichen Gleichspannung – das öffentliche Netz stellt diese nicht zur Verfügung – stets einen Stromrichter benötigt, ist dies bei Drehstrommotoren nur zum Zwecke einer Änderung der Drehzahl gegeben. Diese wird nach den Ausführungen in diesem Kapitel maßgebend durch die Drehfelddrehzahl

$$n_s = \frac{f}{p} \qquad (4.60)$$

festgelegt. Bei Synchronmotoren stimmt mit $n = n_s$ die Läuferdrehzahl sogar exakt mit dieser sogenannten Synchrondrehzahl überein. Bei Asynchronmotoren gilt die Beziehung

$$n = \frac{f}{p}(1 - s) \qquad (4.61)$$

Zur Drehzahlsteuerung von Drehstrommotoren allgemein benötigt man damit Stromrichterschaltungen, die in der Lage sind, aus dem öffentlichen 50 Hz-Spannungssystem eine Drehspannung wählbarer Frequenz zu erzeugen. Man bezeichnet diese in vielfältiger Ausführung entwickelten Schaltungen als Frequenzumrichter. Sie sind heute der wichtigste Baustein drehzahlgeregelter Antriebe und werden in Abschn. 4.6.2.3 behandelt.

Nach Gl. 4.61 bestehen zur Drehzahlsteuerung bei einem Asynchronmotor zusätzlich zur Frequenzänderung folgende weitere Möglichkeiten:

1. Der betriebsmäßige Schlupf s des Läufers gegenüber der Drehfelddrehzahl n_s wird durch Absenken der 50 Hz-Klemmenspannung vergrößert.
2. Der Schlupf s wird durch Entnahme und Rückspeisung von Energie aus dem Läufer vergrößert.
3. Es erfolgt eine Umschaltung auf eine andere Polzahl $2p$, was jedoch keine Technik der Leistungselektronik verlangt.

Die erste Technik verlangt den Einsatz eines Drehstromstellers, die zweite die Schaltung einer untersynchronen Stromrichterkaskade.

4.6.2.1 Wechsel- und Drehstromsteller

Nach Abb. 4.83 sind in einen Wechselstromkreis zwei gegenparallele Thyristoren geschaltet, wobei jeder durch eine gemeinsame Steuerelektronik im Verlauf seiner positiven Spannungs-Halbschwingung gezündet wird. Erfolgt dies mit dem beliebigen Steuerwinkel α, so wird, wie in Abb. 4.83b für den einfachsten Fall der ohmschen Belastung gezeigt ist, nur ein Teil der Netzspannung u_N an den Verbraucher geschaltet. Im Steuerbereich $\alpha = 0$ bis $180°$ wird die Verbraucherspannung U_R damit kontinuierlich zwischen dem vollen Wert U_N und null einstellbar. Im Unterschied zum Einsatz eines Stelltransformators ist die Ausgangsspannung des Wechselstromstellers jedoch in Abhängigkeit von der Art der Belastung und des eingestellten Steuerwinkels stark oberschwingungshaltig.

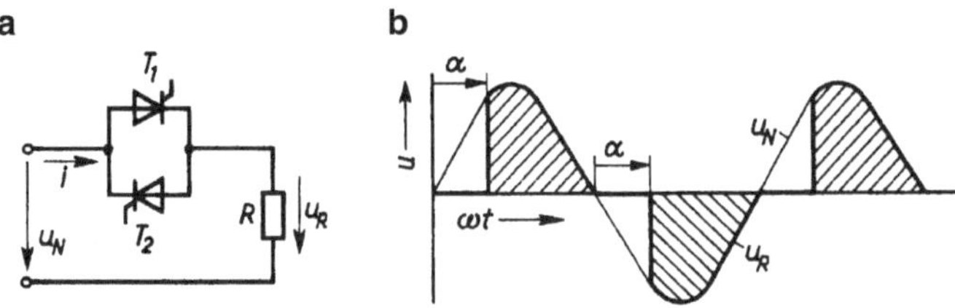

Abb. 4.83 Wechselstromsteller mit ohmscher Belastung. **a** Schaltung der antiparallelen Thyristoren, **b** Anschnittsteuerung der Wechselspannung U_N

Abb. 4.84 Drehstrom-Asynchronmotor mit Drehstromsteller. **a** Schaltung, **b** Drehzahlkennlinien und Betriebspunkte ●

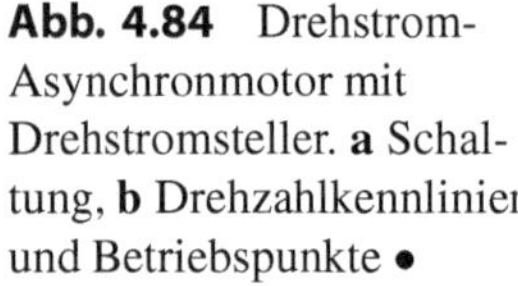

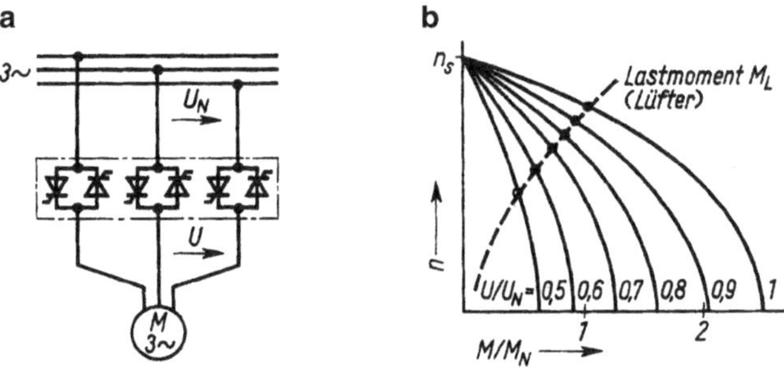

Zur Spannungssteuerung der Asynchronmaschine am Drehstromnetz sind drei antiparallele Thyristorpaare und damit ein Drehstromsteller nach Abb. 4.84a erforderlich. Um den stabilen Betriebsbereich der Motoren zu vergrößern, schafft man durch eine entsprechende Läuferauslegung eine so weiche Drehzahlkennlinie, dass der Kipppunkt in der Nähe des Stillstandes auftritt. Da das Kippmoment der Maschine dem Quadrat der Klemmenspannung U proportional ist, entsteht ein Kennlinienfeld nach Abb. 4.84b.

Die Motordrehzahl ist in einem weiten Bereich einstellbar, wobei allerdings mit kleineren Drehzahlen immer höhere Läuferverluste auftreten und daher mit Rücksicht auf die Erwärmung nur geringere Lastmomente zulässig sind. Dies beschränkt die Anwendung von Drehstromstellern im Wesentlichen auf die Steuerung von Pumpen- und Lüfterantrieben, deren Lastmoment $M_\mathrm{L} \approx n^2$ eine auf die mögliche Belastbarkeit zugeschnittene Charakteristik aufweist.

Triacschaltung Zur Drehzahlsteuerung von Kleinantrieben mit Anschluss an das 230 V-Wechselstromnetz werden heute meist ebenfalls Wechselstromsteller eingesetzt. Anstelle der bei Leistungen über ca. 5 kW üblichen Schaltungen mit gegenparallelen Thyristoren, verwendet man bei diesen elektronischen Steuerungen für Elektrowerkzeuge und Haushaltsgeräte (Bohrmaschinen, Staubsauger, Küchengeräte, Ventilatoren) als Stellglieder Triacs (s. Abschn. 2.1.4.5), mit denen sich besonders preiswerte Lösungen ergeben.

Das Prinzip dieser Triacschaltungen, die auch vielfach zur Steuerung von Glühlampen und Heizungen (Dimmer) eingesetzt werden, ist in Abb. 4.85 gezeigt. Der Triac T als Wechselstromschalter wird durch einen Zündimpuls in jeder Spannungshalbschwingung

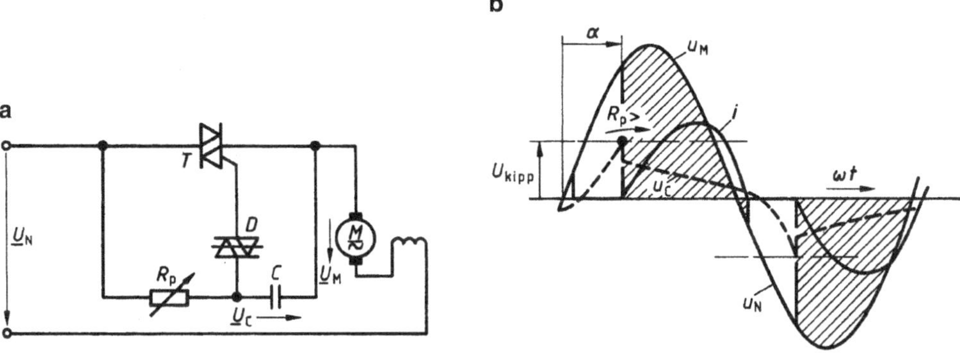

Abb. 4.85 Triacsteuerung von Universalmotoren. **a** Prinzipschaltung (*T* Triac, *D* Zünddiode), **b** Strom- und Spannungsverlauf

über eine Zünddiode D, Diac genannt, eingeschaltet. Der Diac liegt an der Spannung U_C eines Kondensators C und geht bei Erreichen einer Kippspannung U_{kipp} von meist etwa 35 V plötzlich in den leitenden Zustand über, so dass durch den Entladestrom von C über den Diac auf die Steuerelektrode des Triac ein Stromimpuls zur Zündung auftritt. Mit dem Potenziometer R_p lässt sich die Aufladezeit des Kondensators C bis zur Kippspannung verändern und damit die Lage des Zündzeitpunktes bzw. des Steuerwinkels α innerhalb der Halbschwingung der Netzspannung u_N wählen. Abb. 4.85b zeigt diese Verhältnisse bei der Steuerung eines Universalmotors, der beim gewählten Winkel α nur noch die Teilspannung U_M erhält.

4.6.2.2 Untersynchrone Stromrichterkaskade

Bei einer Drehzahlsteuerung des Asynchronmotors über einen erhöhten Schlupf s entsteht mit einer Aufnahmeleistung P_1 und den Verlusten P_{v1} im Ständer auf der Läuferseite die Verlustleistung $P_{v2} = s(P_1 - P_{v1})$. Für geringe Betriebsdrehzahlen $n = n_s(1 - s)$ sind dies beträchtliche Werte, die man früher bei Schleifringläufermotoren auf Kosten des Wirkungsgrades im Wesentlichen in Vorwiderständen in Wärme umgesetzt hat.

Die untersynchrone Stromrichterkaskade mit der Schaltung nach Abb. 4.86 ermöglicht nun eine Rückspeisung der sonst in den Läufervorwiderständen verheizten Leistung P_{R1}, so dass nach Abzug der Verluste in Stromrichterschaltung und Transformator die Leistung P_{R2} rückgeführt wird. Das Netz muss damit nur die Differenz $P_1 - P_{R2}$ liefern und der gute Wirkungsgrad des Antriebs bleibt auch bei kleineren Drehzahlen in etwa erhalten.

Die dem Läufer entnommene Leistung P_{R1} wird in einem Diodengleichrichter nach Abb. 2.54b zunächst in einen Gleichstromwert $U_d \cdot I_d$ umgeformt und danach über eine B6-Thyristorschaltung wieder in das Netz zurückgegeben. Der B6-Stromrichter arbeitet dazu wie in Abschn. 4.6.1.1 gezeigt im Wechselrichterbetrieb mit Steuerwinkeln $\alpha > 90°$. Der Umweg über den Gleichstrom-Zwischenkreis ist zur Entkopplung des 50 Hz-Netzes von der schlupffrequenten Läuferseite erforderlich.

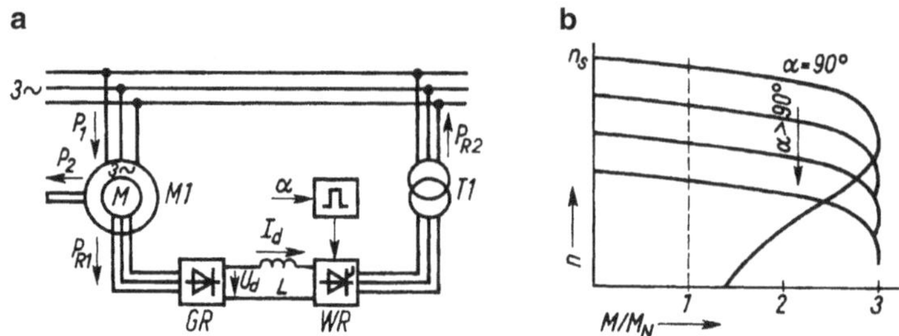

Abb. 4.86 Drehstrom-Schleifringläufermotor mit Stromrichterkaskade. **a** Schaltung der Stromrichterkaskade. *M1* Drehstrommotor, *T1* Transformator, *GR* ungesteuerter Gleichrichter, *WR* Wechselrichter, **b** Drehzahlkennlinien eines Antriebs mit Stromrichterkaskade

Der Betrieb eines Schleifringläufermotors über eine Stromrichterkaskade ergibt etwa zum originalen Verlauf $n = f(M)$ parallele Kennlinien ähnlich einer Gleichstrommaschine mit Absenkung der Ankerspannung. Einsatzbereiche sind Pumpen-, Verdichter- und Gebläseantriebe im Leistungsbereich von einigen 1000 kW, wobei der Drehzahlstellbereich meist auf $0{,}5 n_\mathrm{N} \leq n \leq n_\mathrm{N}$ beschränkt ist.

4.6.2.3 Frequenzumrichter

Zur Änderung der Frequenz eines Drehspannungssystems ist eine Umrichterschaltung erforderlich. Begnügt man sich mit einem Frequenzbereich bis maximal halber Netzfrequenz, so lassen sich Direktumrichter einsetzen, welche die niederfrequente Spannung z. B. als Hüllkurve der 50-Hz-Schwingung erzeugen. Bekanntestes Beispiel ist hier die schon in den 30er Jahren mit Quecksilberdampf-Stromrichtern vorgenommene Frequenzumformung 50 Hz in $16\frac{2}{3}$ Hz zur Versorgung von Bahnnetzen.

Freizügigkeit in der Frequenzeinstellung erhält man erst durch den Einsatz von selbstgeführten Umrichtern, z. B. nach Abb. 4.87. Über einen Gleichrichter GR wird zunächst ein Gleichspannungs-Zwischenkreis mit konstanter Spannungshöhe U_d gespeist.

Der Pufferkondensator C dient zur Aufnahme von Oberschwingungsströmen. An den Zwischenkreis wird ein dreiphasiger Pulswechselrichter nach dem Prinzip des Gleichstromstellers angeschlossen. Ist ein Vierquadrantenbetrieb mit Nutzbremsung vorgesehen, so erfolgt die Energierücklieferung an den Zwischenkreis und von dort über einen netzgeführten Wechselrichter WR in das Netz.

Die Bildung der gewünschten Wechselspannung beliebiger Frequenz für den Motor kann z. B. nach dem Unterschwingungsverfahren (Abb. 4.87b) erfolgen. Die Gleichspannung wird hierbei in Form von unterschiedlich gepolten und verschieden breiten Rechteckimpulsen an die Motorwicklung gelegt, so dass eine sinusförmige Grundschwingung der gewünschten Frequenz und Amplitude als Unterschwingung entsteht. Um die Maschine mit konstantem Fluss Φ zu betreiben, wird nach dem Induktionsgesetz also $U \approx f \cdot \Phi$ die Höhe der Drehspannung der Frequenz angepasst. Entsprechend dem Ankerstellbereich bei der Steuerung einer Gleichstrommaschine (Abb. 4.16) erhält somit auch der Frequenz-

Abb. 4.87 Frequenzumrichter für Drehstromantriebe.
a Schaltung mit Diodengleichrichter GR, Zwischenkreis-Kondensator C, IGBT-Wechselrichter WR. **b** Bildung der Sinusspannung u_1 durch Pulsbreitensteuerung von U_d

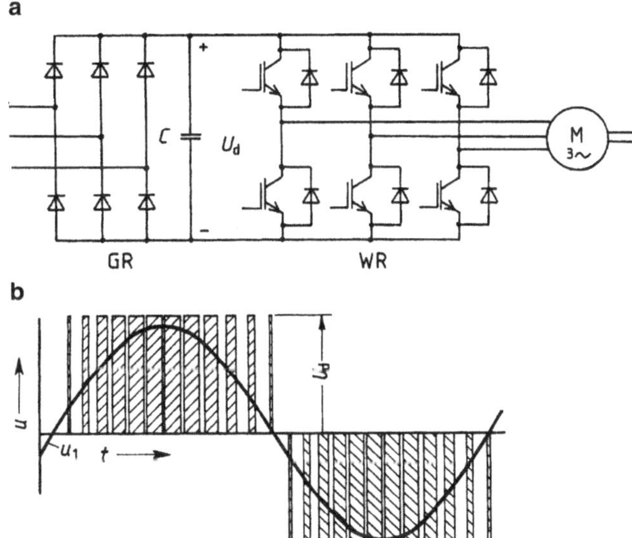

umrichter einen Proportionalbereich $U \approx f$. Er reicht bis zum sogenannten Eckpunkt seiner Kennlinie mit U_N, f_N, während darüber hinaus nur noch die Frequenz erhöht wird, was eine kontinuierliche Feldschwächung bedeutet.

Der Stand der Frequenzumrichtertechnik ist inzwischen durch eine prozessorgeführte Steuerlogik und Taktfrequenzen bis ca. 20 kHz gekennzeichnet. Damit werden störende Zusatzgeräusche und Schwingungen weitgehend vermieden und ein annähernd sinusförmiger Motorstrom mit entsprechend geringen Zusatzverlusten erreicht. Das Antriebssystem Frequenzumrichter + Drehstrommotor ist damit eine echte Alternative zum klassischen Konzept Gleichrichter + Gleichstrommotor und wird zunehmend diesem vorgezogen. Als Vorteile beim Einsatz des Asynchronmotors sind zu nennen: höhere Grenzdrehzahlen, kleineres Läuferträgheitsmoment, keine Stromwenderprobleme, weniger Wartungsaufwand. Durch die Umrichtertechnik ist auch die Synchronmaschine als drehzahlgeregelter Antrieb verfügbar. Der Einsatzbereich reicht hier von Servoantrieben mit Leistungen unter 1 kW über Hauptantriebe für Werkzeugmaschinen, Walzgerüste und Bahnen bis zu Großmaschinen im MW-Bereich.

In der klassischen Technik nach Abb. 4.87 mit einem Diodengleichrichter GR am Eingang liefert das Netz einen mit zwei Pulsen pro Halbschwingung stark von der Sinusform abweichenden Ladestrom für den Zwischenkreiskondensator C. Es entstehen daher die im nächsten Abschnitt besprochenen, unerwünschten Netzrückwirkungen in Form von Stromanteilen höherer Frequenz. Diesen Nachteil kann man vermeiden, wenn man wie in Abb. 4.88 auch den Eingangsgleichrichter mit IGBT's ausführt. Diese werden dann zur Ladung von C so gepulst, dass der Verlauf des Netzstromes i_N innerhalb eines Bandes sinusförmig wird. In dieser Technik werden heute dauermagneterregte Synchronmaschinen als Vorschubantriebe versorgt.

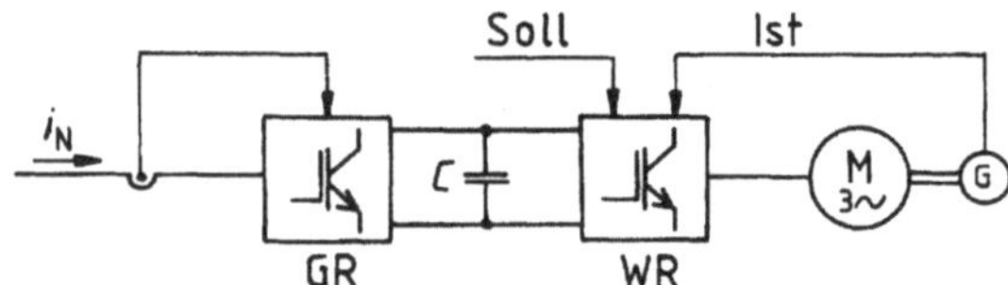

Abb. 4.88 IGBT-Umrichter
für sinusförmige Netzströme

4.6.3 Netzrückwirkungen von Stromrichteranlagen

Der Betrieb von Stromrichterschaltungen führt zu einer Reihe von Problemen hinsichtlich der Belastung des speisenden Netzes. Man bezeichnet diese speziellen Betriebsbedingungen als Netzrückwirkungen eines Stromrichters und muss ihnen gegebenenfalls mit besonderen Maßnahmen begegnen.

4.6.3.1 Steuerblindleistung

Alle Stromrichter, welche die Verbraucherspannung mit dem Verfahren der Anschnittsteuerung verändern, erzeugen Netzströme i, die gegenüber der Spannung u um den Steuerwinkel α nacheilen. In Abb. 4.89a wird dies für den B2-Stromrichter eines Gleichstromantriebs wie in Abb. 4.79 gezeigt. Dabei ist angenommen, dass der Ankerstrom $i_A = i_d$ durch eine große Glättungsspule den idealen konstanten Verlauf hat. Der Netzstrom besteht dann aus einem Rechteckwechselstrom i der Höhe I_A und der Breite $T/2$ mit einer Phasenverschiebung gegenüber der Spannung u um den Winkel $\varphi = \alpha$.

Betrachtet man zunächst nur die aus einer Fourier-Analyse gewonnene Grundschwingung I_1 des Netzstromes I, so erkennt man, dass die Anschnittsteuerung zu einem mit dem Winkel α ansteigenden Blindanteil $I_b = I_1 \sin \varphi$ und damit zu einer sogenannten Steuerblindleistung führt. Diese ändert sich ständig mit dem Steuerwinkel α und kann damit nicht wie der fast lastunabhängige Blindstrom eines Drehstrom-Asynchronmotors durch einen festen Kondensator kompensiert werden. Soll die Steuerblindleistung trotzdem vom Netz ferngehalten werden, so muss eine stets dem augenblicklichen Steuerzustand angepasste Kompensation realisiert werden, was grundsätzlich durch eine Synchronmaschine aber auch spezielle Schaltungen der Leistungselektronik erfolgen kann.

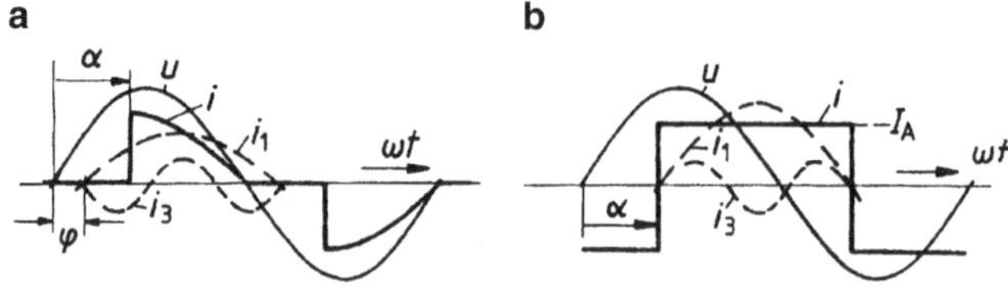

Abb. 4.89 Steuerblindleistung und Stromoberschwingungen. **a** Analyse des Rechteck-Wechselstromes einer B2-Schaltung beim Steuerwinkel α, **b** Verzerrte Stromkurve i bei einer Dimmerschaltung

Vielleicht überraschend ist, dass wie in Abb. 4.89b gezeigt, auch ein rein ohmscher Verbraucher wie der Widerstand in der Schaltung nach Abb. 4.83 bei Anschnittsteuerung seiner Spannung netzseitig zu einer Blindleistung führt. Der Grund liegt darin, dass an den Thyristoren des Wechselstromstellers während des Sperrzustandes der entsprechende Anteil der Sinusspannung anliegt, der Widerstand also wie bei Reihenschaltung mit einer Spule nur einen Teil der vollen Schwingung erhält.

4.6.3.2 Oberschwingungen

Die Analyse der Netzströme in Abb. 4.89a und b liefert außer der Grundschwingung I_1 des Stromes I eine Vielzahl von Oberschwingungen mit einem ganzzahligen Vielfachen der Netzfrequenz. Als Beispiel ist jeweils der 150 Hz-Strom I_3 eingetragen. Stromrichterschaltungen führen damit grundsätzlich zu netzfremden Stromanteilen auf den Leitungen, wobei die Amplitude dieser Oberschwingungen mit der Ordnungszahl v abnimmt. Für Drehstromanlagen mit den meist verwendeten B6-Stromrichtern sind mit dem Faktor $k = 1; 2; 3$ usw. die Oberschwingungen nach der Beziehung

$$v = 6k \pm 1 \quad \text{also} \quad v = 5; 7; 11; 13 \quad \text{usw.}$$

typisch.

Alle Stromoberschwingungen können nun mit der netzfrequenten Sinusspannung im Mittel über eine Periode keine Wirkleistung bilden. Die Produkte $U I_v$ sind damit alle als Blindleistung zu bezeichnen. Im Wechselstromnetz mit Verbrauchern der Leistungselektronik lassen sich damit die folgenden vier Leistungsanteile unterscheiden:

$$\text{Scheinleistung} \quad S = UI \tag{4.62}$$

$$\text{Wirkleistung} \quad P = U I_1 \cos \varphi \tag{4.63}$$

$$\text{Verschiebungsblindleistung} \quad Q_1 = U I_1 \sin \varphi \tag{4.64}$$

$$\text{Oberschwingungsblindleistung} \quad Q_v = U \cdot \sqrt{\sum I_v^2} = U \cdot \sqrt{I^2 - I_1^2} \tag{4.65}$$

Zur Berechnung der gesamten Scheinleistung S gilt dann die Beziehung

$$S = \sqrt{P^2 + Q_1^2 + Q_v^2} \tag{4.66}$$

Die vier Teilleistungen, die bezüglich Q_1 und Q_v reine Rechenwerte sind, lassen sich nach Abb. 4.90 zu einem Quader zusammensetzen, in dem die Raumdiagonale die gesamte Scheinleistung S ist. Nach Abschn. 1.3.1.4 und Gl. 1.79) wird das Verhältnis $\lambda = P/S$ als Leistungsfaktor bezeichnet. Setzt man in diese Beziehung die obigen Gleichungen ein, so erhält man

$$\lambda = \frac{I_1}{I} \cos \varphi = g_i \cos \varphi \tag{4.67}$$

Abb. 4.90 Darstellung der Leistungsanteile in einem Raumdiagramm

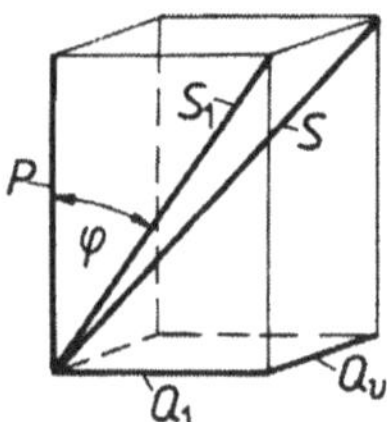

Darin bezeichnet

$$g_i = \frac{I_1}{I} \tag{4.68}$$

den Grundschwingungsgehalt des Stromes I. Dieser ist in Netzen mit Anlagen der Leistungselektronik immer kleiner als 1 und das bedeutet, dass stets der Leistungsfaktor λ geringer als der Verschiebungsfaktor $\cos \varphi$ ist. Man sollte daher nicht wie in der Praxis häufig anzutreffen, den $\cos \varphi$ als Leistungsfaktor bezeichnen. Beide Größen sind nur im Sonderfall rein sinusförmiger Spannungen und Ströme gleich.

Bei Anlagen großer Leistungen wie z. B. Lichtbogenöfen mit Netzströmen im Bereich von vielen kA können die entsprechend großen Stromoberschwingungen zum Problem werden. Sie erzeugen nämlich vor allem an den Blindwiderständen $X = \omega L$ der Transformatoren und Leitungen Spannungsverluste, die wegen $\omega = 2\pi f v$ überproportional groß werden und zu Verzerrungen in der Verbraucherspannung fuhren. Man verwendet daher bei Großanlagen gerne B12-Schaltungen, bei denen die erste Stromoberschwingung schon die Ordnungszahl $v = 11$ hat und damit entsprechend klein ist.

Mitunter hilft nur noch der Einsatz einer Saugkreisanlage nach Abb. 4.91, die aus einer Reihe von Reihenresonanzkreisen $L\,C$ entsprechend Abschn. 1.2.2.2 besteht. Die Kondensatoren C und Induktivitäten L werden nach Gl. 1.75 mit ihrer Resonanzfrequenz

$$f_0 = f_v = \frac{1}{2\pi} \cdot \frac{1}{\sqrt{LC}}$$

auf die Frequenz f_v der stärksten Stromoberschwingungen abgestimmt. Bei B6-Stromrichterschaltungen sind dies die Ordnungszahlen $v = 5$ und 7.

Bei Resonanzfrequenz f_v besitzen die Saugkreise nur noch den ohmschen Widerstand R der Spulen und stellen damit für die betreffenden Stromanteile I_v praktisch einen Netzkurzschluss dar. Der Reihenresonanzkreis saugt die Ströme I_v, die jetzt vom Stromrichter

Abb. 4.91 Schema einer Saugkreisanlage durch LC-Reihenresonanzkreise LC_5, LC_7 Saugkreise, ST Stromrichter, M Antrieb

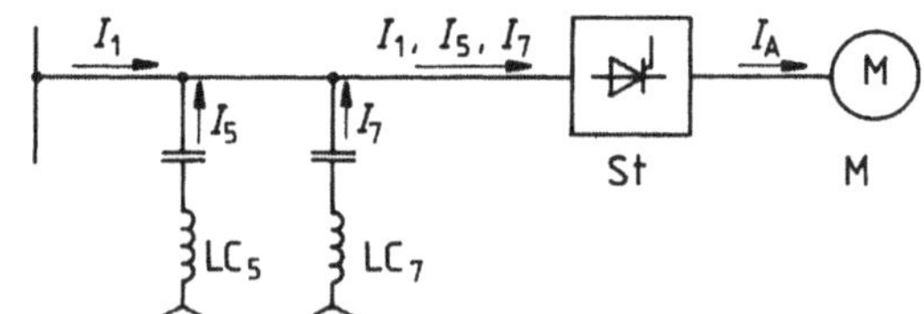

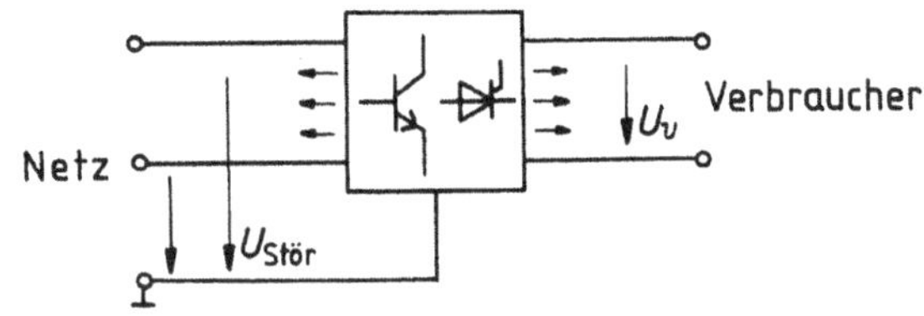

Abb. 4.92 Störspannungen und Spannungs-Oberschwingungen durch Leistungselektronik

aus über die LC-Schaltung fließen, quasi an – daher sein Name – und hält sie so von der Netzleitung fern.

4.6.3.3 Störspannungen und EMV

Elektronische Schalter wie Transistoren und Thyristoren aber auch der Kohlekontakt eines Kollektormotors sind die Quelle von hochfrequenten Störspannungen und Störfeldern. So erzeugen Stromrichter mit Anschnittsteuerungen und vor allem getaktete Transistorgeräte ein Spektrum, das bis etwa 30 MHz störend auf nachrichtentechnische Einrichtungen und Anlagen der Mess-, Steuer- und Regelungstechnik wirken kann. In den VDE-Bestimmungen vor allem VDE 0875 bestehen daher schon seit langem Richtlinien zur Messung dieser Störungen und Grenzwerte für die zulässigen Störspannungen und Feldstärken.

In jüngerer Zeit wird das Thema dieser „Funkstörungen" im Rahmen des Gebietes der Elektromagnetischen Verträglichkeit (EMV) behandelt.

In Abb. 4.92 ist der allgemeine Fall von Störspannungen skizziert. Ein Gerät der Leistungselektronik ist die Quelle von Störspannungen $U_{stör}$ und gibt diese in Richtung des Netzes ab. Die VDE-Bestimmungen, die inzwischen weitgehend auf Normen der EN (Europanormen) basieren, schreiben nun in einem Frequenzbereich von 150 kHz bis 30 MHz Grenzwerte für diese Störspannungen vor. Dabei werden keine Absolutwerte genannt, sondern ein Spannungspegel nach der Beziehung

$$u = 20 \log \frac{U_{stör}}{U_0} \quad \text{in dB} \tag{4.69}$$

definiert. Bezugsspannung ist der Wert $U_0 = 1\,\mu\text{V}$ und der Pegel wird in Dezibel dB angegeben. Je nach Einsatzbereich und Störfrequenz sind Pegel von 50 bis 80 dB zulässig.

In Abb. 4.92 ist in Richtung zum Verbraucher eine Oberschwingungsspannung U_v eingetragen. Sie sagt aus, dass der Stromrichter z. B. einen Drehstrommotor bei Frequenzsteuerung mit einer Spannung versorgt, die eine Vielzahl von Oberschwingungen enthält. Die Folge können erhöhte Verluste, Geräusche aber auch frühe Wicklungsschäden sein.

Sowohl in Richtung des Netzes wie zum Verbraucher ist die klassische Maßnahme, die Ausbreitung der Störspannungen zumindest wesentlich zu mindern, der Einbau eines Filters. Diese bestehen grundsätzlich aus Kombinationen von Kondensatoren C und Drosselspulen L mit um so mehr Bauteilen, je wirksamer sie sein sollen. Abb. 4.93 zeigt ein Netzfilter für Wechselstromgeräte, das unmittelbar am Eingang der Netzzuleitung montiert ist. Es begrenzt sowohl das Eindringen hochfrequenter Störspannungen vom Netz in

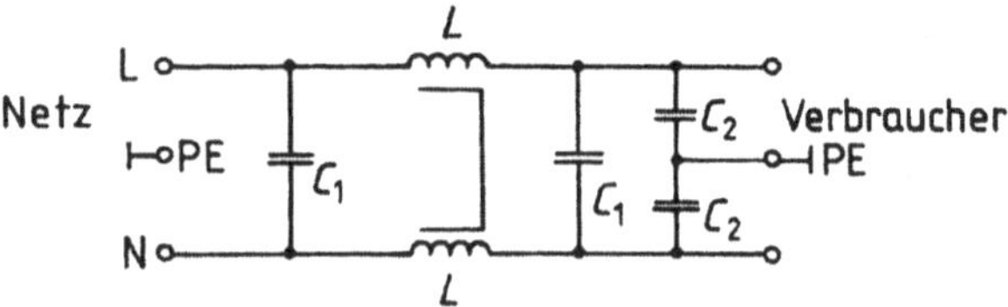

Abb. 4.93 EMV-Netzfilter für $I_N = 10\,\text{A}$, $C_1 = 0{,}0047\,\mu\text{F}$, $C_2 = 3300\,\text{pF}$, $L = 0{,}36\,\text{mH}$

das Gerät wie auch das Austreten eigener Störenergie in das Netz. Im Prinzip bestehen diese Filter alle aus LC-Tiefpässen, wie sie in Abschn. 1.2.2.2 behandelt wurden. Die Drosselspulen sind stets „stromkompensiert", d. h. so gewickelt, dass der Betriebsstrom keine Magnetisierung verursacht.

Die Wirkung der Filter wird durch ein Dämpfungsdiagramm gekennzeichnet, das angibt, um wie viel Dezibel die Störspannung in Abhängigkeit von der Frequenz gegenüber dem Betrieb ohne das Filter herabgesetzt wird. Typisch sind im Bereich von einigen MHz Dämpfungen von 60 bis 80 dB.

Beispiel 4.18

Ein B6-Stromrichter für Anschluss an das Drehstromnetz 400 V/50 Hz führt in den Zuleitungen 120°-Rechteckströme mit Oberschwingungsanteilen der Frequenz $f_v = v \cdot 50\,\text{Hz}$.

Dabei gilt für die Ordnungszahl $v = 5; 7; 11; 13$ usw.

Um das Netz von den Anteilen I_5 und I_7 zu entlasten, sind zwei Saugkreise LC_5 und LC_7 auszulegen, die im Idealfall für ihre Ströme einen Kurzschluss erzeugen.

Die erforderlichen Produkte LC errechnen sich aus der Formel in Gl. 1.95a, b für die entsprechende Resonanzfrequenz zu

$$LC_v = \frac{1}{(2\pi \cdot v \cdot f_N)^2}$$

Mit $f_N = 50\,\text{Hz}$ ergibt das

$$LC_5 = \frac{1}{(2\pi \cdot 5 \cdot 50\,\text{Hz})^2} = 0{,}405 \cdot 10^{-6}\,\text{s}^2$$

$$LC_7 = \frac{1}{(2\pi \cdot 7 \cdot 50\,\text{Hz})^2} = 0{,}207 \cdot 10^{-6}\,\text{s}^2$$

Aus der Blindstrom-Kompensationsanlage sind zwei Drehstrom-Kondensatoreinheiten mit einmal $C_5 = 50\,\mu\text{F}$ und $C_7 = 20\,\mu\text{F}$ vorhanden.

Damit ergeben sich die erforderlichen Induktivitäten zu

$$L_5 = \frac{0{,}405 \cdot 10^{-6}\,\mathrm{s}^2}{50 \cdot 10^{-6}\,\mathrm{s}/\Omega} = 81\,\mathrm{mH}$$

$$L_7 = \frac{0{,}207 \cdot 10^{-6}\,\mathrm{s}^2}{20 \cdot 10^{-6}\,\mathrm{s}/\Omega} = 10{,}35\,\mathrm{mH}$$

Beispiel 4.19

Ein B2-Stromrichterantrieb nach Abb. 4.79 mit Anschluss an 400 V Wechselspannung liefert beim Bemessungsmoment des Motors einen Ankerstrom $I_{\mathrm{AN}} = 10\,\mathrm{A}$. Durch eine sehr große Drosselspule sei er ideal geglättet.

Mit der Vereinfachung $\varphi = \alpha$ sind bei einem Steuerwinkel von $\alpha = 30°$ der Leistungsfaktor und alle Einzelleistungen netzseitig zu bestimmen.

Bei idealer Glättung fließt netzseitig ein Rechteck-Wechselstrom der Amplitude I_{AN}. Die Fourier-Analyse dieses Rechtecks liefert außer der Grundschwingung alle ungradzahligen Harmonischen mit dem Effektivwert

$$I_{\mathrm{v}} = \frac{2\sqrt{2}}{v\,\pi} \cdot I_{\mathrm{AN}}$$

Wechselstromseitig fließen damit die Sinusströme der Frequenz $v \cdot 50\,\mathrm{Hz}$ und dem Effektivwert

$$I_1 = \frac{2\sqrt{2}}{\pi} \cdot 10\,\mathrm{A} = 9\,\mathrm{A}, \quad I_3 = I_1/3 = 3\,\mathrm{A}, \quad I_5 = I_1/5 = 1{,}8\,\mathrm{A} \quad \text{usw.}$$

Der Grundschwingungsgehalt wird nach Gl. 4.68

$$g_{\mathrm{i}} = I_1/I = 9\,\mathrm{A}/10\,\mathrm{A} = 0{,}9$$

Mit $\varphi = \alpha = 30°$ erhält man nach Gl. 4.67 den Leistungsfaktor

$$\lambda = g_{\mathrm{i}} \cos\varphi = 0{,}9 \cdot 0{,}866 = 0{,}779$$

Für die Einzelleistungen erhält man:

Scheinleistung Gl. 4.62

$$S = UI = 440\,\mathrm{V} \cdot 10\,\mathrm{A} = 4000\,\mathrm{VA}$$

Wirkleistung Gl. 4.63

$$P = UI_1 \cos\varphi = 400\,\mathrm{V} \cdot 9\,\mathrm{A} \cdot 0{,}866 = 3118\,\mathrm{W}$$

Steuerblindleistung Gl. 4.64

$$Q_1 = U I_1 \sin \varphi = 400\,\text{V} \cdot 9\,\text{A} \cdot 0{,}500 = 1800\,\text{var}$$

Oberschwingungsblindleistung Gl. 4.65

$$Q_\text{v} = U \sqrt{I^2 - I_1^2} = 400\,\text{V} \cdot \sqrt{10^2 - 9^2}\,\text{A} = 1744\,\text{var}$$

Über Gl. 4.66 ist eine Kontrolle möglich

$$S = \sqrt{P^2 + Q_1^2 + Q_\text{v}^2} = \sqrt{3118^2 + 1800^2 + 1744^2}\,\text{VA} = 4000\,\text{VA}$$

Beispiel 4.20

Für eine Elektronik ist eine Gleichstromversorgung mit $U_\text{d} = 12\,\text{V}$, $I_\text{d} = 20\,\text{mA}$ erforderlich. Es soll ein konventionelles Netzgerät nach Abb. 2.58a also mit Eingangstransformator, B2-Gleichrichter, Glättungskondensator und Z-Diode verwendet werden. Zur Verfügung stehen:

Transformator 230 V, 50 Hz/15 V und Z-Diode mit $P_\text{v} = 0{,}48\,\text{W}$, $U_\text{z} = 12\,\text{V}$

Es sind der erforderliche Schutzwiderstand R und die Kapazität C (s. auch Abb. 2.22) zu bestimmen.

Nach Abb. 2.53c beträgt der Scheitelwert der Wechselspannung $u = \sqrt{2} \cdot 15\,\text{V} = 21{,}2\,\text{V}$. Nach Abzug von ca. 1,5 V für die Schleusenspannung der jeweils zwei in Reihe liegenden Dioden ergibt sich die maximale Kondensatorspannung

$$U_{\text{C}\,\text{max}} = 21{,}2\,\text{V} - 1{,}5\,\text{V} = 19{,}7\,\text{V}$$

Am Schutzwiderstand liegt damit der Höchstwert $U_{\text{R}\,\text{max}} = U_{\text{C}\,\text{max}} - U_\text{z} = 19{,}7\,\text{V} - 12\,\text{V} = 7{,}7\,\text{V}$. Der zulässige Strom der Z-Diode beträgt

$$I_{\text{Z}\,\text{max}} = P_\text{v}/U_\text{z} = 0{,}48\,\text{W}/12\,\text{V} = 40\,\text{mA}$$

Damit ergibt sich als maximaler Strom im Widerstand

$$I_{\text{R}\,\text{max}} = I_\text{d} + I_{\text{Z}\,\text{max}} = 20\,\text{mA} + 40\,\text{mA} = 60\,\text{mA}$$

Der Schutzwiderstand errechnet sich dann zu

$$R = U_{\text{R}\,\text{max}}/I_{\text{R}\,\text{max}} = 7{,}7\,\text{V}/0{,}06\,\text{A} = 128{,}3\,\Omega$$

Damit die Z-Diode nach Abb. 2.21 auf dem steilen Ast ihrer Kennlinie bleibt, ist $I_{Z\,min} = 0{,}1 I_{Z\,max}$ erforderlich. So gilt für den kleinsten Strom im Widerstand

$$I_{R\,min} = I_d + I_{Z\,min} = 20\,\text{mA} + 4\,\text{mA} = 24\,\text{mA}$$

Am Widerstand tritt jetzt die Spannung $U_{R\,min} = 128{,}3\,\Omega \cdot 24\,\text{mA} = 3{,}08\,\text{V}$ auf, so dass der untere Wert der Kondensatorspannung

$$U_{C\,min} = U_d + U_{R\,min} = 12\,\text{V} + 3{,}08\,\text{V} = 15{,}08\,\text{V}$$

beträgt. Nach Abb. 2.55 ergibt sich damit eine Differenz $\Delta U = U_{C\,max} - U_{C\,min} = 19{,}7\,\text{V} - 15{,}08\,\text{V} = 4{,}62\,\text{V}$. Bei einem mittleren Entladestrom von $I_R = 0{,}5(24 + 60)\,\text{mA} = 42\,\text{mA}$ benötigt man nach Gl. 2.18 eine Kapazität

$$C = \frac{0{,}75 \cdot I_R}{2f \cdot \Delta U} = \frac{0{,}75 \cdot 0{,}042\,\text{A}}{2 \cdot 50\,\text{Hz} \cdot 4{,}62\,\text{V}} = 68{,}2\,\mu\text{F}$$

Literatur

1. Fischer, R.: Elektrische Maschinen. 16. Aufl. Hanser Fachbuchverlag, München/Wien (2013)
2. Stölting, H.-D., Beisse, A.: Elektrische Kleinmaschinen. B.G. Teubner, Stuttgart/Leipzig (1987)
3. Fuest, K., Döring, P.: Elektrische Maschinen und Antriebe. 7. Aufl. Springer Vieweg Verlag, Wiesbaden (2007)
4. Stölting, H.-D., Kallenbach, E.: Handbuch Elektrischer Kleinantriebe. 4. Aufl. Hanser Fachbuchverlag, München/Wien (2011)
5. Giersch, H.-U., Harthus, H., Vogelsang, N.: Elektrische Maschinen. 5. Aufl. B.G. Teubner, Stuttgart/Leipzig (1991)

Elektrische Antriebe und Steuerungen 5

Zusammenfassung

Die elektrische Antriebstechnik ist heute in Haushalt, Gewerbe und vor allem in den vielen Bereichen industrieller Produktion präsent. Besonders hier steigt ihre Bedeutung mit dem fortschreitenden Grad der Automation einer Fertigung. Kernstück des elektrischen Industrieantriebs ist der Elektromotor als Energiewandler zwischen dem elektrischen Netz und der Arbeitsmaschine, die mechanische Energie benötigt. Daneben gehören zur Funktion der Anlage Schaltgeräte, Schutzeinrichtungen und eine Steuerungstechnik.

In diesem Abschnitt des Buches werden für die Projektierung eines Industrieantriebs wichtige Voraussetzungen behandelt. Es sind zunächst die Normvorschriften elektrischer Maschinen, dann Planungsunterlagen für die Bemessung des Antriebs und schließlich Grundlagen der Schalt- und Steuerungstechnik, Lit. [1–6].

5.1 Standardisierung und Normvorschriften

Die sehr vielseitige Anwendung elektrischer Maschinen verlangt eine möglichst weitgehende Normung mechanischer Abmessungen und technischer Daten. Damit werden für die Konstruktion einer Anlage verlässliche Anbaumaße garantiert und die Austauschbarkeit gesichert. Auf dem Gebiet des Elektromaschinenbaus ist die Normung daher weit vorangeschritten.

© Springer Fachmedien Wiesbaden GmbH, ein Teil von Springer Nature 2019
R. Fischer, *Elektrotechnik*, https://doi.org/10.1007/978-3-658-25644-9_5

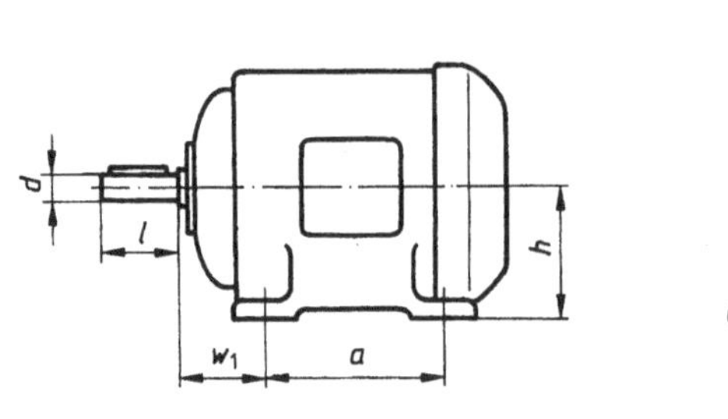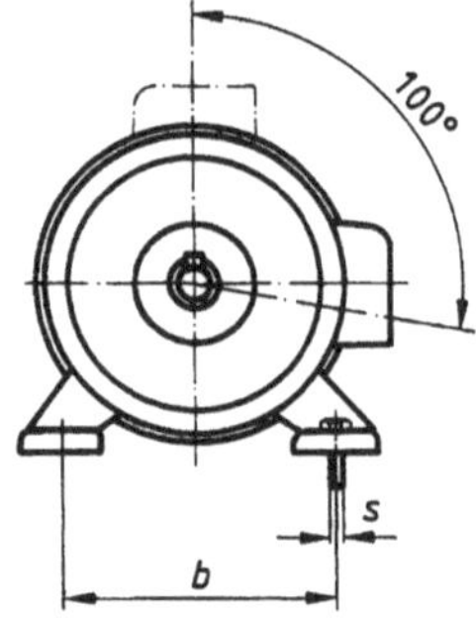

Abb. 5.1 Anbaumaße für IEC-Normmotoren in Bauform IM B3

5.1.1 Äußere Gestaltung

5.1.1.1 Baugrößen

Von Sonderkonstruktionen für spezielle Anwendungen abgesehen, werden Elektromotoren nach einer Reihe genormter Baugrößen hergestellt. Sie werden durch die Achshöhe h (Abb. 5.1) gekennzeichnet, für die in DIN 747 eine Reihe von 56 bis 315 mm festgelegt ist.

Besonders weitgehend ist die Normung für Drehstrom-Asynchronmotoren als dem wichtigsten Elektroantrieb durchgeführt. Hier wurde bereits 1971 eine Normmotorenreihe (IEC-Motor) entwickelt (DIN 42672 bis 42679), in der zu jeder Achshöhe die Anbaumaße und je nach Drehzahl auch die Bemessungsleistung verbindlich zugeordnet sind. Um pro Achshöhe nicht nur eine Leistung zu erhalten, führt man die Maschinen mit verschiedener Länge aus und kennzeichnet dies durch die Zusätze S (short), M (medium) oder L (long) also z. B. Baugröße 112 M oder 132 S.

5.1.1.2 Bauformen

Um in einer Anlage für den Anbau definierte Möglichkeiten zu erhalten, werden Elektromotoren in bestimmten Bauformen geliefert. Diese sind in der Europanorm EN 60034-7 (VDE 0530 T7) nach IEC 34-7 (IEC-Internationale Elektrotechnische Kommission) zusammengestellt und durch einen Code gekennzeichnet. Tabelle Abb. 5.1 zeigt eine Auswahl besonders häufig eingesetzter Bauformen, wobei wieder die Standardausführung IM B3 am wichtigsten ist.

Folgende Beispiele sind dem Code I entnommen, der die Mehrzahl aller Maschinen erfasst. Nach den Buchstaben IM (International Mounting) kennzeichnet ein B die Ausführung mit waagrechter, ein V die mit senkrechter Welle. Durch die Ziffern werden Varianten wie Anzahl der Lagerschilde und Füße unterschieden.

Tab. 5.1 Bauformen elektrischer Maschinen nach EN 60034-7 (Auswahl)

Kurzzeichen	Sinnbild	Erläuterung (AS = Antriebsseite; NS = Nichtantriebsseite)
IM B 3	B3	mit Lagerschilden AS + NS; Gehäuse mit Füßen; freies Wellenende; Befestigung auf Unterbau
IM B 5	B5	mit Lagerschilden AS + NS; Gehäuse ohne Füße; freies Wellenende; Befestigungsflansch auf AS
IM B 9	B9	ohne Lagerschild AS; Gehäuse ohne Füße; freies Wellenende; Befestigung an Gehäusestirnfläche AS
IM B 10	B10	mit Lagerschilden AS + NS; Gehäuse ohne Füße; freies Wellenende; Befestigung an Flanschfläche AS
IM V 2	V2	mit Lagerschilden AS + NS; Gehäuse ohne Füße; freies Wellenende oben; Befestigungsflansch auf NS

Tab. 5.2 Schutzumfang bei Berührungs- und Fremdkörperschutz

Erste Kennziffer	Berührungsschutz	Fremdkörperschutz
0	kein Schutz	kein Schutz
1	großflächige Handberührung	große feste Fremdkörper ($\varnothing > 50\,\mathrm{mm}$)
2	Berührung mit den Fingern	mittelgroße Fremdkörper ($\varnothing > 12\,\mathrm{mm}$)
4	Berührung mit Werkzeugen o. ä.	kleine Fremdkörper ($\varnothing > 1\,\mathrm{mm}$)
5	Berührung mit beliebigen Hilfsmitteln	Staubablagerungen im Innern

5.1.1.3 Schutzarten

Die Schutzart einer elektrischen Maschine bestimmt die Ausführung von Gehäuse und Lagerschilden hinsichtlich eines Berührungsschutzes und des Eindringens von Fremdkörpern. Nach EN 60034-5 bzw. VDE 0530, Teil 5 wird zur Kennzeichnung des Schutzgrades je eine Ziffer verwendet, der die Buchstaben IP (International Protection) vorangestellt sind.

Die erste Kennziffer (0, 1, 2, 4 und 5) gilt dem Schutz von Personen gegen Berührung unter Spannung stehender oder sich bewegender Teile sowie dem Schutz von Maschinen gegen Eindringen von festen Fremdkörpern (s. Tab. 5.2).

Die zweite Kennziffer (0 bis 8) bezieht sich auf den Schutz von Maschinen gegen Eindringen von Wasser (Wasserschutz). Es gilt: kein Schutz (0), Schutz gegen Tropfwasser (1 oder 2), Sprühwasser (3), Spritzwasser (4), Strahlwasser (5), Schutz bei Überflutung (6), beim Eintauchen (7), beim Untertauchen (8).

Vorzugsweise ausgeführte Schutzarten Die häufig verwendeten Schutzarten für elektrische Maschinen sind mit ihren Kurzzeichen in folgender Aufstellung angegeben; davon sind die im internationalen Bereich meistgebrauchten Schutzarten durch Fettdruck gekennzeichnet: IP 00, **IP 11**, IP 12, **IP 21**, **IP 22**, **IP 23**, **IP 44**, **IP 54**, **IP 55**, IP 56.

Für schlagwettergeschützte und für explosionsgeschützte Maschinen, wie sie z. B. für die chemische Industrie und den Bergbau in Betracht kommen, sind die besonderen Vorschriften des VDE (0170/0171), der zuständigen Betriebsgenossenschaften und der Arbeitsschutzämter zu beachten. Die für diesen Sonderschutz festgelegten Kennbuchstaben EEx sind mit weiteren Angaben ebenfalls auf dem Leistungsschild der Maschine anzugeben.

Isolierung Auch die Isolation elektrischer Maschinen muss auf die Betriebsbedingungen Rücksicht nehmen. Normalisolation kann nur verwendet werden, wenn die Atmosphäre in den Betriebsräumen keine aggressiven Staubteile, Gase oder Dämpfe enthält. In allen anderen Fällen ist eine Sonderisolation, bei extrem hoher Feuchtigkeit oder häufigem Wechsel der Temperaturen und des Feuchtigkeitsgrades ist die höchstwertige Tropenisolation erforderlich.

5.1.2 Betriebsbedingungen

5.1.2.1 Betriebsarten

Die Belastungsgrenze eines Elektromotors wird durch die zulässige Erwärmung seiner Wicklungen bestimmt, deren Endtemperatur ab Leistungen von einigen kW erst nach einigen Stunden Betriebszeit erreicht ist. Besteht die Belastung des Motors dagegen nur kurzzeitig oder wechselt sie periodisch, so können häufig mit der Wahl einer kleineren Baugröße Kosten gespart werden.

In EN 60034-1 bzw. VDE 0530, Teil 1 werden nun mit den Betriebsarten S1 bis S10 typische Betriebsweisen der Praxis definiert, denen die Motorenhersteller die jeweils zulässige Leistung zuordnen können. Auf diese Weise ist für jede Anwendung die richtige Motorauswahl leicht möglich.

Dauerbetrieb S1 ist der Betrieb der Maschine mit konstanter Belastung, dessen Dauer ausreicht, um den thermischen Beharrungszustand zu erreichen.

Kurzzeitbetrieb S2 liegt vor, wenn der Betrieb mit konstantem Belastungszustand so kurz ist (empfohlen werden die Werte 10, 30, 60 und 90 min), dass der thermische Beharrungszustand nicht erreicht wird. In der sich anschließenden Pause, während der die Maschine nicht unter Spannung steht, kühlt sie sich auf die Temperatur des Kühlmittels ab. Beispiel S2-60 min.

Aussetzbetrieb ist ein Betrieb, der sich aus einer dauernden Folge von gleichartigen Spielen zusammensetzt. Jedes dieser Spiele umfasst:
- **bei S3** eine Zeit mit konstanter Belastung und eine Stillstandszeit (die Erwärmung beim Anlauf kann unberücksichtigt bleiben)
- **bei S4** eine Anlaufzeit, eine Zeit mit konstanter Belastung und eine Stillstandszeit
- **bei S5** eine Anlaufzeit, eine Zeit mit konstanter Belastung, eine Bremszeit (mit elektrischem Bremsen) und eine Stillstandszeit.

Diese Zeiten genügen nicht, um den thermischen Beharrungszustand innerhalb eines Spiels zu erreichen.

Allgemein gilt für die Spielzeit

Spielzeit t_S = Anlaufzeit t_A + Belastungszeit t_B + Bremszeit t_{Br} + Stillstandszeit t_{St}

und für die relative Einschaltdauer

$$100 \frac{t_A + t_B + t_{Br}}{t_S} \%$$

Bei S3 beträgt die Spieldauer, falls nicht anders vereinbart, 10 min; für die relative Einschaltdauer werden die Werte 15, 25, 40 und 60 % empfohlen, also zum Beispiel S3 = 45 min (25 %).

Durchlaufbetrieb mit Aussetzbelastung S6 liegt vor, wenn das Spiel eine Zeit mit konstanter Belastung und eine Leerlaufzeit umfasst.

Die übrigen Betriebsarten S7 bis S10 erfassen Belastungen mit teils nichtperiodischen Last- und Drehzahländerungen.

5.1.2.2 Leistungsschild

Jede elektrische Maschine muss an ihrem Gehäuse ein Leistungsschild tragen, das in bis zu 23 Feldern Angaben über alle wichtigen Betriebsgrößen enthält. Besonders von Bedeutung ist neben der Betriebsspannung die Bemessungsleistung, welche die Maschine an der Welle abgeben kann, ohne die zulässige Erwärmung zu überschreiten. Für alle übrigen Betriebswerte wie Drehzahl, Leistungsfaktor oder Ströme gelten nach EN 60034-1, VDE 0530 Toleranzen. Der Wirkungsgrad wird grundsätzlich nicht auf dem Leistungsschild angegebenen, er muss aus den dort eingetragen Werten berechnet werden.

Beispiel 5.1

Auf einem Elektromotor ist das Leistungsschild in Abb. 5.2 angebracht. Es sind die Angaben zu erläutern und der Wirkungsgrad bei Volllast zu bestimmen.

Es handelt sich um einen Drehstrom-Asynchronmotor mit Schleifringläufer mit einer Achshöhe von 132 mm entsprechend Abb. 5.1. Bei Anschluss an das 400 V-Drehstromnetz ist für die Ständerwicklung eine Sternschaltung erforderlich. Im Dauerbetrieb S1 kann der Motor ohne die zulässige Erwärmung der Wärmeklasse B zu überschreiten, an der Welle die Bemessungsleistung von 4 kW abgeben. Dabei

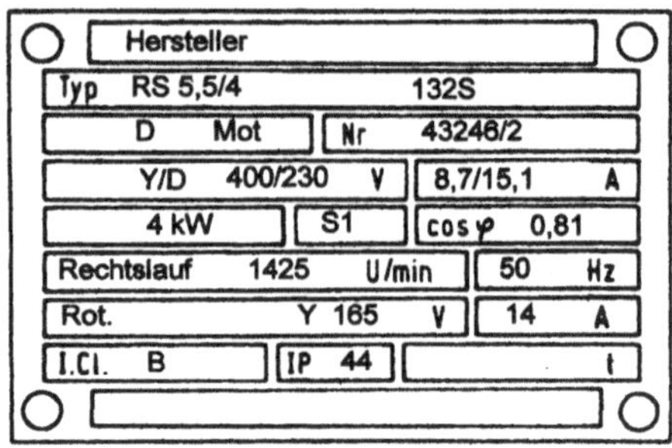

Abb. 5.2 Leistungsschild eines Drehstrommotors

fließt in der Zuleitung der Strangstrorn von 8,7 A und es besteht Rechtslauf mit einer Drehzahl von 1425 min^{-1}. Die Phasenverschiebung zwischen der Strangspannung von 230 V und dem Strom ergibt einen Leistungsfaktor cos $\varphi = 0{,}81$.

Die Läuferwicklung ist im Stern geschaltet, sie führt bei 4 kW Abgabeleistung einen Strom von 14 A und besitzt zwischen den Schleifringen im Stillstand eine Spannung von 165 V. Hinsichtlich Fremdkörper- und Wasserschutz gelten die Angaben zu IP44.

Bei größeren Maschinen wird noch das Gewicht in t angegeben und im untersten Feld evtl. das Trägheitsmoment und/oder die Luftmenge in m^3/s bei Fremdkühlung.

Aus den Angaben des Leistungsschildes erhält man die

Aufnahmeleistung $\quad P_1 = \sqrt{3}\, U_{\mathrm{N}} I_{\mathrm{N}} \cos\varphi = \sqrt{3} \cdot 400\,\mathrm{V} \cdot 8{,}7\,\mathrm{A} \cdot 0{,}81 = 4882\,\mathrm{W}$

Abgabeleistung $\quad P_2 = 4000\,\mathrm{W}$

Damit wird der Wirkungsgrad

$$\eta = P_2/P_1 = 4882\,\mathrm{W}/4000\,\mathrm{W} = 0{,}819 = 81{,}9\,\%$$

5.1.2.3 Prüfung elektrischer Maschinen

Will sich der Anwender einer elektrischen Maschine davon überzeugen, dass die Leistungsschilddaten stimmen, so kann dies nur über einen mehrstündigen Belastungsversuch erfolgen. In der Regel ist dabei das Hauptinteresse, ob die angegebene Bemessungsleistung ohne Überschreiten der zulässigen Erwärmung abgegeben werden kann. Gelegentlich will man auch den Wirkungsgrad oder Leistungsfaktor überprüfen.

Für den Belastungsversuch muss der Elektromotor mit einer Bremseinheit wie Wirbelstrom- oder hydraulische Bremse, Gleich- oder Drehstromgenerator gleicher Leistung gekuppelt werden. Die vom Prüfling abgegebene Energie wird entweder wie bei Bremsen in Wärme umgesetzt (Wasserkühlung) oder kann im Generatorbetrieb an das Netz zurückgegeben werden (Nutzbremsung). Die Motorleistung lässt sich aus Drehmoment und Drehzahl, die beide nach den in Abschn. 3.4.1 beschriebenen Verfahren gemessen werden können, leicht berechnen.

Bei Maschinen großer Leistung stehen Belastungseinheiten für einen Prüfbetrieb nicht zur Verfügung, so dass z. B. auf die direkte Überprüfung des Wirkungsgrades verzichtet werden muss. Man wählt hier auch aus Gründen der besseren Genauigkeit ($\eta = 0{,}95$ bedeutet, dass sich die max. 0,2 % genau bestimmten Leistungen P_1 und P_2, nur um ca. 5 % unterscheiden) das sogenannte Einzelverlustverfahren, in dem nach den Bestimmungen in EN 60034-2, VDE 0530 T2 alle Einzelverluste errechnet oder im Leerlauf gemessen werden. Über die Addition zu den Gesamtverlusten P_v und $P_1 = P_2 + P_\mathrm{v}$ lässt sich dann der Wirkungsgrad ausrechnen.

Beispiel 5.2

An einem Drehstrom-Normmotor (Asynchronmotor mit Kurzschlussläufer) mit den Leistungsschildangaben 55 kW 980/min 400 V 50 Hz Δ 99,7 A $\cos \varphi = 0{,}86$ wurden 6 Belastungspunkte zwischen Leerlauf ($M = 0$) und 25 % Überlast ($M = 1{,}25\,M_\mathrm{N}$) eingestellt und die Größen n, I, P_1 nach Tab. 5.3 gemessen.

Tab. 5.3 Messwerte und Auswertung zu Beispiel 5.2

M/N m	0	194	268	402	536	670
n/min^{-1}	999	995	991	986	980	972
I/A	33,2	48,5	55,7	70,5	99,7	117,2
P_1/kW	2,3	16,8	31,1	45,3	59,4	74,5
P_2/kW	0	14,0	27,8	41,5	55,0	68,2
η/%	0	83	89,4	91,6	92,6	91,5
$\cos \varphi$	0,10	0,50	0,72	0,85	0,86	0,84

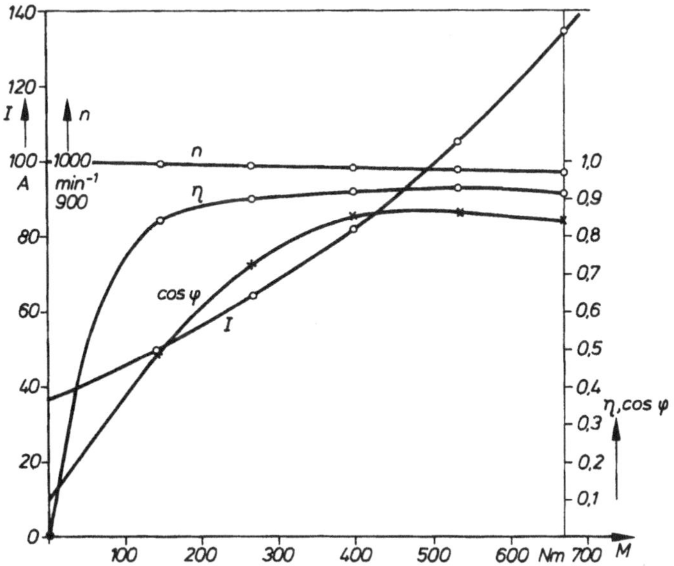

Abb. 5.3 Betriebskennlinien des Asynchronmotors in Beispiel 5.2

Man ergänze rechnerisch die Tabelle um P_2, η und $\cos\varphi$ und zeichne die Größen n, I, η, $\cos\varphi = f(M)$ maßstäblich auf (Abb. 5.3).

Bei Volllast ist

$$M_N = \frac{55\,000 \cdot 60}{2\pi \cdot 980}\,\mathrm{N\,m} = 536\,\mathrm{N\,m}; \quad P_{1N} = \sqrt{3} \cdot 400\,\mathrm{V} \cdot 99{,}7\,\mathrm{A} \cdot 0{,}86 = 59{,}4\,\mathrm{kW};$$

$$\eta = 55/59{,}4 = 92{,}6\,\%; \quad S_N = \sqrt{3} \cdot 400\,\mathrm{V} \cdot 99{,}7\,\mathrm{A} = 69{,}1\,\mathrm{kVA};$$

$$Q_N = \sqrt{69{,}1^2 - 59{,}4^2}\,\mathrm{kvar} = 35{,}3\,\mathrm{kvar}.$$

5.2 Planung und Berechnung von Antrieben

5.2.1 Stationärer Betrieb

5.2.1.1 Momentengleichung des elektrischen Antriebs

Jeder aus Elektromotor EM und Arbeitsmaschine AM bestehende elektrische Antrieb kann schematisch nach Abb. 5.4 dargestellt werden.

An der Motorwelle sind im Allgemeinen drei Drehmomente wirksam:

1. Motormoment M des Elektromotors, in der für den Antrieb gewünschten Drehrichtung wirkend.
2. Lastmoment M_L der Antriebsmaschine, umgerechnet auf die Motorwelle, das dem Motormoment entgegenwirkt. Das Lastmoment schließt die zwischen Motorwelle und Arbeitsmaschine in Getrieben, Kupplungen usw. auftretenden Verlustmomente mit ein.
3. Beschleunigungsmoment M_B, das die gesamte Schwungmasse J des Antriebs beschleunigt oder verzögert. Der Wert J enthält die Schwungmasse des Motors und die auf die Motorwelle umgerechneten Schwungmassen der übrigen drehend oder geradlinig bewegten Teile des Antriebs.

Nach den Gesetzen der Mechanik gilt in jedem Augenblick für die Drehbewegung die Momentengleichung

$$M_B = M - M_L = J\frac{\mathrm{d}\omega}{\mathrm{d}t} = 2\pi J\frac{\mathrm{d}n}{\mathrm{d}t} \tag{5.1}$$

Darin sind J das auf die Motorwelle umgerechnete Trägheitsmoment aller bewegten Teile, $\omega = 2\pi n$ die Winkelgeschwindigkeit und n die Drehzahl der Motorwelle.

Abb. 5.4 Aufbau eines elektrischen Antriebs (schematisch)

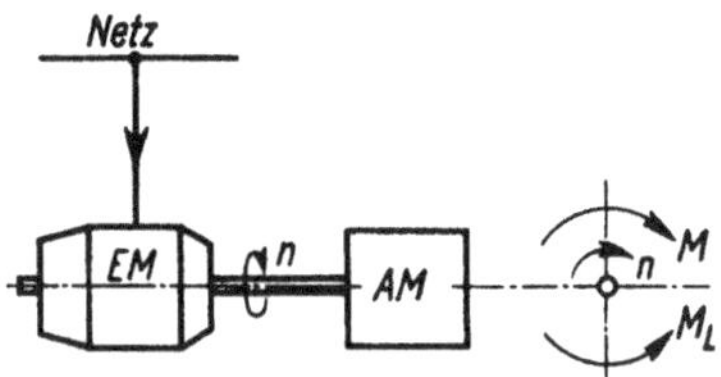

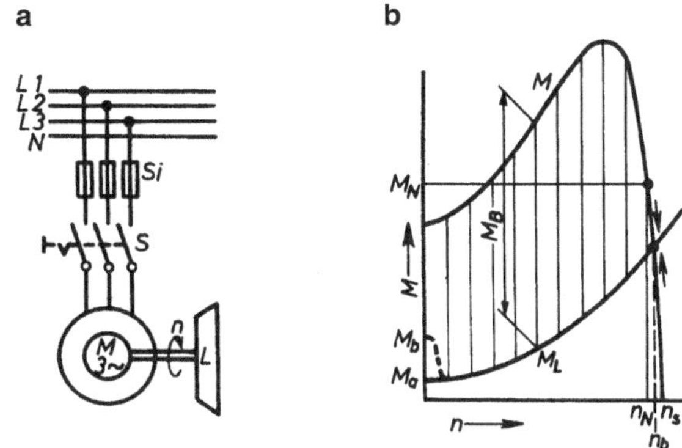

Abb. 5.5 Lüfterantrieb (**a**) und zugehörige Betriebskennlinien (**b**) von Motor und Lüfter

Mit Gl. 5.1 lassen sich alle Bewegungsvorgänge elektrischer Antriebe erfassen. Ist z. B. die Motordrehzahl n konstant, dann ist $\mathrm{d}n/\mathrm{d}t = 0$ und somit im stationären Zustand

$$M = M_\mathrm{L}$$

An einer typischen Antriebsaufgabe soll der durch Gl. 5.1 beschriebene Zusammenhang zwischen den drei Drehmomenten erläutert werden.

Beispiel eines einfachen Antriebs Ein Lüfter L wird von einem Asynchronmotor mit Kurzschlussläufer direkt angetrieben (Abb. 5.5a). Der Motor M wird mit Hilfe eines Handschalters S über Sicherungen Si direkt an das Netz geschaltet. Das Motormoment M hat in Abhängigkeit von der Motordrehzahl n nach Abschn. 4.3.2.1 beim direkten Einschalten den in Abb. 5.5b gezeigten Verlauf (normale Betriebskennlinie). Das Lastmoment M_L des Lüfters setzt sich aus einem kleinen, etwa drehzahlunabhängigen Lagerreibungsmoment M_a und dem etwa quadratisch mit der Lüfterdrehzahl anwachsenden Luftreibungsmoment zusammen. Das im Stillstand vorhandene Losreißmoment M_b (in Abb. 5.5b gestrichelt) kann u. U. erheblich größer als M_a sein.

Verhalten beim Anlaufvorgang Damit der Antrieb hochläuft, muss das Motormoment M größer als das Lastmoment M_L sein. Die Differenz beider Momente ist nach Gl. 5.1 das Beschleunigungsmoment M_B. Es beschleunigt beim Hochlaufen die Schwungmassen von Motor und Lüfter.

Der Anlaufvorgang $n = f(t)$ kann nach Gl. 5.1 berechnet werden, wenn die Gleichungen der Betriebskennlinien $M = f(n)$ und $M_\mathrm{L} = f(n)$ als mathematische Funktionen vorliegen. Da dies nur sehr selten der Fall ist, wird der Anlaufvorgang $n = f(t)$ und die Anlaufzeit meist durch ein grafisches Verfahren ermittelt.

Verhalten im stationären Betrieb Übersteigt die Motordrehzahl während des Anlaufs die beim Kippmoment vorhandene Drehzahl, so sinkt das Beschleunigungsmoment bei weiterer Drehzahlerhöhung stark ab und wird schließlich beim Schnittpunkt der beiden Kennlinien (Abb. 5.5b) Null, so dass gilt:

$$M_\mathrm{B} = 0 \qquad M = M_\mathrm{L} \qquad n = n_\mathrm{b}$$

Die sich im stationären Betrieb einstellende Betriebsdrehzahl n_b liegt damit fest.

Dieser Betriebspunkt ist hier stabil, da bei geringer Überschreitung der Betriebsdrehzahl n_b, das Lastmoment überwiegt ($M_\mathrm{L} > M$), bei geringer Unterschreitung dagegen das Motormoment ($M > M_\mathrm{L}$), so dass in beiden Fällen der Antrieb wieder der Betriebsdrehzahl n_b zustrebt. Bei einem labilen Gleichgewichtszustand wird die Drehzahlabweichung immer größer, so dass der Antrieb entweder zum Stillstand kommt oder weiter hochläuft.

Verhalten beim Auslaufvorgang Wird der Motor abgeschaltet, so wird $M = 0$; nach Gl. 5.1 ergibt sich der Auslaufvorgang $n = f(t)$ aus

$$M_\mathrm{B} = -M_\mathrm{L} = 2\pi J \; \mathrm{d}n/\mathrm{d}t$$

Das bremsende Lastmoment verzögert den Antrieb bis zum Stillstand. Auch dieser Auslaufvorgang $n = f(t)$ und die sich ergebende Auslaufzeit können selten rechnerisch, immer aber grafisch ermittelt werden.

Für die Berechnung des stationären Zustandes wie auch der Anlauf- und Auslaufvorgänge müssen die Betriebskennlinien der Elektromotoren und der Arbeitsmaschinen bekannt sein. Hierauf wird deshalb in weiteren Abschnitten näher eingegangen.

Motorgröße Ist der Lüfter (Abb. 5.5) nach dem Hochlauf längere Zeit in Betrieb (Dauerbetrieb), dann darf mit Rücksicht auf die Erwärmung des Motors das bei der Betriebsdrehzahl n_b vorhandene Motormoment höchstens gleich dem Bemessungsmoment M_N des Motors sein. Dies bedeutet, dass die Bemessungsleistung des Motors mindestens gleich der bei der Betriebsdrehzahl auftretenden Lüfterleistung sein muss.

Diese Forderungen sind erfüllt, wenn die Betriebsdrehzahl n_b im Bereich zwischen der Drehzahl n_N und der synchronen Drehzahl n_s liegt. Ist die Bemessungsleistung des Motors wesentlich größer als die Ventilatorleistung im stationären Betrieb, so ist der Motor zu groß gewählt und wird nicht ausgenutzt. Umgekehrt ist ein zu klein gewählter Motor unbrauchbar, da er im Dauerbetrieb thermisch überlastet wäre und frühzeitig selbsttätig abgeschaltet werden müsste.

5.2.1.2   Betriebskennlinien von Elektromotoren

Die normalen Betriebskennlinien $n = f(M)$ der wichtigsten Elektromotoren, die den Zusammenhang von Motordrehzahl und Motormoment in der normalen Betriebsschaltung, also ohne Hilfsmittel zur Drehzahlsteuerung, bei konstanter Netzspannung und Netzfrequenz beschreiben, sind in Kap. 4 behandelt. Dort sind auch die Möglichkeiten zur Drehzahlsteuerung dieser Motoren besprochen und die Hilfsmittel angegeben, mit denen

Abb. 5.6 Normale Betriebskennlinien von Elektromotoren

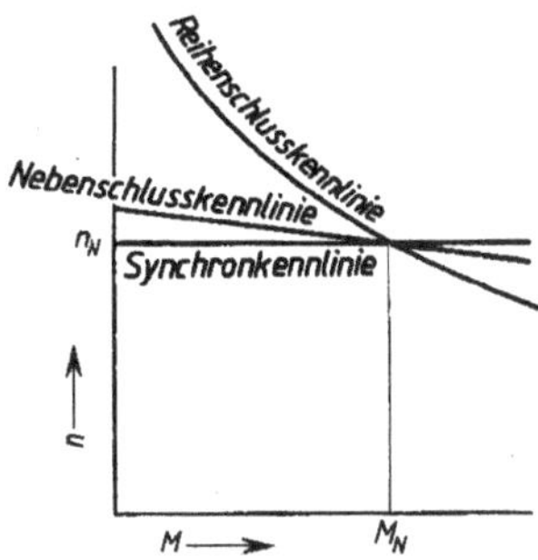

durch Änderung der normalen Betriebsschaltung die Betriebskennlinien verändert werden können. Das aus den normalen Betriebskennlinien erkennbare Drehzahlverhalten und die Drehzahlsteuerung der Elektromotoren sind für die Planung von elektrischen Antrieben von grundlegender Bedeutung.

Drehzahlverhalten Nach dem Drehzahlverhalten unterscheidet man die folgenden drei wichtigen Kennlinienarten (Abb. 5.6):

1. Synchronkennlinie oder starre Kennlinie von Motoren mit belastungsunabhängiger Drehzahl. Die Motordrehzahl ist unabhängig von der Belastung konstant. Zu diesen Motoren sind die Drehstrom- und Wechselstrom-Synchronmotoren an einem Netz mit konstanter Frequenz zu zählen.
2. Nebenschlusskennlinie oder harte Kennlinie von Motoren mit nahezu belastungsunabhängiger Drehzahl. Die Drehzahl dieser Motoren ändert sich also nur wenig mit der Belastung. Sie sinkt zwischen Leerlauf und Volllast, je nach ihrer Größe, bei Drehstrom-Asynchronmotoren und Drehstrom-Nebenschlussmotoren um etwa 2 bis 8 %, bei Gleichstrom-Nebenschlussmotoren um etwa 3 bis 15 % und bei Gleichstrom-Doppelschlussmotoren, sowie Induktionsmotoren für Wechselstrom um etwa 10 bis 25 % ab.
3. Reihenschlusskennlinie oder weiche Kennlinie von Motoren mit stark belastungsabhängiger Drehzahl. Die Drehzahl dieser Motoren fällt rasch mit wachsender Belastung, bei Entlastung steigt sie entsprechend an. Vollkommene Entlastung (Gefahr des Durchgehens) muss u. U. verhütet werden. Zu dieser Gruppe gehören Gleichstrom-, Wechselstrom-, Drehstrom-Reihenschlussmotoren, kurz alle Motoren, deren Drehzahl sich zwischen Volllast und Leerlauf um mehr als 25 % ändert.

Drehzahlsteuerung Nach der Möglichkeit der Drehzahlsteuerung unterscheidet man die drei folgenden Arten von Motoren:

1. Motoren ohne Drehzahlsteuerung. Die normale Betriebskennlinie der Motoren kann nicht verändert werden wie bei den Synchronmotoren und den normalen Drehstrom-Asynchronmotoren mit Kurzschlussläufer bei Betrieb an einer festen Netzspannung.

2. Motoren mit mehreren Drehzahlstufen können mit einigen bestimmten Drehzahlen laufen, hauptsächlich die polumschaltbaren Drehstrom-Asynchronmotoren.
3. Motoren mit stufenloser Drehzahlsteuerung. Die Drehzahl dieser Motoren kann innerhalb eines gewissen Bereiches stufenlos gesteuert werden. Durch die Leistungselektronik trifft dies inzwischen für alle Maschinenarten zu. Bei Gleichstrommotoren werden dazu meist Gleichrichter mit Anschnittsteuerung und für Drehstrommotoren die Frequenzumrichter eingesetzt.

5.2.1.3　Betriebskennlinien von Arbeitsmaschinen

Die Betriebskennlinien der Vielzahl von Arbeitsmaschinen, die heute in Industrie, Gewerbe und Haushalt von Elektromotoren angetrieben werden, lassen sich kaum systematisch darstellen. Erschwerend kommt hinzu, dass sich bei den meisten Arbeitsmaschinen u. U. mehrere Betriebsgrößen ändern können, so dass sich für ein- und dieselbe Arbeitsmaschine mehrere Betriebskennlinien ergeben. An zwei Beispielen der Bearbeitung von Werkstücken auf abspanenden Werkzeugmaschinen (Drehmaschinen, Fräs-, Bohr- und Schleifmaschinen) soll dies näher erläutert werden.

Drehmaschine　An der Schneide des Werkzeugs (Abb. 5.7a) einer abspanenden Werkzeugmaschine, z. B. einer Drehmaschine, ist eine Schnittkraft F erforderlich, die vom Werkstoff des Werkstückes abhängt und dem Spanquerschnitt A aus Schnitttiefe × Vorschub etwa proportional ist. Um bei einer minimalen Abnutzung des Werkzeugs eine optimale Güte der Werkstückoberfläche zu erhalten, müssen Schneide und Werkstück mit einer bestimmten Schnittgeschwindigkeit v gegeneinander bewegt werden. Diese günstigste Schnittgeschwindigkeit hängt vom Werkstoff des Werkstücks und des Werkzeugs ab. Die erforderliche mechanische Leistung der Spindel ist somit $P_\mathrm{L} = F \cdot v$.

Greift die Schnittkraft F im Abstand r von der Drehachse an, so ist das erforderliche Drehmoment an der Spindel $M_\mathrm{L} = Fr$. Aus $v = r\omega = 2\pi r n_\mathrm{L}$ ergibt sich die Drehzahl $n_\mathrm{L} = v/(2\pi r)$ der Spindel. Die für den Antrieb maßgebenden mechanischen Größen P_L, M_L und n_L werden also durch den Werkstoff von Werkstück und Werkzeug, durch Spanquerschnitt A und Drehradius r bestimmt.

Soll für eine Kombination von Werkstück- und Werkzeugmaterial bei fester Schnittgeschwindigkeit v ein bestimmter Spanquerschnitt A mit veränderlichem Drehradius r

Abb. 5.7 **a** Abspanungsvorgang beim Drehen, **b** Betriebskennlinien einer Drehmaschine

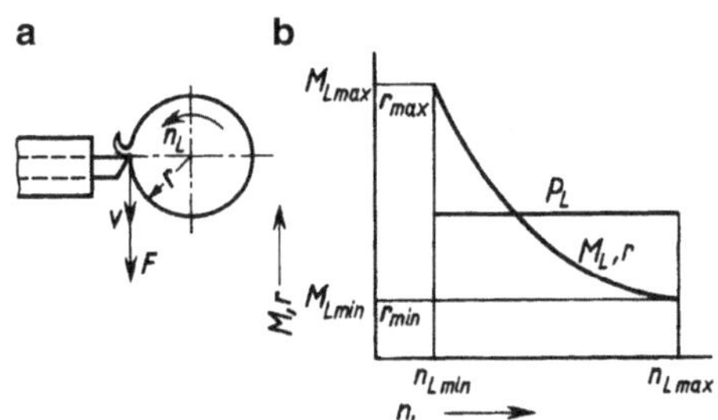

Abb. 5.8 Abspanungsvorgang
beim Hobeln

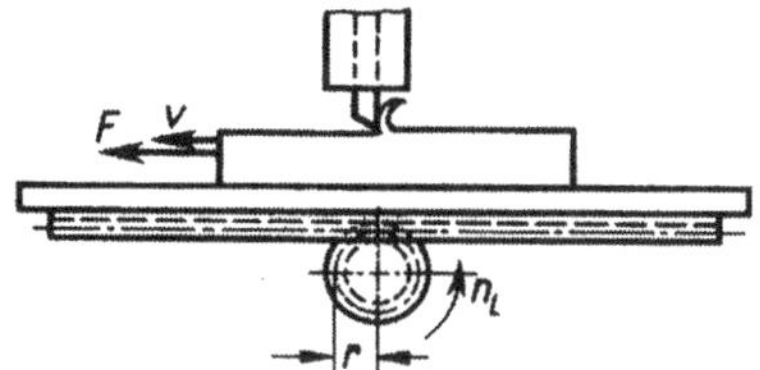

abgespant werden, so ist der Verlauf dieser Größen in Abhängigkeit von der Drehzahl n_L der Spindel gegeben (Abb. 5.7b). Da in diesem Fall F und v konstant sind, ist Leistung $P_L = F \cdot v =$ konst., Drehmoment $M_L = P_L/\omega \sim 1/n_L \sim r$ und Drehzahl $n_L \sim 1/r$.

Größter und kleinster Drehradius bestimmen untere und obere Drehzahl der Spindel und damit den für diesen Zweck erforderlichen Drehzahlsteuerbereich der Drehmaschine. Entsprechend ergibt sich aus Abb. 5.7b der erforderliche Drehmomentbereich, die erforderliche Leistung bleibt konstant. Infolge Reibung in den verschiedenen Stufen eines meist zwischen Motor und Spindel vorhandenen Getriebes muss besonders bei kleinen Drehmaschinen noch ein Reibungsmoment berücksichtigt werden, so dass sich der Leistungsbedarf mit steigender Drehzahl tatsächlich etwas erhöht.

Hobelmaschine Andere Verhältnisse ergeben sich, wenn der Span bei geradliniger Bewegung des Werkstückes oder des Werkzeugs (Abb. 5.8) abgenommen wird, wie es z. B. bei Hobel- und Stoßmaschinen der Fall ist. Es gilt zwar für Schnittkraft F und Schnittgeschwindigkeit v während des Arbeitshubes dasselbe wie bei der Drehmaschine, so dass die erforderliche mechanische Leistung $P_L = F \cdot v$ wie beim Drehen vom Werkstoff des Werkstücks und des Werkzeugs sowie vom Spanquerschnitt abhängig ist. Da aber die an der Zahnstange wirkende Schnittkraft F stets an derselben Stelle im Abstand r (Radius des antreibenden Zahnrades) angreift, sind das Drehmoment $M_L = Fr$ und die Drehzahl $n_L = v/(2\pi r)$ nur noch von je zwei Größen abhängig. Zwei Fälle sind zu unterscheiden:

a) Soll wieder für eine bestimmte Kombination von Werkstück- und Werkzeugmaterial, also bei fester Schnittgeschwindigkeit v ein bestimmter Querschnitt A abgespant werden, so sind sowohl F als auch v konstant, damit ebenfalls P_L, M_L und n_L.
b) Wird andererseits auf einer Hobelmaschine von einem Werkstück ein konstanter Querschnitt bei veränderlicher Schnittgeschwindigkeit v abgespant, so ist $F =$ konst., und es werden
Leistung $P_L = F \cdot v \sim n_L$, Drehmoment $M_L = F_r =$ konst., Drehzahl $n_L \sim v$.

Nach Abb. 5.9 bestimmen minimale und maximale Schnittgeschwindigkeit den Drehzahlsteuerbereich und damit auch die Leistung, da das Lastmoment konstant ist.

Auch die Antriebe für den Vorschub von Werkzeugmaschinen bei drehender Schnittbewegung benötigen etwa konstantes Lastmoment und damit linear mit der Drehzahl ansteigende Leistung. Das Lastmoment muss hier im Wesentlichen für die Reibung von Spindel und Schlitten aufgewendet werden.

Abb. 5.9 Betriebskennlinien
einer Hobelmaschine

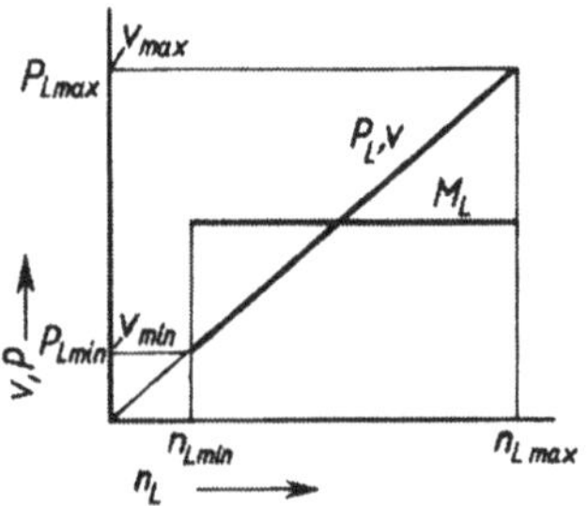

Kennlinientypen von Arbeitsmaschinen   Nach den beiden Beispielen aus dem Werkzeugmaschinenbau sollen nun noch weitere charakteristische Betriebskennlinien von Arbeitsmaschinen besprochen werden. Da die Berechnung dieser Kennlinien meist unsicher ist, stützt man sich in vielen Fällen auf Erfahrungskennlinien, die aus Messungen an ähnlichen, bereits ausgeführten Antrieben stammen. Kennt man nämlich den grundsätzlichen Verlauf einer Betriebskennlinie und einige Betriebspunkte, so ist dies für die Berechnung und Planung oft ausreichend.

1. Drehzahlunabhängige Betriebskennlinien
   Bei reiner Hub-, Reibungs- und Formänderungsarbeit ist das Lastmoment von der Drehzahl weitgehend unabhängig, die Leistung steigt proportional der Drehzahl an: Kennlinien 1 in Abb. 5.10

$$M_L = \text{konst.}\quad P_L \sim n_L$$

Beispiele: Fördermaschinen (Förderbänder und Fließbänder) bei geringer Fördergeschwindigkeit und konstanter Fördermenge; Hebezeuge (Aufzüge, Krane, Winden) bei konstanter Last; Kolbenpumpen und -verdichter bei Förderung gegen konstanten Druck (mittleres Moment); Lager, Getriebe und dgl.; abspanende Werkzeugmaschinen mit annähernd geradliniger Schnittbewegung (z. B. Hobelmaschinen bei konstantem Spanquerschnitt und beliebiger Schnittgeschwindigkeit oder – bei drehender Schnittbewegung – Langdrehmaschinen bei konstantem Spanquerschnitt und etwa gleichbleibendem Drehdurchmesser); Vorschubantriebe bei drehender Schnittbewegung.

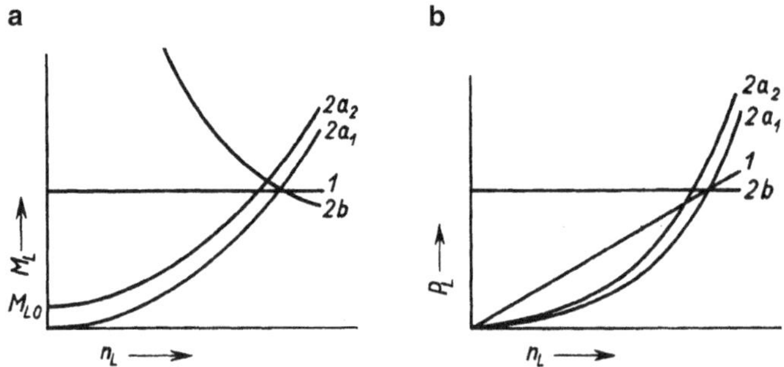

Abb. 5.10 **a** Drehmomentkennlinien $M_L = f(n_L)$, **b** Leistungskennlinien $P_L = f(n_L)$ von Arbeitsmaschinen

2. Drehzahlabhängige Betriebskennlinien

   a) Bei Überwindung von Luft- oder Flüssigkeitswiderständen steigt das Lastmoment mit der 2. Potenz, die Leistung mit der 3. Potenz der Drehzahl bzw. Geschwindigkeit an: Kennlinien $2a_1$ in Abb. 5.10

$$M_\mathrm{L} \sim n_\mathrm{L}^2, \quad P_\mathrm{L} \sim n_\mathrm{L}^3$$

   Beispiele: Lüfter, Gebläse, Rauchgasabsauger, Propeller; Zentrifugen, Rührwerke; Kreiselpumpen und -kompressoren, Schiffschrauben, Luftwiderstand von Fahrzeugen, Bahnen, Förderanlagen bei hohen Geschwindigkeiten. Meist kommt bei diesen Arbeitsmaschinen noch ein drehzahlunabhängiges, durch Reibung verursachtes Lastmoment M_L0 hinzu, so dass sich die Betriebskennlinien $2a_2$ ergeben.

   b) Das Lastmoment ist umgekehrt proportional der Drehzahl, die Leistung damit konstant: Kennlinien $2b$ in Abb. 5.10

$$M_\mathrm{L} \sim \frac{1}{n_\mathrm{L}}, \quad P_\mathrm{L} = \text{konst.}$$

   Beispiele: Plandrehmaschinen bei konstantem Spanquerschnitt und sich änderndem Drehradius, Aufwickelmaschinen, Papierumrollmaschinen und dgl., bei denen Materialgeschwindigkeit und Materialzug beim Auf- und Abwickeln konstant zu halten sind.

3. Wegabhängige Betriebskennlinien

$$M_\mathrm{L} = f(s)$$

   Beispiele: Bei Bahnen, Fahrzeugen, Schrägaufzügen und dgl. treten von der Fahrstrecke s abhängige, durch das Streckenprofil bedingte Steigungs- und Krümmungswiderstände auf.

4. Winkelabhängige Betriebskennlinien

   Das Lastmoment M_L von einigen Maschinen, z. B. von Kolbenarbeitsmaschinen, ist von der Stellung des Kolbens im Zylinder und damit vom Kurbelwinkel α abhängig

$$M_\mathrm{L} = f(\alpha)$$

   Das Lastmoment ändert sich periodisch um ein mittleres Moment. Der periodisch sich ändernde Anteil verursacht periodische Änderungen der mechanischen und elektrischen Größen des Antriebs.

   Beispiele: Winkelabhängige Betriebskennlinien treten z. B. bei Kolbenpumpen, Kurbelpressen, Metallscheren und Schmiedemaschinen auf.

5. Zeitabhängige Betriebskennlinien

$$M_\mathrm{L} = f(t)$$

Bei vielen Arbeitsprozessen liegt der zeitliche Ablauf und damit die zeitabhängige Belastung der Arbeitsmaschine fest. Dies gilt ebenso bei selbsttätigem (automatischem)

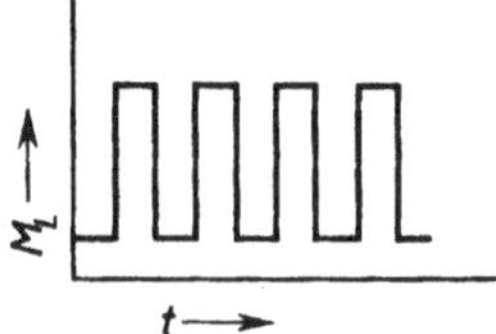
Abb. 5.11 Zeitabhängige Belastungskennlinie $M_L = f(t)$

Ablauf und angenähert auch, wenn ein bestimmter Arbeitsplan mit einer Arbeitsmaschine, z. B. einer Drehmaschine oder einer Stanzmaschine (Abb. 5.11) manuell durchgeführt wird.

Beispiele: Bei vielen technologischen Arbeiten, z. B. beim Walzen eines Blockes auf einer Walzenstraße, ist die zeitabhängige Belastung, die innerhalb der Spieldauer nach einem Stichplan auftritt, bekannt. Es kommen aber auch Antriebe vor, z. B. für Steinbrecher, Kugelmühlen und dgl., bei denen sich die Belastung zufällig ändert, so dass keine Gesetzmäßigkeit der Belastung von der Zeit, der Drehzahl usw. mehr gegeben ist. In solchen Fällen können nur experimentelle Untersuchungen oder Erfahrungswerte weiterhelfen.

5.2.1.4 Schwungmassen von Motor und Arbeitsmaschine

Umrechnung des Lastmoments auf die Motorwelle Meist sind zwischen Motor und Arbeitsmaschine – vielfach auch innerhalb der Arbeitsmaschine selbst – Riemen-, Reibrad- oder Zahnradgetriebe und damit Übersetzungen vorhanden. Liegt das Lastmoment M_L' bei der Drehzahl n_L der Arbeitsmaschine vor, so ist das auf die Motordrehzahl n umgerechnete, in Gl. 5.1 einzusetzende Lastmoment M_L

$$M_L = M_L' \frac{n_L}{n} \tag{5.2}$$

Umrechnung von Schwungmassen auf die Motorwelle Um das dynamische Verhalten des Antriebs beim Übergang von einem stationären Betriebszustand zum anderen berechnen zu können, z. B. beim Anlaufen, Stillsetzen, Bremsen, bei Drehrichtungs- und Belastungsänderungen, müssen die Schwungmassen aller bewegten Teile der Arbeitsmaschine auf die Motordrehzahl umgerechnet werden. Hierbei sind sowohl die rotierenden als auch die geradlinig bewegten Massen (z. B. in Förderanlagen, Hebezeugen, Hobelmaschinen) zu berücksichtigen.

1. Umrechnung rotierender Schwungmassen
   Das axiale Trägheitsmoment einer Schwungmasse ist

$$J = \int r^2 \, dm \tag{5.3a}$$

wobei r der Abstand eines Massenteilchens dm von der Drehachse ist. Denkt man sich die gesamte Masse m des rotierenden Körpers in einem Punkt mit dem Abstand r_0

(Trägheitsradius) von der Drehachse vereinigt, dann erhält man aus Gl. 5.3a

$$J = m\, r_0^2\,.\tag{5.3b}$$

Mit dem Trägheitsdurchmesser $D = 2r_0$ und $m = G/g$ wird hieraus

$$J = GD^2/4g\,.\tag{5.3c}$$

Wenn in der Praxis noch das Schwungmoment GD^2 einer Schwungmasse angegeben wird, rechnet man nach Gl. 5.3c sofort auf das Trägheitsmoment J um.

Bewegen sich bei einer Motordrehzahl n in einer Arbeitsmaschine Schwungmassen, deren Trägheitsmomente $J_1, J_2, J_3 \ldots$ bekannt sind, infolge vorhandener Übersetzungen mit den Drehzahlen $n_1, n_2, n_3 \ldots$, so ist das auf die Motordrehzahl n umgerechnete Trägheitsmoment J, das man in Gl. 5.1 einzusetzen hat

$$J = J_0 + J_1 \left(\frac{n_1}{n}\right)^2 + J_2 \left(\frac{n_2}{n}\right)^2 + J_3 \left(\frac{n_3}{n}\right)^2 + \ldots\tag{5.4}$$

Hierin ist J_0 das Trägheitsmoment aller mit der Motordrehzahl n umlaufenden Schwungmassen einschließlich des Motorläufers (J_{Mot}). Die einzelnen Trägheitsmomente werden also mit dem Quadrat der für sie geltenden Übersetzungen auf die Motorwelle umgerechnet.

2. Umrechnung geradliniger bewegter Massen

Die Umrechnung geradlinig bewegter Massen auf gleichwertige Schwungmassen an der Motorwelle ergibt sich aus einer Energiebetrachtung. Die Bewegungsenergie des mit der Geschwindigkeit v längs einer Bahn geradlinig bewegten Körpers mit der Masse m_{g} und die Drehenergie der mit der Winkelgeschwindigkeit $\omega = 2\pi n$ des Motors sich drehenden Ersatzschwungmasse mit dem Trägheitsmoment J_{e} müssen gleich sein

$$\frac{J_{\mathrm{e}}\omega^2}{2} = \frac{m_{\mathrm{g}}\, v^2}{2}\,.$$

Hieraus folgt das Trägheitsmoment der Ersatzschwungmasse

$$J_{\mathrm{e}} = m_{\mathrm{g}} \left(\frac{v}{\omega}\right)^2\tag{5.5}$$

Dieses Trägheitsmoment muss gegebenenfalls mit den weiteren vorhandenen Massenträgheitsmomenten nach Gl. 5.4 zum Gesamtträgheitsmoment J zusammengefasst werden.

Beispiel 5.3

Das gesamte Trägheitsmoment für alle bewegten Teile einer Förderanlage nach Abb. 5.12a ist zu ermitteln.

Abb. 5.12 Förderanlage

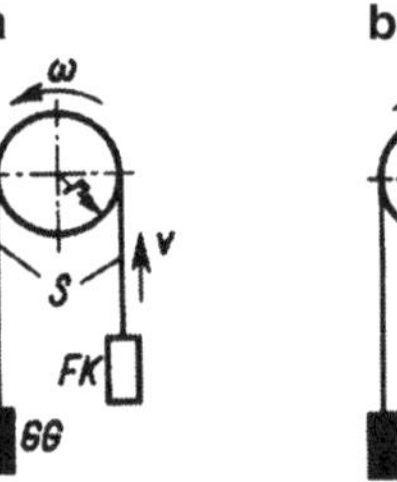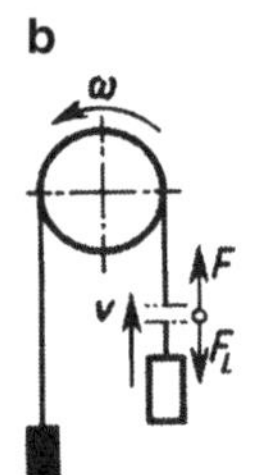

Da $v = r\omega$ ist, erhält man einfach mit Gl. 5.5 als Ersatzträgheitsmoment der geradlinig bewegten Teile

$$J_\mathrm{e} = m_\mathrm{g} r^2 = \frac{G}{g} r^2.$$

Hierin ist m_g die Masse sämtlicher geradlinig bewegter Teile (Fahrkorb FK, Gegengewicht GG, Seil S). Das gesamte Trägheitsmoment wird dann

$$J = J_0 + m_\mathrm{g} r^2$$

mit J_0 als dem Trägheitsmoment aller mit der Motordrehzahl n umlaufenden Teile, s. Gl. 5.4.

Umrechnung einer Drehbewegung auf geradlinige Bewegung Für die Berechnung des Antriebes von Fahrzeugen, Bahnen, Förderanlagen und dgl. ist der Verlauf der Betriebskennlinien $n = f(t)$ des Antriebsmotors zunächst weniger wichtig als das sogenannte Fahrdiagramm $s = f(t)$ das beispielsweise unmittelbar den Bewegungsvorgang des Fahrzeugs oder des Fahrkorbs darstellt.

An die Stelle der Momentengleichung 5.1 für die Drehbewegung tritt dann die entsprechende Kräftegleichung für geradlinige Bewegung

$$F_\mathrm{B} = F - F_\mathrm{L} = m \frac{\mathrm{d}v}{\mathrm{d}t} \tag{5.6}$$

Hierin bedeuten F die Zugkraft des Antriebsmotors, F_L die Lastkraft und F_B die Beschleunigungskraft. Im stationären Betrieb sind $\mathrm{d}v/\mathrm{d}t = 0$, d. h. $v =$ konst. und $F_\mathrm{B} = 0$, dann gilt

$$F = F_\mathrm{L}$$

Ist $F_\mathrm{B} \neq 0$, so muss zur Erzielung der für den Betrieb zu fordernden Geschwindigkeitsänderungen der Antrieb mit der Gesamtmasse m beschleunigt oder verzögert werden. Zur Gesamtmasse m gehört die Masse m_g der geradlinig mit der Geschwindigkeit v bewegten Teile und die Ersatzmasse m_e der mit der Winkelgeschwindigkeit ω rotierenden Körper mit dem Trägheitsmoment J_0, die sich entsprechend Gl. 5.5 ergibt

$$m_\mathrm{e} = \frac{J_0}{(v/\omega)^2} \tag{5.7}$$

Die in Gl. 5.6 einzusetzende Gesamtmasse m wird dann

$$m = m_\mathrm{g} + m_\mathrm{e} \qquad (5.8)$$

Beispiel 5.4

Man bestimme die Lastkraft F_L und die Gesamtmasse m für die Berechnung der geradlinigen Bewegung des Fahrkorbes aus Beispiel 5.3.

Denkt man sich in Abb. 5.12b das Seil S an der bezeichneten Stelle durchschnitten, so wirkt an der Schnittstelle die Motorkraft $F = M/r$ in der Fahrtrichtung nach oben. Die resultierende Lastkraft F_L entgegen der Fahrtrichtung nach unten ergibt sich aus der Summe des Fahrkorbgewichtes einschließlich Nutzlast und der vorhandenen Reibungskräfte, aber abzüglich dem Gegengewicht und der Differenz der beiden Seilgewichte

$$F_\mathrm{L} = F_\mathrm{FK} + F_\mathrm{Rbg} - F_\mathrm{GG} - \Delta F_\mathrm{S} \, .$$

In Beispiel 5.3 ist m_g die Masse der geradlinig bewegten Teile. Die Ersatzmasse m_e der rotierenden Teile ergibt sich aus ihrem Trägheitsmoment J_0 nach Gl. 5.7, da $v = r\omega$,

$$m_\mathrm{e} = \frac{J_0}{r^2} \, .$$

Die in Gl. 5.6 einzusetzende Gesamtmasse m ergibt sich damit nach Gl. 5.8

$$m = m_\mathrm{g} + \frac{J_0}{r^2} \, .$$

5.2.2 Dynamik des Antriebs

Mit Hilfe der Momenten- und Kräftegleichung für

Drehbewegung, s. Gl. 5.1 $\qquad M_\mathrm{B} = M - M_\mathrm{L} = J \, \mathrm{d}\omega/\mathrm{d}t$

geradlinige Bewegung, s. Gl. 5.6 $\qquad F_\mathrm{B} = F - F_\mathrm{L} = m \, \mathrm{d}v/\mathrm{d}t$

können die dynamischen Vorgänge beim Anlauf, Bremsen, Umsteuern usw. ermittelt werden. Die sich ergebenden Bewegungsvorgänge $n = f(i)$ bzw. $v = f(t)$ und $s = f(t)$ lassen sich aus den vorstehenden Gleichungen nur in einfachen Fällen geschlossen lösen. Inzwischen stehen dafür aber für den Einsatz am PC oder Taschenrechner Programme für die Bearbeitung derartiger dynamischer Vorgänge zur Verfügung.

Abb. 5.13 Anlaufzeitkon-
stante τ_a des Antriebs und
Normal-Anlaufzeit t_{aN} des
Elektromotors

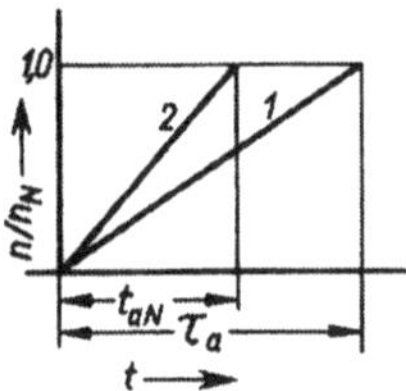

5.2.2.1　Anlauf

Anlaufzeit　Während des Anlaufs eines elektrischen Antriebs, bestehend aus Elektromotor und Arbeitsmaschine, sei ein konstantes Beschleunigungsmoment M_B angenommen, das gleich dem Bemessungsmoment des Motors ist: $M_B = M_N$. Die Momentengleichung lautet dann

$$M_N = J \, d\omega/dt \text{ hieraus } d\omega = \frac{M_N}{J} \, dt \text{ oder } \int_0^{\omega} d\omega = \frac{M_N}{J} \int_0^{t} dt \; .$$

Durch Integrieren ergibt sich $\omega = M_N/J \, t$ oder in normierter, auf die Bemessungsdrehzahl n_N bezogenen Darstellung mit $\omega/\omega_N = n/n_N$

$$\frac{n}{n_N} = \frac{M_N}{J \omega_N} t \; .$$

Der entsprechende Bewegungsvorgang $n = f(t)$ ist in Abb. 5.13 eingezeichnet (Gerade 1). Die Drehzahl n_N wird nach der Anlaufzeitkonstanten τ_a des Antriebs erreicht. Man erhält sie aus obiger Gleichung für $t = \tau_a$, $n = n_N$

$$\tau_a = \frac{J \omega_N}{M_N} \; . \tag{5.9}$$

Läuft der Motor allein ohne Arbeitsmaschine unter denselben Bedingungen ($M_B = M_N$) bis zur Bemessungsdrehzahl n_N hoch, so ist in Gl. 5.9 J_{Mot} statt J einzusetzen. Der Bewegungsvorgang verläuft dann nach Abb. 5.13 (Gerade 2). Die Anlaufzeit des Motors bis zum Erreichen der Drehzahl n_N nennt man die Normalanlaufzeit t_{aN} des Motors, für die sich entsprechend Gl. 5.9 ergibt

$$t_{aN} = \frac{J_{Mot}\omega_N}{M_N} \; . \tag{5.10}$$

Drehbewegung　Es gilt die Momentengleichung 5.1 $d\omega/dt = M_B/J$. Hieraus ergibt sich

$$\frac{d(\omega/\omega_N)}{dt} = \frac{M_B}{J \omega_N} = \frac{M_B/M_N}{J \omega_N/M_N} = \frac{M_B/M_N}{\tau_a}$$

oder, da $\omega/\omega_N = n/n_N$ ist, wird

$$\frac{\mathrm{d}(n/n_N)}{\mathrm{d}(t/\tau_a)} = \frac{M_B}{M_N}. \tag{5.11}$$

Für den Drehwinkel α der Motorwelle gilt $\mathrm{d}\alpha/\mathrm{d}t = \omega$. Bezeichnet man den Drehwinkel, der bei konstanter Winkelgeschwindigkeit ω_N in der Zeit τ_a zurückgelegt wird, mit α_N, so folgt $\alpha_N = \omega_N\tau_a$. Somit erhält man

$$\frac{\mathrm{d}(\alpha/\alpha_N)}{\mathrm{d}(t/\tau_a)} = \frac{\omega\tau_a}{\alpha_N} \quad \text{oder} \quad \frac{\mathrm{d}(\alpha/\alpha_N)}{\mathrm{d}(t/\tau_a)} = \frac{\omega}{\omega_N} = \frac{n}{n_N} \tag{5.12}$$

Geradlinige Bewegung Es gilt die Kräftegleichung 5.6 $\mathrm{d}v/\mathrm{d}t = F_B/m$. Bezeichnet man die bei der Drehzahl n_N des Motors auftretende Geschwindigkeit mit v_N und die beim Drehmoment M_N des Motors auf die geradlinige Bewegung umgerechnete Motorantriebskraft mit F_N, dann gilt

$$\frac{\mathrm{d}(v/v_N)}{\mathrm{d}t} = \frac{F_B}{mv_N} = \frac{F_B/F_N}{mv_N/F_N}.$$

Ist $F_B = F_N$, so wird $\mathrm{d}v/\mathrm{d}t = F_N/m$. Hieraus folgt $v = F_N/m\,t$. Bezeichnet man wieder die Zeit, in der die Masse m mit der Beschleunigungskraft F_N auf die Geschwindigkeit v_N beschleunigt wird, als Anlaufzeitkonstante τ_a des Antriebs, so sind

$$v_N = \frac{F_N}{m}\tau_a \quad \text{oder} \quad \tau_a = \frac{mv_N}{F_N}. \tag{5.13}$$

Aus obigen Gleichungen erhält man weiter allgemein

$$\frac{\mathrm{d}(v/v_N)}{\mathrm{d}t} = \frac{F_B/F_N}{\tau_a} \quad \text{oder} \quad \frac{\mathrm{d}(v/v_N)}{\mathrm{d}(t/\tau_a)} = \frac{F_B}{F_N} \tag{5.14}$$

Für jede Bewegung ist $\mathrm{d}s/\mathrm{d}t = v$. Bezeichnet man die Wegstrecke, die bei geradliniger Bewegung in der Zeit τ_a mit der konstanten Geschwindigkeit v_N zurückgelegt wird, mit s_N, so ist

$$s_N = v_N\tau_a \tag{5.15}$$

Somit erhält man

$$\frac{\mathrm{d}(s/s_N)}{\mathrm{d}(t/\tau_a)} = \frac{v\,\tau_a}{s_N} \quad \text{oder} \quad \frac{\mathrm{d}(s/s_N)}{\mathrm{d}(t/\tau_a)} = \frac{v}{v_N} \tag{5.16}$$

Beispiel 5.5

Ein Käfigläufermotor für $P_N = 5{,}5\,\mathrm{kW}$, $n_N = 1440\,\mathrm{min}^{-1}$, $M_N = 36\,\mathrm{N\,m}$ hat ein Trägheitsmoment von $J = 0{,}02\,\mathrm{kg\,m}^2$.

Es ist seine Normalanlaufzeit zu bestimmen.

Aus Gl. 5.10 erhält man $t_{aN} = \dfrac{J_{\mathrm{Mot}} \cdot 2\pi \cdot n_N}{M_N} = \dfrac{0{,}02 \cdot \mathrm{kg\,m}^2 \cdot 2\pi \cdot 24\,\mathrm{s}^{-1}}{36 \cdot \mathrm{N\,m}} = 0{,}084\,\mathrm{s}$

5.2.2.2 Bremsen

Beim freien Auslauf erfolgt die Stillsetzung eines Antriebs durch Abschalten des Motors. Das antreibende Moment M wird null und der Antrieb kommt lediglich durch den Einfluss des Lastmoments M_L zum Stillstand. Somit gilt nach Gl. 5.1

$$M_B = -M_L = J\frac{d\omega}{dt}$$

Durch mechanisches oder elektrisches Bremsen können Bremszeit und Bremsweg verkürzt werden. Mechanisches Bremsen bedeutet eine Vergrößerung des Lastmomentes. Beim elektrischen Bremsen muss die Grundgleichung 5.1 herangezogen werden, da die elektrischen Maschinen ein Bremsmoment erzeugen ($M < 0$).

Zur Ermittlung der Bremsvorgänge, Bremszeiten und Bremswege werden bei den verschiedenen Bremsmethoden – sowohl bei drehender als auch bei geradliniger Bewegung – die geeigneten Verfahren aus Abschn. 5.2.2.1 ausgesucht.

Zunächst werden die üblichen Bremsmethoden mit Gleichstrom- und Drehstrommotoren erläutert.

Nutzbremsung bei Gleichstrommaschinen Da Gleichstrommaschinen praktisch stets über Stromrichterschaltungen versorgt und gesteuert werden, führt man diese so aus, dass ein Bremsbetrieb durch Rückspeisung der Bewegungsenergie in das Netz möglich ist. In Abb. 5.14 ist dafür ein sogenannter Umkehrstromrichter (s. Abschn. 4.6.1) vorgesehen, bei dem Ankerspannung U_A und Ankerstrom I_A beide Richtungen annehmen können.

Mit den eingetragenen Zählpfeilen für den Motorbetrieb gilt bei konstanter Erregung $U_q \sim n$ und für den Ankerstrom

$$I_A = \frac{U_A - U_q}{R_A}$$

Während also im Motorbetrieb für positiven Ankerstrom stets $U_A > U_q$ eingestellt werden muss, ist im Bremsbetrieb $U_A < U_q$ erforderlich, womit sich der Ankerstrom umkehrt und Energie ins Netz rückgespeist wird. Die Ankerspannung ist laufend dem mit sinkender Drehzahl kleineren U_q nachzuführen, so dass z. B. der Bemessungsstrom und das

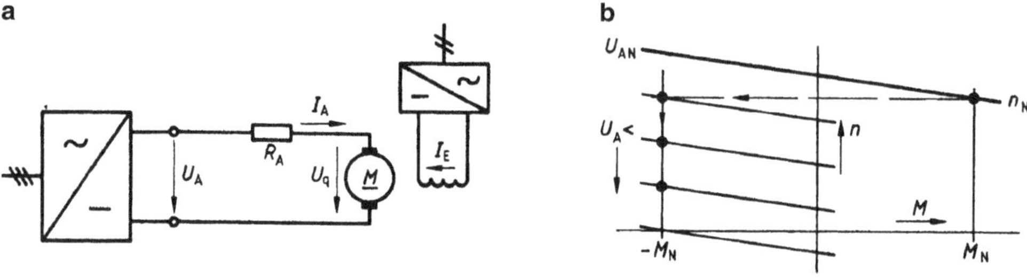

Abb. 5.14 Stromrichtergespeister Gleichstromantrieb. **a** Ersatzschaltung, **b** Drehzahlkennlinien bei Nutzbremsung

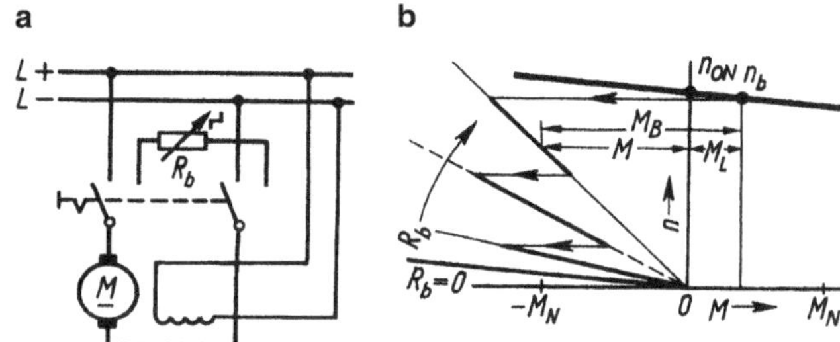

Abb. 5.15 Widerstandsbremsen beim Gleichstrom-Nebenschlussmotor. **a** Schaltplan, **b** Bremskennlinien

Bemessungsmoment zur Bremsung erhalten bleiben (Abb. 5.14b). Die Gleichstrommaschine arbeitet bei dieser Nutzbremsung im zweiten Quadranten von Abb. 5.14 und kann bis zum Stillstand gebracht werden.

Widerstandsbremsen Ist keine Rückspeisung vorgesehen, so kann zum schnellen Stillsetzen des Gleichstrommotors der Ankerkreis von der Versorgungsspannung getrennt und auf einen veränderlichen Bremswiderstand R_b geschaltet werden (Abb. 5.15a); der Erregerkreis bleibt unverändert. Beim Widerstandsbremsen wird aus dem Antriebsmotor also ein fremderregter Generator. Die Stromrichtung ist umgekehrt wie bei Motorbetrieb. Ist $M_L = 0$, so wird die gesamte Bewegungsenergie des Antriebs in elektrische Energie umgewandelt und im Ankerkreis in Wärme umgesetzt.

Vor dem Bremsen sei der Motor in normaler Betriebsschaltung durch ein Lastmoment M_L, das auch während des Bremsens vorhanden sein soll, mit der Betriebsdrehzahl n_b in Betrieb (Abb. 5.15b). Durch Abschalten des Ankers vom Netz ($U = 0$) und Anschließen des Bremswiderstandes R_b ändert sich die Motorkennlinie von der normalen Betriebskennlinie, Gl. 4.14, bei $U_A = U_{AN}$

$$\frac{n}{n_{0N}} = 1 - c_M M / M_N$$

in Bremskennlinien, die man aus Gl. 4.16 mit $U_A = 0$ und $R_b = R_v$ erhält

$$\frac{n}{n_{0N}} = -c_M \left(1 + \frac{R_b}{R_A} \right) \frac{M}{M_N}$$

In Abb. 5.15b sind einige Bremskennlinien für verschiedene Werte des Bremswiderstandes R_b gezeichnet. Beim Auslauf ist das (negative) Beschleunigungsmoment $M_B = M - M_L$ wirksam (M wird negativ für positive Werte von n). Mit abnehmender Drehzahl kann R_b zur Erzielung eines ausreichenden Bremsmomentes stufenweise verkleinert werden. Die Bremskennlinie für $R_b = 0$ zeigt, dass bei Annäherung an den Stillstand das elektrische Bremsen nahezu wirkungslos ist.

Gleichstrombremsen bei Drehstom-Asynchronmaschinen Zum raschen Stillsetzen des Antriebs wird die Ständerwicklung vom Drehstromnetz getrennt und an die Spannung eines Gleichrichters angeschlossen (Abb. 5.16).

Abb. 5.16 Gleichstrom-
bremsung von Drehstrom-
Käfigläufermotoren:
K1 Schütz für Motorbetrieb,
K2 Gleichstromschütz

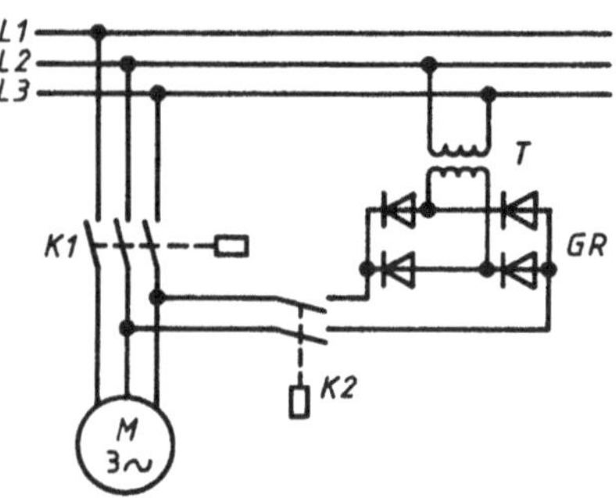

Durch das mit Gleichstrom erregte, ruhende Magnetfeld wird im Läufer ein Bremsmoment hervorgerufen. Die Maschine arbeitet als Generator, die kinetische Energie der
bewegten Massen wird im Läufer in Wärme umgesetzt. Beim Schleifringläufermotor
lassen sich durch Verstellen der an die Schleifringe angeschlossenen Bremswiderstände
verschiedene Bremskennlinien einstellen (Widerstandsbremsen).

Widerstandsbremsen wird zum besonders schnellen Stillsetzen von Antrieben angewandt. Da das elektrische Bremsmoment aber auch hier bei Annäherung an den Stillstand
klein ist, wird häufig kurz vor dem Stillstand noch eine mechanische Bremse betätigt, die
meist elektrisch gesteuert wird.

Gegenstrombremsen Vertauscht man zwei beliebige Anschlüsse des Drehstrommotors
am Netz (Abb. 5.17a), dann ändert sich bekanntlich die Drehrichtung des Drehfeldes in
der Maschine; hierdurch kommt eine momentane Bremswirkung zustande.

In Abb. 5.17b sind die normalen Bremskennlinien a und b für beide Drehrichtungen
des Drehfeldes zwischen $+n_s$ und $-n_s$ eingezeichnet. Beim Gegenstrombremsen aus der
Betriebsdrehzahl n_b ist das (negative) Beschleunigungsmoment $M_B = M - M_L$ wirksam. Im Stillstandspunkt muss die Maschine vom Netz (selbsttätig durch Bremswächter)
getrennt werden, da sonst der Antrieb in entgegengesetzter Drehrichtung hochläuft. Gegenstrombremsen wird vorzugsweise zum Reversieren angewendet.

Senkbremsen Beim Schleifringläufer lassen sich durch Einschalten von verstellbaren
Bremswiderständen im Läuferkreis verschiedene Bremskennlinien c_1 bis c_3 einstellen
(Abb. 5.17b). Hierdurch kann auch Senkbremsen wie bei Gleichstrommaschinen durchgeführt werden. Gehört z. B. zu einem bestimmten Bremswiderstand die Bremskennlinie c_3,
so läuft der Motor aus dem Stillstand rückwärts auf die Bremsdrehzahl n'_{br}, da das Lastmoment M'_L größer als das Stillstandsmoment M_{st} des Motors ist. Auf dem abfallenden
Ast der Kennlinie c_1 lässt sich dagegen keine Bremswirkung erzielen.

Nutzbremsen Bei negativem Lastmoment M''_L stellt sich auf der über n_s hinaus ver-
längerten Betriebskennlinie a nach Abb. 5.17b ein Gleichgewichtszustand ($M = M''_L$)
bei der Bremsdrehzahl n''_{br} ein. Die Maschine liefert ohne Schaltungsänderung als Asyn-

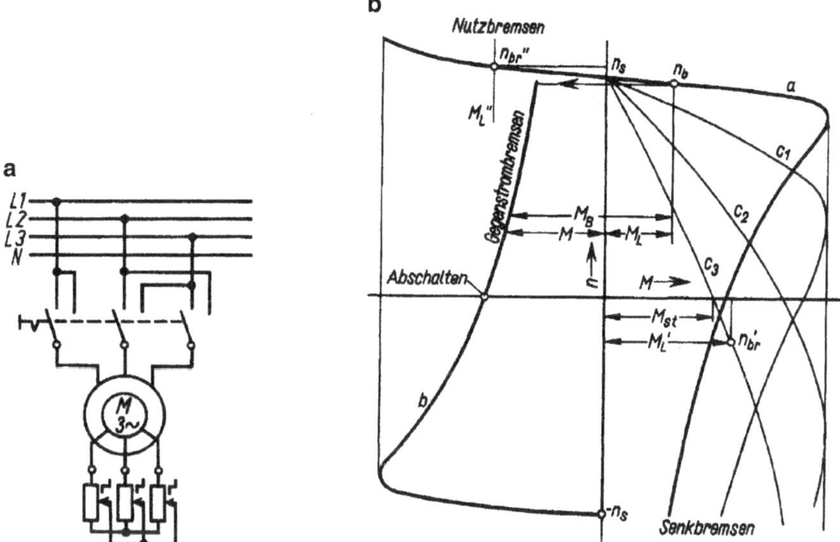

Abb. 5.17 a Schaltplan des Schleifringläufermotors für Gegenstrom- und Senkbremsen, **b** Bremskennlinien von Drehstrommotoren

chrongenerator elektrische Energie ins Drehstromnetz zurück. Die Bremsdrehzahl eines Schleifringläufers kann durch Widerstände im Läuferkreis beeinflusst werden. Bei polumschaltbaren Motoren erzielt man Nutzbremsen durch Umschalten auf eine niedrigere Drehzahl.

Mechanische Bremsen Mechanische Bremsen werden bei elektrischen Antrieben meist durch einen Bremslüftermagneten betätigt, dessen Anker die Bremse bei stromdurchflossener Magnetspule lüftet. Damit wird erreicht, dass bei Betriebsstörungen (Ausfallen der Spannung oder Unterbrechung des Stromkreises) auf jeden Fall die Bremse in Tätigkeit tritt.

5.2.3 Bemessung des Motors

5.2.3.1 Zulässiges Motormoment

Die dynamischen Vorgänge bei Anlauf, Bremsen, Umsteuern und dgl. laufen im Betrieb in verschiedener Reihenfolge ab, je nach Art und Betriebsweise des Antriebs, und ergeben den zeitlichen Verlauf der Motordrehzahl und des Motormoments.

Beispiele: Beim einfachen Lüfterantrieb (s. Abschn. 5.2.1.1) kommen Anlauf, normaler Betrieb mit bestimmter Betriebsdauer und freier Auslauf vor. Bei Förderanlagen, Lastaufzügen und dgl. wird nach dem Anlauf eine bestimmte Fahrstrecke mit konstanter Geschwindigkeit zurückgelegt; hieran schließt sich Auslauf mit Bremsen bis zum Stillstand an. Bei einer Stanzmaschine wechseln Belastung und Leerlauf in fast regelmäßiger Folge. Bei Antrieben mit Drehzahlsteuerung kommen zusätzlich Bewegungsvorgänge mit höheren und niedrigeren Drehzahlen hinzu.

Es erhebt sich nun die Frage, ob der zunächst für die rechnerische oder grafische Untersuchung der dynamischen Vorgänge zugrunde gelegte Motor hinsichtlich seiner Bemessungsleistung P_{2N} auch richtig gewählt wurde. Ein zu großer Motor ist unwirtschaftlich, andererseits darf der Motor weder mechanisch noch thermisch überlastet werden. Es ist demnach zu prüfen, ob das nach dem Momentenverlauf $M = f(t)$ auftretende maximale Motormoment das zulässige Motormoment nicht übersteigt und ob der Motor im Hinblick auf seine Lebensdauer, die eng mit der Wärmebeständigkeit der Isolation zusammenhängt, im Betrieb nicht zu heiß wird. Die auftretende maximale Motortemperatur darf die zulässige Motortemperatur nicht überschreiten.

Bei allen Gleichstrommotoren wird die kurzzeitige Überlastungsfähigkeit durch die Kommutierung, d. h. durch das Auftreten von starkem Bürstenfeuer begrenzt. Bei normalen Ausführungen liegt diese Grenze auch bei Überlastungen von kurzer Dauer etwa beim doppelten Bemessungsmoment. Sonderausführungen (mit Kompensationswicklungen) sind bis zum 3- bis 5fachen Bemessungsmoment überlastbar.

Bei Drehstrommotoren ist das zulässige Motormoment äußerstenfalls durch das Kippmoment gegeben. Es liegt bei Asynchronmotoren mit Kurzschlussläufer, je nach Ausführung des Läufers, und bei Schleifringläufern beim 2- bis 3fachen Bemessungsmoment. Bei normalen Synchronmotoren erreicht das Kippmoment etwa die gleichen Beträge. Kollektormotoren für Drehstrom und Wechselstrom sind in der Regel mit dem 1,5fachen, höchstens mit dem 2fachen Bemessungsmoment überlastbar.

5.2.3.2 Berechnung der Erwärmung

Die Bemessungsleistung P_{2N} eines Elektromotors ist die Leistung, die er entsprechend der auf dem Leistungsschild angegebenen Betriebsart ohne die zulässige Erwärmung zu überschreiten, abgeben kann. Größere Motoren erreichen dabei die Beharrungstemperatur meist erst nach einer Betriebsdauer von mehreren Stunden.

Die Erwärmung des Motors gegenüber seiner Umgebung (bei Fremdkühlung gegenüber der Kühlluft) wird durch die im Motor auftretenden Verluste P_v verursacht, die sich aus Kupfer-, Eisen- und Reibungsverlusten zusammensetzen. Bei Motoren mit Synchron- und Nebenschlusskennlinie (s. Abschn. 5.2.1.2) können die Eisen- und Reibungsverluste konstant angenommen werden, während die Kupferverluste vom Strom und damit von der Belastung der Motoren abhängen. Zur Ermittlung der Motorerwärmung $\vartheta = f(t)$ sollte daher der zeitliche Verlauf aller im Motor auftretenden Verluste $P_v = f(t)$ bekannt sein.

Erwärmungskurve bei konstanten Verlusten Der Motor wird hier vereinfachend als homogener Körper betrachtet. Wird einem solchen Körper eine konstante Heizleistung P_v und damit in der Zeit dt die Wärme $P_v\, dt$ zugeführt, so wird hiervon ein gewisser Anteil in dem Körper gespeichert, so dass sich seine Temperatur ϑ um $d\vartheta$ erhöht. Ist C die Wärmekapazität des Körpers, so ist die gespeicherte Wärme $C\, d\vartheta$. Der Rest der zugeführten Wärme wird in der Zeit $\mathrm{d}t$ an die Umgebung mit der Umgebungstemperatur ϑ_u abgegeben. Ist A die Wärmeabgabefähigkeit des Körpers, die von seiner Oberfläche und den Kühlverhältnissen abhängt, dann ist die in der Zeit $\mathrm{d}t$ abgegebene Wärmeenergie $A(\vartheta - \vartheta_\mathrm{u})\mathrm{d}t$. Nach dem Energieprinzip ist

$$\text{zugeführte Wärme} = \text{gespeicherte Wärme} + \text{abgegebene Wärme}$$

$$P_\mathrm{v}\,\mathrm{d}t = C\,\mathrm{d}\vartheta + A(\vartheta - \vartheta_\mathrm{u})\,\mathrm{d}t \tag{5.17a}$$

Durch Umformen erhält man die Differentialgleichung

$$\frac{C}{A}\frac{\mathrm{d}\vartheta}{\mathrm{d}t} + \vartheta - \vartheta_\mathrm{u} = \frac{P_\mathrm{v}}{A} \tag{5.17b}$$

mit der allgemeinen Lösung

$$\vartheta = \vartheta_\mathrm{u} + \frac{P_\mathrm{v}}{A} + K\mathrm{e}^{-t/\tau_\vartheta}\,.$$

Hierbei ist die Erwärmungszeitkonstante

$$\tau_\vartheta = \frac{C}{A}\,. \tag{5.18}$$

Zur Zeit $t = 0$ ist somit die Anfangstemperatur ϑ_a des Körpers

$$\vartheta_\mathrm{a} = \vartheta_\mathrm{u} + \frac{P_\mathrm{v}}{A} + K$$

und somit die Integrationskonstante

$$K = \vartheta_\mathrm{a} - \vartheta_\mathrm{u} - P_\mathrm{v}/A\,.$$

Weiterhin folgt für $t \to \infty$ die Endtemperatur im stationären Erwärmungszustand.

Damit ergibt sich für den gesuchten zeitlichen Verlauf der Temperatur $\vartheta = f(t)$

$$\vartheta = \vartheta_\mathrm{e} - (\vartheta_\mathrm{e} - \vartheta_\mathrm{a})\mathrm{e}^{-t/\tau_\vartheta}\,. \tag{5.19}$$

Bei konstanten Verlusten ($P_\mathrm{v} = \text{konst.}$) und konstanten Kühlungsverhältnissen ($A = \text{konst.}$) verläuft die Temperatur des Körpers nach einer Exponentialkurve. In Abb. 5.18 ist Gl. 5.19 für einen Erwärmungsvorgang ($\vartheta_\mathrm{a} < \vartheta_\mathrm{e}$) dargestellt.

Gleichung 5.19 gilt auch für einen Abkühlungsvorgang ($\vartheta_\mathrm{a} > \vartheta_\mathrm{e}$). In diesem Fall verläuft die Temperatur exponentiell von einer Anfangstemperatur ϑ_a auf die niedrigere Endtemperatur ϑ_e. Nur bei Abkühlung stillstehender, eigenbelüfteter Maschinen ist infolge geringerer Wärmeabgabefähigkeit A nach Gl. 5.18 die Subtangente τ_ϑ dieser Kurve größer als beim Erwärmungsvorgang.

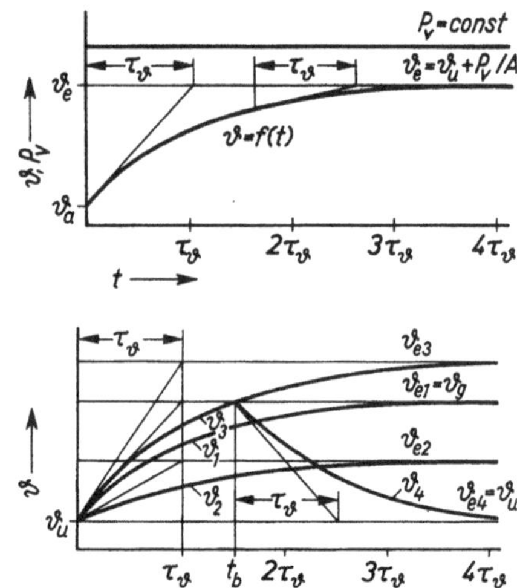

Abb. 5.18 Erwärmungskurve einer elektrischen Maschine bei konstanter Verlustleistung P_v

Abb. 5.19 Erwärmungskurven ϑ_1, ϑ_2, ϑ_3 bei verschiedenen Belastungen; Abkühlungskurve ϑ_4

Erwärmungskurven bei verschiedenen Belastungen Nimmt man im Betrieb bei verschiedener Belastung für Erwärmung und Abkühlung dieselbe Wärmeabgabefähigkeit A an, was für fremdbelüftete Motoren immer und bei dem viel häufigeren Fall eigenbelüfteter Motoren mit etwa konstanter Drehzahl zutrifft, dann verhalten sich nach Gl. 5.20 die Endübertemperaturen $\vartheta_\mathrm{e} - \vartheta_\mathrm{u}$ wie die Motorverluste P_v. Bei Bemessungsbetrieb tritt durch die Bemessungsverluste P_vN die Grenztemperatur ϑ_g, somit die Grenzübertemperatur $\vartheta_\mathrm{g} - \vartheta_\mathrm{u}$ des Motors auf. Es gilt dann die Proportion

$$\frac{\vartheta_\mathrm{e} - \vartheta_\mathrm{u}}{\vartheta_\mathrm{g} - \vartheta_\mathrm{u}} = \frac{P_\mathrm{v}}{P_\mathrm{vN}} \tag{5.20}$$

In Abb. 5.19 sind (bei $\vartheta_\mathrm{a} = \vartheta_\mathrm{u}$) die Erwärmungskurven für einen Motor bei Bemessungslast (ϑ_1), bei Teillast (ϑ_2) und bei Überlast (ϑ_3) gezeichnet. Nach einer Betriebszeit von $(3 \text{ bis } 4) \cdot \tau_\vartheta$ erreicht die Erwärmung bei Bemessungslast etwa die Grenztemperatur ϑ_g. Bei Teillast liegt die Endtemperatur nach Gl. 5.20 tiefer, bei Überlast erreicht der Motor bereits nach einer Betriebsdauer t_b die Grenztemperatur ϑ_g.

Aus wärmetechnischen Gründen kann demnach ein Motor durchaus überlastet werden, er muss aber nach Erreichen der Grenztemperatur ϑ_g sofort mindestens auf Bemessungslast entlastet werden, damit ϑ_g nicht überschritten wird. In Abb. 5.19 stellt $\vartheta_4 = f(t)$ den Abkühlungsvorgang auf die Umgebungstemperatur ϑ_u dar, wenn der Motor bei Erreichen der Grenztemperatur ϑ_g von Hand oder selbsttätig, z. B. durch einen Motorschutzschalter (s. Abschn. 5.3.1.1), abgeschaltet wird. Hierbei ist $\vartheta_\mathrm{e} = \vartheta_\mathrm{u}$ und $\vartheta_\mathrm{a} = \vartheta_\mathrm{g}$ in Gl. 5.19 einzusetzen.

Die Erwärmungszeitkonstante τ_ϑ beträgt für Kleinstmotoren etwa 5 bis 20 min, für Motoren zwischen 1 und 100 kW etwa 0,75 bis 1,5 h. Bei eigenbelüfteten Maschinen ist die Abkühlungszeitkonstante bei stillstehender Maschine etwa 2 bis 4mal größer.

Tab. 5.4 Grenzübertemperaturen von Wechselstromwicklungen luftgekühlter Maschinen

Wärmeklasse	A	E	B	F	H
Übertemperatur in K	60	75	80	105	125

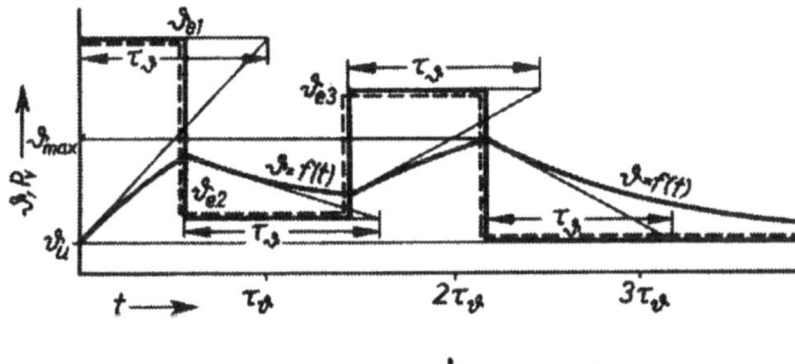

Abb. 5.20 Erwärmungs-verlauf $\vartheta = f(t)$ bei abschnittsweise konstanten Verlusten

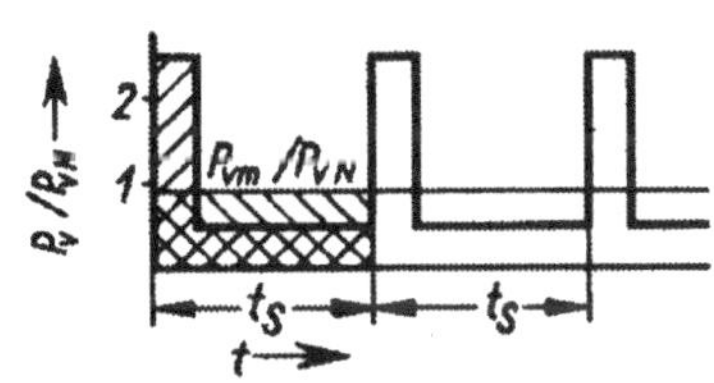

Abb. 5.21 Mittlere Verluste innerhalb der Spieldauer t_s

Die VDE-Bestimmung 0530 verlangt, dass je nach Wärmeklasse des Motors bestimmte Grenzübertemperaturen $\Delta\vartheta = \vartheta_g - \vartheta_u$ nicht überschritten werden. Dabei darf die maximale Kühlmitteltemperatur (Raumlufttemperatur) $\vartheta_u \leq 40\,°C$ betragen, anderenfalls gelten Sonderbestimmungen. Tabelle Abb. 5.4 zeigt eine Zusammenstellung der zulässigen Grenzübertemperaturen von normalen luftgekühlten Maschinen, wenn $\Delta\vartheta$ aus der Widerstandserhöhung der Wicklung berechnet wird.

Maximale Motortemperatur Bei abschnittsweise konstanten Verlusten und den aus Gl. 5.20 entsprechenden Endtemperaturen (ϑ_{e1} bis ϑ_{e4}) setzt sich der Temperaturverlauf aus Teilstücken von Exponentialkurven zusammen, die sich rechnerisch aus Gl. 5.19 ergeben und in Abb. 5.20 dargestellt sind. Der Motor reicht aus, wenn $\vartheta_{max} \overset{<}{(=)} \vartheta_g$ ist.

Für den Fall, dass die Spieldauer t_s sehr klein gegenüber der Erwärmungszeitkonstanten des Motors ist ($t_s \ll \tau_\vartheta$), braucht man den Temperaturverlauf weder rechnerisch noch grafisch zu ermitteln. Trägt man nach Abb. 5.21 die innerhalb der Spieldauer t_s auftretenden Motorverluste P_v, bezogen auf die bei Bemessungsleistung auftretenden Verluste P_{vN}, also $P_v/P_{vN} = f(t)$ auf und stellt die mittleren Verluste P_{vm} während der Spielzeit fest, so kann hieraus nach Gl. 5.20 die Endtemperatur ϑ_e, die der Motor nach beliebig langer Betriebszeit annimmt, sofort ungefähr ermittelt werden

$$(\vartheta_e - \vartheta_u)/(\vartheta_g - \vartheta_u) = P_{vN}/P_{vN}\,.$$

Die gewählte Motorgröße reicht in thermischer Hinsicht aus, wenn $P_{vm} \leq P_{vN}$ ist.

Die in Abb. 5.21 zu Beginn eines jeden Lastspiels stark erhöhten Verluste können z. B. durch einen Schweranlauf entstehen. So steigen allein die Stromwärmeverluste in den Wicklungen bei $I_A = 5 I_N$ kurzzeitig bis auf den Wert $P_{Cu} = 25\, P_{CuN}$.

Wärmequellennetz Die bisherige Betrachtung des Motors als homogenen Körper mit einer inneren Verlustleistung P_v und der Wärmeabgabefähigkeit A ist natürlich eine starke Vereinfachung. Für genauere Berechnungen sind die einzelnen Verlustquellen in den Wicklungen, also alle Stromwärmeverluste P_{Cu} und die Eisenverluste P_{Fe} im Elektroblech gesondert zu betrachten. Ferner ist jeweils festzustellen, über welchen Weg die Wärmeströme die Maschine verlassen. Für derartige Verfahren wird mit Vorteil die schon zur Berechnung der Erwärmung von Halbleitern eingeführte Größe des Wärmewiderstandes R_{th} verwendet. Vergleicht man die Angaben ab Gl. 5.17a mit dem Ergebnis in Abschn. 2.1.6.1, so ergibt sich für den Wärmewiderstand die Beziehung

$$R_{th} = \frac{1}{A} = \frac{1}{O \cdot \alpha} \tag{5.21}$$

mit der

wärmeabgebenden Oberfläche O in m^2,
Wärmeabgabeziffer α in W/(m^2 K).

Damit wird nach Gl. 5.17b die Erderwärmung $\vartheta_e - \vartheta_u$

$$\vartheta_e - \vartheta_u = \Delta\vartheta = P_v \cdot R_{th} \tag{5.22}$$

welche der Gl. 2.10 entspricht.

Aus der Analogie zwischen obiger Beziehung und dem ohmschen Gesetz in der Form $\Delta U = I \cdot R$ lassen sich nun die Verlustquellen und Wärmewege als vermaschtes Widerstandsnetz darstellen. Die Fachliteratur kennt für alle Maschinenarten die passenden Wärmequellennetze, deren Berechnung zu einer Reihe gekoppelter linearer Gleichungen führt. Will man nicht nur die stationäre Erwärmung, sondern auch Übergangsvorgänge erfassen, so muss man durch Erweiterung des Netzwerks mit Kondensatoren C auch die Wärmekapazität der einzelnen Bauteile berücksichtigen. Abb. 5.22 zeigt einen Teil eines derartigen Wärmequellennetzes für den Ständer eines Drehstrommotors. In den Bauteilen Ständerwicklung und Blechpaket entstehen die Verlustleistungen P_{Cu} und P_{Fe}, die

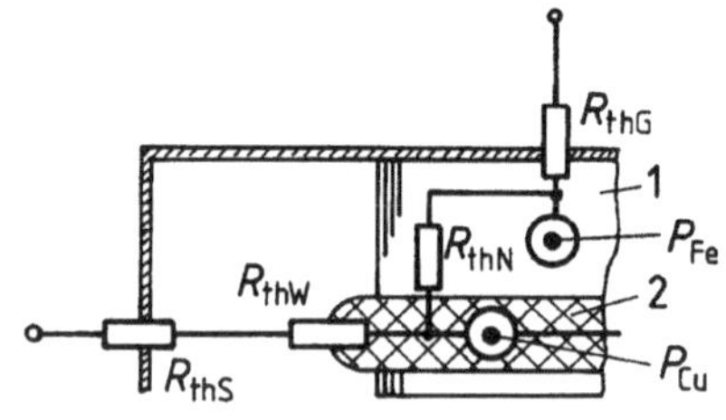

Abb. 5.22 Teil eines Motor-Wärmequellennetzes: *1* Ständer-Blechpaket mit Eisenverlusten P_{Fe}, *2* Drehstromwicklung mit Stromwärmeverlusten P_{Cu}

als Quellen dargestellt sind. Die Eisenverluste werden über die Verbindung zum Gehäusemantel durch die Motoroberfläche abgegeben, was der Wärmewiderstand R_{thG} erfasst. Die Stromwärmeverluste gehen zum Teil durch die Nutisolation in das Blechpaket über oder werden über den Wickelkopf an die Innenluft abgegeben, was die Werte R_{thN} und R_{thW} erklärt. Von der Innenluft nimmt die Wärme mit R_{thS} ihren Weg nach außen über die Lagerschilde.

Beispiel 5.6

Eine Zahnradbahn wird von einem Motorwagen (12 Tonnen) und einem Anhängerwagen (8 Tonnen) in Bergfahrt (Steigung 10°) mit einer Geschwindigkeit $v = 12\,\mathrm{km/h}$ befahren. Der Antrieb erfolgt durch zwei gleiche Gleichstrom-Reihenschlussmotoren für 600 V.

Jeder Motor arbeitet über ein Vorgelege auf einen Treibradsatz. Für die Kupferverluste sollen 10 % angenommen werden, alle übrigen Verluste sowie die Sättigung des Eisens bleiben unberücksichtigt. Die Trägheitsmomente betragen

je Motor $7{,}5\,\mathrm{kg\,m^2}$ je Vorgelege $250\,\mathrm{kg\,m^2}$ je Treibradsatz $500\,\mathrm{kg\,m^2}$

Die Drehzahlübersetzungen sind bei einem Treibraddurchmesser $d = 1{,}2\,\mathrm{m}$

$$\frac{\text{Motorritzel}}{\text{Vorgelege}} = \frac{6}{1} \qquad \frac{\text{Vorgelege}}{\text{Treibzahnrad}} = \frac{3}{1}$$

Die Reibungswiderstände betragen insgesamt 10 % des Zuggewichtes.

a) Bei Fahrt mit konstanter Geschwindigkeit 12 km/h arbeiten die Motoren mit Volllast. Die Bemessungsleistung der Motoren, ihr Bemessungsstrom und der Strom im Fahrdraht sind zu ermitteln.

Die Antriebskraft F bei konstanter Geschwindigkeit ist gleich der Lastkraft F_{L}, die sich aus der Kraft $G \sin\alpha$ zur Überwindung der Steigung und aus der gesamten Reibungskraft (0,1 × Gesamtgewicht) zusammensetzt

$$F_{\mathrm{L}} = [(12 + 8)10^3\,\mathrm{kg}\sin 10° + 0{,}1 \cdot 20 \cdot 10^3\,\mathrm{kg}] \cdot 9{,}81\,\mathrm{m/s^2}$$
$$= (3{,}47 + 2)10^3 \cdot 9{,}81\,\mathrm{kg\,m\,s^{-2}} = 53{,}6\,\mathrm{kN}$$

da $1\,\mathrm{N} = 1\,\mathrm{kg\,m\,s^{-2}}$ ist. Die abgegebene Leistung beider Fahrmotoren ist

$$P_2 = F_{\mathrm{L}}v = 53{,}6\,\mathrm{kN}\frac{12.000\,\mathrm{m}}{3600\,\mathrm{s}} = 179\,\mathrm{kN\,m\,s^{-1}} = 179\,\mathrm{kW}\,.$$

Somit entfällt auf jeden Fahrmotor die Leistung $P_{\mathrm{N}} = 179\,\mathrm{kW}/2 = 89{,}5\,\mathrm{kW}$. Der Fahrdrahtstrom beträgt also

$$I = \frac{P_2}{U\eta} = \frac{179\,\mathrm{kW}}{600\,\mathrm{V} \cdot 0{,}9} = 0{,}332\,\mathrm{kA} = 332\,\mathrm{A}$$

und somit der Bemessungsstrom je Motor $I_{\mathrm{N}} = I/2 = 332\,\mathrm{A}/2 = 166\,\mathrm{A}$.

b) Wie groß ist die Ersatzmasse für die rotierenden Massenteile des Motorwagens? Das Trägheitsmoment der rotierenden Massen eines Treibradsatzes ist, bezogen auf die Drehzahl des Treibzahnrades, nach Gln. 5.3c und 5.4

$$\frac{J_e}{2} = 500\,\text{kg m}^2 + 250\,\text{kg m}^2 \left(\frac{3}{1}\right)^2 + 7{,}5\,\text{kg m}^2 \left(\frac{3 \cdot 6}{1}\right)^2$$

$$= 5180\,\text{kg m}^2 = 5{,}18\,\text{tm}^2$$

und für beide Treibradsätze somit $J_e = 10{,}36\,\text{tm}^2$. Die Ersatzmasse für beide Treibradsätze ist dann

$$m_e = \frac{J_e}{r^2} = \frac{10{,}36\,\text{t m}^2}{0{,}6^2\,\text{m}^2} = 28{,}8\,\text{t} \quad \text{mit} \quad r = d/2 = 0{,}6\,\text{m}$$

c) Anfahrzeit und Anfahrstrecke sind zu errechnen unter der Annahme, dass jeder Motor während des Anfahrens im Mittel das 1,44fache Bemessungsmoment entwickelt. Da nach Frage a) die Motoren bei Bemessungsbetrieb eine Antriebskraft $F = F_L = 53{,}6\,\text{kN}$ entwickeln, steht für den Anfahrvorgang als gleichmäßig beschleunigte Bewegung eine mittlere Beschleunigungskraft

$$F_B = F - F_L = 1{,}44 F_L - F_L = 0{,}44 F_L = 0{,}44 \cdot 53{,}6\,\text{kN} = 23{,}6\,\text{kN}$$

zur Verfügung. Die zu beschleunigenden Massen des Zuges einschließlich der Ersatzmasse betragen $m = (20 + 28{,}8)\,\text{t} = 48{,}8\,\text{t}$. Somit wird die Beschleunigung

$$a = \frac{F_B}{m} = \frac{23{,}6 \cdot 10^3\,\text{N}}{48{,}8 \cdot 10^3\,\text{kg}} = 0{,}482\,\text{m/s}^2\,.$$

Aus $v = at$ ergibt sich die Anfahrzeit

$$t = \frac{v}{a} = \frac{12.000\,\text{m} \cdot \text{s}^2}{3600\,\text{s} \cdot 0{,}482\,\text{m}} = 6{,}9\,\text{s}$$

aus $s = \frac{1}{2} a t^2$ die Anfahrstrecke

$$s = 0{,}5 \cdot 0{,}482\,\frac{\text{m}}{\text{s}^2}(6{,}9\,\text{s})^2 = 11{,}5\,\text{m}\,.$$

Beispiel 5.7

Von einer Förderanlage in einem Erzbergwerk (Abb. 5.23) mit zwei gleichen Antriebsmotoren sind bekannt:

Abb. 5.23 Förderanlage:
F Fahrkorb, T Treibscheibe,
U Umlenkscheibe

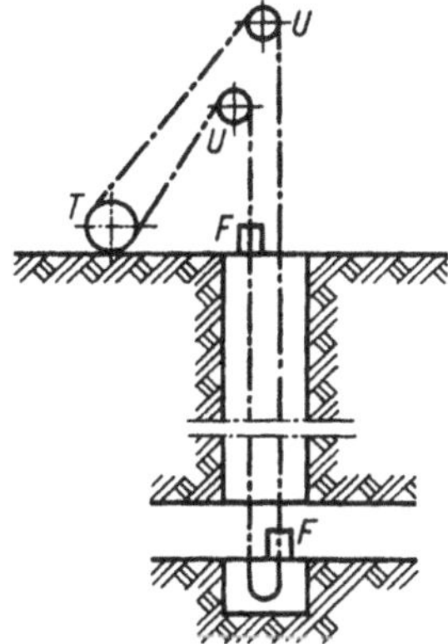

Tiefe 820 m; Nutzlast 6,5 Tonnen; Förderung 40 Förderzüge je Stunde bzw. 260 Tonnen/Stunde; Durchmesser der Treibscheibe 6,5 m; gesamtes Trägheitsmoment aller bewegten Teile, umgerechnet auf die Motorwelle, $J = 697\,\mathrm{t\,m}^2$.

Die gesamte Reibung bei Fahrt kann angenähert durch eine konstante Reibungskraft von 15 % der Nutzlast berücksichtigt werden.

Es ist das erforderliche Drehmoment der beiden Fahrmotoren für

a) eine lineare Beschleunigung mit $\mathrm{d}n/\mathrm{d}t = 0{,}08\,\mathrm{s}^{-2}$,
b) eine konstante Fahrgeschwindigkeit mit $n = 60\,\mathrm{min}^{-1}$

zu berechnen.

a) Mit Gl. 5.1 ergibt sich $M_\mathrm{B} = 2\pi J\,\mathrm{d}n/\mathrm{d}t = 2\pi \cdot 697\,\mathrm{t\,m}^2 \cdot 0{,}08\,\mathrm{s}^{-2} = 350\,\mathrm{kN\,m}$
   Für das Lastmoment gilt $M_\mathrm{L} = F \cdot r = 1{,}15 \cdot 6{,}5\,\mathrm{t} \cdot 9{,}81\,\mathrm{m\,s}^{-2} \cdot 3{,}25\,\mathrm{m} = 238\,\mathrm{kN\,m}$
   Somit ist das gesamte Motormoment $M = M_\mathrm{L} + M_\mathrm{B} = (238 + 350)\,\mathrm{kN\,m} = 588\,\mathrm{kN\,m}$
   Am Ende des Beschleunigungsvorgangs bestehen die Werte $M = 588\,\mathrm{kN\,m}$ und $n = 60\,\mathrm{min}^{-1}$.
   Dies ergibt nach Gl. 1.18 die erforderliche Leistung

$$P_2 = 588\,\mathrm{kWs} \cdot 2\pi \cdot 1\,\mathrm{s}^{-1} = 3695\,\mathrm{kW}.$$

b) Am Ende der Beschleunigung ist $M_\mathrm{B} = 0$ und somit $M = M_\mathrm{L}$, damit wird

$$P_2 = 238\,\mathrm{kWs} \cdot 2\pi \cdot 1\,\mathrm{s}^{-1} = 1495\,\mathrm{kW}.$$

5.3 Steuerungstechnik

Mit Steuerungen werden technische Anlagen oder Prozesse so geführt, dass sie die gewünschte Aufgabe erfüllen. Dazu nutzt man Stellglieder, wie Schütze, Ventile oder Stromrichter, welche in Abhängigkeit von den Signalen der Steuerung die Energiezufuhr zu der Anlage, z. B. einem Motor übernehmen. Insgesamt entsteht eine Struktur nach Abb. 5.24.

Das Kennzeichen der Steuerung ist eigentlich der offene Wirkungsablauf mit Steuerbefehl → Stellglied → Anlage ohne Rückführung des erreichten Zustandes. Bei Steuerungen, in denen ein weiterer Schritt erst nach Erreichen eines zuvor definierten Ereignisses zulässig, also ein bestimmter Ablauf einzuhalten ist, wird dieses Prinzip durchbrochen. Aber erst wenn diese in Abb. 5.24 gestrichelte Rückführung fortlaufend auf das Stellglied Einfluss nimmt, spricht man von einer Regelung.

In der klassischen Steuerungstechnik mit festverdrahteten Komponenten werden die Befehle der Taster, Endschalter oder sonstiger Signalgeber leitungsgebunden entsprechend der gewünschten Steuerlogik über Hilfskontakte oder z. B. Zeitrelais den Stellgliedern zugeführt. Die Verdrahtung legt damit die Wirkung der Eingangsbefehle auf die Anlage eindeutig fest.

Bei speicherprogrammierbaren Steuerungen, kurz SPS, sind Eingangsbefehle und Stellglieder dagegen über Anweisungen verknüpft, die man im Programm eines Prozessors ablegt. Es ersetzt die Verdrahtung entsprechend der Aufgabe durch logische Verknüpfungen der Schaltalgebra. Über ein Programmiergerät können die Anweisungen jederzeit neu formuliert und damit der Anlauf der Steuerung geändert werden.

5.3.1 Schaltgeräte und Kontaktsteuerungen

5.3.1.1 Schalter, Schütze und Sicherungen

Schalter Sie haben die Aufgabe, Last- oder Steuerstromkreise zu öffnen oder zu schließen. Ihre Betätigung kann von Hand, durch Motorantrieb oder wie bei einem Schütz durch Magnetkräfte erfolgen. In den Bestimmungen nach VDE 0660 sind Festlegungen, Begriffe und Anforderungen an alle Niederspannungs-Schaltgeräte enthalten. Die zugehörigen

Abb. 5.24 Struktur einer Steuerung: *gestrichelte Linie* Rückführung bei Ablaufsteuerung

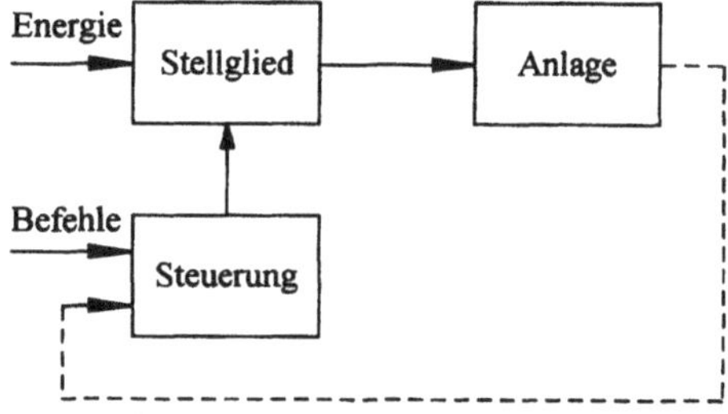

Abb. 5.25 Schaltzeichen für Leistungsschalter. **a** dreipoliger Schalter mit Motorantrieb und Hilfskontakten, **b** dreipoliges Schütz mit Hilfskontakten

Abb. 5.26 **a** Motorschutzschalter 400 V AC, Einstellbereich 2,5 bis 4 A (ABB), **b** Schaltzeichen und Schaltkurzzeichen

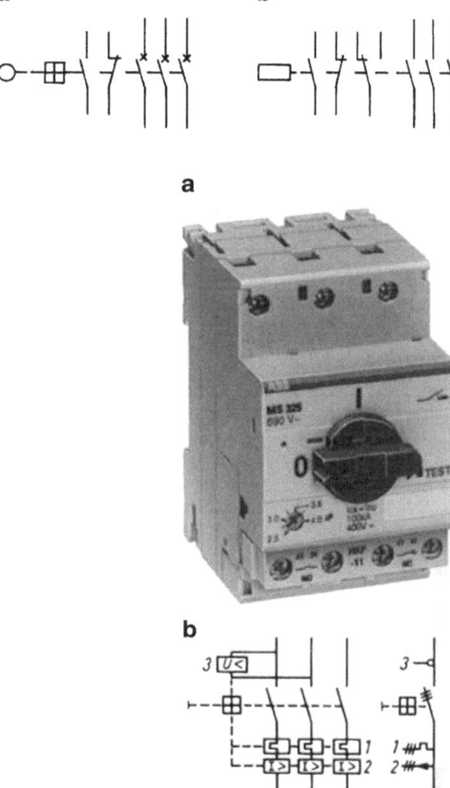

Symbole und Schaltzeichen als Grundlagen für Schaltpläne sind in DIN EN 60617-7 zusammengestellt. Die nachstehenden Bilder zeigen zwei Beispiele, wie sie in späteren Steuerungen verwendet werden.

Abb. 5.25a kennzeichnet einen dreipoligen Leistungsschalter mit Motorantrieb. Für Aufgaben der Steuerung sind je ein Öffner und Schließer als Hilfskontakte vorhanden. Bei Abb. 5.25b handelt es sich um ein dreipoliges Schütz mit zusätzlich je einem Öffner, Schließer und einem Wechsler mit Unterbrechung.

In Abb. 5.26 ist ein Motorschalter für Handbetrieb angegeben. Zum Schutz des Motors vor unzulässiger Erwärmung enthält der Schalter eine elektrothermisch wirkende Überstromauslösung auf der Basis von Bimetallstreifen. Er besteht aus zwei aufeinander liegenden Metallen stark unterschiedlicher Wärmeausdehnung und wird vom Motorstrom aufgeheizt. Nimmt dieser über längere Zeit zu hohe Werte an, so krümmt sich der Streifen so stark nach einer Seite, dass er dadurch die mechanische Sperre des Schalters aufhebt und so den Stromkreis öffnet.

Die Schnellabschaltung im Falle eines Kurzschlusses hinter dem Schalter erfolgt durch einen magnetisch wirkenden Überstromauslöser. Der in einem bestimmten Bereich ein-

Abb. 5.27 Drehstromschütz
400 V AC, 145 A (ABB)
Montage für Zubehör, CAL
Hilfsschalterblöcke, LT Klem-
menabdeckung, RC Löschglied
für Spulenstrom

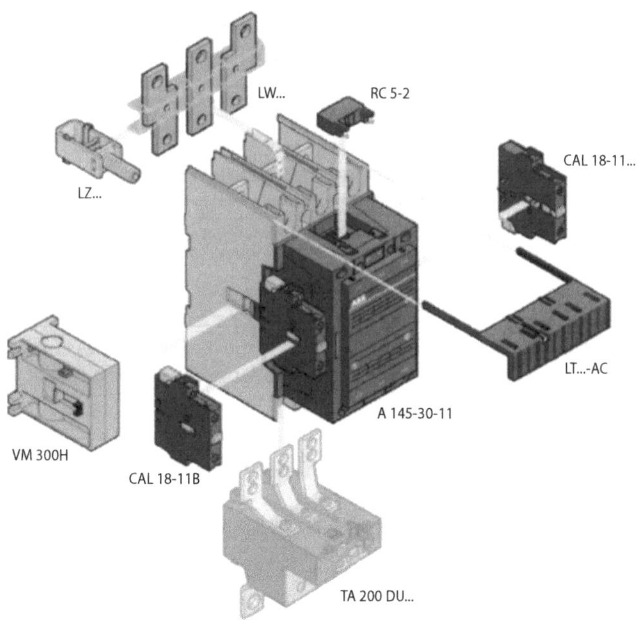

stellbare Strom fließt durch eine Magnetspule. Ihr Anker betätigt bei Erreichen des Ein-
stellwertes ebenfalls die Schaltersperre. Um zu vermeiden, dass bei einem Netzausfall
nach Wiederkehr der Spannung der Motor unkontrolliert anläuft, kann ein Unterspan-
nungsauslöser angebaut werden, der ebenfalls die Sperre löst und damit den Schalter
öffnet.

Schütze Im Rahmen von Steuerungen werden für die Verbindung zwischen Netz und
Motor meist sogenannte Schütze verwendet. Diese sind elektromagnetisch wirkende Leistungsschalter, die durch Betätigung eines fernen Tasters aktiviert werden. Dieser versorgt
die Spule des Schützmagneten mit der Betriebsspannung, wonach der Magnetanker an-
zieht und damit die Kontakte schließt. Die Spule bleibt durch die Steuerschaltung auch
nach dem Tasten bestromt bis mit dem Taster AUS ein Abschalten erfolgt. Im Allgemeinen
übernimmt das Schütz mit Hilfe des eingebauten Bimetallrelais auch den Überlastungsschutz, während der Kurzschlussschutz mit vorgeschalteten Schmelzsicherungen realisiert
wird.

Schütze haben im Vergleich zu handbetätigten Schaltern eine hohe Lebensdauer d, die
man mit ca. 10 Millionen Ein-Ausschaltungen annehmen kann. Die mögliche Schalthäu-
figkeit liegt je nach Ausführung und Leistung bei einigen hundert bis tausend Schaltungen
pro Stunde. Abb. 5.27 zeigt die Montageanweisung für ein Drehstromschütz, das durch
seitliche Blöcke mit Öffnern und Schließern als Hilfsschalter, durch eine Klemmenab-
deckung und ein Löschglied gegen Überspannungen durch Abreißen des Spulenstromes
sowie weiteres Zubehör erweitert werden kann.

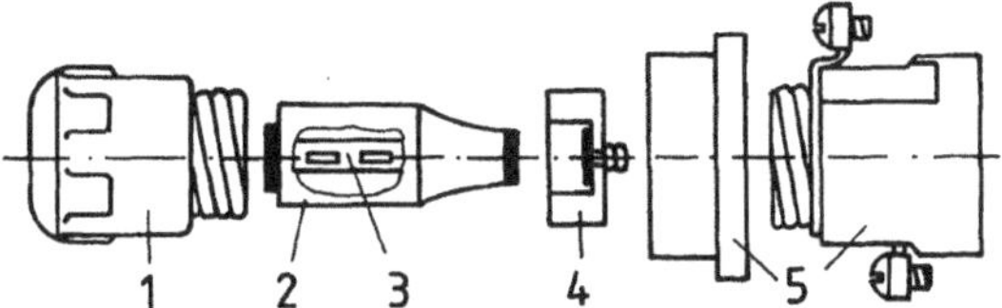

Abb. 5.28 Aufbau einer Schraubsicherungseinheit (D-System): *1* Schraubkappe, *2* Sicherungseinsatz mit Schmelzstreifen, *3*, *4* Passschraube, *5* Sockel mit Abdeckung

Elektronische Schalter   Die in Abschn. 2.1 vorgestellten Halbleiter kann man ebenfalls als Schalter einsetzen. So wird nach den Abb. 2.70 und 2.71 ein Leistungstransistor durch einen ausreichenden Basisstrom leitend und schließt damit den Stromkreis niederohmig. Ohne Basisstrom nimmt der Kollektor-Emitterwiderstand des Transistors dagegen Werte von einigen Megohm an, was praktisch einer Öffnung des Stromkreises gleichkommt. Die EIN/AUS-Funktion des Transistors wird damit über die Steuerung des Basisstromes erreicht.

Ebenso kann das gegenparallele Thyristorpaar in Abb. 4.83 als Wechselstromschalter eingesetzt werden. Für den Zustand EIN erhalten die Thyristoren im Spannungs-Nulldurchgang ihre Zündimpulse, die danach bis zum AUS-Befehl beibehalten werden. Derartige Schalter sind als elektronische Relais auf dem Markt.

Schmelzsicherungen   Sie sind „Sollbruchstellen" in einem Stromkreis mit der Aufgabe, diesen beim Auftreten unzulässig hoher Ströme zu unterbrechen. Die Technik dazu ist sehr einfach und besteht aus einem entsprechend dünnen Schmelzleiter in einem Porzellanmantel mit Quarzsandfüllung. Letzterer übernimmt vor allem die Lichtbogenlöschung beim Öffnen des Stromkreises.

Niederspannungssicherungen werden als Schraubsicherungen (D-System) mit dem bekannten Aufbau nach Abb. 5.28 und im NH-System mit Messerkontakt gefertigt. Bei den Schraubsicherungen wird durch eine Passschraube mit abgestuftem Kontaktdurchmesser im Sockel erreicht, dass kein Sicherungseinsatz mit zu hoher Ansprechstromstärke verwendet wird.

Die Ausschaltcharakteristik und der vorgesehene Einsatzbereich gehen aus der auf der Sicherung notierten Betriebsklasse hervor, die durch zwei Buchstaben definiert wird. So bedeuten z. B. die Angaben:

gL – Ganzbereichsschutz für Kabel und Leitungen
gR – Ganzbereichs-Halbleiterschutz
aM – Motor und Geräteschutz.

Die Abhängigkeit der Schmelzzeit t vom durchflossenen Strom I wird nach VDE 0636 in einem für die Betriebsklasse typischen Diagramm $t = f(I)$ angegeben. Es definiert

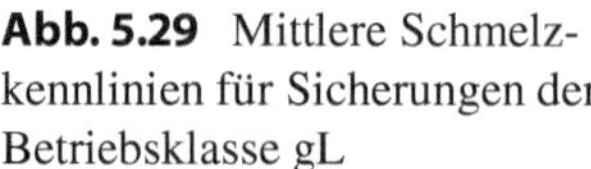

Abb. 5.29 Mittlere Schmelzkennlinien für Sicherungen der
Betriebsklasse gL

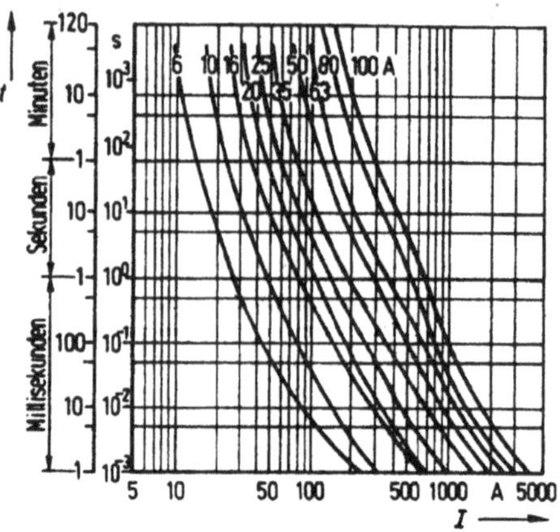

für jede Bemessungsstromstärke wie $I_N = 6\,A$, $10\,A$, $16\,A$ usw. eine untere und obere Grenzkurve und damit ein Toleranzband Tor genannt, innerhalb dessen der Hersteller
seine Schmelzzeitkurve legen muss. Abb. 5.29 zeigt die mittleren Schmelzkennlinien für
Schmelzsicherungen der Betriebsklasse gL.

Schmelzsicherungen sind ein ausgezeichneter Kurzschlussschutz. Die hier vorhandenen Abschaltzeiten können weniger als 5 ms betragen, so dass im 50-Hz-Netz der Kurzschlussstrom garnicht erst seinen vollen Scheitelwert erreicht. Die Ansprechzeiten sind
damit geringer als bei Motorschutzschaltern möglich. Der Überlastungsschutz ist wegen
des großen Streubereichs nicht gerade hochwertig, so dass man z. B. bei Motoren zusätzlich einen Schutz durch eingebaute Thermokontakte oder Thermistoren vorsieht.

5.3.1.2 Schaltpläne

Arten von Schaltplänen Unter einem Schaltplan versteht man nach DIN 40719 die Darstellung elektrischer Einrichtungen durch Schaltzeichen (oder Schaltkurzzeichen). So wie
die Konstruktionszeichnung im Maschinenbau die wichtigste technische Unterlage von
der Planung bis zum Bau einer Maschine oder eines Maschinenteils ist, sind die Schaltpläne für Entwicklung, Bau, Prüfung und Betrieb (Wartung, Fehlersuche und -beseitigung)
einer elektrischen Anlage unentbehrlich. Alle Schaltpläne sollen im spannungs- bzw.
stromlosen, ausgeschalteten Zustand der Anlage gezeichnet, die Geräte in ihrer Grund-
stellung dargestellt werden. Die Übersichtlichkeit wird erhöht, wenn alle Schaltglieder
von links nach rechts schaltend dargestellt sind.

Der Schaltplan (engl. diagram) zeigt, wie die verschiedenen elektrischen Betriebsmittel
miteinander in Beziehung stehen. Je nach dem Zweck und nach der Art der Darstellung
können nach DIN 40719 die Schaltpläne verschiedenartig gestaltet werden. Schaltpläne
zur Erläuterung der Arbeitsweise einer elektrischen Anlage, auch erläuternde Schaltpläne
genannt, werden eingeteilt in:

- Übersichtsschaltplan (block diagram), meist einpolige Darstellung und
- Stromlaufpläne (circuit diagrams) mit ausführlicher Darstellung der Schaltung in ihren Einzelheiten.

Anhand eines Beispiels sollen diese beiden Arten von Schaltplänen erläutert werden. In der Schaltung nach Abb. 5.5 wird ein Kurzschlussläufermotor zum Antrieb eines Lüfters von Hand durch Stellschalter direkt ein- und ausgeschaltet. Für diesen Antrieb soll eine Schützensteuerung vorgesehen werden.

Übersichtsschaltplan Dieser Schaltplan in Abb. 5.30 ist die vereinfachte, meist einpolige Darstellung der Schaltung ohne Hilfsleitungen. Die Ein- und Ausschaltung des Motors M1 wird hier mit einem Schütz K1 durchgeführt, das mit Hilfe der Tastschalter S1 und S2 betätigt wird. Es wird mit elektrothermischem Überlastungsschutz (Überstromrelais F2) ausgerüstet, die vorgeschalteten Sicherungen F1 übernehmen den Kurzschlussschutz. Angaben über Netz, Leitungen, Sicherungen, Motor, Arbeitsmaschine usw. können, wie hier geschehen, in den Übersichtsschaltplan eingetragen werden.

Stromlaufplan in aufgelöster Darstellung Er enthält die nach Stromwegen für die Haupt-, Steuer- und Meldestromkreise aufgelöste Darstellung der Schaltung mit allen Einzelheiten und Leitungen, so dass jeder Stromweg leicht zu verfolgen ist. Alle Schaltglieder eines elektrischen Betriebsmittels erhalten die gleiche Bezeichnung. Die räumliche Lage und der Zusammenhang der einzelnen Teile bleiben unberücksichtigt. Anhand der Abb. 5.31a bis e wird nun gezeigt, wie man den Steuerstromkreis des Stromlaufplans für den Lüfterbetrieb in 6 Stufen entwirft.

1. Die Spule des Schützes K1 für 230 V $\sim$ wird zwischen einen Außenleiter, hier L1 und den Neutralleiter N des Drehstromnetzes angeschlossen. Grundsätzlich legt man dabei einen Anschluss der Schützspule direkt an N (Abb. 5.31a).
2. Das Einschalten erfolgt durch Drücken des Drucktasters S1. Hierdurch wird der Stromkreis der Schützspule geschlossen (Abb. 5.31b).

Abb. 5.30 Übersichtsschaltplan für Lüfterantrieb

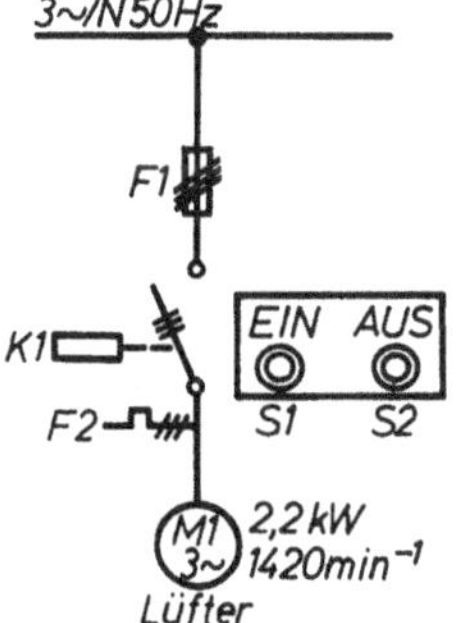

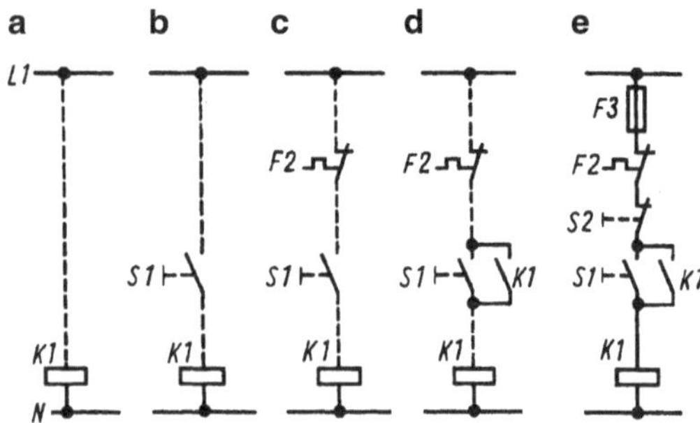

Abb. 5.31 Entwurf des Steuerstromteils zu Abb. 5.30 (Stromlaufschaltplan in aufgelöster Darstellung)

3. Der Motor darf aber nicht eingeschaltet werden können, wenn das Überstromrelais F2 angesprochen hat, d. h. wenn der Motor infolge Überlastung vorher selbsttätig abgeschaltet wurde. Deshalb wird der Hilfsschalter (Öffner) des Überstromrelais F2 in den Stromkreis der Schützspule gelegt (Abb. 5.31c). Ist dieser Öffner geschlossen, so wird beim Drücken des Drucktasters S1 der Stromkreis der Schützspule K1 geschlossen, der Magnetanker wird angezogen und die drei Hauptkontakte des Schützes schließen (Abb. 5.30): der Motor läuft an.

4. Wird aber der Drucktaster S1 losgelassen, so geht er infolge der Rückzugskraft (Tastschalter) wieder in seine Ruhelage zurück, das Schütz fällt ab und der Motor wird wieder ausgeschaltet. Um dies zu verhindern, wird am Schütz K1 ein Hilfsschalter (Schließer K1) vorgesehen, der durch das Einschalten des Schützes geschlossen wird. Diesen Schließer K1 schaltet man parallel zum Drucktaster S1 (Abb. 5.31d). Lässt man nun den Drucktaster S1 los, so bleibt die Schützspule und damit auch der Motor eingeschaltet: das Schütz hält sich selbst (Selbsthaltung).

5. Beim Ausschalten wird durch Drücken des Drucktasters S2 (Abb. 5.31e) der Stromkreis der Schützspule unterbrochen, das Schütz fällt ab und der Selbsthaltekontakt K1 des Schützes öffnet wieder. Nach Loslassen des Drucktasters S2 bleibt also der Stromkreis der Schützspule geöffnet, der Motor läuft aus. Derselbe Vorgang spielt sich beim Ansprechen des Überlastungsschutzes mit dem Hilfsschalter F2 selbsttätig ab. Der Drucktaster S2 wird nicht in den Strompfad des Hilfsschalters K1 gelegt, da bei gleichzeitigem Drücken von Ein- und Aus-Drucktaster das Aus-Kommando aus Sicherheitsgründen Vorrang haben muss.

6. Der Steuerteil wird durch eine Sicherung F3 geschützt (Abb. 5.31e). Bei Ausfall des Netzes fällt das Schütz ab, da die Schützspule von einem Außenleiter des Netzes gespeist wird.

Man beachte, dass im Stromlaufplan die Spule und die Schaltglieder von Schützen oder Relais, obschon sie an verschiedenen Stellen in die Stromwege eingegliedert sind, dieselbe Bezeichnung haben; so ist z. B. K1 sowohl das Schütz in Abb. 5.30 als auch die Schützspule und der Hilfsschalter (Schließer) in Abb. 5.31.

Abb. 5.32 Stromlaufschaltplan in zusammenhängender
Darstellung für Abb. 5.30

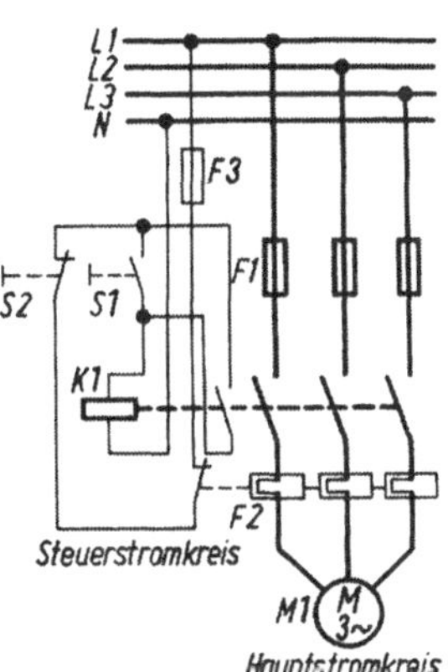

Stromlaufplan in zusammenhängender Darstellung In diesem Schaltplan (Abb. 5.32)
werden alle Schaltglieder eines elektrischen Betriebsmittels zusammenhängend und all-
polig dargestellt. Da die Haupt- und Hilfsstromkreise in einem Plan erscheinen, ist die
Wirkungsweise der Steuerung nur noch mit Mühe zu erkennen. Deshalb geht man beim
Entwurf elektrischer Steuerungen den Weg vom Übersichtsschaltplan über den Stromlaufplan in aufgelöster Darstellung.

Nach einiger Übung im Entwerfen von Steuerungen und im Lesen von Schaltplänen
wird man für das Verständnis der Funktion einer Steuerung auf den Stromlaufplan in
zusammenhängender Darstellung, der für die Ausführung der Anlage wichtiger ist, ver-
zichten. Häufig trifft man in der Praxis aber nur diesen Schaltplan einer Steuerung an. Man
sollte dann die Mühe nicht scheuen, hieraus den Stromlaufplan in aufgelöster Darstellung abzuleiten, um sich ein Bild vom Funktionsablauf der einzelnen Steuerungsvorgänge
machen zu können. Nur so kann die weitverbreitete Scheu des Maschinenbauers vor
den „komplizierten und undurchsichtigen Schaltplänen der Elektrotechniker" überwunden werden. Es sei auch dringend empfohlen, sich hier an Hand der Abb. 5.31e und 5.32
erst völlige Klarheit über die Wirkungsweise der behandelten einfachen Lüftersteuerung
zu verschaffen, bevor man sich mit den folgenden umfangreichen Kontaktsteuerungen befasst.

Die Kennzeichnung der einzelnen Betriebsmittel in den Schaltplänen erfolgt nach DIN
40719 Teil 2 durch Großbuchstaben und eine fortlaufende Zahl. Als Beispiele seien genannt:

C – Kondensatoren	M – Motoren
F – Schutzeinrichtungen	R – Widerstände
G – Generatoren und Stromversorgungen	S – Schalter
K – Schütze und Relais	T – Transformatoren

5.3.1.3 Festverdrahtete Steuerungen

In diesen auch Kontaktsteuerungen genannten Schaltungen werden die einzelnen Stellglieder mit den Befehlsgebern drahtgebunden über Hilfskontakte und Zeitrelais verknüpft. Diese Technik war vor der Entwicklung der entsprechenden elektronischen Baugruppen über lange Jahre die alleinige Ausführung zum Betrieb von Antrieben und Prozessen jeder Art.

Nachstehend werden die festverdrahteten Schaltungen für einige typische Steueraufgaben gezeigt. Ihr Aufbau bleibt im Leistungsteil auch bei den modernen speicherprogrammierten Steuerungen unverändert.

Stern-Dreieck-Anlauf eines Käfigläufermotors In Abb. 5.33 ist die Schaltung für den Anlauf eines Drehstrommotors mit einem handbetätigten Walzenschalter angegeben. Für den selbsttätigen Stern-Dreieck-Anlauf benötigt man drei Schütze, nämlich das Hauptschütz K1, das Dreieckschütz K2 und das Sternschütz K3, die im Stromlaufplan in Abb. 5.33a dargestellt sind. Zuerst wird das Sternschütz K3, dann das Hauptschütz K1 eingeschaltet; der Motor läuft in Sternschaltung hoch. Die selbsttätige Umschaltung auf Dreieck in der Nähe der Betriebsdrehzahl erfolgt heute fast nur noch zeitabhängig, kann aber auch strom- oder drehzahlabhängig geschehen. Im ersten Fall wird ein Zeitrelais verwendet, das nach einer einstellbaren Zeit zunächst das Sternschütz K3 abschaltet und dann durch Einschalten des Dreieckschützes K2 die Betriebsschaltung des Motors herstellt.

Nach dem Stromlaufplan (Abb. 5.33b) wird mit Hilfe des Drucktasters S1 (Stromweg Nr. 1) die Steuerung eingeleitet. Wenn das Dreieckschütz in AUS-Stellung ist (Öffner K2 in Nr. 1), erhält zuerst die Schützspule K3 des Sternschützes Strom. Dadurch wird

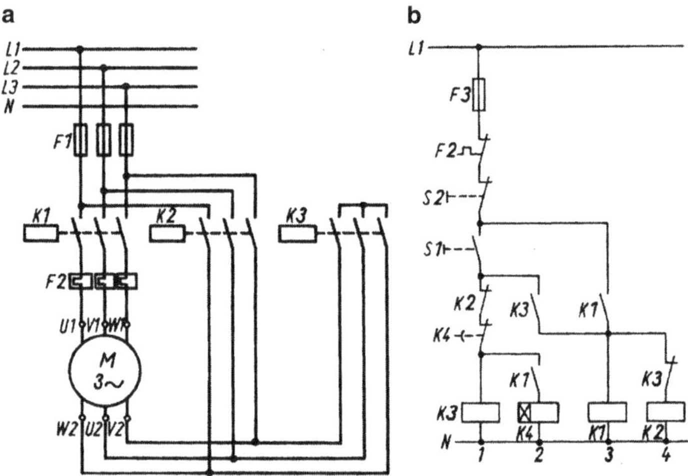

Abb. 5.33 Selbsttätiges Stern-Dreieck-Anfahren des Kurzschlussläufermotors. **a** Leistungsteil des Stromlaufplans, **b** Steuerteil des Stromlaufplans

zuerst durch einen Öffner K3 (Nr. 4) der Stromkreis der Spule K2 des Dreieckschützes geöffnet, bevor durch den Schließer K3 (Nr. 2) der Stromkreis der Spule K1 (Nr. 3) des Hauptschützes geschlossen wird. Durch die Schließer K1 (Nr. 3) und K3 (Nr. 2) werden die Schütze K1 und K3 auch nach Loslassen des Drucktasters S1 gehalten; ein weiterer Schließer K1 (Nr. 2) schließt nach dem Zuschalten des Hauptschützes den Stromkreis des Zeitrelais K4. Nach der am Zeitrelais eingestellten Zeit, die sich nach der Größe des Lastmoments richtet, öffnet der Öffner K4 (Nr. 1) des Zeitrelais K4. Sternschütz K3 und Zeitrelais K4 werden abgeschaltet, während der Öffner K3 (Nr. 4) den Stromkreis der Spule K2 des Dreieckschützes schließt. Haupt- und Dreieckschütz (K1 und K2) sind im Betrieb eingeschaltet und fallen ab, wenn mit Hilfe des Drucktasters S2 (Nr. 1) der Antrieb stillgesetzt werden soll. An Geräten sind für die Steuerung erforderlich:

- Schütz K1 mit zwei Schließern; Schütz K2 mit einem Öffner;
- Schütz K3 mit einem Öffner und einem Schließer; Zeitrelais K4 mit einem Öffner;
- Drucktaster S1 für Einschalten; Drucktaster S2 für Ausschalten;
- Bimetallrelais F2 mit einem Öffner; eine Sicherung F3; ein Satz Drehstromsicherungen F1.

Man beachte, dass die Schütze K1 und K2 nur für den $1/\sqrt{3} = 0{,}58$fachen Motorstrom auszulegen sind; auch das Motorschutzrelais F2 ist auf diesen Wert einzustellen.

Polumschaltung eines Drehstrommotors In Abb. 4.53 wird der Anschluss der Drehstromwicklung in Dahlander-Schaltung für zwei Drehzahlwerte an das Netz mit einem Walzenschalter realisiert. Eine Schützensteuerung erfordert nach Abb. 5.34a drei Schütze.

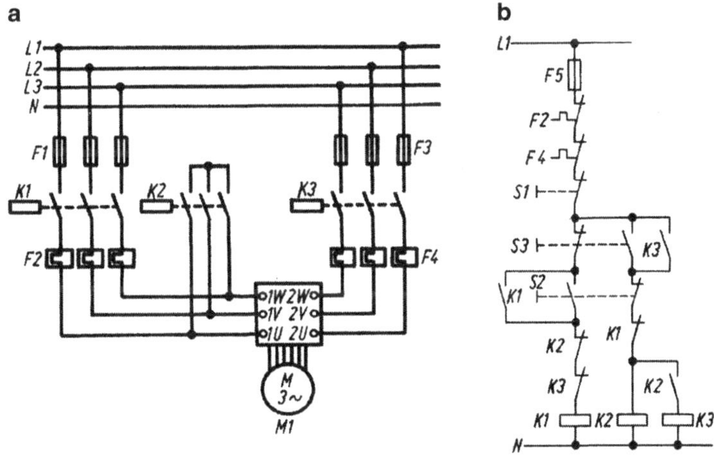

Abb. 5.34 Stromlaufplan des polumschaltbaren Motors für zwei Drehzahlen (Dahlander-Schaltung). **a** Leistungsteil, **b** Steuerteil

Bei der niedrigen Drehzahl erfolgt der Netzanschluss mit Schütz K1; bei Umschaltung auf die hohe Drehzahl muss erst Schütz K1 abschalten, dann ist das Schütz K2 und zuletzt das Schütz K3 einzuschalten, das die Motorwicklung an das Netz anschließt.

Der Steuerteil (Abb. 5.34b) enthält die Doppeldrucktaster S2 und S3 für die beiden Drehzahlen, um eine gleichzeitige Betätigung der Taster unwirksam zu machen. Bei der niedrigen Drehzahl wird bei Betätigung des Drucktasters S2 Schütz K1 eingeschaltet, wenn die Schütze K2 und K3 ausgeschaltet sind (Öffner K2 und K3 im Stromkreis des Schützspule K1). Schütz K1 hält sich über Schließer K1 selbst. Bei direktem Übergang auf die hohe Drehzahl wird durch Betätigen des Drucktasters S3, erst nachdem Schütz K1 abgeschaltet ist (Öffner K1), das Sternschütz K2 und danach über den Schließer K2 das Schütz K3 eingeschaltet. Entsprechendes gilt für den Übergang von der hohen zur niedrigen Drehzahl. Erst wenn durch Betätigen des Drucktasters S2 die Schütze K2 und K3 abgeschaltet sind, kann Schütz K1 einschalten. Das Stillsetzen des Antriebs erfolgt in jedem Fall durch den Drucktaster S1.

5.3.2 Grundlagen elektronischer Steuerungen

In drahtgebundenen Steuerungen werden durch die Leitungen und Hilfskontakte die zwei Zustände

1. Schalter auf, keine Spannung am Stellglied (Schütz),
2. Schalter zu, Spannung vorhanden

realisiert. Es wird also nur eine binäre Information verarbeitet, die sich durch die Zeichen

$$0 \text{ oder } H \text{ (High)}$$

und

$$1 \text{ oder } L \text{ (Low)}$$

darstellen lassen. Dieses System ist aber auch die Grundlage jeder Computertechnik, in die sich die elektronischen Steuerungen somit einordnen. In der meist eingesetzten positiven Logik bedeutet dies für das Signal:

0 – keine Spannung, bzw. unterhalb eines Grenzpegels,
1 – Spannung hat den Betriebswert von z. B. 5 V.

5.3.2.1 Logische Grundverknüpfungen

Logische Verknüpfungen sind elektronische Schaltungen, welche die Binärinformationen 0 und 1 nach den Regeln der Booleschen Algebra (George Boole, brit. Mathematiker, 1815 – 1864), die in der Anwendung auf Digitalkreise auch als Schaltalgebra bezeichnet wird, verarbeiten. Die einzelnen Gesetze sollen hier nicht behandelt werden, sind jedoch in

Abb. 5.35 UND-Verknüpfung. **a** Aufbau mit Schaltern, **b** Symbol, **c** Funktionstabelle

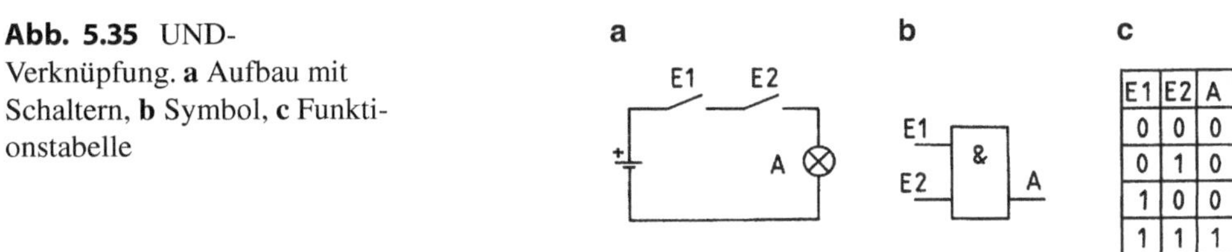

ihren Grundlagen mit der Wirkung von Schalterkontakten erklärbar. Für den Aufbau von Steuerungen werden nur wenige Grundschaltungen benötigt. Für diese Gatter bezeichneten Bausteine hat man eigene Bezeichnungen und Zeichen geschaffen.

Nachstehend werden die drei Grundverknüpfungen und die daraus abgeleiteten Beziehungen vorgestellt. Neben den Schaltzeichen und der darin elektronisch realisierten Kontaktschaltung sind auch die jeweiligen sogenannten Funktionstabellen angegeben. Sie beschreiben den Zusammenhang zwischen den Eingangsgrößen E, die nur die Werte 0 und 1 annehmen können und dem entsprechend der inneren Logik möglichen Ausgangssignal $A = 0$ oder $A = 1$.

UND-Verknüpfung Dieses auch als Konjunktion bezeichnete Gatter realisiert die Reihenschaltung von Schließkontakten – hier der zwei Schließer E1 und E2 – zur Versorgung eines Ausgangs A, z. B. einer Lampe. Ein betätigter Schalter E wird mit der Kennung 1, der offene Schalter mit 0 beschrieben. Liegt Spannung an der Lampe, so wird dies mit $A = 1$ gekennzeichnet. Insgesamt entsteht damit eine Schaltung nach Abb. 5.35.

Aus dem Kontaktplan in Abb. 5.35a geht leicht hervor, dass die Lampe nur dann Spannung erhält und damit $A = 1$ wird, wenn mit $E1 = 1$ und $E2 = 1$ beide Schalter betätigt werden. In den Fällen $E1 = 1$, $E2 = 0$ oder $E1 = 0$, $E2 = 1$ bleibt die Lampe jeweils spannungslos und damit $A = 0$. In der Schreibweise der Booleschen Algebra ergibt dies die Funktionsgleichung

$$A = E1 \wedge E2 \quad \text{oder} \quad A = E1 \times E2$$

Das Zeichen $\wedge$ (unten offen) kennzeichnet die UND-Verknüpfung der beiden Eingangsgrößen und entspricht mathematisch dem Malzeichen.

ODER-Verknüpfung Dieses auch Disjunktion genannte Gatter erfasst die Parallelschaltung von Schließkontakten zwischen Spannungsquelle und Lampe. Kontaktplan, Schaltzeichen und Funktionstabelle sind in Abb. 5.36 angegeben.

Der Kontaktplan zeigt, dass bereits ein betätigter Schließer genügt, um Spannung an die Lampe zu legen und damit die Information $A = 1$ zu erzeugen. Die Funktionstabelle hat damit nur im Falle $E1 = E2 = 0$ den Wert $A = 0$. In der Funktionsgleichung wird dies mit

$$A = E1 \vee E2 \quad \text{oder} \quad A = E1 + E2$$

beschrieben. Das Zeichen $\vee$ (oben offen) kennzeichnet die ODER-Verknüpfung.

Abb. 5.36 ODER-Verknüpfung. **a** Aufbau mit Schaltern, **b** Symbol, **c** Funktionstabelle

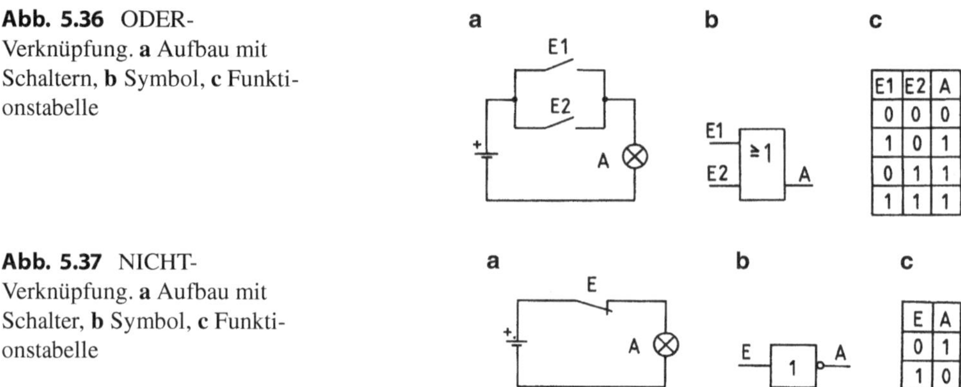

Abb. 5.37 NICHT-Verknüpfung. **a** Aufbau mit Schalter, **b** Symbol, **c** Funktionstabelle

NICHT-Verknüpfung Diese Negation kehrt das Eingangssignal E um und lässt sich im Kontaktplan nach Abb. 5.37 durch einen Öffner zwischen Quelle und Lampe darstellen.

Wird der Schalter mit E = 1 betätigt, dann hat die Lampe keine Spannung und es gilt A = 0. Am Eingang darf für A = 1 damit keine Handlung vorgenommen werden – es darf kein Signal anliegen – was man mit $\bar{E}$ kennzeichnet. $\bar{E}$ wird als komplementäre Größe zu E bezeichnet. Die Funktionsgleichung lautet

$$A = \bar{E}$$

5.3.2.2 Kombinationen der Grundverknüpfungen

Obwohl mit den Gattern UND, ODER und NICHT durch entsprechende Verknüpfung jede beliebige logische Zuordnung gebildet werden kann, hat man für einige besonders häufig vorkommende Kombinationen eigene Namen festgelegt.

NAND-Verknüpfung Sie entsteht aus der Reihenschaltung der Gatter UND und NICHT (engl. NOT AND) mit Aufbau und Schaltzeichen nach Abb. 5.38. In der Funktionstabelle kehren sich gegenüber dem UND-Glied lediglich alle Werte des Ausgangssignals um.

NOR-Verknüpfung Sie realisiert die Reihenschaltung der Gatter ODER und NICHT (engl. NOT OR) nach Abb. 5.39. Auch hier kehren sich in der Tabelle die Werte für A um.

Abb. 5.38 NAND-Verknüpfung. **a** Aufbau mit UND- und NICHT-Gatter, **b** Symbol, **c** Funktionstabelle

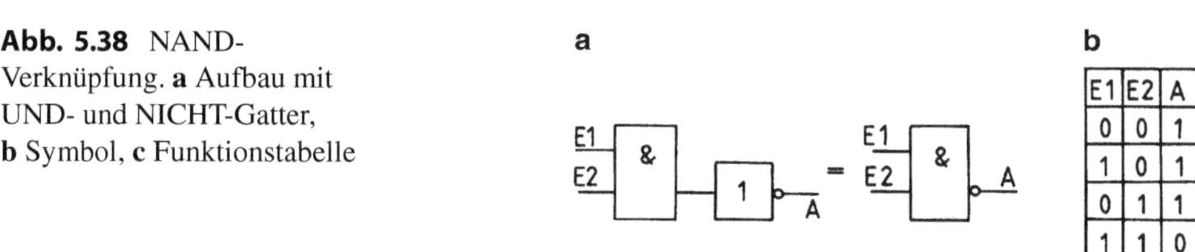

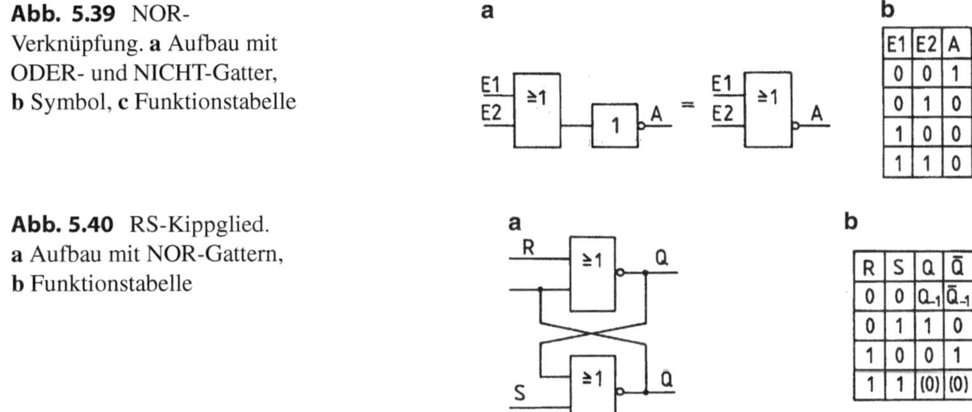

Abb. 5.39 NOR-Verknüpfung. **a** Aufbau mit ODER- und NICHT-Gatter, **b** Symbol, **c** Funktionstabelle

Abb. 5.40 RS-Kippglied. **a** Aufbau mit NOR-Gattern, **b** Funktionstabelle

5.3.2.3 Speicherschaltungen

Mit Hilfe der vorstehenden logischen Verknüpfungen lässt sich mit dem Speicher ein weiteres wichtiges Element einer Steuerschaltung aufbauen. Der Speicher hat die Aufgabe, eine Eingangsgröße also ein 1-Signal aufzunehmen, es auch nach dessen Ende zu behalten und es bei Anforderung wieder zur Verfugung zu stellen.

RS-Kippglied Abb. 5.40a zeigt zwei NOR-Gatter, deren Ausgänge auf den Eingang des jeweils anderen Teils rückgekoppelt sind, wodurch ein sogenanntes RS-Kippglied oder RS-Flipflop gebildet wird. Eine Möglichkeit seiner schaltungstechnischen Gestaltung wurde bereits in Abschn. 2.2.4.2 auf der Basis bipolarer Transistoren gezeigt.

Beim RS-Flipflop wird mittels eines Eingangssignals 1 am Setzeingang S der Ausgang Q auf den Wert 1 gesetzt. Dieser Zustand bleibt erhalten, bis am Rücksetzeingang R (engl. reset) ein 1-Signal erscheint. Der komplementäre Ausgang $\bar{Q}$ liefert jeweils das invertierte Signal von Q. Der Zustand, dass mit $R = S = 1$ beide Eingänge ein Signal erhalten, ist zu verhindern. Führen beide Eingänge ein 0-Signal, so bleibt mit Q_{-1} und Q_{-1} der früher gesetzte Zustand erhalten. Insgesamt gilt für das RS-Flipflop die Funktionstabelle in Abb. 5.40b.

Getaktetes Kippglied In elektronischen Steuerungen erfolgt die Verarbeitung der Signale nach einem durch einen Quarzzähler vorgegebenen Takt (engl. clock). Die am Eingang ankommenden Signale werden erst dann verwertet, wenn das nächste Taktsignal erscheint. Abb. 5.41 zeigt dazu den Aufbau eines statisch getakteten D-Flipflops, das eine Eingangsgröße D speichern kann. Bei diesem Gatter auch Data Latch genannt, bleibt der ursprüngliche Zustand Q_{-1} in der Zeit fehlenden Taktsignals $C = 0$ erhalten. Erst bei $C = 1$ wird das Eingangssignal $D = 1$ auf den Ausgang übertragen.

Für den Einsatz in modernen Rechenanlagen und Steuerungen muss man die hier angesprochene Technik der Speicher weiter verfeinern. So wird z. B. anstelle der Amplitude

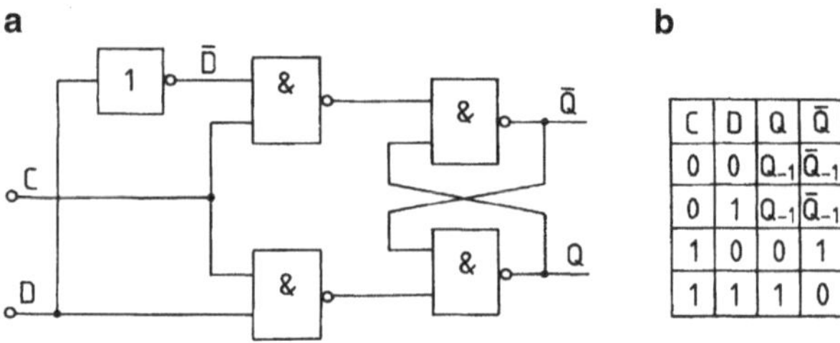

Abb. 5.41 Getaktetes Kippglied. **a** Aufbau mit UND-Gattern, **b** Funktionstabelle

die Flanke des Taktimpulses zur Steuerung verwendet. Ferner muss für die Fälle, bei denen gleichzeitig eine neue Information am Eingang aufgenommen und gesteuert durch den Takt die seither gespeicherte Größe weitergegeben werden muss, eine geeignete Technik eingesetzt werden. Sie liegt in der Zweispeichertechnik, in der ein erstes Flipflop Master (Herr) genannt, die Information aufnimmt und sie danach einem nachgeschalteten Slave-(Diener-)Flipflop übergibt. Auf Schaltung und Technik dieser Master-Slave-Flipflops sei auf die einschlägige Literatur verwiesen.

Beispiel 5.8

Eine Meldeleuchte H soll mit einem EIN-Taster S1 ein- und mit einem AUS-Taster S2 ausgeschaltet werden. Es sind eine Schaltung mit einem Schütz K und eine Steuerung mit logischen Bausteinen zu entwickeln.

In Abb. 5.42a wird die Schützspule K direkt mit dem Taster S1 an Spannung gelegt, wonach der Hauptkontakt K1 den Hauptstromkreis mit der Lampe H schließt (Lampe leuchtet). Über den Hilfskontakt K2 und den AUS-Taster bleibt die Spule auch nach Loslassen von S1 an Spannung. Öffnet man S2, so fällt das Schütz ab, K1 öffnet und die Lampe erlischt.

Abb. 5.42b zeigt eine mögliche Steuerung mit logischen Bausteinen. Der Ausgang A versorgt die Schützspule mit Spannung, womit wieder über K1 die Lampe zugeschaltet wird. Die Eingänge E1 und E2 entsprechen den Tastern S1 und S2, die Rückführung vom Ausgang zum ODER-Gatter dem Haltekontakt. Der negierte Eingang für E2 gibt bei unbetätigtem AUS-Taster das Signal E2 = 1 an das UND-Gatter, so dass bei E1 = 1,

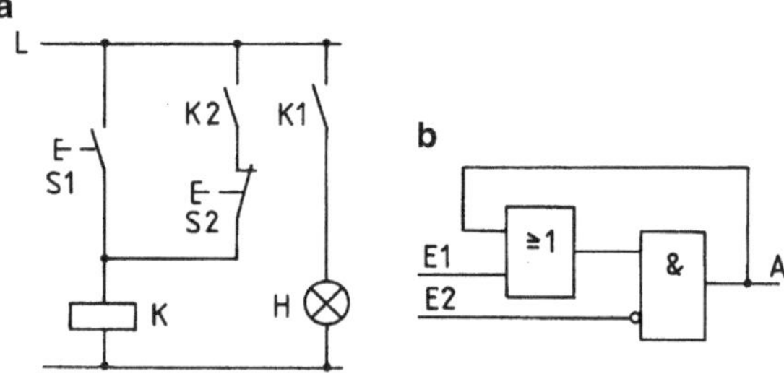

Abb. 5.42 Schaltplan und elektronische Steuerung zu Beispiel 5.8. **a** Schaltplan für drahtgebundene Steuerung, **b** elektronische Steuerung

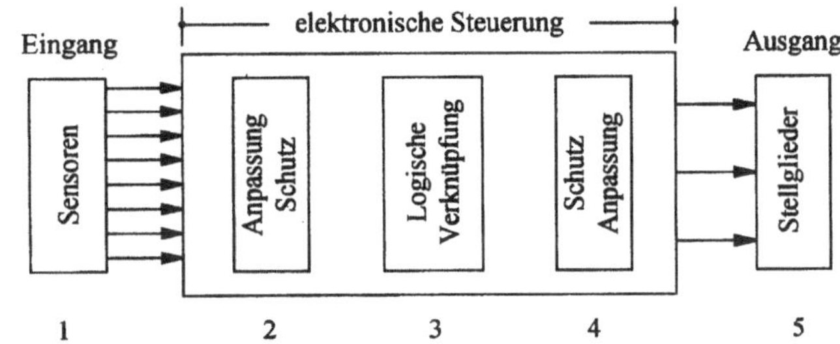

Abb. 5.43 Struktur und Baugruppen einer elektronischen Steuerung

also betätigtem Taster S1, das Signal A $= 1$ entsteht. Danach mit wieder E1 $= 0$ also losgelassenem Taster S1 genügt für das ODER Gatter das 1 -Signal der Rückführung. Wird mit betätigtem AUS-Taster E2 $= 1$, so wird wegen der Negierung ein Wert der UND-Verknüpfung null und damit A $= 0$.

5.3.2.4 Schaltungstechnik

Struktur Eine elektronische Steuerung kann grundsätzlich nach dem Schema in Abb. 5.43 gegliedert werden.

1. Sensoren und Schalter liefern in Form von analogen Spannungen und Strömen oder als digitale Information Daten aus der zu steuernden Anlage.
2. Diese Eingangsgrößen werden in einer Eingangsbaugruppe zur Verwertung in der logischen Schaltung aufbereitet, d. h. auf den richtigen Spannungspegel gebracht und digitalisiert. Letzteres geschieht in einem Analog/Digital-Umsetzer z. B. in Form eines Schmitt-Triggers.
3. In der Baugruppe mit den logischen Verknüpfungen erfolgt die Umsetzung des Steuerprogramms mit der Ausgabe der digitalen Befehle.
4. Eine Ausgangsbaugruppe verstärkt die Ausgabewerte und bereitet sie zur Versorgung der Stellglieder auf.
5. Stellglieder werden nach den Anweisungen des Programms betätigt und steuern die Energiezufuhr für die Anlage.

Ein- und Ausgangsbaugruppen Neben den erwähnten Aufgaben der Digitalisierung von Eingangssignalen und der Pegelanpassung, muss die signalaufbereitende Baustufe mögliche Prellvorgänge der mechanischen Schalter und vor allem die Entstörung vornehmen.

Abb. 5.44 zeigt beispielhaft eine Schaltung für die Eingangsbaugruppe, die obige Aufgaben übernehmen kann. Die Signalspannung wird gleichgerichtet und versorgt über ihren Strom die Leuchtdiode als Sender eines Optokopplers. Der galvanische getrennte Fototransistor am Ausgang übernimmt das Signal und steuert damit den Schmitt-Trigger aus.

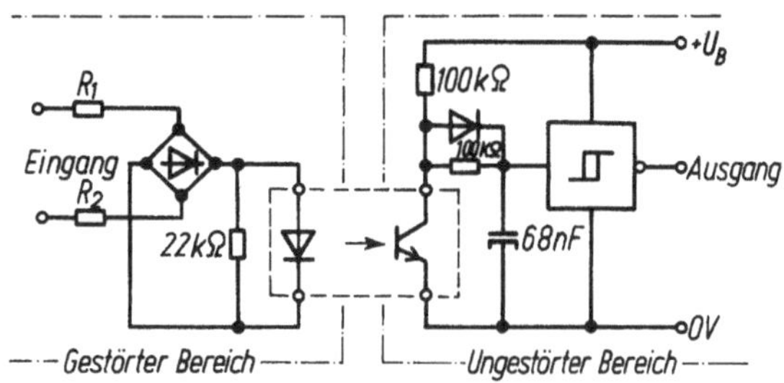

Abb. 5.44 Eingangsbaugruppe

Damit steht die Eingangsgröße der Steuerung digitalisiert, störungsfrei und in richtiger Pegelhöhe zur Verfügung.

Die vorstehend vorgestellten Grundverknüpfungen können durch verschiedene Schaltungstechniken realisiert werden, die sich hinsichtlich Leistungsaufnahme, Betriebsspannung, Belastbarkeit und anderer Kenngrößen unterscheiden. Für den Anwender ist dieser innere Aufbau weitgehend ohne Bedeutung, es genügt die Kenntnis der zulässigen Betriebsdaten.

Aus der Reihe der Logikfamilien soll daher nur folgende Techniken erwähnt werden:

In der Transistor-Transistor-Logik (TTL) werden bipolare Transistoren teils mit mehreren Emittern eingesetzt. Als Kennwerte seien eine Leistungsaufnahme von 1 bis 10 mW und Laufzeiten von 2 bis 10 ns genannt.

Besonders geringe Leistungsaufnahmen sind mit dem Einsatz von Feldeffekttransistoren (MOS-FET) zu erreichen. In der CMOS Technik werden komplementäre FET (C-komplementär) eingesetzt, wozu Abb. 5.45 ein Bespiel zeigt. Nach den Zeichen in Abb. 2.33 kommen hier Isolierschicht-FET als N- und P-Kanal-Anreicherungstyp zum Einsatz. Die Leistungsaufnahme liegt im Frequenzbereich unter 1 MHz deutlich unter der einer TT-Logik.

Abb. 5.45 CMOS-Gatter.
a NOR-Verknüpfung,
b NAND-Verknüpfung

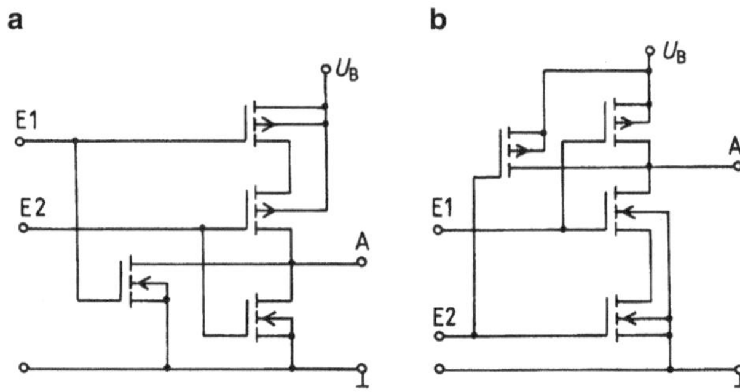

5.3.3 Grundlagen speicherprogrammierbarer Steuerungen

Dieser Abschnitt kann nur einen ersten Einblick in Aufbau, Wirkungsweise und Einsatz einer speicherprogrammierbaren Steuerung, abgekürzt SPS, geben. Für ein tieferes Eindringen in dieses für die Automatisierung sehr wichtige Fachgebiet muss auf die Vielzahl der einschlägigen Fachliteratur verwiesen werden (s. Lit. [4–6]).

5.3.3.1 Aufbau einer SPS

Struktur Eine SPS ersetzt durch die rechnergesteuerte Verknüpfung der im vorherigen Abschnitt besprochenen logischen Gatter die Leitungsverbindungen zwischen den Signalgebern wie Sensoren und Schaltern auf der Befehlsseite einer Steuerung mit den Meldern und Stellgliedern der Ausgangsseite. Die dazu erforderliche Hardware wird als Automatisierungsgerät AG bezeichnet mit einem Aufbau nach Abb. 5.46.

Kernstück einer SPS ist die Zentraleinheit mit einem Mikroprozessor CPU (Central Prozessing Unit), dem Betriebssystem, dem Adressenzähler und einem Programmspeicher. Letzterer enthält den gesamten von den Signalgebern gesteuerten Prozessablauf. Der Mikroprozessor wiederum enthält vor allem das Rechenwerk und eine Steuereinheit mit einem quarzstabilisierten Taktgenerator. Der gewünschte Steuerungsablauf wird in einer speziellen Programmiersprache z. B. STEP 7 in Form von Anweisungen erstellt, intern in einen Maschinencode umgewandelt und schließlich in den Programmspeicher des Automatisierungsgeräts geladen.

Eine Stromversorgungseinheit erzeugt einmal aus dem 230 V-Netz eine entstörte und galvanisch getrennte 5 V-Gleichspannung für den internen Betrieb aller Baugruppen. Daneben ist meist eine 24 V-Gleichspannung extern zugänglich und kann im Rahmen der zulässigen Belastung zur Versorgung von z. B. Sensoren verwendet werden. Darüber hinaus schließt man vor allem die Stellglieder an externe Spannungen an.

Die Eingabebaugruppe besteht aus einzelnen Modulen für den Anschluss von jeweils 8, 16 oder auch 24 Gebern. Die Eingangssignale werden durch ein RC-Filter entstört und

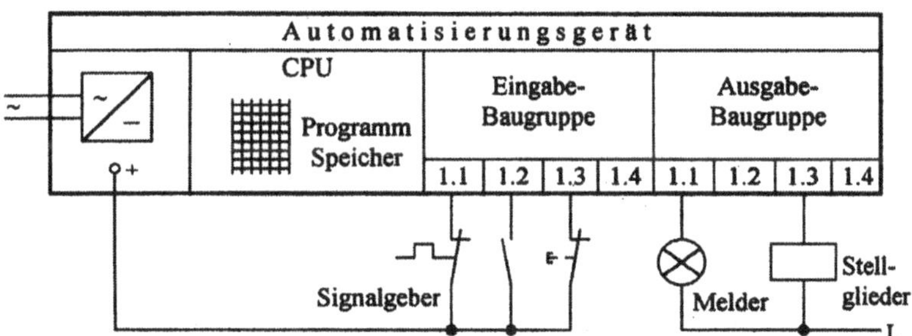

Abb. 5.46 Aufbau einer SPS

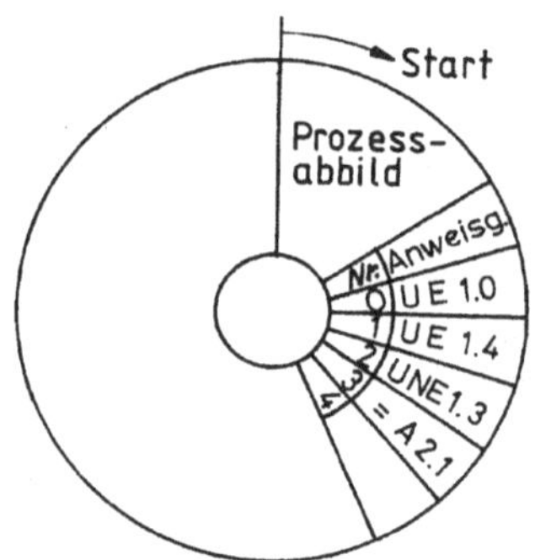

Abb. 5.47 Ablauf der Programmbearbeitung

auf die Systemspannung der SPS gebracht. Zum sicheren Schutz der Innenschaltung vor Störsignalen erfolgt die Übertragung der Eingangswerte zusätzlich über Optokoppler.

Im Ablauf des Steuerprogramms werden die Ausgänge der ebenfalls modularen Ausgangsbaugruppe angewählt und damit die einzelnen Stellglieder und Meldegeräte geschaltet. Die Ausgänge müssen daher für verschiedene Leistungen und Spannungen bis 230 V AC und DC ausgelegt sein. Der Austausch von Daten zwischen den Baugruppen des AG erfolgt über eine Reihe von Sammelleitungen, die aus so viel parallelen Adern bestehen, wie zur gleichzeitigen Übertragung einer Anweisung nötig sind. Man bezeichnet so eine Leitungsleiste als Bus und unterscheidet je nach Nutzung zwischen Adressbus, Steuerbus und Datenbus.

Programmbearbeitung Zu Beginn jeder Programmausführung werden die Signalzustände der Ein- und Ausgänge in einem Zwischenspeicher abgelegt, der damit ein Abbild des momentanen Prozesszustandes darstellt. Danach werden dem Programmspeicher nacheinander die eingegebenen Anweisungen entnommen und gemäß der Steueraufgabe miteinander verknüpft. Nach Bearbeitung aller Anweisungen mit Erreichen der Angabe PE (Bausteinende) wird das Ergebnis über die Ausgänge auf die Stellglieder übertragen. Danach beginnt mit der Bearbeitung der ersten Anweisung ein neuer Zyklus. Die Arbeitsweise einer SPS ist damit seriell, d. h. die im Programmspeicher nach Abb. 5.47 enthaltenen Anweisungen werden nacheinander und in ständiger Wiederholung bearbeitet.

Die für einen Durchlauf benötigte Dauer wird als Zykluszeit bezeichnet. Sie ergibt sich aus der Bearbeitungszeit für eine Anweisung multipliziert mit deren Anzahl. Nimmt man für die Bearbeitung einer Anweisung im Mittel 5 μs an und ein Programm mit 1000 Plätzen, so wird es in $10^3 \cdot 5\,\mu s = 5\,ms$ durchlaufen. Addiert man dazu noch die Zeitverzögerung durch die RC-Filter an Ein- und Ausgang, so ergibt sich die Reaktionszeit. Mit ihr kann eine SPS auf einen Signalwechsel an einem Eingang reagieren. Durch die serielle Bearbeitung der einzelnen Anweisungen werden die Signale also maximal bis zur Reaktionszeit verzögert beachtet, was einen grundsätzlichen Unterschied zur klassischen leitungsgebundenen Steuerung bedeutet. Diese erfasst alle Befehle und Informationen stets gleichzeitig und bearbeitet sie parallel.

Abb. 5.48 Aufbau einer Steueranweisung

Adresse	Anweisung	
008	U	E 0.1
	Operation (was?)	Operand (womit?)

5.3.3.2 Einführung in die Programmiertechnik

Struktur der Steueranweisung In DIN 19239 ist der Aufbau einer Steueranweisung mit den Zeichen für die Art der Verknüpfung der Signale festgelegt. So hat eine Steueranweisung den prinzipiellen Aufbau nach Abb. 5.48.

Nach der Speicherplatzadresse 0008 (Abb. 5.48) ist im Operationsteil festgelegt, was mit dem betreffenden Signal bei der Bearbeitung geschehen soll. In Abb. 5.48 ist es eine UND-Verknüpfung. Im Operandenteil der Anweisung wird das zu verarbeitende Signal, hier E 0.1, identifiziert. Zur Kennzeichnung der Operationen in Form logischer Verknüpfungen und der Operanden verwendet man die Zeichen nach Tab. 5.5.

Programmiertechnik Für die Eingabe eines Steuerprogramms über Tastatur und Bildschirm eines Programmiergeräts gibt es drei Möglichkeiten:

1. Die Anweisungsliste AWL,
2. den Kontaktplan KOP,
3. den Funktionsplan FUP.

Für die Kennzeichnung der Befehle in der AWL verwendet man die Symbole nach Tab. 5.5. Den Kontakt- und Funktionsplan erstellt man mit den in den Abb. 5.49 und Abb. 5.50 angegebenen Zeichen.

Die Symbole im Kontaktplan stellen nicht die tatsächlich an die Eingänge angeschlossenen Melder wie Schließer und Öffner dar. Sie zeigen nur an, ob das durch die Melder

Tab. 5.5 Kennzeichen für Operationen und Operanden (Auswahl nach DIN 19239)

Operation	Zeichen	Operand	Zeichen
UND	U	Eingang	E
ODER	O	Ausgang	A
UND NICHT	UN	Merker	M
ODER NICHT	ON		
Ist gleich	=	Zähler	Z
Setzen	S	Zeitglied	T
Rücksetzen	R		
Laden einer Konstanten	L		
Nulloperation	NOP		
Programmende	PE		

Zeichen	Funktion
E 0.1 ---] [---	Direkte Abfrage. Ist an E 0.1 ein 1-Signal vorhanden? JA
E 0.2 ---]/[---	Negierte Abfrage. Ist an E 0.2 kein 1-Signal vorhanden? JA
A 0.1 ---( )---	Zuweisung des 1-Signals an Ausgang A 0.1
A 0.5 ---(S)---	Setzen eines Speichers
A 0.6 ---(R)---	Rücksetzen eines Speichers
E 0.1 E 0.2 ---] [-------] [---	UND-Verknüpfung
E 0.1 ---] [---+--- E 0.2 ---] [---+	ODER-Verknüpfung

Abb. 5.49 Symbole für den Kontaktplan

gelieferte Signal direkt oder negiert abgefragt wird. So werden im nachstehenden Beispiel 5.9 sowohl der Schließer S1 wie auch der Öffner S2 durch das Symbol ─┤ ├─ dargestellt.

Die obigen Programmiertechniken sollen nachstehend an einem einfachen Beispiel gezeigt werden.

Beispiel 5.9

Ein Schütz K1 mit Hilfskontakt K1 wird über einen EIN-Taster S1 eingeschaltet und soll sich danach selbsthalten. Mit dem AUS-Taster S2 kann man wieder abschalten. Für diese Steueraufgabe gilt der Stromlaufplan in Abb. 5.51.

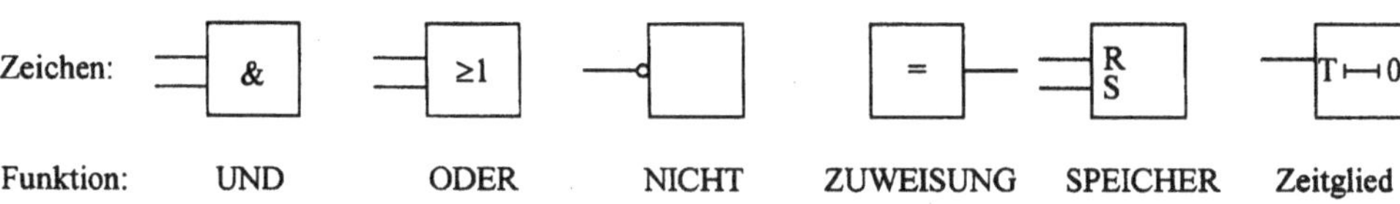

Abb. 5.50 Symbole für den Funktionsplan

Abb. 5.51 Stromlaufplan zu
Beispiel 5.9

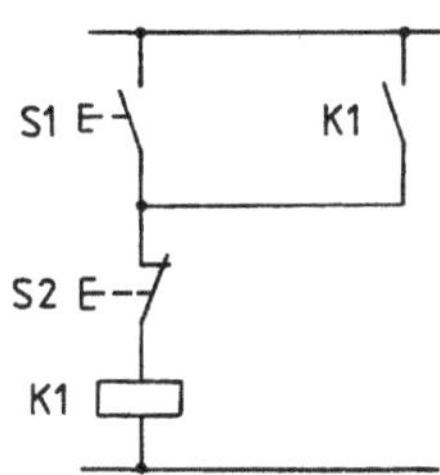

Anweisungsliste AWL Zunächst werden den Befehlsgebern und dem Schütz im Automatisierungsgerät SPS nach Abb. 5.52a Ein- und Ausgänge zugeordnet. In der AWL in Abb. 5.52b erfolgt dann der Reihe nach die Umsetzung des Stromlaufplans in logische Verknüpfungen:

1. Im Stromlaufplan sind die Schalter S1 und K1 parallel geschaltet. Die zugehörigen Operanden E 0.1 und A 0.1 sind damit in einer ODER-Logik zu verbinden.
2. Das Ergebnis soll in einem Merker M 1.0, d. h. einem internen Speicher abgelegt werden.
3. Zur im Merker M 1.0 abgelegten Parallelschaltung ist der Öffner S2, jetzt der Operand E 0.2 in Reihe geschaltet. Zwischen M 1.0 und E 0.2 besteht damit eine UND-Verknüpfung. Das Ergebnis steuert den Ausgang A 0.1.
4. Mit BE wird das Ende der Befehle angezeigt und damit verhindert, dass weitere ungenutzte Speicherplätze unnötigerweise abgefragt werden.

Kontaktplan KOP Er hat nach Abb. 5.53 viel Ähnlichkeit mit einem um 90° gedrehten Stromlaufplan. Der linken Seite ist ständig 1-Signal zugeordnet und die einzelnen Kontakte und Ausgänge erscheinen waagrecht mit ihren Symbolen.

Zwischen dem EIN-Taster (E 0.1) und dem Hilfskontakt K1 (A 0.1) besteht eine ODER-Verknüpfung mit dem entsprechenden Symbol nach Abb. 5.49. Das Signal ist im Merker M 1.0 abgelegt. Dieser wird anschließend mit dem AUS-Taster (E 0.2) in UND verknüpft. Das Ergebnis steuert den Ausgang A 1.0.

Abb. 5.52 Automatisierungsgerät AG und AWL zu Beispiel 5.9. **a** Beschaltung des AG für Beispiel 5.9, **b** Anweisungsliste AWL für Beispiel 5.9

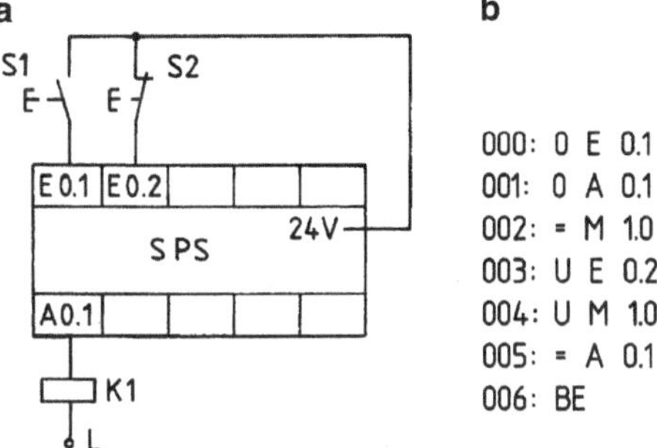

Abb. 5.53 Kontaktplan zu
Beispiel 5.9

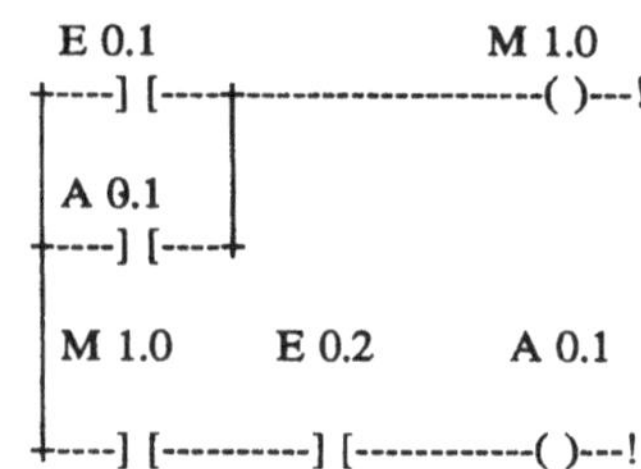

Die Geber S1 und S2 werden durch die SPS auf den Signalzustand 1 abgefragt. Damit gilt folgende Zuordnung:

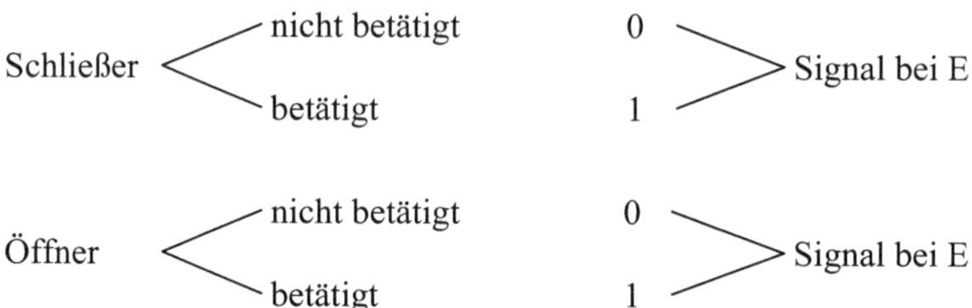

Nach Betätigen der EIN-Taste liegt sowohl an E 0.1 wie an E 0.2 ein 1-Signal an. In beiden Fällen muss daher das Zeichen ⊣ ⊢ verwendet werden.

Funktionsplan Er verwendet die Symbole der logischen Verknüpfungen nach Abb. 5.50. Für die gestellte Aufgabe ergibt sich Abb. 5.54.

Zeitglieder SPS bieten eine ganze Reihe von Zeitfunktionen mit denen programmtechnisch zeitliche Abläufe realisiert werden können. Als Beispiel soll hier nur die Funktion eines Zeitrelais bei SIMATIC S7 betrachtet werden.

Der Timer in Abb. 5.55 startet die vor dem Eingang TW angegebene Zeit t, sobald der Starteingang S eine steigende Flanke aufweist, d. h. der Signalzustand dort von 0 auf 1 wechselt. Die Zeit läuft auch dann mit dem Wert t weiter, wenn der Signalzustand bei S noch vor Ablauf des Zeitwertes sich auf 0 ändert. Solange die Zeit läuft, ergibt eine Zustandsabfrage nach 1 am Ausgang Q das Ergebnis 1. Dies gilt auch dann, wenn der Signalzustand am Eingang S noch vor Ablauf des Zeitwertes t auf 0 wechselt.

Abb. 5.54 Funktionsplan zu
Beispiel 5.9

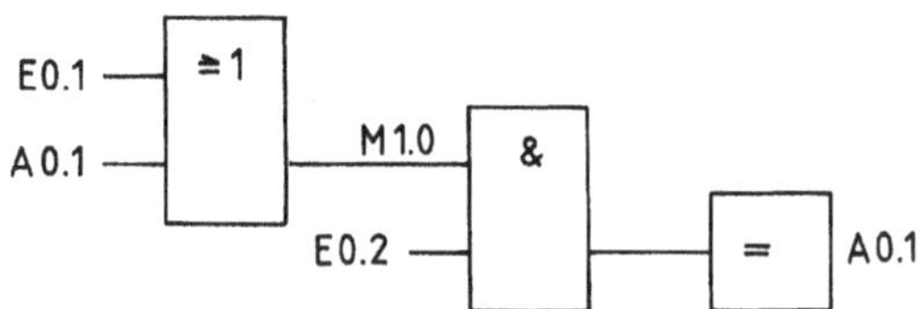

Abb. 5.55 Baustein eines Timers (SIMATIC S7) zur Funktion eines Zeitrelais

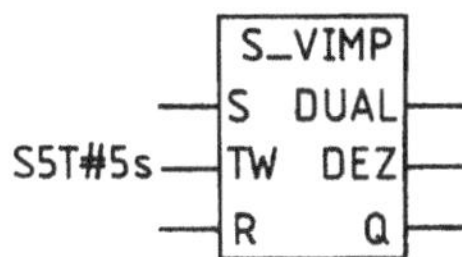

Der aktuelle Zeitwert kann an den Ausgängen DUAL und DEZ abgefragt werden. Der Zeitwert am Ausgang DUAL ist binär-codiert, der Zeitwert an Ausgang DEZ ist BCD-codiert.

Abb. 5.56 zeigt das Impulsdiagramm des Timers für die Eingänge S und R und den Ausgang Q für unterschiedlich lange Eingangssignale an S. Erhält der Rücksetzeingang R ein Signal (Wechsel von 0 auf 1), so erscheint am Ausgang Q der Wert 0.

5.3.3.3 Drehrichtungsumkehr eines Motors mit SPS

In Abb. 5.57 ist eine Wendeschützschaltung angegeben, mit der durch Vertauschen zweier Zuleitungen über die Schütze K1 und K2 die Drehfeldrichtung und damit auch die Drehrichtung geändert wird, Lit. [5].

Mit Betätigen der Taster S2 oder S3 ziehen die Schütze K1 oder K2 an, womit der Motor die Drehrichtungen Rechtslauf oder Linkslauf erhält. Eine Drehrichtungsumkehr ist nur über den AUS-Taster S1 möglich, d. h. der Motor wird zunächst vom Netz getrennt. Gleichzeitig werden mit S1 das Hilfsschütz K3 und das Zeitrelais K4 eingeschaltet. Der Öffner von K3 verhindert das Anlaufen des Motors. Nach Ablauf der eingestellten Zeit wird K3 vom Öffner K4 abgeschaltet, wonach der Stromkreis zum Einschalten über S2 oder S3 wieder geschlossen ist. Ein Wechsel der Drehrichtung ist damit nur zeitverzögert möglich. Die Verriegelung der zwei Schütze durch die gegenseitigen Kontakte muss aus Sicherheitsgründen auch hardwaremäßig realisiert werden.

Die Steuerung nach Abb. 5.57 soll durch eine SPS realisiert und dazu der Kontaktplan aufgestellt werden. Die Belegung des Automatisierungsgeräts mit den Meldern und Ausgängen erfolgt nach Abb. 5.58.

Von den drei Möglichkeiten zur Programmierung dieser Steueraufgabe ist in Abb. 5.59 der Kontaktplan gezeigt. Die Wirkungen der einzelnen Kontakte sind in einer Reihe von Merkern abgelegt, womit der Kontaktplan eine einfache, in Netzwerke strukturierte Gliederung erhält.

Abb. 5.56 Impulsdiagramm eines Timers als Zeitrelais

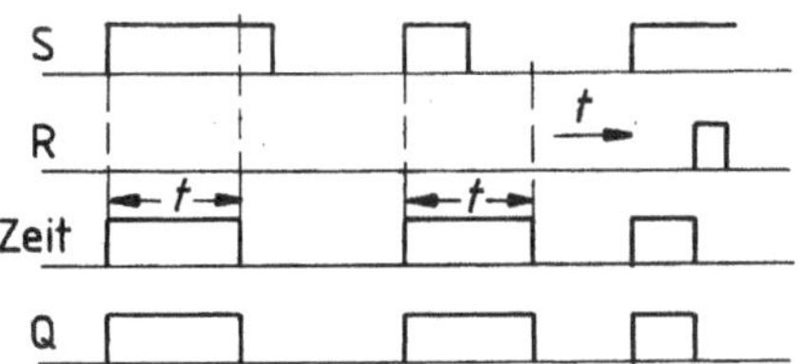

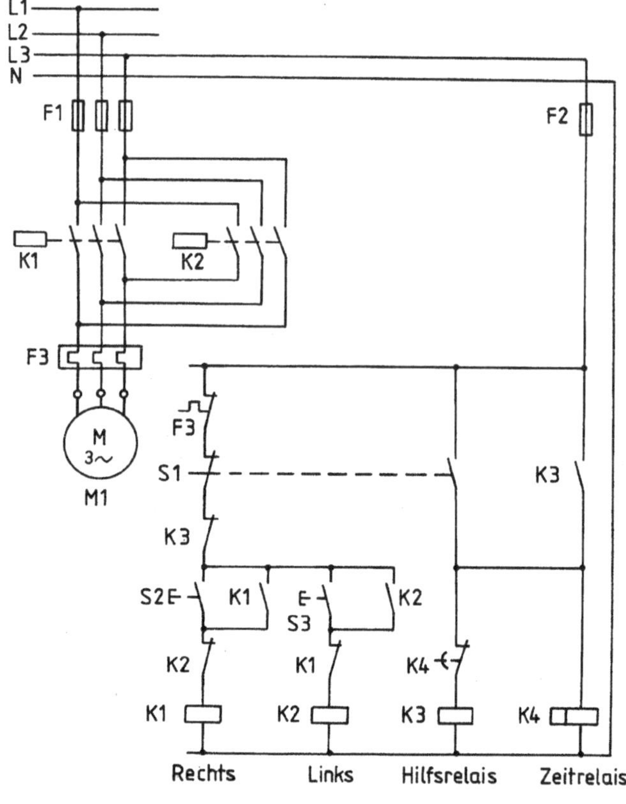

Abb. 5.57 Schaltplan zur Drehrichtungsumkehr eines Motors

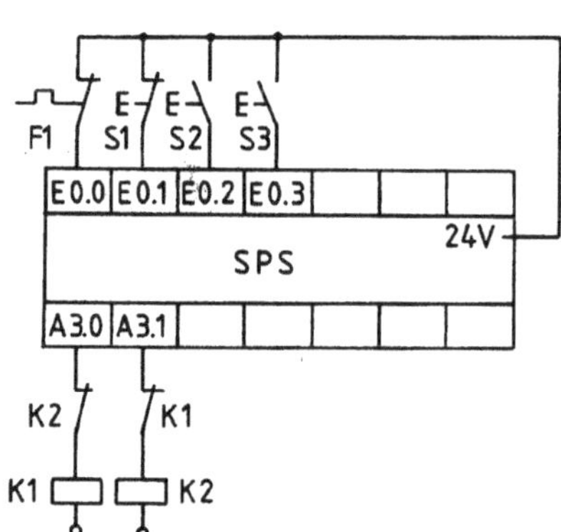

Abb. 5.58 Belegung des Automatisierungsgeräts

5.3.3.4 Feldbussysteme

Bei der Prozessführung einer umfangreichen Anlage arbeiten eine Vielzahl von räumlich weit getrennten Sensoren und Stellgliedern zusammen. Sie bilden als sogenannte Feldebene die unterste Stufe einer Hierarchiepyramide in Abb. 5.60.

Würde man nun alle Geräte der Steuerung über eigene Steuerkabel an die verschiedenen wiederum zu verbindenden Automatisierungsgeräte anschließen, so ergeben sich folgende Probleme:

Abb. 5.59 Kontaktplan KOP zur Steuerung in Abb. 5.57 (nach Lit. [5])

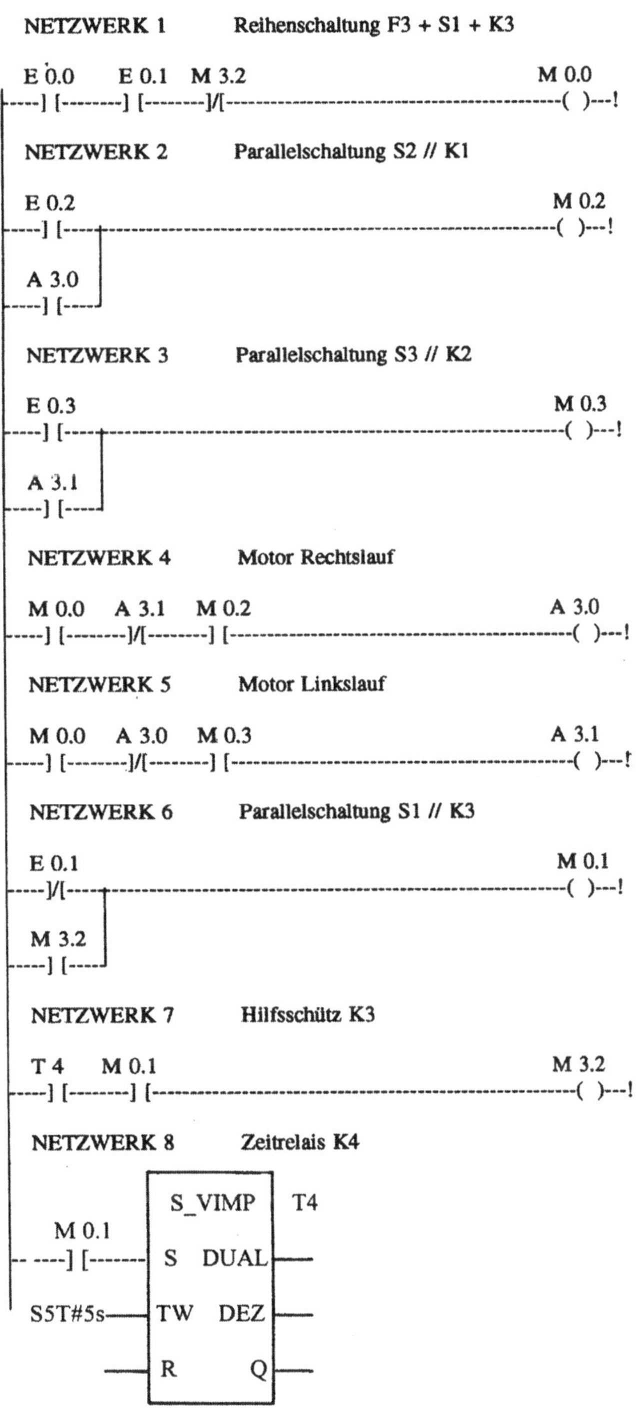

Abb. 5.60 Hierarchie einer Prozesssteuerung

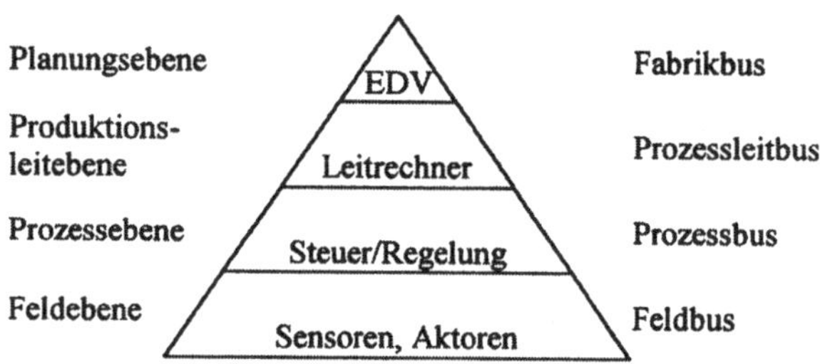

- hohe Kosten für die Installation und Wartung der komplexen Verkabelung,
- evtl. unzulässige Spannungsverluste auf langen Leitungen,
- vielfältige Störeinflüsse durch die Umgebung.

Diese Probleme lassen sich weitgehend mit der Technik der Feldbussysteme vermeiden. Diese bestehen nur aus zweiadrigen Verbindungen in der Ausgestaltung als

- verdrillte Zweidrahtleitung,
- Koaxialkabel,
- Lichtwellenleiter.

Auf dem Feldbus werden alle Nachrichten als digitale Telegramme oder Protokolle aufgegeben und den gewünschten Empfängern zugeleitet. Die Telegramme haben einen bustypischen Aufbau (Format) mit Adresse und Steuerinformation, Datenkörper und Sicherungsteil.

Damit die Nachricht auf dem Bus die richtige Adresse erreicht, muss für alle Teilnehmer ein Zugriffsverfahren festgelegt werden. Von verschiedenen Techniken hierzu sei nur das „Token passing" erwähnt, bei dem die Berechtigung der Datenübertragung durch ein spezifisches Telegramm (Token) von einem Teilnehmer zum nächsten weitergereicht wird. Sobald ein Teilnehmer das Token empfangen hat, kann er für eine festgelegte Zeit den Bus zur Nachrichtenübertragung nutzen. Danach gibt er dieses Recht an seinen Nachfolger weiter.

Für den Einsatz in der Automatisierungstechnik sind mehrere, teils konkurrierende Feldbussysteme auf dem Markt.

BITBUS Das System wurde im Wesentlichen von der Firma INTEL entwickelt und von ihr bereits 1984 zur Vernetzung von Mikroprozessoren vorgestellt. Mit der Empfehlung IEEC 1118 hat es Eingang in die internationale Normung gefunden und ist inzwischen das weltweit am weitesten verbreitete Feldbussystem.

PROFIBUS Seine Technik entstand aus einem vom BMFT bis 1990 geforderten Projekt zwischen Hochschulinstituten und verschiedenen Firmen der Automatisierungstechnik. Als Ergebnis liegt heute mit der Norm DIN 19245 eine Standardisierung hinsichtlich charakteristischer Eigenschaften wie Adressumfang, Zugriff, Nachrichtenlänge usw. vor.

INTERBUS-S Dieses Feldbussystem hat eine Ringstruktur mit einem zentralen Zugriffsverfahren. In einem Zyklus werden gleichzeitig alle Ein- und Ausgänge gelesen, was eine Reihe von Vorteilen hat. Der Anwendungsschwerpunkt liegt in der Automatisierungstechnik.

CAN Dieses von der Firma BOSCH für den Einsatz in Fahrzeugen entwickelte Controller-Area-Network CAN wird heute auch als schneller Feldbus in der Produktionsautomatisierung und der Gebäudeleittechnik eingesetzt.

Literatur

1. Riefenstahl, U.: Elektrische Antriebstechnik. 3. Aufl. Springer Vieweg Verlag, Wiesbaden (2010)
2. Schröder, D.: Elektrische Antriebe. 4 Bde. Bd. 1 Grundlagen. Springer Vieweg Verlag, Wiesbaden (2013)
3. Wellenreuther, G., Zastrow, D.: Steuerungstechnik mit SPS. 5. Aufl. Springer Vieweg Verlag, Wiesbaden (2013)
4. Krätzig, J.: Speicherprogrammierbare Steuerungen. Carl Hanser Fachbuchverlag, München/Wien (1989)
5. Kaftan, J.: SPS-Grundkurs mit Simatik S7. Vogel-Verlag, Würzburg (2008)
6. Böhm, W.: Elektrische Steuerungen. Vogel-Verlag, Würzburg (2003)

Berechnung der Aufgaben

1.1   Gl. 1.4 $Q = It = 1 \cdot 10^{-3}\,\text{A} \cdot 10^{-6}\,\text{s} = 10^{-9}\,\text{As}$, Elektronen $z = Q/e = 10^{-9}\,\text{As}/0{,}16 \cdot 10^{-18}\,\text{As} = 6{,}25 \cdot 10^{9}$

1.2   Gl. 1.4 $I = Q/t = 10 \cdot 10^{-3}\,\text{Ah}/0{,}1\,\text{h} = 0{,}1\,\text{A}$

1.3   Gl. 1.3b $2s = l = U/E = 600\,\text{V}/(30\,\text{kV/cm}) = 0{,}2\,\text{mm}$

1.4   Gl. 1.2 $E = 0{,}48 \cdot 10^{-12}\,\text{N}/0{,}16 \cdot 10^{-18}\,\text{As} = 3 \cdot 10^{6}\,\text{V/m}$
($1\,\text{N} = 1\,\text{Vs/m}$), Gl. 1.3b $U = 3 \cdot 10^{6}\,\text{V/m}\ 0{,}01\,\text{m} = 30\,\text{kV}$

1.5   Gl. 1.8 $P_{\text{v}} = P_{\text{zu}} - P_{\text{ab}} = P_{\text{ab}}/\eta - P_{\text{ab}}$, $\Delta P_{\text{v}} = P_{\text{ab}}/(1/\eta_1 - 1/\eta_2) = 500 \cdot 10^{3}\,\text{kW}/(1/0{,}41 - 1/0{,}42)$, $\Delta P_{\text{v}} = 29 \cdot 10^{3}\,\text{kW}$, $\Delta W = \Delta P t = 29 \cdot 10^{3}\,\text{kW} \cdot 4500\,\text{h} = 130{,}5\,\text{Mill. kWh}$, $\Delta K = 13{,}05\,\text{Mill. €}$

1.6   Windungszahl $N = l_{\text{R}}/d_{\text{is}} = 240\,\text{mm}/3\,\text{mm} = 80$ Länge einer Wdg. $l_{\text{w}} = (D + d_{\text{is}})\pi = 50\pi\,\text{mm}$,
Drahtlänge $l = N l_w$, Drahtquerschnitt $A = d^2\pi/4\,\text{mm}^2$,
Widerstand nach Gl. 1.9 $R = \rho l / A = 0{,}5\,\Omega\,\text{mm}^2/\text{m} \cdot 80 \cdot 0{,}05\,\text{m} \cdot \pi/(2^2\pi/4) = 2\,\Omega$

1.7   Nach Beispiel 1.6a gilt richtig $\Delta\vartheta_{\text{R}} = (1{,}6\,\Omega/1{,}2\,\Omega - 1)250\,\text{K} = 83{,}3\,\text{K}$
Falsch $\Delta\vartheta_{\text{F}} = (1{,}6\,\Omega/1{,}15\,\Omega - 1)250\,\text{K} = 97{,}8\,\text{K}$, Falschmessung um $14{,}5\,\text{K}$

1.8   Gl. 1.6 $I = P/U = 46\,\text{W}/230\,\text{V} = 0{,}2\,\text{A}$, $R_{\text{v}} = (230\,\text{V} - 110\,\text{V})/2\,\text{A} = 600\,\Omega$

1.9   Gl. 1.13b $U = \sqrt{PR} = \sqrt{4\,\text{W} \cdot 100\,\Omega} = 20\,\text{V}$

1.10   Gl. 1.16 $I_1 + I_3 = I_2 + I_4 + I_5$, $I_4 = 12\,\text{A} - 2\,\text{A} - 4\,\text{A} = 6\,\text{A}$

1.11   Gl. 1.13a, b $P_{\text{ab}} = I^2 R_{\text{v}} = (5\,\text{A})^2 \cdot 2{,}25\,\Omega = 56{,}25\,\text{W}$, $P_{\text{zu}} = I^2 R_{\text{ges}} = (5\,\text{A})^2 \cdot 2{,}5\,\Omega = 62{,}5\,\text{W}$ oder $P_{\text{zu}} = U_{\text{q}}I = 12{,}5\,\text{V} \cdot 5\,\text{A} = 62{,}5\,\text{W}$, $\eta = 56{,}25\,\text{W}/62{,}5\,\text{W} = 90\,\%$

1.12 $P_{\text{zu}} = UI = 12\,\text{V} \cdot 18\,\text{A} = 216\,\text{W}$, $P_{\text{ab}} = P_{\text{zu}}\eta = 216\,\text{W} \cdot 0{,}64 = 138\,\text{W}$
Gl. 1.18 $M = P_{\text{ab}}/(2\pi n) = 138\,\text{W}/(2\pi \cdot 10\,\text{s}^{-1}) = 2{,}2\,\text{N m}$

1.13   Gl. 1.5 $z \cdot 60\,\text{W} = 0{,}8 \cdot 6\,\text{V} \cdot 1\,\text{A} \cdot 3600\,\text{s}$, $z = 288$

1.14   Ersatzwiderstand $R_{\text{e}} = U^2/P = (100\,\text{V})^2/200\,\text{W} = 50\,\Omega$. Nach Abb. 1.13a ist $R_{\text{e}} = R_{31} \parallel 2R_{\text{p}}$ und damit $R_{\text{p}} = 30\,\Omega$ bei $R_{\text{p}} = R_{12} \parallel R_5$. Ergebnis: $R_4 = R_5 = 33{,}33\,\Omega$

© Springer Fachmedien Wiesbaden GmbH, ein Teil von Springer Nature 2019
R. Fischer, *Elektrotechnik*, https://doi.org/10.1007/978-3-658-25644-9

1.15 Nach Abb. 1.15 ist $R_\mathrm{v} = U_\mathrm{x}/I_\mathrm{x} = 3\,\mathrm{V}/0{,}04\,\mathrm{A} = 75\,\Omega$
Mit Gl. 1.24a: $1 + x(1-x)62{,}5\,\Omega/75\,\Omega = 60\,\mathrm{V} \cdot x/3\,\mathrm{V} = 2x$, Quadratische Gl.
$x^2 + 1{,}4x - 1{,}2 = 0$
Mit der Lösung $x = 0{,}6$

1.16 Gl. 1.5 $A_s \cdot 60\,\mathrm{W/m}^2 \cdot 4\,\mathrm{h} = 3\,\mathrm{kWh}$, $A_s = 3000\,\mathrm{Wh}/(60\,\mathrm{W/m}^2 \cdot 4\,\mathrm{h}) = 12{,}5\,\mathrm{m}^2$

1.17 $A = W/(pt\eta) = 4116\,\mathrm{kW\,h/a}/(0{,}105\,\mathrm{kW/m}^2 \cdot 1000\,\mathrm{h/a} \cdot 0{,}98) = 40\,\mathrm{m}^2$

1.18 $I^2 R_\mathrm{V} = 0{,}9 I^2(R_\mathrm{i} + R_\mathrm{L} + R_\mathrm{V})$, $R_\mathrm{V}(1-0{,}9) = 0{,}9(0{,}1 + 0{,}1)\,\Omega$, $R_\mathrm{V} = 1{,}8\,\Omega$

1.19 Gl. 1.5 $P_\mathrm{ab} = 450\,\mathrm{V} \cdot 200\,\mathrm{A} = 90\,\mathrm{kW}$, $P_v = P_\mathrm{zu} - P_\mathrm{ab} = P_\mathrm{ab}/\eta - P_\mathrm{ab}$
$P_v = 90\,\mathrm{kW}/0{,}9 - 90\,\mathrm{kW} = 10\,\mathrm{kW}$, $P_v = I^2$, $R_i = (200\,\mathrm{A})^2$, $R_i = 10^4\,\mathrm{W}$,
$R_i = 0{,}25\,\Omega$

1.20 Gl. 1.27 $C = \varepsilon_\mathrm{r}\varepsilon_0 A/d = 8{,}85 \cdot 10^{-12}\,\mathrm{As/Vm} \cdot 3 \cdot 29{,}5 \cdot 21 \cdot 10^{-4}\,\mathrm{m}^2/0{,}2 \cdot 10^{-3}\,\mathrm{m} =$
$8{,}22\,\mathrm{nF}$

1.21 Gl. 1.26 $A = Ca/\varepsilon = 10^{-4}\,\mathrm{F} \cdot 10^{-4}\,\mathrm{m}/(2{,}82 \cdot 8{,}85 \cdot 10^{-12}\,\mathrm{F/m}) = 400\,\mathrm{m}^2$

1.22 Gl. 1.32 $1/8\,\mu\mathrm{F} + 1/10\,\mu\mathrm{F} = 1/C_2$, $C_2 = 40\,\mu\mathrm{F}$

1.23 Gl. 1.38 $W_\mathrm{C} = 0{,}5 C U_\mathrm{C}^2$, $U_\mathrm{C} = \sqrt{2 \cdot 0{,}05\,\mathrm{Ws}/(10 \cdot 10^{-6}\,\mathrm{s/\Omega})} = 100\,\mathrm{V}$

1.24 $W_\mathrm{C} = 0{,}5 \cdot 500 \cdot 10^{-6}\,\mathrm{s/\Omega}(1000\,\mathrm{V})^2 = 250\,\mathrm{Ws}$, $W_\mathrm{C} = UI\Delta t$, $I = 250\,\mathrm{Ws}/$
$(1000\,\mathrm{V} \cdot 10^{-3}\,\mathrm{s}) = 250\,\mathrm{A}$

1.25 $\mathrm{e}^{-t/RC} = 0{,}5$, $t/RC = \ln 2$, $RC = 0{,}02\,\mathrm{s}/0{,}6931 = 0{,}029\,\mathrm{s}$, $C = 0{,}029\,\mathrm{s}/$
$10^3\,\Omega = 29\,\mu\mathrm{F}$

1.26 Die wirksame Stromsumme ist $I = 20\,\mathrm{A} + 30\,\mathrm{A} + 10\,\mathrm{A} - 5\,\mathrm{A} - 15\,\mathrm{A} = 40\,\mathrm{A}$
Gl. 1.38 $H = 40\,\mathrm{A}/(2\pi \cdot 5 \cdot 10^{-3}\,\mathrm{m}) = 1{,}273 \cdot 10^3\,\mathrm{A/m}$
Gl. 1.39 $B = 0{,}4\pi \cdot 10^{-6}\,\mathrm{Vs/A\,m} \cdot 1{,}273 \cdot 10^3\,\mathrm{A/m} = 1{,}6\,\mathrm{nT}$

1.27 Gl. 1.41 $B = \mu_0 H = \mu_0 \cdot I/2\pi r = 0{,}4 \cdot \pi \cdot 10^{-6}\,\mathrm{Vs/Am} \cdot 10^5\,\mathrm{A}/(2\pi \cdot 1\,\mathrm{m}) = 0{,}02\,\mathrm{T}$

1.28 $B = \mu_0\mu_\mathrm{r}H$, $\mu_\mathrm{r} = 0{,}8\,\mathrm{Vs/m}^2/(0{,}4\pi \cdot 10^{-6}\,\mathrm{Vs/Am} \cdot 200\,\mathrm{A/m}) = 3183$

1.29 Mit $\ln(1 + b/r_0) = \ln 2 = 0{,}693$ wird nach Beispiel 1.33 $I = 2\pi\Phi/(0{,}693 \cdot \mu_0 \cdot l)$
$I = 2\pi \cdot 0{,}003\,\mathrm{Vs}/(0{,}693 \cdot 0{,}4\pi \cdot 10^{-6}\,\mathrm{Vs/Am} \cdot 1\,\mathrm{m}) = 14.430\,\mathrm{A}$

1.30 $H = NI/l = 100 \cdot 1\,\mathrm{A}/20\,\mathrm{cm} = 5\,\mathrm{A/cm}$, aus Abb. 1.49 Kurve b $B = 1{,}2\,\mathrm{T}$

1.31 In Beispiel 1.35 ist $B = 1{,}5\,\mathrm{T}$ und $A = 2 \cdot 100\,\mathrm{mm}^2$
Nach Gl. 1.49 wird $F = 0{,}5(1{,}5\,\mathrm{Vs/m}^2)^2 \, 200 \cdot 10^{-6}\,\mathrm{m}^2/(0{,}4 \cdot \pi \cdot 10^{-6}\,\mathrm{Vs/Am}) =$
$179\,\mathrm{N}$

1.32 Gewichtskraft des Trägers $F = Qlg\rho = 2\,\mathrm{dm}^2 \cdot 50\,\mathrm{dm} \cdot 9{,}81\,\mathrm{m/s}^2 \cdot 7{,}8\,\mathrm{kg/dm}^3$
$F = 7651\,\mathrm{kg\,m/s}^2 = 7651\,\mathrm{N}$, Aus Gl. 1.49 $A = 2F\mu_0/B^2$
$A = 2 \cdot 7651\,\mathrm{N} \cdot 0{,}4 \cdot 10^{-6}\,\mathrm{Vs/Am}/(1{,}2\,\mathrm{Vs/m}^2)^2 = 134\,\mathrm{cm}^2$

1.33 Aus Gl. 1.52 $\Delta\Phi = U_\mathrm{q} \cdot \Delta t / N = 100\,\mathrm{V} \cdot 0{,}1\,\mathrm{s}/100 = 0{,}1\,\mathrm{Vs}$

1.34 Aus Gl. 1.52 $N = 1000\,\mathrm{V}/0{,}8\,\mathrm{Vs/s} = 1250$ Windungen

1.35 Gl. 1.53 $U = 1\,\mu\mathrm{H} \cdot 40\,\mathrm{kA}/40 \cdot 10^{-6}\,\mathrm{s} = 1\,\mathrm{kV}$

1.36 Aus Gl. 1.55 Anfangsstrom $I = \sqrt{2 \cdot 90\,\mathrm{V\,As}/0{,}2\,\Omega\mathrm{s}} = 30\,\mathrm{A}$,
Gl. 1.53 $U = 0{,}2\,\Omega\mathrm{s} \cdot 30\,\mathrm{A}/0{,}01\,\mathrm{s} = 600\,\mathrm{V}$

1.37 Umlaufgeschwindigkeit $v = d\,\pi\,n = 0{,}25\,\mathrm{m} \cdot \pi \cdot 20\,\mathrm{s}^{-1} = 15{,}7\,\mathrm{m/s}$
Gl. 1.59 Wirksame Leiterzahl $z = 2N/2$, $U_\mathrm{q} = Blvz = 0{,}9\,\mathrm{Vs/m}^2 \cdot 0{,}35\,\mathrm{m} \cdot 15{,}7\,\mathrm{m/s} \cdot 150 = 742\,\mathrm{V}$

1.38 Nach Gl. 1.60 ist $T = 1/f = 1/250\,\mathrm{Hz} = 4\,\mathrm{ms}$. $t = 1/3\,\mathrm{ms}$ bedeutet damit $\omega t = 30°$, $\sin \omega t = 0{,}5$
Nach Gl. 1.64 gilt mit $u = 2{,}5\,\mathrm{V} = \sqrt{2}U \cdot 0{,}5$, damit Effektivwert $U = 3{,}54\,\mathrm{V}$

1.39 Nach Gln. 1.68 und 1.69b wird $I = U\omega C$, damit ist I proportional zu f. $f = 50\,\mathrm{Hz} \cdot 2\,\mathrm{A}/0{,}1\,\mathrm{A} = 1\,\mathrm{kHz}$

1.40 Forderung $R = X_\mathrm{L}$ bedeutet nach Gl. 1.69a $0{,}5\,\Omega = 2\pi f \cdot 0{,}6 \cdot 10^{-3}\,\Omega\mathrm{s}$, damit $f = 132{,}6\,\mathrm{Hz}$

1.41 Nach Tab. 1.5 wird $P_\mathrm{R} = 230\,\mathrm{V} \cdot 4\,\mathrm{A} = 920\,\mathrm{W}$, $Q_\mathrm{L} = 230\,\mathrm{V} \cdot 6\,\mathrm{A} = 1380\,\mathrm{var}$,
$Q_\mathrm{C} = -230\,\mathrm{V} \cdot 3\,\mathrm{A} = -690\,\mathrm{var}$, $Q = Q_\mathrm{C} - Q_\mathrm{L} = 1380\,\mathrm{var} - 690\,\mathrm{var} = 690\,\mathrm{var}$.
Nach Abb. 1.70 $S = \sqrt{P^2 + Q^2} = \sqrt{920^2 + 690^2}\,\mathrm{VA} = 1150\,\mathrm{VA}$. $I = S/U = 1150\,\mathrm{VA}/230\,\mathrm{V} = 5\,\mathrm{A}$

1.42 Gl. 1.87 $Z = \sqrt{1{,}2^2 + (2\pi \cdot 50 \cdot 0{,}2)^2}\,\Omega = 62{,}8\,\Omega$, $I = U/Z = 230\,\mathrm{V}/62{,}8\,\Omega = 3{,}66\,\mathrm{A}$, $P_\mathrm{v} = I^2 R = (3{,}66\,A)^2 \cdot 1{,}2\,\Omega = 16{,}1\,\mathrm{W}$

1.43 Nach Tab. 1.4 sind die phasengleichen Anteile zu bestimmen

Wirkleistung $\quad\quad P = U(I_1 \cos \varphi_1 + I_2 \cos \varphi_2 + I_3 \cos \varphi_3)$

$\quad\quad\quad\quad\quad\quad\quad P = 230\,\mathrm{V}(8\,\mathrm{A} \cdot 1 + 10\,\mathrm{A} \cdot 0{,}8 + 16\,\mathrm{A} \cdot 0{,}6) = 5888\,\mathrm{W}$

Blindleistung $\quad\quad Q = U(I_1 \sin \varphi_1 + I_2 \sin \varphi_2 + I_3 \sin \varphi_3)$

$\quad\quad\quad\quad\quad\quad\quad Q = 230\,\mathrm{V}(8\,\mathrm{A} \cdot 0 + 10\,\mathrm{A} \cdot 0{,}6 + 16\,\mathrm{A} \cdot 0{,}8) = 4324\,\mathrm{var}$

Scheinleistung $\quad\quad S = \sqrt{P^2 + Q^2} = \sqrt{5888^2 + 4324^2} = 7305\,\mathrm{VA}$

Zuleitungsstrom $\quad\quad I = 7305\,\mathrm{VA}/230\,\mathrm{V} = 31{,}76\,\mathrm{A}$

1.44 $R_1 = 24\,\mathrm{V}/2\,\mathrm{A} = 12\,\Omega$, $R_2 = 24\,\mathrm{V}/6\,\mathrm{A} = 4\,\Omega$
Verhältnis der Motorwiderstände: Stern $R_1 = 2R_w$,
Dreieck $R_2 = R_w \parallel 2R_w < R_1$
Da $R_2 < R_1$ ist, liegt eine Sternschaltung der Motorwicklung vor.

1.45 Gl. 1.18 $M = P_\mathrm{N}/2\pi n = 2200\,\mathrm{W}/2\pi \cdot 24\,\mathrm{s}^{-1} = 14{,}6\,\mathrm{N\,m}$, $P_\mathrm{V} = P_\mathrm{1N} - P_\mathrm{N} = 2826{,}7\,\mathrm{W} - 2200\,\mathrm{W} = 626{,}7\,\mathrm{W}$, $P_\mathrm{VR} = 626{,}7\,\mathrm{W}/2 = 313{,}4\,\mathrm{W}$
Aus Gl. 1.13a,b $R = 313{,}4\,\mathrm{W}/(3 \cdot (4{,}8\,\mathrm{A})^2) = 4{,}53\,\Omega$

2.1 Ringfolge gelb-rot-braun-silber ergibt $R = 420\,\Omega \pm 10\,\%$, $R_{\mathrm{max}} = 462\,\Omega$, $R_{\mathrm{min}} = 378\,\Omega$

2.2 R_1 und R_2 mit den Grenzwerten $180\,\Omega$ und $220\,\Omega$
Nach Gl. 1.23b $U_{\mathrm{max}} = 12\,\mathrm{V}/(1 + 180/220) = 6{,}6\,\mathrm{V}$, $U_{\mathrm{min}} = 12\,\mathrm{V}/(1 + 220/180) = 5{,}4\,\mathrm{V}$

2.3 $P_{\mathrm{Fe1}} = 0{,}14\,\mathrm{kg} \cdot 2\,\mathrm{W/kg} = 0{,}28\,\mathrm{W}$,
$P_{\mathrm{Fe2}} = 0{,}14\,\mathrm{kg} \cdot (50\,\mathrm{Hz}/10\,\mathrm{kHz}) \cdot 2\,\mathrm{W/kg}(10\,\mathrm{kHz}/50\,\mathrm{Hz})^{1{,}6} = 6.73\,\mathrm{W}$

2.4 Nach Gl. 1.27 $A = C \cdot d/(\varepsilon_0 \cdot \varepsilon_{\mathrm{r}}) = 0{,}1\,\mathrm{F} \cdot 5 \cdot 10^{-9}/(8 \cdot 8{,}85 \cdot 10^{-12}\,\mathrm{F/m}) = 7{,}1\,\mathrm{m}^2$
Anzugsstrom bei $U/(R + R_{\mathrm{H}}) = 12\,\mathrm{mA}$, damit $R_{\mathrm{H}} = 12\,\mathrm{V}/12\,\mathrm{mA} - 600\,\Omega = 400\,\Omega$

2.5 $R_{20}/R_{\mathrm{H}} = 6400\,\Omega/400\,\Omega = 16 = 2^4$, es sind 4 Zeitspannen erforderlich, damit $t_{\mathrm{a}} = 4 \cdot 2\,\mathrm{s} = 8\,\mathrm{s}$

2.6 Mit Gl. 1.53 $U = 0{,}2\,\mathrm{H} \cdot 5{,}18\,\mathrm{A}/10^{-3}\,\mathrm{s} = 1036\,\mathrm{V}$

2.7 Bei $\delta = 0{,}8\,\mathrm{mm}$ wird $B = 0{,}625\,\mathrm{T}$ und damit $U_{\mathrm{H}} = 250\,\mathrm{mV}$
1 Skalenteil (Skt) entspricht dann $20\,\mathrm{A}/250\,\mathrm{mV} = 0{,}08\,\mathrm{A/mV}$

2.8 Aus Beispiel 2.6 $I_{\mathrm{R}} = 20\,\mathrm{mA} + 1\,\mathrm{mA} = 21\,\mathrm{mA}$, $u_{1\,\mathrm{min}} = R \cdot I_{\mathrm{R}} + U_{\mathrm{Zz}} = 300\,\Omega$, $21\,\mathrm{mA} + 15\,\mathrm{V} = 21{,}3\,\mathrm{V}$

2.9 $W = p_{\mathrm{max}}\eta At = 1\,\mathrm{kW/m}^2 \cdot 0{,}1 \cdot 40\,\mathrm{m}^2 \cdot 1000\,\mathrm{h} = 4000\,\mathrm{kWh}$

2.10 Gl. 2.10 $\Delta\vartheta = 150\,°\mathrm{C} - 40\,°\mathrm{C} = 110\,\mathrm{K}$, $R_{\mathrm{th}} = R_{\mathrm{thJC}} + R_{\mathrm{thCU}} = 30\,\mathrm{K/W} + 25\,\mathrm{K/W} = 55\,\mathrm{K/W}$
Mit Gl. 2.10 wird $P_{\mathrm{v}} = \Delta\vartheta/R_{\mathrm{th}}$ wird $P_{\mathrm{v}} = 110\,\mathrm{K}/55\,\mathrm{K/W} = 2\,\mathrm{W}$

2.11 $O = 1/(10\,\mathrm{W}/(\mathrm{m}^2\,\mathrm{K}) \cdot 20\,\mathrm{K/W}) = 50\,\mathrm{cm}^2$

2.12 Mit Beispiel 2.12 erhält man $u_{\mathrm{dmax}} = \sqrt{2} \cdot 19\,\mathrm{V} + 1{,}5\,\mathrm{V} = 25{,}4\,\mathrm{V}$ und $0{,}5\Delta U = u_{\mathrm{dmax}} - U_{\mathrm{d}} = 1{,}4\,\mathrm{V}$, $\Delta U = 2{,}8\,\mathrm{V}$, $C = 0{,}75 \cdot 0{,}01\,\mathrm{A}/(2 \cdot 50\,\mathrm{Hz} \cdot 2{,}8\,\mathrm{V}) = 26{,}8\,\mu\mathrm{F}$

2.13 Aus Gl. 2.19a,b $(\omega RC)^2 + 1 = (U_1/U_2)^2 = 10^6$, $R = 10^3/(0{,}2 \cdot 10^{-6}\mathrm{F} \cdot 2\pi \cdot 503 \cdot 10^3\,\mathrm{Hz}) = 1{,}58\,\mathrm{k}\Omega$

2.14 Ohne R_2 hat der Strom in $R_1 = R_{\mathrm{v}}$ den Wert $I_{\mathrm{v}} = I_{\mathrm{BA}} = 0{,}03\,\mathrm{mA}$
Damit $R_{\mathrm{v}} = (U_{\mathrm{B}} - U_{\mathrm{BA}})/I_{\mathrm{BA}} = (12\,\mathrm{V} - 0{,}9\,\mathrm{V})/0{,}03\,\mathrm{mA} = 370\,\mathrm{k}\Omega$

2.15 Aus der Spannungsgleichung $U = I R_{\mathrm{E}} + U_{\mathrm{EC}} + I R$ folgt $I R_{\mathrm{E}} = 35\,\mathrm{V} - 1\,\mathrm{V} - 0{,}1\,\mathrm{A} \cdot 240\,\Omega = 10\,\mathrm{V}$ und damit $R_{\mathrm{E}} = 10\,\mathrm{V}/0{,}1\,\mathrm{A} = 100\,\Omega$. Im Widerstandskreis gilt die Gleichung $I R_{\mathrm{E}} + U_{\mathrm{EB}} - I_{\mathrm{B}} R_{\mathrm{B}} = 0$. Es wird damit $I R_{\mathrm{B}} = 0{,}1\,\mathrm{A} \cdot 100\,\Omega + 0{,}7\,\mathrm{V} = 10{,}7\,\mathrm{V}$ und $R_{\mathrm{B}} = 10{,}7\,\mathrm{V}/0{,}01\,\mathrm{A} = 1070\,\Omega$.

2.16 Aus Gl. 2.34b ergibt sich die Forderung: $R_2/R_{11} = 4 \rightarrow R_{11} = 2{,}5\,\mathrm{k}\Omega$, $R_2/R_{12} = 8 \rightarrow R_{12} = 1{,}25\,\mathrm{k}\Omega$, $R_2/R_{13} = 2 \rightarrow R_{13} = 5\,\mathrm{k}\Omega$

3.1 Mit $I_L = U/(R_{iA} + R_L)$ wird $R_L^* = U/I_L = R_{iA} + R_L = R_L(1 + R_{iA}/R_L) = 1{,}08 R_L$ gemessen. Damit $R_L^* = 1{,}08 \cdot 12{,}5\,\Omega = 12{,}96\,\Omega$

3.2 Nach Gl. 3.2 wird $R_{v1} = 10\,\text{k}\Omega \cdot (10\,\text{V}/1\,\text{V} - 1) = 90\,\text{k}\Omega$, 10 V durch 30 V, 100 V, 300 V ersetzt ergibt $R_{v2} = 290\,\text{k}\Omega$, $R_{v3} = 990\,\text{k}\Omega$, $R_{v4} = 2{,}99\,\text{M}\Omega$

3.3 Da nur 1/10 des bisherigen Drehmomentes von 10^{-3} N cm nötig ist und gleichzeitig die Flussdichte von 0,2 T auf 0,8 T steigt, wird der Ausschlag bereits bei $I = 1\,\text{mA} \cdot 0{,}1 \cdot 0{,}2/0{,}8 = 0{,}025\,\text{mA}$ erreicht.

3.4 a) Nach den Regeln für Logarithmen ist $\lg 2p/p_0 = \lg 2 + \lg p/p_0 = 0{,}3 + \lg p/p_0$. Damit wird $L_p = 20(0{,}3 + \lg p/p_0) = 76\,\text{dB(A)}$
b) Die Forderung: $\lg k\,(p/p_0) = 2\lg p/p_0$ ergibt die Beziehung $\lg k + lg p/p_0 = 2\lg p/p_0$, damit $\lg k = lg p/p_0$ und $k = p/p_0$.
Bei bislang $p = 20 \cdot 10^3\,\mu\text{P}$ ist $k = 20 \cdot 10^3\,\mu\text{P}/20\,\mu\text{P} = 10^3$ und der neue Schalldruck $p = 20 \cdot 10^6\,\mu\text{P}$

4.1 Aus Gl. 4.11 $I_{AN} = M_N 2\pi n_{0N}/U_{AN} = 0{,}2\,\text{Ws} \cdot 2\pi \cdot 40\,\text{s}^{-1}/12\,\text{V} = 4{,}19\,\text{A}$, $P_{zu} = U_{AN} I_{AN} = 12\,\text{V} \cdot 4{,}19\,\text{A} = 50{,}3\,\text{W}$, $P_N = P_{zu}\eta = 50{,}3\,\text{W} \cdot 0{,}6 = 30{,}2\,\text{W}$

4.2 Bei $\Phi/\Phi_N = 0{,}5$ und I_{AN} ist auch nur $M/M_N = 0{,}5$ möglich und daher nach Gl. 4.15
$$\frac{n}{n_{0N}} = \frac{1}{0{,}5} - 0{,}05\frac{0{,}5}{(0{,}5)^2} = 1{,}9 \text{ und } n = 1{,}9 \cdot 2000\,\text{min}^{-1} = 3800\,\text{min}^{-1}$$

4.3 Aus Gl. 4.13 $c_M = 1 - n_N/n_{0N} = 1 - 1440/1800 = 0{,}2$
und $M/M_N = (I_A/I_{AN})(\Phi/\Phi_N) = 0{,}5$
Aus Gl. 4.15 $\dfrac{n}{n_{0N}} = \dfrac{1}{0{,}5} - 0{,}2 \cdot \dfrac{(I_A/I_{AN})(\Phi/\Phi_N)}{(\Phi/\Phi_N)^2} = 2 - 0{,}2\dfrac{1 \cdot 0{,}5}{0{,}5^2} = 1{,}6$,
$n = 2880\,\text{min}^{-1}$

4.4 Bei ohmscher Last bilden $\underline{U}_1$ und $\Delta\underline{U}$ ein rechtwinkliges Dreieck. Bei $u_k = 10\,\%$ ist $\Delta U = 0{,}1 U_{1N}$
Damit $U_2' = \sqrt{(U_{1N})^2 + (0{,}1 \cdot U_{1N})^2} = \sqrt{1{,}01}U_{1N} = 231{,}1\,\text{V}$ und $U_2 = 50\,\text{V} \cdot 231{,}1\,\text{V}/230\,\text{V} = 50{,}2\,\text{V}$

4.5 a) Nach Beispiel 4.6 kann $P_{Cu} = P_{CuN}(P_2/P_{2N})^2$ angenommen werden. Mit der dort bestimmten Teilleistung für η_{max} erhält man $P_{Cu} = P_{CuN}(P_{Fe}/P_{CuN}) = P_{Fe} \rightarrow P_{Cu} = P_{Fe}$
b) Nennwirkungsgrad: $P_{1N} = P_{2N} + P_v = 200\,\text{kW} + 6\,\text{kW} + 0{,}96\,\text{kW} = 206{,}97\,\text{kW}$
$\eta_N = P_{2N}/P_{1N} = 200\,\text{kW}/206{,}96\,\text{kW} = 96{,}6\,\%$
Max. Wirkungsgrad: Nach Beispiel 4.6 tritt η_{max} bei $P_2 = 200\,\text{kW} \cdot \sqrt{0{,}96\,\text{kW}\,/\,6\,\text{kW}} = 80\,\text{kW}$ auf.
Verluste $P_v = 2P_{Fe} = 2 \cdot 0{,}96\,\text{kW}$, $\eta_{max} = 80\,\text{kW}/81{,}92\,\text{kW} = 97{,}7\,\%$

4.6 Mit vereinfacht $U_q = U$ wird nach Gl. 4.31 $S = 4{,}44 f N\Phi$. Ferner gilt $\Phi = BA_{Fe}$ und $I = JA_{CuL}$

Damit bei $NA_{\mathrm{CuL}} = A_{\mathrm{Cu}}$ wird $S = 4{,}44 \cdot BJ \cdot (fA_{\mathrm{Fe}}A_{\mathrm{Cu}}) =$ konstant und $(A_{\mathrm{Fe}} \cdot A_{\mathrm{Cu}}) \sim 1/f$.

4.7   Nach Gl. 4.32 hat der Motor bei $f_{\mathrm{N}} = 50\,\mathrm{Hz}$ die Synchrondrehzahl $n_{\mathrm{s}} = 1500\,\mathrm{min}^{-1}$ Rechtslauf.

Für $f = 60\,\mathrm{Hz}$ ist nach Gl. 4.39 der Schlupf $s = f/f_{\mathrm{N}} = 60\,\mathrm{Hz}/50\,\mathrm{Hz} = 1{,}2$ nötig.

Die bedeutet nach Gl. 4.34 die Drehzahl $n = 1500\,\mathrm{min}^{-1}(1 - 1{,}2) = -300\,\mathrm{min}^{-1}$ Linkslauf.

4.8   Aus Gl. 1.108 ergibt sich die Aufnahmeleistung $P_1 = \sqrt{3} \cdot 400\,\mathrm{V} \cdot 10\,\mathrm{A} \cdot 0{,}7 = 4850\,\mathrm{W}$

Mit Gl. 1.18 wird die Abgabeleistung $P_2 = P_1\eta = 4850\,\mathrm{W} \cdot 0{,}6 = 2910\,\mathrm{W}$

Mit Gl. 4.37 und 4.38 $v = v_{\mathrm{s}}(1 - s) = 8\,\mathrm{m/s}(1 - 0{,}5) = 4\,\mathrm{m/s}$ und $F = 2910\,\mathrm{W}/4\,\mathrm{m/s} = 728\,\mathrm{N}$

4.9   Aus Gl. 4.34 Schlupf bei $20\,°\mathrm{C}$ $s = 1 - 1440\,\mathrm{min}^{-1}/1500\,\mathrm{min}^{-1} = 0{,}04$

Bei jeweils gleichem Drehmoment M_{N} müssen in Gl. 4.41 die Nenner gleich sein, was die Beziehung $s_{\mathrm{K}}/s + s/s_{\mathrm{K}} = s_{\mathrm{Kw}}/s_{\mathrm{w}} + s_{\mathrm{w}}/s_{\mathrm{Kw}}$ ergibt. Mit $s = 0{,}04$, $s_{\mathrm{K}} = 0{,}2$, $s_{\mathrm{Kw}} = 0{,}33$ entsteht die quadratische Gleichung $s_{\mathrm{w}}^2 - 1{,}716 s_{\mathrm{w}} + 0{,}109 = 0$ mit der Lösung $s_{\mathrm{w}} = 0{,}066$

Dies ergibt bei M_{N} die Drehzahl $n_{\mathrm{Nw}} = 1500\,\mathrm{min}^{-1}(1 - 0{,}066) = 1401\,\mathrm{min}^{-1}$

4.10   Im Originalzustand gilt nach Gl. 4.41 $M_{\mathrm{st}} = 2M_{\mathrm{K}}/(0{,}2/1 + 1/0{,}2) = 0{,}385 M_{\mathrm{K}}$

Der neue Kippschlupf wird wegen Gl. 4.45 $s_{\mathrm{K2}} = 1{,}2 \cdot 0{,}2 = 0{,}24$

Für das neue Stillstandsmoment gilt dann $M_{\mathrm{stR}} = 2M_{\mathrm{K}}/(0{,}24/1 + 1/0{,}24) = 0{,}454 M_{\mathrm{K}}$

Es entsteht der neue Wert $M_{\mathrm{stR}} = 1{,}18 M_{\mathrm{st}}$

Gesetzliche Einheiten und Formelzeichen

Internationales Einheitensystem SI (Basisgrößen und Basiseinheiten hervorgehoben)

Physikalische Größen	Formelzeichen (DIN 1304)	Verknüpfungsgleichungen (DIN 1301)	abgeleitete SI-Einheiten	Erläuterungen
Länge	l		**m**	m – Meter
Fläche	A	$A = l^2$	m^2	
Volumen	V	$V = l^3$	m^3	
ebener Winkel	α	$\alpha = l/r$	$rad = m/m$	rad – Radiant
Zeit	t		**s**	s – Sekunde
Frequenz	f	$f = 1/T$	$Hz = 1/s$	Hz – Hertz
Kreisfrequenz	ω	$\omega = 2\pi f$	$1/s$	
Drehfrequenz (Drehzahl)	n	$n = \omega/2\pi$	$1/s$	
Winkelgeschwindigkeit	ω	$\omega = \alpha/t$	rad/s	
Winkelbeschleunigung	ε	$\varepsilon = \omega/t$	rad/s^2	
Geschwindigkeit	v	$v = s/t$	m/s	$c = 0{,}3 \cdot 10^9 \, m/s$
Beschleunigung	a	$a = v/t$	m/s^2	
Masse	m		**kg**	kg – Kilogramm
Dichte	r	$r = m/V$	kg/m^3	
Trägheitsmoment	J	$J = mr^2$	$kg\,m^2$	
Kraft	F	$F = ma$	$N = kg\,ms^{-2}$	N – Newton
Druck	p	$p = F/A$	$Pa = N/m^2$	Pa – Pascal
Gewichtskraft	G	$G = mg$	$N = kg\,ms^{-2}$	$g = 9{,}81 \, m/s^2$
Wichte	γ	$\gamma = G/V$	$N/m^3 = kg\,m^{-2}s^{-2}$	
Drehmoment	M	$M = Fr$	$N\,m = kg\,m^2s^{-2}$	
Arbeit, Energie, Wärme	W	$W = Fs$	$J = N\,m$	J – Joule
Leistung	P	$P = W/t$	$W = J/s$	W – Watt

Physikalische Größen	Formel-zeichen (DIN 1304)	Verknüpfungs-gleichungen (DIN 1301)	abgeleitete SI-Einheiten	Erläuterungen
elektrische Stromstärke	*I*		**A**	A – Ampere
elektrische Ladung	Q	$Q = It$	C = As	C – Coulomb
elektrische Stromdichte	J	$J = I/A$	A/m^2	
elektrische Spannung	U	$U = P/I$	V = W/A	V – Volt
elektrische Feldstärke	E	$E = U/l$	V/m	
elektrische Kapazität	C	$C = Q/U$	F = s/Ω	F – Farad
Permittivität	ε	$\varepsilon = CI/A$	F/m	$\varepsilon_0 = 8{,}85 \cdot 10^{-12}$ F/m
elektrischer Widerstand	R	$R = U/I$	Ω = V/A	Ω – Ohm
elektrischer Leitwert	G	$G = 1/R$	S = 1/Ω	S – Siemens
spezifischer elektrischer Widerstand	ϱ	$\varrho = RA/I$	Ωm	
elektrische Leitfähigkeit	γ	$\gamma = 1/\varrho$	S/m	
magnetischer Fluss	Φ	$\mathrm{d}\Phi = u\,\mathrm{d}t$	Wb = Vs	Wb – Weber
magnetische Flussdichte	B	$B = \Phi/A$	T = Vs/m^2	T – Tesla
magnetische Feldstärke	H	$H = I/l$	A/m	
Induktivität	L	$L = u\,\mathrm{d}t/\mathrm{d}i$	H = Ωs	H – Henry
Permeabilität	μ	$\mu = B/H$	H/m = Ωs/m	$\mu_0 = 0{,}4\pi\,10^{-6}$ Ωs/m
thermodynami-sche Temperatur	*T*		**K**	K – Kelvin
Celsiustemperatur	ϑ		°C	$T_0 = 273{,}15$ K
Temperatur-differenz	$\Delta T, \Delta\vartheta$	$\vartheta = T - T_0$	°C = K	°C – Grad Celsius
Stoffmenge	*n*		**mol**	mol – Mol
Lichtstärke	*I*		**cd**	cd – Candela

Stichwortverzeichnis

A

Abschirmung, 50
Absenkung
    Ankerspannung, 291
    Erregerspannung, 291
Addierer, 229
Akkumulator, 32
Analog/Digital-Umsetzer, 254
Analog-Oszilloskop, 250
Anker, 277
Ankerbereich, 292
Ankerspannung, Absenkung, 291
Anlage
    elektrische, Schutzmaßnahmen, 137
Anlassen, 333
Anlaufzeit, 404
Anpassung, 35
Anschlussbezeichnung, 283, 311
Antrieb
    Dynamik, 403
    Planung und Berechnung, 392
Anweisungsliste AWL, 437
Arbeit, 97, 99
    elektrische, 8
Arbeitspunkt
    -einstellung, 211
    -stabilisierung, 212
Atomkern, 2
Aussetzbetrieb, 389

B

Bauform, 386
Beleuchtungsstärke, 269
Beleuchtungssteuerung, 215
Betriebskennlinie, 286, 394, 396

Bewegungsspannung, 82
BITBUS, 444
Blindarbeit, 99
Blindlaststeuerung, 350
Blindleistung, 98, 133
    Steuerung, 351
Blindstromkompensation, 111
Blindwiderstand, 90
Bremse, 406
    Gegenstrom-, 408
    Gleichstrom-, 407
    mechanische, 409
    Nutz-, 408
    Senk-, 408
    Widerstands-, 407
Brennstoffzelle, 33

C

CAN, 445
Codierung, 256

D

Dauerbetrieb S1, 388
Dauermagneterregung, 279
Dickschichttechnik, 224
Differenzverstärker, 214
Digitalgeräte, Genauigkeit, 237
Digitalmultimeter, 250
Diode, 171
    Foto-, 174
    Gleichrichter-, 171
    Leucht-, 176
    Z-, 172
Dotieren, 160